Craftsman Motor Vehicles Maintenance

자동차정비 기능사
【필기】

김형진 · 김승수 공저

자동차정비는 자동차의 기계상의 결함이나 사고 등 여러 가지 이유로 정상적으로 운행되지 못할 때 원인을 찾아내어 정비하는 것을 말합니다. 운행자동차 수의 지속적인 증가로 인해 정비의 필요성의 증가함에 따라 산업현장에서 자동차정비의 효율성 및 안정성 확보를 위한 제반 환경을 조성하기 위해 정비분야 기능인력 양성이 필요합니다.

이러한 역할을 담당하고 있는 자동차정비기능사는 각종 수동공구, 동력공구 및 점검장비를 이용하여 엔진, 섀시, 전기장치 등의 결함이나 고장부위를 진단하고 알맞은 부품으로 교체하거나 수리하는 직무를 수행합니다.

이에 필자들은 교단과 현장에서의 경험을 토대로 자동차정비 기능사 자격을 취득하고자 하는 독자들과 현재 이 분야에 종사하는 분들에게 장비의 기능을 이해하고, 충분히 활용할 수 있도록 하기 위해 다음과 같은 내용으로 책을 집필하였습니다.

Preface
첫머리에

1. 새로 개정된 출제기준과 관련법규에 따라 핵심적인 내용을 수록하였습니다. 특히, 최근 출제 빈도가 늘고 있는 친환경자동차 이론과 문제는 별도의 장으로 구성하였습니다.
2. 본문 이해가 쉽도록 풍부한 삽화와 일러스트를 추가하였습니다.
3. 과목별 출제예상문제와 해설을 통해 실제시험에 대한 적응력을 향상시킬 수 있도록 하였습니다.
4. 2019년 이후 최근까지 시행된 CBT 출제문제를 복원문제 형식으로 구성하여 상세한 해설과 함께 수록하였습니다.

끝으로 이 책의 독자들에게 합격의 영광이 있기를 바라며, 본의 아니게 잘못된 내용은 앞으로 철저히 수정 보완하여 나갈 것을 약속드리며 이 책의 발간을 위해 도움을 주신 많은 교육 현장의 선생님들과 도서출판 책과상상의 임직원 여러분들에게 감사의 말씀을 드립니다.

저자 일동

자격시험안내 및 출제기준

■ **개요**

자동차정비는 자동차의 기계상의 결함이나 사고 등 여러 가지 이유로 정상적으로 운행되지 못할 때 원인을 찾아내어 정비하는 것을 말한다. 최근 운행자동차 수의 증가로 정비의 필요성의 증가함에 따라 산업현장에서 자동차정비의 효율성 및 안정성 확보를 위한 제반 환경을 조성하기 위해 정비분야 기능인력 양성이 필요하다.

■ **수행직무**

각종 수동공구, 동력공구 및 점검장비를 이용하여 엔진, 섀시, 전기장치 등의 결함이나 고장부위를 진단하고 알맞은 부품으로 교체하거나 수리하는 직무를 수행한다.

필기과목	주요항목	미세항목	
자동차 엔진, 섀시, 전기·전자장치 정비 및 안전관리	1. 충전장치 정비	1. 충전장치 점검·진단 3. 충전장치 교환	2. 충전장치 수리 4. 충전장치 검사
	2. 시동장치 정비	1. 시동장치 점검·진단 3. 시동장치 교환	2. 시동장치 수리 4. 시동장치 검사
	3. 편의장치 정비	1. 편의장치 점검·진단 3. 편의장치 수리 5. 편의장치 검사	2. 편의장치 조정 4. 편의장치 교환
	4. 등화장치 정비	1. 등화장치 점검·진단 3. 등화장치 교환	2. 등화장치 수리 4. 등화장치 검사
	5. 엔진 본체 정비	1. 엔진본체 점검·진단 3. 엔진본체 수리 5. 엔진본체 검사	2. 엔진본체 관련 부품 조정 4. 엔진본체 관련부품 교환
	6. 윤활 장치 정비	1. 윤활장치 점검·진단 3. 윤활장치 교환	2. 윤활장치 수리 4. 윤활장치 검사
	7. 연료 장치 정비	1. 연료장치 점검·진단 3. 연료장치 교환	2. 연료장치 수리 4. 연료장치 검사
	8. 흡·배기 장치 정비	1. 흡·배기장치 점검·진단 3. 흡·배기장치 교환	2. 흡·배기장치 수리 4. 흡·배기장치 검사
	9. 클러치수동변속기정비	1. 클러치·수동변속기 점검·진단 2. 클러치·수동변속기 조정 3. 클러치·수동변속기 수리 4. 클러치·수동변속기 교환 5. 클러치·수동변속기 검사	

■ **취득방법**
1. 시 행 처 : 한국산업인력공단
2. 관련학과 : 고등학교, 대학 및 전문대학의 자동차 관련학과
3. 시험과목
    - 필기 : 1.자동차엔진 2.자동차섀시 3.자동차전기 및 안전관리
    - 실기 : 자동차정비 작업
4. 검정방법 및 합격기준
    - 필기 : 객관식 4지택일형(60문항) − 100점을 만점으로 하여 60점 이상
    - 실기 : 작업형(4시간 정도, 100점) − 100점을 만점으로 하여 60점 이상

■ **진로 및 전망**
- 주로 자동차업체의 생산현장이나 A/S부서, 자동차정비업체, 자동차운수업체 등에 취업하며, 일부는 카센타, 카인테리어, 밧데리점, 튜닝전문점, 오토매틱전문점에 고용되거나 개업한다. 자격취득 후 자동차 정비 또는 검사분야에 3년 이상 근무할 경우 자동차운수사업체, 자동차점검정비업체의 정비책임자로 고용될 수 있다.
- 자동차정비분야의 기능인력수요는 당분간 현재수준을 유지할 전망이다. 하지만 아직까지 기능인력 중에는 자격증 미취득자가 많아 자격취득시 취업에 유리할 전망이다. 자동차의 선택사양이 다양해지고 액세서리 부속품의 장착 및 고장수리 등에 대한 수요가 증가하고 있어 이를 상쇄할 것이다. 기술적인 면에서는 자동차전기 및 전자관련 기술수요가 증가할 것으로 보인다.

필기과목	주요항목	미세항목	
자동차 엔진, 섀시, 전기·전자장치 정비 및 안전관리	10. 드라이브라인 정비	1. 드라이브라인 점검·진단 3. 드라이브라인 수리 5. 드라이브라인 검사	2. 드라이브라인 조정 4. 드라이브라인 교환
	11. 휠·타이어·얼라인먼트 정비	1. 휠·타이어·얼라인먼트 점검·진단 2. 휠·타이어·얼라인먼트 조정 4. 휠·타이어·얼라인먼트 교환	3. 휠·타이어·얼라인먼트 수리 5. 휠·타이어·얼라인먼트 검사
	12. 유압식 제동장치 정비	1. 유압식 제동장치 점검·진단 3. 유압식 제동장치 수리 5. 유압식 제동장치 검사	2. 유압식 제동장치 조정 4. 유압식 제동장치 교환
	13. 엔진점화장치 정비	1. 엔진점화장치 점검·진단 3. 엔진점화장치 수리 5. 엔진점화장치 검사	2. 엔진점화장치 조정 4. 엔진점화장치 교환
	14. 유압식 현가장치 정비	1. 유압식 현가장치 점검·진단 3. 유압식 현가장치 검사	2. 유압식 현가장치 교환
	15. 조향장치 정비	1. 조향장치 점검·진단 3. 조향장치 수리 5. 조향장치 검사	2. 조향장치 조정 4. 조향장치 교환
	16. 냉각 장치 정비	1. 냉각장치 점검·진단 3. 냉각장치 교환	2. 냉각장치 수리 4. 냉각장치 검사

NCS(국가직무능력표준) 안내

NCS(국가직무능력표준)와 NCS 학습모듈

- 국가직무능력표준(NCS, National Competency Standards)이란 산업현장에서 직무를 수행하기 위해 요구되는 지식·기술·소양 등의 내용을 국가가 산업부문별·수준별로 체계화한 것으로 국가적 차원에서 표준화한 것을 의미합니다.
- NCS 학습모듈은 NCS 능력단위를 교육 및 직업훈련 시 활용할 수 있도록 구성한 교수·학습자료입니다. 즉, NCS 학습모듈은 학습자의 직무능력 제고를 위해 요구되는 학습 요소(학습 내용)를 NCS에서 규정한 업무 프로세스나 세부 지식, 기술을 토대로 재구성한 것입니다.

NCS 개념도

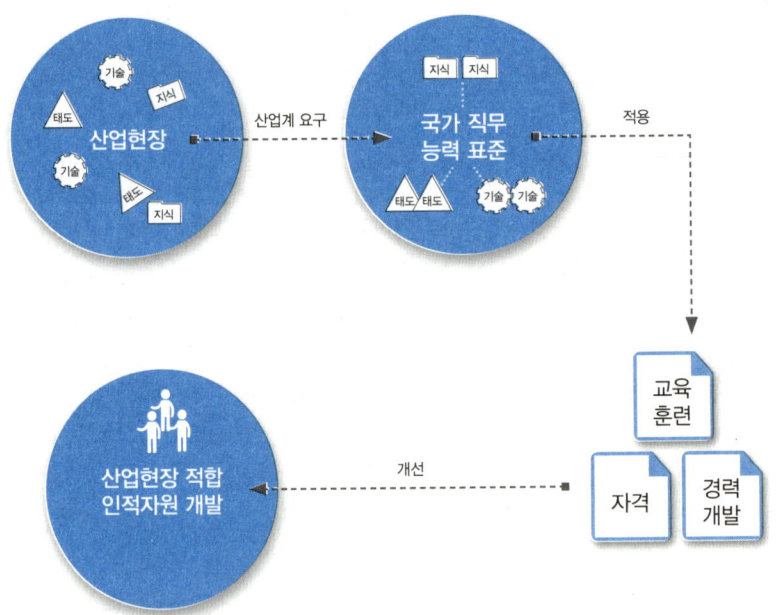

NCS의 활용영역

구분		활용 콘텐츠
산업현장	근로자	평생경력개발경로, 자가진단도구
	기업	현장수요 기반의 인력채용 및 인사관리기준, 직무기술서
교육훈련기관		직업교육 훈련과정 개발, 교수계획 및 매체·교재개발, 훈련기준 개발
자격시험기관		자격종목설계, 출제기준, 시험문항, 시험방법

NCS 학습모듈의 특징

- NCS 학습모듈은 산업계에서 요구하는 직무능력을 교육훈련 현장에 활용할 수 있도록 성취목표와 학습의 방향을 명확히 제시하는 가이드라인의 역할을 합니다.
- NCS 학습모듈은 특성화고, 마이스터고, 전문대학, 4년제 대학교의 교육기관 및 훈련기관, 직장교육기관 등에서 표준교재로 활용할 수 있으며 교육과정 개편 시에도 유용하게 참고할 수 있습니다.

NCS와 NCS 학습모듈의 연결 체제

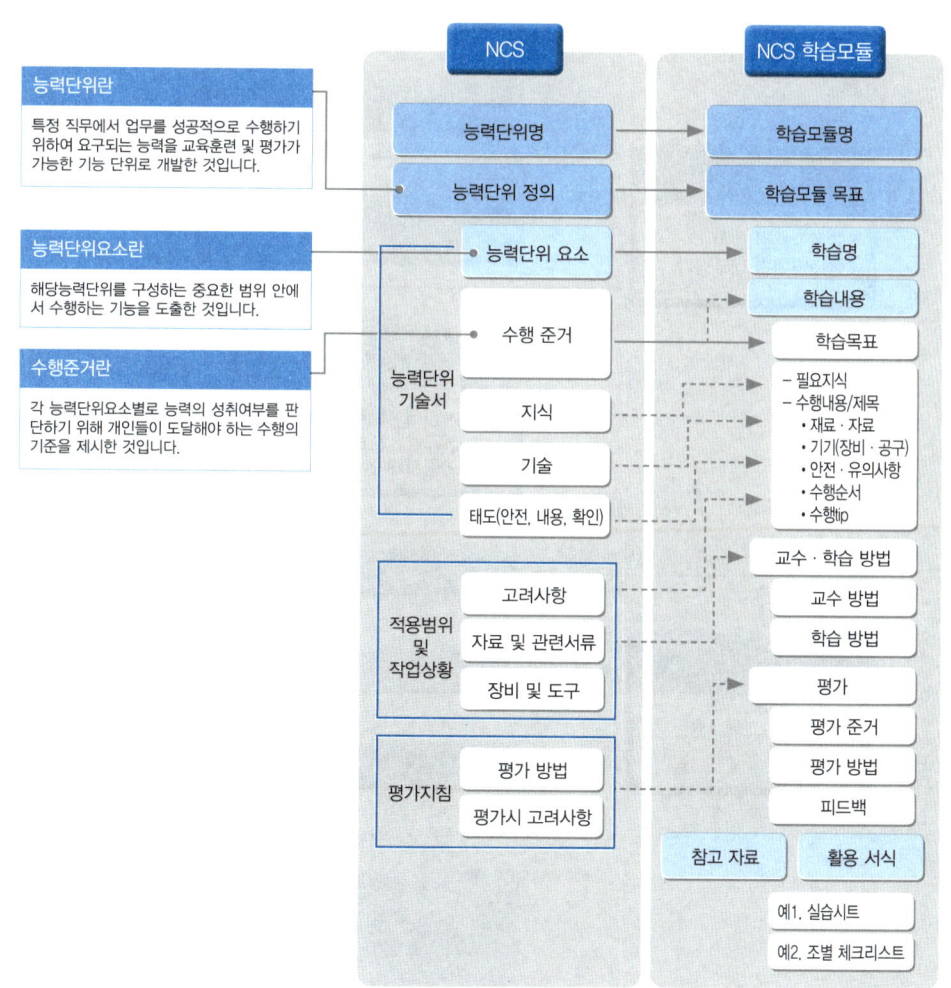

과정평가형 자격취득 안내

과정평가형 자격

과정평가형 자격은 국가기술자격법에 근거하여 국가직무능력표준(NCS)에 따라 설계된 교육·훈련과정을 체계적으로 이수한 교육·훈련생에게 내·외부 평가를 통해 국가기술자격증을 부여하는 새로운 개념의 국가기술자격 취득 제도로서 2015년부터 시행되고 있다.

과정평가형 자격 운영 절차

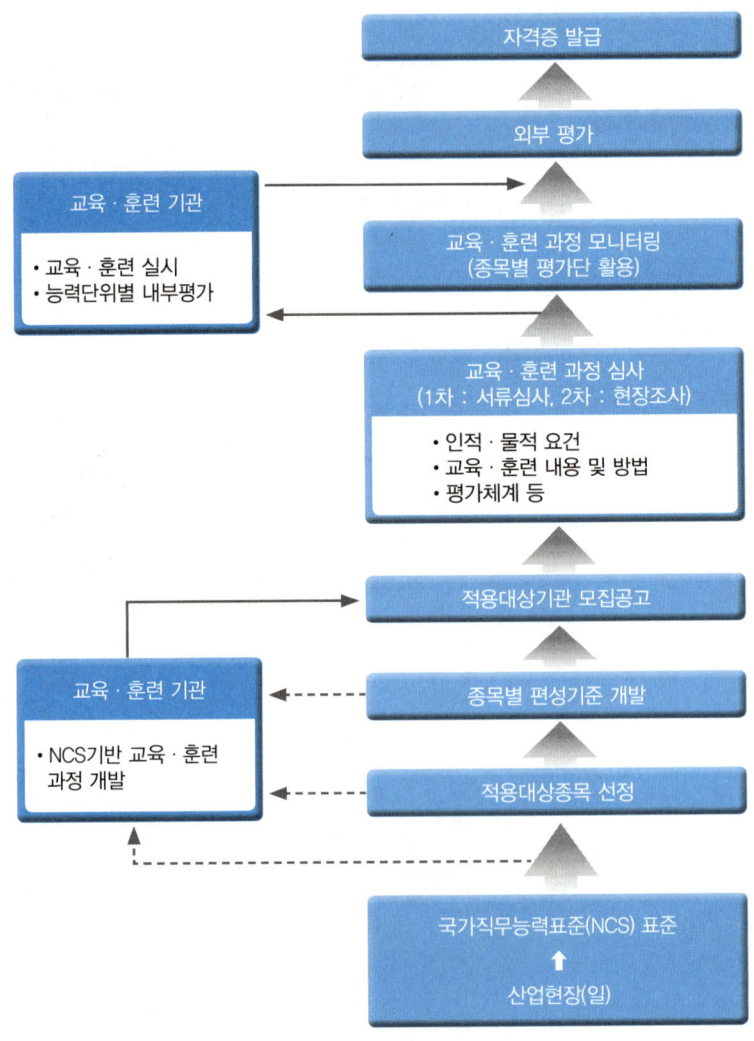

시행 대상

국가기술자격법의 과정평가형 자격 신청자격에 충족한 기관 중 공모를 통하여 지정된 교육·훈련기관의 단위과정별 교육·훈련을 이수하고 내부평가에 합격한 자

교육·훈련생 평가

① 내부평가(지정 교육·훈련기관)
  ㉮ 평가대상 : 능력단위별 교육·훈련과정의 75% 이상 출석한 교육·훈련생
  ㉯ 평가방법
    ㉠ 지정받은 교육·훈련과정의 능력단위별로 평가
    ㉡ 능력단위별 내부평가 계획에 따라 자체 시설·장비를 활용하여 실시
  ㉰ 평가시기
    ㉠ 해당 능력단위에 대한 교육·훈련이 종료된 시점에서 실시하고 공정성과 투명성이 확보되어야 함
    ㉡ 내부평가 결과 평가점수가 일정수준(40%) 미만인 경우에는 교육·훈련기관 자체적으로 재교육 후 능력단위별 1회에 한해 재평가 실시
② 외부평가(한국산업인력공단)
  ㉮ 평가대상 : 단위과정별 모든 능력단위의 내부평가 합격자
  ㉯ 평가방법 : 1차·2차 시험으로 구분 실시
    ㉠ 1차 시험 : 지필평가(주관식 및 객관식 시험)
    ㉡ 2차 시험 : 실무평가(작업형 및 면접 등)

합격자 결정 및 자격증 교부

① 합격자 결정 기준
  내부평가 및 외부평가 결과를 각각 100점을 만점으로 하여 평균 80점 이상 득점한 자
② 자격증 교부
  기업 등 산업현장에서 필요로 하는 능력보유 여부를 판단할 수 있도록 교육·훈련 기관명·기간·시간 및 NCS 능력단위 등을 기재하여 발급

> NCS 및 과정평가형 자격에 대한 내용은 NCS국가직무능력표준 홈페이지(www.ncs.go.kr)에서 보다 자세하게 살펴볼 수 있습니다.

CBT 필기시험 제도 안내

■ 변경된 제도 개요

기능사 CBT(컴퓨터 기반 시험) 필기시험제도는 한국산업인력공단 상설시험장과 외부기관의 시설 및 장비를 임차하여 시행하기 때문에 시험장 사정에 따라 시험일자가 달라질 수 있으며, 수험생들이 선호하는 시험장은 조기 마감될 수 있으므로 주의하여야 합니다.

■ 원서접수 기간 및 접수처

- 한국산업인력공단이 주관 및 시행하는 기능사 정기 CBT 필기시험 및 상시 CBT 필기시험과 관련한 정보는 큐넷 홈페이지(http://www.q-net.or.kr)를 방문하여 확인합니다.
- 기능사 필기시험의 원서접수는 인터넷으로만 가능하며 정기 및 상시시험 모두 큐넷 홈페이지 (http://www.q-net.or.kr)에서 접수할 수 있습니다.
- 기능사 상시시험 종목 : 한식조리기능사, 양식조리기능사, 일식조리기능사, 중식조리기능사, 제과기능사, 제빵기능사, 미용사(일반), 미용사(피부), 미용사(네일), 미용사(메이크업), 굴착기운전기능사, 지게차운전기능사, 건축도장기능사, 방수기능사 [14종목]
  ※ 건축도장기능사, 방수기능사 2종목은 정기검정과 병행 시행

■ CBT 부별 시험시간 안내

구분	입실시간	시험시간	비고
1부	09:30	09:50~10:50	
2부	10:00	10:20~11:20	
3부	11:00	11:20~12:20	
4부	11:30	11:50~12:50	
5부	13:00	13:20~14:20	시험실 입실 시간은 시험 시작 20분 전
6부	13:30	13:50~14:50	
7부	14:30	14:50~15:50	
8부	15:00	15:20~16:20	
9부	16:00	16:20~17:20	
10부	16:30	16:50~17:50	

※ 지역별 접수인원에 따라 일일 시행횟수는 변동될 수 있으며, 원거리 시험장으로 이동할 수 있습니다.

합격자 발표

종이 시험과 달리 CBT 필기시험은 시험이 종료된 후 시험점수와 함께 합격 여부를 확인할 수 있으며, 이 결과는 시험일정 상의 합격자 발표일에 최종 확인할 수 있습니다.

■ CBT 필기시험 체험하기

01 CBT 필기시험 응시를 위해 지정된 좌석에 앉으면 해당 컴퓨터 단말기가 시험감독관 서버에 연결되었음을 알리는 연결 성공 메시지가 나타납니다.

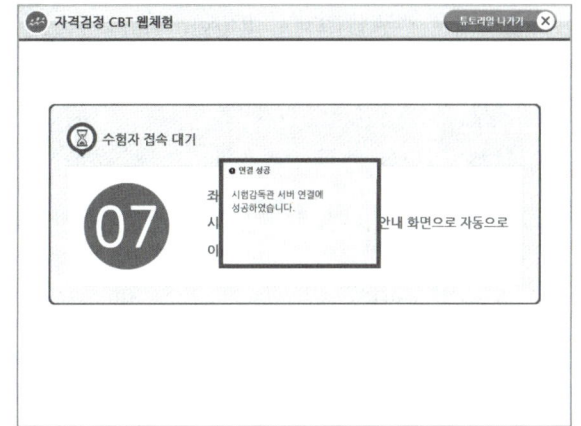

02 수험자 접속 대기 화면에서 좌석번호를 확인합니다. 좌석번호 확인이 끝나면 시험감독관의 지시에 따라 시험 안내 화면으로 자동으로 이동합니다.

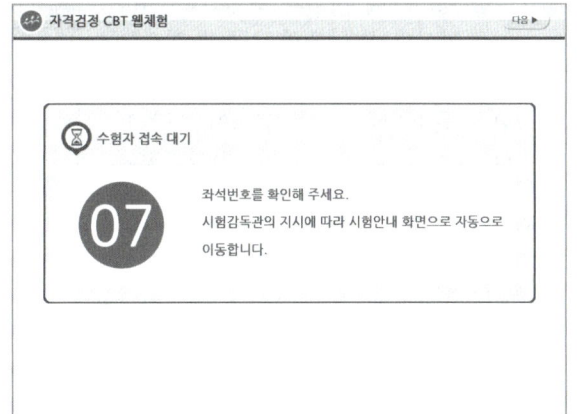

03 수험자 정보를 확인합니다. 감독관의 신분 확인 절차가 진행됩니다. 신분 확인이 모두 끝나면 시험을 시작할 수 있습니다.

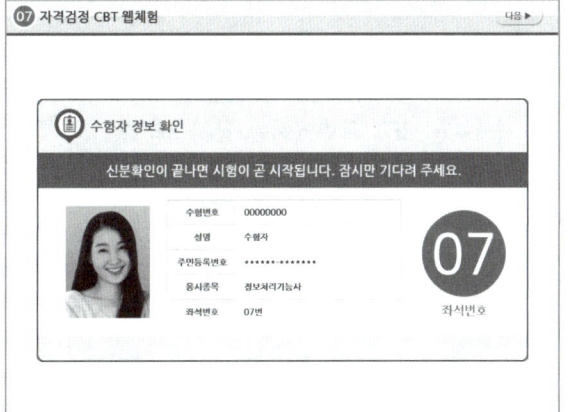

04 CBT 필기시험에 대한 안내사항이 나타납니다. 화면은 예제이며, 실제 기능사 필기시험은 총 60문제로 구성되며, 60분간 진행됩니다.

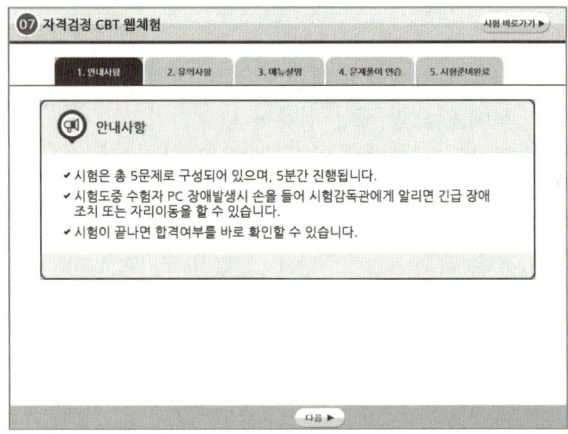

05 다음 항목에서 시험과 관련된 유의사항을 확인합니다. 특히, 시험과 관련한 부정행위 적발 시 퇴실과 함께 해당 시험은 무효처리되어 불합격 될 뿐만 아니라, 이후 3년간 국가기술자격검정에 응시할 수 있는 자격이 정지되므로 부정행위로 인정되는 내용을 꼼꼼히 확인하도록 합니다.

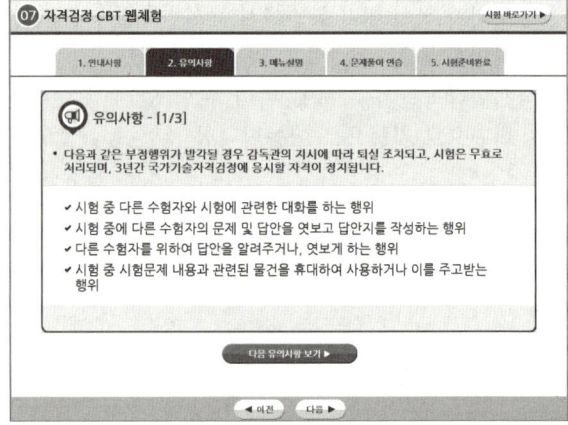

06 메뉴설명 항목에서는 문제풀이와 관련된 메뉴에 대한 설명을 확인할 수 있습니다. CBT 화면에서는 글자 크기를 크게 하거나 작게 할 수 있을 뿐 아니라, 화면 배치를 1단 또는 2단 화면 보기 혹은 한 문제씩 보기로 선택할 수 있습니다.

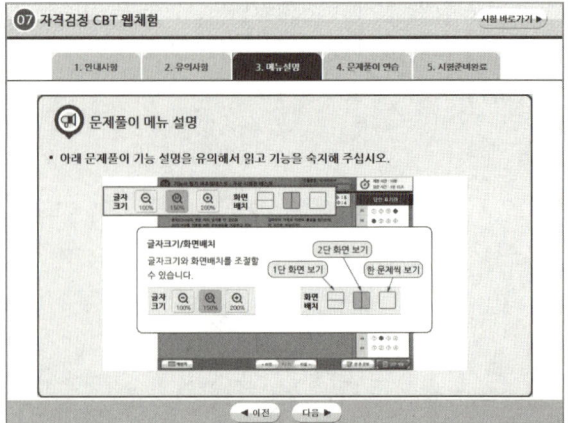

07 문제풀이 연습 항목에서는 실제 문제를 풀어보는 과정을 연습할 수 있습니다. 실제 시험에서 실수하지 않도록 하기 위해 [자격검정 CBT 문제풀이 연습] 버튼을 클릭합니다.

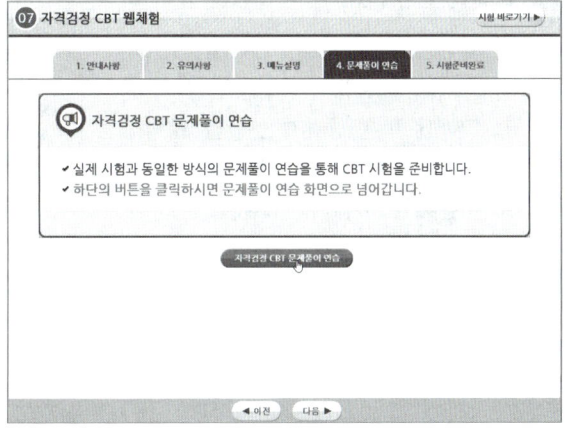

08 보기의 연습 문제는 국가기술자격시험의 정부 위탁기관인 한국산업인력공단의 본부 청사 소재지를 묻는 것입니다. 현재 한국산업인력공단 본부는 울산광역시에 소재하고 있습니다. 문제 아래의 보기에서 번호 항목을 클릭하거나 답안 표기란의 번호 항목에서 해당 답안을 클릭하여 답안을 체크합니다.

09 문제 아래의 보기를 클릭하거나 오른쪽 답안 표기란의 답안 항목을 클릭하면 화면과 같이 선택한 답안이 OMR 카드에 색칠한 것과 같이 색이 채워집니다.

> 답안을 수정할 때는 마찬가지 방법으로 수정하고자 하는 문제의 보기 항목이나 답안 표기란의 보기 항목에서 수정하고자 하는 답안을 클릭합니다.

10 문제를 풀고 나면 다음 문제를 풀기 위해 화면 하단의 [다음] 버튼을 클릭하여 문제를 계속 풀어나가면 됩니다. 참고로 하단 버튼 중 [계산기]를 클릭하면 간단한 공학용 계산기를 사용하여 계산 문제를 푸는 데 도움을 받을 수 있습니다.

> 계산이 끝나고 계산기를 화면에서 사라지게 하려면 계산기 창의 오른쪽 상단에 있는 닫기 ☒ 버튼을 클릭합니다.

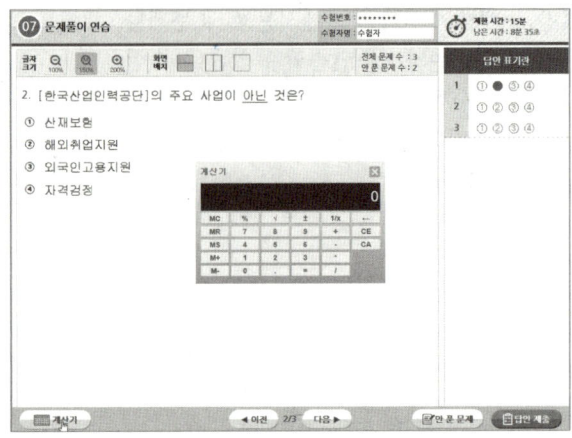

11 문제 풀이 연습이 끝나면 하단의 [답안 제출] 버튼을 클릭하여 답안을 제출합니다.

> 어려운 문제의 경우 하단의 [다음] 버튼을 클릭하여 다음 문제를 풀 수도 있습니다. 단, 이러한 경우 답안을 제출하기 전에 하단의 [안 푼 문제] 버튼을 클릭하여 혹시 풀지 않은 문제가 있는 지 최종적으로 확인하도록 합니다.

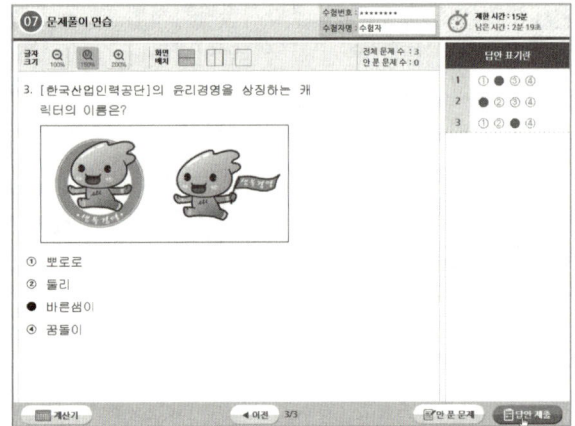

12 답안 제출을 클릭하면 나타나는 화면입니다. 수험생들이 실수로 답안을 모두 체크하지 않고 제출할 수 있는 실수를 방지하기 위해 2회에 걸쳐 주의 화면이 나타납니다. 답안을 제출하려면 [예] 버튼을 누릅니다.

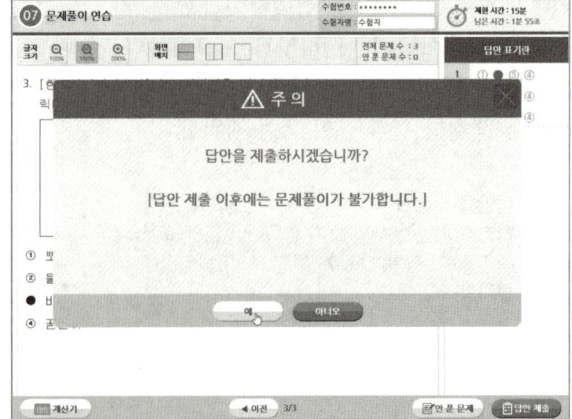

13 문제풀이 연습을 모두 마치면 나타나는 화면에서 [시험 준비 완료] 버튼을 클릭합니다. 이후 시험 시간이 되면 시험 감독관의 지시에 따라 시험이 자동으로 시작됩니다.

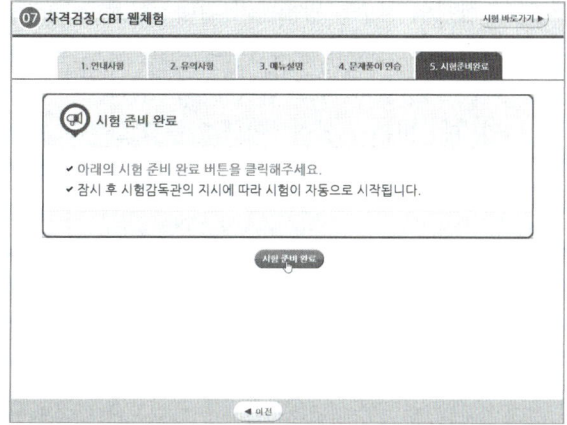

14 본 시험이 시작되면 첫 번째 문제가 화면에 나타납니다. 앞서 문제풀이 연습 때와 마찬가지 방법으로 문제의 보기에서 정답을 클릭하거나 답안 표기란에 해당 문제의 정답 항목을 클릭하여 답을 선택합니다.

15 화면 하단의 [다음] 버튼을 클릭하면 다음 문제를 풀 수 있습니다. 앞서와 마찬가지 방법으로 답안에 체크하고 모든 문제를 풀었다면 [답안 제출] 버튼을 클릭합니다.

화면의 상단 오른쪽에 제한 시간과 남은 시간이 표시됩니다. 본 예제는 체험을 위한 것으로 실제 시험시간은 60분이며, 이에 따라 남은 시간도 표시됩니다.

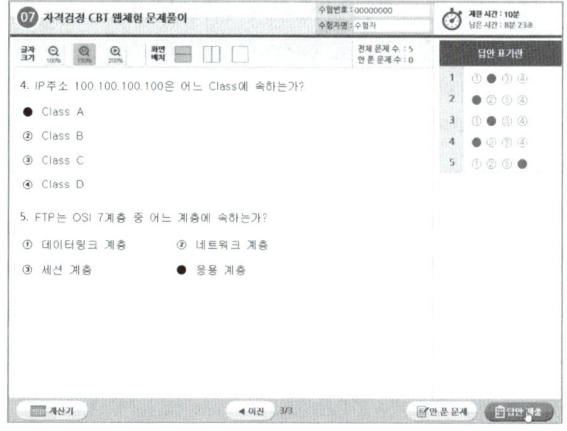

16 수험생의 실수를 방지하기 위해 2회에 걸쳐 주의 문구가 출력됩니다. 모든 문제를 이상없이 풀고 답안에 체크했다면 [예] 버튼을 클릭하여 답안을 제출하고 시험을 마무리합니다.

> 문제 화면으로 다시 돌아가고자 한다면 [아니오] 버튼을 클릭하여 이미 푼 문제들을 다시 확인하고 필요한 경우 답안을 수정할 수 있습니다.

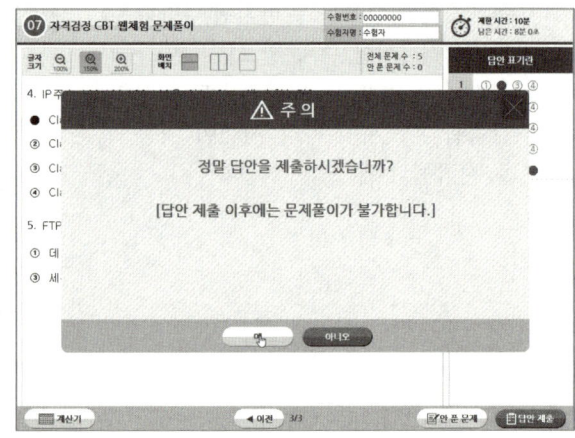

17 답안 제출 화면이 나타납니다. 잠시 기다립니다.

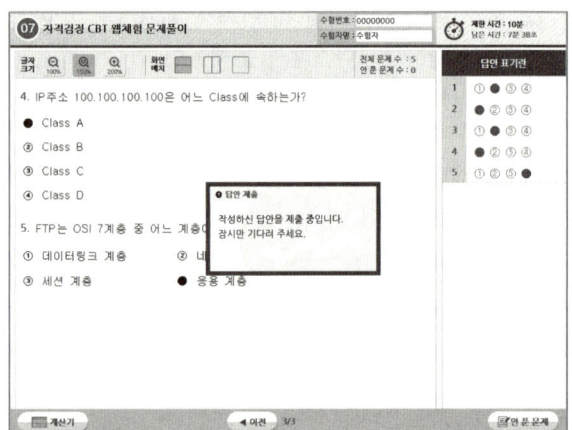

18 CBT 필기시험을 모두 끝내고 답안을 제출하면 곧바로 합격, 불합격 여부를 화면과 같이 확인할 수 있습니다. 독자분들은 꼭 화면과 같은 합격 축하 문구를 볼 수 있기를 기원합니다.

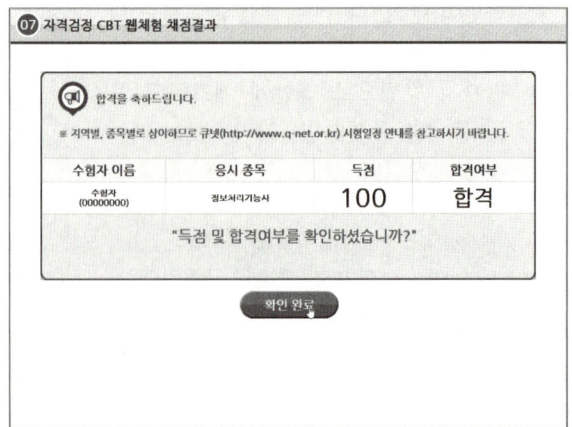

19 앞서의 합격 여부 화면에서 [확인 완료] 버튼을 클릭하면 CBT 필기시험이 종료됩니다. 고생하셨습니다.

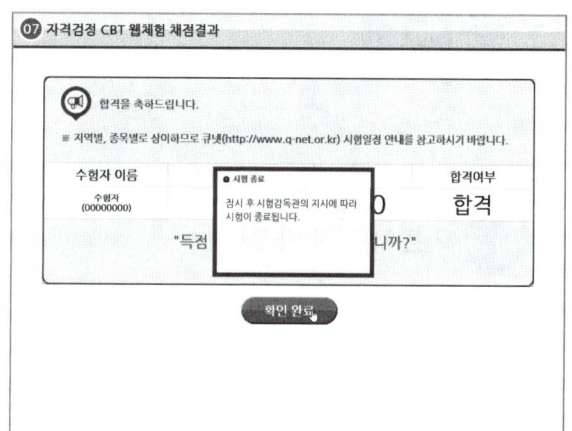

본 도서에 수록된 CBT 필기시험 체험하기 내용은 한국산업인력공단의 CBT 체험하기 과정을 인용하여 구성 및 정리한 것입니다. 직접 한국산업인력공단에서 제공하는 CBT 필기시험을 체험하고자 하는 독자께서는 한국산업인력공단이 운영하는 큐넷 홈페이지(www.q-net.or.kr)를 방문하시기 바랍니다.

이 책의 차례 CONTENTS

제1장 기본사항 및 안전기준

제1절 | 기본사항
- 01 힘과 운동의 관계 ... 22

제2절 | 기관의 성능
- 01 기본 용어 ... 25
- 02 기관 기본 사이클 및 효율 ... 26
- 03 연료 및 연소 ... 29

제3절 | 자동차 안전기준
- 01 안전기준(법규 및 검사기준) ... 32

제1장 출제예상문제 ... 37

제2장 자동차 전기 · 전자

제1절 | 전기·전자 기초
- 01 전기 용어와 법칙 ... 48
- 02 전자 기초 ... 50

제2절 | 시동, 점화 및 충전장치
- 01 축전지 ... 56
- 02 시동장치 ... 59
- 03 점화장치 ... 61
- 04 충전장치 ... 68

제3절 | 계기 및 보안장치
- 01 계기 ... 71
- 02 리모콘 및 보안장치 ... 72
- 03 전기 회로 ... 74
- 04 등화 장치 ... 75

제4절 | 안전 및 편의장치
- 01 안전 및 편의장치 ... 78
- 02 사고회피 기술 ... 86
- 03 기타 안전 기술 ... 88

제5절 | 공기조화장치
- 01 냉방장치(Air Conditioner) ... 89
- 02 난방장치(Heater) ... 90
- 03 공조장치 ... 92

제2장 출제예상문제 ... 93

제3장 자동차 기관

제1절 | 기관 본체
- 01 기관의 개요 ... 108
- 02 기관의 구성 ... 110

제2절 | 연료장치
- 01 가솔린 연료장치 ... 119
- 02 디젤기관 연료장치 ... 121
- 03 LPG 연료장치 ... 129
- 04 CNG 연료장치 ... 133

제3절 | 윤활 및 냉각장치
- 01 윤활장치 ... 136
- 02 냉각장치 ... 140

제4절 | 흡·배기 장치
- 01 흡 · 배기 장치 ... 143
- 02 과급 장치 ... 144
- 03 배출가스 저감장치 ... 145

제3절 | 전자제어장치
- 01 기관 전자제어 시스템 분류 ... 147
- 02 기관 전자제어 센서 ... 150
- 03 전자제어 연료분사장치의 주요 구성품 ... 151

제3장 출제예상문제 ... 155

제4장 자동차 섀시

제1절 | 동력 전달장치
- 01 클러치 … 180
- 02 수동변속기 … 182
- 03 자동변속기 … 185
- 04 무단변속기 … 188
- 05 드라이브 라인 및 동력 배분장치 … 193
- 06 친환경 동력전달장치 – 듀얼 클러치 트랜스미션 … 195

제2절 | 현가 및 조향장치
- 01 현가장치 … 196
- 02 조향장치 … 201

제3절 | 제동장치
- 01 유압식 제동장치 … 207
- 02 공기식 제동장치 … 210
- 03 전자제어 제동장치 … 212
- 04 친환경 제동장치 … 213

제4절 | 주행 및 구동장치
- 01 휠 및 타이어 … 214
- 02 구동력 및 주행성능 … 215
- 03 구동력 제어장치(TCS) … 216

제4장 출제예상문제 … 218

제5장 친환경자동차

제1절 | 하이브리드 자동차
- 01 하이브리드 개요 … 240
- 02 하이브리드 시동 및 취급방법 … 242
- 03 하이브리드 시스템 구성 … 245

제2절 | 전기자동차
- 01 전기자동차 개요 … 247
- 02 전기자동차 배터리 … 248
- 03 전기자동차의 주요 부품 … 252
- 04 전기자동차의 충전 및 냉·난방장치 … 254

제3절 | 수소자동차
- 01 수소 연료전지 자동차 일반 … 257
- 02 수소 연료전지 … 258
- 03 수소자동차 운전 시스템 … 260

제5장 출제예상문제 … 267

제6장 안전관리

제1절 | 산업안전 일반
- 01 안전기준 및 안전보전장치 … 288
- 02 기계 및 기기에 대한 안전 … 290

제2절 | 공구 및 작업상에 대한 안전
- 01 전동 및 공기 공구 … 292
- 02 수공구 … 294
- 03 작업상의 안전 … 295

제5장 출제예상문제 … 297

이 책의 차례

제7장 CBT 복원문제

2019년 1회 CBT 복원문제	312
2019년 2회 CBT 복원문제	321
2019년 3회 CBT 복원문제	330
2020년 1회 CBT 복원문제	339
2020년 2회 CBT 복원문제	348
2020년 3회 CBT 복원문제	357
2021년 1회 CBT 복원문제	365
2021년 2회 CBT 복원문제	374
2021년 3회 CBT 복원문제	383
2022년 1회 CBT 복원문제	392
2022년 2회 CBT 복원문제	401
2022년 3회 CBT 복원문제	410
2023년 1회 CBT 복원문제	418
2023년 2회 CBT 복원문제	427
2024년 1회 CBT 복원문제	436
2024년 2회 CBT 복원문제	445
2025년 1회 CBT 복원문제	455
2025년 2회 CBT 복원문제	464

CHAPTER 01

Craftsman Motor Vehicles Maintenance

기본사항 및 안전기준

Section 01 기본사항
Section 02 기관의 성능
Section 03 자동차 안전기준

SECTION 01 기본사항

Key Factor
① 1N = 1kgf x 1m/s²
② 1kgf = 9.8N
③ 1PS = 75kgf · m/s

STEP 01 힘과 운동의 관계

1. 힘과 운동의 관계

1) 힘
힘은 질량(m)과 가속도(a)를 곱한 것을 의미하며, $F = m \cdot a$로 표시한다.

2) 일
어떤 물체에 힘이 작용하여 길이의 변위가 있을 때 일이라 하며, m-kgf, kgf-m로 많이 사용한다.

3) 일률
단위 시간당 한 일의 양을 의미하며, 1마력은 75kgf · m/s이다.

2. 열과 일 및 에너지와의 관계

1) 열 에너지
열이 갖고 있는 일의 양이며 1J = 0.24cal, 1cal = 4.167J(≒4.2J) 1kcal = 427kgf · m 이다.

2) 위치 에너지
높은 곳에 있는 물체가 떨어지면서 하는 일을 위치 에너지라고 하며 질량 1kg의 물체가 1m 높이에서 떨어질 때 하는 일은 1kg 물체의 중력은 9.8N 이므로 9.8N×1m = 9.8Nm = 9.8J이다.

3) 운동에너지
운동하는 물체는 그 물체가 정지할 때까지 다른 물체에 일을 할 수 있는 에너지를 말한다. 즉, 질량 m인 물체가 속도 v로 운동할 때, 이 물체가 가지고 있는 운동에너지(E)는 $\frac{1}{2} \cdot m \cdot v^2$ 이다.

4) 속도(velocity)
단위시간당 이동한 거리이며 1 km/h, 1 m/s, 1 mile/h(≒1.6 km/h)로 표시하며 $36 km/h = \frac{36,000 \, m}{3,600 \, s} = 10 m/s$이므로, $1 \, m/s = 3.6 \, km/h$이다.

5) 가속도

단위시간당 속도의 변화량을 표시한다.

$$가속도\ \alpha = \frac{나중\ 속도\ -\ 처음\ 속도}{걸린\ 시간}\ (m/s^2)$$

6) 회전수

분당 회전수(RPM, Revolution Per Minute)로 표시한다.

7) 온도

① 온도의 구분

구분	설명
섭씨온도 (celsius centigrade, ℃)	1기압 하에서 순수한 물의 어는 점 0℃ 와 끓는 점 100℃ 사이를 100등분 하여 그 간격을 1℃ 로 표시한다.
화씨온도 (fahrenheit, ℉)	물의 어는점 32℉, 끓는 점 212℉ 사이를 180 등분 한 것이 1℉이다.
절대온도 (Kelven, °K)	기체 분자의 운동 에너지가 최소인 점을 °K로 하고, 눈금은 섭씨 온도와 같은 간격으로 나타낸 것을 말한다.

② 관계식 : 섭씨온도, 화씨온도, 절대온도와의 관계식은 다음과 같다.

- 화씨온도 $°F = \frac{9}{5}°C + 32$
- 섭씨온도 $°C = \frac{5}{9}(°F - 32)$
- 절대온도 $°K = 273.15 + °C$

3. 자동차 공학에 쓰이는 단위

1) 단위계

① 기본 단위 : 길이, 질량, 시간 등이 있다.
  ㉠ 미터법 - C.G.S 단위계(cm, g, sec), M.K.S 단위계(m, kg, sec)
  ㉡ 야아드 파운드법 - F.P.S 단위계(ft, lb, sec)

> **참고** 실용 단위
> - 미터법(Metric system) : 한국, 일본 등에서 사용
> - 야드 파운드법(Yard pound system) : 미국, 영국 등에서 사용

② 보조 단위 : mm, km, mg, ton, min, hour, ms … 등
③ 유도 단위 : cm^2, cm^3, m-kgf, kgf/cm^2, m/s^2 … 등

2) 질량과 중량

① 질량 : 어느 장소에서도 달라질 수 없는 물체 고유의 양이다.

② 중량 : 천체에 따라 달리 측정되는 무게이다. 예를 들면, 지구에서 60kg인 어떤 물체는 달에서는 10kg 정도이다.

㉠ 중량 = 질량×중력가속도(W = m·g)이므로 질량이 1kg인 물체의 중량(1kg중=1kgf)은 지구 상에서는 다음과 같다.

중량 $W = m \cdot g = 1kg \times 9.8 m/s^2 = 9.8N$

즉, $1kgf = 9.8N$, ∴ $1N = \frac{1}{9.8} kgf$

㉡ $1kgf = 9.8N$

$1kgf \cdot m = 9.8N \cdot m = 9.8J$ (∵ $N \cdot m = J = W \cdot s = kg \cdot m^2/s^2$)

∴ $1kgf \cdot m/s = 9.8J/s = 9.8W$ ($1W \cdot s = 1J$이므로 $1W = 1J/s$)

㉢ $1PS = 75kgf \cdot m/s = 75 \times 9.8W = 735W = 0.735kW$

㉣ $1kW = 1,000W = \frac{1,000}{9.8} kgf \cdot m/s = 102 kgf \cdot m/s = \frac{102}{75} = 1.36ps$

3) 영마력과 불마력

구분	공식
영마력(Horse Power, HP)	$1HP = 76kgf \cdot m/s = 76 \times 9.8W = 745W$
불마력(Pferde Stärke, PS)	$1PS = 75kg \cdot m/s = 75 \times 9.8W = 735W$

4) 압력

구분	설명
대기압	대기 공간의 공기는 무게가 없는 것처럼 느껴지지만, 실제로 공기는 무게를 가지고 있으며 지면에 가하는 힘을 '대기압'이라고 하며 1기압은 1.033kgf/cm²이다.
절대압력	• 압력 측정 시 진공을 기준으로 표시한 압력을 '절대 압력'이라 한다. • 절대 압력과 대기압과의 차이를 '게이지 압력'이라 한다.

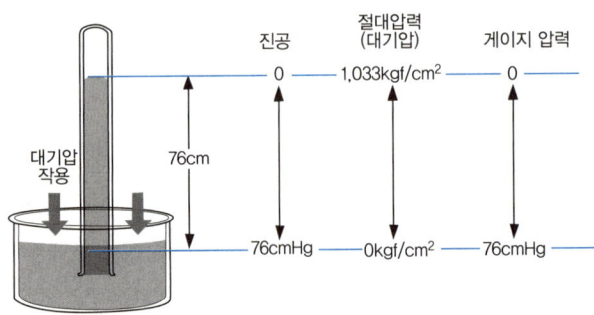

[대기압과 진공]

SECTION 02 기관의 성능

Key Factor

① 배기량 = $\frac{\pi}{4} \times D^2 L = 0.785 \times D^2 L$

② 압축비 = $\frac{실린더\ 체적}{연소실\ 체적} = 1 + \frac{행정\ 체적(배기량)}{연소실\ 체적}$

③ 옥탄가 = $\frac{이소옥탄}{이소옥탄 + 노말헵탄} \times 100(\%)$

STEP 01 기본 용어

1) 상사점(TDC, Top Dead Center)
피스톤 운동의 상한점을 상사점이라 한다.

2) 하사점(BDC, Bottom Dead Center)
피스톤 운동의 하한점을 하사점이라 한다.

3) 행정(stroke)
상사점에서 하사점까지의 거리를 말한다.

4) 내경(bore)
실린더의 안지름을 말한다.

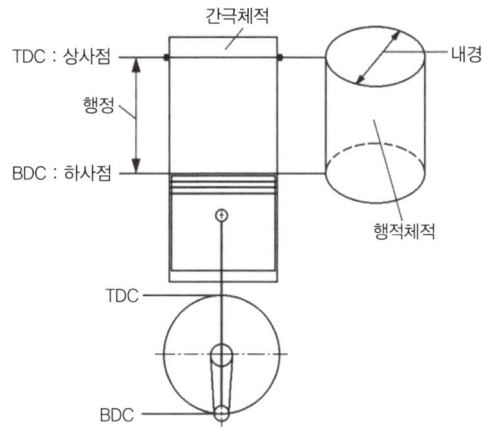

[왕복엔진과 관련된 기본 용어]

5) 행정체적(stroke volume, V_S)
피스톤 단면적과 행정과의 곱으로 배기량이라고도 한다.

$$V_S = \frac{\pi}{4} \times D^2 \times L = 0.785 D^2 \cdot L$$

- V_s : 행정체적(cc)
- D : 내경(cm)
- L : 행정(cm)

6) 총 행정체적(total stroke volume, V)
행정체적과 실린더 수의 곱으로 표시되며, 보통 총배기량이라고 한다.

$$V = \frac{\pi}{4} \times D^2 \times L \times Z = V_S \times Z$$

- V : 총 배기량(cc)
- Z : 실린더 수

7) 압축비(compression ratio, ε)

실린더 체적과 연소실 체적과의 비로, 간극체적과 행정체적을 더한 값을 간극체적으로 나눈 값을 말한다.

$$\varepsilon = \frac{V_C + V_S}{V_C} = 1 + \frac{V_S}{V_C}$$

- ε : 압축비
- V_c : 간극체적(cc)
- V_s : 행정체적(cc)

> **참고** 간극체적(clearance volume) : 피스톤이 상사점에 있을 때의 연소실 체적을 말한다.

8) 가솔린 기관의 성능 곡선도

가솔린 기관에서 운전 중에 축출력, 축 토크, 연료 소비율과의 관계를 나타내는 선도이다.

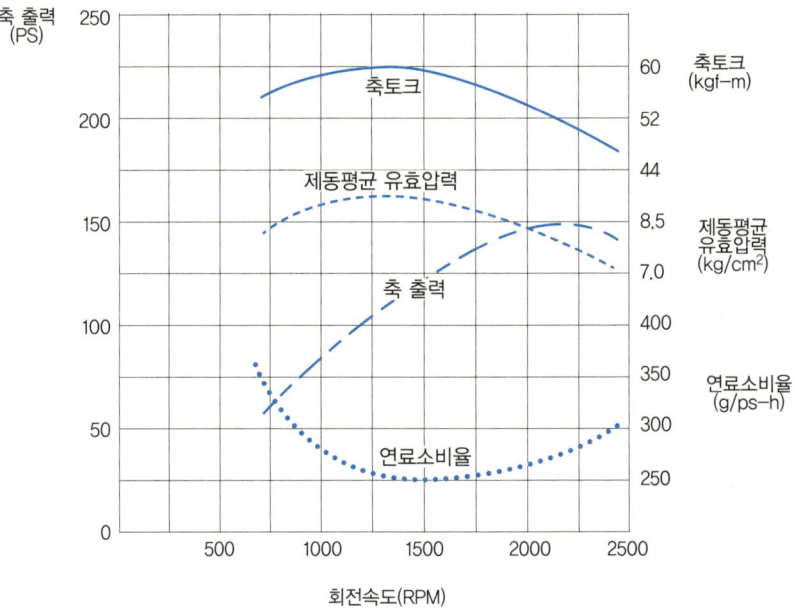

STEP 02 기관 기본 사이클 및 효율

1. 기관의 기본 사이클

1) 정적 사이클(오토 사이클)

일정한 체적하에서 연소하는 사이클을 말하며, 가솔린 엔진의 기본 사이클이다.(가솔린 기관, LPG 기관)

$$\eta_{tho} = 1 - \left(\frac{1}{\varepsilon}\right)^{k-1}$$

- η_{tho} : 정적 사이클의 이론 열효율
- ε : 압축비
- k : 비열비

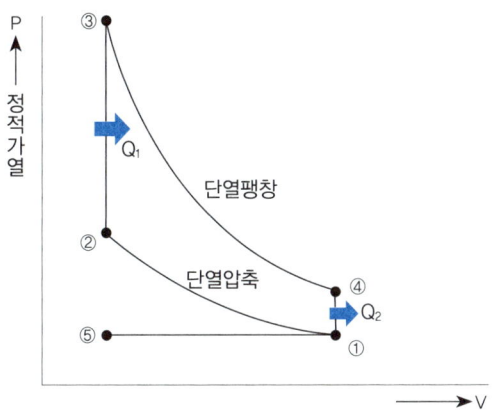

오토 사이클의 P-V선도 상태
① → ② : 압축 과정(단열 압축)
② → ③ : 연소 과정(정적 연소)
③ → ④ : 팽창 과정(단열 팽창)
④ → ① : 배기 과정(정적 배기)
⑤ → ① : 흡입 과정

2) 정압 사이클(디젤 사이클)

일정한 압력하에서 연소하는 사이클이다. (저·중속 디젤 기관)

$$\eta_{thd} = 1 - \left(\frac{1}{\varepsilon}\right)^{k-1} \times \frac{\rho^k - 1}{k(\rho - 1)}$$

- η_{thd} : 디젤사이클의 이론열효율
- ρ : 단열비(정압 팽창비)
- k : 단절비

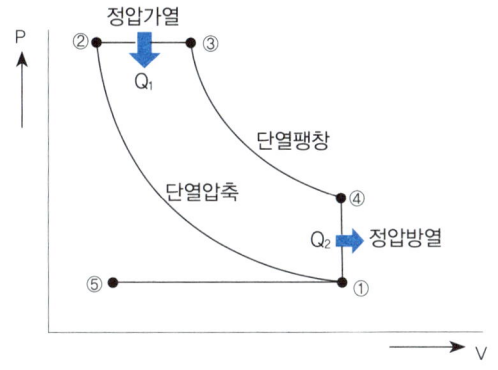

디젤 사이클의 P-V선도 상태
① → ② : 압축 과정(단열 압축)
② → ③ : 연소 과정(정압 연소)
③ → ④ : 팽창 과정(단열 팽창)
④ → ① : 배기 과정
⑤ → ① : 흡입 과정

3) 복합 사이클(사바테 사이클)

일정한 압력 및 체적하에서 연소하는 사이클이다. (고속 디젤 기관)

$$\eta_{ths} = 1 - \left(\frac{1}{\varepsilon}\right) \times \frac{\phi \cdot \rho^k - 1}{(\phi - 1) + k \cdot \phi(\rho - 1)}$$

- η_{ths} : 사바테사이클의 이론 열효율
- ρ : 단열비(정압 팽창비)
- ϕ : 압력비(압력상승비)

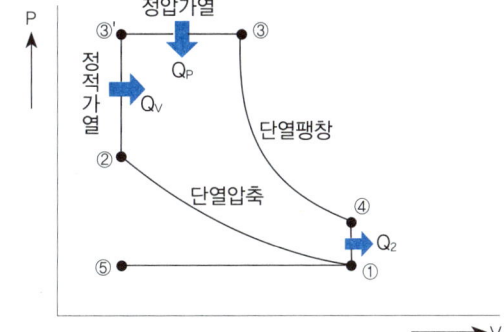

사바테 사이클의 P-V선도 상태
① → ② : 압축 과정(단열 압축)
② → ③′ : 연소 과정(정적 연소)
③′ → ③ : 연소 과정(정압 연소)
③ → ④ : 팽창 과정(단열 팽창)
④ → ① : 배기 과정
⑤ → ① : 흡입 과정

2. 마력과 효율

1) 지시마력 (I.H.P, Indicated Horse Power, 이론마력, 도시마력)

실린더 안에서 일어나는 연소 압력으로부터 직접 측정한 마력이다.

$$I.H.P = \frac{P \times A \times L \times Z \times n}{75 \times 60} = \frac{P \times V \times Z \times n}{75 \times 60 \times 100}$$

- P : 지시평균 유효압력(kgf/cm^2)
- A : 실린더 단면적(cm^2)
- L : 행정(m)
- Z : 실린더 수
- n : 엔진 회전수(rpm)(4사이클 기관 : $n/2$, 2사이클 기관 : n)

2) 제동마력 (B.H.P, Brake Horse Power, 출력, 축마력, 실마력)

크랭크축으로부터 실제의 동력으로서 얻을 수 있는 마력이다.

$$B.H.P = \frac{2 \times \pi \times T \times n}{75 \times 60} = \frac{T \times n}{716}$$

- T : 크랭크 축 회전력(kgf-m)
- n : 엔진 회전수(rpm)

3) 손실마력 (F.H.P, Friction Horse Power, 마찰마력)

$$F.H.P = I.H.P - B.H.P = 지시마력 - 제동마력$$

4) SAE마력

$$SAE \ 마력 = \frac{M^2 Z}{1,613} = \frac{D^2 Z}{2.5}$$

- M : 실린더 내경(mm)
- D : 실린더 내경(inch)
- Z : 실린더 수

5) 기계 효율

연소에 의한 동력과 크랭크 축이 실제로 한 동력과의 비를 말한다.

$$기계효율(\eta_m) = \frac{IHP(제동마력)}{BHP(지시마력)}$$

6) 체적 효율

이론상 행정체적과 실제 흡입한 공기 체적과의 비를 말한다.

$$체적 효율(\eta_v) = \frac{실제\ 흡입한\ 공기의\ 체적}{행정체적}$$

STEP 03 연료 및 연소

1. 연료의 분류

구분	설명
지방족	① 파라핀계(C_nH_{2n+2}) : 노멀헵탄, 이소옥탄이 이에 속한다. ② 올리핀계(C_nH_{2n}) : α-헥실렌(α-hexylen), 3-헵텐(3-heptene)이 이에 속한다.
나프텐족(C_nH_{2n})	연소하기 어려워 탄소 원자가 단결합에 의해서 다른 2개의 탄소 원자와 환상으로 결합한 것으로 사이클로헥산(cyclohexane)이 이에 속한다.
방향족(C_nH_{2n-6})	6개의 탄소 원자가 1개씩 걸러서 2중 결합과 단결합으로 환상 결합한 것으로 벤젠(benzene), 톨루엔(toluene)이 있다.

2. 가솔린 기관의 연료

1) 가솔린의 구비 조건
① 기화성이 좋을 것
② 앤티 노크성이 클 것
③ 발열량이 클 것
④ 내부식성이 크고, 저장 안전성이 있을 것
⑤ 연소 퇴적물의 발생이 적을 것

2) 가솔린의 성질
① 기화성 : 연료가 가열되지 않은 상태에서도 증발하는 성질을 말한다.
  ㉠ 베이퍼록(vapor lock) : 복사 및 열전달로 인해 연료 파이프, 연료펌프 또는 기화기가 가열되어 가솔린이 비등 기화하여 연료 흐름을 방해하는 현상이다.
  ㉡ 기화성 측정법 : ASTM 증류법과 평형공기 증류법이 있다.
② 앤티 노크성 : 가솔린의 노크 방지성을 말하며, C.F.R(Co-operative Fuel Research)기관에서 측정한다.
  ㉠ 옥탄가(octane number) : 가솔린의 앤티 노크성을 표시하는 수치이며, 노크를 가장 일으키기 어려운 이소옥탄(iso-octane : C_8H_{18})과 노크를 가장 일으키기 쉬운 노멀헵탄(normal heptane : C_7H_{16})을 사용하며, 이소옥탄과 노멀헵탄은 체적량으로 나타낸다.

$$옥탄가(ON) = \frac{이소옥탄}{이소옥탄+노멀헵탄} \times 100[\%]$$

ⓒ 퍼포먼스 넘버(performance number) : 동일한 운전조건에서 시험 연료로 운전한 경우와 이소옥탄으로 운전한 경우의 운전 한계에 있어서 도시마력의 비율을 백분율로 나타낸 것이며, 이것은 100이상의 옥탄가의 경우 이소옥탄만으로는 계측할 수 없어 퍼포먼스 넘버를 사용한다. 옥탄가(ON)와 퍼포먼스 넘버(PN)와의 관계는 다음과 같다.

$$PN = \frac{2800}{128-ON} \times 100[\%], \quad ON = \frac{2800}{PN}$$

ⓒ 안티 노크제 : 가솔린의 노킹을 줄여줄 수 있는 재료이며, 4에틸납(T.E.L : tetra ethyl lead), 벤젠, 에틸알코올, 크실롤(xylol), 어닐린, 에틸 아이오다이드(ethyle iodide) 등이 있다.

3. 디젤 기관의 연료

1) 디젤연료의 성질

① 착화성 : 착화 늦음의 크기를 표시하는 방법으로 착화성이란 말을 사용하고 착화성의 양·부를 결정하는 척도이며, 세탄가, 어닐린 점 및 디젤지수 등이 있다.

㉠ 세탄가(Cetane Number) : 착화성을 정량적으로 표시하는 것이며, 표준연료는 착화성이 가장 우수한 세탄($C_{16}H_{34}$)과 착화성이 매우 불량한 α-메틸나프탈린($C_{11}H_{10}$)을 사용한다. 세탄의 세탄가를 100으로 하고 α-메틸나프탈린의 세탄가를 0으로 하여 체적량으로 표시된 계산식으로 구할 수 있다.

$$세탄가(CN) = \frac{세탄}{세탄+\alpha-메틸나프탈린} \times 100[\%]$$

㉡ 어닐린 점(Aniline Point) : 시험 연료와 같은 양의 순수한 어닐린(C_6H_7N)과의 혼합액을 가열하여 완전히 용해하는 최저온도를 말한다. 이것은 착화하기 쉬운 파라핀족을 표시하는 표준이 된다.

㉢ 디젤지수(D.I, Diesel Index) : 디젤지수는 어닐린점을 사용하여 다음과 같은 식으로 산출된다.

$$D.I = \frac{어닐린점(°F) \times 비중API\ 60(°F)}{100} \times 100[\%]$$

② 발화(착화) 촉진제 : 디젤 연료의 착화성 향상제이며, 연소전에 반응을 촉진시켜 착화지연을 단축시키는 물질이다. 초산에틸($C_2H_5NO_3$), 초산아밀($C_5H_{11}NO_3$), 아초산에틸($C_2H_5NO_2$), 아초산아밀($C_5H_{11}NO_2$), 질산에틸, 과산화테드랄린 등이 있다.

2) 디젤연료(경유)의 구비조건
① 착화성이 좋을 것
② 세탄가가 높을 것
③ 점도가 적당할 것
④ 불순물 함유가 없을 것

4. 연소

1) 불완전 연소

탄화수소가 완전연소하면 이산화탄소(CO_2)와 물(H_2O)로 변화되지만 실린더 내에 공기의 공급이 불충분하면 그 연소가 불완전하게 되어 일산화탄소(CO)가 남게 된다. 이와 같이 가연 원소가 남게 되는 불완전 연소는 그 밖의 열 해리를 하는 경우 또는 연소과정에서 중간 생성물이 발생하는 경우가 있다.

① 열 해리 : 실린더 내의 온도가 지나치게 높으면 실린더 내에서 연소로 발생된 물질 CO_2, H_2O 등이 역 변화를 일으켜 열을 흡수하는 현상을 말한다.
② 중간 생성물 발생 : 불완전 연소하는 경우에는 $HCOOH$(포름산)의 중간 생성물이 그대로 남게 되면 공기중의 질소(N_2)나 연료 중의 황(S)과 반응하여 HNO_2 또는 H_2SO_4를 생성하여 실린더 마멸 부식을 일으키는 원인이 된다.

2) 연소의 화학 반응식

① 탄소(C)의 연소
  ㉠ 완전 연소 : 탄소가 완전히 연소하면 이산화탄소가 나온다. → $C + O_2 = CO_2$
  ㉡ 불완전 연소 : 탄소가 불완전 연소되면 일산화탄소가 나온다. → $C + \frac{1}{2}O_2 = CO$
② 수소(H_2)의 연소 : $H_2 + \frac{1}{2}O_2 = H_2O$
③ 황(S)의 연소 : $S + O_2 = SO_2$
④ 탄화수소($CmHn$)의 연소 : $CmHn + (m + \frac{n}{4})O_2 = mCO_2 + \frac{n}{2}H_2O$
⑤ 일산화탄소(CO)의 연소 : $CO + \frac{1}{2}O_2 = CO_2$

SECTION 03 자동차 안전기준

① 자동차의 길이 13m, 너비 2.5m, 높이 4m를 초과하여서는 안된다.
② 배기관의 끝으로부터 30cm 이상, 전기단자로부터 20cm 이상(배3전2)
③ 속도계는 그 지시오차가 정 25%, 부 10% 이내일 것(32km/h~44.4km/h)

STEP 01 안전기준(법규 및 검사기준)

1. 법규 및 검사기준

1) **공차 상태** : 자동차에 사람이 승차하지 않고 물품을 적재하지 아니한 상태로서 연료, 냉각수 및 윤활유를 만재하고 예비 타이어를 설치하여(예비부분품 및 공구 기타 휴대 물품을 제외한다) 운행할 수 있는 상태

2) **적차 상태** : 공차 상태의 자동차에 승차 정원을 승차하고 최대 적재량의 물품이 적재된 상태를 말한다. 이 경우 승차 정원 1인(13세 미만의 자는 1.5인을 승차 정원 1인으로 본다)의 중량은 65kg으로 계산하고 좌석 정원의 인원은 정위치에 입석 정원의 인원은 입석에 균등하게 승차시키며, 물품은 물품 적재장치에 균등하게 적재시킨 상태이어야 한다.

3) **윤중** : 자동차가 수평 상태에 있을 때에 1개의 바퀴가 수직으로 지면을 누르는 하중

4) **길이, 너비, 높이**
   ① 길이 : 13m 이내(연결 자동차의 경우는 16.7m)
   ② 너비 : 2.5m 이내(후사경, 환기장치 또는 밖으로 열리는 창의 경우 이들 장치의 너비는 승용 자동차에 있어서는 25cm, 기타 자동차에 있어서는 30cm)
   ③ 높이 : 4m 이내

5) **최저 지상고** : 공차 상태의 자동차에 있어서 접지부분 외의 부분은 지면과의 사이에 12cm 이상의 간격이 있어야 한다.

6) **총 중량, 축중, 윤중**
   ① 자동차의 총 중량 : 20톤(승합자동차는 30톤, 화물·특수 자동차는 40톤) 이하
   ② 자동차의 축중 : 10톤 이하
   ③ 자동차의 윤중 : 5톤 이하

7) **중량분포** : 자동차의 조향 바퀴 윤중의 합은 차량 중량 및 차량 총 중량의 각각에 대하여 20%(3륜의 경형 및 소형 자동차의 경우에는 18%) 이상이어야 한다.

8) **최대안전 경사각도**
   ① 승용자동차, 화물자동차, 특수자동차 및 승차정원 10명 이하인 승합자동차 : 공차상태에

서 35도(차량총중량이 차량중량의 1.2배 이하인 경우에는 30도)
② 승차정원 11명 이상인 승합자동차 : 적차상태에서 28도

9) **최소회전반경** : 자동차의 최소회전반경은 바깥쪽 앞바퀴자국의 중심선을 따라 측정할 때에 12m를 초과해서는 안된다.

10) **접지압력**
① 이륜자동차의 접지부분은 소음발생이 적고 도로를 파손할 위험이 없는 구조여야 함
② 삼륜형 이륜자동차의 뒷차축에 설치하는 공기압고무타이어의 접지압력은 타이어접지부분의 너비 1cm당 150kg(타이어 접지부분의 너비가 25mm 이하인 경우에는 100kg)을 초과하지 아니하여야 한다.
③ 무한궤도를 장착한 자동차의 접지압력은 무한궤도 1cm2당 3kg을 초과하지 아니할 것

11) **원동기 및 동력전달장치** : 차량총중량 1톤당 출력이 1마력(PS)이상일 것.(다만, 하이브리드자동차, 전기자동차, 경형자동차 및 차량 총중량이 35톤을 초과라는 자동차의 경우 예외)

12) **자동차의 공기압** : 고무 타이어는 금이 가고 갈라지거나 코드층이 노출될 정도의 손상이 없어야 하며, 요철형 무늬의 깊이를 1.6mm 이상 유지하여야 한다.

13) **주행장치** : 자동차에 설치된 다음 각 호의 조향장치 및 표시장치는 운전자가 좌석 안전띠를 착용한 상태에서 쉽게 조작 및 식별할 수 있도록 배치하여야 한다.
① 주 시동장치, 정지장치, 가속 제어장치 및 기타 원동기 조작장치
② 제동장치 및 동력 전달장치의 조작장치
③ 변속장치, 창닦이기, 세정액 분사장치, 서리 제거장치, 안개 제거장치, 비상경고신호등, 전조등, 등화 점등장치, 방향지시등 및 경음기의 조작장치
④ 속도계, 방향지시등, 주행빔, 연료장치, 원동기 냉각수, 윤활유, 제동경고등 및 충전장치의 표시장치

14) **조향장치** : 조향핸들의 유격은 조향핸들 지름의 12.5% 이내이어야 한다.

15) **제동능력** : 주차제동장치의 제동능력은 경사각 11도 30분 이상의 경사면에서 정지상태를 유지할 수 있거나 제동능력이 차량중량의 20% 이상일 것

16) **연료장치**
① 연료 주입구 및 가스 배출구는 배기관의 끝으로부터 30cm 이상, 노출된 전기단자로부터 20cm 이상 떨어져 있을 것
② 양끝이 고정된 도관은 완곡한 형태로 최소한 1m마다 차체에 고정시킬 것
③ 고압부분의 도관은 가스용기 충전압력의 1.5배의 압력에 견딜 수 있을 것

17) **차대 및 차체**
① 자동차의 가장 뒤차축의 중심에서 차체의 뒷부분까지의 수평거리는 윤거(앞차축 중심과 뒤차축 중심까지의 거리)의 1/2 이하일 것(경형 및 소형의 경우 11/20 이하, 승합자동차 2/3 이하)
② 측면보호대의 양쪽 끝과 앞·뒤바퀴 와의 간격은 각각 40cm 이내일 것

18) 견인장치 : 자동차(피견인 자동차를 제외한다)의 앞면(승용 자동차의 경우는 앞면과 뒷면)에는 자동차의 길이 방향으로 견인할 때에 당해 자동차의 차량 중량의 1/2 이상의 힘에 견딜 수 있는 구조의 견인 장치를 갖출 것

19) 승객좌석의 규격
① 승객 좌석의 규격은 가로, 세로 각각 40cm 이상, 앞좌석 등받이의 뒷면과 뒷자석 등받이의 앞면간의 거리는 65cm 이상이어야 한다.
② 어린이 운송용 승합자동차의 어린이용 좌석의 규격은 가로, 세로 각각 27cm 이상, 앞좌석 등받이의 앞면과 뒷자석 등받이의 앞면간의 거리는 46cm 이상이어야 한다.
③ 통로에 설치하는 접이식 좌석은 어린이 운송용 승합 자동차를 제외한 30인승 이하의 승합 자동차에 한하여 이를 설치할 수 있다. 다만, 안내원용접이식 좌석은 31인승 이상의 승합 자동차에도 이를 설치할 수 있다.

20) 입석
① 입석을 할 수 있는 자동차의 차실 안의 유효 높이는 180cm 이상, 통로의 유효 너비는 30cm 이상이어야 한다.
② 1인의 입석 면적은 $0.14m^2$ 이상으로 하되 통로의 유효 너비 30cm에 해당하는 부분과 좌석 전방 25cm인 좌석의 폭에 해당하는 부분은 입석 면적에서 제외한다.

21) 승강구
① 승합 자동차의 승강구의 유효 너비는 60cm 이상, 유효 높이는 160cm(대형 승합 자동차의 경우에는 180cm) 이상이어야 한다.
② 대형 승합 자동차의 승강구 제 1단 발판의 높이는 40cm 이하이고 승강구 문이 열릴 경우 발판을 밝힐 수 있는 등화장치를 갖추어야 하며, 승하차의 편의를 위한 승하차용 손잡이를 설치할 것

22) 비상구 : 승차 정원 30인 이상의 자동차에는 비상구의 유효 너비 40cm 이상 유효 높이 120cm 이상의 비상구를 설치하여야 한다.(창문의 규격이 비상구의 규격 이상이거나 유효 높이 120cm, 유효 너비 40cm 이상의 강화 유리로 되어 비상구로 대용할 수 있는 창문이 있는 경우 예외)

23) 통로 : 승차 정원 16인승 이상의 자동차에는 유효 너비 30cm 이상의 통로를 설치하여야 한다.(다만, 승강구로부터 직접 착석할 수 있는 구조이거나 통로에 접이식 좌석을 설치한 자동차에 있어서 당해 좌석을 접을 경우 30cm 이상의 유효 너비를 확보할 수 있는 자동차의 경우 예외)

24) 창유리
① 자동차의 앞면 창유리는 접합유리 또는 유리·플라스틱 조합유리로, 그 밖의 창유리는 강화유리, 접합유리, 복층유리 또는 유리·플라스틱 조합유리 중 하나로 하여야 한다.
② 자동차의 앞면 창유리 및 운전자좌석 좌우의 창유리 또는 창은 가시광선 투과율이 70% 이상이어야 한다.

25) 배기관 : 자동차의 배기관의 열림 방향은 왼쪽 또는 오른쪽으로 열려 있어서는 아니 되며, 배기관의 열림 방향이 차량 중심선에 대하여 왼쪽으로 30도 이내인 것과 배기관이 왼쪽에

위치하고 차량 중심선에 대하여 오른쪽으로 30도 이내인 것은 적합한 것으로 본다.

26) 전조등
① 등광색은 백색으로 할 것
② 1등당 광도는 주행빔은 15,000cd(4등식 중 주행빔과 변환빔이 동시에 점등되는 형식은 12,000cd) 이상 112,500cd 이하이고 변환빔은 3,000cd 이상 45,000cd 이하일 것
③ 주행빔의 비추는 방향은 전방 10m 거리에서 주광축의 좌우측 진폭은 30cm 이내, 상향 진폭은 10cm 이내, 하향진폭은 등화 설치높이의 3/10 이내일 것.(다만 좌측 전조등의 경우 좌측방향의 진폭은 15cm 이내이어야 하며 운행자동차의 하향진폭은 30cm 이내로 할 수 있으며 조명가변형 전조등은 자동차가 앞으로 움직일 때에만 작동되어야 한다.)

27) 안개등 : 자동차의 앞면에 안개등을 설치할 경우에는 등광색은 백색 또는 황색으로 하고 1등등 광도는 940cd 이상 10,000cd 이하이어야 하며, 뒷면에 안개등을 설치할 경우에는 등광색은 적색으로 하고 1등당 광도는 150cd 이상 300cd 이하이어야 한다.

28) 후퇴등
① 등광색은 백색 또는 황색으로 할 것
② 한 등당 광도가 300cd를 초과하는 경우 주광축은 하향으로 하고, 자동차 뒤쪽 75m 이내의 지면을 비출 수 있도록 설치할 것

29) 번호등
① 등록 번호표 숫자 위의 조도는 어느 부분에서도 8룩스 이상이어야 하며, 최고 조도점 2점의 평균 조도는 최소 조도점 2점의 평균 조도의 20배 이내이어야 하며 등광색은 백색으로 하여야 한다.
② 전조등·후미등·차폭등과 별도로 소등할 수 없는 구조이고, 번호등의 바로 뒤쪽에서 광원이 직접 보이지 않는 구조일 것

30) 제동등
① 등광색은 적색으로 하고, 1등당 광도는 40cd 이상 420cd 이하일 것
② 다른 등화와 겸용하는 제동등은 제동조작을 할 경우 그 광도가 3배 이상으로 증가할 것
③ 승용자동차와 자동차의 너비가 200cm 미만이고 차량 총중량이 4.5톤 이하인 승합자동차·화물자동차 및 특수자동차는 보조제동등 1개를 설치할 수 있으며 다른 등화와 겸용하여 사용할 수 없다.

31) 방향지시등
① 방향지시등은 차체 너비의 50% 이상의 간격을 두고 설치하고, 매분 60회 이상 120회 이하의 일정한 주기로 점멸하거나 광도가 증감하는 구조일 것
② 방향지시등의 등광색은 황색 또는 호박색으로 할 것
③ 1등당 광도는 50cd 이상 1,050cd 이하일 것

32) 후부 반사기
① 후부 반사기의 반사부는 3각형 모양 이외의 모양으로서 경형 및 소형 자동차의 경우에

는 10cm2 이상 기타 자동차의 경우에는 20cm² 이상일 것
② 후부 반사기는 적색이어야 하며, 반사기의 중심점은 공차 상태에서 지상 35cm 이상 150cm 이하의 높이가 되도록 설치되어야 한다.

33) **후사경 설치** : 차체 바로 앞에 장애물을 확인할 수 있는 후사경을 설치하여야 하는 자동차
① 차량 총 중량 8톤 이상의 자동차
② 최대 적재량 5톤 이상의 화물 자동차
③ 승차 정원 16인 이상의 자동차
④ 어린이운송용 승합자동차

34) **경음기** : 경음기의 경적음은 90dB 이상 115dB 이하가 되도록 하되 음의 크기를 일정하게 할 것

35) **속도계**
① 속도계는 평탄한 수평노면에서의 속도가 40km/h인 경우 그 지시오차가 정 25%, 부 10% 이내일 것
② 승합자동차, 차량 총중량이 3.5톤을 초과하는 화물자동차 및 특수자동차(피견인자동차를 연결하는 견인자동차를 포함), 고압가스를 운송하기 위하여 필요한 탱크를 설치한 화물자동차(피견인자동차를 연결한 경우에는 이를 연결한 견인자동차를 포함), 저속전기자동차에는 최고속도제한 장치를 설치하여야 한다.

36) **소화설비** : 자동차에는 ABC소화기를 다음 각 호의 기준에 따라 사용하기 쉬운 위치에 설치하여야 한다. 다만, 승차정원 11인 이상의 승합자동차의 경우에는 운전석 또는 운전석과 옆으로 나란한 좌석 주위에 1개 이상의 소화기를 설치하여야 한다
① 승차정원 7인 이상의 승용자동차 및 경형승합자동차 : 능력단위 1 이상인 소화기 1개 이상
② 승차정원 15인 이하의 승합자동차 : 능력단위 2 이상인 소화기 1개 이상 또는 능력단위 1 이상인 소화기 2개 이상
③ 승차정원 16인 이상 35인 이하의 승합자동차 : 능력단위 2 이상인 소화기 2개 이상
④ 승차정원 36인 이상의 승합자동차 : 능력단위 3 이상인 소화기 1개 이상 및 능력단위 2 이상인 소화기 1개 이상.(다만, 2층대형승합자동차의 경우에는 위층 차실에 능력단위 3 이상인 소화기 1개 이상을 추가로 설치)
⑤ 중형 화물자동차(피견인자동차 제외) 및 특수자동차 : 능력단위 1 이상인 소화기 1개 이상
⑥ 대형 화물자동차(피견인자동차 제외) 및 특수자동차 : 능력단위 2 이상인 소화기 1개 이상 또는 능력단위 1 이상인 소화기 2개 이상

37) **경광등 및 싸이렌**
① 긴급자동차 경광등의 1등당 광도는 135cd 이상 2,500cd 이하이고, 등광색은 적색 또는 청색, 황색, 녹색이어야 한다.
② 싸이렌의 음의 크기는 전방 30m의 위치에서 90dB 이상 120dB 이하일 것

제01장_ 기본사항 및 안전기준
출제예상문제

CHECK POINT QUESTION

[1. 기본사항]

01 25kgf의 물체를 5m로 올리는데 2초가 걸렸다면 필요한 마력(ps)은?

① 0.5PS ② 0.63PS
③ 0.75PS ④ 0.83PS

🔍 일 = 동력 · 시간, 1ps = 75kg · m/s이므로

마력 = $\dfrac{일}{시간 \times 75} = \dfrac{25 \times 5}{2 \times 75} = 0.83PS$

02 100PS의 엔진으로 5,000kgf의 물건을 30m 들어 올리는데 필요한 시간은?

① 0.3s ② 3.3s
③ 20s ④ 30s

🔍 일 = 동력 · 시간, 1ps = 75kg · m/s이므로

시간 = $\dfrac{일}{마력 \times 75} = \dfrac{5,000 \times 30}{100 \times 75} = 20초$

03 150kgf의 물체를 수직 방향으로 매초 1m의 속도로 올리려면 몇 PS의 동력이 필요한가?

① 1PS ② 0.5PS
③ 2PS ④ 5PS

🔍 1PS = 75kg · m/s 이므로

동력 = $\dfrac{150 \times 1}{75} = 2PS$

04 어떤 기관이 2,500rpm에서 30PS의 출력을 얻었다면 이 기관의 회전력은 약 얼마인가?

① 2.5m · kgf ② 3.0m · kgf
③ 5.6m · kgf ④ 8.6m · kgf

🔍 출력(제동마력, PS) = $\dfrac{Tn}{716}$

(T : 회전력(m-kgf), n : 엔진 회전수(rpm))

T = $\dfrac{716 \times PS}{N} = \dfrac{716 \times 30}{2,500} = 8.6$ kgf-m

05 회전수 3,000rpm, 100PS 기관의 토크는 약 몇 kgf-cm인가?

① 2,387kgf-cm ② 2,525kgf-cm
③ 2,637kgf-cm ④ 2,780kgf-cm

🔍 출력(제동마력, PS) = $\dfrac{Tn}{716}$

T = $\dfrac{716 \times PS}{N} = \dfrac{716 \times 100}{3,000} = 23.866$ ∴ 2,387kgf-cm

06 평균유효압력이 4kgf/cm², 행정 체적이 300cc인 2행정 사이클 단기통 기관에서 1회의 폭발로 몇 kgf · m의 일을 하는가?

① 6kgf · m ② 8kgf · m
③ 10kgf · m ④ 12kgf · m

🔍 일 = 압력×체적, ∴ 4×300 = 1,200kgf-cm = 12kgf-m

07 평균 유효압력이 10kgf/cm², 배기량이 7,500cc, 회전속도 2,400rpm, 단기통인 2행정 사이클 디젤 엔진의 지시마력은 몇 PS인가?

① 200PS ② 300PS
③ 400PS ④ 500PS

🔍 지시마력 = $\dfrac{PALZn}{75 \times 60} = \dfrac{PVZn}{75 \times 60 \times 100}$

P : 지시평균 유효압력(kgf/cm²), A : 실린더 단면적(cm²), L : 행정(m), V : 배기량(cm³), Z : 실린더 수, n : 엔진 회전수(rpm), 2행정기관 : n, 4행정기관 : n/2

∴ 지시마력 = $\dfrac{10 \times 7,500 \times 2,400}{75 \times 60 \times 100} = 400PS$

정답 [1. 기본사항] 01 ④ 02 ③ 03 ③ 04 ④ 05 ① 06 ④ 07 ③

08 동력계에 의하여 기관출력을 측정하였더니 3,000 rpm에서 60마력이 발생하였다. 이 기관의 지시마력은? (단, 기계효율은 80%이다.)

① 48마력 ② 50마력
③ 62마력 ④ 75마력

> 기계효율 = $\dfrac{제동마력}{지시마력} \times 100(\%)$
>
> ∴ 지시마력 = $\dfrac{제동마력}{기계효율} \times 100(\%) = \dfrac{60}{80} \times 100(\%)$
> = 75PS

09 실린더의 직경이 75mm, 행정이 80mm인 4행정 사이클 4실린더 기관의 SAE 마력은 약 몇 PS인가?

① 12PS ② 13PS
③ 14PS ④ 15PS

> SAE 마력 = $\dfrac{M^2 Z}{1,613} = \dfrac{D^2 Z}{2.5}$
>
> M : 내경(mm), D : 내경(inch), Z : 실린더수
>
> ∴ SAE 마력 = $\dfrac{M^2 Z}{1,613} = \dfrac{75^2 \times 4}{1,613} = 13.9PS$

10 비중 0.75 발열량 10,000kcal/kg인 연료를 사용하여 30분간 시험했을 때의 연료소비량이 8L이었다. 이 기관의 연료 마력은?

① 약 95마력 ② 약 109마력
③ 약 190마력 ④ 약 250마력

> 연료마력 = $\dfrac{60CW}{632.3t} = \dfrac{CW}{10.5t}$
>
> C : 연료의 저위발열량(kcal/kgf)
> W : 연료 중량(kgf), t : 측정시간(분)
>
> ∴ 연료마력 = $\dfrac{10,000 \times 8 \times 0.75}{10.5 \times 30} = 190.4PS$

11 120PS의 출력을 내는 디젤 기관이 24시간 동안에 360L의 연료를 소비하였다. 이 기관의 연료소비율(g/ps-h)은? (단, 연료의 비중은 0.9이다.)

① 125 ② 450
③ 112.5 ④ 512.5

> 연료소비율(g/ps-h) = $\dfrac{연료량}{시간 \times 마력}$, 1L=1,000cc이므로
>
> ∴ 연료소비율 = $\dfrac{360 \times 1,000 \times 0.9}{120 \times 24} = 112.5$ kg/PS-h

12 어느 가솔린기관의 제동 연료소비율이 250g/ps-h이다. 제동 열효율은 약 몇 %인가? (단, 연료의 저위발열량은 10,500kcal/kg이다.)

① 12.5 ② 24.1
③ 35.2 ④ 48.3

> 제동열효율 = $\dfrac{632.3 \times PS}{C \times W} \times 100(\%)$
>
> 연료의 저위발열량(kcal/kgf), W : 연료 중량(kgf),
> PS : 마력(주어지지 않으면 1마력)
>
> ∴ 제동열효율 = $\dfrac{632.3 \times 1}{0.25 \times 10,500} \times 100(\%) = 24.08\%$

13 어떤 자동차로 15km 떨어진 지점을 왕복하였을 때 40분의 시간이 소요되었고 1,850cc의 연료를 소모하였다. 이 경우 왕복 평균 연료소비율은 얼마인가?

① 16.2km/L ② 20.2km/L
③ 12.2km/L ④ 18.6km/L

> 연료소비율(km/L) = $\dfrac{주행거리}{연료소비량} = \dfrac{30}{1.85}$
>
> = 16.2km/ℓ

14 자동차가 200m를 통과하는데 10s 걸렸다면 이 자동차의 속도는?

① 68km/h ② 72km/h
③ 86km/h ④ 92km/h

> 속도(km/h) = $\dfrac{주행거리}{주행시간}$, 시속 = 초속×3.6이므로
>
> ∴ 속도(km/h) = $\dfrac{200}{10} \times 3.6 = 72$km/h

15 승용 자동차로 서울에서 대전까지(187.2km) 주행하였다. 출발시간은 오후 1시 20분, 도착시간은 오후 3시 8분이었다면 평균 주행속도는?

① 126.5km/h ② 104km/h
③ 156km/h ④ 60.78km/h

> 속도(km/h) = $\dfrac{주행거리}{주행시간}$,
>
> 주행시간은 108분 = 1.8시간이므로
>
> ∴ 속도(km/h) = $\dfrac{187.2}{1.8} = 104$km/h

정답 08 ④ 09 ③ 10 ③ 11 ③ 12 ② 13 ① 14 ② 15 ②

16 20km/h로 달리던 차가 급가속하여 10초 후에 56km/h로 가속되었다. 이때의 가속도는?

① 1m/sec² ② 5m/sec²
③ 6m/sec² ④ 36m/sec²

🔍 가속도(m/s²) = (나중속도 − 처음속도) / 걸린시간
= (56km/h − 20km/h) / 10sec = 36km/h(=10m/s) / 10sec = 1m/s²

17 기관의 실린더 압축압력을 측정한 결과 170lbf/in² 이었다. kgf/cm²로 환산하면 약 얼마인가?

① 1kgf/cm² ② 7kgf/cm²
③ 12kgf/cm² ④ 15kgf/cm²

🔍 1kgf/cm² = 14.2psi이므로, $\frac{170}{14.2}$ = 11.97kgf/cm²

18 작용 면적이 30cm²인 피스톤에 20kgf/cm²의 압력이 작용하면 작동력은 얼마인가?

① 300kgf ② 600kgf
③ 150kgf ④ 6kgf

🔍 압력(kgf/cm²) = 하중 / 단면적
하중 = 압력 × 단면적 = 20 × 30 = 600kgf

[2. 기관의 성능]

01 일정한 체적에서 연소가 일어나는 가장 대표적인 사이클은?

① 오토 사이클 ② 디젤 사이클
③ 사바테 사이클 ④ 카르노 사이클

🔍 자동차 기관의 기본 사이클
① 오토 사이클 : 정적 사이클 – 가솔린 기관
② 디젤 사이클 : 정압 사이클 – 저속 디젤기관
③ 사바테 사이클 : 복합(합성) 사이클 – 고속 디젤

02 고속 디젤기관의 사이클은?

① 오토 사이클 ② 디젤 사이클
③ 카르노 사이클 ④ 사바테 사이클

03 다음 그림은 무슨 사이클인가?

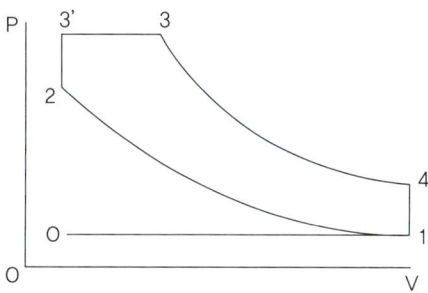

① 오토 사이클 ② 디젤 사이클
③ 복합 사이클 ④ 카르노사이클

04 자동차 기관의 기본 사이클이 아닌 것은?

① 공압 사이클 ② 정적 사이클
③ 정압 사이클 ④ 복합 사이클

05 압축비가 동일할 때 이론 열효율이 가장 높은 사이클은?

① 오토 사이클 ② 사바테 사이클
③ 디젤 사이클 ④ 브레이톤 사이클

🔍 압축비가 일정할 때 열효율은 오토 사이클 〉 사바테 사이클 〉 디젤 사이클 순이다.

06 압축비가 6인 정적 사이클의 이론 열효율은 약 얼마인가? (단, 비열비는 k는 1.4이다.)

① 48.2% ② 50.2%
③ 51.2% ④ 53.2%

🔍 오토사이클 열효율(η) = $1 - \frac{1}{\varepsilon^{k-1}} = 1 - \left(\frac{1}{\varepsilon}\right)^{k-1}$

ε : 압축비, k : 비열비

∴ η = $1 - \left(\frac{1}{6}\right)^{0.4}$ = 0.512, 즉 51.2%

정답 16 ① 17 ③ 18 ② [2. 기관의 성능] 01 ① 02 ④ 03 ③ 04 ① 05 ① 06 ③

07 압축비가 8인 오토사이클의 이론효율은 몇 %인가?
(단, 비열비는 1.4이다.)

① 약 45.4   ② 약 56.5
③ 약 65.6   ④ 약 72.2

🔍 오토사이클 열효율(η) = $1 - \left(\dfrac{1}{8}\right)^{0.4}$ = 0.565, 즉 56.5%

08 실린더의 지름이 100mm, 행정이 100mm인 1기통 기관의 배기량은?

① 78.5cc   ② 785cc
③ 1,000cc   ④ 1,273cc

🔍 배기량 $V = \dfrac{\pi}{4}D^2LN = 0.785 \times D^2 \times L \times N$
$= 0.785 \times 10^2 \times 10 \times 1 = 785cc$

09 실린더의 연소실 체적이 60cc, 행정 체적이 360cc인 기관의 압축비는?

① 5 : 1   ② 6 : 1
③ 7 : 1   ④ 8 : 1

🔍 압축비(ε) = $\dfrac{\text{실린더 체적}}{\text{연소실 체적}} = 1 + \dfrac{\text{행정 체적(배기량)}}{\text{연소실 체적}}$
$= 1 + \dfrac{360}{60} = 7$

10 연소실 체적이 40cc이고 총 배기량이 1,280cc인 4기통 기관의 압축비는?

① 6   ② 9
③ 18   ④ 33

🔍 압축비(ε) = $\dfrac{\text{실린더 체적}}{\text{연소실 체적}} = 1 + \dfrac{\text{행정 체적(배기량)}}{\text{연소실 체적}}$ 에서
4기통 기관의 총배기량이 1,280cc이므로, 1개 실린더 배기량은 320cc
∴ 압축비 $= 1 + \dfrac{320cc}{40cc} = 9$

11 4행정 4실린더 기관에서 실린더 안지름은 80mm, 행정은 80mm, 압축비는 10 : 1이다. 이 기관의 전체 연소실 체적은 약 몇 cc인가?

① 45cc   ② 179cc
③ 447cc   ④ 1786cc

🔍 압축비(ε) = $1 + \dfrac{\text{행정 체적(배기량)}}{\text{연소실 체적}}$ 이므로
연소실 체적 $= \dfrac{\text{행정 체적(배기량)}}{\text{압축비} - 1} = \dfrac{0.785 \times 8^2 \times 8}{10 - 1}$
$= 44.66cc$
4실린더이므로 44.66×4 = 178.6cc, 즉 179cc

12 기관의 피스톤 지름이 60mm, 크랭크축의 회전 반지름이 30mm, 압축비가 9일 경우 연소실 체적으로 맞는 것은?

① 12.2cm³   ② 16.4cm³
③ 18.4cm³   ④ 21.2cm³

🔍 크랭크축 회전 반지름이 30mm 이므로, 행정은 60mm
연소실 체적 $= \dfrac{\text{행정 체적(배기량)}}{\text{압축비} - 1} = \dfrac{0.785 \times 6^2 \times 6}{9 - 1}$
$= 21.19cm^3$

13 연소실의 체적이 48cc이고, 압축비가 9 : 1인 기관의 배기량은 얼마인가?

① 43cc   ② 384cc
③ 336cc   ④ 288cc

🔍 압축비(ε) = $\dfrac{\text{실린더 체적}}{\text{연소실 체적}} = 1 + \dfrac{\text{행정 체적(배기량)}}{\text{연소실 체적}}$ 에서
행정체적(배기량) = (압축비−1)×연소실 체적
$= (9-1) \times 48cc = 384cc$

14 가솔린 기관의 연소실 체적이 행정 체적의 20%이다. 이 기관의 압축비는?

① 6 : 1   ② 5 : 1
③ 8 : 1   ④ 7 : 1

🔍 압축비(ε) = $1 + \dfrac{\text{행정 체적(배기량)}}{\text{연소실 체적}}$ 에서,
행정 체적이 연소실 체적의 20% 이므로
∴ 압축비(ε) $= 1 + \dfrac{100}{20} = 6$

정답 07 ② 08 ② 09 ③ 10 ② 11 ② 12 ④ 13 ② 14 ①

15 2행정 사이클 엔진에서 평균 유효압력 5kgf/cm²인 한 개의 기통(cylinder)이 한번 폭발할 때 일(work)이 20kgf-m이라고 한다. 이때 배기량(행정용적)은?

① 300cc
② 400cc
③ 500cc
④ 600cc

🔍 일 = 압력×체적(배기량)에서,
배기량 = $\frac{일}{압력}$ = $\frac{2,000 kgf-cm}{5 kgf/cm^2}$ = 400cc

16 기관의 열효율을 측정하였더니 배기 및 복사에 의한 손실이 35%, 냉각수에 의한 손실이 35%, 기계효율이 80%라면 제동 열효율은?

① 35%
② 30%
③ 28%
④ 24%

🔍 제동 열효율 = {100−(배기 및 복사에 의한 손실 + 냉각손실)}×기계효율
= {100−(35+35)}×0.8 = 24%

17 가솔린의 화합물로 맞는 것은?

① 탄소와 수소
② 수소와 질소
③ 탄소와 산소
④ 수소와 산소

🔍 가솔린은 탄소(C)와 수소(H)로 구성된 고분자 화합물이다.

18 다음 중 최적의 공연비를 바르게 나타낸 것은?

① 희박한 공연비
② 농후한 공연비
③ 이론적으로 완전연소 가능한 공연비
④ 공전시 연소 가능범위의 연비

🔍 최적의 공연비란 이론적으로 완전연소가 가능한 혼합비로 14.7 : 1을 의미한다.

19 공기 과잉률이란?

① 이론 공연비
② 실제 공연비
③ 흡입 공기량 ÷ 연소 소비량
④ 실제 공연비 ÷ 이론 공연비

🔍 공기 과잉률이란 이론적으로 필요한 공연비와 실제 엔진이 공급된 공연비와의 비를 말한다.

20 연료 1kg을 연소시키는데 필요한 이론공기량과 실제로 공급된 공기량과의 비를 무엇이라고 하는가?

① 공기과잉율
② 연소율
③ 흡기율
④ 공기율

21 자동차용 기관의 연료가 갖추어야 할 특성으로 틀린 것은?

① 단위 중량 또는 체적당의 발열량이 클 것
② 점도가 클 것
③ 상온에서 기화가 용이 할 것
④ 연소가 빠르고 이상 연소를 일으키지 않을 것

🔍 연료의 특성
• 단위 중량당 발열량이 클 것
• 상온에서 쉽게 기화할 것
• 연소가 빠르고 완전 연소 할 것
• 연소후에 유해 화합물이 남지 않을 것

22 가솔린 연료의 구비조건으로 맞지 않은 것은?

① 단위 중량당 발열량이 작을 것
② 빠른 속도로 연소되며 완전 연소될 것
③ 인화 및 폭발의 위험이 적고 가격이 저렴할 것
④ 연소 후에 탄소 및 유해 화합물이 남지 않을 것

23 가솔린 기관과 비교하여 디젤 기관의 장점은?

① 열효율이 높고 연료소비량이 적다.
② 기관의 단위 출력당 중량이 가볍다.
③ 운전 중 소음이 비교적 적다.
④ 기관의 압축비가 낮다.

🔍 디젤기관의 장점
• 압축비가 높다.
• 점화장치가 없으므로 이에 따른 고장이 없다.
• 인화점이 높으므로 저장이나 취급이 용이하다.
• 저속에서 회전력이 크다.
• 열효율이 높고 연료소비량이 적다.
• 마력당 중량이 무겁다.

정답 15 ② 16 ④ 17 ① 18 ③ 19 ④ 20 ① 21 ② 22 ① 23 ①

24 가솔린의 안티 노크성을 표시하는 것은?

① 세탄가
② 헵탄가
③ 옥탄가
④ 프로탄가

> 옥탄가 : 연료의 안티 노킹성(anti-knocking, 내폭성, 제폭성)을 나타내는 정도

25 가솔린 연료의 내폭성을 표시하는 값은?

① 세탄가　　② 옥탄가
③ 점성　　　④ 유성

26 노킹이 기관에 미치는 영향 설명으로 틀린 것은?

① 기관 주요 각부의 응력이 감소한다.
② 기관의 열효율이 저하한다.
③ 실린더가 과열한다.
④ 출력이 저하한다.

> 노킹 발생시 나타나는 증상
> • 순간 폭발압력은 증가하나 평균 유효압력은 낮아진다.
> • 기관의 출력이 감소한다.
> • 이상 열전달로 기관이 과열한다.
> • 냉각수가 끓어 넘친다.
> • 엔진 베어링이 마모되어 기관이 정지한다.

27 가솔린 기관의 노킹을 방지하는 방법 중 틀린 것은?

① 화염 진행거리를 단축시킨다.
② 자연착화 온도가 높은 연료를 사용한다.
③ 화염전파 속도를 빠르게 하고, 가스의 와류를 증가시킨다.
④ 냉각수의 온도를 높여 주고 혼합기 및 화염의 온도를 높인다.

> 노킹방지 대책
> • 옥탄가가 높은 연료를 사용한다.
> • 화염전파 거리를 가능한 한 짧게 한다.
> • 흡입공기 온도와 연소실 온도를 낮게 한다.
> • 점화시기를 지각시킨다.
> • 퇴적된 카본을 제거한다.

28 가솔린 기관에서 고속 노크(high speed knock) 방지 대책으로 맞는 것은?

① 점화시기를 빠르게 한다.
② 저옥탄가 가솔린을 사용한다.
③ 퇴적된 카본을 제거한다.
④ 수리시 얇은 헤드 가스킷을 사용한다.

29 엔진의 출력성능을 향상시키기 위하여 제동평균 유효압력을 증대시키는 방법을 사용하고 있다. 이 중 틀린 것은?

① 배기밸브 직후 압력인 배압을 낮게 하여 잔류 가스량을 감소시킨다.
② 흡·배기 때의 유동저항을 저감시킨다.
③ 흡기 온도를 흡기구의 배치 등을 고려하여 가급적 낮게 한다.
④ 흡기압력을 낮추어서 흡기의 비중량을 작게 한다.

> 흡기압력을 높여서 흡기의 비중량을 크게 한다.

30 연소실 설계 시 고려할 사항으로 틀린 것은?

① 화염전파에 요하는 시간을 가능한 한 짧게 한다.
② 가열되기 쉬운 돌출부를 두지 않는다.
③ 연소실의 표면적이 최대가 되게 한다.
④ 압축행정에서 혼합기에 와류를 일으키게 한다.

> 연소실 설계 시 고려할 사항
> • 가열되기 쉬운 돌출부를 두지 않는다.
> • 화염전파 시간을 가능한 한 짧게 한다.
> • 압축행정시 와류가 발생되게 한다.

정답 24 ③　25 ②　26 ①　27 ④　28 ③　29 ④　30 ③

[3. 자동차 안전기준]

01 공차상태를 가장 적합하게 표현한 것은?

① 연료, 냉각수, 예비공구를 만재하고 운행할 수 있는 상태
② 연료, 냉각수, 윤활유를 만재하고 예비타이어를 비치하여 운행할 수 있는 상태
③ 운행에 필요한 장치를 하고 운전자만 승차한 상태
④ 아무 것도 적재하지 아니한 자동차만의 상태

🔍 공차상태란 사람이 승차하지 아니하고 연료, 냉각수, 윤활유를 만재하고 예비타이어를 설치하여 운행할 수 있는 상태를 말한다.

02 윤중에 대한 정의이다. 옳은 것은?

① 자동차가 수평으로 있을 때, 1개의 바퀴가 수직으로 지면을 누르는 중량
② 자동차가 수평으로 있을 때, 차량 중량이 1개의 바퀴에 수평으로 걸리는 중량
③ 자동차가 수평으로 있을 때, 차량 총 중량이 2개의 바퀴에 수직으로 걸리는 중량
④ 자동차가 수평으로 있을 때, 공차 중량이 4개의 바퀴에 수직으로 걸리는 중량

03 자동차 높이의 최대허용 기준으로 맞는 것은?

① 3.5m   ② 3.8m
③ 4.0m   ④ 4.5m

🔍 자동차의 길이, 너비 및 높이는 다음 기준을 초과해서는 안 된다. • 길이 13m, • 너비 2.5m, • 높이 4m

04 공차상태의 자동차에 있어서 접지부분 이외의 부분은 지면과의 사이에 몇 cm 이상의 간격이 있어야 하는가?

① 12   ② 13
③ 14   ④ 15

🔍 공차상태의 자동차에 있어서 접지부분 외의 부분은 지면과의 사이에 12cm 이상의 간격이 있어야 한다.

05 화물자동차 및 특수자동차의 차량총중량은 몇 톤을 초과해서는 안되는가?

① 20톤   ② 30톤
③ 40톤   ④ 50톤

🔍 자동차의 차량총중량은 20톤, 승합자동차는 30톤, 화물 및 특수자동차는 40톤을 초과해서는 안된다.

06 공차상태 조향륜의 하중분포(%)를 구하는 식으로 맞는 것은?

① $\dfrac{\text{차량 총중량}}{\text{접지 면적}} \times 100$

② $\dfrac{\text{전륜 접지 면적}}{\text{차량 총중량}} \times 100$

③ $\dfrac{\text{공차시 조향륜의 윤중 합}}{\text{차량 총중량}} \times 100$

④ $\dfrac{\text{차량 총중량}}{\text{공차시 조향륜의 윤중 합}} \times 100$

🔍 조향바퀴의 윤중의 합은 차량중량 및 차량총중량 각각에 대하여 20% 이상이어야 한다.

07 최고속도가 100km/h, 공차상태의 자동차는 좌우 각각 몇 도까지 기울인 상태에서 전복되지 않아야 하는가?

① 20°   ② 25°
③ 32°   ④ 35°

🔍 공차상태의 자동차는 좌우 각각 35° 기울인 상태에서 전복되지 않아야 한다.

08 주행장치 기준에 있어서 자동차의 공기압 고무 타이어는 요철형 무늬의 깊이를 최소 몇 mm 이상 유지하여야 하는가?

① 1.0   ② 1.6
③ 10   ④ 16

🔍 자동차의 공기압 고무타이어의 요철형 무늬의 깊이를 1.6mm 이상 유지할 것

정답 [3. 자동차 안전기준] 01 ② 02 ① 03 ③ 04 ① 05 ③ 06 ③ 07 ④ 08 ②

09 관련법상 자동차의 공기압 고무타이어는 요철형 무늬의 깊이를 몇 mm 이상 유지하여야 하는가?

① 1.6
② 1.8
③ 2.0
④ 2.5

10 연료탱크의 주입구 및 가스배출구는 노출된 전기 단자로부터 (ㄱ)mm, 배기관의 끝으로부터 (ㄴ)mm 떨어져 있어야 한다. ( )안에 알맞은 것은?

① ㄱ : 300, ㄴ : 200
② ㄱ : 200, ㄴ : 300
③ ㄱ : 250, ㄴ : 200
④ ㄱ : 200, ㄴ : 250

🔍 자동차의 연료탱크, 주입구 및 가스 배출구는 배기관 끝으로부터 30cm, 노출된 전기단자 및 전기개폐기로부터 20cm 이상 떨어져 있을 것

11 액화석유가스(LPG)를 연료로 사용하는 자동차의 고압부분의 도관은 가스용기 충전압력 몇 배의 압력에 견딜 수 있어야 하는가?

① 1
② 1.5
③ 1.8
④ 2

12 LPG 연료장치로 구조변경검사를 시행할 경우 두께가 3.2mm인 SS41 강재로 가스용기 및 용기밸브를 보호할 경우 차체의 최후단과 최외측으로부터 각각 얼마 이상 간격을 두고 설치하여야 하는가?

① 차체의 최후단으로부터 500mm, 최외측으로부터 300mm
② 차체의 최후단으로부터 300mm, 최외측으로부터 200mm
③ 차체의 최후단으로부터 200mm, 최외측으로부터 100mm
④ 차체의 최후단으로부터 100mm, 최외측으로부터 50mm

🔍 가스용기 및 용기밸브 등은 차체의 최후단으로부터 300mm 이상, 차체의 최외측면으로부터 200mm 이상의 간격을 두고 설치할 것. 단 강재가 표준규격 41(SS41) 이상이고, 두께가 3.2mm 이상인 경우는 최후단으로부터 200mm, 최외측면으로부터 100mm 이상일 것

13 측면 보호대의 양쪽 끝과 뒤바퀴와의 간격은 각각 몇 cm 이내이어야 하는가?

① 20
② 30
③ 40
④ 50

14 승합자동차의 승객 좌석의 설치높이는?

① 35cm 이상 40cm 이하
② 40cm 이상 45cm 이하
③ 45cm 이상 50cm 이하
④ 50cm 이상 65cm 이하

15 자동차 전조등의 등광색으로 맞는 것은?

① 적색 또는 담황색
② 백색
③ 녹색 또는 백색
④ 적색

🔍 전조등의 등광색은 백색으로 할 것

16 전조등이 2등식인 경우 1등당 주행빔의 광도는?

① 12,000~115,000cd
② 15,000~112,500cd
③ 12,000~112,500cd
④ 15,000~115,000cd

17 후퇴등은 등화의 중심점이 공차상태에서 어느 범위가 되도록 설치하여야 하는가?

① 지상 15cm 이상~100cm 이하
② 지상 20cm 이상~110cm 이하
③ 지상 15cm 이상~95cm 이하
④ 지상 25cm 이상~120cm 이하

🔍 후퇴등은 공차상태에서 지상 25cm 이상, 120cm 이하의 높이에 설치할 것

18 자동차 제동등이 다른 등화와 겸용하는 제동등일 경우 조작 시 그 광도가 몇 배 이상 증가하는 것이어야 하는가?

① 1배
② 2배
③ 3배
④ 4배

정답 09 ① 10 ② 11 ② 12 ② 13 ③ 14 ② 15 ② 16 ② 17 ④ 18 ③

⊙ 제동등은 다른 등화와 겸용할 경우 그 광도가 3배 이상 증가할 것

19 자동차의 방향지시등은 매분 몇 회의 일정한 주기로 점멸하거나 광도가 증감하는 구조이어야 하는가?

① 50회 이상, 120회 이하
② 50회 이상, 100회 이하
③ 60회 이상, 120회 이하
④ 60회 이상, 130회 이하

20 운행기록계를 설치하지 않아도 되는 자동차는?

① 시내버스 운송사업용 자동차
② 고속버스 운송사업용 자동차
③ 쓰레기 운반전용의 화물자동차
④ 긴급자동차

⊙ 운행기록계 설치 자동차
 • 운송사업용 자동차
 • 고압가스 운송 화물자동차
 • 위험물 운반용 화물자동차
 • 쓰레기 운반전용의 화물차
 • 피견인자동차와 긴급자동차를 제외한 최대적재량 8톤 이상의 화물자동차

21 제작자동차 등의 안전기준에서 2점식 또는 3점식 안전띠의 골반부분 부착장치는 몇 kgf의 하중에 10초 이상 견뎌야 하는가?

① 1,270kgf
② 2,270kgf
③ 3,870kgf
④ 5,670kgf

⊙ 2점식 또는 3점식 안전띠의 골반부분 부착장치는 2,270kg의 하중에 10초 이상 견딜 것

22 어린이 운송용 승합자동차의 표시등에 대한 설명으로 틀린 것은?

① 각 표시등의 발광면적은 120제곱센티미터 이상일 것
② 정지하거나 출발할 경우에는 적색표시등과 황색표시등이 동시에 점멸되는 구조일 것
③ 앞면과 뒷면에는 분당 60회 이상 120회 이하로 점멸되는 각각 적색표시등 2개와 황색표시등 2개를 설치할 것
④ 바깥쪽에는 적색표시등을 설치하고 안쪽에는 황색표시등을 설치하되, 좌·우 대칭이 되도록 설치할 것

⊙ 어린이 운송용 승합자동차의 표시등
 • 앞면과 뒷면에는 분당 60회 이상 120회 이하로 점멸되는 각각 2개의 적색 표시등과 2개의 황색표시등 또는 호박색 표시등을 설치할 것
 • 적색표시등은 바깥쪽에, 황색표시등은 안쪽에 설치하되 차량 중심선으로부터 좌우 대칭이 되도록 할 것
 • 각 표시등의 발광면적은 120cm² 이상일 것
 • 도로에 정차하거나 출발하려고 하는 때에는 황색표시등 또는 호박색표시등이 점멸되도록 하고, 정지한 때에는 적색 표시등이 점멸되도록 할 것

23 긴급자동차의 경광등은 1등당 광도가 135cd 이상 몇 cd 이하이어야 하는가?

① 1,500
② 2,000
③ 2,500
④ 30,000

⊙ 긴급자동차 경광등의 1등당 광도는 135cd 이상 2,500cd 이하일 것

24 자동차 타이어 마모 측정은 타이어 접지부 임의의 한 점에서 몇 도가 되는 지점마다 접지부의 1/4 또는 3/4 지점 주위의 트레드 홈의 깊이를 측정하는가?

① 60°
② 80°
③ 100°
④ 120°

⊙ 타이어 접지부 임의의 한 점에서 120° 각도가 되는 지점마다 접지부의 1/4 또는 3/4 지점 주위의 트레드 홈의 깊이를 계측기로 측정

25 운행자동차 조향 핸들의 유격 측정시 측정조건의 설명으로 올바른 것은?

① 자동차는 적차 상태의 자동차에 운전자 1인이 승차한 상태
② 타이어의 공기압은 표준보다 약간 높은 상태
③ 자동차의 제동장치는 약간 작동한 상태
④ 원동기는 시동한 상태

정답 19 ③ 20 ④ 21 ② 22 ② 23 ③ 24 ④ 25 ④

26 자동차의 회전조작력 측정시 선회속도는 몇 km/h로 하는가?

① 5
② 10
③ 15
④ 20

27 자동차의 구조·장치의 변경승인을 얻은 자는 자동차 정비업자로부터 구조·장치의 변경과 그에 따른 정비를 받고 얼마 이내에 구조변경검사를 받아야 하는가?

① 완료일로부터 45일 이내
② 완료일로부터 15일 이내
③ 승인일로부터 45일 이내
④ 승인일로부터 15일 이내

28 최대적재량 15톤인 일반형 화물자동차를 15,000리터 휘발유 탱크로리로 구조변경 승인을 얻은 후 구조변경 검사를 시행할 경우 검사하여야 할 항목이 아닌 것은?

① 제동장치
② 물품적재장치
③ 조향장치
④ 제원측정

29 다음 중 차대번호를 재표기 할 수 있는 부득이한 사유로 인정할 수 없는 것은?

① 자동차에 차대번호 또는 원동기형식의 표기가 없거나 표기방법 및 체계가 등록번호판 제식에 관한 고시에 적합하지 아니한 때
② 자동차의 차대번호 또는 원동기형식의 표기가 다른 자동차의 표기와 유사한 때
③ 자동차가 사고로 파손되어 프레임 또는 차체의 전체를 교환하여 정비하고자 한때
④ 표기시행자인 자동차 제작자가 차대번호 또는 원동기형식을 잘못 표기한 자동차를 판매한 경우

30 외국에서 이삿짐으로 수입된 자동차를 신규검사 할 때의 절차 및 방법으로 틀린 것은?

① 신청서류는 신규검사 신청서, 출처를 증명하는 수입신고서와 제원표이다.
② 차대번호가 차체 또는 차대에 표기되지 않고 알루미늄 명판에 표기된 경우에는 재표기 하여야 한다.
③ 신규검사에 합격한 경우에는 신규검사 증명서를 교부한다.
④ 부적합한 경우에는 부적합 통지서에 재검사 시간 5일을 부여하여 교부하여야 한다.

정답 26 ② 27 ③ 28 ③ 29 ③ 30 ④

CHAPTER 02

Craftsman Motor Vehicles Maintenance

자동차 전기·전자

Section 01 전기·전자 기초
Section 02 시동·점화 및 충전장치
Section 03 계기 및 보안장치
Section 04 안전 및 편의장치
Section 05 공기조화장치

SECTION 01 전기·전자 기초

Key Factor
① 옴의 법칙 : 도체에 흐르는 전류는 가해지는 전압에 비례하고, 저항에 반비례한다.
② 플레밍의 왼손 법칙 : 기동전동기, 전류계, 전압계 등에 응용
③ 플레밍의 오른손 법칙 : 발전기 등에 응용

STEP 01 전기 용어와 법칙

1. 전압(voltage, 약호 V)
① 도체에 전류가 흐르는 압력
② 1V : 1Ω의 저항을 갖는 도체에 1A의 전류가 흐르는 것
③ 1kV = 1000V, 1V = 1000mV

2. 전류
① 전류의 단위 : 암페어(ampere, 약호 A)
② 전류 : +쪽에서 -쪽으로 이동
③ 전자 : -쪽에서 +쪽으로 이동
④ 1A = 1000mA, 1mA = 1000μA

> **참고** 전류의 3대 작용
> - 발열 작용 : 전구, 담배 라이터, 예열 플러그, 전열기
> - 화학 작용 : 축전지, 전기 도금
> - 자기 작용 : 모터, 발전기, 솔레노이드

3. 저항과 옴의 법칙

1) 저항
① 물질에 전류가 흐르지 못하는 정도를 저항(resistance, 약호 R)이라 한다.
② 단위는 옴(ohm, 약호 Ω)을 사용한다.
③ 1Ω : 1A의 전류가 흐를 때 1V의 전압을 필요로 하는 도체의 저항을 말한다.
④ $1M\Omega = 1,000,000\Omega (10^6\Omega)$, $1K\Omega = 1000\Omega (10^3\Omega)$, $1\mu\Omega = \dfrac{1}{1,000,000}\Omega (10^{-6}\Omega)$

2) 옴의 법칙
도체에 흐르는 전류는 가해지는 전압에 비례하고, 저항에 반비례한다.

4. 저항의 접속

1) 직렬 연결
① 몇 개의 저항을 한 줄로 접속하는 것을 직렬 연결이라고 한다.
② 각각의 저항에 흐르는 전류는 같으며 전압의 합은 전원 전압과 같다.
③ 수온 게이지와 수온센서, 연료 게이지와 연료계 유닛저항 등이 직렬 연결이다.
④ 저항을 직렬로 접속하면 합성 저항은 $R = R_1 + R_2 + R_3 + \cdots + R_n$이 된다.

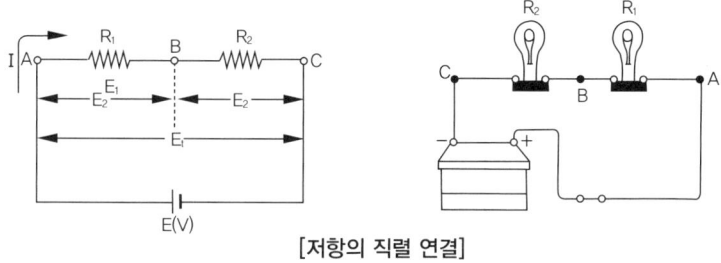
[저항의 직렬 연결]

2) 병렬 연결

① 모든 저항을 두 단자에 공통으로 연결한다.
② 적은 저항을 얻고자 할 경우 즉, 전류를 이용할 때 병렬 연결을 사용한다.
③ 2개의 저항에는 어느 것이나 똑같은 전압이 작용한다.
④ 헤드램프, 방향지시등 램프 등이 병렬 연결한다.
⑤ n개의 저항 R_1, R_2, R_3……, R_n을 병렬로 접속하였을 경우 그 합성저항을 R은

$$\frac{1}{R} = \frac{1}{R_1} + \frac{1}{R_2} + \frac{1}{R_3} + \cdots + \frac{1}{R_n}$$

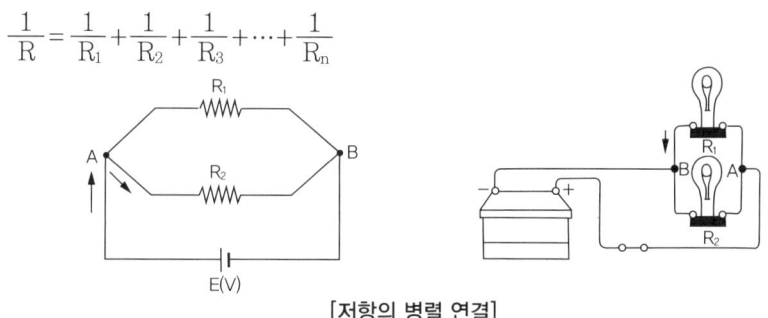
[저항의 병렬 연결]

3) 직·병렬 연결

① 직렬과 병렬 연결을 혼합한 것으로 합성저항은 직렬 합성저항과 병렬 합성저항을 더한 값이 되며 회로에 흐르는 전류와 전압이 상승한다.

② 합성저항은 $R = \dfrac{1}{\dfrac{1}{R_1} + \dfrac{1}{R_2}} + R_3 + R_4$로 나타낼 수 있다.

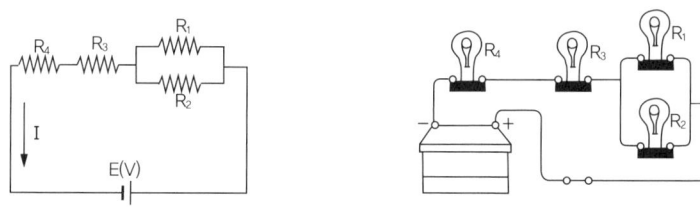
[저항의 직·병렬 연결]

5. 플레밍의 왼손법칙

① 전자력의 방향은 자속의 방향과 전류의 방향을 직각으로 놓으면 검지는 자력선의 방향, 가운데 손가락을 전류방향으로 일치시킬 때 엄지손가락은 전자력 방향을 나타내는 것이 왼손 법칙이다.
② 기동전동기, 전류계, 전압계 등에서 응용된다.

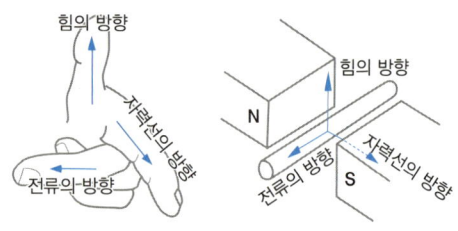

[플레밍의 왼손법칙]

6. 플레밍의 오른손법칙

① 유도 기전력과 유도 전류의 방향을 알아보는데 편리하게 사용하는 것이 플레밍의 오른손 법칙이다.
② 발전기 등에 응용된다.

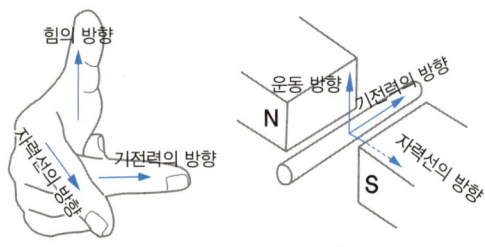

[플레밍의 오른손법칙]

STEP 02 전자 기초

1. 반도체의 분류

실리콘, 게르마늄, 셀렌 등 저항이 도체와 부도체의 중간 정도로 보통 $10^{-4} \sim 10^4 \Omega \cdot m$인 물질을 반도체라고 한다.

1) 진성 반도체

도체의 결정에 불순물이 없거나, 있더라도 매우 적어 대부분의 운반체가 충만대에서 열적으로 들뜬 전자와 양공의 양쪽에 의해 전기전도가 일어나게 된 반도체이다.

2) 불순물 반도체

① N형 반도체 : 과잉전자(자유전자)가 자유로이 움직일 수 있기 때문에 전기가 이동할 수 있게 된다.
② P형 반도체 : 자유전자보다 정공을 증가시킨 것이 P형 반도체이다.

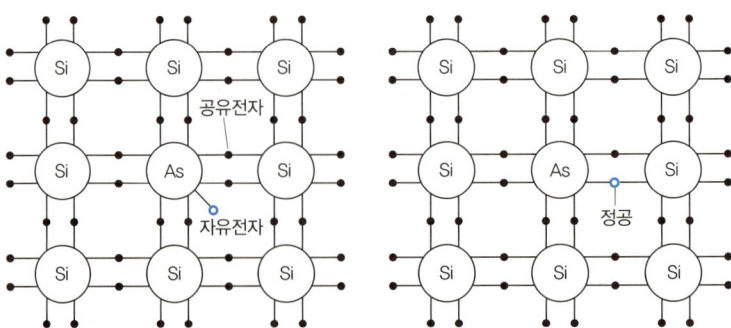

[N형 반도체(좌)와 P형 반도체(우)]

2. 반도체의 응용

1) 다이오드(Diode)

P형 반도체와 N형 반도체를 서로 접합(PN접합)한 것으로 한 방향으로만 전류가 흐르기 쉬운 성질을 이용한 정류용이나 검파용으로 사용한다.

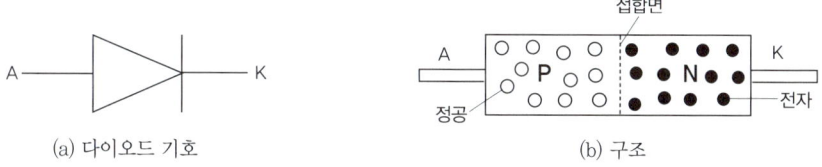

[다이오드 기호 및 구조(PN접합면)]

2) 제너 다이오드(정전압 다이오드)

어떤 전압 하에서는 역방향으로도 전류를 통하게 설계된 다이오드이며, 자동차용 전압 조정기의 전압 검출이나 정전압 회로에 사용한다.

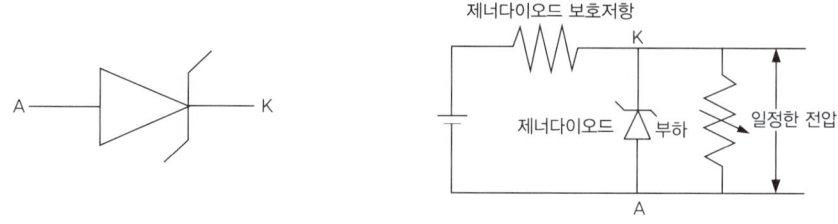

[제너다이오드 기호 및 회로 구성]

3) 발광 다이오드(LED)

갈륨비소, 갈륨인등의 화합물의 PN접합에 전류를 흘려 빛을 발산하는 반도체 소자이다.

[발광 다이오드의 기호 및 작동]

4) 트랜지스터(transistor)

반도체를 이용하여 전기 신호를 증폭, 제어하는 데 사용하는 소자이며 양측을 N형 반도체, 중앙부를 P형 반도체로 한 NPN형과 양측을 P형 반도체, 중앙부를 N형 반도체로 한 PNP형이 있다.

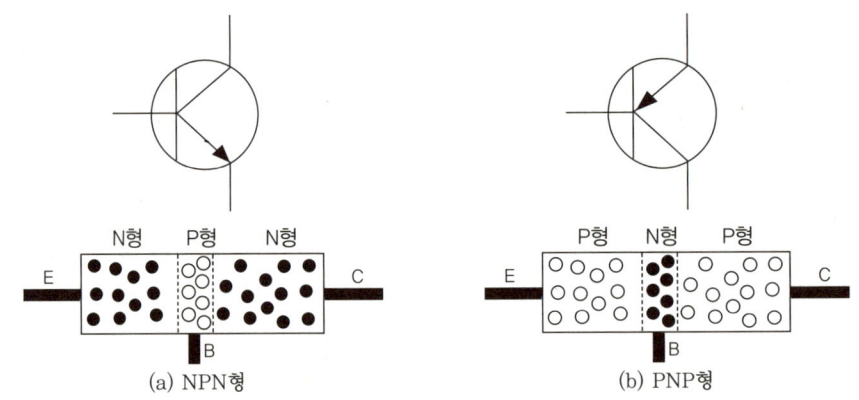

[트랜지스터의 기호 및 구조]

① 스위칭 작용 : 트랜지스터는 IB가 흐르지 않을 때는 IC도 흐르지 않으며, IC가 흐르지 않을 때 OFF 상태이다. IB를 약간 흐름으로써 IC를 많이 흐르게 할 수 있으며 이때는 ON 상태이다.

② 증폭 작용 : 트랜지스터는 IB를 약간 변화시키는 것으로 IC를 크게 바꿀 수 있으며, IB와 IC의 합은 IE가 되고, IC와 IB의 비를 전류 증폭률이라고 하여 hFE로 나타낸다. IE=IB+IC로 hFE의 값은 일반적으로 10~10,000이다.

5) 사이리스터(SCR)

실리콘 제어 정류기라고도 하며, 전류나 전압의 제어 기능을 가진 반도체이며 무접점 스위치나 정류소자 이외에 전동기의 제어, 온도 제어 등에 사용한다.

6) IC(집적 회로)

트랜지스터, 다이오드, 저항, 콘덴서 등을 조합하여 소형화한 집적 회로이다.

① RAM(Random Access Memory) : 전원이 끊어지면 정보가 상실되는 메모리이다.
② ROM(Read Only Memory) : 전원이 끊어져도 정보가 없어지지 않는 메모리이다.

7) 논리 회로

① 논리적(AND, 직렬회로) : 모든 입력이 1일 때 1을 출력하는 논리회로이다.

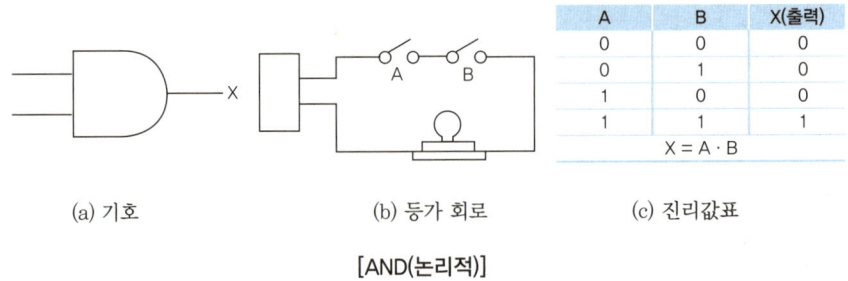

[AND(논리적)]

② 논리합(OR, 병렬회로) : 2개의 입력중 하나만 1일 때 1을 출력하는 논리회로이다.

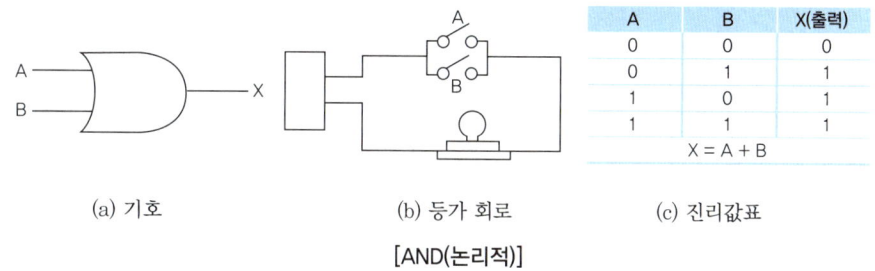

(a) 기호   (b) 등가 회로   (c) 진리값표

[AND(논리적)]

③ 논리 부정(NOT) : 입력을 부정하는 논리회로로, 입력을 반전하는 회로이다.

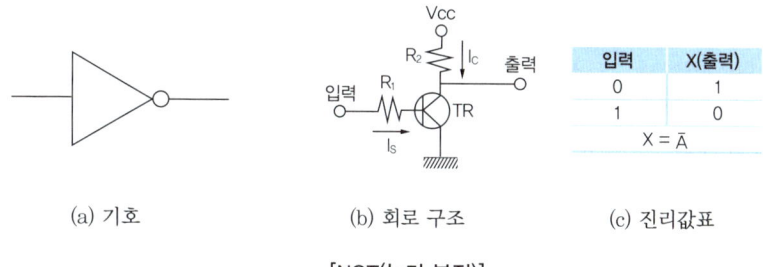

(a) 기호   (b) 회로 구조   (c) 진리값표

[NOT(논리 부정)]

④ 논리적 부정(NAND) : AND의 부정을 의미하며 NAND의 출력은 AND 출력의 반대를 가지고 있다.
⑤ 논리합 부정(NOR) : NOR은 OR의 반대 출력이 나온다.

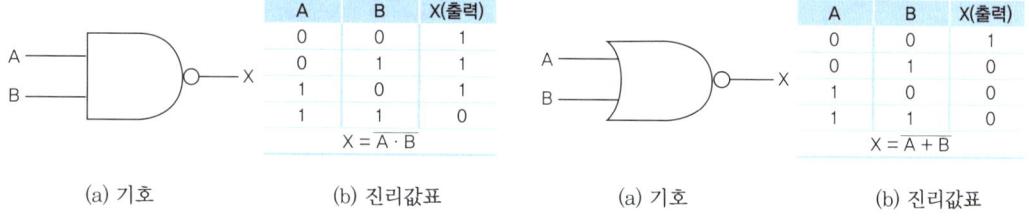

(a) 기호   (b) 진리값표   (a) 기호   (b) 진리값표

[논리적 부정(NAND) 및 논리합 부정(NOR)]

3. 전자 부품기호

명칭	약호	회로도 기호	기능
저항	R		전압이나 전류를 제어하기 위해 작동
가변 저항	VR		저항값이 변함, 볼륨, TPS 등에 사용
다이오드	D		한쪽 방향으로 전류 흐름
발광 다이오드	LED		빛을 발하는 다이오드
포토다이오드	PD		빛을 통과하면 전기가 흐름
제너 다이오드	ZD		평상시에는 전기가 흐르지 않으나 어떤 조건이 되면 전기가 흐름
트랜지스터	TR		증폭, 스위칭용
콘덴서	C		고주파 바이패스용
전해 콘덴서	C		저주파 바이패스용이나 평활용으로 극성과 내전압에 주의
접지(어스)	E		전기장치, 겉의 케이스 등의 전위를 대지의 전위와 같게 하는 것
스위치	SW		전원 ON, OFF
퓨즈	FUSE		
전자석			전기를 통하면 자석이 됨
사이리스터			전류를 제어하는 기능
코일	L		전기도선을 원통형으로 감은 것
변압기	T		전압을 필요한 값으로 변환시키는 장치
포토 트랜지스터	PT		빛을 통과하면 전류가 흐름
전지	BAT		
접속하지 않는 배선			

명칭	약호	회로도 기호	기능
압전소자			결정에 변형력을 가하면 그 힘에 비례하는 전하가 생김
접속하는 배선			
논리 회로	AND		논리적
	OR		논리합
	NOT		논리 부정
	NAND		논리적 부정
	NOR		논리합 부정

SECTION 02 시동, 점화 및 충전장치

Key Factor
① 축전지 자가 방전량 : 전해액의 온도, 습도, 비중이 높을수록 커진다.
② 기동전동기 풀인 코일 : 계자코일과 직렬접속 플런저를 잡아당긴다.
③ 기동전동기 홀드인 코일 : 당겨진 플런저를 고정한다.

STEP 01 축전지

1. 축전지의 구조와 기능

1) 케이스
에보나이트 또는 합성 경질고무로 제작되어 있다. 케이스 내부는 6실 또는 12실로 되어 있으며, 셀 하나의 전압은 2.1~2.3V 정도로, 직렬로 연결되어 만든다.

2) 극판
① 납과 안티몬 합금으로 격자를 만들어 여기에 작용 물질을 발라서 채운다.
② 극판과 극판 사이에 격리판을 끼워서 방전을 방지한다.
③ 화학적 평형을 고려하여 음극판이 양극판 수보다 1매 더 많다.

3) 격리판
① 양극판과 음극판 사이에서 단락을 방지한다.
② 다공성이고, 비전도성이라야 한다.
③ 전해액이 부식되지 않고 확산이 잘 되어야 한다.
④ 합성 수지, 강화 섬유, 고무 등이 사용된다.

4) 극판군(cell, 단전지)
① 여러 장의 양극판, 음극판, 격리판을 한 묶음으로 만든다.
② 충전시 약 2.1V의 전압이 발생한다.

5) 벤트 플러그
각 단전지의 상부에 설치되어서 전해액이나 증류수를 보충하고 발생 가스를 외부로 방출한다.

6) 터미널
① 양극단자(+)는 적갈색, 음극단자는 회색이다.
② 양극단자의 직경이 크고, 음극단자는 작다.
③ 양극단자는 (P)나 (+)로 표시한다.
④ 음극단자는 (N)나 (-)로 표시한다.

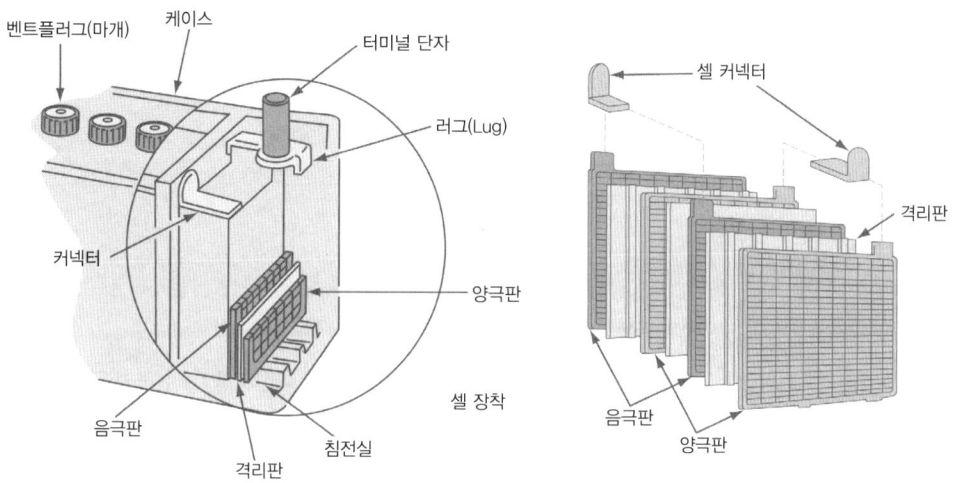

[Lead-Acid 베터리의 구조]

7) 전해액
① 증류수에 황산을 한 방울씩 희석시키며 온도가 45℃를 넘지 않게한다.
② 전해액 비중
  ㉠ 충전상태일 때 20℃에서 1.240, 1.260, 1.280의 3종류를 쓰며, 열대지방에서는 1.240, 온대지방에서는 1.260, 한냉 지방에서는 1.280을 쓴다.
  ㉡ 온도가 높으면 비중은 낮아지고 온도가 낮으면 비중은 높아진다.
  ㉢ 표준온도 20℃로 환산하여 비중은 온도 1℃의 변화에 온도계수 0.0007이 변화된다.

$$S_{20} = S_t + 0.0007(t-20)$$

- S_{20} = 표준온도 20℃로 환산한 비중
- S_t = t℃에서의 실측한 비중
- 0.0007 = 온도 1℃ 변화에 대한 비중의 변화량
- t : 측정시의 전해액 온도(℃)

8) 용량
① 완전 충전된 축전지를 일정한 전류로 연속 방전시켜 방전 종지전압이 될 때까지 꺼낼 수 있는 전기량으로 표시한다.
② 극판의 수, 극판의 크기, 전해액의 양에 따라 정해진다.

9) 축전지의 충·방전 화학식

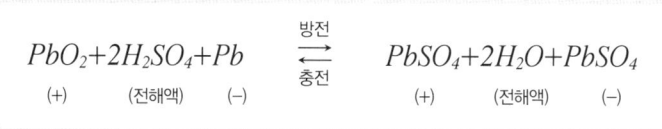

10) 자기 방전량
① 24시간 동안의 자기 방전량은 용량의 0.3~1.5% 정도이다.
② 전해액의 온도 · 습도 · 비중이 높을수록 커진다.

2. 축전지의 충전

1) 접속방법에 의한 분류

종류	설명
직렬접속 충전법	동일 용량의 축전지를 직렬로 연결하여 충전하는 방법이다.
병렬접속 충전법	용량이 다른 축전지라든가, 방전량이 다른 축전지를 여러 개 병렬 접속하여 충전하는 방법이다.

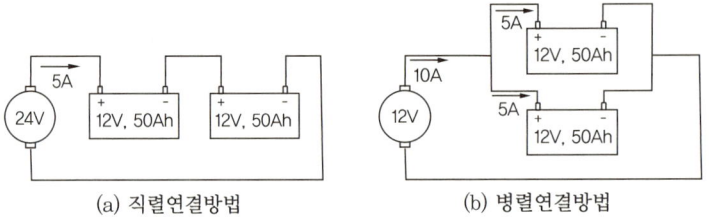

(a) 직렬연결방법   (b) 병렬연결방법

[충전시의 축전지 접속방법]

2) 충전방법에 의한 분류

종류	설명
정전류 충전법	• 충전시작부터 완료시까지 일정한 전류로 충전시키는 방법 • 전압은 축전지 전압에 따라 점점 상승하게 되고 충전기 전압과 축전지 상승 전압과의 차이는 항상 일정전압으로 유지된다.
정전압 충전법	• 충전시작부터 완료시까지 일정한 전압으로 충전시키는 방법 • 충전초기에 많은 전류가 흐르기 때문에 충전시 축전지에 손상을 줄 수 있다.
단별 충전법	• 충전 초기에는 큰 전류로 충전하고 시간의 경과와 함께 전류를 2~3 단계적으로 내리는 방법 • 충전 중 전해액의 온도상승이 적고 비교적 효율이 좋은 충전이 이루어짐으로 일반적으로 널리 사용된다.
급속 충전법	• 축전지 용량의 1/2정도의 전류로 충전은 가능한 짧은 시간에 해야 한다. • 급속충전 시에는 발전기 다이오드나 ECU등의 손상을 방지하기 위하여 축전지 단자를 탈거 후 충전한다.

3) 축전지 취급 및 충전시 주의사항

① 축전지 탈거시 (-) 케이블을 먼저 분리하고, 접속할 때에는 축전지 (+) 케이블을 나중에 접속시킨다.
② 축전지 케이스에 전해액이 묻어 있을 때는 탄산소다나 암모니아수로 닦아낸다.
③ 축전지 단자를 규정 토크로 체결하여 전압 강하를 방지하고 그리스를 얇게 발라 부식을 방지한다.

④ 전해액은 극판 위 10~13mm를 유지하며 부족 시에는 증류수를 보충한다.
⑤ 기동 전동기 연속 사용 시간은 10초 이내로 하여 배터리 과다 방전을 방지하고 기동 전동기를 보호한다.
⑥ 충전시 축전지의 벤트 플러그를 모두 개방한다.
⑦ 충전시 배선 극성에 주의하여 극성이 바뀌지 않도록 하고 단단히 접속한다.
⑧ 충전시 전해액의 온도가 45℃ 이상 올라가지 않도록 하고, 수소 가스가 발생되므로 통풍이 잘되는 곳에서 충전하며 화기를 가까이 해서는 안 된다.
⑨ 축전지를 사용하지 않을 때에는 2주마다 보충전을 한다.

STEP 02 시동장치

1. 기동 전동기 종류별 특성

종류	설명
직권식 전동기 (Series wound motor)	• 전기자 코일과 계자 코일이 전원에 대해 직렬로 접속되어 있다. • 역기전력은 속도에 비례하고 전기자 전류에 반비례한다.
분권식 전동기 (Shunt wound motor)	• 전기자 코일과 계자 코일이 전원에 대해 병렬로 접속되어 있다. • 전압이 일정하면 계자 전류와 자장의 세기도 일정하다.
복권식 전동기 (Compound wound motor)	• 2개의 코일은 직렬과 병렬로 연결된다 • 전기자 코일과 계자 코일을 직·병렬로 연결하여 직권과 분권의 공통 특성을 가졌으며 구동 토크가 크고 정속 회전한다.

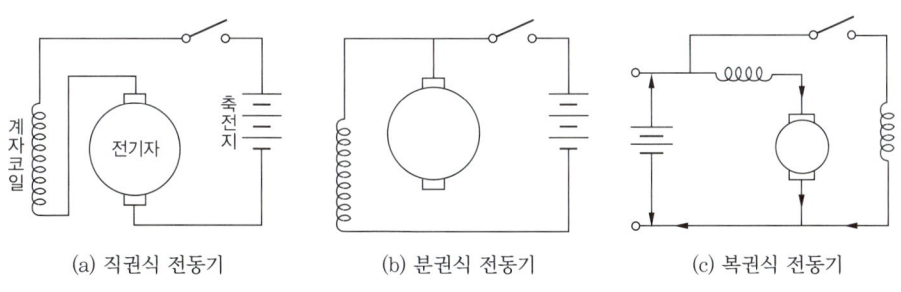

(a) 직권식 전동기   (b) 분권식 전동기   (c) 복권식 전동기

[기동 전동기 종류별 회로도]

2. 구성 및 작용

1) 아마추어(전기자)
   ① 전기자 코일 : 큰 전류가 흐르기 때문에 단면적이 큰 평각 구리선을 사용하며 한쪽은 N극, 다른 한쪽은 S극 쪽에 오도록 철심의 홈에 절연되어 정류자에 각각 납땜되어 있다.
   ② 전기자 철심 : 자력선 통과와 자장의 손실을 막기 위한 철판을 절연하여 겹친 것이다.

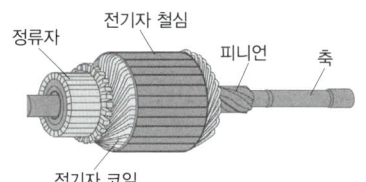

[전기자의 구조]

③ 정류자(코뮤테이터) : 전류를 일정 방향으로 흐르게 하고 운모의 언더 컷은 0.5~0.8mm이며 기름, 먼지 등이 묻어 있으면 회전력이 적어진다.

2) 계자 코일(field coil)과 계자 철심

① 전동기의 고정 부분으로 계자 철심에 감겨져 자력을 일으키는 코일이다.
② 일반적으로 기관의 시동에 적합한 직권식을 쓴다.

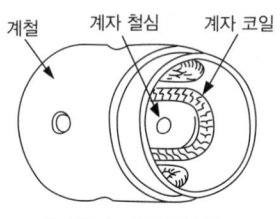

[계철과 계자 철심]

3) 브러시와 홀더 및 스프링

① 흑연 또는 구리로 만들어져 있으며 전류를 정류자를 통해 전기자에 공급한다.
② 길이는 1/2~1/3 정도 마모되면 교환한다.

4) 마그네틱 스위치

① 시동스위치 ON 시 : 풀인 코일과 홀딩 코일이 여자 되어 자기력으로 플런저를 잡아당겨 피니언을 움직인다. 마그네틱 스위치가 ON되어 피니언 기어와 링 기어가 치합되면서 대전류가 모터로 흘러 기관이 회전하고 플런저는 홀딩 코일에 의해 유지되게 된다.
② 시동스위치 OFF 시 : 풀인 코일과 홀딩 코일을 통해 흐르던 전류가 정지되며 두 코일에 자화력이 없어져 플런저는 리턴 스프링에 의해 복귀하게 된다.

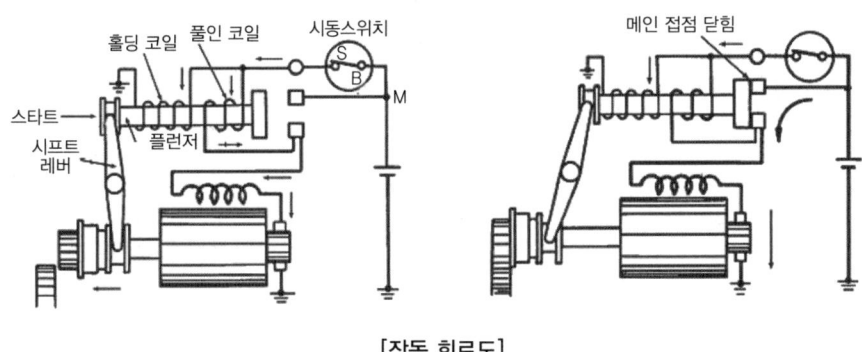

[작동 회로도]

5) 동력 전달 장치

① 벤딕스형 : 전기자 축 위에 내부가 나사 홈으로 피니언 기어가 끼워져서 회전된다.
② 전기자 섭동식 : 피니언 기어가 전기자 축에 고정되어 전기자와 하나되어 섭동하면서 회전된다.
③ 피니언 섭동식(오버러닝 클러치형) : 전기자 축의 스플라인위에서 피니언 기어가 앞뒤로 움직이면서 플라이 휠의 링 기어에 물린다.

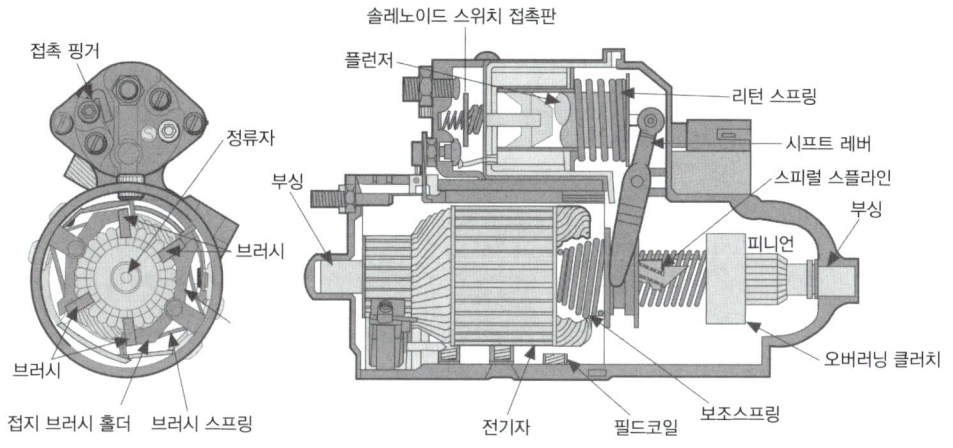

[시동모터 브러시와 정류자의 위치]

3. 고장 현상 및 원인

고장 현상	원인
스위치를 넣어도 전동기가 기동하지 않을 때	• 퓨즈의 단선 • 브러시의 오손 또는 브러시 고착 • 전기자의 단선 • 계자 코일의 단선 • 계자 코일의 단락 또는 접지 • 전기자 코일 또는 정류자편의 단락 • 베어링의 불량 및 고착 • 브러시 홀더 접지 불량
전동기가 저속으로 회전할 때	• 전기자, 정류자의 단락 • 베어링의 파손 • 전기자 코일의 단선 • 브러시 고정 불량 • 과부하 및 저전압

STEP 03 점화장치

1. 점화장치의 분류

구분	1차 전류 단속 방법	진각방식	고전압 분배 방식
접점식 점화장치(CI)	기계식(접점식)	기계식(진공식)	기계식
트랜지스터 점화장치(TI)	전자식	기계식(진공식)	기계식
세미 전자식 점화장치(SI)	전자식	전자식	기계식
풀 전자식 점화장치(DLI)	전자식	전자식	전자식

2. 기계식 점화장치의 구조와 작동

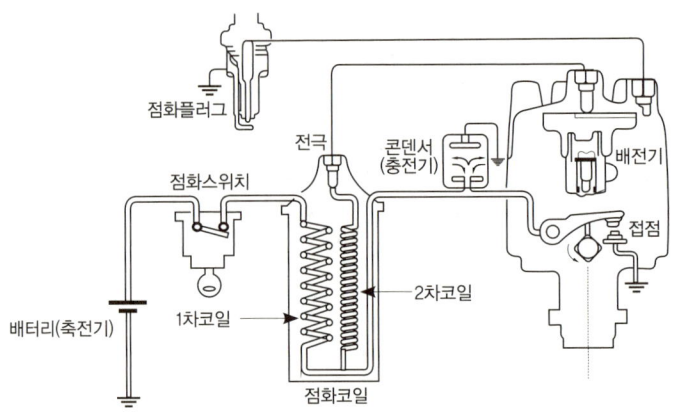

[점화장치의 구성]

1) 점화코일(Ignition Coil)
   ① 자기유도작용 : 코일에 흐르는 전류를 단속하면 유도기전력이 발생하는 현상이다.
   ② 상호유도작용 : 하나의 코일에 자력선의 변화가 생기면 인접한 코일에 기전력이 발생되는 현상이다.
   ③ 개자로형과 폐자로형 코일의 장·단점

항 목	개자로형	폐자로형
내열성	고온에서 컴파운드가 샐 경우 있음	충진물이 흘러 나오지 않음
내진성	내부 부품규격이 엄격하게 관리할 필요 있음	내부 코일 부품이 일체로 되어 진동에 영향 없음
내부방전	내부 오일 공간이 있는 경우 냉각시 공간이 있음	내부 공간이 없어 유리함
1차측 서지전압	자속 유출 큼	자속 유출 작음
2차 전압	20,000~25,000V	30,000V 이상
가격	싸다	비싸다

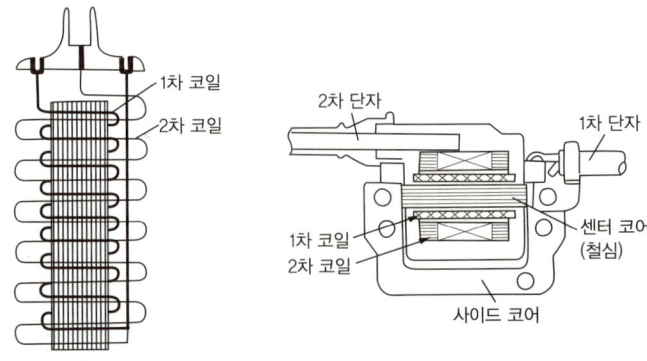

(a) 개자로형 점화코일   (b) 폐자로형 점화 코일

[점화 코일의 구조]

$$E_2 = \frac{N_2}{N_1} \times E_1$$

- E_1 : 1차 코일의 유도 전압
- E_2 : 2차 코일의 유도 전압
- N_1 : 1차 코일의 권수
- N_2 : 2차 코일의 권수

2) 기계식 배전기 어셈블리
① 1차 전류를 단속하는 단속 작용을 한다.
② 2차 고전압을 점화 코일에서 받아 각 점화 플러그로 배전한다.
③ 4행정사이클 기관에서는 크랭크 축 회전수의 ½로 회전된다.

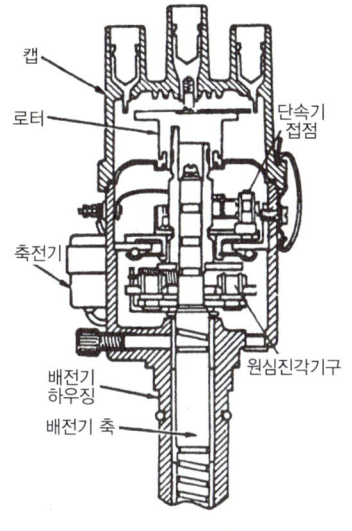

[배전기 어셈블리]

3) 단속기 접점
① 점화 코일에 흐르는 1차 전류를 단속한다.
② 스프링 장력이 너무 크면 캠이나 러빙 블록이 조기 마멸되고, 너무 약하면 고속시 접촉 불량에 의한 실화의 원인이 된다.

접점 간극이 작을 때	접점 간극이 클 때
• 캠각이 커진다 • 점화 시기가 늦어진다. • 1차 전류가 커진다. • 점화 코일이 발열한다. • 단속기 접점이 소손된다.	• 캠각이 작아진다. • 점화 시기가 빨라진다. • 1차 전류가 작아진다. • 고속에서 실화가 발생된다.

③ 캠각(dwell angle) : 단속기 접점이 닫혀 있는 동안 캠이 회전한 각도 또는 1차 코일에 흐르는 통전시간을 캠각이라 한다.

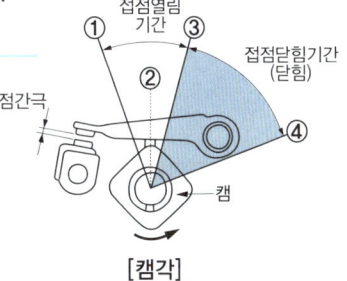

[캠각]

4) 배전기 캡과 로터
① 2차 전압이 배전기 캡의 중심 전극에 카본 피스를 경유하여 로터에 전달한다.
② 로터가 회전하면서 점화순서에 따라 배전기 캡의 점화 플러그 전극에서 고압 케이블을 경유하여 점화 플러그에 분배된다.

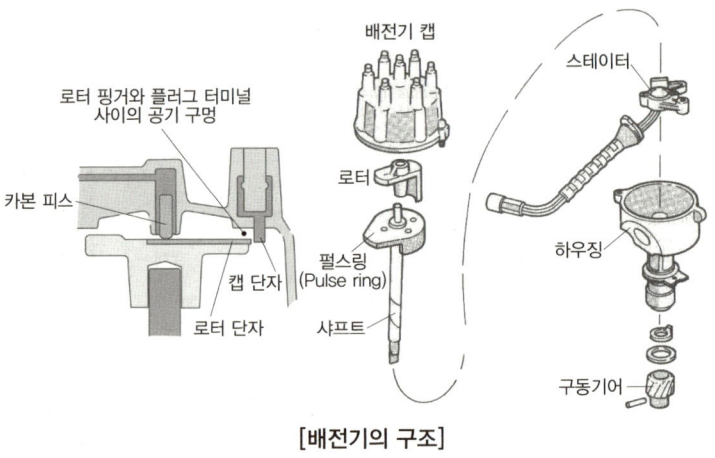

[배전기의 구조]

3. 전자제어방식 점화장치

반도체 소자를 이용하여 점화 시기조정 범위에 제약을 받지 않고 점화 성능을 높인 형식이다.

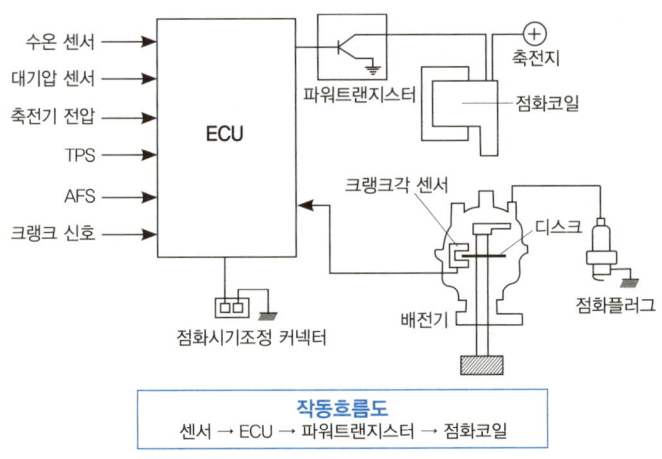

[전자제어방식 점화장치의 구성도]

① 파워 트랜지스터 : ECU 신호를 받아 점화 코일의 1차 전류를 단속한다.
② 크랭크 각 센서 : 크랭크 축의 위치와 회전속도를 검출하여 점화시기를 결정한다.
③ TDC센서 : 점화순서를 결정하기 위한 것이며 1번 실린더 상사점을 검출한다.
④ 노크센서 : 실린더 블럭에 설치되어 기관 노크를 검출하여 점화시기를 조정한다.
⑤ 대기압 센서 : 대기 압력을 검출하여 연료 분사량과 점화시기를 결정한다.
⑥ 냉각수 온도 센서 : 냉각수 온도를 검출하여 연료 분사량과 점화시기를 결정한다.

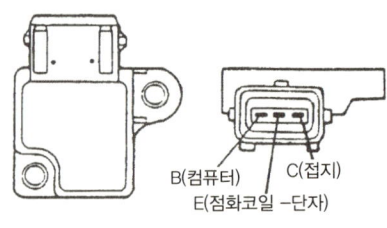

[파워 트랜지스터]

4. DLI(Distributor Less Ignition)

배전기 없이 2개 또는 4개의 점화 코일에 의해 고전압을 발생시켜 점화 플러그로 공급한다.

1) DLI의 종류

① 동시 점화방식 : 1개의 점화 코일로 2개의 실린더에 동시 고전압을 분배한다.
② 독립 점화방식 : 각 실린더마다 1개의 점화 코일을 설치하여 직접 점화한다.

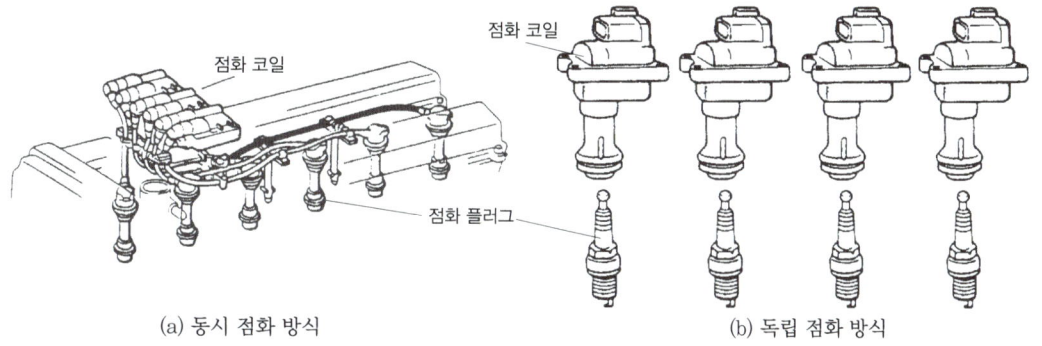

[DLI의 종류]

2) DLI 구성품

① 점화 코일 : 2개의 폐자로형을 1개로 결합하여 2개의 실린더로 동시에 고전압을 보낸다.
② 파워 트랜지스터 : ECU 신호를 받아 점화 코일의 1차전류를 단속한다.

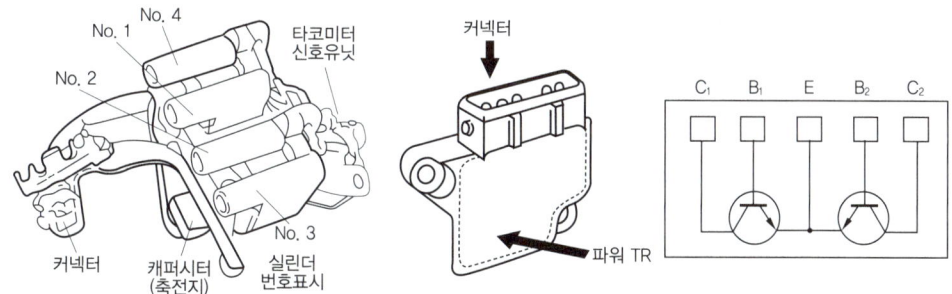

[DLI 점화 코일 및 DLI 파워트랜지스터]

③ 크랭크각 센서 : 크랭크축의 각도를 검출한다.
④ 상사점(TDC)센서 : 캠축에 설치하여 1번 실린더 상사점을 검출하여 연료 분사 시기와 점화할 실린더를 결정한다.

3) DLI 작동

기관의 각종 센서들로부터 신호를 받은 컴퓨터는 그 자체에 미리 설정된 데이터와 비교한 후 최적의 점화진각 값으로 연산하여 2개의 파워 트랜지스터를 제어한다.

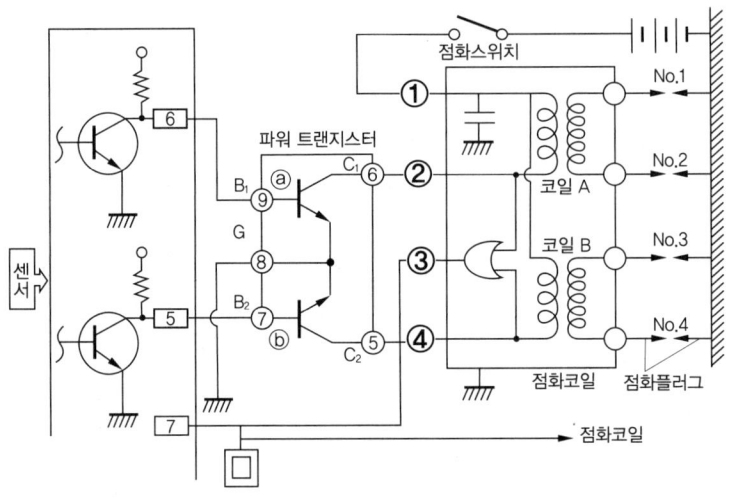

[DLI 점화 회로도]

4) 점화 배전 제어

ECU는 상사점 센서의 신호를 기준으로 점화시킬 실린더를 결정한 후 크랭크각 센서 신호를 기준으로 점화 시기를 연산하여 점화 코일의 1차전류 단속 신호를 파워 트랜지스터로 보낸다.

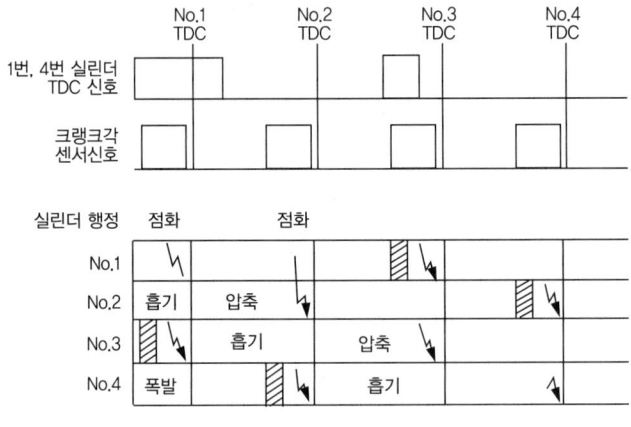

[각 실린더 점화 배전]

5) DLI의 장점

① 배전기와 점화 케이블에 의한 누전이 없다.
② 배전기 로터와 접지전극 사이의 고전압 손실이 없다.
③ 배전기 캡에서 발생하는 전파잡음이 없다.
④ 점화 진각폭의 제한이 없다.
⑤ 방전 유효에너지 감소가 없다

5. 점화플러그(Ignition Plug)

1) 점화플러그의 구조
① 점화플러그 장착부 : 점화플러그의 외곽을 구성하며, 절연체의 지지하는 부분이다.
② 절연체 : 고순도 알루미나 자기가 주로 쓰여지고 있다.
③ 전극 : 고온의 연소가스에 노출되기 때문에 내열성, 내식성이 우수한 니켈합금, 크롬합금이나 니켈·망간합금 등이 사용된다.

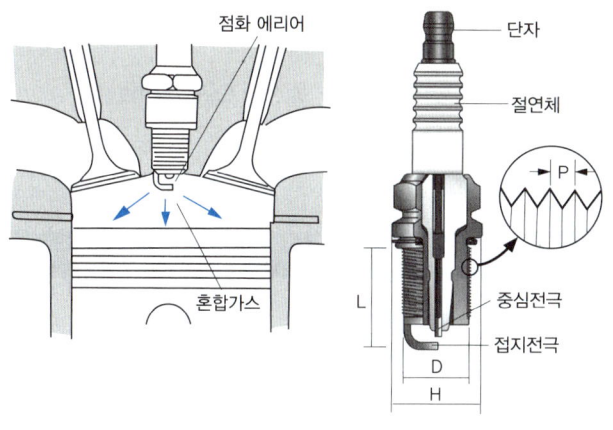

[점화플러그의 장착부]

[표] 점화플러그의 KS 규격 (단위 mm)

나사부 치수			육각부 치수(H)
외경(D)	피치(P)	길이(L)	
18	1.5	12.0	25.4
			20.6
14	1.25	9.5	20.6
		12.7	
		19.0	16.0
12	1.25	12.7	18.0
		19.0	16.0
10	1.0	8.5	16.0
		12.7	

2) 열가에 따른 분류
① 자기 청정온도 : 점화플러그 전극 부분 자체의 온도에 의해서 카본 등에 의한 오손을 청소하는 작용을 자기 청정작용이라 한다.(자기 청정온도 400~850℃)
② 열형 플러그 : 저속 엔진에 사용한다.
③ 냉형 플러그 : 고속 엔진에 사용한다.

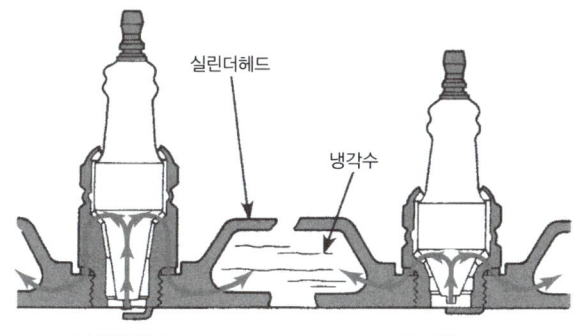

(a) 열형 플러그   (b) 냉형 플러그
[점화 플러그의 종류]

3) 점화플러그의 불꽃 요구전압
① 플러그 간극 및 형상에 따른 불꽃 요구전압 : 점화플러그의 전극 간극이 클수록 비례하여 높게 되며, 전극 끝이 둥글수록 불꽃 전압이 높게 요구된다.
② 압축 압력과 불꽃 요구전압 : 압축 압력이 증가할수록 불꽃의 요구 전압은 높아진다.

③ 혼합기 온도와 불꽃 요구전압 : 혼합 가스의 온도가 올라가면 불꽃전압이 저하하여 방전이 쉽게 된다.
④ 전극 온도와 불꽃 요구전압 : 점화플러그의 전극온도가 높게 되면, 불꽃전압은 급격히 저하한다.
⑤ 공연비와 불꽃 요구전압 : 9:1 공연비 부근에서 불꽃 전압이 가장 낮고, 공연비가 희박해질수록 높은 불꽃 전압으로 된다.
⑥ 습도와 불꽃 요구전압 : 공기 중의 습도가 증가하면, 비열의 증가와 산소 농도의 감소에 의해서 연소 온도는 낮아진다. 따라서 점화플러그의 전극 온도가 낮아지므로 불꽃 요구전압은 약간 상승하게 된다.
⑦ 극성과 불꽃 요구전압 : 중심전극을 (-)로 할 때는 불꽃 방전이 쉽게 일어난다.

STEP 04 충전장치

1. 직류 발전기(DC 제네레이터)

1) 직류 발전기 종류
계자 코일과 전기자 코일의 연결이 직권식, 분권식, 복권식이 있다.

2) DC 발전기의 구조
① 전기자(아마추어) : 전류를 발생하며 둥근 코일선이 사용된다.
② 계자 코일과 철심 : 계자 코일에 전류가 흐르면 철심은 N극과 S극으로 된다.
③ 정류자 : 발생된 AC를 DC로 정류하여 브러시와 함께 전류를 밖으로 유출시킨다.

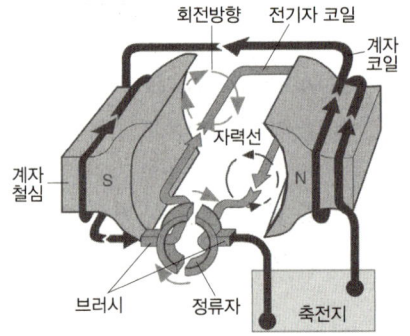

[직류 발전기의 구조]

3) DC 발전기 레귤레이터
① 컷 아웃 릴레이 : 발생 전압이 축전지 전압보다 낮을 경우 축전지의 전압이 발전기로 역류하는 것을 막는 장치이다.
② 전압 조정기 : 발전기의 전압을 일정하게 유지하기 위한 장치이다.
③ 전류 조정기 : 발전기 출력 전류가 규정 이상의 전류가 되면 소손되므로 소손을 방지하기 위한 장치이다.

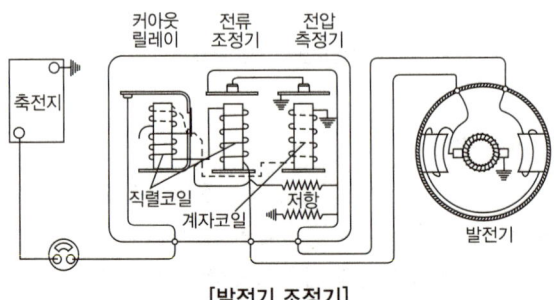

[발전기 조정기]

2. 교류(AC) 발전기(알터네이터)

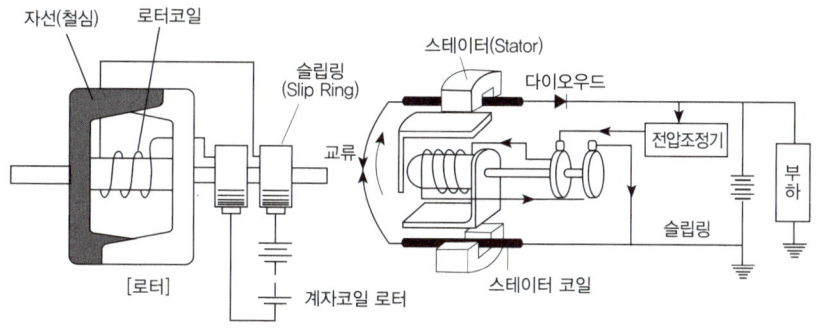

[교류(AC) 발전기의 구조]

1) 스테이터 코일
직류 발전기의 전기자에 해당되며 철심에 3개의 독립된 코일이 감겨져 있어 로터의 회전에 의해 3상 교류가 유기된다.

2) 스타 결선은 Y결선(Y connection)
① 3개의 코일 한쪽을 공통점으로 접속하고 다른 쪽을 출력선으로 끌어내었다.
② 저속 회전시 높은 전압이 발생되고 중성점의 전압은 선간전압의 약 1/2을 활용한다.
③ 선간전압은 상전압의 $\sqrt{3}$배로 저속에서 높은 기전력을 얻을 수 있고 중성점의 전압을 이용할 수 있어 교류발전기에 이용되고 있다.

3) 델타 결선은 ⊿결선(Delta Connection)
① 3개의 코일을 2개씩 차례로 접속하고 각각의 접속점을 출력선으로 이용한다.
② 선간 전류는 각 상 전류의 $\sqrt{3}$배로 큰 출력을 요구하는 경우에 사용된다.

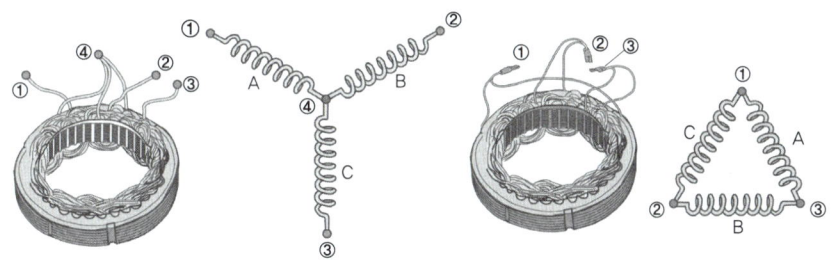

[Y결선과 ⊿결선]

4) 로터(Rotor)
직류 발전기의 계자 코일에 해당하는 것으로 로터입력 전류를 제어해 발전전류를 제어한다.

5) 슬립 링(Slip Rings)과 브러시(Brush)
전류를 로터에 공급하며 흑연 브러시를 사용한다.

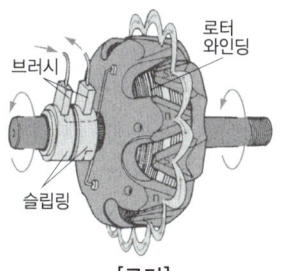

[로터]

6) 실리콘 다이오드

스테이터 코일에 발생된 교류를 직류로 정류하는 것으로, (+) 다이오드 3개와 (−) 다이오드 3개로 구성되며 축전지 전류가 발전기로 역류하는 것을 방지한다.

7) 레귤레이터(전압 조정기)

축전지 상태에 따라 로터 코일의 전류를 제어하는 작용을 한다.

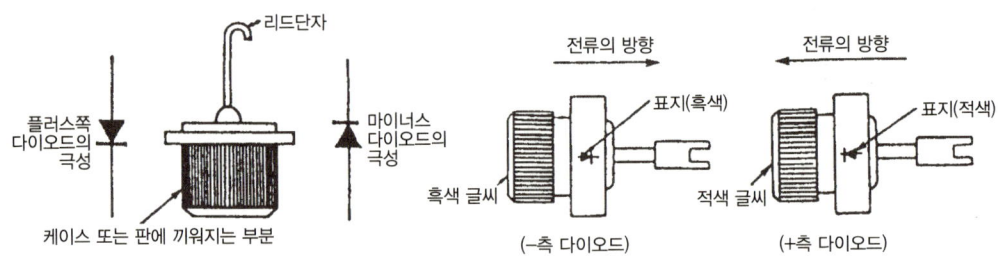

[다이오드]

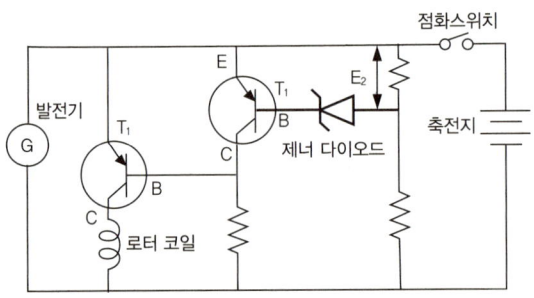

[트랜지스터형 전압 조정기]

> 참고 DC 발전기와 AC 발전기의 차이점

구분	DC 발전기	AC 발전기
중량	무겁다.	가볍다.
브러시의 수명	짧다.	길다.
정류	정류자와 브러시	실리콘 다이오드
공회전시	충전 불가능	충전 가능
구조	계자 코일 고정, 아마추어 회전	스테이터 고정, 로터 회전
사용 범위	고속 회전용으로 부적합	고속 회전 가능
조정기	컷아웃 릴레이, 전압, 전류 조정	전압 조정기
소음	라디오에 간섭하여 잡음 있음	잡음이 적다.
정비	정류자의 정비 필요	슬립 링의 정비 불필요

SECTION 03 계기 및 보안장치

Key Factor
① 세미 실드빔형 : 전구 교체만 가능
② 실드빔형 : 전구만 교체불가, 전조등 전체 교환

STEP 01 계기

1. 계기의 종류

1) 속도계

자동차의 속도를 시속(km/h)으로 표시하는 속도 지시계와 주행 거리를 표시하는 적산계, 그리고 수시로 0으로 놓을 수 있는 구간 거리계를 조합한 것이다.

① 기계식 : 변속기 출력축 웜기어로부터 계기판까지 직접 케이블로 연결한 방식이다.
② 전자식 : 변속기 출력축에 광학식 센서를 설치하고 계기판과 전선으로 연결한 방식이다.

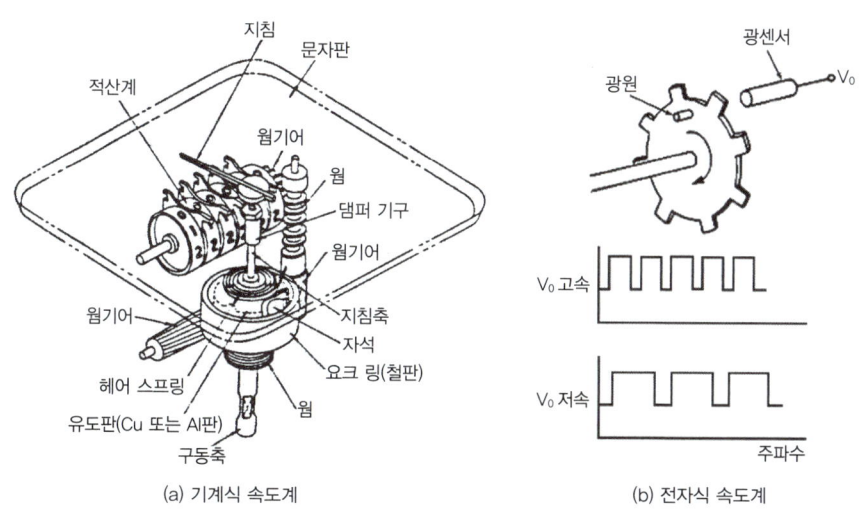

(a) 기계식 속도계   (b) 전자식 속도계

[속도계의 구조]

2) 기관 회전계(Tachometer)

엔진 회전수를 측정하는 계기이며, 주로 점화코일 (−) 신호를 이용하여 기관의 속도를 측정한다.

3) 운행 기록계

자동차의 순간 속도, 운행 거리, 운전수의 교체 유무, 엔진 회전수 등을 기록하는 계기로서, 속도계와 시계의 지침이 동일한 축에 있으며, 동일한 문자판에 표시되어 있다.

4) 수온계

기관 냉각수의 온도를 아날로그 또는 디지털로 운전자에게 표시해주는 장치이며 밸런싱 코일식, 바이메탈식, 바이메탈 서미스터식, 경고등식 등이 있다.

5) 연료계

연료가 연료 탱크에 들어 있는 양을 인스트루먼트 패널에 아날로그식 또는 디지털식으로 지시하는 계기이며, 밸런싱 코일식, 바이메탈식, 바이메탈 가변저항식 등이 있다.

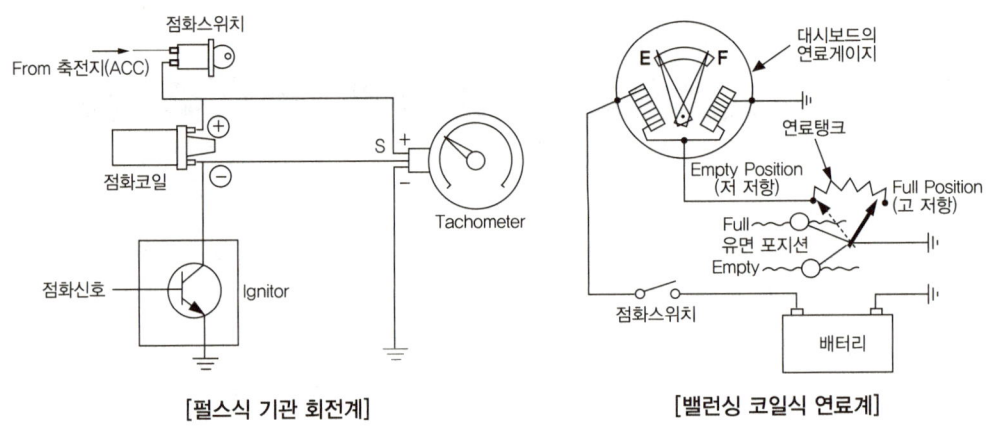

[펄스식 기관 회전계] [밸런싱 코일식 연료계]

STEP 02 리모콘 및 보안장치

1. 도난 경보기

차량의 도난을 방지하는 목적으로 경보 작동 중 차량 도어가 열림시 사이렌을 작동시키고 시동 회로를 차단시켜 도난을 방지한다.

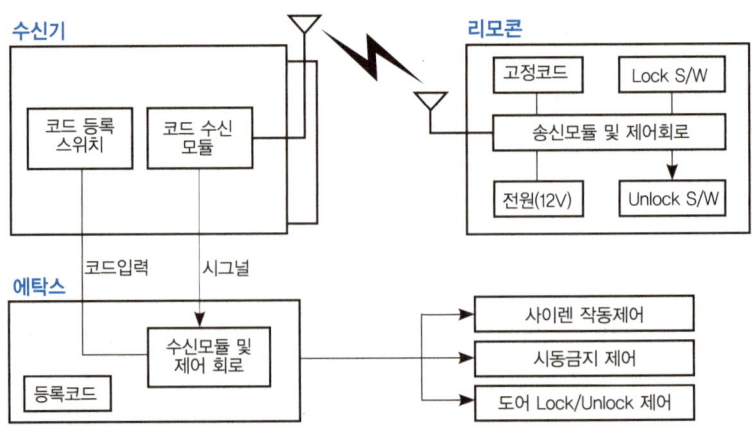

[도난 경보장치 구성]

1) 도난 경보 장치 입/출력

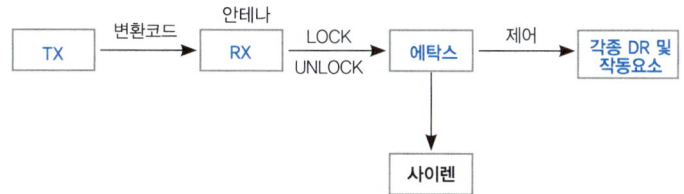

2) 리모콘 입력방법

IG OFF 상태에서 코드저장 스위치 OFF에서 SET로 하고 10초 이내에 기억할 송신기의 LOCK과 UNLOCK 버튼을 1초간 누르면 코드가 저장된다.

2. 리모콘 스타터

1) 입/출력 요소

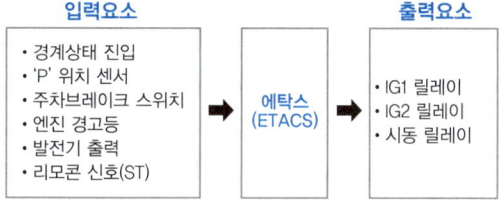

2) 시동시 리모트 스타트 방법

① 리모콘의 시동 버튼을 누르면 5초 동안 시동 허가 타이머가 작동한다.
② 리모콘의 록 버튼을 1초 이상 누르면 즉시 원격시동 데이터가 송신된다.
③ 에탁스에서 시동 데이터 수신시 경계상태 및 조건 확인 후 이상이 없을 시 IG1 릴레이를 구동시키고 4초 후 시동릴레이를 구동한다(시동이 걸리지 않을시 3번에 걸쳐 재시동 출력을 낸다).
④ 시동릴레이 구동중 발전기 "L" 단자 출력이 나오면 출력을 멈춘다.
⑤ 시동이 걸린후 30초 후 IG 2릴레이를 구동시켜 공조장치 가동을 가능하게 한다.
⑥ 비상등 램프는 시동 데이터 수신 이후부터 시동이 걸릴 때까지 0.6초 주기 50% Duty로 구동시키고, 시동 이후 3초 "ON", 1초 OFF로 구동된다.

3) 리모트 스타트 제어 시동 금지 조건

① 전 도어 및 트렁크, 후드 중 어느 하나라도 열려 있을 경우
② 변속 레버 위치가 "P" 이외에 있는 경우
③ 주차 브레이크가 풀려있는 경우
④ 전도어중 하나라도 언록 되어 있는 경우

STEP 03 전기 회로

1. 배선

배선을 구분하기 위한 전선의 색은 전선 피복의 주색과 보조띠 색의 순서로 표시한다.

AVX-0.7GR(Y)
- AVX : 내열 자동차용 배선
- 0.7 : 전선 내심 단면적(0.7mm^2)
- G : 주색(바탕색-녹색)
- R : 보조색(줄색-빨간색)
- Y : 튜브색(노란색)

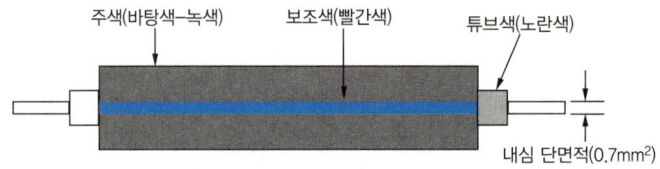

[배선의 구분]

주색(바탕색-녹색), 보조색(빨간색), 튜브색(노란색), 내심 단면적(0.7mm^2)

2. 하네스와 커넥터

자동차 배선의 묶음을 배선 하네스(Wiring Harness)라 한다.

1) 일반 커넥터 : 전장품에 연결할 커넥터를 말한다.

E30-1
- E : 배선 하네스 기호
- 30 : 커넥터 일련번호
- -1 : 보조 커넥터 일련번호

2) 연결 커넥터 : 커넥터와 커넥터가 연결되는 것을 말한다.

EC30-1
- E : 메인(전) 배선 하네스 기호
- C : 연결(후) 배선 하네스 기호
- 30 : 커넥터 일련번호
- -1 : 보조 커넥터 일련번호

3) 커넥터의 형상

형상		설명
암 커넥터	1 2 3 / 4 5 6	커넥터의 록킹 장치를 위로하였을 때 위, 오른쪽부터 차례로 번호를 부여한다.
숫 커넥터	3 2 1 / 6 5 4	2중 테두리로 구분하며, 커넥터의 록킹 장치를 위로하였을 때 위, 왼쪽부터 차례로 번호를 부여한다.

3. 배선 방식

방식		의미
단선식		큰 전류를 흐르는 경우에는 전압 강하가 크게 되므로, 주로 적은 전류가 흐르는 회로에 사용한다.
복선식	전원쪽 전선 전원쪽 접지	접지 쪽에도 전선을 사용하여 접속 불량을 일으키지 않도록 전조등 회로 등 비교적 큰 전류가 흐르는 회로에 사용된다.

STEP 04 등화 장치

1. 전조등

전조등은 램프 안에 2개의 필라멘트가 들어 있으며, 하이 빔과 로우 빔으로 되어 있다.

1) 전조등의 종류

종류	의미
세미 실드 빔형 (semi-sealed beam type)	렌즈와 반사경이 일체로 되어 있고 전구만이 독립되어 있는 형식이다.
실드 빔형 (sealed beam type)	전구와 반사경이 일체로 되어 있으며, 진공 증착한 반사경에 필라멘트를 직접 설치한, 램프 전체가 하나의 전구로 되어 있다.

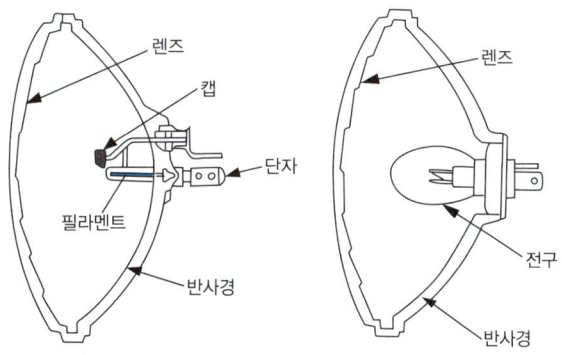

[실드빔형 전조등(좌)과 세미 실드빔형 전조등(우)의 구조]

(2) 램프의 종류

종류	설명
할로겐 램프	일반형 전구에 비하여 대단히 밝으며, 필라멘트의 열화가 적고 오래 사용하여도 광도가 거의 저하하지 않으며 전구 유리는 고온에 견딜 수 있는 석영 유리를 사용하여 일반형 필라멘트 백열등에 비하여 동일한 용량이면서 소형화할 수 있다.
HID(High Intensity Discharge) 램프	제논(xenon) 가스가 유입된 고휘도 방전램프로서 금속염제와 불활성 기체가 채워진 관에 들어있는 두 개의 전극 사이에 고압의 전원(20,000V)을 인가하여 방전을 일으켜 필라멘트 없이 빛을 발생한다.

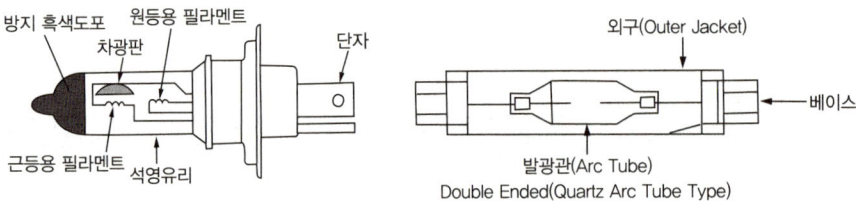

[할로겐 램프(좌)와 HID 램프(우)의 구조]

2. 방향 지시등(turn signal type)

전자열선식, 축전기식, 수은식, 바이메탈식, 트랜지스터식 등이 있으나 현재는 트랜지스터식(전자식)을 주로 사용한다.

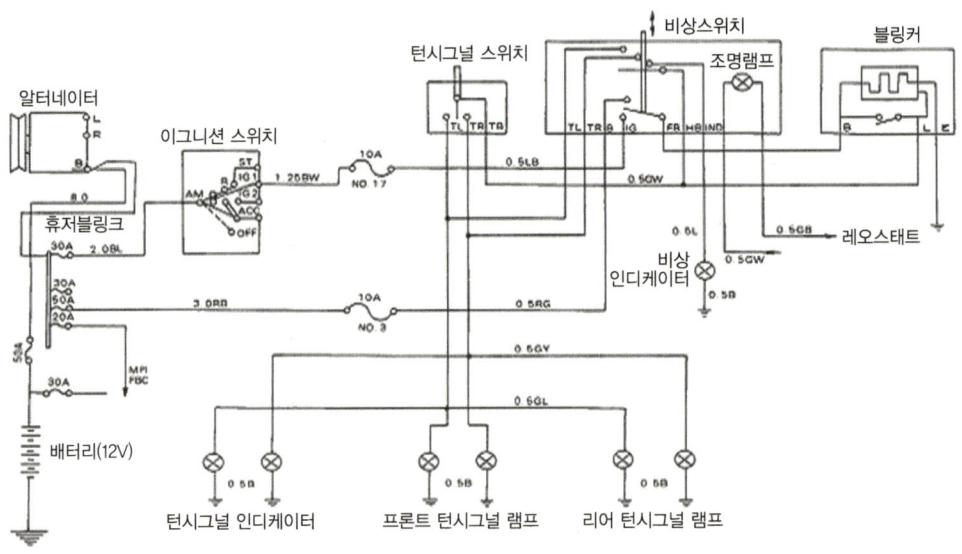

[방향지시등 회로]

3. 미등 및 번호등

보안 기준에 따라 번호등은 단독으로 점멸되는 회로가 되어서는 안된다.

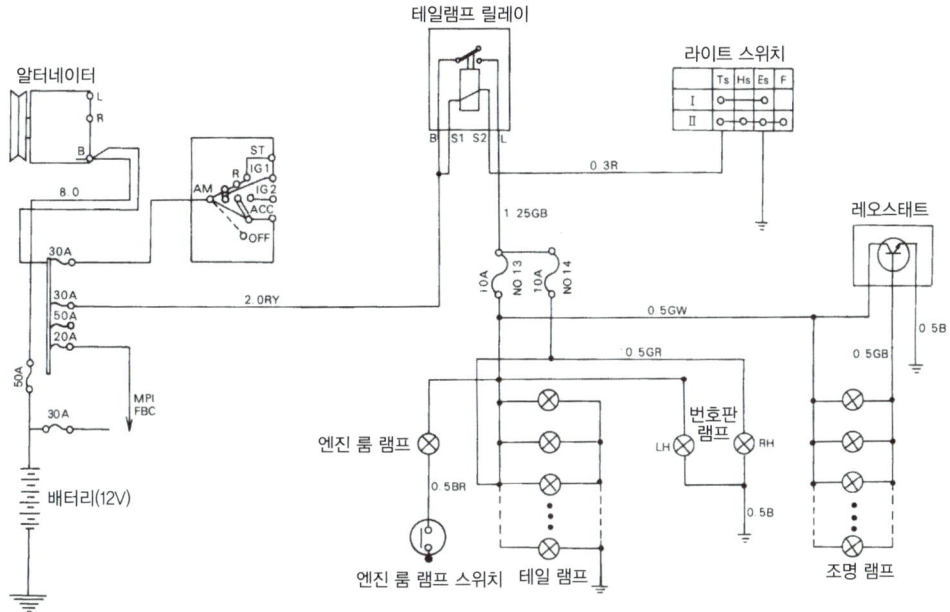

[미등 및 번호등 회로]

4. 제동등

브레이크 페달과 연동하는 제동등 스위치에 의해 점등하고 좌우의 제동등은 각각 병렬로 접속되어 있다.

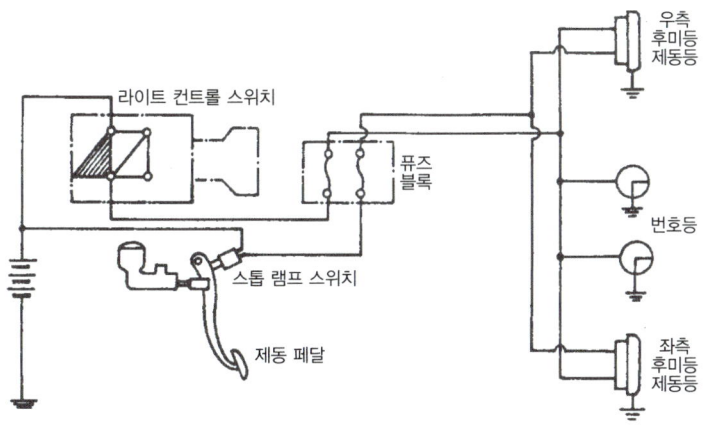

[제동등 회로]

SECTION 04 안전 및 편의장치

Key Factor
① 레인센서 시스템 구성요소 : 센서, 센서유닛, 와이퍼 모터, 다기능 스위치
② 에어백 비작동 조건 : 25km 이하로 후면 충돌시, 전복, 추락시

STEP 01 안전 및 편의장치

1. 경음기(horn)

1) 종류
공기 경음기(air horn)와 일반 자동차에 사용하는 전기식 경음기가 있다.

2) 경음기 릴레이 회로
경음기에는 큰 전류가 흐르기 때문에 도중에 전압 강하를 방지하고 경음기 스위치를 보호하며 배선을 간소화할 목적으로 경음기 릴레이를 사용한다.

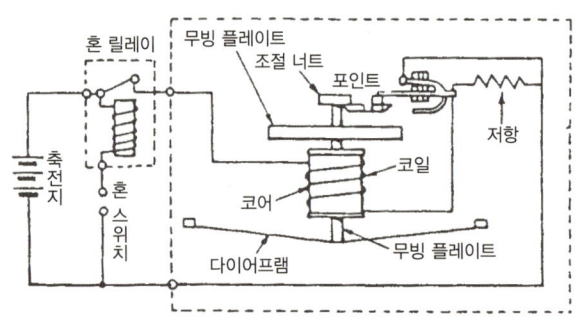

[경음기 릴레이를 사용하는 전기 회로]

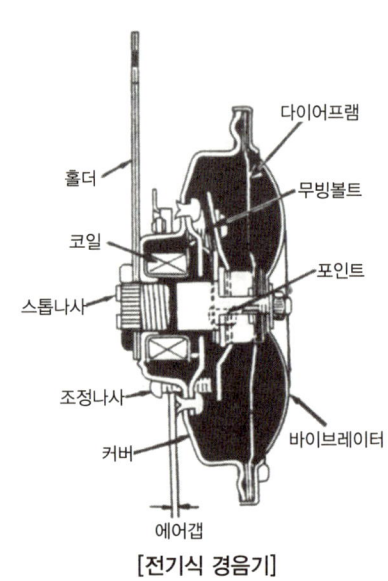

[전기식 경음기]

2. 윈드실드 와이퍼(windshield wiper)

유리를 닦기 위한 와이퍼 블레이드와 이것을 작동시키는 동력 기구로 되어 있다. 와이퍼는 동력을 발생하는 전동기부, 동력을 전달하는 링크부 및 앞면 유리를 닦는 와이퍼 블레이드부로 구성되어 있다. 모터 방식에 따라 복권식과 제3브러시 방식이 있다.

모터 방식	의미
복권식 모터	계자 코일이 직, 병렬로 연결된 모터로서 기동 토크가 크고 회전 속도가 일정한 장점이 있으나 현재는 거의 사용하지 않는다.
제3브러시 방식	계자코일 대신 페라이트 자석을 사용하며 속도 조절은 아마추어에 설치된 제3브러시를 사용하여 모터 속도를 제어한다.

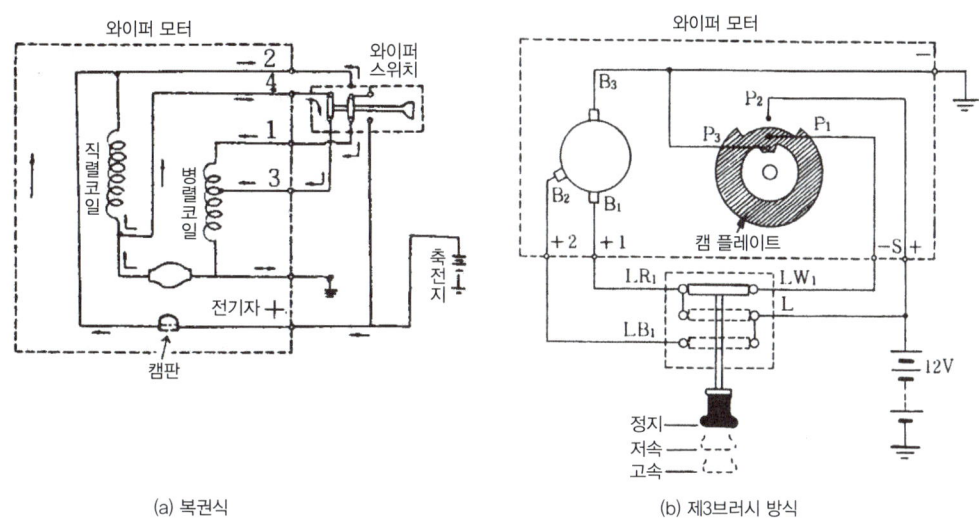

[윈드실드 와이퍼의 구조]

3. 파워 윈도우와 리어 디포거

1) **파워 윈도우**(power window) : 모터를 사용하여 도어 유리를 상승·하강시키는 장치이다.

2) **리어 디포거**(rear defogger) : 리어 디포거는 리어 윈도우의 서리를 제거하는 장치이다. 리어 윈도우의 유리에 설치된 가는 금속선에 흐르는 전류는 윈도우 유리를 가열하여 서리를 증발시킨다.

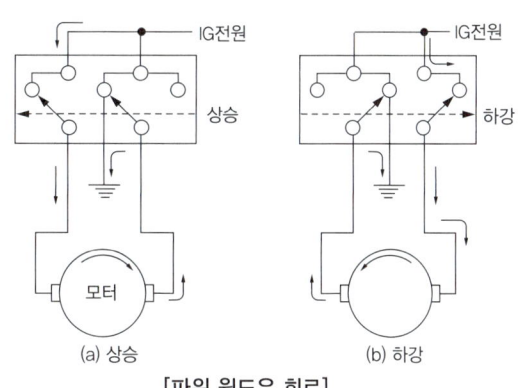

[파워 윈도우 회로]

4. 레인센서 시스템(rain sensor system)

와이퍼 모터 구동제어를 ETACS 대신 전면 윈도우 상단 내면부에 설치된 레인센서에서 빗물량을 감지하여 운전자가 스위치를 조작하지 않아도 와이퍼 작동시간 및 속도를 자동으로 제어하는 시스템이다.

1) **시스템의 구성**

   레인센서, 센서유닛, 와이퍼 모터, 다기능 스위치로 구성된다.

2) **레인 센서의 작동원리**

   레인센서는 LED에서 적외선을 방출하면 유리 표면에 빗물에 의해 반사되어 돌아오는 적외선을 포토 다이오드가 이를 감지하여 빗물의 양을 감지한다.

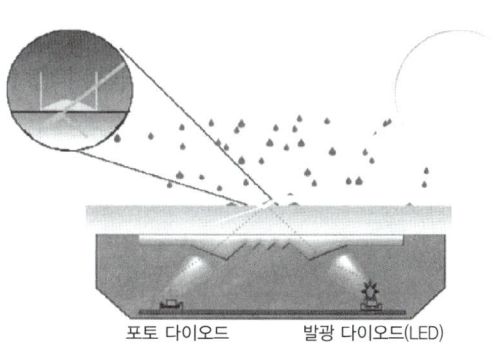

[레인 센서 작동원리]

5. 후방경보 시스템(BCWS, Back Corner Warning System)

초음파의 특성(340m/s의 전송 속도로 이동)을 이용하여 주차시 혹은 저속으로 주행시 운전자의 육안으로 감지할 수 없는 사각지대를 감지하여 물체의 근접 정도에 따라 경보로 알려줌으로서 사전에 일어날 수 있는 사고를 미연에 방지하는 시스템이다.

1) 시스템의 구성
초음파센서, 제어유닛과 경보기(부저)로 구성한다.

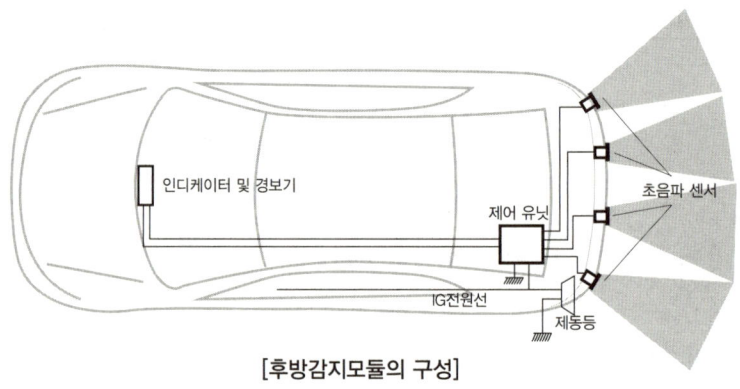

[후방감지모듈의 구성]

2) 작동원리
초음파의 전송속도와 초음파의 이동 시간을 이용하여 차량후방 및 전방의 장애물을 감지하여 정해진 영역 이내에 물체가 있으면, 작동램프 및 부저음으로 운전자에게 경고를 한다.

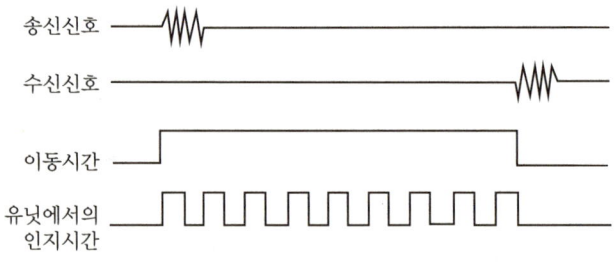

[후진/코너 경고장치 작동]

6. 타이어 압력 경고 시스템(TPWS, Tire Pressure Warning System)

1) 개요
타이어 압력 경고장치는 ABS용 휠 스피드 센서를 이용하여 특정 바퀴의 공기압이 저하되면 동반경이 줄어들어 차륜의 속도가 빨라지는 것을 이용하여 타이어 공기압 저하 유무를 판정, 공기압 저하시 운전자에게 경고하여 주행안전성과 타이어 수명을 연장하는 장치이다.

2) 시스템 구성
점화 스위치, 휠 스피드센서, 조향각 센서, 브레이크 스위치 신호를 입력받아 TPWS ECU가 제어하는 구조로 되어 있다.

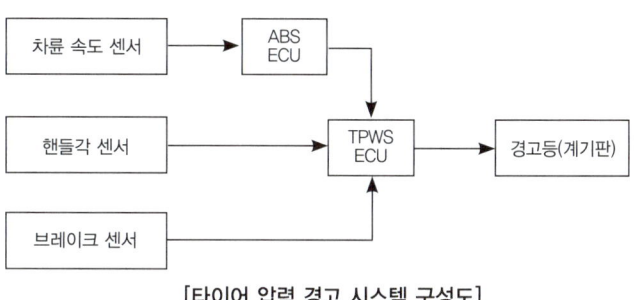

[타이어 압력 경고 시스템 구성도]

7. 음성 안내 시스템(VAS, Voice Alarm System)

운전자의 안전과 편의를 돕기 위하여 도어열림, 시트벨트, 주차브레이크, 엔진오일, 연료부족, 트렁크 열림, 밧데리방전, 하이빔 작동, 키 회수기능 등을 음성으로 알려주는 장치이다.

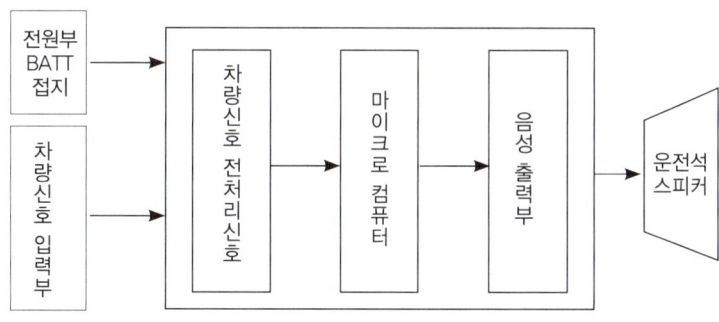

[입출력 흐름도]

8. IMS(Integrated Memory System)

운전자가 자신에게 맞는 최적의 시트 위치 및 아웃사이드 밀러 위치를 선정한 후 IMS 컨트롤 스위치를 사용하여 기억시킨 후, 재승차하여 점화스위치를 "ON" 시킨 상태에서 재생하면 자동으로 기억시킨 위치로 자동 조정되는 시스템이다.

1) 포지션(Position) 센서

① 슬라이드 포지션 센서 : 슬라이드 이동량을 검지하기 위한 센서
② 리클라이닝 포지션 센서 : 리클라이닝 경사량을 검지하기 위한 센서
③ 하이트 포지션 센서 : 하이트의 상/하 이동량(뒤쪽)을 검지하기 위한 센서
④ 틸트 포지션 센서 : 틸트 상/하 이동량(앞쪽)을 검지하기 위한 센서

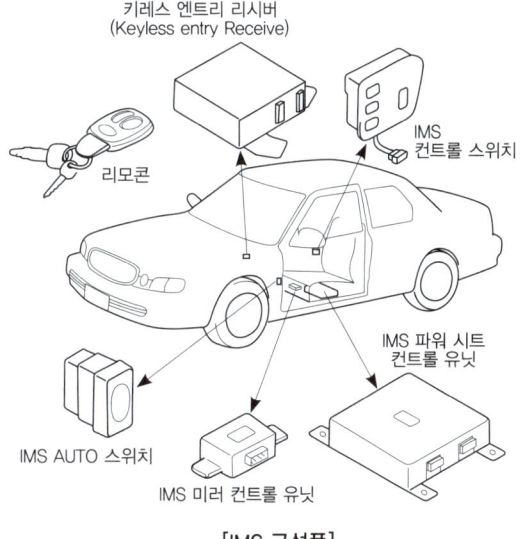

[IMS 구성품]

2) 매뉴얼(Manual)

① 슬라이드 스위치 : 시트를 앞/뒤로 슬라이드 시키기 위한 스위치
② 리클라이닝 스위치 : 시트 등받이를 앞/뒤로 기울이기 위한 스위치
③ 하이트 스위치 : 시트의 뒤쪽을 상/하 위치를 조정하기 위한 스위치
④ 틸트 스위치 : 시트 앞쪽을 상/하 위치로 조정하기 위한 스위치

9. 에탁스(ETACS, Electronic Time Alarm Control System)

1) 개요

기존의 자동차 전기장치는 각각의 시스템별로 회로가 구성되어 구성 부품수도 많고 배선도 복잡한 형태였던 것을 유니트 및 배선들을 통합하여 하나의 마이크로 컨트롤러를 이용하여 간소화한 시스템이다.

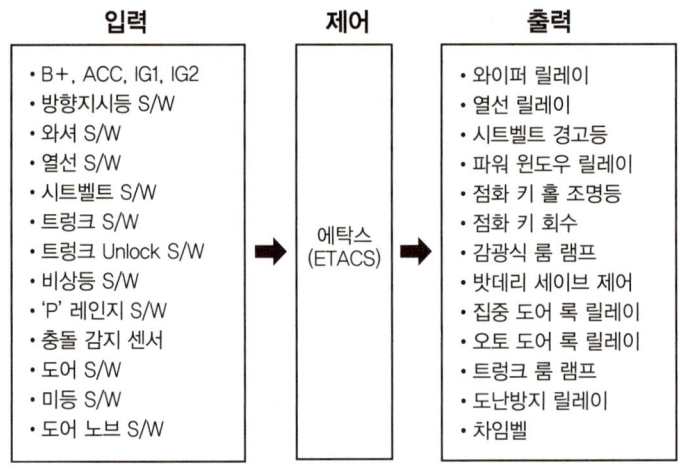

[에탁스의 입/출력 계통도]

2) ETACS 제어기능

① 와셔 연동 와이퍼 : IG SW ON 상태에서 와셔 SW를 ON하면 0.6초 후 와이퍼 출력 ON 하고, 와셔 SW OFF후에도 2.5~3.8초 동안 와이퍼 출력을 ON하고 OFF한다.
② 뒷유리 열선 : 시동이 걸려 있는 상태(ALT 'L')에서 SW를 ON하면, 열선 타이머 출력을 20분간 ON한다.
③ 안전벨트 경고등 : IG SW를 ON하면 시트벨트 경고등을 0.6초, 차임벨은 0.9초, DUTY 50% 주기로 6초간 점등시킨다.
④ 감광식 룸램프 : 도어 열림시 룸램프가 점등되며, 도어를 닫으면(도어 SW OFF) 즉시 75% 감광후 서서히 감광하여 4~6초 후 소등된다.
⑤ 파워윈도우 타이머 : IG SW를 ON하면 파워윈도우 릴레이 출력을 ON하고, IG SW를 OFF하면 파워윈도우 릴레이를 30초 동안 ON 상태를 유지한 후 OFF한다.
⑥ 배터리 세이버 : 핸들 LOCK SW(IG SW)를 ON 후 미등을 ON한 후에 핸들 LOCK SW를 OFF하고 운전석 도어를 열면 미등은 자동소등한다.
⑦ 점화키 회수 기능 : IG SW를 OFF한 상태에서 키를 뽑지 않고 LOCK 노브로 문을 닫으면 1초간 UNLOCK 출력을 만들어 도어 LOCK이 되지 않도록 한다.

⑧ 이그니션 키 홀 조명 : IG SW OFF 상태에서 운전석 및 조수석 DOOR를 열면 IG SW HOLE LAMP를 점등한다.
⑨ 주차 브레이크 경고 : IG SW ON, 파킹브레이크 ON상태에서 3km/h 이상의 속도로 주행하면 차임벨을 출력한다.
⑩ 중앙집중 도어 록 & 자동 도어 록 : 운전석 도어 록 SW를 LOCK/UNLOCK하면 모든 도어가 LOCK/UNLOCK 된다.

10. GPS(Global Positioning System)

GPS 위성에서 방송하는 C/A코드를 이용하면 전 세계 어디서나 전천후 24시간 측위가 가능하며 정확도 오차는 약 100m 정도이다.

1) GPS 위성

적도와 55도 경사를 이루는 6개의 궤도면에 각 궤도마다 4~5개식의 위성을 배치하고 있으며, 궤도면 당 3개씩 예비위성 6개로 총 24개의 위성이 지구 표면으로부터 약 20,200km의 상공에 위성을 배치하고 있다.

2) GPS 측위 원리

GPS의 측위는 거리 측정방식에 의한 삼각법을 이용하는 C/A코드를 이용하여 위성과 수신기 안테나간의 거리를 구한다. 위성은 항상 1575.42(MHz)의 L_1 주파에 C/A코드를 실어서 송신하고 있고 수신기에서도 똑같은 코드를 발생시켜 수신된 위성의 코드와 비교하여 위성의 신호가 위성을 떠나 수신기까지 도착하는데 소요된 시간을 측정한다. 따라서, 광속(위성신호의 속도)×소요시간으로 위성과 수신기간의 거리를 측정하게 된다.

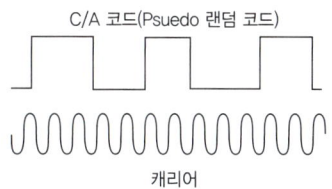

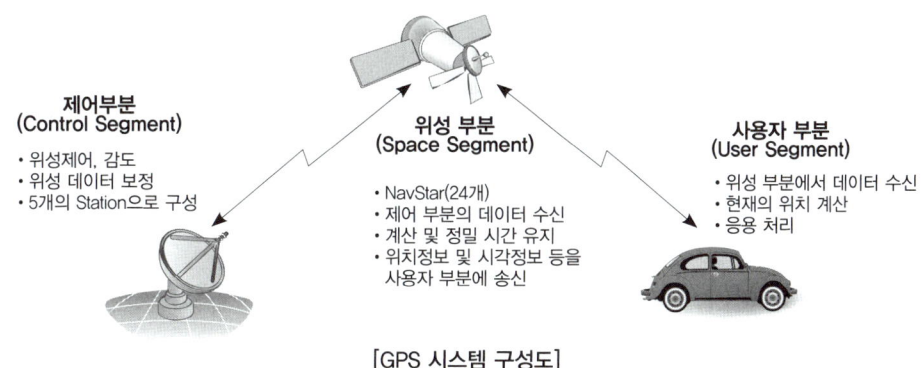

[GPS 시스템 구성도]

3) GPS 응용분야

지리정보, 항법, 카네비게이션, 레져 스포츠, 농업 등 앞으로의 활용 가능성은 더욱 높아질 것이다.

11. 에어백(Air bag)

1) 에어백의 작동조건

에어백이 작동할 때에는 차종에 따라 작동조건이 조금씩 다르나 대부분 차량속도 약 25km/h 이상의 속도에서 전방충돌 좌·우±30° 이내의 전방충돌할 때 작동하도록 설계되어 있다.

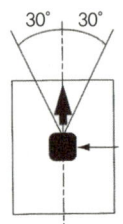

2) 비작동 조건

차량속도가 25Km/h 이하로 주행시 후면 충돌의 경우, 측면 충돌의 경우, 전복과 추락의 경우, 트럭 밑으로 들어간 경우에는 에어백이 작동하지 않는다.

3) 에어백 시스템의 종류

종류	설명
MES(Machine Electric Sensor)	두 개의 임팩트 센서를 전방에 설치하고 ECU 내부에 안전센서를 장착한 형식이다.
SAE(Siemens Airbag Electronics)	외장이 아닌 에어백 ECU 내부에 전기적으로 충돌을 감지하는 충돌감지 센서와 충돌감지 센서의 오작동을 방지하는 안전센서가 내장되며 충돌 감지 센서와 안전센서가 동시에 "ON"되어야 에어백이 점화한다.

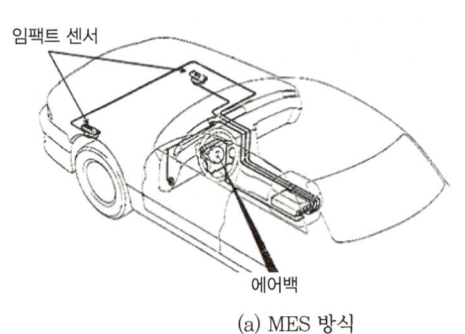
(a) MES 방식

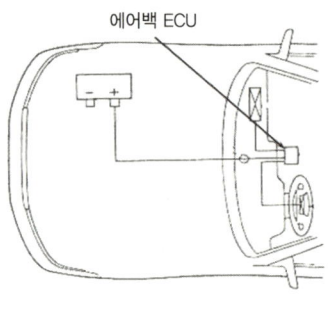
(b) SAE 방식

[에어백 작동 원리]

4) 에어백 구성품

① 에어백 모듈(air bag module) : 에어백 패트커버, 인플레이터와 그 밖의 고정용 부품으로 스티어링 휠의 중앙부에 부착된다.

② 에어백(air bag) : 에어백은 내측에 고무로 코팅된 나이론제의 면으로 되어 있으며 내측에 인플레이터와 함께 내장되어 있다.

③ 패트커버(pat cover) : 우레탄 커버에서 에어백 전개시 입구가 갈라져 힌지부를 지점으로 전개하며 에어백이 밖으로 튀어나와 팽창하는 구조로 되어 있다.

④ 인플레이터(inflator) : 인플레이터 안에는 점화전류가 흐르는 전기 접속부가 있어 화약에 전류가 흐르면 화약이 연소하여 점화제가 연소하고 그 열에 의하여 가스 점화제가 연소한다. 연소에 의해 급속히 질소가스가 발생하여 디퓨져 스크린을 통과하여 에어백 안으로 전해진다.

⑤ 클럭스프링(clock spring) : 스티어링 휠과 스티어링 컬럼사이에 장착된다. 클럭스프링은 에어백 ECU와 에어백 모듈사이의 접촉을 종래의 혼과 같은 접촉방법이 아닌 배선에 의한 연결을 한다.
⑥ 에어백 ECU : 충돌센서로부터 신호를 받아 에어백을 제어한다.

12. 시트벨트 프리텐셔너(Seat belt pretensioner)

1) 개요

차량 앞 방향으로부터의 충돌이 감지되면 시트벨트를 순간적으로 되감아 주어 승객이 앞 방향으로 이동되는 량을 작게 하여 시트벨트의 효과를 향상시키는 장치이다.

2) 구성부품의 기능

센서, 액추에이터, 클러치로 구성되어 있으며, 프리텐셔너의 오작동을 방지하기 위한 안전버튼과 시트벨트 착용감지기가 있다.

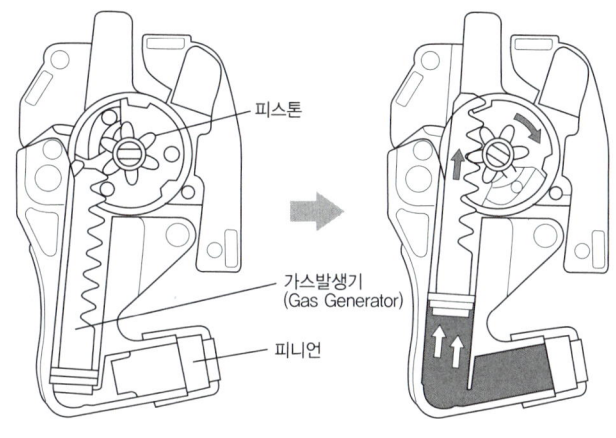

[시트벨트 프리텐셔너]

① 액추에이터 : 가스 발생기에서 발생된 가스압력이 실린더 내의 피스톤을 밀어올린다. 이 때 피스톤에 연결되어 있는 와이어가 당겨지면서 클러치가 작동한다.
② 클러치 : 액츄에이터가 작동할 때 와이어가 당겨지면서 클러치가 고정되고 시트벨트를 되감아 준다.

13. 정속 주행 장치

1) 개요

정속주행 장치는 운전자가 원하는 차량속도를 일정하게 유지하여 주는 장치로 다음과 같은 장점이 있다.
① 장시간 운전시 운전자의 피로경감
② 정속 주행으로 인한 10% 정도의 연료절감
③ 승차감 향상 및 쾌적한 운행

2) 종류

① 진공식 : 진공 액추에이터를 이용한 방식이다.
② 전기식 : 컴퓨터에 의해 모터를 제어하는 방식이다.
③ 전자식 : ECU에 의해 ETS와 연계하여 제어하는 방식이다.

3) 구성 부품 및 기능

① ECU : 센서 및 컨트롤 스위치로부터 정속 주행의 세트(set), 리줌(resume), 코스트(coast), 해제 등의 전 기능을 제어한다.
② 차속센서 : 현재의 차속을 ECU에 입력한다.
③ 액추에이터 : ECU로부터 전기 신호를 받아 드로틀 밸브를 작동시켜 차속을 제어한다.
④ 컨트롤 메인 스위치 : ECU 및 각 부품에 전원을 공급하는 스위치이다.
⑤ 컨트롤 세트 스위치 : 현재의 차속을 세트하는 스위치이다.
⑥ 컨트롤 리줌 스위치 : 정속주행 해제후 처음 입력한 속도로 복귀하는 스위치이다.
⑦ 코스트 스위치 : 정속주행 중에 감속하는 스위치이다.
⑧ 제동등 스위치 : 주행중 브레이크를 밟으면 세트된 차속이 해제된다.
⑨ 인히비터 스위치 : 주행중 변속레버를 움직이면 세트된 차속이 해제된다.

STEP 02 사고회피 기술

1. 지능형 자동차 기술 동향

① 예방안전 기술 : 사고가 나지 않도록 사전에 예방하는 기술로써 수동안전(ABS, VDC 등)과 능동안전(충돌예방 시스템 등) 시스템이 있다.
② 사고회피 기술 : 사고가 나더라도 피해를 최소화 하기위해 자동으로 차량을 제어하는 능동안전 시스템으로, 비상 제동을 포함하는 운전자 지원 시스템이 대표적이다.
③ 자율주행 기술 : 운전자의 지시만으로 원하는 목적지까지 주행하는 기술로써 기술적으로도 어려운 점이 많고 사회적 합의도 필요한 선행기술이다.
④ 충돌안전 기술 : 충돌 시 피해 최소화를 위한 능동, 수동 안전 시스템으로써 액티브 헤드 레스트 등이 대표적인 기술이다.
⑤ 편의성 향상 기술 : 자동 주차, 내비게이션 시스템 등 운전자의 편의성을 지원하는 시스템이지만 단순 편의성보다는 안전과 밀접한 연관이 있다.
⑥ 차량 정보화 기술 : 차량 자체의 네트워크(In-Vehicle Network)와 외부 통신을 기반으로 운전자에게 필요한 정보를 실시간으로 전달하는 기본 기능과 IT 산업과 연계한 확장 기능이 있다.

2. 사고 회피 기술(Accident Avoidance)

사고와 연결될 수 있는 상황에서 능동적으로 사고를 회피하도록 제어하는 기술로써 다음과 같은 하위 시스템들이 있다.

1) 충돌 예방안전 시스템(Pre-crash Safety System)

레이더, 카메라 융합 등을 통해 전후방 교통 상황을 판단하여 충돌 사고 가능성이 있을 경우 운전자에게 전동 안전벨트 및 헤드 레스트 등을 제어하는 시스템이다.

[사고 회피 기술 시스템]

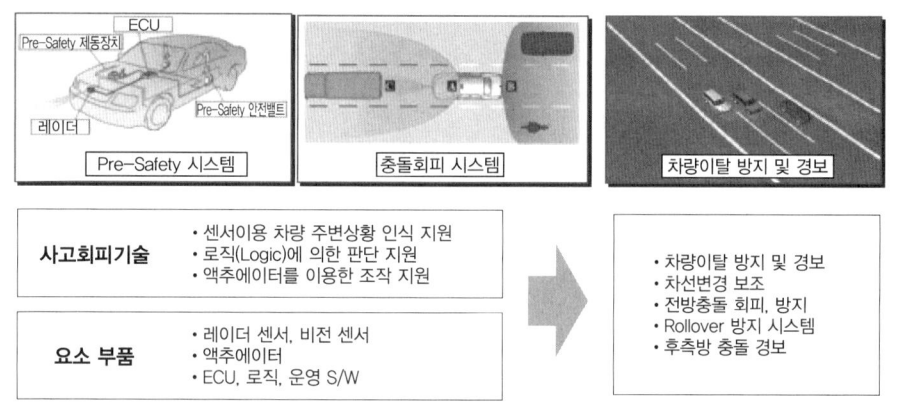

[PCS 시스템]

2) 탈선경보 시스템(Lane Keeping Support System)
차선 이탈 시 Steer-by-Wire 시스템을 이용하여 주행 차선을 유지하는 시스템이다.

3) 충돌회피 시스템(Collision Avoidance System)
레이더, 카메라 융합을 통해 전후측방 교통 상황 및 주변 차량의 상대 속도 등을 검지하여 사고 가능성이 있을 경우 Brake-by-Wire, Throttle-by-Wire 시스템 등과 연동하여 사고를 미리 예방하는 시스템이다.

4) 지능형 정속주행 시스템(Advanced Cruise Control System)
전방 레이더를 이용하여 일정 속도를 유지하고 긴급 상황에서는 비상 제동을 수행하는 시스템이다.

Advanced ACC

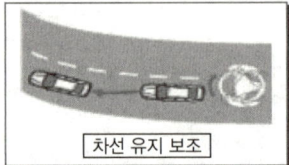
차선 유지 보조

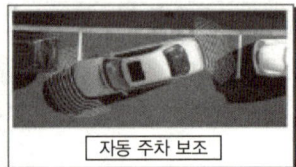
자동 주차 보조

자율주행 자동주차기술	• 센서이용 차량 주변상황 인식지원 • 로직에 의한 판단 지원 • 엑추에이터를 이용한 조작지원
요소 부품	• 레이더 센서, 초음파 센서 • 엑추에이터(모터, 유압) • ECU, 로직, 운영 S/W

- 적응 순항제어 시스템
- 군집 자율주행
- 도로정비 활용 자율주행
- 주차보조 시스템
- 반,전자동 주차 시스템

[CAS 시스템]

STEP 03 기타 안전 기술

1) 스마트 에어백(smart airbag)

운전자 및 탑승자를 인식하여 에어백 전개 압력, 전개 위치 등을 조절하는 시스템으로써 어린 아이, 여자, 노약자 등을 대상으로 에어백으로 인한 2차 상해를 방지하기 위해 개발되고 있다.

2) 보행자 보호 시스템

사고 시 보행자를 보호하기 위한 제반 시스템으로 후드 리프팅(hood lifting) 시스템, 보행자용 에어백, 액티브 범퍼(active bumper) 등이 있다.

3) 스태빌리티 시스템(stability system)

차량의 동적 특성을 제어함으로써 주행 안정성과 안전성을 확보하는 기술로 ABS가 그 시초라고 할 수 있다. ABS, TCS, VDC 등이 통합되어 동작하는 것이 특징이다.

4) 나이트 비전(night vision)

야간 주행 시 운전자 시각을 대신하여 전방의 영상을 보여주는 시스템이다.

SECTION 05 공기조화장치

Key Factor
① 패스트 아이들 기구 : 에이컨 작동시 공전 속도를 높여주는 장치
② 에바포레이터 : 에어컨 증발기로 냉방과 습도를 조절

STEP 01 냉방장치(Air Conditioner)

1. 냉방장치의 작동 원리 및 순서

냉매 사이클에는 카르노 사이클을 이용하여 압축 → 응축 → 팽창 → 증발 순으로 순환한다.

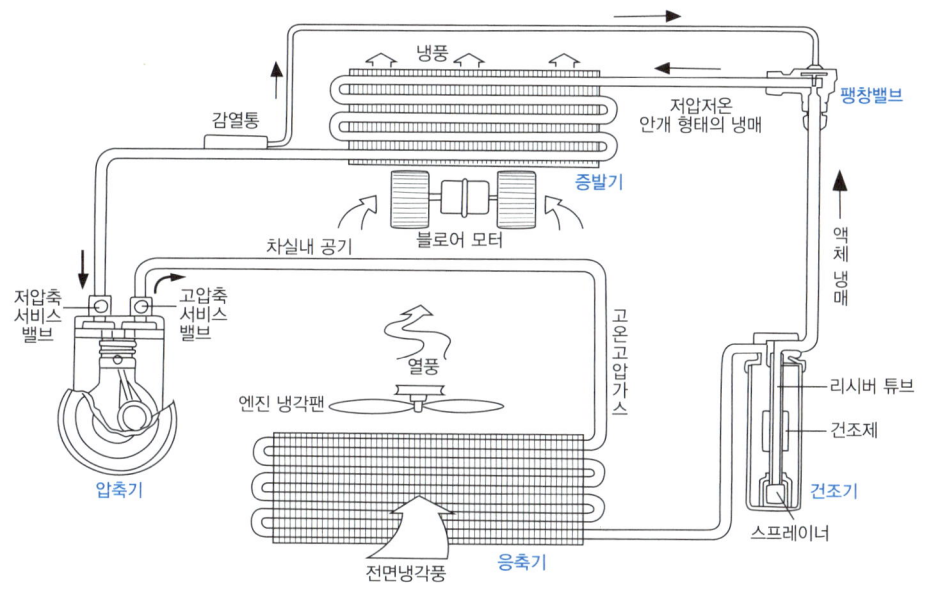

[냉방장치 구성]

2. 냉방 장치의 구성품

① 압축기 : 증발기에서 저압 기체로 된 냉매를 고압으로 압축하여 응축기로 보내며 종류는 크랭크식, 사판식, 베인식이 있다.
② 응축기 : 압축기에서 들어온 고온, 고압의 기체 냉매를 대기중에 방출시켜 액체로 만드는 일종의 방열기이다.
③ 건조기 : 응축기에서 들어온 냉매를 저장하고 수분을 흡수한다.
④ 증발기 : 가압된 형태로 팽창 밸브를 통하여 증발되며 온도가 급강하 하게 된다.
⑤ 패스트 아이들 기구 : 에어컨 작동시 공전 회전수를 상승시켜 준다.
⑥ 마그네틱 클러치 : 크랭크축 풀리에 벨트로 연결되어 작동시에만 압축기축과 클러치 판이

일체가 되어 회전한다.
⑦ 냉매 : R-12, HFC-134a를 사용한다.

3. 주요 냉매와 용도

① 암모니아(NH3) : 널리 사용되는 냉매로서 식품의 냉동, 제빙 등에 사용되며 독성이 있어서 인체에 유해하므로 공기조화에는 사용하지 않는다. 그리고 철(鐵)은 부식시키지 않지만 동, 동합금 등은 심하게 부식시킨다.
② R-12 : 프레온계 냉매는 안전도가 매우 높고 무해, 무독하고, 연소성, 폭발성이 없으며 전기 절연성이 좋고 수분이 없으면 부식성도 거의 없다.
③ 신냉매(HFC-134a)와 구냉매(R-12)의 비교 : R-12는 냉매로서는 가장 이상적인 물질이지만 단지 CFC(염화불화탄소)의 분자중 Cl(염소)가 오존층을 파괴함으로써 지표면에 다량의 자외선을 유입하여 생태계를 파괴하고, 또 지구의 온난화를 유발하는 물질로 판명됨에 따라 이의 사용을 규제하기에 이르렀다. 따라서 이의 대체물질로 현재 실용화되고 있는 것이 HFC-134a이다.

STEP 02 난방장치(Heater)

1. 온수식

엔진의 냉각수를 열원으로 사용하는 방식으로서 승용차를 비롯한 중소형 자동차는 대부분 이 방식을 사용한다.

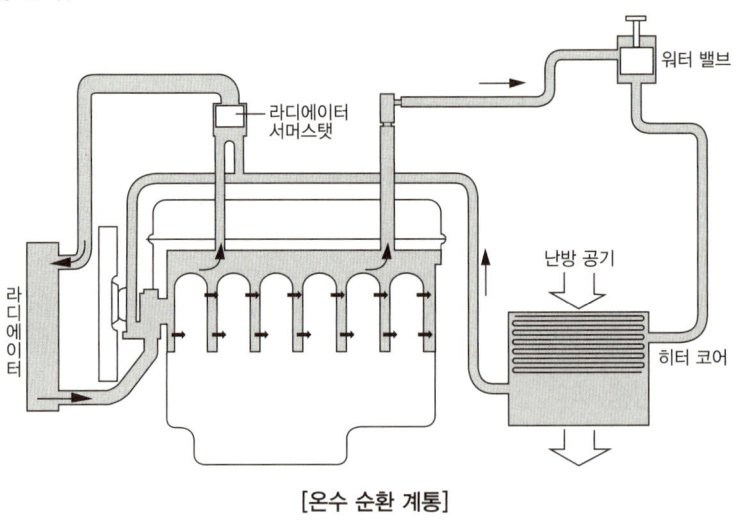

[온수 순환 계통]

2. 배기식

공랭식 엔진과 같이 냉각수를 이용할 수 없는 경우에 엔진 배기열을 이용하는 방식으로, 현재는 거의 사용하지 않고 있다.

3. 프리 히터

냉각수 라인내에 설치되어 있으며 외기온도가 낮을 경우 작동시켜 엔진에서 히터로 유입되는 냉각수온을 높여줌으로 히터의 난방성능을 향상시키는 장치로 운전자에게 신속한 난방 환경을 제공하는 장치이다.

1) **가열 플러그식** : 히터 라인 내에 전기 가열식 플러그를 설치하여 냉각 시동후 단시간 내에 히터로 공급되는 냉각수 온도를 높이는 장치이다.

2) **연소식** : 독립된 연소기를 이용하는 방식으로 공기를 직접 가열하는 직접형과 엔진 냉각수를 가열하여 온수식 난방 장치를 이용하는 온수가열식이 있다.

3) **직접형 연소식 히터** : 직접 공기를 가열하는 방식으로 극한 지역에서 운행하는 대형버스와 같이 큰 난방능력을 요하는 차량에서 사용한다.

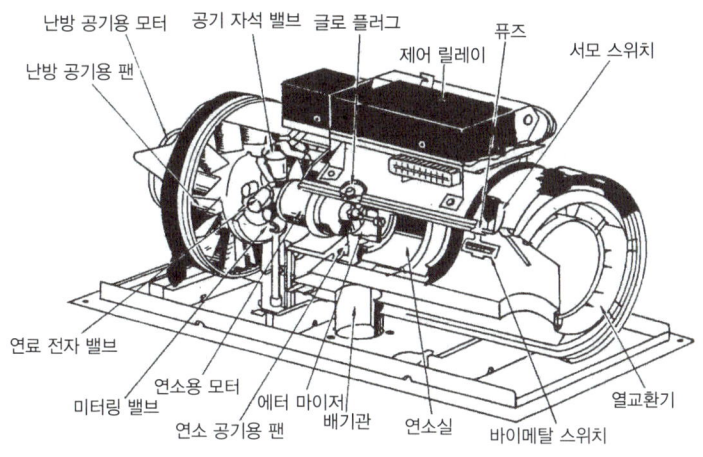

[공기 가열식 연소식 히터]

4. 간접형 연소식 히터

간접형은 차량의 냉각수를 가열하여 차실내에 있는 히터를 통해 공기를 데워 난방을 하는 형식이다.

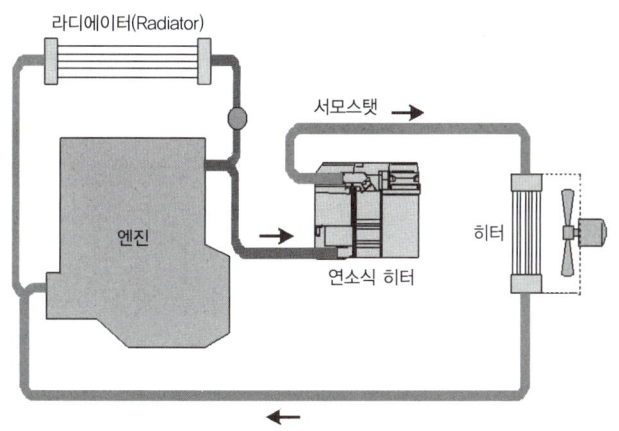

[간접형 연소식 히터]

STEP 03 공조장치

1. 공기 조화

차량 탑승자의 심리적 요인에 의한 쾌적성을 향상시키는 수단으로 공기 중에 꽃가루, 매연, 담배 연기 등을 정화하고 온도 습도 등을 조절한다.

2. 공조시스템 작동요소

① 온도제어 토출 공기의 조절한다.
② 내외기 절환 : 외기또는 내기로 흡입공기 조절한다.
③ 습도제어 : 증발기 출구 온도를 제어하여 습도를 제어한다.
④ 풍량제어 : 토출 풍량을 조절한다.
⑤ 배풍제어 : 토출구 방향을 변경한다.
⑥ 제진 : 필터를 장착하여 흡입 공기를 여과한다.

3. 내외기 절환

차실 내의 공기를 순환시키는 내기모드와 실외의 공기를 들여오는 외기모드 또는 그 중간의 공조를 할 수 있다.

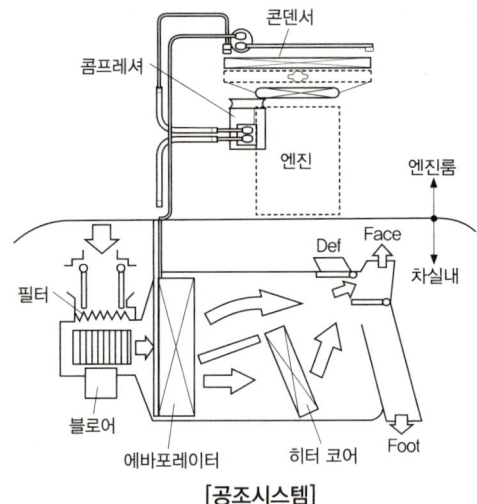

[공조시스템]

제02장_ 자동차 전기·전자
출제예상문제

[1. 전기전자]

01 전류에 대한 설명으로 틀린 것은?
① 자유전자의 흐름이다.
② 단위는 A를 사용한다.
③ 직류와 교류가 있다.
④ 저항에 항상 비례한다.

🔍 **오옴의 법칙**
전류는 전압에 비례하고 저항에 반비례한다. ($I = \frac{E}{R}$)

02 20Ω 저항의 양 끝에 전압을 가할 때 2A의 전류가 흐른다면 이 저항에 걸리는 전압은?
① 10V   ② 20V
③ 30V   ④ 40V

🔍 오옴의 법칙 $I = \frac{E}{R}$에서, $E = I \times R = 2 \times 20 = 40V$

03 그림과 같이 12V의 축전지에 저항 3개를 직렬로 접속하였을 때 전류계에 흐르는 전류는 몇 A 인가?

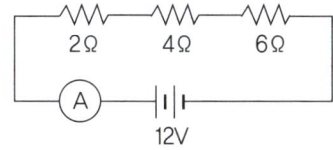

① 1A   ② 2A
③ 3A   ④ 4A

🔍 합성저항 $R = R_1 + R_2 + \cdots + R_n = 2+4+6 = 12Ω$
오옴의 법칙 $I = \frac{E}{R} = \frac{12}{12} = 1A$

04 그림에서 2Ω과 4Ω 사이의 전선에 걸리는 전압은 얼마인가?

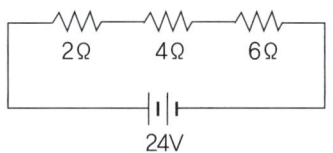

① 2V   ② 4V
③ 8V   ④ 12V

🔍 합성저항 $R = R_1 + R_2 + \cdots + R_n = 2+4+6 = 12Ω$
오옴의 법칙 $I = \frac{E}{R}$이므로, 전류 $= \frac{24}{12} = 2A$
$E = I \times R = 2 \times 2 = 4V$

05 다음 그림에서 전류계에 흐르는 전류는?

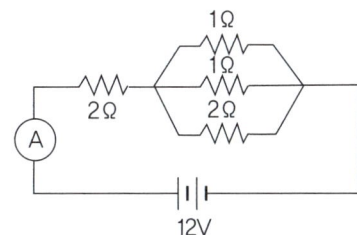

① 3A   ② 4A
③ 5A   ④ 6A

🔍 먼저 병렬저항을 계산한 후 직렬저항을 더한다.
병렬저항 $\frac{1}{R} = \frac{1}{R_1} + \frac{1}{R_2} + \cdots + \frac{1}{R_n} = \frac{1}{1} + \frac{1}{1} + \frac{1}{2} = \frac{5}{2}$
∴ $R = \frac{2}{5}Ω$ ∴ 합성저항 $R = 2 + \frac{2}{5} = \frac{12}{5}Ω$
오옴의 법칙 $I = \frac{E}{R}$을 적용하면, 전류 $= \frac{12}{\frac{12}{5}} = 5A$

06 55W의 전구 2개를 12V 충전시켜 그림과 같이 접속하였을 때 약 몇 A의 전류가 흐르겠는가?

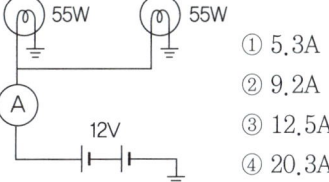

① 5.3A
② 9.2A
③ 12.5A
④ 20.3A

정답 [1. 전기전자] 01 ④   02 ④   03 ①   04 ②   05 ③   06 ②

🔍 총 소비전력은 55W + 55W = 110W
$P = E \times I$, ∴ $I = \dfrac{P}{E} = \dfrac{110}{12} = 9.16A$

🔍 접촉이 불량하면 접촉저항이 커지므로 불량부분의 전압강하가 커지게 되어 TPS값이 기준보다 크게 나오게 된다.(상대적으로 가변저항에서의 전압강하가 낮아지므로)

07 그림과 같은 자동차의 전조등 회로에서 헤드라이트 1개의 출력은?

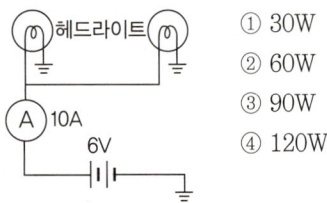

① 30W
② 60W
③ 90W
④ 120W

🔍 출력 $P = E \times I = 6V \times 5A = 30W$

10 콘덴서(condenser)의 용량에 대한 사항으로 틀린 것은?

① 가한 전압에 정비례한다.
② 마주보는 금속판의 면적에 정비례한다.
③ 금속판 사이의 절연물의 절연도에 반비례한다.
④ 금속판 사이의 거리에 반비례한다.

🔍 콘덴서의 정전용량
• 가해지는 전압에 비례한다.
• 금속판의 면적에 비례한다.
• 절연체의 절연도에 비례한다.
• 금속판 사이의 거리에 반비례한다.

08 다음의 회로에 있어서 12V용 전구에 규정전압을 넣었을 때 2.5A의 전류가 흘렀다. 이 전구의 용량은 얼마인가?

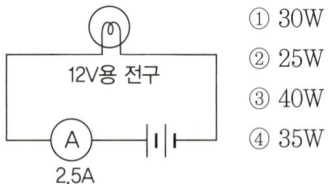

① 30W
② 25W
③ 40W
④ 35W

🔍 출력 $P = E \times I = 12V \times 2.5A = 30W$

11 펄스(pulse)의 정의로 옳은 것은?

① 시간에 관계없이 파형만 볼 수 있을 정도의 신호이다.
② on-off 제어를 말한다.
③ 주기적으로 반복되는 전압이나 전류의 파형이다.
④ 펄스는 아날로그 멀티시험기로 점검한다.

🔍 펄스란 주기적으로 반복되는 전압이나 전류의 파형이다.

12 주파수를 설명한 것 중 틀린 것은?

① 1초에 60회 파형이 반복되는 것을 60Hz라고 한다.
② 교류의 파형이 반복되는 비율을 주파수라고 한다.
③ 주파수는 주기의 역수로 할 수 있다.
④ 주파수는 직류의 파형이 반복되는 비율이다.

🔍 주파수란 1초 동안에 교류의 파형이 반복되는 횟수를 의미하며, 주기의 역수이다.

09 그림은 TPS회로이다. 점 A에 접촉이 불량할 때 이에 대한 스로틀 포지션 센서(TPS)의 출력 전압을 측정시 올바른 것은?

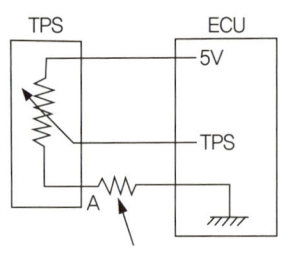

① TPS값이 밸브 개도에 따라 가변되지 않는다.
② TPS값이 항상 기준보다 조금은 낮게 나온다.
③ TPS값이 항상 기준보다 높게 나온다.
④ TPS값이 항상 5V로 나오게 된다.

13 3,300V를 110V로 전압을 강하시킬 때 변압기의 권선비는?

① 10:1
② 11:1
③ 30:1
④ 33:1

🔍 $\dfrac{3,300}{110} = 30$

정답 07 ① 08 ① 09 ③ 10 ③ 11 ③ 12 ④ 13 ③

14 다음 보기의 그림은 교류신호를 측정한 파형이다. 아날로그 멀티미터로 측정한 평균치가 80V라고 할 때 ECU에서 받아들이는 P-P 전압은 몇 V에 상당하는가?

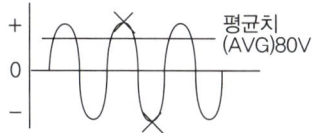

① 110V ② 150V
③ 200V ④ 220V

> 실효치 = 최대값×0.707, 평균치 = 최대값×0.637
> ∴ 최대값 = $\frac{80}{0.637}$ = 125V
> P-P 전압 = 최대값+최소값 = 250V

15 다이오드에 대한 설명으로 틀린 것은?

① 다이오드는 P형 반도체와 N형 반도체를 접합시킨 것이다.
② P형 반도체와 N형 반도체의 접합부를 공핍층이라 한다.
③ 발광 다이오드는 PN 접합면에 역방향 전압을 걸면 에너지의 일부가 빛으로 되어 외부에 발산한다.
④ 제너현상은 역방향 전압을 작용시키면 공핍층의 가전자는 역방향 전압의 힘에 전류가 흐르는 현상을 말한다.

> 발광 다이오드는 PN 접합면에 순방향 전압을 걸면 에너지의 일부가 빛으로 되어 외부에 발산한다.

16 다음 그림에 나타낸 전기 회로도의 기호 명칭은?

① 포토 다이오드
② 발광 다이오드(LED)
③ 트랜지스터(TR)
④ 제너 다이오드

17 제너 다이오드를 사용하는 회로는?

① 고주파 회로   ② 저압 정류회로
③ 브리지 정류회로 ④ 정전압 회로

18 다음과 같은 전기 회로용 기본 부호의 명칭은?

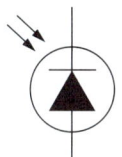

① 발광다이오드
② 트랜지스터
③ 제너다이오드
④ 포토다이오드

19 다음 중 오토라이트에 사용되는 조도센서는 무엇을 이용한 센서인가?

① 다이오드   ② 트랜지스터
③ 서미스터   ④ 광도전 셀

> 조도센서는 광도전 셀을 이용하여 광량을 측정한다.

20 트랜지스터의 대표적 기능으로 릴레이와 같은 작용을 하는 것을 무엇이라 하는가?

① 스위칭 작용   ② 채터링 작용
③ 정류 작용   ④ 상호 유도 작용

> 릴레이와 같이 ON, OFF 하는 것을 스위칭 작용이라 한다.

21 얇은 P형 반도체를 중심으로 양쪽에 N형 반도체를 접한 트랜지스터를 무엇이라 하는가?

① PNPN형 TR   ② NPNP형 TR
③ PNP형 TR   ④ NPN형 TR

> 얇은 P형 반도체를 중심으로 양쪽에 N형 반도체를 접한 트랜지스터를 NPN형 TR, 얇은 N형 반도체를 중심으로 양쪽에 P형 반도체를 접한 트랜지스터를 PNP형 TR이라 한다.

22 다링톤 트랜지스터를 설명한 것으로 옳은 것은?

① 트랜지스터보다 작동 전류가 적다.
② 2개의 트랜지스터를 하나로 결합하여 전류 증폭도가 높다.
③ 전류 증폭도가 낮다.
④ 베이스 전류가 50A 정도 소요된다.

> 다링톤 트랜지스터(darlington TR)의 작용
> • 트랜지스터 내부가 2개의 트랜지스터로 구성된다.
> • 2개를 하나로 결합하여 2배 정도 전류 증폭도가 높다.

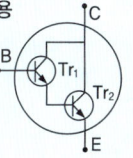

정답 14 ④ 15 ③ 16 ② 17 ④ 18 ④ 19 ④ 20 ① 21 ④ 22 ②

23 단방향 3단자 사이리스터(SCR)에 대한 설명 중 틀린 것은?

① 애노드(A), 캐소드(K), 게이트(G)로 이루어진다.
② 캐소드에서 게이트로 흐르는 전류가 순방향이다.
③ 게이트에 (+), 캐소드에 (−) 전류를 흘려보내면 애노드와 캐소드 사이가 순간적으로 도통된다.
④ 애노드와 캐소드 사이가 도통된 것은 게이트 전류를 제거해도 계속 도통이 유지되며, 애노드 전위를 0으로 만들어야 해제된다.

> **사이리스터(thyrister, SCR)의 작용**
> • PNPN 접합, NPNP 접합으로 구성되어 스위칭 작용을 한다.
> • 애노드(A), 캐소드(K), 게이트(G)로 이루어진다.
> • +쪽을 애노드, −쪽을 캐소드, 제어단자를 게이트라 한다.
> • 애노드에서 캐소드, 게이트에서 캐소드가 순방향이다.
> • 게이트에 (+), 캐소드에 (−) 전류를 흘려보내면 애노드와 캐소드 사이가 순간적으로 도통된다.
> • 애노드와 캐소드 사이가 도통되면, 게이트 전류를 제거해도 계속 도통이 유지되며 애노드 전위를 0으로 만들어야 해제된다.

24 반도체에서 사이리스터의 구성부가 아닌 것은?

① 캐소드   ② 게이트
③ 애노드   ④ 컬렉터

25 그림의 전기회로도 기호의 명칭으로 올바른 것은?

① 논리합((Logic OR)
② 논리적(Logic AND)
③ 논리 부정[Logic(NOT)]
④ 논리합 부정[Logic(NOR)]

> **논리회로**
> ① 논리적(AND 회로) ② 논리합(OR 회로) ③ 논리 부정(NOT 회로)
> ④ 논리적 부정(NAND 회로) ⑤ 논리합 부정(NOR 회로)

[2. 시동, 점화 및 충전장치]

01 축전지에 대한 설명으로 옳은 것은?

① 충전 중의 전압은 셀당 2.0V를 초과할 수 없다.
② 전해액은 진한 황산으로 한다.
③ 전해액의 비중은 온도에 따라 변화한다.
④ 충전하면 전해액의 온도는 저하한다.

> **축전지(battery)의 구성 및 특징**
> • 배터리는 양극판과 음극판, 격리판으로 구성되어 있다.
> • 음극판이 양극판의 수보다 1장 더 많다.
> • 배터리 1셀 당 전압은 2.1~2.3V 정도이다.
> • 극판수가 많으면 배터리 용량이 증가한다.
> • 배터리 전해액은 비중이 1.260~1.280인 묽은 황산이다.
> • 비중은 온도에 따라 변화하며, 전해액 온도가 올라가면 비중은 낮아진다.
> • 온도가 높으면 자기방전량이 많아진다.

02 축전지에 대한 설명 중 잘못된 것은?

① 완전 충전된 전해액의 비중은 1.260~1.280이다.
② 충전은 보통 정전류 충전을 한다.
③ 양극판이 음극판의 수보다 1장 더 많다.
④ 축전지 내부에 단락이 있으면 충전하여도 전압이 높아지지 않는다.

03 축전지에 대한 설명 중 틀린 것은?

① 전해액 온도가 올라가면 비중은 낮아진다.
② 전해액 온도가 낮아지면 전압은 높아진다.
③ 온도가 높으면 자기방전량이 많아진다.
④ 극판수가 많으면 용량이 증가한다.

04 납산축전지에 사용되는 전해액은?

① 과산화납   ② 황산납
③ 에틸렌글리콜 ④ 묽은 황산

05 축전지에서 셀의 극판 면적을 크게 하면?

① 이용전류가 많아진다.
② 전압이 낮아진다.
③ 저항이 크게 된다.
④ 전해액의 비중이 높게 된다.

정답 23 ② 24 ④ 25 ④ [2. 시동, 점화 및 충전장치] 01 ③ 02 ③ 03 ② 04 ④ 05 ①

🔍 셀의 극판 면적을 크게 하면 이용 전류가 많아진다.

06 자동차용 일반 축전지에 관한 설명으로 맞는 것은?
① 일반적으로 축전지의 음극 단자는 양극단자 보다 크다.
② 정전류 충전이란 일정한 충전 전압으로 충전하는 것을 말한다.
③ 일반적으로 충전시킬 때는 + 단자는 수소가, - 단자는 산소가 발생한다.
④ 전해액의 황산 비율이 증가하면 비중은 높아진다.

07 축전지 격리판의 요구조건이 아닌 것은?
① 다공성일 것
② 기계적 강도가 있을 것
③ 전도성일 것
④ 전해액 확산이 잘될 것

🔍 **격리판의 구비조건**
• 비전도성일 것
• 다공성일 것
• 전해액의 확산이 잘될 것
• 기계적 강도가 있을 것

08 축전지 충·방전 작용에 해당되는 것은?
① 발열작용　　② 화학작용
③ 자기작용　　④ 발광작용

🔍 충·방전 작용은 화학작용을 이용한 것이다.

09 자동차용 배터리의 충전방전에 관한 화학반응으로 틀린 것은?
① 배터리 방전시 (+)극판의 과산화납은 황산납으로 변한다.
② 배터리 충전시 (+)극판의 황산납은 점점 과산화납으로 변한다.
③ 배터리 충전시 물은 묽은 황산으로 변한다.
④ 배터리 충전시 (-)극판에는 산소가, (+)극판에는 수소를 발생시킨다.

🔍 **충·방전시 화학작용**
• 방전시 양극판과 음극판은 황산납으로, 전해액은 물로 변한다.
• 충전시 양극판은 과산화납으로, 음극판은 해면상납으로, 전해액은 묽은 황산으로 돌아간다.
• 충전시 (+)극판에서는 산소가, (-)극판에서 수소를 발생시킨다.

10 축전지(battery)의 방전시 화학반응에 관계된 설명 중 틀린 것은?
① ⊕극판의 과산화납은 점점 황산납으로 변한다.
② ⊖극판의 해면상납은 점점 황산납으로 변한다.
③ 전해액의 황산은 점점 물로 변한다.
④ 전해액의 비중은 점점 높아진다.

11 온도에 따른 축전지 전해액 비중의 변화에 대한 설명 중 맞는 것은?
① 온도가 올라가면 비중도 올라간다.
② 온도가 올라가면 비중은 내려간다.
③ 비중은 온도와는 상관없다.
④ 일정 온도 이상에서만 비중이 올라간다.

12 축전지를 과방전 상태로 오래두면 못쓰게 되는 이유로 가장 타당한 것은?
① 극판에 수소가 형성된다.
② 극판이 산화납이 되기 때문이다.
③ 극판이 영구 황산납이 되기 때문이다.
④ 황산이 증류수가 되기 때문이다.

🔍 축전지를 과방전 상태로 오래두면 극판이 영구 황산납으로 변하여 못쓰게 된다.

13 자동차용 납산축전지의 방전종지전압은 보통 어느 정도에 해당되는가?
① 1.1~1.2V　　② 1.4~1.5V
③ 1.7~1.8V　　④ 2.0~2.2V

🔍 납산축전지의 방전종지전압은 1셀 당 1.75V, 배터리는 10.5V이다.

정답 06 ④　07 ③　08 ②　09 ④　10 ④　11 ②　12 ③　13 ③

14 일반적으로 사용되는 축전지 용량 표시방법이 아닌 것은?

① 20시간율 ② 25암페어율
③ 냉간율 ④ 50시간 방전율

🔍 배터리 용량 표시방법 : 20시간율, 25암페어율, 냉간율

15 완전 충전된 축전지가 낮은 충전율로 충전되고 있다면 조치사항은?

① 전압 설정을 재조정해야 한다.
② 전류 설정을 재조정해야 한다.
③ 정상이므로 조치하지 않아도 된다.
④ 전해액의 비중을 조정해야 한다.

🔍 배터리가 완전 충전되어 충전기와 배터리와의 전위차가 작아 충전전류가 적게 흐른다는 의미이다.

16 12V용 배터리를 급속충전 하는데 전압이 얼마 이상 초과 되어서는 안되는가?

① 10.5V ② 12V
③ 13.5V ④ 15.5V

🔍 급속 충전시 전압은 15~16V를 초과해서는 안된다.

17 45Ah의 용량을 가진 자동차용 축전지를 정전류 충전 방법으로 충전하고자 할 때 표준 충전전류는 몇 A가 적당한가?

① 4.5A ② 9A
③ 10A ④ 7A

🔍 • 정전류 충전 : 배터리 용량의 1/10로 충전
• 급속 충전 : 배터리 용량의 1/2로 충전

18 축전지 셀의 경부하 시험에서 각 셀의 전압 차이가 몇 V이내이면 양호한 축전지인가?

① 0.05V 이내 ② 0.06V 이내
③ 0.07V 이내 ④ 0.09V 이내

🔍 배터리 경부하 시험시 셀당 전압은 1.95V 이상이고, 셀당 전압 차이가 0.05V 이내이면 정상이다.

19 축전지를 급속 충전 할 때 축전지의 접지 단자에서 케이블을 떼어내는 이유는?

① 과충전을 방지하기 위함이다.
② 발전기의 다이오드를 보호하기 위함이다.
③ 조정기 접점을 보호하기 위함이다.
④ 충전기를 보호하기 위함이다.

🔍 접지 케이블을 떼어내는 이유는 발전기 다이오드를 보호하기 위함이다.

20 어느 기관의 회전저항이 7kgf·m이고, 플라이휠의 링기어 잇수가 115개, 기동전동기 피니언의 잇수가 9개일 때 기동 전동기에 필요한 회전력은?

① 약 0.3kgf·m ② 약 0.55kgf·m
③ 약 1.52kgf·m ④ 약 3.27kgf·m

🔍 필요 최소회전력 = $\frac{피니언 잇수}{링기어 잇수} \times 엔진 회전저항$
= $\frac{9}{115} \times 7 = 0.55$ kgf-m

21 전동기의 기본원리는 어느 법칙에 해당되는가?

① 플레밍의 왼손법칙 ② 렌쯔의 법칙
③ 오른나사의 법칙 ④ 키르히호프의 법칙

🔍 기동 전동기는 플레밍의 왼손법칙을 응용한 것이다.

22 자동차용 기동전동기(self starting motor)에 주로 사용되는 전동기는?

① 분권식 전동기 ② 직권식 전동기
③ 복권식 전동기 ④ 교류 전동기

🔍 자동차용 기동 전동기는 직류직권식 전동기를 사용한다.

23 직권식 기동전동기의 전기자 코일과 계자코일은 어떻게 접속되어 있는가?

① 직렬 접속 ② 병렬 접속
③ 직병렬 접속 ④ 각각 접속

🔍 직권식 기동 전동기는 계자 코일과 전기자 코일이 직렬로 접속되어 있다.

정답 14 ④ 15 ③ 16 ④ 17 ① 18 ① 19 ② 20 ② 21 ① 22 ② 23 ①

24 기동전동기에서 회전력을 기관의 플라이휠에 전달하는 것은?

① 피니언 기어
② 아마추어
③ 브러시
④ 시동 스위치

🔍 키 스위치를 ON하면 마그네틱 스위치에 의해 피니언 기어가 플라이 휠에 물려 기동전동기의 회전력을 전달한다.

25 기동전동기 전자식 스위치의 풀인 코일 접속은?

① 직렬접속
② 병렬접속
③ 직·병렬접속
④ 기동시만 병렬로 접속

🔍 기동전동기 전자식 스위치의 풀인 코일은 배터리와 직렬로 접속되어 있고, 홀드 인 코일은 병렬로 접속되어 있다.

26 기동전동기에서 오버런닝 클러치의 종류에 해당되지 않는 것은?

① 롤러식
② 스프래그식
③ 전기자식
④ 다판 클러치식

🔍 오버런닝 클러치의 종류
롤러식, 스프래그식, 다판 클러치식

27 기동전동기의 시험과 관계없는 것은?

① 저항 시험
② 회전력 시험
③ 고부하 시험
④ 무부하 시험

🔍 기동전동기 시험항목
무부하 시험, 회전력 시험, 저항 시험

28 전기자 시험기로 시험할 수 있는 것과 가장 거리가 먼 것은?

① 코일의 단락
② 코일의 저항
③ 코일의 접지
④ 코일의 단선

🔍 전기자 시험기(growler tester) 시험항목
단선, 단락, 접지

29 기동 전동기의 회전력 시험은 어떠한 것을 측정하는가?

① 정지 회전력을 측정한다.
② 공전 회전력을 측정한다.
③ 중속 회전력을 측정한다.
④ 고속 회전력을 측정한다.

🔍 기동전동기 회전력 시험은 전기자가 회전하지 않으므로 정지 회전력 시험이라 한다.

30 자기유도작용과 상호유도작용 원리를 이용한 것은?

① 발전기
② 점화코일
③ 기동모터
④ 축전지

🔍 점화장치는 점화코일의 자기유도작용과 상호유도작용을 이용하여 고압의 전기적 불꽃으로 점화하여 연소를 일으키는 장치이다.

31 점화코일의 절연 저항을 시험할 때 가장 적당한 것은?

① 진공 시험기
② 회로 시험기
③ 메가옴 시험기
④ 축전지 용량 시험기

🔍 점화코일의 절연저항은 매우 크므로 메가옴(MΩ) 시험기를 사용한다.

32 다음 점화코일의 성능상 중요한 특성으로 가장 관계가 먼 것은?

① 속도 특성
② 온도 특성
③ 점화 특성
④ 절연 특성

🔍 점화코일의 특성 : 절연특성, 온도특성, 속도특성

33 기관의 회전속도가 2,500rpm, 연소지연시간이 1/600초라고 하면 연소지연시간 동안에 크랭크축의 회전각도는?

① 20°
② 25°
③ 30°
④ 35°

🔍 연소지연시간동안 크랭크축 회전각도 = 6×R×N
여기서 N : 엔진회전수(rpm), T : 연소지연시간(sec)
∴ 6×2,500×1/600 = 25°

정답 24 ① 25 ① 26 ③ 27 ③ 28 ② 29 ① 30 ② 31 ③ 32 ③ 33 ②

34 기관의 회전속도가 4,500rpm이다. 연소 지연시간이 1/600초라고 하면 연소 지연시간 동안에 크랭크축의 회전각은 몇 도인가?

① 35　　② 40
③ 45　　④ 50

> 연소지연시간동안 크랭크축 회전각도 = 6×N×T
> ∴ 6×4,500×1/600 = 45°

35 트랜지스터식 점화장치의 점화 신호로 쓰이는 크랭크각 센서 종류가 아닌 것은?

① 유도형 크랭크각 센서
② 광학형 크랭크각 센서
③ 홀센서형 크랭크각 센서
④ 전류차단형 크랭크각 센서

> 점화신호 발생기구(크랭크각 센서)의 종류
> • 유도센서(inductive sensor) 방식
> • 광학센서(optical sensor) 방식
> • 홀센서(hall sensor) 방식

36 전자 점화기구에서 점화신호를 컨트롤 유닛으로 전송하는 기능을 가진 부품은?

① 아마추어
② 점화 코일
③ 로터
④ 마그네틱 픽업 어셈블리

> 유도센서에서 발생된 점화신호를 마그네틱 픽업 어셈블리에서 컨트롤 유닛으로 전송한다.

37 트랜지스터(NPN형)에서 점화코일의 1차 전류는 어느 쪽으로 흐르게 하는가?

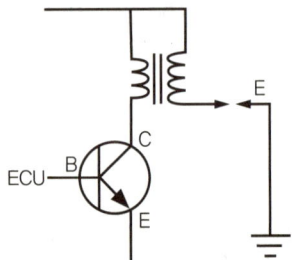

① 이미터에서 컬렉터로
② 베이스에서 컬렉터로
③ 컬렉터에서 베이스로
④ 컬렉터에서 이미터로

> ECU에서 베이스 전류가 흐르면 점화코일 1차 전류가 컬렉터에서 이미터로 흐른다.

38 전자제어 엔진에서 점화장치의 1차 전류를 단속하는 기능을 갖고 있는 부품은?

① 점화 스위치　　② 파워 TR
③ 점화 코일　　　④ 타이머

> 파워 트랜지스터(파워 TR)는 컴퓨터에서 신호를 받아 점화코일의 1차 전류를 단속하는 기능을 한다.

39 다음 중 점화코일 1차 전류 제어방식이 아닌 것은?

① 접점식　　　② 트랜지스터식
③ C.D.I 방식　④ 핫 와이어 방식

40 파워트랜지스터에서 접지되는 단자는?

① 이미터　　② 베이스
③ 컬렉터　　④ B(+)

41 일반적으로 자동차의 파워 TR 단품을 점검하는 방법에서 필요 없는 것은?

① 아날로그 회로 시험기　② 1.5V 건전지
③ 파형 분석기　　　　　④ 타이밍 라이트

> 타이밍 라이트는 점화시기를 측정하는 기기이다.

42 점화장치의 파워트랜지스터가 비정상시 발생되는 현상이 아닌 것은?

① 엔진시동이 어렵다.
② 연료소모가 많다.
③ 주행시 가속력이 떨어진다.
④ 크랭킹이 안된다.

> 크랭킹은 배터리와 기동전동기의 힘으로 돌릴 수 있다.

정답　34 ③　35 ④　36 ④　37 ④　38 ②　39 ④　40 ①　41 ④　42 ④

43 다음 그림은 점화 일차 회로의 회로도이다. 그림 중 점화 일차 파형을 측정할 가장 좋은 지점은?

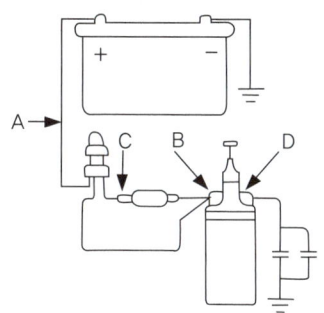

① A점 ② B점
③ C점 ④ D점

🔍 D점이 엔진 회전에 따라 전원이 ON, OFF되는 지점이므로 점화 일차파형을 측정할 수 있다.

44 점화플러그에서 자기청정온도가 정상보다 높아졌을 때 나타날 수 있는 현상은?

① 실화 ② 후화
③ 조기점화 ④ 역화

🔍 점화플러그의 자기청정온도가 정상보다 높으면 조기점화가 일어날 수 있다.

45 고압축비, 고속회전기관에 사용되며 냉각효과가 좋은 점화 플러그는?

① 냉형 ② 열형
③ 초열형 ④ 중간형

🔍 고속, 고압축비 기관에서는 열을 많이 받으므로 냉각효과가 좋은 냉형 플러그를 사용한다.

46 냉형 점화플러그는 다음 중 어느 기관에 주로 사용하는가?

① 비교적 저속기관 ② 고속 기관
③ 저속 저부하 기관 ④ 중속 기관

47 점화플러그에서 불꽃이 발생하지 않는 원인 설명 중 틀린 것은?

① 점화코일 불량 ② 파워 TR 불량
③ 고압 케이블 불량 ④ 밸브간극 불량

🔍 밸브간극 불량은 혼합비와 관계가 있다.

48 고강력 점화장치(H.E.I)에서 점화장치의 작동회로가 바르게 된 것은?

① 크랭크각 센서 – 파워TR – ECU – 점화코일
② 크랭크각 센서 – ECU – 파워TR – 점화코일
③ ECU – 크랭크각 센서 – 파워TR – 점화코일
④ ECU – 점화코일 – 크랭크각 센서 – 파워TR

🔍 고강력 점화장치(H.E.I)의 작동 흐름도
크랭크각 센서 – ECU – 파워TR – 점화코일

49 점화장치에서 DLI 방식의 특징들을 열거한 것 중 틀린 것은?

① 배전기에 의한 누전이 없다.
② 배전기 방식에 비해 내구성이 떨어지는 부품이 많아 신뢰성이 없다.
③ 배전기가 없기 때문에 로터와 접지간극 사이의 고압 에너지 손실이 적다.
④ 배전기 캡에서 발생하는 전파 잡음이 없다.

🔍 DLI 방식의 특징
• 배전기에 의한 누전이 없다.
• 배전기가 없어 로터와 접지간극 사이의 고압 에너지 손실이 적다.
• 배전기 캡에서 발생하는 전파 잡음이 없다.
• 점화진각 폭에 제한이 없다.
• 내구성이 크므로 신뢰성이 향상된다.

50 자동차용 교류 발전기에서 응용한 것은?

① 플레밍의 왼손 법칙
② 플레밍의 오른손 법칙
③ 옴의 법칙
④ 자기포화의 법칙

51 교류발전기의 특징이 아닌 것은?

① 소형 경량이다.
② 저속에서도 출력이 크다.
③ 회전수의 제한을 받지 않는다.

정답 43 ④ 44 ③ 45 ① 46 ② 47 ④ 48 ② 49 ② 50 ② 51 ④

④ 컷아웃 릴레이에 의해 전류의 역류를 방지한다.

> 🔍 **교류발전기의 특징**
> - 소형 경량으로 수명이 길다.
> - 저속에서 출력이 크다.
> - 회전수의 제한을 받지 않는다.
> - 실리콘 다이오드로 정류하고, 역류를 방지한다.

52 플레밍의 오른손 법칙에서 엄지손가락은 어느 방향을 가리키는가?

① 자력선의 방향
② 도선의 운동방향
③ 기전력의 방향
④ 전류의 방향

> 🔍 플레밍의 오른손 법칙에서 엄지손가락은 도선의 운동방향을 가리킨다.

53 자동차에서 발전기가 하는 역할을 설명한 것 중 가장 관련이 적은 것은?

① 소비되는 전류를 보상한다.
② 축전지만 충전한다.
③ 전기부하 에너지를 공급하고 축전지를 충전한다.
④ 등화장치에 필요한 전류를 공급한다.

> 🔍 축전지를 충전하는 동시에 전기부하에 필요한 전류를 공급한다.

54 AC 발전기의 다이오드가 하는 역할은?

① 교류를 정류하고 역류를 방지한다.
② 전류를 조정하고 교류를 정류한다.
③ 여자전류를 조정하고 역류를 방지한다.
④ 전압을 조정하고 교류를 정류한다.

> 🔍 AC 발전기의 다이오드는 교류를 정류하고 역류를 방지한다.

55 발전기의 3상 교류에 대한 설명으로 틀린 것은?

① 3조의 코일에서 생기는 교류 파형이다.
② Y결선을 스타 결선, △결선을 델타 결선이라 한다.
③ 각 코일에 발생하는 전압을 선간전압이라고 하며, 스테이터 발생전류는 직류전류가 발생된다.
④ △결선은 코일의 각 끝과 시작점을 서로 묶어서 각각의 접속점을 외부 단자로 한 결선 방식이다.

> 🔍 스테이터 코일에서는 교류 전류가 발생된다.

56 충전장치의 AC 발전기에서 DC 발전기의 전기자와 같은 역할을 하는 것은?

① 스테이터　　② 로터
③ 쉴드　　　　④ 다이오드

> 🔍 DC 발전기의 전기자 코일과 AC 발전기의 스테이터 코일에서 전기가 발생된다.

57 AC 발전기에서 스테이터는 DC 발전기의 무엇에 해당되는가?

① 전기자　　② 로터
③ 정류기　　④ 계자코일

58 일반적으로 자동차에 사용되는 교류발전기용 조정기에 관한 설명 중 틀린 것은?

① 발전기 자신이 전류제한 작용을 하지 않기 때문에 전류 제한기가 필요하다.
② 전류용 다이오드가 축전지로부터 역류를 방지하기 때문에 컷아웃 릴레이가 필요하지 않다.
③ 교류발전기용 조정기로는 전압 조정기만으로 충분하다.
④ 교류발전기 6개의 다이오드는 3상 교류를 직류로 바꾸는 일을 한다.

> 🔍 실리콘 다이오드가 있어서 전류 제한기가 필요없다.

정답 52 ② 53 ② 54 ① 55 ③ 56 ① 57 ① 58 ①

59 교류발전기에서 직류발전기 컷아웃 릴레이와 같은 일을 하는 것은?

① 다이오드 ② 로터
③ 전압조정기 ④ 브러시

> 컷아웃 릴레이는 실리콘 다이오드와 같이 역류를 방지한다.

60 교류발전기에서 축전지의 역류를 방지하는 컷아웃 릴레이가 없는 이유는?

① 트랜지스터가 있기 때문이다.
② 점화스위치가 있기 때문이다.
③ 실리콘 다이오드가 있기 때문이다.
④ 전압릴레이가 있기 때문이다.

61 그림 중 (가)는 정상적인 발전기 충전 파형이다. (나)와 같은 파형이 나올 경우 맞는 것은?

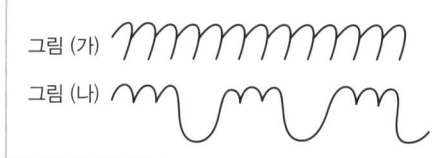

① 브러시 불량
② 다이오드 불량
③ 레귤레이터 불량
④ L(램프)선이 끊어졌음

> 다이오드가 손상되어 일부 정류를 못해 나오는 파형이다.

62 발전기 출력이 낮고, 축전지 전압이 낮을 때 원인으로 해당되지 않는 것은?

① 충전회로에 높은 저항이 걸려있을 때
② 발전기 조정전압이 낮을 때
③ 다이오드의 단락 및 단선이 되었을 때
④ 축전지 터미널에 접촉이 불량할 때

> 축전지 터미널 접촉이 불량하면 출력은 이상 없으나 충전이 잘 안된다.

[3. 계기 및 보안장치]

01 계기판의 온도계가 작동하지 않을 경우 점검을 해야 할 곳은?

① MAT(Manifold Air Temperature Sensor)
② CTS(Coolant Temperature Sensor)
③ ACP(Air Conditioning Pressure Sensor)
④ CPS(Crankshaft Position Sensor)

> WTS(Water Temperature Sensor) 또는 CTS(Coolant Temperature Sensor)는 냉각수 온도센서이다.

02 엔진 오일 압력이 일정 이하로 떨어질 때 점등되어 운전자에게 경고해주는 것은?

① 연료 잔량 경고등 ② 주차브레이크 등
③ 엔진 오일 경고등 ④ 냉각수 과열 경고등

> 오일 압력이 일정 이하로 떨어지면 엔진 오일 경고등이 점등된다.

03 다음 중 맴돌이 전류와 영구자석의 상호작용에 의하여 계기지침이 움직이는 계기는?

① 속도계 ② 전류계
③ 유압계 ④ 연료계

> 속도계는 구동축에 의하여 영구자석이 회전하면 로타에는 전자유도작용에 의하여 맴돌이 전류가 발생한다. 이 맴돌이 전류와 영구자석이 상호작용하여 로타에 영구자석의 회전방향과 같은 방향으로 회전력이 발생하여 스프링 장력과 평형이 되는 점까지 회전하여 지침을 움직이게 된다.

04 연료 탱크의 연료량을 표시하는 연료계의 형식 중 계기식의 형식에 속하지 않는 것은?

① 밸런싱 코일식 ② 연료면 표시기식
③ 서미스터식 ④ 바이메탈 저항식

> 연료면 표시기식은 연료면이 투명창을 통해 직접 보이는 형식을 말한다.

05 배선에 있어서 기호와 색의 연결이 틀린 것은?

① Gr : 보라 ② G : 녹색
③ B : 청색 ④ Y : 노랑

정답 59 ① 60 ③ 61 ② 62 ④ [3. 계기 및 보안장치] 01 ② 02 ③ 03 ① 04 ② 05 ①

> **배선 색의 범례**
> G(Green, 녹색), Gr(Gray, 회색), B(Black, 검정),
> Br(Brown, 갈색), Y(Yellow, 노랑)

06 전기장치와 관련된 설명 중 틀린 것은?

① 기동 전동기의 오버런닝 클러치는 엔진이 시동 되었을 때 기동전동기가 크랭크 축에 의하여 구동되지 않게 한다.
② 자동차의 축전지를 급속 충전할 때는 반드시 축전지 단자 선을 떼고 한다.
③ 전압조정기의 조정전압은 축전지 단자 전압보다 낮다.
④ AC 발전기의 다이오드는 교류를 직류로 변하게 하고 축전지에서의 역류를 방지하는 역할을 한다.

> 전압조정기의 조정전압은 배터리 단자 전압보다 2~3V 정도 높게 되어 있다.

07 전조등 종류 중 반사경, 렌즈, 필라멘트가 일체인 방식은?

① 실드빔형   ② 세미실드빔형
③ 분할형   ④ 통합형

> 실드빔(sealed beam)형 전조등은 렌즈, 반사경, 필라멘트가 일체로 된 구조이고, 세미 실드빔형은 렌즈와 반사경은 일체로 전구는 뒤에서 교환할 수 있는 구조이다.

08 다음 중 헤드램프가 작동되지 않는 원인으로 가장 적합한 것은?

① 미등 퓨즈 소손
② 비상경고등 스위치 소손
③ 와이어링 혹은 접지 불량
④ 방향지시등 퓨즈가 끊어짐

> 미등, 비상경고등, 방향지시등은 헤드램프의 작동과 관계없다.

09 전조등의 광도가 광원에서 25,000cd의 밝기일 경우 전방 100m 지점에서 조도는?

① 250Lux   ② 50Lux
③ 12.5Lux   ④ 2.5Lux

> 조도(Lux) = $\dfrac{광도(cd)}{r^2}$ (여기서, r : 거리(m))
> ∴ 조도 = $\dfrac{25,000}{100^2}$ = 2.5Lux

10 윈드 시일드 와이퍼 주요부의 3구성 요소가 아닌 것은?

① 와이퍼 전동기   ② 블레이드
③ 링크 기구   ④ 보호 상자

> 윈드 실드 와이퍼의 주요부 : 와이퍼 전동기, 링크 기구, 와이퍼 블레이드

11 다음은 간헐위치에서 와이퍼가 작동되지 않은 요인이다. 해당되지 않는 것은?

① 간헐 와이퍼 릴레이가 고장이다.
② 와이퍼의 장착 스프링 장력이 약하다.
③ 와이퍼 모터가 고장이다.
④ 와이어링 혹은 접지가 불량이다.

> 와이퍼 모터 고장, 와이퍼 릴레이 고장, 와이어링 또는 접지 불량이면 와이퍼가 작동하지 않는다.

12 자동차에 사용되는 라디오 글래스 안테나에 대한 내용 중 틀린 것은?

① 유리 중간층에 0.3mm 이하의 도선 안테나를 삽입하는 방식도 사용된다.
② 유리 안쪽 면에 도체선을 프린트 한 것도 사용된다.
③ 디포거용 발열 도체선을 병용하여 AM 수신 감도를 향상시킨다.
④ 폴형 안테나에 비해 간단하고, 수신감도도 떨어지지만 가격이 싸서 많이 사용한다.

> 글래스(Glass) 안테나란 뒷유리에 도체를 프린트하여 안테나로 한 것으로, 폴(pole)로 된 로드형 안테나에 비해 AM 감도가 떨어지므로 디포거용 발열 도체선을 병용하여 감도를 향상시켰다.

정답 06 ③ 07 ① 08 ③ 09 ④ 10 ④ 11 ② 12 ④

13 전자제어 엔진 시동 시 라디오가 작동되지 않도록 한 이유는?

① 시동모터 작동을 원활하게 하기 위하여
② 발전기 작동을 원활하게 시키기 위하여
③ 에어콘 작동을 원활하게 시키기 위하여
④ 고장 발생 원인이 되기 때문에

> 엔진 시동시 라디오 등 기타 전원을 차단하는 것은 시동모터의 작동을 원활히 하기 위함이다.

[4. 안전 및 편의장치]

01 일반적으로 에어 백(Air Bag)에 가장 많이 사용되는 가스(gas)는?

① 수소　　　② 이산화탄소
③ 질소　　　④ 산소

> 에어백에는 안정된 원소인 질소(N_2)를 사용한다.

02 다음 중 가속도(G) 센서가 사용되는 전자제어 장치는?

① 에어백
② 배기장치
③ 정속도 주행장치
④ 속도감응형 파워스티어링

> 충돌시 가·감속도를 감지하여 에어백의 작동유무를 판정한다.

03 편의장치 중 중앙집중식 제어장치(ETACS 또는 ISU) 입·출력 요소의 역할에 대한 설명으로 틀린 것은?

① INT 스위치 : 운전자의 의지인 와이퍼 볼륨의 위치 검출
② 오픈 도어스위치 : 각 도어 잠김 여부 감지
③ 핸들 록 스위치 : 키 삽입 여부 감지
④ 와셔 스위치 : 열선 작동 여부 감지

> 와셔 스위치는 와셔 액의 작동 여부를 감지하는 스위치이다.

04 편의장치 중 중앙집중식 제어장치(ETACS 또는 ISU)의 기능 항목이라고 할 수 없는 것은?

① 도어 열림 경고
② 디포거 타이머
③ 엔진 체크 경고등
④ 점화 키 홀 조명

> 엔진 체크 경고등은 엔진에 이상이 생겼을 경우 띄우는 경고등이다.

[5. 공기조화장치]

01 지구환경 문제로 인하여 기존의 냉매는 사용을 억제하고, 대체가스로 사용되고 있는 자동차 에어컨의 냉매는?

① R-134a　　　② R-22
③ R-16a　　　④ R-12

> 프레온 가스라 불리는 R-12 냉매는 오존층을 파괴하고 온실효과를 유발하므로 대체가스로 신냉매인 R-134a를 사용한다.

02 자동차에 사용되는 냉매 중 오존(O_3)을 파괴하지 않는 냉매는?

① R-11　　　② R-12
③ R-113　　　④ R-134a

03 자동차 냉난방 장치 능력을 차실 내외 조건의 차량 열부하에 의해 정해지는데 다음 중 열부하 항목에 속하지 않는 것은?

① 면적 부하
② 관류 부하
③ 승원 부하
④ 복사 부하

> 열부하는 인체로부터의 열부하인 승원부하, 태양으로부터의 복사에 의한 복사부하, 대류에 의해서 열이 운반되는 관류부하 등이 있다.

정답　13 ①　[4. 안전 및 편의장치] 01 ③　02 ①　03 ④　04 ③　[5. 공기조화장치] 01 ①　02 ④　03 ①

04 자동차 에어컨의 순환과정이 옳은 것은?

① 압축기 – 건조기 – 응축기 – 팽창밸브 – 증발기
② 압축기 – 팽창밸브 – 건조기 – 응축기 – 증발기
③ 압축기 – 응축기 – 건조기 – 팽창밸브 – 증발기
④ 압축기 – 건조기 – 팽창밸브 – 응축기 – 증발기

> 에어컨 순환과정
> 압축기 – 응축기 – 건조기 – 팽창밸브 – 증발기

05 다음은 에어컨 냉매가 순환하는 과정이다. 보기의 괄호 안에 들어갈 용어에 해당되는 것은?

―――――(보기)―――――
컴프레서 → 콘덴서 → 리시버드라이어 → ( ) → 이배퍼레이터

① 진공
② 팽창밸브
③ 매니폴드
④ 냉동오일

06 에어컨의 구성부품 중 고압의 기체 냉매를 냉각시켜 액화시키는 작용을 하는 것은?

① 압축기
② 응축기
③ 팽창밸브
④ 증발기

> 응축기(condenser)는 고온 고압의 기체 냉매를 냉각시켜 액화시키는 작용을 한다.

07 자동차 에어컨에서 고압의 액체 냉매를 저압의 액체 냉매로 바꾸는 구성품은?

① 압축기(compressor)
② 리퀴드 탱크(liquid tank)
③ 팽창 밸브(expansion valve)
④ 이배퍼레이터(evaporator)

> 팽창밸브(expansion valve)는 고압의 액체 냉매를 저압의 액체 냉매로 바꾸는 작용을 한다.

08 현재 통용되는 전자동 에어컨 시스템에서 컴퓨터가 감지하는 센서와 가장 거리가 먼 것은?

① 외기온도 센서
② 스로틀포지션 센서
③ 일사 센서(SUN 센서)
④ 냉각수온도 센서

> 전자동 에어컨에서 E.C.U에 입력되는 센서로는 실내온도 센서, 외기온도 센서, 일사 센서, 수온 센서, AQS 센서, 차속 센서 등이 있다.

정답 04 ③ 05 ② 06 ② 07 ③ 08 ②

CHAPTER 03

자동차 기관

Section 01 기관 본체
Section 02 연료장치
Section 03 윤활장치
Section 04 냉각장치
Section 05 흡·배기장치
Section 06 전자제어장치

SECTION 01 기관 본체

Key Factor
① 4행정 1사이클 기관
② 보링값 = 최대 마모량 + 진원 절삭량
③ 크랭크 핀저널의 위상차(4실린더 : 180°, 6실린더 : 120°)

STEP 01 기관의 개요

1. 기관의 정의

열에너지를 기계적인 에너지로 변화시키는 기계장치를 열기관이라 하며 크게 내연기관과 외연기관으로 구분한다.

① 내연기관 : 실린더 내부에서 연소물질을 연소시켜 동력을 발생시키는 기관으로 가솔린, 디젤, 가스, 제트 기관 등이 있다.
② 외연기관 : 실린더 외부에서 연소물질을 연소시켜 동력을 발생시키는 기관으로 증기 기관 등이 있다.

2. 내연 기관의 분류

1) 실린더 수와 배열에 따른 분류

실린더 수가 한 개인 단기통 기관부터 3, 4, 5, 6, 8, 12기통 기관이 있으며 직렬형, 수평형, 수평 대향형, V형, 성형, 도립형, X형, W형 등이 있다.

2) 사용 연료에 따른 분류

가솔린, 디젤, LPG기관 등

3) 점화 방식에 따른 분류

① 전기 점화 기관 : 혼합가스에 전기적인 불꽃으로 점화시키는 기관
② 압축 착화 기관 : 연료를 분사하면 압축열에 의하여 착화되는 기관

4) 열역학적 사이클에 따른 분류

① 정적 사이클(오토 사이클) : 일정한 용적 하에서 연소되는 가솔린 기관
② 정압 사이클(디젤 사이클) : 일정한 압력 하에서 연소되는 저속 디젤 기관
③ 사바테 사이클(합성 사이클) : 일정한 압력과 용적 하에서 연소되는 고속 디젤 기관

> **참고**
> • 압축비가 증가하면 열효율이 상승한다.
> • 공급 열량과 압축비가 일정할 때의 열효율 : 오토 사이클 〉 사바테 사이클 〉 디젤 사이클
> • 공급 압력과 최고 압력이 일정할 때 열효율 : 디젤 사이클 〉 사바테 사이클 〉 오토 사이클

5) 기계학적 사이클에 따른 분류

(1) 4행정 사이클 기관

흡입, 압축, 폭발, 배기의 4개 작용을 피스톤이 4행정하고 크랭크 축이 2회전하여 동력을 발생하는 기관이다.

① 흡입 행정 : 피스톤이 내려가면서 대기와의 압력차에 의해 혼합기가 유입되는 행정으로 흡기 밸브는 열려 있고 배기 밸브는 닫혀 있다.
② 압축 행정 : 피스톤이 올라가면서 혼합기를 압축시키는 행정으로 흡·배기 밸브 모두 닫혀 있다.
③ 동력 행정 : 연소 압력으로 피스톤을 밀어내려 동력을 발생하는 행정이다.
④ 배기 행정 : 피스톤이 올라가면서 연소된 가스를 밖으로 내보내는 행정이다.

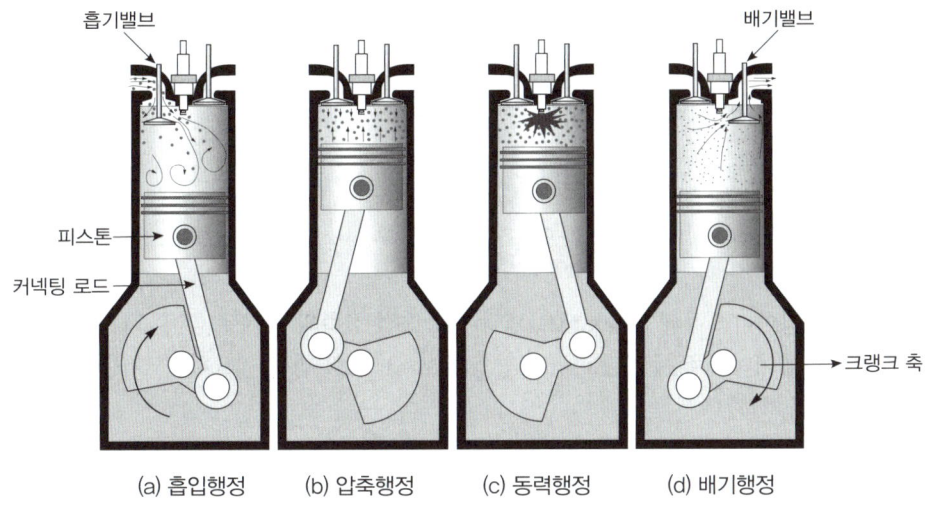

[4행정 사이클 기관의 작동 순서]

(2) 2행정 사이클 기관

흡입, 압축, 폭발, 배기 등 4개 작용을 피스톤 2행정에 마치고 크랭크 축이 1회전에 동력을 얻는 기관이다.

① 상승행정 : 피스톤이 상승하면서 혼합기를 압축함과 동시에 흡입포트가 열려 크랭크 케이스 내에 혼합기를 흡입한다.
② 하강행정 : 점화 연소된 연소가스가 피스톤을 밀어내려 배기공이 열리면 가스가 배출되며, 피스톤에 의해 소기공이 열리면 크랭크 케이스 내에 흡입되었던 혼합가스가 연소실로 유입된다.

> **참고**
> • 디플렉터(Deflector) : 혼합기의 손실을 적게 하고 와류를 증가시키기 위해 피스톤 헤드에 설치된 돌기 부이다.
> • 소기 행정 : 연소실에 유입되는 혼합기에 의해 연소 가스를 배출시키는 행정이다.

STEP 02 기관의 구성

1. 연소실
연소실은 피스톤 헤드와 실린더 헤드 사이에 연소실이 형성된다.

1) 종류
반구형, 지붕형, 욕조형, 쐐기형 등

2) 연소실의 구비 조건
① 압축 행정시 혼합가스의 와류가 잘 될 것
② 화염 전파시간을 가능한 짧게 할 것
③ 연소실 내의 표면적은 최소가 되도록 할 것
④ 가열되기 쉬운 돌출부를 두지 말 것

2. 실린더, 실린더 블록 및 실린더 헤드 개스킷

1) 실린더
① 피스톤 행정의 약 2배 되는 길이의 진원통이다.
② 습식과 건식라이너가 있으며 마모를 줄이기 위해 실린더 벽에 크롬 도금을 한 것도 있다.
③ 실린더 라이너
  - 습식 라이너 : 두께 5~8mm로 냉각수가 직접 접촉되며, 주로 디젤 기관에 사용된다.
  - 건식 라이너 : 두께 2~3mm로 삽입시 2~3ton의 힘이 필요하며, 가솔린 기관에 사용된다.

2) 실린더 행정과 실린더 지름과의 비
① 장행정 엔진 : 1.0 이상인 엔진(D < L), 회전 속도가 늦은 반면 회전력이 크고 측압이 적다.
② 정방 행정 엔진 : 1.0인 엔진(D = L). 행정이 내경과 같은 엔진이다.
③ 단행정 엔진 : 1.0 이하인 엔진(D > L), 회전력이 작으나 회전속도는 빠르다.

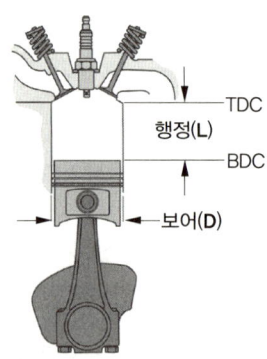

[정방 행정 엔진]

> 단행정(오버 스퀘어) 기관의 장·단점
> - 피스톤의 평균 속도를 높이지 않고 회전 속도를 높일 수 있다.
> - 흡기 효율을 높일 수 있다.
> - 엔진 높이를 낮출 수 있다.
> - 측압이 증대된다.

3) 실린더 블록
특수주철 합금제로 내부에는 냉각을 위한 물 통로와 실린더로 되어 있으며 상부에는 헤드, 하부에는 오일 팬이 부착되고 외부에는 각종 부속 장치와 코어 플러그가 있어 동파를 방지한다.

4) 실린더 보링

실린더가 마멸되면 압축압력이 저하하므로 진원으로 절삭(보링, boring)하는 작업을 하며, 보링 작업 후에는 바이트 자국을 없애기 위하여 호닝(horning)이라는 다듬질 작업으로 마무리한다.

① 보링값 = 최대 마모량 + 진원 절삭량(0.2mm)
② 오버사이즈(o/s) 피스톤 : 0.25mm, 0.50mm, 0.75mm, 0.10mm, 1.25mm, 1.50mm
③ 오버사이즈 한계값

실린더 지름	수정 한계값
70mm 이하	1.25mm 이하
70mm 이상	1.50mm 이하

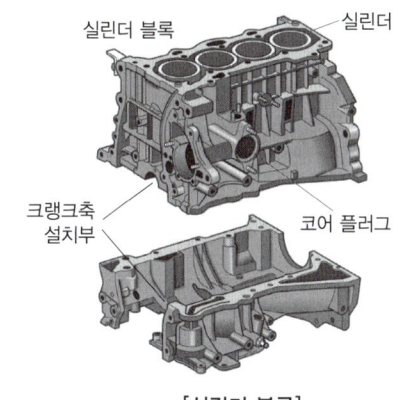

[실린더 블록]

④ 예를 들어 실린더 표준 내경이 75mm이고, 최대 마멸량이 0.38mm인 경우 보링값은 0.38mm +0.2mm=0.58mm가 된다. 오버사이즈 피스톤이 0.5mm는 작으므로 0.75mm가 마멸된 것으로 하고 보링작업을 한다. 즉, 보링후에는 실린더가 커졌으므로 피스톤이 표준보다 0.75mm 더 큰 70.75mm 오버사이즈 피스톤을 끼우는 것이다.

5) 실린더 헤드 개스킷

① 실린더 헤드 개스킷의 용도 : 실린더 헤드 개스킷은 고온, 고압의 연소가스의 블로바이(Blow-by)를 방지하고, 물이나 오일 등이 실린더 내부로 주입하는 것을 방지하기 하는 역할을 한다. 또한 실린더 헤드 개스킷은 충분한 내열성 및 내구성이 있어야 한다.

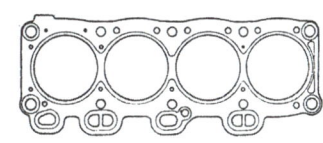

[헤드 개스킷]

② 실린더 헤드 개스킷의 종류
  ㉠ 보통 개스킷
  ㉡ 스틸 베스토 개스킷(steel besto gasket)
  ㉢ 스틸 개스킷(steel gasket)

3. 캠축과 밸브 기구

1) 캠축(cam shaft) 구동방식에 따른 분류
① 기어 구동식 : 크랭크 축과 캠 축을 기어로 물려 구동한다.
② 체인 구동식 : 크랭크 축과 캠 축을 사일런트 체인으로 구동한다.
③ 벨트 구동식 : 특수 합성 고무로 된 벨트로 구동한다.

2) 유압식 밸브 리프터의 특징
① 밸브 간극 조정이나 점검을 하지 않아도 된다.
② 밸브 개폐시기가 정확하게 되어 기관의 성능이 향상된다.
③ 충격을 흡수하기 때문에 밸브 기구의 내구성이 향상된다.
④ 작동이 조용하다.

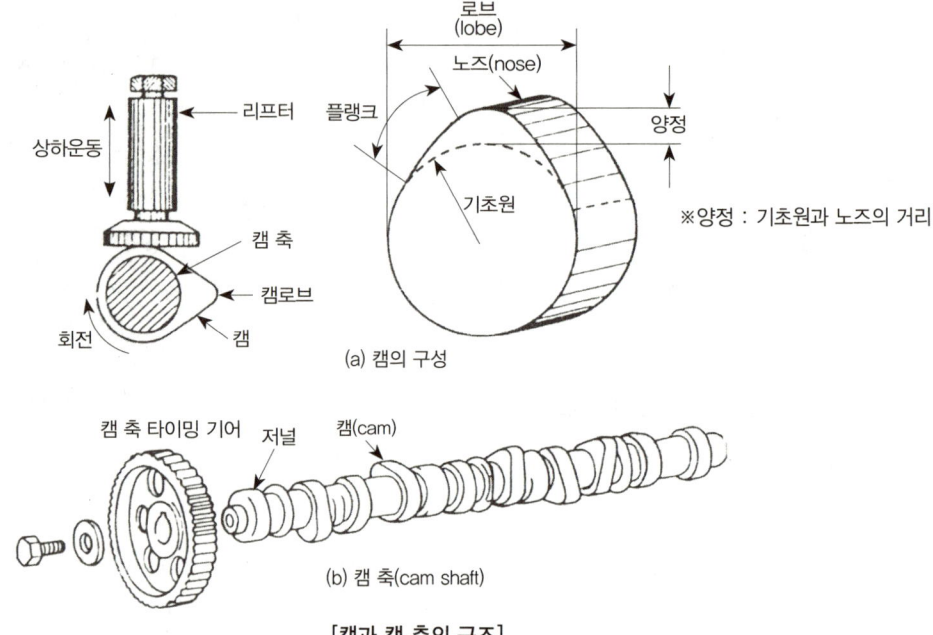

[캠과 캠 축의 구조]

3) 밸브와 밸브 스프링

(1) 밸브의 구비 조건
① 고온 및 큰 하중에 견디고, 변형이 없을 것
② 열전도율이 좋을 것
③ 충격과 부식에 견딜 것

(2) 밸브 시트(valve seat)의 각도와 간섭각
① 30°, 45°, 60°가 사용된다.
② 간섭각은 1/4~1°를 준다.
③ 밸브의 시트의 폭은 1.4~2.0mm이다.
④ 밸브 헤드 마진은 0.8mm 이상이다.

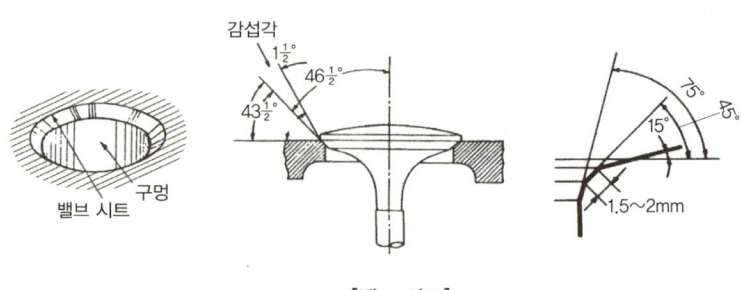

[밸브 시트]

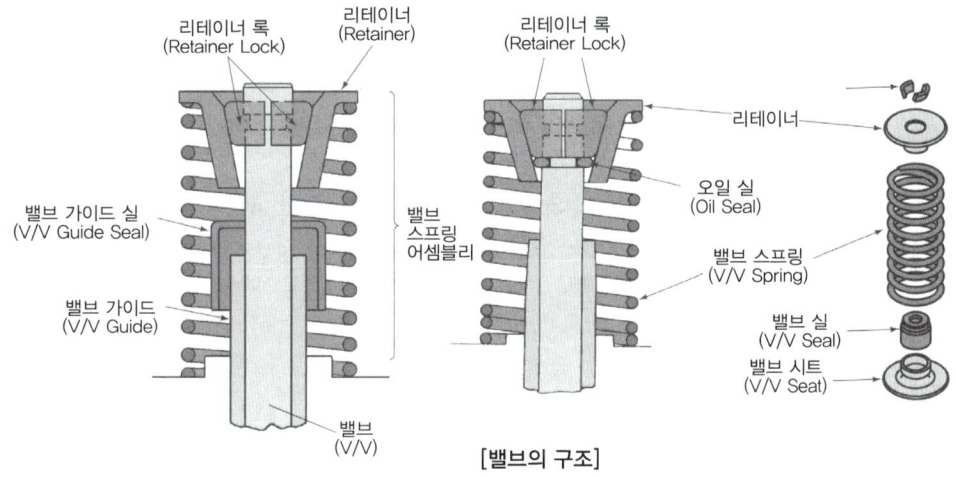

[밸브의 구조]

(3) 밸브 스프링의 구비 조건
① 블로 바이(blow by)가 생기지 않을 정도의 탄성 유지
② 밸브가 캠의 형상대로 움직일 수 있을 것
③ 내구성이 크고, 서징(surging) 현상이 없을 것

(4) 서징 현상과 방지책
① 부등 피치의 스프링을 사용
② 2중 스프링을 사용
③ 원뿔형 스프링을 사용

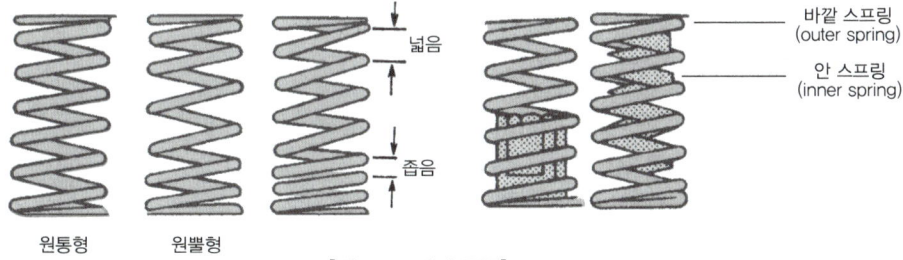

[밸브스프링의 종류]

(5) 밸브 간극에 따른 영향

밸브 간극 상태	영향
밸브 간극이 클 때	• 밸브의 열림이 적어 흡·배기 효율이 저하된다. • 소음이 발생된다. • 출력이 저하되며, 스템 엔드부의 찌그러짐이 발생된다.
밸브 간극이 작을 때	• 밸브가 완전히 닫히지 않아 기밀 유지가 불량하다. • 역화 및 후화 등 이상 연소가 발생된다. • 출력이 저하된다.

(6) 밸브 기구의 형식

밸브 간극 상태	영향
L헤드형 밸브 기구	캠 축, 밸브 리프트(태핏) 및 밸브로 구성
I헤드형 밸브 기구	캠 축, 밸브 리프트, 밸브, 푸시로드, 로커암으로 구성 현재 가장 많이 사용
F헤드형 밸브 기구	L헤드형과 I헤드형 밸브 기구를 조합한 형식
OHC(Over Head Cam shaft) 밸브 기구	• SOHC : 캠 축이 실린더헤드 위에 설치된 형식으로 캠 축이 1개 • DOHC(Double OHC) : 캠 축이 헤드 위에 2개가 설치된 형식

4. 피스톤

1) 피스톤의 종류
① 캠연마 피스톤 : 타원형 피스톤으로 측압부 직경이 보스부보다 크다.
② 솔리드 피스톤 : 상·중·하 지름이 동일한 것이다.
③ 스플리트 피스톤 : 가로 홈과 세로 홈을 두어 스커트부에 열이 전달되는 것을 막는 피스톤이다.
④ 인바스트럿 피스톤 : 인바강을 넣고 일체 주조하였다.
⑤ 오프셋 피스톤 : 피스톤 핀의 중심을 1.5mm 정도 오프셋시켜 측압을 감소한다.
⑥ 슬리퍼 피스톤 : 측압을 받지 않는 스커트부를 잘라낸 형식이다.

2) 피스톤의 구비 조건
① 마찰로 인한 기계적 손실을 방지할 것
② 기계적 강도가 클 것
③ 관성력을 방지하기 위해 무게가 가벼울 것
④ 폭발 압력을 유효하게 이용할 것
⑤ 가스 및 오일누출이 없을 것

3) 피스톤 간극에 따른 영향

피스톤 간극 상태	영향
피스톤 간극이 클 때	① 블로 바이(blow by)에 의한 압축 압력이 저하된다. ② 오일이 연소실에 유입된다. ③ 오일 소비증대 현상이 온다. ④ 피스톤 슬랩 현상이 발생된다. ⑤ 오일이 희석된다.
피스톤 간극이 작을 때	① 마찰열에 의해 소결이 된다. ② 마찰 및 마멸 증대가 생긴다.

4) 피스톤 슬랩
① 피스톤 간극이 클 때 실린더 벽에 충격적으로 접촉되어 금속음을 발생하는 현상이다.
② 피스톤 슬랩을 방지하기 위해서는 오프셋 피스톤을 사용한다.
③ 피스톤 간극은 실린더 내경의 0.05% 정도이다.

5) 피스톤 링

① 실린더벽과 밀착되어 기밀을 유지한다.
② 핀보스와 측압부분을 피하여 절개부를 120~180°로 하여 조립하여야 한다.
③ 밀봉, 냉각, 오일 제어의 3대 작용을 한다.

6) 링 절개부의 종류

버트 이음(Butt Joint)	
랩 이음(Lap Joint)	
각 이음(Angle Joint)	
실 이음(Seal Joint)	

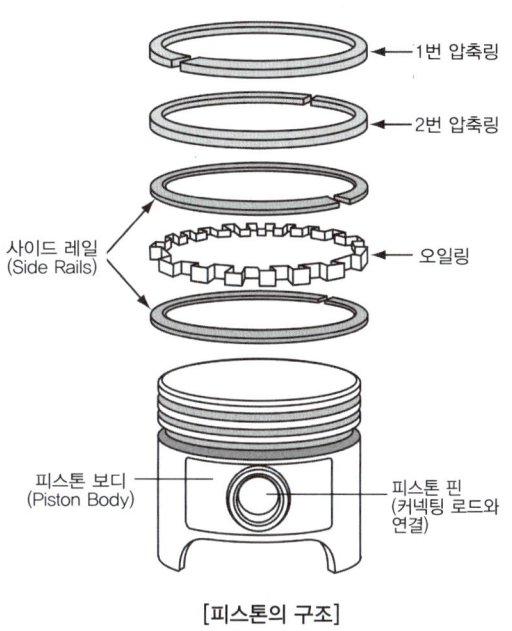

[피스톤의 구조]

7) 형태에 따른 분류

① 동심원 링 : 실린더 벽에 가하는 압력이 일정하지 않다.
② 편심원 링 : 실린더 벽에 가하는 압력이 일정하다.

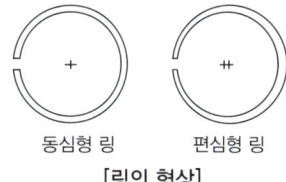

[링의 형상]

 ① 링의 장력이 너무 작을 때
- 블로바이로 인해 기관의 출력이 저하된다.
- 피스톤의 열전도성이 불량하여 피스톤의 온도가 상승된다.

② 링의 장력이 너무 클 때
- 실린더 벽과의 마찰력이 증대되어 마찰 손실이 발생된다.
- 실린더 벽면의 유막이 끊겨 마멸이 증대된다.

8) 피스톤 핀의 설치 방식

① 고정식 : 피스톤 보스부에 볼트로 고정한다.
② 반부동식 : 커넥팅 로드 소단부에 클램프 볼트로 고정한다.
③ 전부동식 : 보스부에 스냅링을 설치, 핀이 빠지지 않도록 한다.

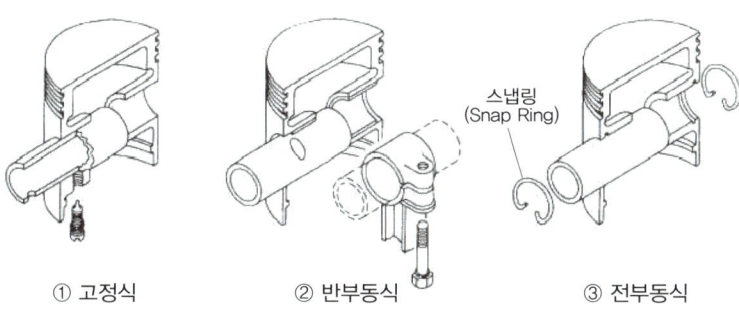

[피스톤 핀의 고정방식]

5. 커넥팅 로드

① 커넥팅 로드의 길이는 피스톤 행정의 약 1.5~2.3배 정도이다.
② 길이가 짧으면 측압은 증대되고 엔진 높이는 낮아진다.
③ 길이가 길면 측압이 감소되고 강성은 작아진다.

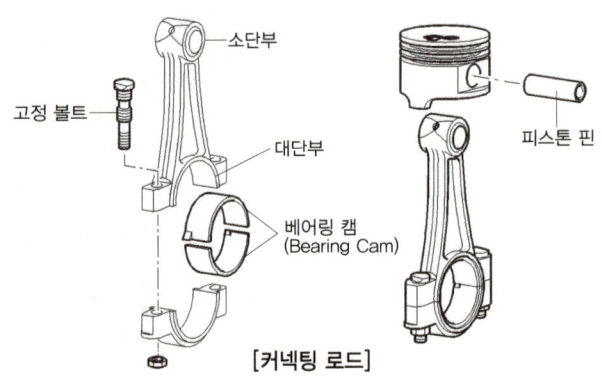

[커넥팅 로드]

6. 크랭크축

1) 폭발 순서와 크랭크 축의 위상각

① 4기통 기관의 폭발순서 : 1-3-4-2, 1-2-4-3의 폭발순서와 180°의 위상각을 갖는다.
② 6기통 기관의 폭발순서
  ㉠ 우수식 : 크랭크축을 마주 보고 제1번과 제6번 크랭크 핀을 상사점으로 하였을 때 제3번과 제4번 크랭크 핀이 오른쪽에 있는 방식이다.(1-5-3-6-2-4)
  ㉡ 좌수식 : 제3번과 제4번 크랭크핀이 왼쪽에 있는 좌수식이 있다.(1-4-2-6-3-5)
  ㉢ 120°의 위상각을 같는다.
③ 8기통 기관의 폭발순서 : 1-6-2-5-8-3-7-4, 1-5-7-3-8-4-2-6과 90°의 위상각(직렬형)을 갖는다.

2) 폭발 순서 선정시 고려할 사항

① 연소를 같은 간격으로 일어나게 한다.
② 크랭크 축에 비틀림 진동이 일어나지 않게 한다.
③ 혼합기가 각 실린더에 균일하게 분배되게 한다.
④ 인접한 실린더에 연이어 점화되지 않게 한다.

3) 행정 찾는 방법

(1) 점화순서의 역순으로 행정을 적는다

점화순서가 1-3-4-2인 4실린더 기관에서 1번이 흡입행정이라면 역순으로 적으면 2번은 압축, 4번은 동력, 3번은 배기행정이 된다.

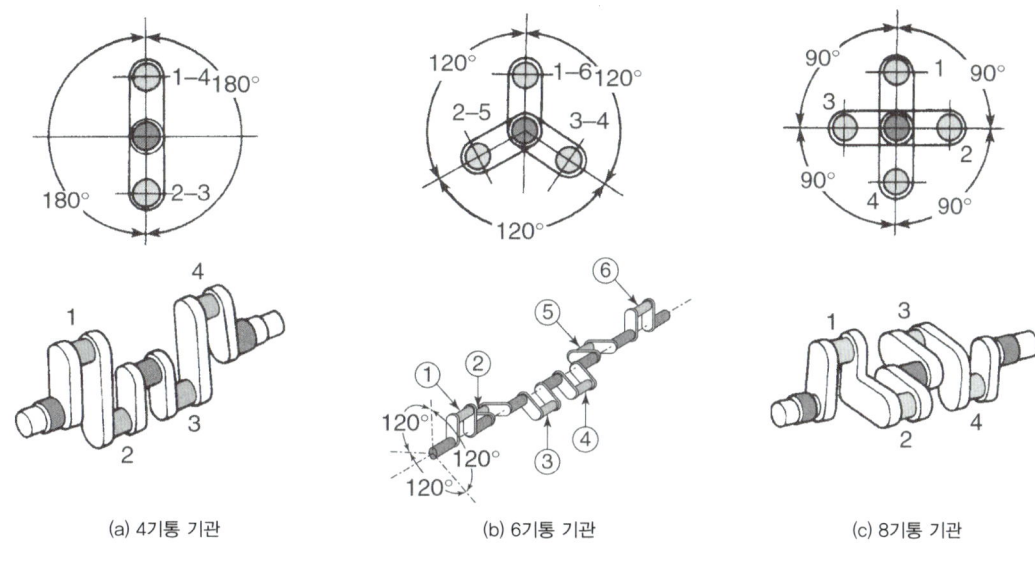

[폭발 순서와 크랭크 축의 위상각]

(2) 크랭크 핀 저널의 움직임으로 찾는다

상사점에서 하사점으로 내려오는 행정은 흡기행정과 폭발행정, 하사점에서 상사점으로 올라가는 행정은 압축행정과 배기행정이다.

또한 1번과 4번, 2번과 3번 크랭크 핀은 같이 움직이므로(위상차 180°) 1번이 흡기행정이면 4번은 당연히 동력행정이다. 또한 점화순서가 1-3-4-2이므로 4번 동력행정 다음에 2번 실린더가 동력행정을 하여야 하므로 2번 실린더는 현재 압축행정을 하고 있고, 따라서 올라가는 남은 행정은 배기행정뿐이므로 나머지 3번 실린더가 배기행정에 해당된다.

(3) 6실린더 기관에서는 이 방법이 매우 유용하다

예를 들어, 점화순서가 1-5-3-6-2-4인 6실린더 기관에서 1번 실린더가 흡입행정을 한다면 나머지 행정은 핀 저널의 움직임에 따라 찾을 수 있다.

1번과 6번, 2번과 5번, 3번과 4번 핀저널이 같이 움직이므로(위상차 120°) 1번이 흡입행정이면 6번은 동력행정이 된다. 점화순서에 따라 6번 다음엔 2번이 폭발행정을 해야 하므로 현재는 압축행정을 하고 있어야 한다.

따라서 같이 움직이는 5번은 배기행정이 된다. 3번은 6번보다 점화순서가 앞이므로 먼저 동력행정이 끝난 폭발 말이 되고 역시 4번은 흡입 말이 된다. 이러한 방법으로 몇 개의 실린더가 되더라도 4행정 기관은 모두 적용이 된다.

7. 베어링

베어링은 크랭크축을 지지하는 역할을 한다.

1) 베어링 지지방법

① 베어링 돌기(Bearing Lug) : 홈을 두어 고정함
② 베어링 다월(Bearing Dowel) : 베어링 케이스에 훅 붙이로 고정함

③ 베어링 크러시(Bearing Crush) : 베어링을 끼웠을 때 베어링 바깥둘레와 하우징 둘레와의 높이 차이
④ 베어링 스프레드(Bearing Spread) : 베어링을 끼우지 않았을 때 베어링 바깥지름과 하우징 내경과의 차이

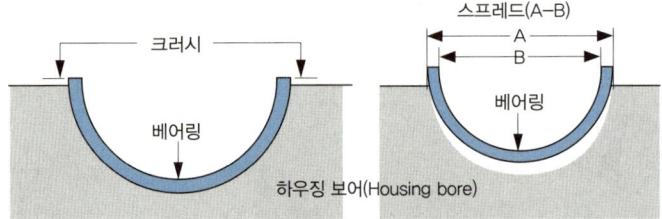

[크러시(crush)와 스프레드(spread)]

2) 오일 간극
① 오일 간극 : 0.038~0.1mm
② 오일 간극이 크면 : 유압 저하, 윤활유 소비 증가
③ 오일 간극이 작으면 : 마모 촉진, 소결 현상

3) 베어링의 필요조건
① 하중 부담 능력이 좋을 것
② 내피로성과 내식성이 있을 것
③ 매입성이 있을 것
④ 추종 유동성이 있을 것
⑤ 마멸과 길들임성 및 기타의 성질

8. 플라이 휠

1) 구성
클러치 압력판 및 디스크와 커버 등이 부착되는 마찰면과 기동모터 피니언 기어와 물리는 링 기어로 구성된다.

2) 작용
크기와 무게는 실린더 수와 회전수에 반비례하며 엔진 회전력의 맥동을 방지하여 회전 속도를 고르게 한다.

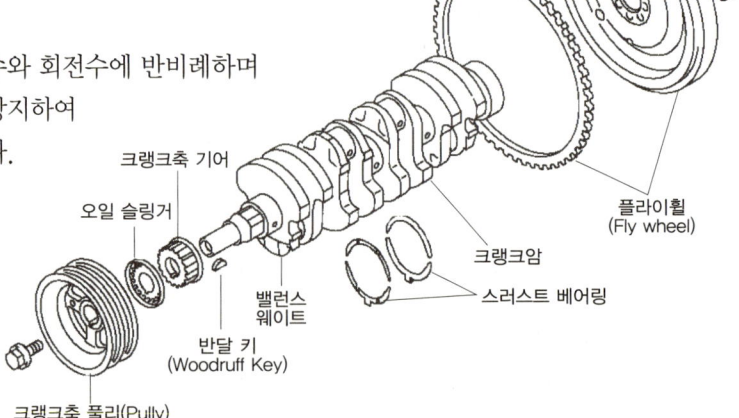

SECTION 02 연료장치

 Key Factor

① 디젤기관의 연소과정 : 착화지연 기간 → 화염전파 기간 → 직접연소 기간 → 후연소 기간
② 세탄가 = $\dfrac{세탄}{세탄 + \alpha메틸나프탈렌} \times 100\%$
③ 베이퍼라이저의 3대 기능 : 감압, 기화, 압력조절(조압)

STEP 01 가솔린 연료장치

1. 연료탱크

알루미늄 화성피막 처리된 강판이나 고강도 플라스틱을 사용한다.

① 환기밸브 : 연료증기는 캐니스터에 포집되며 진공밸브가 열려 대기압을 공급한다.
② 중력밸브 : 과량의 연료가 주유되거나 차량 전복시 연료의 누출을 방지한다.
③ 셧-오프밸브 : 연료 증발가스가 캐니스터로 부터 대기중으로 유출되는 것을 방지한다.
④ 재생밸브 : 캐니스터에 포집된 유증기를 흡기다기관으로 유입하는 밸브이다.
⑤ 연료 잔량 경고 시스템 : NTC 서미스터를 사용하여 연료 잔량을 경고한다.
⑥ 유량계 : 가변저항을 이용하여 탱크내의 연료량을 표시한다.

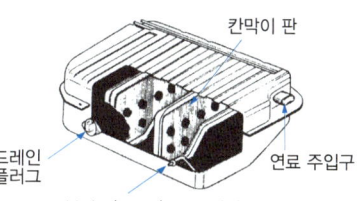

[연료 탱크의 구조]

2. 연료 여과기

연료 펌프와 분배기 사이에 설치되어 연료내의 3~5㎛의 불순물을 포집한다.

3. 연료 공급 펌프

대부분 연료탱크 내장형 전동식 펌프를 사용한다.

① 체크 밸브 : 펌프와 분배기 사이의 연료 역류를 방지하여 잔압을 유지하여 베이퍼록을 방지하며 재시동성을 향상시킨다.
② 릴리프 밸브 : 펌프 몸체에 장착되어 압력이 규정 이상으로 상승시 연료를 탱크로 리턴하는 밸브이다.

4. 연료압력 조절기

연료 분배 파이프내의 연료 압력을 일정하게 유지하는 기능을 한다.

5. 연료 공급 시스템

리턴 회로의 유무	설명
리턴 회로가 있는 연료 압력조절기	흡기다기관 압력이 작용하는 구조 • 공전 시 : 연료 압력이 감소한다. • 가속 시 : 연료 압력이 상승한다.
리턴 회로가 없는 연료 압력조절기	압력 조절기가 연료 탱크에 내장되어 있으며 흡기 다기관압력의 변화에 대응해서 분사밸브 개변 지속 간을 제어한다.

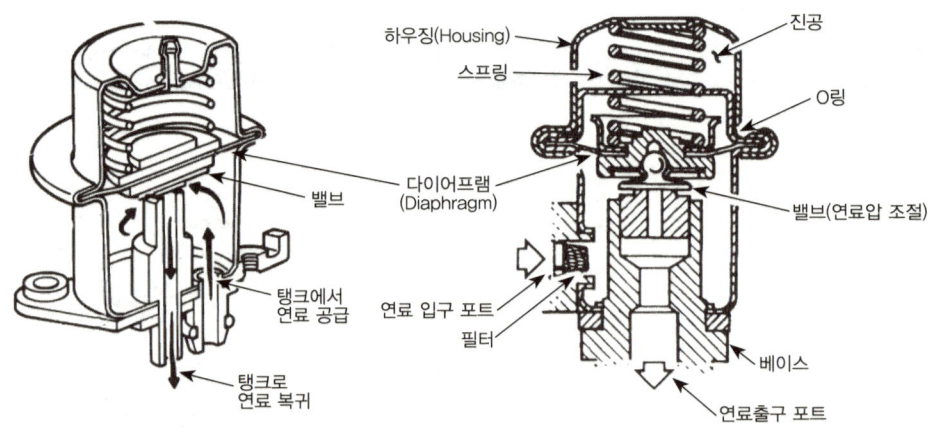

[연료 압력 조절기의 구조]

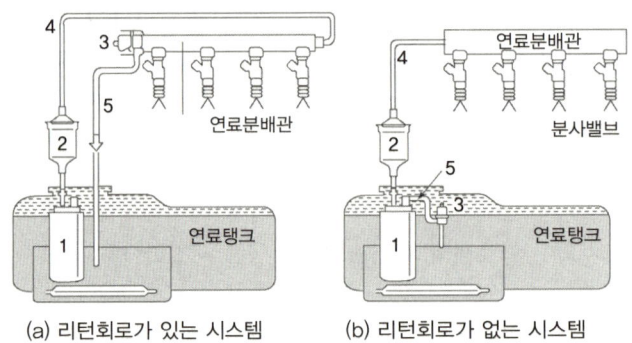

(a) 리턴회로가 있는 시스템   (b) 리턴회로가 없는 시스템

1. 연료공급펌프
2. 연료필터
3. 시스템 압력 조절기
4. 연료공급라인
5. 연료리턴라인

[연료 공급 시스템]

STEP 02 디젤기관 연료장치

1. 2행정 디젤 기관의 소기 방식의 종류

종류	설명
단류 소기식	• 공기를 실린더 내의 세로 방향으로 흐르게 하는 소기 방식이다. • 밸브 인 헤드 형과 피스톤 제어형이 있다.
횡단 소기식	• 실린더 아래쪽에 대칭으로 소기구멍과 배기구멍이 설치된 형식이다. • 소기 시에 배기 구멍로 배기가스가 들어와 다른 형식에 비하여 흡입 효율이 낮고 과급도 충분하지 않다.
루프 소기식	• 실린더 아래쪽에 소기 및 배기 구멍이 설치된 형식이다. • 흡입 효율이 횡단 소기식보다 높다.

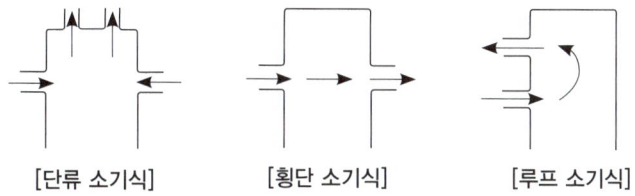

[단류 소기식]   [횡단 소기식]   [루프 소기식]

2. 디젤 기관의 연소실

1) 직접 분사식(Direct Injection Type)

연소실이 피스톤 헤드나 실린더 헤드에 있어 이곳에 연료를 150~300kg/cm²의 분사 압력으로 분사하며 시동을 돕기 위한 예열 장치가 흡기다기관에 설치되어 있다.

장점	• 압축률이 높고 시동이 쉽다. • 냉간에 의한 열손실이 적으며 열변형이 적다.
단점	• 분사압력이 높아 분사펌프와 노즐 등의 수명이 짧다. • 분사노즐의 상태와 연료의 질에 민감하다. • 노크가 일어나기 쉽다.

2) 예연소실식(Precombustion Chamber Type)

실린더 헤드의 주연소실의 30~40% 정도 체적의 예비 연소실이 있고 이곳에 분사 노즐과 예열 플러그가 있어, 연료를 100~120kg/cm² 정도로 분사하면 예비 연소실로부터 연소가 시작되어 압력이 주연소실로 밀려나와 피스톤을 밀어준다.

장점	• 분사압력이 낮아 연료장치의 고장이 적다. • 연료의 성질 변화에 둔하고 선택범위가 넓다. • 노크가 적다.
단점	• 연료실 표면이 커서 냉각 손실이 많다. • 시동 보조장치인 예열 플러그가 필요하다. • 연료소비율이 약간 많고 구조가 복잡하다.

3) 와류실식(Swirl Chamber Type)

실린더 헤드나 실린더 주변에 둥근공 모양의 보조 연소실이 주연소실의 70~80% 용적을 가지고 설치되어, 압축 공기가 이 와류실에서 강한 선회 운동을 할 때 $100~140kg/cm^2$ 정도의 분사 압력으로 연료가 분사되어 연소가 일어난다.

장점	• 기관의 회전속도범위가 넓고 회전속도를 높일 수 있다. • 예비 연소실에 비해 연료 소비율이 적다. • 평균유효압력이 높으며 분사압력이 비교적 낮다.
단점	• 시동시 예열 플러그가 필요하다. • 구조가 복잡하다. • 압축율이 낮고, 저속에서 노크가 일어나기 쉽다.

4) 공기실식(Air Chamber Type)

연소실에 주연소실의 6~20% 체적으로 공기실이 있다. 공기실은 예비 연소실과 같이 노즐이 공기실에 있지 않고 주연소실에서 직접 연료를 분사한다.

장점	• 연료가 주 연소실로 분사되므로 시동이 쉬워 예열 플러그가 필요없다. • 연료 연소압력(폭발압력)이 가장 낮다. • 연소 진행이 완만하고 압력 상승이 낮다.
단점	• 후적(After Drop) 연소 발생이 잘 일어나며 배기온도가 높다. • 연료 소비량이 많다. • 분사시기에 따라 엔진 작동에 영향을 준다.

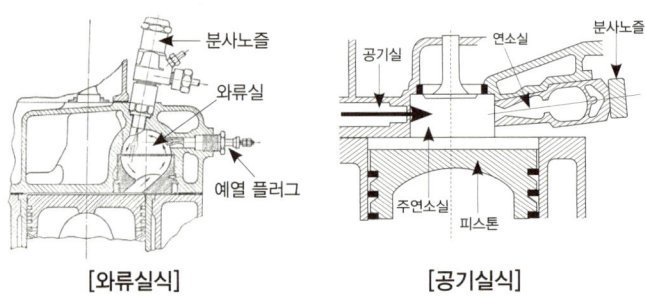

[와류실식]　　　　[공기실식]

3. 디젤기관의 연소과정

1) 연료 분사와 연소과정

① 착화 지연 기간(A~B) : 연료가 분사되어 착화될 때까지의 기간
② 폭발 연소 기간(B~C) : 착화 지연 기간 동안에 형성된 혼합기가 착화되는 기간(화염 전파 기간)
③ 연소 제어 기간(C~D) : 화염에 의해서 분사와 동시에 연소되는 기간(직접 연소 기간)
④ 후기 연소 기간(D~E) : 분사가 종료된 후 미연소 가스가 연소하는 기간

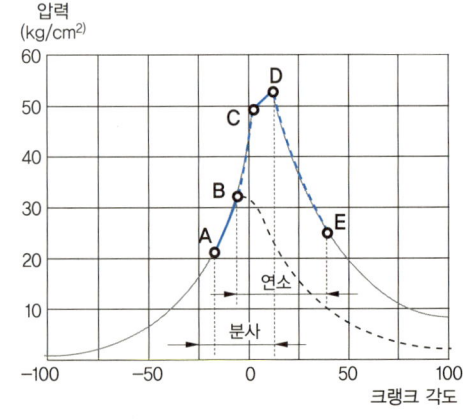

2) 이상 연소와 노크 방지

이상 연소와 노크 방지를 위해 착화지연 기간을 짧게 하는 방법은 다음과 같다.

① 압축비를 높인다.
② 흡기 온도를 높인다.
③ 실린더 벽의 온도를 높인다.
④ 착화성이 좋은 연료(세탄가가 높은 연료)를 사용한다.
⑤ 와류가 일어나게 한다.

참고 가솔린과 디젤 노크 방지 비교

조건	디젤 노크	가솔린 노크
압축비	높인다	낮춘다
흡기온도	높인다	낮춘다
실린더벽 온도	높인다	낮춘다
회전속도	낮춘다	높인다
흡기압력	높인다	낮춘다
연료 발화점	낮춘다	높인다
연료 점화 지연	짧게 한다	길게 한다
실린더 체적	크게 한다	적게 한다

3) 세탄가

① 디젤 연료의 착화성을 나타내는 척도를 말하며, 착화 지연이 짧은 세탄($C_{16}H_{34}$)과 착화지연이 나쁜 α-메틸 나프탈렌($C_{11}H_{10}$)의 혼합 연료의 비를 %로 나타내는 것이다.

$$세탄가 = \frac{세탄}{세탄+(\alpha-메틸나프탈렌)} \times 100\%$$

② 착화 촉진제로는 초산아밀($C_5H_{11}NO_3$), 초산에틸($C_2H_5NO_3$), 아초산아밀($C_5H_{11}NO_2$), 아초산에틸($C_2H_5NO_2$)을 1~5% 정도 첨가한다.

4) 디젤 연료의 구비 조건

① 착화성이 좋고, 적당한 점도일 것
② 인화점이 높을 것
③ 불순물과 유황분이 없을 것
④ 연소 후 카본 생성이 적을 것
⑤ 발열량이 클 것

4. 기계식 디젤기관의 연료장치

1) 연료 공급 펌프

① 연료 공급순서 : 연료 탱크 → 연료 파이프 → 연료 공급 펌프 → 연료 필터 → 분사펌프 → 고압 파이프 → 분사 노즐
② 분사 방식 : 공기의 압력을 이용한 유기(공기)분사 방식과 연료 자체에 압력을 가해서 분사시키는 무기 분사식이 있다.

2) 연료 여과기

① 공급 펌프와 분사 펌프 사이에 설치되어 있다.
② 압력이 1.5~2kg/cm² 이상 또는 연료 과잉량을 탱크로 되돌려 보내는 오버플로(Overflow) 밸브가 있다.

3) 분사 펌프

독립식	각 실린더마다 한 개씩 분사 펌프를 설치한 형식
분배식	한 개의 분사 펌프에 의하여 각 실린더에 고압의 연료를 공급하는 형식
공동식	고압의 연료를 어큐뮬레이터에 저장하였다가 각 실린더에 분배하는 형식

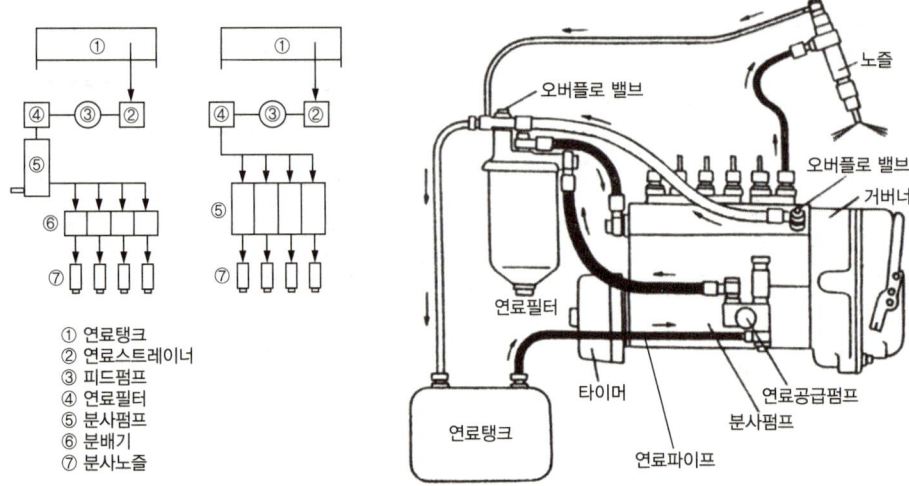

① 연료탱크
② 연료스트레이너
③ 피드펌프
④ 연료필터
⑤ 분사펌프
⑥ 분배기
⑦ 분사노즐

[디젤 기관의 연료 장치]

4) 플런저 리드와 분사시기와의 관계

① 정리드 플런저 : 분사개시 때의 분사시기는 일정하고, 분사말기에 변화하는 형식이다.
② 역리드 플런저 : 분사개시 때의 분사시기가 변화하고 분사말기가 일정한 형식이다.
③ 양리드 플런저 : 분사개시와 말기가 모두 변화되는 형식이다.

[플런저 리드의 형식]

5) 연료 제어

제어순서 : 가속페달(또는 조속기) → 제어 래크 → 제어 피니언 → 제어 슬리브 → 플런저의 순서로 전달되어 플런저(Plunger)를 회전시켜 연료 분사량을 제어하게 된다.

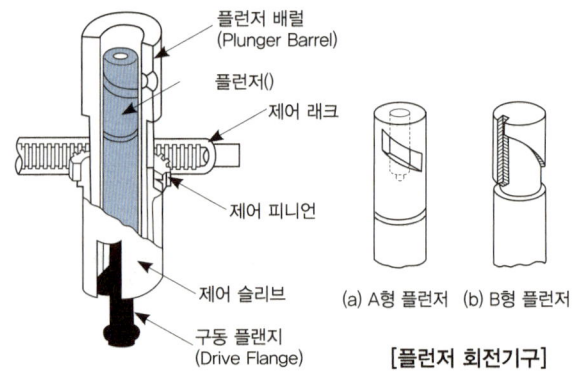

[플런저 회전기구]

① 제어 래크(Control Rack) : 제어 피니언과 물려 가속 페달이나 조속기의 작동을 직선 운동으로 바꾸어 제어 피니언을 회전 운동시켜 플런저를 회전시키는 역할을 한다.

② 제어 피니언(Control Pinion) : 제어 래크와 물려 제어 래크의 직선 운동을 회전 운동으로 바꾸어 제어 슬리브를 회전시키는 일을 한다.

③ 제어 슬리브(Control Sleeve) : 플런저가 상·하 미끄럼 운동을 하면서 유효 행정을 변화시켜 연료의 송출량을 증감할 수 있게 한다.

④ 펌프 엘리먼트 : 플런저와 플런저 배럴로 구성되고, 분사 노즐로 연료를 압송한다.
⑤ 분사량 제어기구 : 제어 래크, 제어 슬리브 및 피니언으로서 래크를 좌우(21~25mm)로 회전시킨다.
⑥ 딜리버리 밸브(Delivery V/V) : 노즐에서 분사된 후의 연료 역류 방지와 잔압을 유지해 후적을 방지한다.

6) 조속기(Governor)

자동적으로 연료 분사량을 가감하여 기관의 운전 상태를 안정되게 하는 역할을 한다. 최고 속도(Over-run)를 제어하고, 엔진 정지를 방지하고 저속 운전을 안정시키도록 한다.

① 기계식 조속기의 분류 : RQ형, RAD형, RLD형
② 앵글라이히(Angleich) 장치 : 엔진의 모든 속도 범위에서 공기와 연료의 비율을 일정하게 되도록 한다.
③ 타이머(분사시기 조정기) : 엔진 부하 및 회전 속도에 따라 분사 시기를 조정하는 것으로 분사 펌프 캠 축과 같이 작동된다.

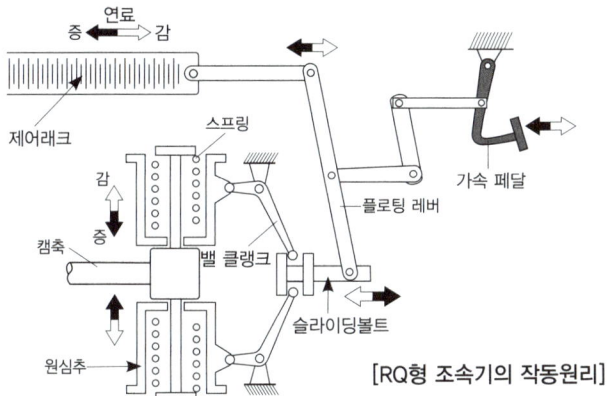

[RQ형 조속기의 작동원리]

7) 분사 노즐

① 분사 노즐의 구비 조건
  ㉠ 연료를 미세한 안개형태로 분사하여 쉽게 착화되게 할 것
  ㉡ 연소실 구석구석까지 고르게 분사할 것
  ㉢ 후적이 없을 것
  ㉣ 내구성이 클 것

> **참고** **연료 분사상태의 구비 조건**
> 무화가 좋을 것, 분포가 좋을 것, 관통도가 있을 것, 분사도가 알맞을 것, 분사율과 노즐 유량계수가 적당할 것

② 분사 노즐의 종류

개방형	분사 펌프와 노즐 사이가 항시 열려 있어 후적을 일으킨다.
밀폐형	분사 펌프와 노즐 사이에 니들 밸브가 설치되어 필요할 때만 자동으로 연료를 분사한다.

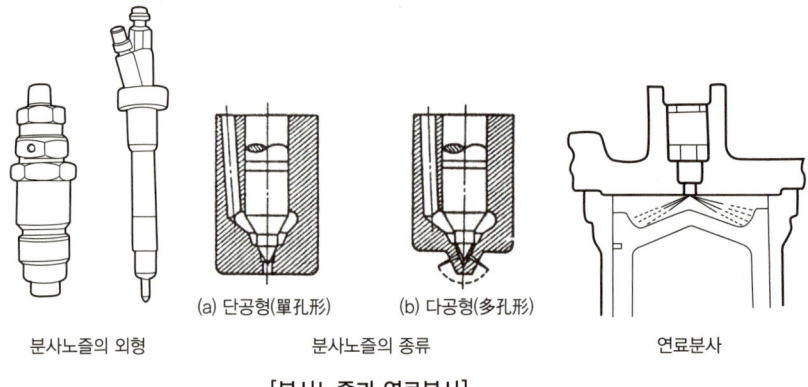

[분사노즐과 연료분사]

③ 분사량의 불균율 : 일반적으로 전부하시 ±3~4%, 무부하시 ±10~15%임

$$+불균율 = \frac{최대\ 분사량 - 평균\ 분사량}{평균\ 분사량} \times 100\%$$

$$-불균율 = \frac{평균\ 분사량 - 최소\ 분사량}{평균\ 분사량} \times 100\%$$

$$평균\ 분사량 = \frac{각\ 플런저의\ 분사량\ 합계}{플런저\ 수} \times 100\%$$

5. 커먼레일 연료 분사장치

분사펌프를 사용하지 않고 연료를 1,350bar 정도로 압축하여 인젝터를 사용하여 연소실 내에 직접 분사하는 전자제어식 디젤기관이다.

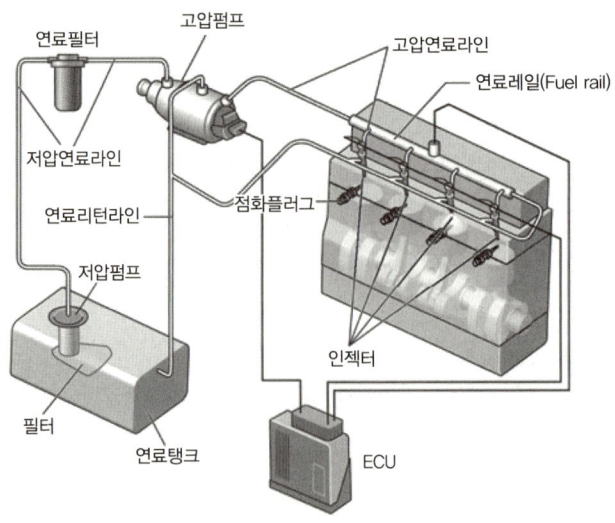

1) 커먼레일 연료분사장치 기관의 연소과정

① 예비분사(Pilot Injection) : 주 분사가 이루어지기 전에 연료를 분사하여 기관의 소음과 진동을 줄일 수 있다.
② 주분사(Main Injection) : APS값, 기관 회전속도, 냉각수 온도, 흡기 온도, 대기 압력 등을 참고하여 분사량을 결정한다.
③ 사후분사(Post Injection) : 주 연소가 끝난 후 배기행정에서 연료를 분사하여 배기가스를 통해 촉매 변환기에 공급하여 촉매효율을 증대시킨다.

2) 연료장치의 구성 부품

① 연료 여과기(연료필터) : 연료 속의 이물질과 수분을 여과한다.
② 연료 히터 : 냉간시 시동 성능향상을 위하여 부착한 부품이며, 연료 여과기 중간에 설치되어 연료를 직접적으로 가열한다.
③ 오버플로 밸브 : 연료펌프에서 이송된 연료압력을 2.5~3.1bar로 유지하고 나머지 연료는 연료탱크로 리턴시킨다.
④ 연료 온도센서 : 고압 연료펌프로 공급되는 유온를 검출하여, 온도가 상승되는 것을 방지한다.
⑤ 연료 온도 스위치(Fuel temperature switch) : 연료 히터를 작동시키는 스위치이다.
⑥ 프라이밍 펌프(Priming pump) : 저압 라인의 에어를 수동으로 배출시 사용한다.
⑦ 저압 연료펌프(Low pressure fuel pump) : 연료탱크에서 고압펌프까지 연료를 압송한다.
⑧ 연료압력 조절밸브(Fuel pressure control valve) : 고압펌프로 보내지는 연료 공급량을 ECU로부터의 전기적 신호로 연료압력을 제어한다.
⑨ 고압연료펌프(High pressure fuel pump) : 타이밍 체인이나 캠축에 의해 구동되며 저압펌프에서 송출된 연료를 다시 고압으로 형성하여 커먼레일로 공급한다.
⑩ 커먼레일(고압 어큐뮬레이터) : 고압 펌프로부터 이송된 고압의 연료가 저장되는 곳으로 모든 실린더에 공통적으로 연료를 분배한다.
⑪ 레일 압력조절기 : 커먼레일에 압력을 조절한다.
⑫ 고압파이프 : 커먼레일에 공급된 고압의 연료를 각 인젝터로 공급한다.
⑬ 압력 제한밸브 : 안전밸브와 같은 역할을 하며 과도한 압력이 발생될 경우 비상통로를 개방하여 커먼레일의 압력을 제한한다.
⑭ 인젝터(Injector) : 고압의 연료를 연소실에 미입자 형태로 분사하는 부품이며, 기관 ECU에 의해 제어되며 분사개시와 분사량은 전기적으로 조정된다.

[연료여과기]

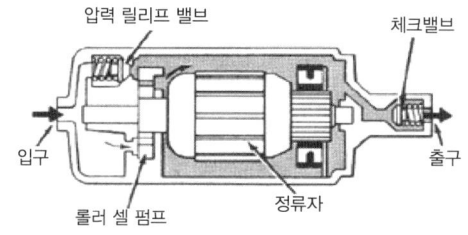

[전기식 연료펌프]

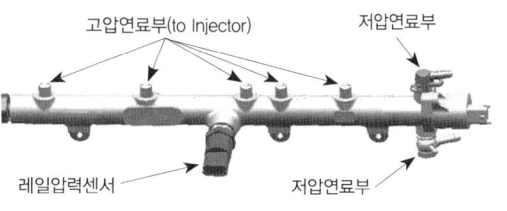

[연료압력 조절기]

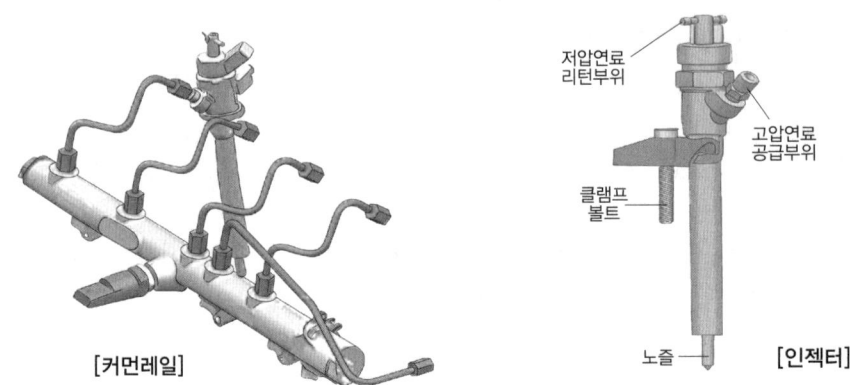

[커먼레일] [인젝터]

3) 커먼레일 연료 분사장치의 전자 제어 - ECU 제어
① 축전지 전압에 따른 공전제어 : 공전시 축전지 전압이 약 12.5V 이하로 30초 이상 유지되면 공전속도를 850rpm으로 증가시킨다.
② 스모그(Smog) 제어 : 설정된 스모그 맵 중 현재의 변속단이 되는 하나의 맵을 선택하여 연료량을 감량하는 제어를 한다.
③ 기관 과열방지 제어 : 냉각수 온도 110℃ 이상부터 시작하여 최대 40cc까지 감량한다.
④ 연료 압력제어 : 기관이 가·감속 또는 부하 여부에 따라 커먼레일에 공급되는 연료압력을 적절하게 조절한다.
⑤ 연료압력 모니터링 : 고압계통에서의 누출과 기타 고장을 감시하기 위해 사용한다.
⑥ 연료분사 제어 : 각종 센서의 입력에 의해 계산된다.
⑦ 배기가스 재순환(EGR) 제어 : 배기가스 중 질소산화물을 줄이기 위해 연소가 끝난 배기가스를 흡입 행정에서 재순환한다.
⑧ 스로틀 플랩(Throttle Flap) 제어 : 기관 진동을 방지하기 위해 작동을 중지시킬 때 흡입 공기 측으로 유입되는 공기를 차단하는 장치이다.

4) ECU 입력 요소
① 연료 압력센서 : 커먼레일내의 연료 압력을 측정하여 ECU로 출력하며, ECU는 이 신호를 받아 연료량, 분사시기를 조정하는 신호로 사용한다.
② 공기 유량센서(AFS) & 흡기 온도센서 : 주 기능은 EGR 피드백 제어이며, 흡기 온도센서는 연료 분사량, 분사시기, 시동 시 연료 분사량 제어 등에 보정신호로 사용된다.
③ 가속페달 위치 센서 1, 2 : 센서 1에 의해 연료 분사량과 분사시기가 결정되며, 센서 2는 센서 1을 검사하는 센서로 차량의 급출발을 방지하기 위한 센서이다.
④ 연료 온도센서 : 연료 온도에 따른 연료량 보정신호로 사용된다.
⑤ 수온센서(WTS) : 냉간시 연료 분사량 증량 신호로 사용한다.
⑥ 크랭크 위치센서(CPS, CKP) : 크랭크축의 각도 및 피스톤의 위치, 기관 회전속도 등을 감지한다.
⑦ TDC센서(CMP) : 1번 실린더 압축 상사점을 검출하게 되며, 연료분사의 순서를 결정한다.
⑧ 부스터 압력센서 : 흡기다기관의 압력을 계측하여 목표로 하는 부스터 압력으로 맞추도록 피드백 제어를 하기 위한 센서이다.

5) ECU 출력요소
① 인젝터 : 고압의 연료를 연소실에 직접 분사한다.
② 레일 압력 조정밸브 : 냉각수 온도, 축전지 전압 및 흡입공기 온도에 따라 레일압력을 보정한다.
③ 배기가스 재순환장치(EGR) : ECU에서 계산된 값을 PWM 방식으로 제어한다.

STEP 03 LPG 연료장치

1. LPG 시스템

1) 봄베(bombe)
① 주행에 필요한 LPG를 저장하는 탱크이며, 액체 상태로 유지하기 위한 압력은 7~10kg/cm²이다.
② 기체 배출 밸브(황색 핸들의 밸브) : 봄베의 기체 LPG 배출 쪽에 설치되어 있다.
③ 액체 배출 밸브(적색 핸들의 밸브) : 봄베의 액체 LPG 배출 쪽에 설치되어 있다.
④ 충전 밸브(녹색 핸들의 밸브) : 봄베의 기체 상태 부분에 설치되어 있다. 충전 밸브 아래쪽에 안전 밸브가 설치되어 봄베 내의 압력이 규정 이상으로 상승되는 것을 방지한다.
⑤ 용적 표시계 : 봄베에 LPG 충전 시 충전율을 나타내는 계기이며, LPG는 봄베 용적의 85%까지만 충전하여야 한다.
⑥ 안전 밸브 : 봄베 내의 압력이 상승하여 규정값 이상이 되면 이 밸브가 열려 대기 중으로 LPG가 방출된다.
⑦ 과류방지 밸브 : 배출 밸브의 안쪽에 설치되어 배관의 연결부 등이 파손되었을 때 LPG가 과도하게 흐르면 이 밸브가 닫혀 유출을 방지한다.

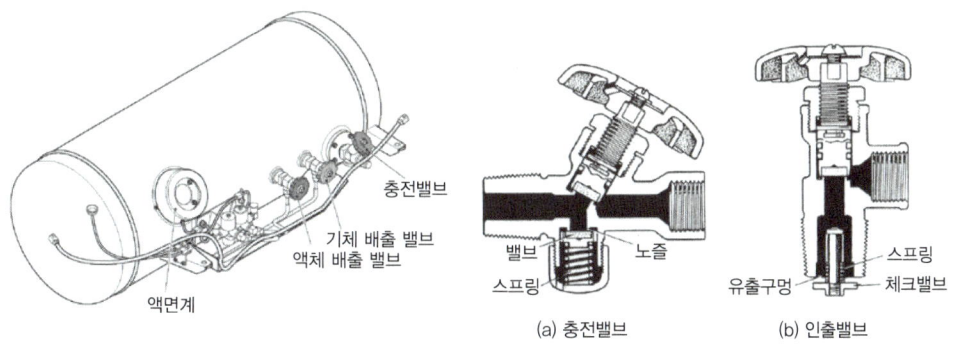

[LPG 봄베의 구조] [충전밸브 및 인출밸브]

2) 연료차단 솔레노이드 밸브(Solenoid V/V)
① 운전석에서 조작하는 밸브이며, 기체 솔레노이드 밸브와 액체 솔레노이드 밸브로 구성되어 있다.
② 시동시 기체 LPG를 공급하고, 시동 후에는 액체 LPG를 공급해준다.

3) 기화기(Vaporizer)
① 봄베에서 공급된 LPG의 압력을 감압하여 기화시키는 작용을 한다.
② 수온 스위치 : 수온이 15℃ 이하일 때는 기상, 15℃ 이상일 때는 액상 솔레노이드 밸브 코일에 전류를 흐르게 한다.
③ 1차 감압실 : LPG를 $0.3kgf/cm^2$로 감압시켜 기화시키는 역할을 한다.
④ 2차 감압실 : 1차 감압실에서 감압된 LPG를 대기압에 가깝게 감압하는 역할을 한다.
⑤ 기동 솔레노이드 밸브 : 한랭시 1차실에서 2차실로 통하는 별도의 통로를 열어 시동에 필요한 LPG를 확보해 주고 시동 후에는 LPG 공급을 차단하는 일을 한다.
⑥ 부압실 : 기관의 시동을 정지하였을 때 LPG 누출을 방지하는 일을 한다.

4) 가스 믹서(Gas Mixer)
공기와 LPG의 비율을 15 : 3로 혼합하여 각 실린더에 공급하는 역할을 한다.

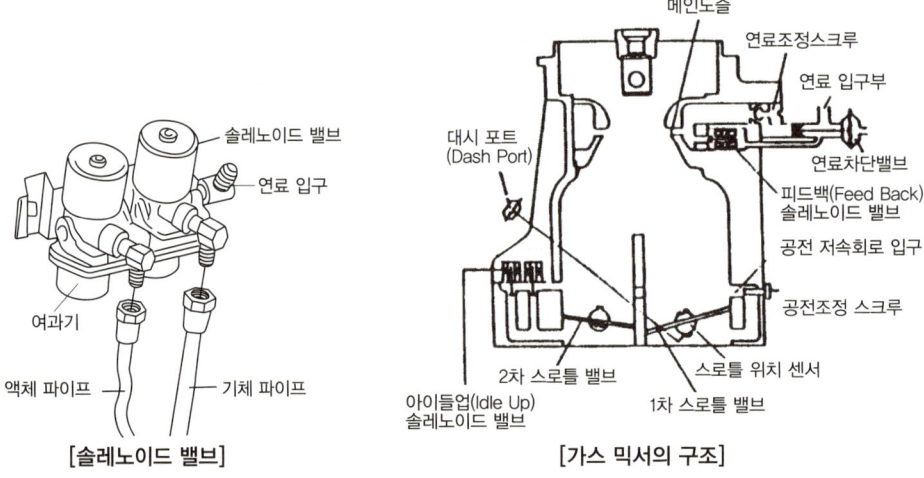

[솔레노이드 밸브]　　　[가스 믹서의 구조]

2. LPI(Liquid Petroleum Injection) 시스템

1) LPI 액상 연료분사 장치의 개요
① LPI 연료 분사 시스템은 LPG 연료를 5~15bar의 고압의 액체 상태로 인젝터를 통하여 연료를 흡기매니폴드에 분사한다.
② 구성 : LPI 시스템은 봄베 내장형 연료펌프, 연료 공급 파이프, 고압 인젝터, 연료 압력을 조절하는 압력 조절기, ECU 등

> 참고　믹서 형식의 LPG 엔진의 구성품인 베이퍼라이저나 믹서 등의 부품이 필요없다.

2) LPI 엔진의 장점

① 겨울철의 냉간 시동성이 우수하다.
② 정밀한 연료 제어에 의해 유해 배기가스의 배출이 적다.
③ 타르의 발생 및 역화가 적으며, 타르의 배출이 필요 없다.
④ 가솔린 엔진과 동등의 동력 성능을 발휘한다.

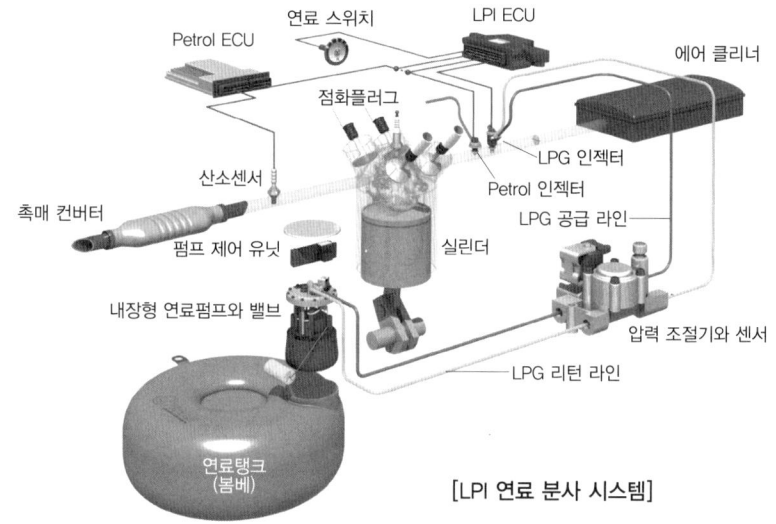

[LPI 연료 분사 시스템]

3) 봄베의 구성 부품

봄베는 LPG를 충전하기 위한 고압 용기이며, 충전밸브, 연료펌프 드라이버, 연료펌프 어셈블리, 멀티밸브 어셈블리, 유량계 등이 부착되어 있다.

① 충전밸브 : 안전을 위하여 최고 충전량을 봄베 체적의 85%로 제한한다.
② 연료펌프 드라이버 : 인터페이스 박스(IFB)에서 신호를 받아 펌프를 5단계(500rpm, 1,000rpm, 1,500rpm, 2,000rpm, 2,800rpm)로 제어한다.
③ 연료펌프 : 연료필터, BLDC 모터, 양정형 펌프로 구성되어 있으며, 봄베 내의 연료에 잠겨있기 때문에 작동소음 및 베이퍼 로크의 방지 기능이 있다.
④ 멀티밸브 어셈블리 : 연료 차단 솔레노이드 밸브, 매뉴얼(수동) 밸브, 과류 방지 밸브, 릴리프 밸브, 리턴밸브 등으로 구성되어 있다.
  ㉠ 연료 차단 솔레노이드 밸브 : 연료 압력 조절기 유닛과 멀티 밸브 어셈블리에 각각 1개씩 설치되어 동일 조건으로 2중으로 연료를 차단한다.
  ㉡ 매뉴얼(수동) 밸브 : 장기간 차량을 운행하지 않는 경우 봄베에서 연료가 송출되지 않도록 수동으로 연료라인을 차단하는 밸브이다.
  ㉢ 과류 방지밸브 : 차량의 사고 등으로 배관 및 연결부의 파손으로 봄베로부터 연료의 송출을 차단하여 LPG의 방출로 인한 위험을 방지한다.
⑤ 릴리프 밸브 : 연료 공급 라인의 압력을 액상으로 유지시켜 열간 재시동성을 향상시키고, 연료라인의 막힘 등으로 압력이 과다하게 상승할 경우 연료를 연료탱크로 리턴시키는 역할을 한다.

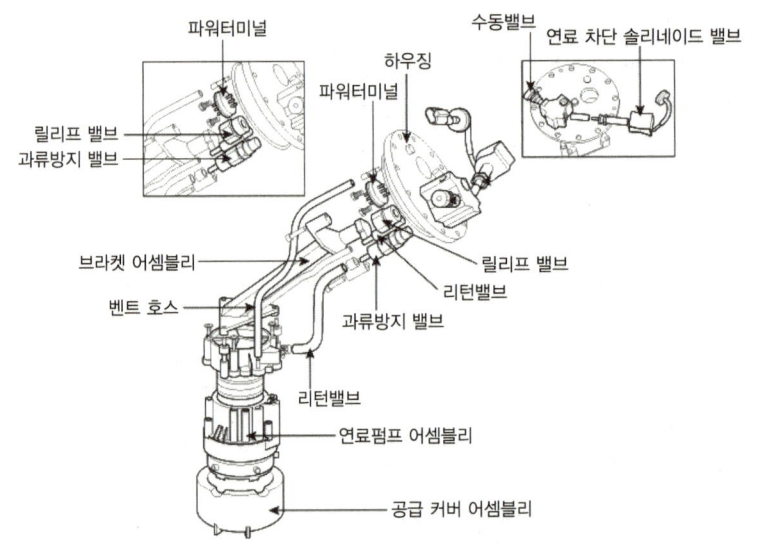

[연료펌프 및 멀티밸브 어셈블리]

⑥ 리턴 밸브 : 연료펌프에 의해 공급된 LPG를 인젝터를 통해 공급하고, 남은 연료를 연료 탱크로 리턴시킨다.
⑦ 유량계 : LPG의 잔량을 표시하는 장치이다.

4) 연료 압력 조절기 유닛

① 연료 봄베에서 송출된 고압의 LPG를 다이어프램과 스프링 장력의 균형을 이용하여 연료 라인 내의 압력을 항상 펌프의 압력보다 약 5kgf/cm² 정도 높게 유지한다.
② 연료 압력 조절기 유닛의 구성품

연료 압력 조절기	연료 라인의 압력을 펌프의 압력보다 항상 5kgf/cm² 정도 높도록 조절한다.
가스 온도 센서	가스 온도에 따른 연료량의 보정 신호로 이용되며, LPG의 성분 비율을 판정할 수 있는 신호로 이용한다.
가스 압력 센서	LPG 압력의 변화에 따른 연료량의 보정 신호로 이용되며, 시동시 연료 펌프의 구동 시간을 제어한다.
연료 차단 솔레노이드 밸브	연료를 차단하기 위한 밸브로 점화 스위치 OFF시 연료를 차단한다.

5) LPG 인젝터

전류 구동 방식으로 액체 상태의 LPG 연료를 인젝터와 연료 분사 후 기화 잠열에 의한 수분의 빙결 현상을 방지하는 아이싱 팁으로 구성된다.

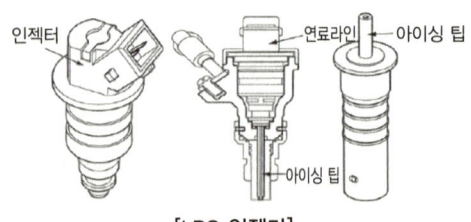

[LPG 인젝터]

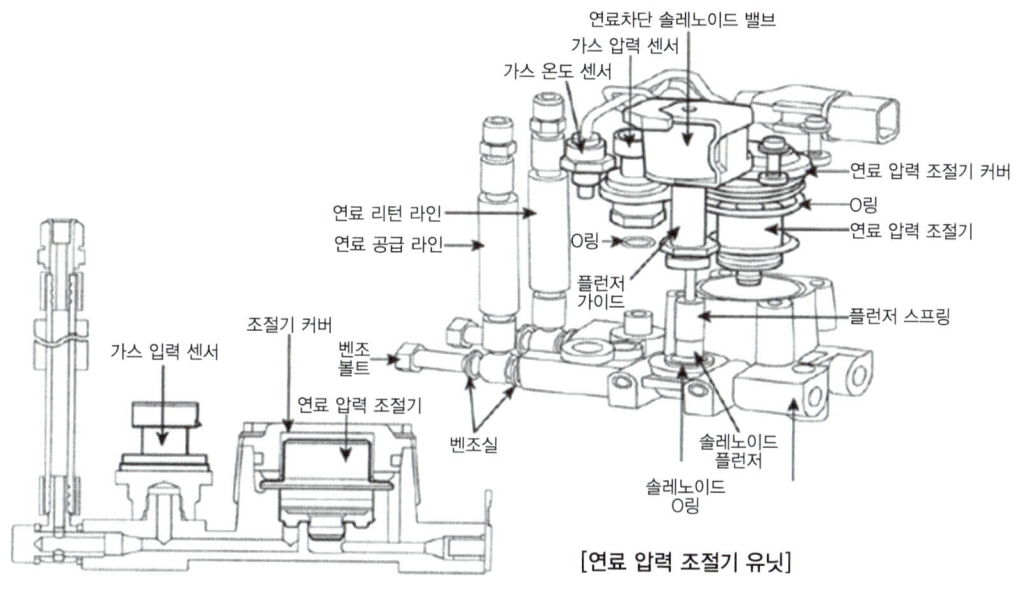

[연료 압력 조절기 유닛]

STEP 04 CNG 연료장치

1. 천연 가스

일반 기체 상태의 천연가스로서 메탄(CH_4)이 주성분이다.

1) 가스의 종류
① CNG : 압축 천연 가스이며 상온에서 기체 상태로 가압 저장된 상태의 가스이다.
② LNG : 액화 천연 가스이며 CNG를 -162℃의 상태에서 약 600배로 압축 액화시킨 상태로 순수 메탄 함량이 높고 수분이 없는 청정연료이다.

2) 천연가스 연료의 특성
① 가볍다(공기의 0.55배 / LPG는 1.6배).
② 옥탄가(130정도)가 높아 노킹이 일어나지 않는다.
③ 고압으로 가압하여 용기에 저장한다(약 200기압).
④ 인화점이 높다(천연가스(메탄) : 595℃, LPG(프로판) : 470℃, 부탄 : 365℃).
⑤ 무색, 무독, 무취

3) CNG 구성 부품
① 가스탱크 온도센서 : 가스 탱크내 가스 온도를 측정하고, ECU는 이 신호로 연료 분사량을 계산한다.
② 고압 차단밸브 : 시동 Off 시 고압 연료라인을 차단한다.
③ 탱크압력 센서 : 가스 압력 조정기에 조립하고, ECU는 이 신호를 계산하여 연료량을 계산한다.

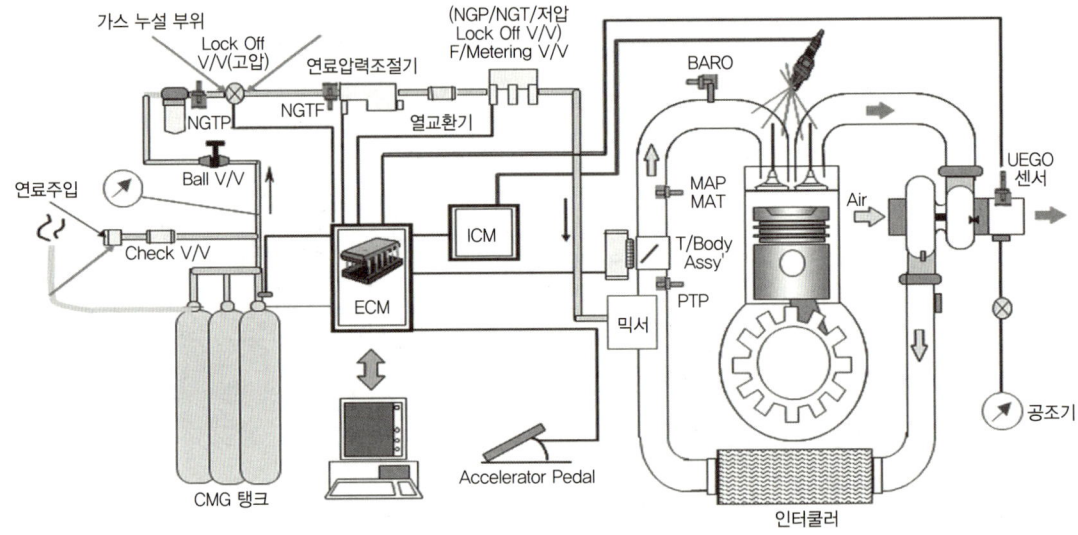

[CNG 연료장치 시스템 구성도]

④ 연료 압력조절기 : 고저압 Lock-up Valve 사이에 장착되어 가스 압력을 감압한다.
   (25~200bar → 8~10bar)
⑤ 열교환기 : 가스 레귤레이터와 연료량 조절밸브 사이에 장착되어 있으며, 장착 감압시 냉각된 가스를 엔진 냉각수로 가열한다.
⑥ 연료온도 조절기 : 열교환기와 연료량 조절밸브 사이에 장착되어 냉각수 흐름을 On/Off 하여 가스 온도를 제어한다.
⑦ 연료량 조절밸브 어셈블리 : CNG 인젝터로 드로틀 보디 전단에 연료를 분사하며 가스압력 센서, 가스 온도 센서, 가스 차단 밸브로 구성되어 있다.
   • 가스 압력 센서 : 압력 변환기로 분사직전의 조정된 가스압력을 ECU로 입력
   • 가스 온도 센서 : 부특성 써미스터(NTC thermistor)로 분사 직전의 조정된 가스온도를 검출하여 ECU로 입력
⑧ 스로틀 보디(throttle body) : 직류 모터로 엑셀포지션센서로부터 신호를 받아 흡입 공기량을 제어한다.
⑨ 산소센서 : 배기 파이프에 장착되어 산소의 농도를 측정하여 그 신호를 ECU로 입력시켜 공연비를 제어한다.
⑩ 냉각수온센서 : 엔진 냉각수 온도를 측정하여 연료량을 보정한다.
⑪ 악셀 페달 위치센서 : 악셀 개도를 측정하여 스로틀 밸브를 제어한다.
⑫ 흡기온도 & 압력센서 : 흡기 온도와 압력을 검출하여 연료 분사량을 보정한다.

2. 시스템 안전 장치

1) 시동 스위치 : KEY 2단 ON시에만 가스가 공급된다.
2) 전자식 용기 밸브
   ① 연료차단 : KEY ON 상태 5초 이상 경과 시 연료를 차단한다.

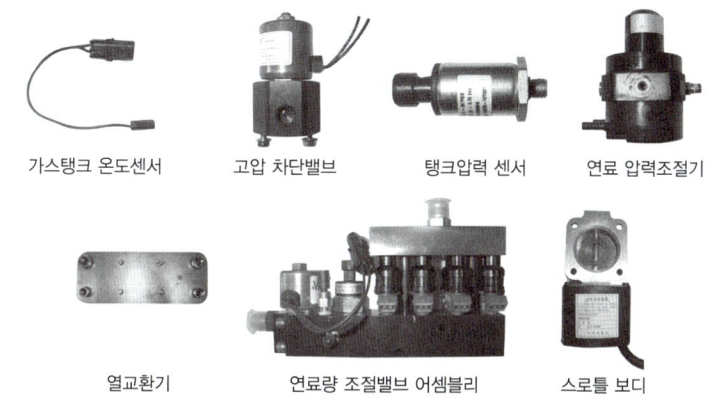

[CNG 구성 부품]

② 과류 방지 : 충돌 등으로 인해 가스 누출 시 연료를 차단한다.
③ PRD(Pressure Release Device) 밸브 : 화재 시 외부로 가스를 배출한다.
④ CNG 스위치 : 긴급 상황시 운전자가 가스를 차단하는 스위치이다.
⑤ 충전체크 밸브 : 충전 시 가스 역류를 방지한다.
⑥ 수동차단 밸브 : 엔진 정비 시 사용하는 중간 차단 밸브이다.
⑦ Lock Up Valve(고압/저압) : 엔진 정지 시 연료를 차단한다.
⑧ GIF 밸브 : 화재로 인한 온도 상승시 납성분이 녹아 대기중으로 가스를 방출하는 안전 장치이다.

3. 점화 시스템

① ICM(Ignition Control Module) : 파워TR 기능을 수행하며 점화시기를 제어한다.
② 스파크 플러그 & 점화코일 : 실린더 헤드에 장착되며 플러그 일체형 코일을 사용한다.
③ 크랭크각 센서 : 크랭크축 각도를 검출하여 ECU에 입력한다.
④ 컴퓨터(ECM) : 각 센서로부터 신호를 입력받아 점화 시기 및 연료 분사량을 제어한다.

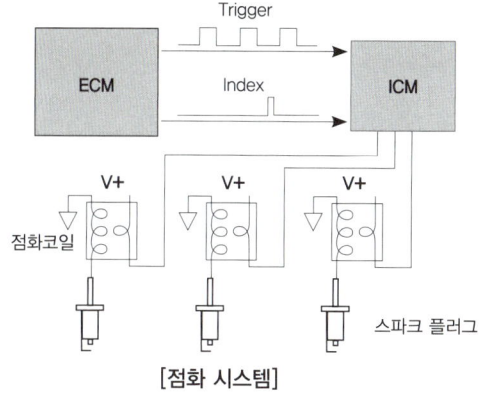

[점화 시스템]

SECTION 03 윤활 및 냉각장치

Key Factor
① 윤활유의 작용 : 감마, 냉각, 세척, 밀봉, 부식방지, 소음완화, 응력분산 작용
② 오일 여과방식 : 분류식, 전류식, 션트식
③ 수온 조절기(thermostat)는 왁스 펠릿형을 사용
④ 라디에이터 코어 막힘률 = $\dfrac{신품용량 - 구품용량}{신품용량} \times 100\%$

STEP 01 윤활장치

1. 윤활의 필요성

마찰면에 윤활유를 공급하면 기관의 작동을 원활히 하고 마멸을 최소로 하게 되며 이러한 장치를 윤활장치라고 한다.

1) 윤활유의 작용

① 감마 작용 : 유막을 형성하여 각 섭동 부분의 마찰 및 마멸을 방지한다.
② 냉각 작용 : 마찰로 인해 생긴 열을 흡수하여 냉각시킨다(공기나 냉각기로).
③ 세척 작용 : 먼지, 오물을 흡수하여 여과기로 보낸다.
④ 밀폐 작용 : 유막을 형성, 압축·폭발 가스 누설을 방지한다.
⑤ 부식 방지 작용 : 유막으로 녹이 스는 것과 부식을 방지한다.
⑥ 소음 완화 작용 : 오일 간격 등의 소음을 흡수한다.
⑦ 응력 분산 작용 : 국부적인 압력을 분산시켜 응력을 최소화시킨다.

> **참고 | 마찰 작용**
> • 경계 마찰 : 고체 표면에 단일 분자층부터 기체의 막이 부착된 경계 윤활의 마찰
> • 건조 마찰 : 고체 마찰이라고 할 수 있으며 깨끗한 고체 표면끼리의 마찰
> • 유체 마찰 : 고체 표면간에 충분한 유체막을 형성하여 그 유체막으로 하중을 지지하는 윤활에 의한 마찰

2) 윤활유의 구비 조건

① 인화점 및 발화점이 높을 것
② 점도와 온도의 관계가 좋을 것
③ 열전도가 양호할 것
④ 산화에 저항이 클 것
⑤ 카본 생성이 적을 것
⑥ 강인한 유막을 형성할 것
⑦ 비중이 적당할 것

2. 윤활유의 종류와 특성

1) 점도에 의한 분류

SAE(Society Automotive Engineers, 미국자동차기술협회) 분류를 일반적으로 쓰고 있다.

계절	겨울	봄가을	여름
SAE 번호	10~20	30	40~50

2) 사용 조건에 의한 분류

① API(American Petroleum Institute, 미국석유협회) 분류를 일반적으로 쓰고 있다.
② API 분류(사용조건의 분류) 및 SAE 신분류

구분	운전 조건	API 분류	SAE 신분류
가솔린 기관	양호한 조건	ML	SA
	일반적 조건	MM	SB
	가혹한 조건	MS	SC, SD
디젤 기관	양호한 조건	DG	CA
	일반적 조건	DM	CB, CC
	가혹한 조건	DS	CD

3) 점도 및 점도 지수

점도	오일의 끈적끈적한 정도를 나타내는 것 • 점도가 높으면 : 끈적끈적하여 유동성이 저하된다. • 점도가 낮으면 : 오일이 묽어 유동성이 좋다.
점도 지수	온도에 따른 점도 변화를 나타내는 수치 • 점도 지수가 크면 : 온도 변화에 따라 점도의 변화가 작다. • 점도 지수가 작으면 : 온도 변화에 따라 점도의 변화가 크다.

 • 유성 : 오일이 금속 마찰면에 유막을 형성하는 성질이다.
• 오일의 혼합 : 점도가 다른 두 종류를 혼합 사용하거나 제작사가 다른 오일은 혼합하지 말아야 한다.

3. 윤활 장치의 주요 구성 및 작용

1) 2행정 사이클의 윤활 방식

① 혼기 혼합식 : 기관 오일을 가솔린과 9~25:1의 비율로 미리 혼합하여, 크랭크 케이스 안에 흡입할 때와 실린더의 소기를 할 때 마찰 부분을 윤활한다.
② 분리 윤활식 : 주요 윤활 부분에 오일 펌프로 오일을 압송하는 형식이며 4사이클 기관의 압송식과 같다.

2) 4행정 사이클 기관의 윤활 방식

종류	설명
비산식	오일 펌프가 없고 커넥팅 로드의 베어링 캡에 오일 디퍼가 오일을 퍼올려서 뿌려준다.
압송식	오일 펌프로 각 윤활 부분에 공급시키며 최근에 많이 사용되고 있다.
비산 압송식	비산식과 압송식 방법을 함께 사용하는 것으로 오일 펌프, 오일 디퍼도 있다. • 펌프의 압송 : 크랭크 축 베어링, 캠 축 베어링, 로커암 축 등 • 비산 : 피스톤, 실린더 등

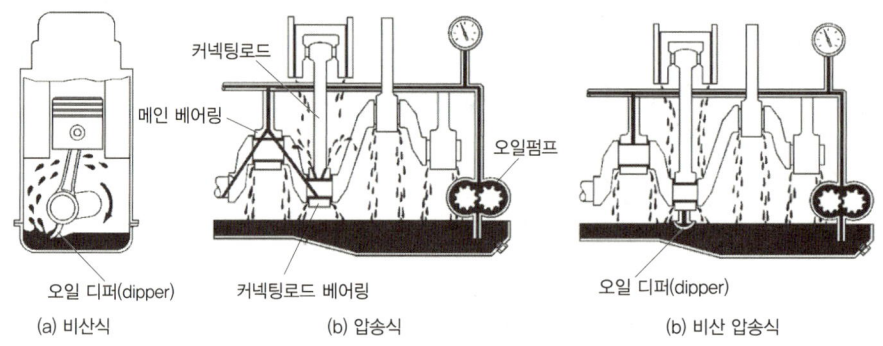

[4행정 사이클 기관의 윤활 방식]

3) 여과 방식

종류	설명
분류식	오일 펌프에서 나온 오일의 일부를 여과하고 나머지는 윤활부로 그냥 보낸다.
전류식	오일 펌프에서 나온 오일 전부가 여과기를 거쳐 여과된 다음 윤활부로 가게 된다.
션트식	펌프에 보내지는 오일의 일부만을 여과하지만 여과된 오일이 오일 팬으로 돌아오지 않고 윤활부에 공급된다.

4) 윤활기기의 작용

① 오일 팬 : 오일을 저장하며 섬프(Sump)가 있어 경사지에서도 오일이 고여 있다.
② 스트레이너 : 펌프로 들어가는 쪽에 여과망이 있다.
③ 오일 펌프
  ㉠ 기어 펌프 : 내접 기어형과 외접 기어형
  ㉡ 로터 펌프 : 이너 로터가 아웃 로터와 작동됨
  ㉢ 베인 펌프 : 편심 로터가 날개와 작동됨
  ㉣ 플런저 펌프 : 플런저가 캠 축에 의해 작동됨
④ 유압 조절 밸브 : 내부에 볼이나 플런저와 스프링으로 되어, 과도한 압력 상승과 유압 저하를 방지하여 일정하게 유지시킨다.

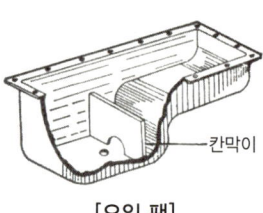

[오일 팬]

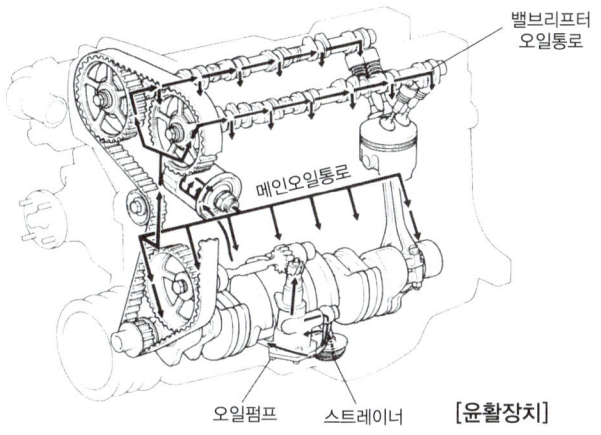

[윤활장치]

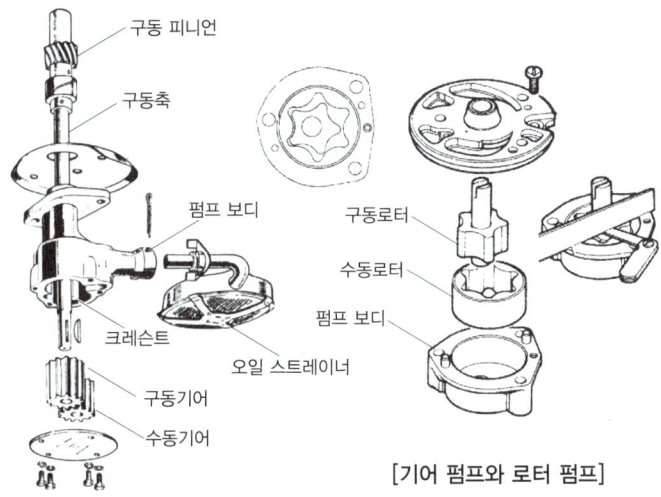

[기어 펌프와 로터 펌프]

4. 윤활계통의 점검

1) 유압의 이상

유압이 높아지는 원인	유압이 낮아지는 원인
• 유압 조절 밸브 고착 시 • 유압 조절 밸브 스프링의 장력이 클 때 • 고점도 오일을 주입시 • 베어링 간극이 적을 때	• 연료, 냉각수에 희석되어 점도가 낮을 때 • 압력 조절 밸브의 스프링의 장력이 약할 때 • 베어링의 오일 간극이 클 때 • 오일 통로에 공기가 유입 시 • 오일 펌프 마멸 시 • 오일 누출 또는 오일 부족 시

2) 엔진오일 오염 상태 판정

① 검정색에 가까운 경우 : 심하게 오염(불순물 오염)
② 붉은색에 가까운 경우 : 유연가솔린의 유입
③ 노란색에 가까운 경우 : 무연 가솔린의 유입
④ 회색에 가까운 경우 : 4에틸납 연소 생성물 혼합

⑤ 우유색에 가까운 경우 : 냉각수가 섞여 있음

3) 오일 점검
지면이 평탄한 곳에서 주차시키고 엔진을 정지시킨 다음 5~10분이 경과한 후 점검하며, 유량계(오일 게이지)를 빼내어 FULL에 표시되어 있으면 정상이다.

STEP 02 냉각장치

1. 냉각 장치의 분류

종류	설명
공랭식 냉각장치	① 자연 통풍식 : 냉각 팬이 없기 때문에 주행 중에 받는 공기로 냉각하며, 오토바이에 사용된다. ② 강제 통풍식 : 냉각 팬과 시라우드를 설치, 강제 냉각 방식으로 산업기계 등에 사용된다.
수냉식 냉각장치	① 자연 순환식 : 물의 대류작용으로 순환되는 방식 ② 강제 순환식 : 물 펌프로 강제 순환되는 방식 ③ 압력 순환식 : 냉각수를 가압하여 비등점을 높이는 방식 ④ 밀봉 압력식 : 냉각수 팽창 크기의 저장 탱크를 두는 방식

2. 냉각장치의 주요 구성 및 작용

1) 라디에이터

(1) 개요
① 실린더 헤드를 통하여 더워진 물이 라디에이터에서 대기와 열교환이 이루어진다.
② 실린더 헤드 물 재킷부의 냉각수 온도로서 82~95℃이다.
③ 라디에이터 상부와 하부의 유출입 온도 차이는 5~10℃이다.

(2) 라디에이터의 구비 조건
① 냉각수 흐름에 대한 저항이 적을 것
② 공기 저항이 적을 것
③ 가볍고 작을 것
④ 강도가 클 것
⑤ 단위 면적당 발열량이 많을 것

(3) 라디에이터 코어(Radiator Core)
① 막힘률이 20% 이상이면 교환한다.
② 청소시 세척제는 탄산소다, 중탄산 나트륨을 사용한다.

$$\text{라디에이터 코어 막힘률} = \frac{\text{신품주수량} - \text{구품수주량}}{\text{신품주수량}} \times 100\%$$

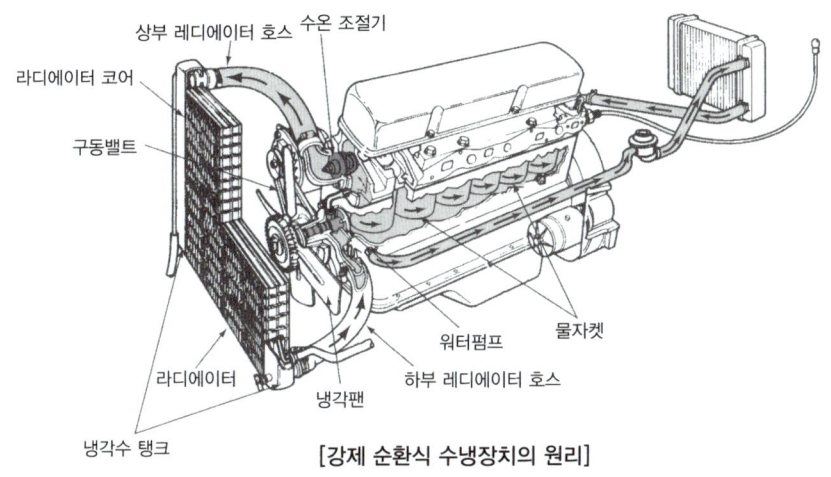

[강제 순환식 수냉장치의 원리]

(4) 라디에이터 캡의 작용
① 압력 밸브 : 물의 비등점을 올려서 물이 오버히트(Over Heat)되는 것을 방지한다. 라디에이터 내 압력에 따라 냉각수의 양을 조절한다.
② 진공 밸브 : 과냉시에 라디에이터 내의 부압에 의해 보조탱크 내의 냉각수가 라디에이터로 유입되어 튜브의 파손을 방지한다.
③ $0.2 \sim 0.9 \text{kg/cm}^2$ 정도 압력을 상승시킨다.
④ 비등점을 112~119℃ 정도로 높인다.

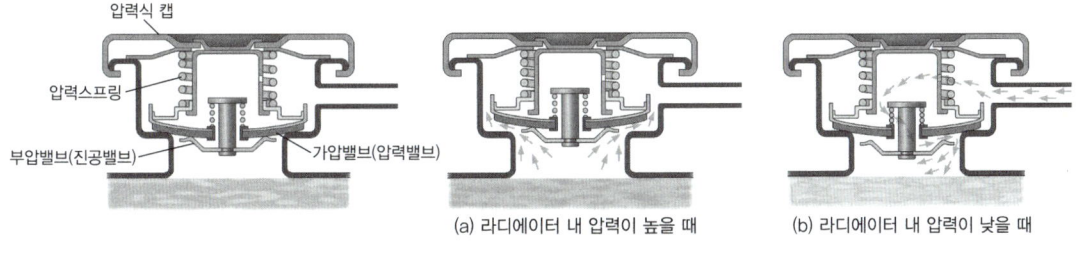

[압력식 캡의 구조와 작동]

2) 수온 조절기(Thermostat, 서모스탯)
① 실린더 헤드와 라디에이터 상부 사이에 설치되며 항상 냉각수의 온도를 일정하게 유지한다.
② 약 82℃ 정도에서 열리기 시작하여 85℃가 되면 완전히 열린다.
③ 펠릿형 : 냉각수의 온도에 의해서 왁스가 팽창하여 밸브가 열리며, 가장 많이 사용한다.
④ 벨로즈형 : 에틸이나 알코올이 냉각수의 온도에 의해서 팽창하여 밸브가 열린다.

3) 워터 펌프(Water Pump)
① 기어 펌프와 원심 펌프가 있으며, 크랭크축의 축의 1~1.5배의 회전수로 회전한다.
② 펌프의 효율은 압력에 비례하고, 냉각수 온도에 반비례한다.

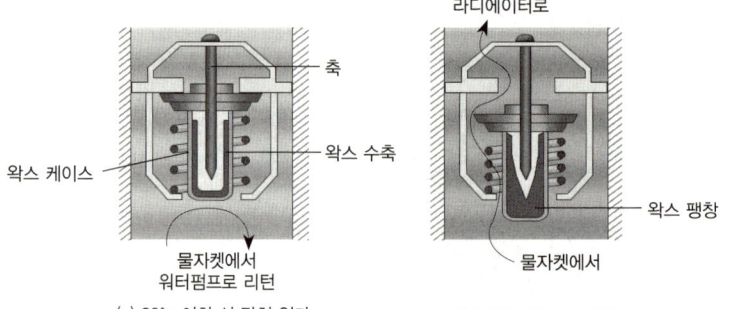

(a) 82℃ 이하 시 닫혀 있다.   (a) 82℃ 이상 시 열린다.

[수온 조절기의 원리]

4) 냉각 팬과 벨트
① 팬 벨트 : V 벨트로 접촉면의 각도는 40°이다.
② 팬 벨트의 장력 : 약 10kg의 힘으로 눌러 10mm 정도 들어가면 정상이다.
③ 유체 커플링 팬 : 실리콘 오일이 봉입되어 있으며, 고속 주행시 회전에 제한을 두어 소음과 소비마력을 감소시키고 내구성을 향상시킨다.
④ 전동팬 : 수온센서로 냉각수 온도(85℃)를 감지하여 작동한다.

3. 냉각수와 부동액

1) 부동액의 성질
① 물과 잘 혼합할 것
② 순환성이 좋을 것
③ 부식성이 없을 것
④ 휘발성이 없을 것

2) 에틸렌 글리콜의 성질
① 무취성으로 도료를 침식하지 않는다.
② 비점이 197℃ 정도로 증발성이 없다.
③ 불연성이다.
④ 응고점이 낮다(-50℃).
⑤ 금속을 부식하여 팽창계수가 큰 결점이 있다.
⑥ 기관 내부에 누출되면 침전물이 생겨 피스톤이 고착된다.

> **참고** 기관 과열/과냉 시 발생되는 현상
>
> | 기관 과열시 | 기관 과냉시 |
> |---|---|
> | • 윤활유의 연소로 인한 유막의 파괴
• 부품들의 열로 인한 변형
• 윤활유의 부족 현상
• 조기점화나 노킹으로 인한 출력 저하 | • 혼합기의 기화 불충분으로 출력 저하
• 연료 소비율 증대
• 오일이 희석되어 베어링부의 마멸이 커짐 |

SECTION 04 흡·배기장치

Key Factor
① 블로바이 가스 제어장치 : PCV 밸브, 브리더 호스
② 연료증발가스제어장치 : 캐니스터, PCSV
③ 배기가스 제어장치 : 산소(O_2) 센서, EGR 밸브, 촉매 컨버터
④ EGR율 = $\dfrac{\text{EGR가스량}}{\text{흡입공기량 + EGR가스량}} \times 100\%$

STEP 01 흡·배기 장치

1) 공기청정기
① 건식 공기청정기 : 건식 공기 청정기는 여과지나 여과포로 된 여과 엘리먼트를 사용한다.
② 습식 공기청정기 : 공기를 오일로 적셔진 금속 여과망의 엘리먼트에 통과시켜 여과된다.

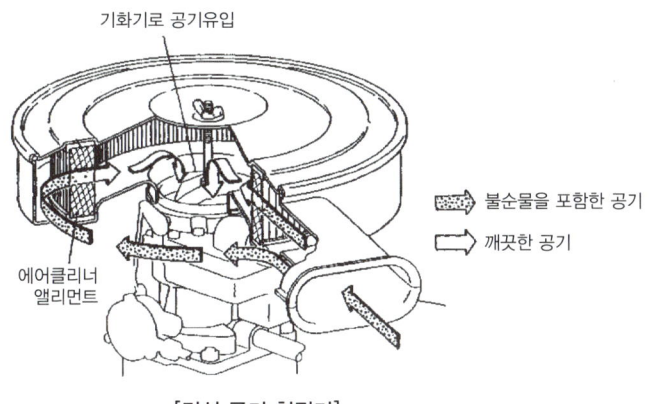

[건식 공기 청정기]

2) 흡기 다기관
① 공기나 혼합가스를 흡입하는 알루미늄이나 플라스틱으로 만든 관로이다.
② 내부 벽면에 돌기 부분이 없도록 하여야 혼합기가 축적되는 것을 막을 수 있다.

직렬 4실린더형 　 직렬 6실린더형 　 V-6형 　 V-8형
[흡기 다기관의 종류]

> **참고** 상태에 따른 배기가스 색
> - 정상 연소 : 무색 또는 담청색
> - 농후한 혼합비 : 검은 연기
> - 희박한 혼합비 : 볏짚색
> - 윤활유 연소 : 백색
> - 장비의 노후 연료의 질 불량 : 검은 연기
> - 노킹이 생길 때 : 황색에서 시작되어 검은 연기 발생

STEP 02 과급 장치

1. 터보차저

터보차저는 4행정 기관에서 실린더 내에 공기의 충전 효율을 증가시켜 주기 위해서 두고 있다.

① 배기 가스 압력에 의해 작동된다.
② 10,000~15,000rpm 정도의 속도로 고속 회전을 한다.
③ 기관 전체 중량은 10~15%가 무거워진다.
④ 기관의 출력은 35~45% 증대된다.

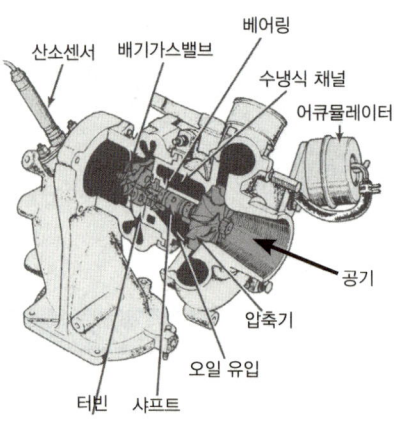

[터보차저]

2. 수퍼차저

2사이클 기관에 주로 사용되며 기관에 의해 벨트 또는 기어로 구동된다.

① 비교적 소형이고 가볍다.
② 송풍량이 많다.
③ 로터와 로터 사이, 로터와 하우징 사이에 적당한 간극이 있어 윤활유가 필요하지 않다.
④ 루트 블로어는 하우징 내부에 2개의 로터가 양단에 베어링으로 지지된다.

3. 인터쿨러

1) 공냉식 인터쿨러
  ① 주행중 흡입되는 공기로 과급 공기를 냉각한다.
  ② 구조는 간단하나 냉각 효율이 떨어진다.
  ③ 냉각 효율은 주행 속도에 비례한다.

2) 수냉식 인터 쿨러
  ① 전용의 라디에이터에 냉각수를 순환시켜 과급 공기를 냉각한다.
  ② 흡입 공기의 온도가 200℃ 이상인 경우에 80~90℃의 냉각수로 냉각시킨다.
  ③ 주행 중 받는 공기를 이용하여 공냉식을 겸하고 있다.
  ④ 구조가 복잡하나 저속에서도 냉각 효과가 좋다.

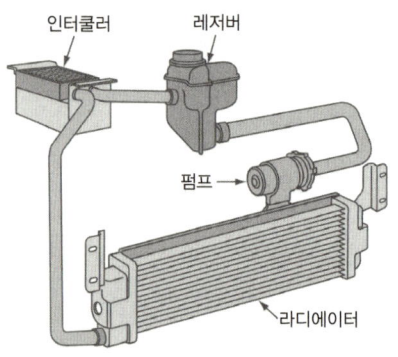

[공냉식 인터쿨러]

STEP 03 배출가스 저감장치

1. 블로바이가스 제어장치

블로바이 가스는 피스톤과 실린더 사이로부터 크랭크 케이스로 누출된 가스이다.

① PCV(Positive Crankcase Ventilation) 밸브 : 기관이 경·중부하일 때 연료증발가스를 밸브의 열림 정도에 따라 연소실로 유입시킨다.
② 브리더(breather) 호스 : 급가속 및 고부하시에는 연소실로 유입되어 연소시킨다.

2. 연료 증발 가스 제어장치

연료 탱크, 기화기 등의 연료 장치에서 연료가 증발하여 대기 중으로 방출되는 가스를 말한다. 연료 증발 가스의 주된 성분은 탄화수소(HC)이다.

① 캐니스터(charcoal canister) : 연료탱크, 기화기 등에서 증발된 가스를 일시 저장한다.
② PCSV(Purge Control Solenoid Valve) : 엔진이 작동되면 공전시 및 웜업(warm-up) 이외의 조건에서 ECU의 신호에 의하여 연료증발가스를 연소실로 유입시킨다.

3. 배기가스 제어장치

실린더에서 연소된 후 머플러(muffler)를 통하여 배출되는 가스로 3대 유해가스인 CO(일산화탄소), HC(탄화수소), NOx(질소산화물) 등이 배출된다.

① 산소 센서 : CO, HC, NOx는 혼합비에 영향에 따라 많이 배출되므로, 배기가스 중의 산소 농도에 따라 농후하면 0.9V, 희박하면 0.1V의 기전력을 발생시켜 혼합비를 이론 공연비인 14.7 : 1로 맞춘다.
② EGR(Exhaust Gas Recirculation) 밸브 : 혼합기가 이론 공연비에 가까워지면 CO, HC는 현저하게 줄어들고 연소온도가 높아져 NOx의 배출이 증가한다. 이를 제어하기 위하여 배출가스의 일부를 흡기 다기관으로 재순환시켜, 가능한 한 출력감소를 최소화하면서 최고 연소온도를 낮추어 NOx의 배출량을 감소시킨다.
③ 삼원 촉매장치(3-way catalytic convertor) : 삼원 촉매장치는 백금(Pt), 팔라듐(Pd), 로듐(Rh) 세가지 원소를 이용하여 유해 배기가스를 정화하며, 이론 공연비와 배기가스의 온도가 높을 때 정화율이 높다.

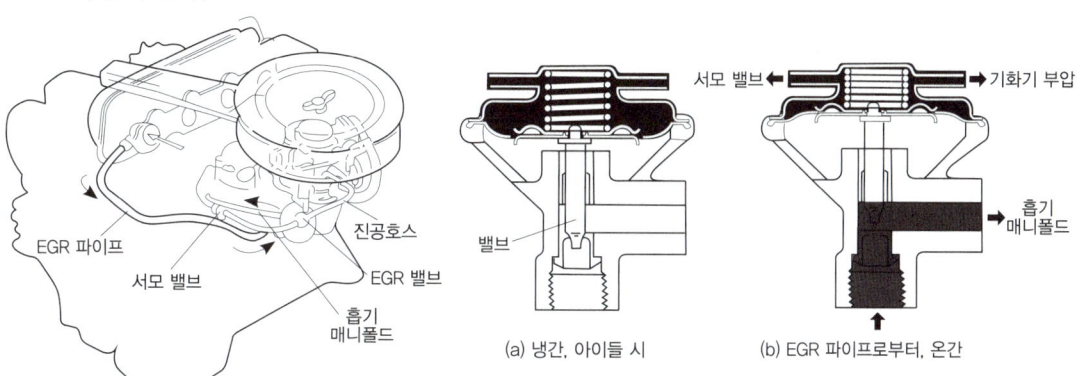

[배기가스 재순환장치]

4. 유해 배기가스와 발생량과의 관계

1) 일산화탄소의 발생 원인
① 가솔린의 성분은 탄소와 수소의 화합물로서 공기 공급이 제한된 실린더 내에서 연소할 때 발생된다.
② 농후한 혼합기가 공급되어 산소가 부족하여 불완전한 연소가 되는 경우에 발생한다.
③ 완전 연소될 때는 탄소는 이산화탄소로 변화되고 수소는 수증기로 변화되어 인체에 무해 가스가 된다.
④ 배출가스 중 배기가스가 차지하는 비율은 60%이다.

2) 탄화수소의 발생 원인
① 기관의 작동 온도가 낮을 때와 혼합비가 희박하여 실화 되는 경우에 발생된다.
② 급가속이나 급감속으로 인하여 혼합기가 완전 연소되지 않는 경우에 가솔린의 성분이 분해되거나 증발되어 발생된다.
③ 밸브 오버랩시 미연소 연료가 누출되어 발생한다.
④ 연소실내의 소염 경계층으로 인하여 발생한다.

3) 질소산화물의 발생 원인
① 질소와 산소의 화합물로 질소는 상온에서 다른 원소와 반응하지 않으나 연소실내의 온도가 2,000℃ 이상이 되면 반응성이 활발해져 발생량이 급증한다.
② 연소실의 온도가 상승하면 질소는 산소와 반응하여 $NO(N_2+O_2=2NO)$가 발생된다.
③ 대기로 배출되면 대기의 산소와 다시 반응하여 $NO_2(NO+O_2=2NO_2)$로 변화된다.

4) 혼합비(공연비)와의 관계
① 이론 혼합비보다 농후하면 CO와 HC는 증가되지만 NOx은 감소한다.
② 이론 혼합비에 가까워지면 NOx는 증가되지만 CO, HC는 감소한다.

5) 기관의 온도와의 관계
① 저온일 경우 CO와 HC는 증가되지만 NOx은 감소한다.
② 고온일 경우 NOx은 증가되지만 CO와 HC는 감소한다.

6) 운전 상태와의 관계
① 공회전할 때는 CO와 HC는 증가되지만 NOx은 감소한다.
② 가속할 때는 CO, HC, NOx 모두 증가된다.
③ 감속시에는 CO와 HC는 증가되지만 NOx은 감소한다.

7) EGR율

$$EGR율 = \frac{EGR\ 가스량}{흡입\ 공기량 + EGR\ 가스량} \times 100\%$$

SECTION 05 전자제어장치

Key Factor
① D-Jetronic(간접 계측방식), L-Jetronic(직접 계측방식)
② 동기분사, 그룹분사, 동시분사
③ 체크밸브의 3대 작용 : 연료의 잔압유지, 베이퍼록 방지, 재시동성 향상

STEP 01 기관 전자제어 시스템 분류

1. 인젝터 수에 따른 분류

① SPI(Single Point Injection) 방식 : 인젝터 1개를 스로틀 밸브 위에 설치하여 크랭크 축 1회전에 2회의 연료를 분사시킨다.
② MPI(Multi Point Injection) 방식 : 인젝터를 흡입 다기관에 각 1개씩 설치하고 흡입 밸브 앞에 연료를 분사하는 방식이며, SPI방식에 비해서 혼합기가 각 실린더에 균일하게 분배되고 기관의 출력이 향상된다.

2. 공기량 계량 방식에 따른 분류

방식	설명
직접계측방식	흡입다기관을 통해 들어가는 공기량을 직접 계측하는 방식 • 체적유량 검출방식 : 베인식, 칼만 와류식 • 질량유량 검출방식 : 핫 와이어식, 핫 필름식
간접계측방식	흡기다기관의 절대압력으로 공기량을 계측하는 방식 • MAP센서 방식(Manifold Absolute Pressure sensor type)

3. 제어시스템에 따른 분류

1) K-Jetronic

흡입 공기량을 센서 플랩으로 검출하여 제어 플런저의 행정을 센서 플랩과 연동하는 레버에 의해서 분사량을 조절하는 기계식이다.

(1) 어큐뮬레이터(Accumulator)
① 연료 펌프의 맥동과 소음을 감소시킨다.
② 기관이 정지시 연료 라인에 잔압을 유지시키고, 기관의 재시동성을 향상시킨다.
③ 연료 라인의 베이퍼 록 현상을 방지한다.

(2) 연료 압력 조절기
① 연료의 압력을 일정하게 유지시킨다.
② 기관이 정지하면 연료의 압력을 낮추어 연료가 분사되는 것을 방지한다.

(3) 연료 분배기
① 플런저 배럴 : 안쪽면에 조절 플런저가 설치되어 연료량을 조절하여 인젝터에 분배한다.
② 제어 플런저 : 조절 플런저의 행정을 변화시키면 연료의 분사량이 변화된다.
③ 디퍼렌셜 밸브 : 공급측과 송출측 압력차를 항상 $0.102 kg/cm^2$으로 유지한다.

(4) 인젝터
① 분사 개시 압력은 $3.37 kgf/cm^2$이다.
② 니들 밸브의 진동에 의해서 무화가 이루어진다.

(5) 시동 인젝터
① 냉각수 온도가 40℃까지는 연료를 추가 분사, 냉간 운전 상태가 안정되도록 한다.
② 기관의 온도에 의해서 작동되는 온도-시간 스위치에 의해 제어된다.

(6) 온도-시간 스위치
냉각수 온도와 바이메탈에 의해 시동 인젝터를 제어한다.

(7) 웜업 조정기
① 부분 부하시 : 플런저의 행정이 작아져 실린더에 희박한 혼합기가 공급된다.
② 전부하시 : 인젝터에 공급되는 연료가 증가되어 농후한 혼합기가 공급된다.

(8) 공기 밸브
냉간 시동 또는 워밍업이 완료될 때까지 바이패스 통로를 통해 공기를 추가로 공급한다.

(9) 연료 공급 차단 밸브
관성 운전 또는 기관 브레이크를 사용할 때 일시적으로 연료를 차단한다.

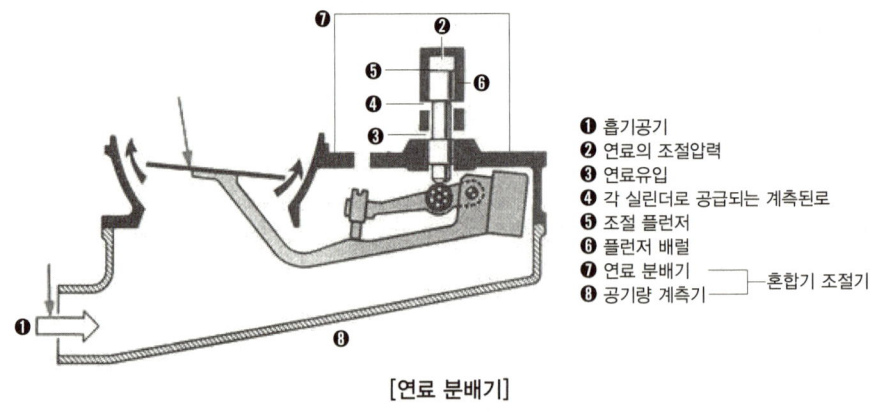

[연료 분배기]

2) D - 제트로닉
흡입 다기관의 절대 압력 또는 스로틀 밸브의 열림량과 기관의 회전 속도로부터 공기량을 간접으로 계량하는 방식이다.

(1) MAP(Manifold Absuolute Pressure) 센서
① 흡기 다기관의 진공에 따라 흡입 공기량을 간접적으로 검출하는 센서이다.
② 기관의 연료 분사량 및 점화 시기를 조절하는 정보로 이용된다.

(2) 냉각수온도 센서(WTS)
① 냉각수 온도에 따른 연료 분사량을 보정한다.
② 부특성 서미스터를 사용한다.

(3) 흡기 온도 센서(ATS)
① 흡입되는 공기의 온도를 검출하여 연료 분사량을 보정한다.
② 부특성 서미스터를 사용한다.

(4) 스로틀 위치 센서(TPS)
스로틀 밸브의 열림량에 따른 연료 분사량을 조절한다.

(5) 공기 밸브
한냉시 웜업시에 열려 흡입 공기를 추가로 공급하여 기관의 공전상태를 안정시킨다.

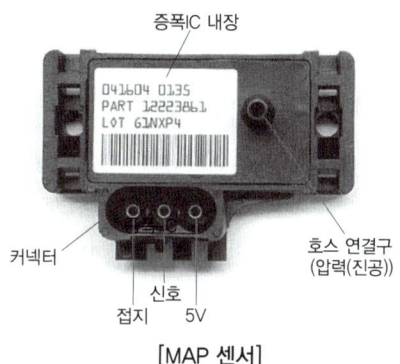

[MAP 센서]

3) L - 제트로닉

에어플로우 센서로 공기량을 체적 유량 및 질량 유량으로 검출하는 직접 계량 방식으로 칼만 와류방식, 베인식, 핫 와이어식과 핫 필름식 등이 있다.

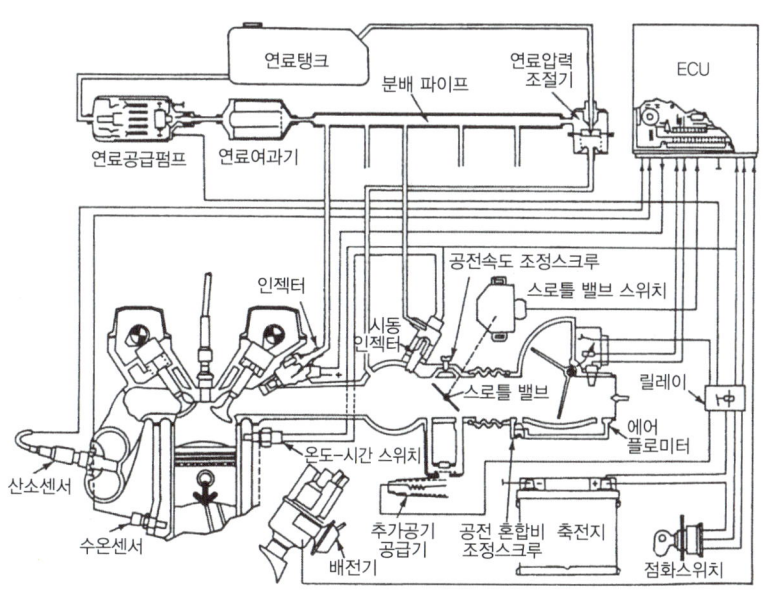

[L-제트로닉]

STEP 02 기관 전자제어 센서

방식	설명
베인(에어플로미터)식	베인의 열림량을 포텐셔 미터에 의하여 전압비로 검출하는 방식이다.
칼만 와류식	칼만 와류를 초음파로 계측하여 흡입 공기량을 계산한다.
핫 와이어(열선)식	흡입통로에 열선식 발열체를 설치하고 전기적으로 가열하면 공기의 유입량에 따라 전류 소비가 변화하는 작용을 이용하여 흡입 공기량을 계측한다.
대기압 센서(BPS)	스트레인 게이지의 저항값이 압력에 비례하여 변화하는 것을 이용하여 전압으로 변환시키는 반도체 피에조 저항형 센서이다. ECU는 고도에 따른 연료의 분사량 및 점화 시기를 조절한다.
흡기온도 센서(ATS)	실린더로 흡입되는 공기의 온도를 검출하여 연료를 보정한다.
모터 위치 센서(MPS)	전 조절 서보 모터의 위치를 검출하여 ECU로 입력시키는 역할을 한다.
공전 위치 스위치(IPS)	엔진이 공회전 상태임을 검출하여 ECU로 입력시킨다.
스로틀 위치 센서(TPS)	스로틀 밸브의 열림량을 전압으로 검출하여 기관의 감속 및 가속에 따른 연료 분사량을 제어한다.
수온 센서(WTS, CTS)	냉각수 온도를 검출하여 분사량을 적절하게 유지시킨다.
TDC 센서	4실린더 기관은 1번 실린더의 상사점, 6실린더 기관은 1번, 3번, 5번 실린더의 상사점을 검출하여 ECU로 입력시키는 역할을 한다.
크랭크각 센서(CAS)	크랭크 축의 회전수와 크랭크 축의 위치를 검출하여 연료 분사 시기와 점화 시기를 결정한다.
산소 센서	배기 가스 중에 산소 농도를 검출하여 피드 백의 기준신호를 ECU로 입력한다. 혼합기가 농후하면 약 0.9V, 희박하면 0.1V 정도의 기전력이 발생된다.
차속 센서	속도계 케이블 1회전당 4회의 신호가 발생되고, 이 신호를 ECU에 입력시키는 역할을 한다.
노킹 센서	노킹(Knocking) 발생 시 고주파 진동을 전기 신호로 변환하여 ECU에 입력한다. 노킹이 발생되면 점화 시기를 늦추어 기관을 정상적으로 작동시킨다.

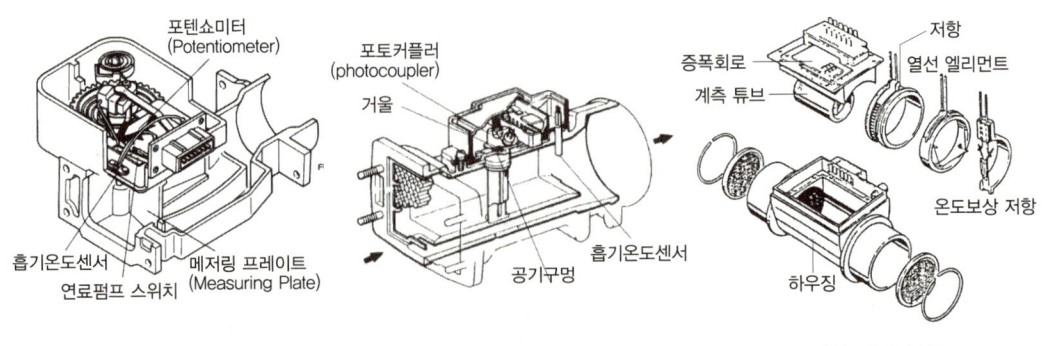

[베인식]   [칼만 와류식]   [핫 와이어식]

STEP 03 전자제어 연료분사장치의 주요 구성품

1. 전자제어 액추에이터

1) 연료 펌프(Fuel Pump)
① 체크밸브 : 연료 라인의 잔압 유지, 베이퍼 록 방지, 재시동성을 향상시킨다.
② 릴리프 밸브 : 연료 압력이 규정 이상으로 상승시 연료를 리턴시키는 안전밸브이다.

2) 연료 압력 조절기
① 흡입 다기관 내의 부압과 연료 압력의 차를 항상 일정하게 유지시키는 역할을 한다.
② 공전시 흡기다기관의 진공이 높아져 공급 압력이 낮아진다.

3) 연료 분배 파이프
공급되는 연료를 저장하여 맥동적인 압력의 변화를 방지한다.

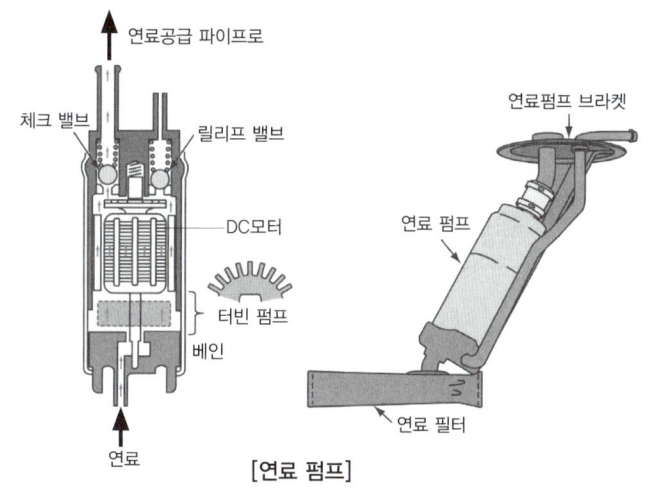
[연료 펌프]

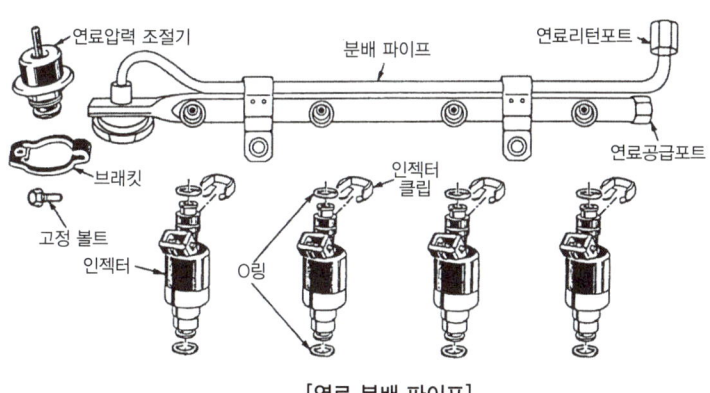
[연료 분배 파이프]

4) 인젝터(injector)
① ECU의 제어 신호에 의해 연료를 흡입 밸브 앞쪽에 분사시키는 작용을 한다.
② 연료의 분사량은 솔레노이드 코일에 전류가 통전되는 시간에 비례한다.

5) 컨트롤 릴레이(Control Relay)

축전지 전원을 컴퓨터, 연료 펌프, 인젝터, 공기 흐름 센서 등

6) 공전속도조절 서보(ISC-Servo)

모터와 웜기어로 스로틀 밸브의 열림량을 조절하여 공전 속도를 조정한다.

[공전속도조절 서보]

2. 컴퓨터(E.C.U.)

1) 점화 시기 제어 : 파워 트랜지스터의 베이스로 제어 신호를 보내어 제어한다.
2) 연료 펌프 제어 : 기관의 회전수가 50rpm 이상일 때 제어 신호가 공급된다.
3) 연료 분사량 제어 : 흡입 공기량과 기관 회전수에 따라서 결정된다.

3. 연료 분사 시기 제어

1) 동기 분사(독립분사, 순차분사)

① TDC센서의 신호로 분사 순서를 결정하고, 크랭크각 센서의 신호로 점화 시기를 조절한다.

② 크랭크 축이 2회전할 때마다 점화 순서에 의하여 배기 행정시에 연료를 분사시킨다.

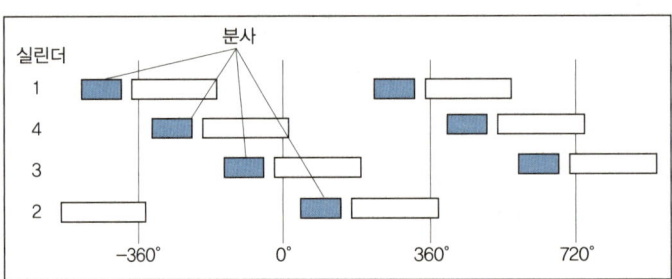

[동기 분사]

2) 그룹 분사

① 인젝터 수의 ½씩 짝을 지어 분사시키는 방식이다.
② 연료 분사를 2개 그룹으로 나누어 시스템을 단순화시킬 수 있다.

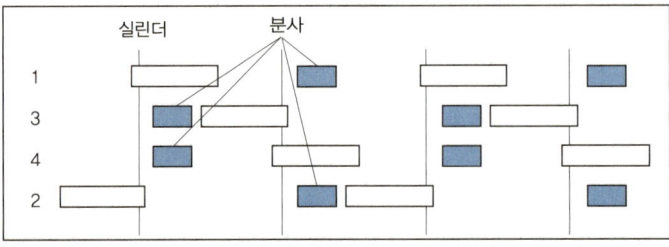

[그룹 분사]

3) 동시 분사

① 모든 인젝터에 연료 분사 신호를 동시에 공급하여 연료를 분사시키는 방식이다.
② 냉각수온 센서, 흡기온도, 스로틀 위치 센서 등 각종 센서에 의해 제어된다.
③ 1사이클 당 2회씩(크랭크 축 1회전당 1회씩 분사) 연료를 분사시킨다.

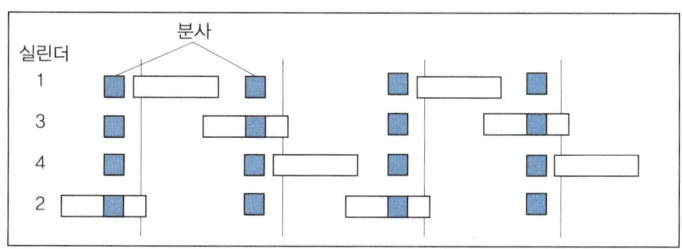

[동시 분사]

4. 피드백 제어

1) 산소 센서

산소 센서의 출력이 낮으면 혼합비가 희박하므로 분사량을 증량시키고, 산소 센서의 출력이 높으면 혼합비가 농후하므로 분사량을 감량시킨다.

2) 피드백 제어 정지 조건

① 기관을 시동 할 때
② 기관 시동 후 분사량을 증량시킬 때
③ 기관의 출력을 증가시킬 때
④ 연료 공급을 차단할 때
⑤ 냉각수 온도가 낮을 때

STEP 04 친환경 제어시스템

1. OBD 규제

대기오염을 방지하고자 배출가스 제어장치에 고장이 있는 경우, 운전자에게 경고등으로 알려주고 정비공장에 입고시켜 고장을 수리 받도록 하는 법규를 제정했다. 이 경우 고장 부품과 고장 내용에 따라서 고장 코드(DTC : Diagnostics Trouble Code)를 정해서, 고장에 따라서 DTC가 컴퓨터에 기록되도록 되어 있다. 이 판단을 행하는 기능을 자동차 컴퓨터(ECU)가 하도록 한 것이 OBD(On Board Diagnosis)이다.

2. OBD-II 시스템의 주요 기능

1) 실화 감지

엔진에서 실화가 발생하면 HC가 증가하고, 촉매도 손상을 입으므로 실화율이 일정 이상이 되면 경고 등을 점등한다. 실화감지는 크랭크샤프트 각속도를 측정하여 그 변화율을 실화 여부와 해당 기통을 판정한다.

2) 촉매성능 감지

촉매의 앞, 뒤에 산소센서를 장착하여 촉매 정화효율이 규제치의 1.5배를 넘으면 점등한다. 진단 원리는 촉매 앞쪽 센서에서 나오는 출력전압의 진폭은 배기가스가 정화되지 않았기 때문에 크고, 뒤쪽 센서의 진폭은 작으므로 그 진폭비를 비교하여 이상여부를 판정한다.

3) 증발가스 제어장치 감지

연료 탱크나 캐니스터에서 연료 증발가스가 누설되면 점등한다. 이를 위해 캐니스터 퍼지밸브의 작동상태와 증발가스 장치의 누설을 감지한다.

4) 연료장치 감지

연료장치의 이상으로 산소센서의 공연비 피드백 작용이 불량하면 촉매 정화효율이 떨어지므로 이를 감지한다.

5) 산소센서 감지

촉매 전, 후에 설치되는 2개의 산소센서의 기능 이상을 출력전압의 크기를 비교하여 판정한다.

6) EGR가스 제어장치 감지

EGR이 고장나면 NOx가 증가하므로 EGR 정상작동 여부를 측정한다. 진단은 EGR이 작동하면 흡기관내 압력이 상승하므로, 이곳에 압력센서를 설치하여 판정한다.

제03장_ 자동차 기관
출제예상문제
CHECK POINT QUESTION

[1. 기관본체]

01 내연기관에서 오버스퀘어 기관(over square engine)의 장점이 아닌 것은?
① 기관의 높이를 낮게 설계할 수 있다.
② 기관의 회전속도를 높일 수 있다.
③ 흡·배기 밸브의 지름을 크게 하여 효율을 증대할 수 있다.
④ 피스톤이 과열되지 않는다.

🔍 오버스퀘어(단행정) 기관의 장단점
- 피스톤 평균속도를 높이지 않고 기관 회전수를 높일 수 있어 출력을 크게 할 수 있다.
- 흡배기 밸브의 지름을 크게 할 수 있어 체적효율을 높일 수 있다.
- 내경에 비해 행정이 작으므로 기관의 높이를 낮게 할 수 있다.
- 내경이 커서 피스톤이 과열되기 쉽고 베어링 하중이 증가한다.
- 기관의 높이는 낮아지나 길이가 길어진다.

02 흡·배기 밸브가 실린더 헤드에 있고 캠축도 헤드에 설치된 기관은?
① L형 기관　　② I형 기관
③ T형 기관　　④ OHC 기관

🔍 OHC(Over Head Cam shaft) 기관이란 캠축과 밸브 모두가 실린더 헤드 위에 설치된 기관을 말한다.

03 실린더 헤드를 떼어낼 때 볼트를 바르게 푸는 방법은?
① 중앙에서 바깥을 향하여 대각선으로 푼다.
② 풀기 쉬운 곳부터 푼다.
③ 바깥에서 안쪽으로 향하여 대각선으로 푼다.
④ 실린더 보어를 먼저 제거하고 실린더 헤드를 떼어낸다.

🔍 실린더 헤드를 조일 때는 안쪽에서부터 바깥쪽으로, 떼어낼 때는 반대로 바깥쪽에서 안쪽으로 대각선으로 푼다.

04 밸브 스템의 끝부분 면은 어떤 형상으로 다듬어져야 하는가?
① 평면　　② 오목
③ 볼록　　④ 원추

🔍 밸브 끝부분은 평면으로 다듬어져야 한다.

05 실린더 헤드 볼트를 풀 때 순서로 올바른 것은?
① 왼쪽에서부터 오른쪽 또는 오른쪽부터 왼쪽으로
② 가운데에서 바깥쪽으로
③ 순서에 무관하다.
④ 바깥쪽에서 가운데 쪽으로

06 밸브스프링의 직각도는 자유높이 100mm에 대하여 몇 mm 이내이면 사용 가능한가?
① 3mm　　② 5mm
③ 10mm　　④ 15mm

🔍 밸브스프링의 직각도는 자유 높이의 3% 이내이므로 100×0.03=3mm

07 밸브 스프링 서징 현상을 방지하는 방법으로 틀린 것은?
① 밸브 스프링 고유 진동수를 높인다.
② 부등 피치 스프링이나 원추형 스프링을 사용한다.
③ 피치가 서로 다른 이중 스프링을 사용한다.
④ 사용 중인 스프링보다 피치가 더 큰 스프링을 사용한다.

🔍 밸브스프링 서징현상 방지법
- 2중 스프링, 부등피치 스프링, 원뿔형 스프링을 사용한다.
- 스프링 정수를 크게 한다.
- 스프링의 고유 진동수를 높게 한다.

정답 [1. 기관본체] 01 ④　02 ④　03 ③　04 ①　05 ④　06 ①　07 ④

08 기관에서 밸브시트의 침하로 인한 현상이 아닌 것은?

① 밸브 스프링의 장력이 커짐
② 가스의 저항이 커짐
③ 밸브 닫힘이 완전하지 못함
④ 블로우바이 현상이 일어남

🔍 밸브 시트가 침하하면 밸브 스프링이 늘어나게 되어 장력이 약화된다.

09 피스톤 링의 3대 작용에 해당되지 않는 것은?

① 기밀유지 작용　② 오일제어 작용
③ 열전도 작용　　④ 오일청정 작용

🔍 피스톤 링의 3대 작용
기밀유지 작용, 열 전도 작용, 오일제어 작용

10 피스톤링 1개의 마찰력이 0.25kgf인 경우 4실린더 기관에서 피스톤 1개당 링의 수가 4개라면 손실마력은? (단, 피스톤의 평균속도는 12m/s이다.)

① 0.64PS　　② 0.8PS
③ 1PS　　　④ 1.2PS

🔍 손실마력 = $\dfrac{Fv}{75}$,
F : 링의 총 마찰력(kgf), v : 피스톤 평균속도(m/s)
∴ 손실마력 = $\dfrac{0.25 \times 4 \times 4 \times 12}{75}$ = 0.64ps

11 행정별 피스톤 압축 링의 호흡작용에 대한 내용으로 틀린 것은?

① 흡입 : 피스톤의 홈과 링의 윗면이 접촉하여 홈에 있는 소량의 오일의 침입을 막는다.
② 압축 : 피스톤이 상승하면 링은 아래로 밀리게 되어 위로부터의 혼합기가 아래로 새지 않게 한다.
③ 동력 : 피스톤의 홈과 링의 윗면이 접촉하여 링의 윗면으로부터의 연소가스가 아래로 새지 않게 한다.
④ 배기 : 피스톤이 상승하면 링은 아래로 밀리게 되어 위로부터의 연소가스가 아래로 새지 않게 한다.

🔍 동력행정의 경우 폭발압력에 의해 피스톤 링이 아랫면과 접촉한다.

12 피스톤 링이 구비하여야 할 조건이 아닌 것은?

① 내열성과 내마모성이 좋을 것
② 실린더 벽에 대하여 균일한 압력을 줄 것
③ 마찰력이 적어 실린더 벽을 마멸시키지 않을 것
④ 고온 고압에 대하여 장력의 변화가 클 것

🔍 피스톤 링의 구비조건
  • 열 팽창률이 적을 것
  • 내열성과 내마모성이 좋을 것
  • 실린더 벽에 균일한 압력을 가할 것
  • 피스톤 링 자체나 실린더 마멸이 적을 것
  • 고온에서도 탄성을 유지할 것

13 피스톤 핀의 고정 방법에 속하지 않는 것은?

① 고정식　　② 반부동식
③ 전부동식　④ 3/4부동식

🔍 피스톤 핀 고정방법 : 고정식, 반부동식, 전부동식

14 피스톤링을 교환하고 시운전을 하는 도중 피스톤링의 소결이 일어났다면 그 원인은 어느 것인가?

① 피스톤링 이음이 전부 일직선상에 있었다.
② 피스톤링 홈의 깊이가 너무 깊었다.
③ 피스톤링 이음의 간극이 너무 작았다.
④ 피스톤링 이음의 간극이 너무 컸다.

🔍 소결(燒結)이란 링 이음 간극이 너무 적어 타서 붙은 것을 말한다.

15 피스톤 핀의 고정방법이 아닌 것은?

① 반부동식　② 고정식
③ 전류식　　④ 전부동식

16 피스톤의 측압과 관계없는 것은?

① 커넥팅로드의 길이의 행정
② 피스톤 무게와 행정수
③ 배기량과 실린더 직경
④ 혼합비와 기통수

🔍 측압(thrust)이란 피스톤의 상하운동에 의해 실린더 벽을 두드리는 현상으로 동력행정에서 가장 크며, 커넥팅로드의 길이와 행정, 피스톤의 무게, 배기량 등에 관계한다.

정답　08 ①　09 ④　10 ①　11 ③　12 ④　13 ④　14 ③　15 ③　16 ④

17 피스톤에 옵셋(off-set)을 두는 이유로 가장 올바른 것은?

① 피스톤의 틈새를 크게 하기 위하여
② 피스톤의 마멸을 방지하기 위하여
③ 피스톤의 측압을 작게 하기 위하여
④ 피스톤 스커트부에 열전달을 방지하기 위하여

🔍 피스톤을 옵셋시키는 이유는 측압을 방지하기 위해 둔다.

18 실린더 내의 마멸은 어느 곳이 제일 적은가

① 상사점
② 하사점
③ 상사점과 하사점의 중간
④ 실린더의 하단부

🔍 하단부는 피스톤이 닿지 않으므로 마멸이 없다.

19 실린더 상부의 마모가 가장 크다. 그 이유 설명으로 가장 타당한 것은?

① 크랭크축의 회전방향이기 때문이다.
② 피스톤 헤드가 받는 압력이 가장 크므로 피스톤 링과 실린더 벽과의 밀착력이 최대가 되기 때문이다.
③ 피스톤의 열전도가 잘되기 때문이다.
④ 크랭크축이 순간적으로 정지되기 때문이다.

🔍 동력행정에서 최대의 폭발압력에 의해 실린더 벽과의 밀착이 최대가 되기 때문이다.

20 실린더와 피스톤의 간극이 과대시 발생하는 현상이 아닌 것은?

① 압축압력의 저하
② 오일의 희석
③ 피스톤의 과열
④ 백색 배기가스 발생

🔍 피스톤 간극이 클 때 나타나는 현상
• 압축압력의 저하 • 오일이 희석
• 오일이 연소 • 백색 배기가스가 발생

21 실린더 블록이나 헤드의 평면도 측정에 알맞은 게이지는?

① 마이크로미터
② 다이얼 게이지
③ 버니어 캘리퍼스
④ 직각자와 필러 게이지

🔍 평면도 검사는 직각자와 필러 게이지(시크니스 게이지)로 측정한다.

22 자동차 기관의 실린더 벽 마모량 측정기기로 사용할 수 없는 것은?

① 실린더보어 게이지
② 내측마이크로미터
③ 텔레스코핑 게이지와 외측 마이크로미터
④ 사인바 게이지

🔍 사인바 게이지는 각도를 측정하는 게이지이다.

23 베어링이 하우징 내에서 움직이지 않게 하기 위하여 베어링의 바깥 둘레를 하우징의 둘레보다 조금 크게 하여 차이를 두는 것은?

① 베어링 크러시
② 베어링 스프레드
③ 베어링 돌기
④ 베어링 어셈블리

🔍 베어링 크러시란 베어링 바깥둘레를 하우징 둘레보다 약간 크게 둔 것으로 볼트로 조였을 때 압착시켜 베어링 면의 열전도율을 향상시킨다.

24 4행정 기관에서 크랭크축이 1,500rpm일 때 캠축은 몇 rpm인가?

① 750rpm
② 1,500rpm
③ 3,000rpm
④ 4,500rpm

🔍 크랭크축 2회전에 캠축은 1회전한다.

25 다음 중 크랭크 축의 구조에 대한 명칭이 아닌 것은?

① 핀 저널
② 크랭크 암
③ 메인 저널
④ 플라이 휠

🔍 크랭크 축의 구조 명칭
메인 저널, 핀 저널, 크랭크 암, 평형추

정답 17 ③ 18 ④ 19 ② 20 ③ 21 ④ 22 ④ 23 ① 24 ① 25 ④

26 크랭크축이 회전 중 받는 힘이 아닌 것은?

① 전단(shearing)　② 비틀림(torsion)
③ 휨(bending)　④ 관통력(penetration)

> 크랭크 축은 엔진 작동 중 폭발압력에 의해 휨, 비틀림, 전단력 등을 받으며 회전한다.

27 크랭크핀과 축받이의 간극이 커졌을 때 일어나는 현상이 아닌 것은?

① 운전 중 심한 타음이 발생할 수 있다.
② 흑색 연기를 뿜는다.
③ 윤활유 소비량이 많다.
④ 유압이 낮아질 수 있다.

> 오일간극이 커지면 크랭크 축과의 충격이 커져 운전 중 타음이 발생되며 오일의 소비량이 많아지고, 유압이 낮아지며 실린더 벽에 오일이 뿌려져 연소실에 유입되어 연소하므로 백색연기가 발생한다.

28 4행정 4기통 가솔린기관에서 점화순서가 1-3-4-2일 때 1번 실린더가 흡입행정을 한다면 다음 중 맞는 것은?

① 3번 실린더는 압축행정을 한다.
② 4번 실린더는 동력행정을 한다.
③ 2번 실린더는 흡기행정을 한다.
④ 2번 실린더는 배기행정을 한다.

> **4실린더인 경우 행정 찾는 두 가지 방법**
> • 점화순서(1-3-4-2)의 반대로 행정을 적으면 된다. 즉, 1번이 흡입이므로 2번은 압축, 4번은 동력, 3번은 배기행정이다.
> • 크랭크 핀 저널의 움직임으로 찾는다. 상사점에서 하사점으로 내려오는 행정은 흡기행정과 폭발행정, 하사점에서 상사점으로 올라가는 행정은 압축행정과 배기행정이다. 또한 1번과 4번, 2번과 3번 크랭크 핀은 같이 움직이므로 1번이 흡기행정이면 4번은 당연히 동력행정이다. 또한 점화순서가 1-3-4-2이므로 4번 동력행정 다음에 2번 실린더가 동력행정을 하여야 하므로 현재 2번 실린더는 압축행정을 하고 있고, 따라서 올라가는 남은 행정은 배기행정 뿐이므로 나머지 3번 실린더가 배기행정에 해당된다.

29 4행정 4실린더 기관의 점화순서가 1-3-4-2일 경우, 1번 실린더가 압축행정을 할 때 3번 실린더는 어떤 행정을 하는가?

① 흡기행정　② 압축행정
③ 배기행정　④ 폭발행정

> 점화순서의 반대로 행정을 적으면 된다. 즉, 1번이 압축이므로 2번은 동력, 4번은 배기, 3번은 흡기행정이다.

30 4행정 4기통 기관에서 점화순서가 1-3-4-2 인데 2번 실린더가 배기행정을 하고 있다. 이 때 3번 실린더는 어떤 행정을 하고 있는가?

① 흡입 행정　② 압축 행정
③ 동력 행정　④ 배기행정

> 1번과 4번, 2번과 3번 크랭크 핀은 같이 움직이므로 2번이 배기행정이면 3번은 당연히 압축행정이다.

31 4행정 사이클 6기통 좌수식 크랭크 축(left hand crank shaft)일 때 점화순서로 가장 적절한 것은?

① 1-5-3-6-2-4　② 1-2-3-6-5-4
③ 1-4-2-6-3-5　④ 1-5-6-2-3-4

> 우수식 점화순서 : 1-5-3-6-2-4
> 좌수식 점화순서 : 1-4-2-6-3-5

32 4행정 6기통 자동차 기관에서 폭발순서가 1-5-3-6-2-4인 엔진의 2번 실린더가 흡기행정 중이라면 5번 실린더는 무슨 행정을 하는가?

① 폭발행정 중　② 배기행정 초
③ 흡기행정 중　④ 압축행정 말

> 상사점에서 하사점으로 내려오는 행정은 흡기행정과 폭발행정, 하사점에서 상사점으로 올라가는 행정은 압축행정과 배기행정이다. 또한 1번과 6번, 2번과 5번, 3번과 4번 크랭크 핀은 같이 움직이므로 2번이 흡기행정이면 5번은 당연히 폭발행정이다.

33 1-5-3-6-2-4 폭발순서에서 3번이 폭발행정 시에 120° 회전시켰다. 4번은 무슨 행정을 하는가?

① 압축 행정　② 폭발 행정
③ 흡입 행정　④ 배기 행정

> 3번이 폭발행정 시 4번은 흡입행정이었다. 이것을 120° 회전시켰으므로 4번은 흡입행정을 끝내고 다음 행정인 압축행정을 한다.

정답 26 ④　27 ②　28 ③　29 ①　30 ②　31 ③　32 ①　33 ①

34 4행정 6실린더 기관의 제 3번 실린더 흡기 및 배기 밸브가 모두 열려 있을 경우 크랭크축을 회전 방향으로 120° 회전시켰다면 압축 상사점에 가장 가까운 상태에 있는 실린더는? (단, 점화순서는 1-5-3-6-2-4)

① 1번 실린더 ② 2번 실린더
③ 4번 실린더 ④ 6번 실린더

🔍 3번 실린더가 오버랩(흡기행정)이므로 4번 실린더는 동력행정이다. 또한 압축상사점에 가깝다는 것은 곧 동력행정을 한다는 의미이다. 이 때 120° 회전시켰으므로 4번 실린더 다음의 동력행정은 점화순서에 따라 1번 실린더가 동력행정이 된다.

35 밸브개폐시기 선도에서 밸브 오버랩(valve overlap)이란?

① 흡기 밸브만 열려있는 기간
② 배기 밸브만 열려있는 기간
③ 배기 밸브와 흡기 밸브가 동시에 열려 있는 기간
④ 배기 밸브와 흡기 밸브가 동시에 닫혀 있는 기간

🔍 밸브 오버랩이란 흡·배기밸브가 상사점 부근에서 동시에 열려 있는 기간을 말한다.

36 4행정 기관의 밸브 개폐시기가 다음과 같다. 흡기행정 기간과 밸브오버랩은 각각 몇 도인가? (단, 흡기밸브 열림 : 상사점 전 18°, 흡기밸브 닫힘 : 하사점 후 48°, 배기밸브 열림 : 하사점 전 48°, 배기밸브 닫힘 : 상사점 후 13°)

① 흡기행정기간 : 246°, 밸브오버랩 : 18°
② 흡기행정기간 : 241°, 밸브오버랩 : 18°
③ 흡기행정기간 : 180°, 밸브오버랩 : 31°
④ 흡기행정기간 : 246°, 밸브오버랩 : 31°

🔍 흡기행정기간 : 18° + 180° + 48° = 246°
밸브오버랩 : 18° + 13° = 31°

37 자동차 기관의 부품 중 표면경화를 하지 않아도 되는 것은?

① 피스톤
② 크랭크축
③ 피스톤 핀
④ 디젤엔진의 연료분사 펌프 플런저

🔍 표면경화란 금속 내부는 변화를 주지 않고 금속의 표면만 단단하게 열처리하는 방법으로 피스톤 핀, 크랭크 축, 분사펌프 플런저 등 가혹한 조건에 사용되는 부품을 열처리한다.

38 행정의 길이 200mm인 가솔린 기관에서 피스톤의 평균속도가 5m/s라면, 크랭크 축의 1분간 회전수는?

① 75rpm ② 150rpm
③ 750rpm ④ 1,500rpm

🔍 피스톤 평균속도(v) = $\frac{2LN}{60}$ = $\frac{LN}{30}$
L : 행정(m), N : 엔진 회전수(rpm)
∴ 크랭크축 회전수 N = $\frac{30 \times v}{L}$ = $\frac{30 \times 5}{0.2}$ = 750rpm

39 기관에 대한 설명 중 내용이 틀린 것은?

① 로터리식 오일펌프의 이너 로터와 아웃 로터와의 간극점검은 디크니스 게이지를 이용하여 측정한다.
② 플라이 휠은 폭발행정의 힘을 축적하였다가 그 탄력으로 회전을 원활하게 하는 역할을 한다.
③ 가압식 라디에이터의 부압밸브는 라디에이터 내의 압력이 부압으로 되었을 때 열린다.
④ 팬 벤트가 풀리 홈 밑 부분에 닿아 미끄럼이 있을 때는 벨트를 팽팽히 한다.

🔍 팬 벨트가 밑바닥에 닿은 것은 벨트가 마모가 심한 것이므로 교환한다.

40 가솔린 기관의 압축압력을 측정할 때 틀린 것은?

① 기관을 정상 작동온도로 한다.
② 엔진오일을 넣고도 측정한다.
③ 기관의 회전을 750rpm으로 한다.
④ 기관의 점화플러그는 모두 뺀다.

🔍 압축압력 측정 방법
① 기관을 정상 작동온도로 한다.
② 모든 점화플러그를 뺀다.
③ 압축압력 게이지를 측정할 실린더에 꼽고 기관을 크랭킹 한다.
④ 엔진오일을 넣고 습식시험을 한다.

정답 34 ① 35 ③ 36 ④ 37 ① 38 ③ 39 ④ 40 ③

[2. 연료장치]

01 디젤 기관과 비교한 가솔린 기관의 장점이라고 할 수 있는 것은?
① 기관의 단위 출력당 중량이 적다.
② 열효율이 높다.
③ 대형화 할 수 있다.
④ 연료 소비량이 적다.

02 가솔린 기관과 비교할 때 디젤 기관의 장점이 아닌 것은?
① 부분부하 영역에서 연료소비율이 낮다.
② 넓은 회전속도 범위에 걸쳐 회전 토크가 크다.
③ 질소산화물과 매연이 조금 배출된다.
④ 열효율이 높다.

> **디젤 기관의 장점**
> • 열효율이 높고, 연료소비율이 적다.
> • 경유의 인화점이 높으므로 저장, 운반 등 취급이 쉽다.
> • 점화장치가 없으므로 이에 따른 고장이 적다.
> • 연료의 값이 저렴하다.
> • 넓은 회전속도에서 회전력이 크다.
> • 대형 엔진의 제작이 가능하다.

03 디젤기관에서 예연소실식의 장점이 아닌 것은?
① 단공 노즐을 사용할 수 있다.
② 분사개시 압력이 낮아 연료장치의 고장이 적다.
③ 작동이 부드럽고 진동이나 소음이 적다.
④ 실린더 헤드가 간단하여 열 변형이 적다.

> **예연소실식의 장, 단점**
> • 연료의 분사압력(100~120kgf/cm²)이 낮아 연료장치의 고장이 적고, 수명이 길다.
> • 사용 연료의 변화에 둔감하므로 연료의 선택이 편리하다.
> • 운전상태가 정숙하고 노크가 적다.
> • 연소실 표면적 대 체적비가 크므로 냉각손실이 크다.
> • 예열플러그가 필요하다.
> • 연소실의 구조가 복잡하다.
> • 연료소비율(200~250g/ps-h)이 직접분사식에 비해 크다.

04 디젤기관의 연소실 중 예연소실의 분사압력으로 적합한 것은?
① 100~120kgf/cm²
② 200~300kgf/cm²
③ 400~500kgf/cm²
④ 300~700kgf/cm²

05 디젤 기관 연료의 구비조건으로 부적당한 것은?
① 착화 온도가 높아야 한다.
② 기화성이 작아야 한다.
③ 발열량이 커야 한다.
④ 점도가 적당해야 한다.

> **디젤 연료(경유)의 구비조건**
> • 착화성이 좋을 것
> • 세탄가가 높을 것
> • 발열량이 클 것
> • 점도가 적당하고, 온도에 따른 점도 변화가 적을 것
> • 착화점이 낮고 인화점이 높을 것

06 디젤기관에서 연료 분무형성의 3대 요건이 아닌 것은?
① 노크   ② 관통력
③ 분포   ④ 무화

> 연료 분무의 3대 조건 : 무화, 분포, 관통력

07 디젤 기관의 연소에 영향을 미치는 중요 요소와 가장 관계가 적은 것은?
① 분사시기   ② 연료의 인화점
③ 분무의 상태   ④ 공기의 유동

> 연료의 인화점은 휘발유와 관계가 있다.

08 디젤 기관의 노킹을 방지하는 대책으로 알맞은 것은?
① 실린더벽의 온도를 낮춘다.
② 착화지연 기간을 길게 유도한다.
③ 압축비를 낮게 한다.
④ 흡기 온도를 높인다.

> **디젤 노크의 방지 대책**
> • 세탄가가 높은(착화성이 좋은) 연료를 사용한다.
> • 흡입공기의 온도, 실린더 벽의 온도를 높게 한다.
> • 압축비를 높게 한다.
> • 착화지연기간을 짧게 한다.
> • 착화지연기간 중 연료의 분사량을 적게 한다.
> • 흡입공기에 와류가 일어나도록 한다.

정답 [2. 연료장치] 01 ① 02 ③ 03 ④ 04 ① 05 ① 06 ① 07 ② 08 ④

09 디젤 연료의 세탄가를 바르게 나타낸 것은?

① $\dfrac{\text{세탄}}{\text{세탄}+\text{이소옥탄}} \times 100(\%)$

② $\dfrac{\text{세탄}}{\text{세탄}+\text{노말헵탄}} \times 100(\%)$

③ $\dfrac{\text{세탄}}{\text{세탄}+\alpha-\text{메틸나프탈린}} \times 100(\%)$

④ $\dfrac{\text{세탄}}{\text{세탄}+\text{알코올}} \times 100(\%)$

🔍 세탄가란 디젤 연료의 착화성을 표시하는 값으로, 착화성이 우수한 세탄과 착화성이 나쁜 α-메틸 나프탈렌의 혼합액을 표준연료로 하고 시험연료와의 착화성을 비교하여 세탄의 백분율을 세탄가로 한다.

10 디젤 노크의 방지 대책으로 틀린 것은?

① 세탄가가 높은 연료를 사용한다.
② 기관의 회전속도를 빠르게 한다.
③ 흡입공기의 온도를 낮게 유지한다.
④ 압축비를 높게 한다.

11 디젤노크의 원인이 아닌 것은?

① 연료의 분사 상태가 나쁘다.
② 분사 시기가 늦다
③ 연료의 세탄가가 높다.
④ 엔진 온도가 낮다.

12 디젤 노크를 방지하는 대책으로 적합하지 않는 것은?

① 고세탄가 연료를 사용하여 착화지연 기간이 단축되도록 한다.
② 착화지연 기간 중 연료의 분사량을 적게 한다.
③ 압축 온도를 높인다.
④ 압축비를 낮게 한다.

13 디젤기관의 연료 발화 촉진제에 해당되지 않는 것은?

① 초산에틸 ② 아초산아밀
③ 카보닐아밀 ④ 아초산에틸

🔍 연료 발화 촉진제 : 초산 아밀, 아초산 아밀, 초산 에틸, 아초산 에틸, 질산 에틸

14 연료 여과기에 오버플로우 밸브의 기능이 아닌 것은?

① 연료여과기 내의 압력이 규정 이상으로 상승되는 것을 방지한다.
② 엘리먼트에 부하를 가하여 연료 흐름을 가속화한다.
③ 연료의 송출압력이 규정 이상으로 상승되는 것을 방지한다.
④ 연료탱크 내에서 발생된 기포를 자동적으로 배출시키는 작용도 한다.

🔍 오버 플로우 밸브의 기능
- 연료 여과기 내의 압력이 규정 이상으로 상승되는 것을 방지
- 연료 탱크 내에서 발생된 기포를 자동적으로 배출
- 여과기 각 부분을 보호

15 연료펌프 라인에 고압이 걸릴 경우 연료의 누출이나 연료배관이 파손되는 것을 방지하는 것은?

① 사일렌서(silencer)
② 체크 밸브(check valve)
③ 안전 밸브(relief valve)
④ 축압기(accumulator)

🔍 안전 밸브 : 연료펌프 라인에 고압이 걸릴 경우 연료의 누출이나 연료배관이 파손되는 것을 방지

16 디젤기관의 분사펌프식 연료장치의 연료공급 순서가 맞는 것은?

① 연료탱크-연료 여과기-연료 공급 펌프-연료 여과기-분사펌프-고압 파이프-분사노즐-연소실
② 연료탱크-연료 여과기-연료 공급 펌프-분사펌프-연료 여과기-고압 파이프-분사노즐-연소실
③ 연료탱크-연료 공급 펌프-연료 여과기-분사펌프-연료 여과기-고압 파이프-분사노즐-연소실
④ 연료탱크-연료 여과기-연료 공급 펌프-연료 여과기-분사펌프-분사노즐-고압 파이프-연소실

정답 9 ③ 10 ③ 11 ③ 12 ④ 13 ③ 14 ② 15 ③ 16 ①

17 연료파이프나 연료펌프에서 가솔린이 증발해서 일으키는 현상은?

① 엔진록 ② 연료록
③ 베이퍼록 ④ 앤티록

🔍 베이퍼 록 : 연료 파이프나 연료 펌프에서 가솔린이 증발해서 일으키는 현상

18 디젤 기관의 연료 분사장치에서 연료의 분사량을 조절하는 것은?

① 연료 여과기 ② 연료 분사노즐
③ 연료 분사펌프 ④ 연료 공급펌프

🔍 연료의 분사량 조절은 연료 분사펌프의 플런저에서 한다.

19 디젤연료 공급장치에서 연료분사 압력 조정은 어느 구성품에서 하는가?

① 연료 공급펌프 ② 연료 여과기
③ 배출 밸브 ④ 노즐 홀더

🔍 연료분사 압력 조정은 노즐 홀더에서 한다.

20 분사펌프에서 분사초기의 분사시기를 일정하게 하고 분사말기를 변화시키는 리드형은?

① 변 리드형 ② 역 리드형
③ 정 리드형 ④ 양 리드형

🔍 • 정 리드형 : 분사 초기가 일정하고 분사 말기가 변화
• 역 리드형 : 분사 초기가 변화하고 분사 말기가 일정
• 양 리드형 : 분사 초기와 분사 말기가 모두 변화

21 다음 중 분사노즐이 과열되는 원인이 아닌 것은?

① 분사시기가 틀림
② 분사량의 과다
③ 과부하에서의 연속운전
④ 노즐 냉각기의 불량

🔍 분사노즐이 과열되는 원인
• 분사시기가 틀릴 때
• 분사량이 과다할 때
• 과부하에서 연속 운전할 때

22 디젤 기관에서 연료 분사펌프의 거버너는 어떤 작용을 하는가?

① 분사압력을 조정한다.
② 분사시기를 조정한다.
③ 착화시기를 조정한다.
④ 분사량을 조정한다.

🔍 거버너는 제어래크를 움직여 분사량을 조정한다.

23 보쉬형 연료 분사펌프의 분사시기를 조정하는 장치는?

① 피니언과 슬리브
② 펌프와 타이밍기어의 커플링
③ 랙크와 피니언
④ 조속기의 스프링

🔍 보쉬형 연료 분사펌프의 분사시기는 펌프와 타이밍 기어의 커플링으로 조정한다.

24 디젤 기관의 기계식 연료분사 펌프의 분사시기는 다음 중 어떤 방법으로 조정하는가?

① 거버너의 스프링을 조정
② 래크와 피니언으로 조정
③ 피니언과 슬리이브로 조정
④ 펌프와 타이밍 기어의 커플링으로 조정

25 디젤 기관에서 분사시기가 빠를 때 일어나는 원인 중 틀린 것은?

① 배기가스의 색이 흑색이며, 그 양도 많아진다.
② 노크 현상이 일어난다.
③ 배기가스의 색이 백색이 된다.
④ 저속회전이 잘 안된다.

🔍 분사시기가 빠를 때 나타나는 현상
• 노크 현상이 발생한다.
• 연소가 불량하여 배기가스가 흑색이다.
• 저속에서 회전이 불량해 질 수 있다.

정답 17 ③ 18 ③ 19 ④ 20 ③ 21 ④ 22 ④ 23 ② 24 ④ 25 ③

26 타이밍 기어의 백래시가 클 때에 일어나는 사항은?

① 밸브 개폐시기가 틀려 질 수 있다.
② 윤활장치의 유압이 높아진다.
③ 기관의 공전속도가 빨라진다.
④ 점화전압이 낮아진다.

🔍 타이밍 기어의 백래시가 크면 밸브 개폐시기가 틀려질 수 있다.

27 디젤 기관의 예열장치에서 연소실 내의 압축공기를 직접 예열하게 되는 형식을 무엇이라 하는가?

① 흡기 가열식   ② 흡기 히터식
③ 예열 플러그식 ④ 히터 레인지식

🔍 흡기 가열식(흡기 히터식), 히터 레인지식은 흡입되는 공기를 흡기 다기관에서 가열하는 방식이고, 예열 플러그식은 연소실 내의 압축공기를 직접 예열하는 방식이다.

28 디젤기관의 진동원인에 해당되지 않는 것은?

① 연료공급 계통에 공기가 침입되었다.
② 크랭크축의 무게가 평형하다.
③ 분사량 분사시기 및 분사 압력이 틀려져 있다.
④ 다기통 기관에서 어느 한 개의 분사노즐이 막혔다.

🔍 디젤기관의 진동원인
• 분사량, 분사시기, 분사압력 등이 틀릴 때
• 연료공급 계통에 공기가 침입하였을 때
• 다기통 기관에서 어느 한 개의 분사노즐이 막혔을 때
• 크랭크 축의 무게가 평형하지 않을 때

29 디젤기관에서 감압장치의 설치 목적에 적합하지 않는 것은?

① 겨울철 오일의 점도가 높을 때 시동을 용이하게 하기 위해서이다.
② 기관의 점검 조정 및 고장 발견 시에 활용하기도 한다.
③ 흡입밸브나 배기밸브를 작용하여 감압한다.
④ 흡입효율을 높여 압축압력을 크게 하는데 작용시킨다.

🔍 감압장치의 설치 목적
• 겨울철 오일의 점도가 높을 때 시동을 용이하게 하기 위해서이다.
• 흡입밸브나 배기밸브를 강제로 열어 감압한다.
• 기관의 점검 조정 및 고장 발견 시에 활용하기도 한다.
• 디젤엔진의 작동을 정지시킬 수도 있다.

30 디젤 분사펌프 시험기(Injection Pump Tester)로 시험할 수 있는 사항은?

① 후적   ② 분사초기압력
③ 분사량   ④ 분무상태

🔍 분사 초기압력, 분무상태, 후적 유무 등은 노즐시험기로 알 수 있다.

31 자동차용 기관에서 과급을 하는 주된 목적은?

① 기관의 출력을 증대시킨다.
② 기관의 회전수를 빠르게 한다.
③ 기관의 윤활유 소비를 줄인다.
④ 기관의 회전수를 일정하게 한다.

🔍 과급기는 엔진의 출력을 향상시키고 회전력을 증대시키며 연료소비율을 향상시킨다.

32 다음 중 디젤 기관에 사용되는 과급기의 역할은?

① 윤활성의 증대
② 출력의 증대
③ 냉각효율의 증대
④ 배기의 증대

33 디젤기관의 인터쿨러 터보(inter cooler turbo) 장치는 어떤 효과를 이용한 것인가?

① 압축된 공기의 밀도를 증가시키는 효과
② 압축된 공기의 온도를 증가시키는 효과
③ 압축된 공기의 수분을 증가시키는 효과
④ 배기가스를 압축시키는 효과

🔍 인터쿨러 터보는 과급된 공기를 냉각시켜 공기의 밀도를 향상시킴으로써 충전효율을 증대시킨다.

정답 26 ① 27 ③ 28 ② 29 ④ 30 ③ 31 ① 32 ② 33 ①

34 자동차용 LPG 연료의 특성이 아닌 것은?

① 연소효율이 좋고, 엔진이 정숙하다.
② 엔진 수명이 길고, 오일의 오염이 적다.
③ 대기오염이 적고, 위생적이다.
④ 옥탄가가 낮으므로 연소 속도가 빠르다.

> 🔍 LPG 연료의 특징
> • 연소효율이 좋고, 엔진이 정숙하다.
> • 오일의 오염이 적어 엔진 수명이 길다.
> • 연소실에 카본 부착이 없어 점화플러그 수명이 길어진다.
> • 대기오염이 적고, 위생적이다.
> • 옥탄가가 높고 노킹이 적어 점화시기를 앞당길 수 있다.

35 LPG 연료장치가 장착된 자동차의 설명으로 틀린 것은?

① 점화시기는 가솔린 차량의 정규위치보다 앞당길 수 있다.
② 가스누설 개소는 액체 패킹이나 LPG전용실 테이프로 막는다.
③ LPG용기 본체는 항장력 즉, 인장강도가 30kgf/cm² 이하, 내압강도 20kgf/cm² 이하의 기밀 강도를 가져야 한다.
④ 점화 플러그의 수명이 가솔린 차량에 비하여 길다.

> 🔍 LPG 용기의 강도는 차량의 강성보다 크게 제작하며 내압 100kgf/cm² 정도까지 충분한 강도를 가진다.

36 LPG 연료 차량의 주요 구성장치가 아닌 것은? (단, LPI 제외)

① 베이퍼라이저(vaporizer)
② 연료 여과기(fuel filter)
③ 믹서(mixer)
④ 연료 펌프(fuel pump)

> 🔍 LPG 연료 차량은 고압의 가스를 감압, 기화시켜 연료로 공급하므로 연료펌프가 없다.

37 LPG 기관에서 연료공급 경로로 맞는 것은?

① 연료탱크 → 솔레노이드 밸브 → 베이퍼라이저 → 믹서
② 연료탱크 → 베이퍼라이저 → 솔레노이드 밸브 → 믹서
③ 연료탱크 → 베이퍼라이저 → 믹서 → 솔레노이드 밸브
④ 연료탱크 → 믹서 → 솔레노이드 밸브 → 베이퍼라이저

38 LPG 차량의 연료 계통에서 가솔린 엔진의 기화기 역할을 하며 감압, 기화 및 압력조절작용을 하는 것은?

① 솔레노이브 밸브(solenoid valve)
② 믹서(mixer)
③ 베이퍼라이저(vaporizer)
④ 봄베(bombe)

> 🔍 베이퍼라이저는 액체를 기체로 변화시켜 주는 장치로 감압, 기화 및 압력조절 작용을 한다.

39 LPG 기관에서 액체 LPG를 기체 LPG로 전환시키는 장치는?

① 믹서
② 연료 봄베
③ 긴급차단 솔레노이드 밸브
④ 베이퍼라이저

40 LPG 연료장치 차량에서 LPG를 대기압에 가깝게 감압하는 장치는?

① 1차 감압실   ② 2차 감압실
③ 부압실   ④ 기동 솔레노이드 밸브

> 🔍 베이퍼라이저 1차 감압실에서 0.3kgf/cm²으로, 2차 감압실에서 대기압에 가깝게 감압시킨다.

41 LP가스를 사용하는 자동차에서 베이퍼라이저 2차실의 구성에 해당 되는 것은?

① 압력 조정기구   ② 압력 밸런스기구
③ 조정기구   ④ 공연비 제어기구

> 🔍 공연비 제어기구는 2차실에 있다.

정답 34 ④ 35 ③ 36 ④ 37 ① 38 ③ 39 ④ 40 ② 41 ④

[3. 윤활 및 냉각장치]

01 다음 중 윤활유의 사용 목적이 아닌 것은?

① 방청작용
② 충격완화 및 소음방지 작용
③ 냉각작용
④ 발화성 향상 작용

🔍 윤활유의 작용 : 감마작용, 밀봉작용, 냉각작용, 세척작용, 방청작용, 응력 분산작용

02 다음 중 기관 윤활의 목적이 아닌 것은?

① 마찰, 마멸감소 ② 응력집중작용
③ 밀봉작용 ④ 세척작용

03 다음 중 기관에 윤활유를 급유하는 목적과 관계없는 것은?

① 연소촉진작용 ② 동력손실 감소
③ 마멸방지 ④ 냉각작용

04 윤활유의 윤활작용 이점과 가장 거리가 먼 것은?

① 동력손실을 적게 한다.
② 노킹현상을 방지한다.
③ 기계적 손실을 적게 하며, 냉각작용도 한다.
④ 부식과 침식을 예방한다.

05 윤활유의 구비조건이 아닌 것은?

① 비중이 적당할 것
② 인화점 및 발화점이 낮을 것
③ 점성과 온도와의 관계가 양호할 것
④ 카본 생성이 적으며 강인한 유막을 형성하여 쉽게 산화하지 말 것

🔍 윤활유의 구비조건
• 인화점과 발화점이 높을 것
• 응고점이 낮을 것
• 비중과 점도가 적당할 것
• 열과 산에 대하여 안정될 것
• 카본 생성에 대해 저항력이 클 것

06 윤활유의 구비조건으로 틀린 것은?

① 점도가 적당할 것
② 열과 산에 대하여 안정성이 있을 것
③ 응고점이 높을 것
④ 인화점과 발화점이 높을 것

07 그림과 같이 오일펌프에 의해 압송되는 윤활유가 모두 여과기를 통과한 다음 공급되는 방식은?

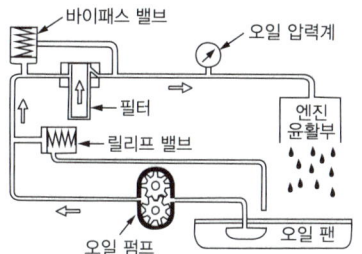

① 샨트식 ② 자력식
③ 분류식 ④ 전류식

🔍 윤활방식의 분류
• 분류식 : 윤활유의 일부는 여과시키고, 여과하지 않은 오일은 공급하는 방식
• 전류식 : 윤활유 전부를 여과시켜 공급하는 방식, 막히면 바이패스 밸브로 통과
• 샨트(shunt)식 : 오일의 일부는 여과시켜서 공급, 일부는 바로 공급되는 방식

08 윤활유가 연소실에 올라와서 연소 될 때 색으로 가장 적합한 것은?

① 백색 ② 청색
③ 흑색 ④ 적색

🔍 윤활유가 연소되면 백색 연기가 발생한다.

09 윤활유 소비증대의 원인으로 가장 적합한 것은?

① 비산과 누설 ② 비산과 압력
③ 희석과 혼합 ④ 연소와 누설

🔍 연소에 의해 가장 많이 소비된다.

정답 [3. 윤활 및 냉각장치] 01 ④ 02 ② 03 ① 04 ② 05 ② 06 ③ 07 ④ 08 ① 09 ④

10 윤활장치 내의 압력이 지나치게 올라가는 것을 방지하여 회로 내의 유압을 일정하게 유지하는 기능을 하는 것은?

① 오일 펌프
② 유압조절 밸브
③ 오일 여과기
④ 오일 냉각기

> 유압조절 밸브는 윤활회로 내의 압력이 과도하게 상승되는 것을 방지하여 유압을 일정하게 유지하는 기능을 한다.

11 엔진오일 유압이 낮아지는 원인과 거리가 먼 것은?

① 베어링의 오일간극이 크다
② 유압조절밸브의 스프링 장력이 크다.
③ 오일팬 내의 윤활유 양이 작다.
④ 윤활유 공급 라인에 공기가 유입되었다.

> 유압이 낮아지는 원인
> • 유압조절밸브 스프링 장력 저하
> • 베어링 마모로 오일간극이 커졌을 때
> • 오일의 희석 및 점도 저하
> • 오일 부족
> • 오일펌프 불량 및 유압회로의 누설

12 일반적으로 냉각수의 수온을 측정하는 곳은?

① 라디에이터 상부
② 라디에이터 하부
③ 실린더헤드 물 재킷부
④ 실린더블록 하단 물 재킷부

> 냉각수 온도는 실린더헤드 물 재킷부의 온도로 한다.

13 냉각장치에서 왁스실에 왁스를 넣어 온도가 높아지면 팽창축을 열게 하는 온도 조절기는?

① 벨로즈형
② 펠릿형
③ 바이패스 밸브형
④ 바이메탈형

> 수온 조절기의 종류
> • 왁스 펠릿형 : 왁스실에 왁스를 넣어 냉각수 온도가 높아지면 팽창축을 열게 하는 방식
> • 벨로즈 형 : 벨로즈 속에 봉입된 휘발성이 큰 에테르나 알콜이 팽창하여 통로를 개폐하는 방식

14 사용 중인 중고 자동차에 냉각수(부동액)를 넣었더니 14L가 주입되었다. 신품 라디에이터에는 16L의 냉각수가 주입된다면 라디에이터 코어 막힘은 얼마인가?

① 12.5%
② 15.5%
③ 20.5%
④ 22.5%

> 라디에이터의 코어 막힘율 = $\dfrac{\text{신품용량} - \text{구품용량}}{\text{신품용량}} \times 100\%$
> = $\dfrac{16-14}{16} \times 100\% = 12.5\%$

15 신품 라디에이터의 냉각수 용량이 20L이었는데 사용 중인 동일 라디에이터에 물을 넣으니 14L가 들어갔다. 이 라디에이터 코어의 막힘은 몇 %인가?

① 20%
② 25%
③ 30%
④ 35%

> 라디에이터의 코어 막힘율 = $\dfrac{\text{신품용량} - \text{구품용량}}{\text{신품용량}} \times 100\%$
> = $\dfrac{20-14}{20} \times 100\% = 30\%$

16 라디에이터의 코어 막힘율이 18%라면 라디에이터의 실제 용량은 몇 리터인가?(단, 신품 라디에이터의 규정 용량은 7리터이다)

① 4.75
② 5.74
③ 6.32
④ 6.75

> 라디에이터의 코어 막힘율 = $\dfrac{\text{신품용량} - \text{구품용량}}{\text{신품용량}} \times 100\%$
> ∴ $0.18 = \dfrac{7-x}{7} \times 100\%$, $x = 5.74L$

17 엔진이 과열되는 원인이 아닌 것은?

① 점화시기 조정불량
② 물펌프 용량과대
③ 수온조절기 과소개방
④ 라디에이터 핀에 다량의 이물질 부착

> 엔진이 과열되는 원인
> • 수온조절기가 닫힌 채로 고장났다.
> • 라디에이터 코어가 20% 이상 막혔다.
> • 라디에이터 핀에 이물질이 많이 묻었다.
> • 라디에이터가 파손되었다.
> • 물펌프가 작동불량이다.
> • 점화시기가 잘못 조정되었다.
> • 벨트가 헐겁거나 끊어졌다.
> • 엔진이 과부하로 운전되고 있다.
> • 냉각수에 이물질이 혼입되었다.

정답 10 ② 11 ② 12 ③ 13 ② 14 ① 15 ③ 16 ② 17 ②

18 다음 중 기관이 과열되는 원인이 아닌 것은?

① 온도조절기가 닫힌 상태로 고장 났을 때
② 방열기의 용량이 클 때
③ 방열기의 코어가 막혔을 때
④ 벨트를 사용하는 형식에서 팬벨트 장력이 느슨할 때

19 다음 중 기관이 과열되는 원인에 속하지 않는 것은?

① 냉각팬의 파손
② 냉각수 흐름 저항 감소
③ 엔진의 과부하
④ 냉각수 이물질 혼입

20 엔진은 과열하지 않고 있는데 방열기 내에 기포가 생긴다. 그 원인으로 다음 중 가장 적합한 것은?

① 서모스탯 기능불량
② 실린더 헤드 가스킷의 불량
③ 크랭크 케이스에 압축 누설
④ 냉각수량 과다

🔍 방열기 내의 기포발생은 공기가 들어간 것이므로 실린더 헤드 가스킷이 불량이다.

[4. 흡배기장치]

01 공기 청정기(건식)의 흐름 효율저하를 방지하려면 정기적으로 엘리먼트를 빼내어 어떻게 하는가?

① 물걸레로 닦아낸다.
② 물속에 넣어 세척한다.
③ 경유에 세척한다.
④ 압축공기로 먼지 등을 불어낸다.

🔍 공기 청정기(air cleaner)의 효율 저하를 방지하기 위하여 엘리먼트(element, filter)를 정기적으로 꺼내어 압축공기로 불어낸다.

02 대시 포트(dash pot)에 대한 설명으로 맞는 것은?

① 급 감속시 작동된다.
② 급 가속시 작동된다.
③ 아이들 업(idle up) 장치이다.
④ 배기가스 재순환 장치이다.

🔍 대시 포트는 급 감속시 스로틀 밸브가 급격히 닫히는 것을 방지하여 기관 운전이 안정되게 한다.

03 스로틀 보디(throttle body)에 설치된 대시포트(dash pot)의 기능으로 맞는 것은?

① 감속시 스로틀 밸브가 급격히 닫히는 것을 방지한다.
② 가속시 스로틀 밸브가 과도하게 열리는 것을 방지한다.
③ 고속 주행시 스로틀 밸브가 과도하게 열리는 것을 방지한다.
④ 엔진 아이들링시 스로틀 밸브가 완전히 닫히는 것을 방지한다.

04 자동차의 배기관에서 흑색 연기를 뿜는다. 그 원인은?

① 윤활유가 연소실에 침입
② 연료의 과다
③ 연료의 부족
④ 윤활유의 부족

🔍 배기관에서 흑색연기가 발생되는 것은 연료가 과다하여 불완전 연소하기 때문이다.

05 크랭크 케이스의 환기에 대한 설명으로 가장 거리가 먼 것은?

① 오일의 열화를 방지한다.
② 대기오염을 방지한다.
③ 자연식과 강제식 환기 장치가 있다.
④ 송풍기로 환기시킨다.

🔍 기관이 작동될 때 크랭크 케이스 내에는 블로바이 가스 등에 의해 연소가스와 혼합기가 유입되어 오일이 변질되고 압력이 상승하며 대기가 오염된다. 따라서 이를 방지하기 위하여 환기장치를 둔다. 환기장치에는 자연식과 강제식이 있다.

정답 18 ② 19 ② 20 ② [4. 흡배기장치] 01 ④ 02 ① 03 ① 04 ② 05 ④

06 자동차에서 인체에 유해한 가스를 최소화하기 위한 구성품이 아닌 것은?

① EGR 밸브 ② 캐니스터
③ 머플러 ④ 촉매장치

🔍 배기가스 제어장치에는 산소센서, 차콜 캐니스터, EGR 밸브, 삼원 촉매장치 등이 사용된다.

07 전자제어 차량에서 배출되는 유해가스를 제어하는 구성 부품이 아닌 것은?

① 삼원촉매(Catalytic Converter)
② EGR 밸브
③ 캐니스터
④ 터보차저

08 자동차 배출가스 중 탄화수소(HC)의 생성 원인과 무관한 것은?

① 농후한 연료로 인한 불완전 연소
② 화염전파 후 연소실 내의 냉각작용으로 타다 남은 혼합기
③ 희박한 혼합기에서 점화 실화로 인한 원인
④ 배기 머플러 불량

🔍 탄화수소는 혼합기가 농후하거나, 실화 등 불완전 연소로 인하여 생성된다.

09 엔진의 작동 온도가 낮을 때와 혼합비가 희박하여 실화되는 경우에 증가하는 배출가스는?

① 산소 ② 탄화수소
③ 질소산화물 ④ 이산화탄소

10 배기가스 중의 유해 물질 중 고온고압에 의하여 생성되는 물질은 어느 것인가?

① $Pb(C_2H_5)4$ ② NOx
③ HC ④ CO

🔍 일산화탄소(CO)와 탄화수소(HC)는 농후한 혼합비에서 생성되며, 질소산화물(NOx)은 연소실 온도가 정상 작동되어 고온고압이 될 때 많이 생성된다. 따라서 배기가스 재순환 장치인 EGR 밸브를 이용하여 연소실 최고온도를 낮추어 NOx의 발생을 감소시킨다.

11 전자제어 가솔린 기관에서 실린더 내 연소실의 최고 온도를 낮추기 위해서 사용되는 것은?

① EGR 밸브 ② 미터링 밸브
③ 오버필 리미터 ④ 온도센서

12 배기가스 재순환장치(EGR)는 배기가스 중 무엇을 감소시키기 위한 것인가?

① CO_2 ② CO
③ HC ④ NOx

13 배기가스 재순환장치는 주로 어떤 물질의 생성을 억제하기 위한 것인가?

① 탄소 ② 이산화탄소
③ 일산화탄소 ④ 질소산화물

14 가솔린 차량의 배출가스 중 NOx의 배출을 감소시키기 위한 방법으로 적당한 것은?

① 캐니스터 설치
② 배기가스 재순환 장치 선택
③ 파워밸브 설치
④ 연료분사방식 채택

15 다음 중 EGR(Exhaust Gas Recirculation) 밸브의 구성 및 기능 설명으로 틀린 것은?

① 배기가스 재순환 장치
② EGR 파이프, EGR 밸브 및 서모밸브로 구성
③ 질소화합물(NOx) 발생을 감소시키는 장치
④ 연료 증발가스(HC) 발생을 억제시키는 장치

16 배출가스장치 중 삼원촉매(Catalytic Convertor)장치를 사용하여 저감시킬 수 있는 유해가스의 종류는?

① CO, HC, 흑연 ② CO, NOx, 흑연
③ NOx, HC, SO ④ CO, HC, NOx

🔍 삼원 촉매장치는 일산화탄소(CO), 탄화수소(HC), 질소산화물(NOx)을 저감한다.

정답 06 ③ 07 ④ 08 ④ 09 ② 10 ② 11 ① 12 ④ 13 ④ 14 ② 15 ④ 16 ④

17 전자제어기관에서 배기가스가 재순환되는 EGR 장치의 EGR율을 바르게 나타낸 것은?

① EGR율 = $\dfrac{\text{EGR가스량}}{\text{배기공기량}+\text{EGR가스량}} \times 100$

② EGR율 = $\dfrac{\text{EGR가스량}}{\text{흡입공기량}+\text{EGR가스량}} \times 100$

③ EGR율 = $\dfrac{\text{흡입공기량}}{\text{흡입공기량}+\text{EGR가스량}} \times 100$

④ EGR율 = $\dfrac{\text{배기공기량}}{\text{흡입공기량}+\text{EGR가스량}} \times 100$

🔍 EGR율이란 실린더가 흡입한 공기량 중 EGR을 통해 유입된 가스량과의 비율이다.

18 전자제어 연료분사장치 엔진에서 아날로그 멀티미터를 사용함으로써 손상을 일으킬 수 있는 부품은?

① 스로틀 포지션 센서
② 수온 센서
③ 크랭크 각 센서
④ 산소(O_2) 센서

🔍 산소센서는 아날로그 멀티미터를 사용하면 센서에 손상을 일으킬 수 있다.

19 산소 센서에 대한 설명으로 맞는 것은?

① 공연비를 피드백 제어하기 위해 사용한다.
② 공연비가 농후하면 출력전압은 0.45V 이하이다.
③ 공연비가 희박하면 출력전압은 0.45V 이상이다.
④ 300℃ 이하에서도 작동한다.

🔍 산소센서는 배기관에 장착되어 있으며 배기가스 중의 산소 농도차에 따라 전압이 발생되면 이를 피드백하여 이론 공연비로 제어하기 위한 센서이다. 센서의 온도가 300℃ 이상에서 안정되게 작동하며 이론공연비 14.7:1을 기준으로 공연비가 희박하면 100mV, 농후하면 900mV를 나타낸다.

20 전자제어 기관에서 피드백(Feed Back) 제어를 하기 위해 설치한 센서는?

① 아이들 포지션 센서
② 산소(O_2) 센서
③ 대기압 센서
④ 스로틀 포지션 센서

21 산소센서 값은 무엇에 의해 그 값이 변화됨을 알 수 있는가?

① 기전력
② 전류
③ 저항
④ 배기온도

22 O_2 센서의 부착위치로 가장 적절한 곳은?

① 흡입다기관 부근
② 배기다기관 부근
③ 에어클리너 부근
④ 연료여과기 부근

23 전자제어 연료분사장치의 구성품 중 산소센서에 대한 설명으로 옳은 것은?

① 흡기관에 설치되어 있으며, 흡입공기 속에 포함되어 있는 산소량을 감지한다.
② 흡기관에 설치되어 있으며, 흡입공기의 밀도를 감지한다.
③ 배기관에 설치되어 있으며, 배기가스 속에 포함되어 있는 산소량을 감지한다.
④ 배기관에 설치되어 있으며, 배기가스의 밀도를 감지한다.

24 전자제어 엔진에서 산소센서는 궁극적으로 무엇을 하기 위하여 설치되어 있는가?

① 연료 맥동을 감지한다.
② 이론 공연비를 검출한다.
③ 연료압을 검출한다.
④ 연료량을 검출한다.

25 산소센서(O_2 sensor)가 피드백(feed back) 제어를 할 경우로 가장 적합한 것은?

① 감속 상태에서 연료를 차단할 때
② 아이들 스피드(idle speed)로 주행할 때
③ 흡기 공기량의 차이가 클 때
④ 배기가스 중의 산소농도의 차이가 있을 때

정답 17 ② 18 ④ 19 ① 20 ② 21 ① 22 ② 23 ③ 24 ② 25 ④

26 질코니아식 산소센서에서 발생되는 기전력 변화의 범위는?

① 0.01~0.1V ② 0.1~1.0V
③ 1.0~2.0V ④ 2.0~3.0V

27 O_2 센서(지르코니아 방식)의 출력 전압이 1V에 가깝게 나타나면 공연비가 어떤 상태라고 생각되는가?

① 희박하다.
② 농후하다.
③ 14.7:1(공기:연료)에 가깝다는 것을 나타낸다.
④ 농후하다가 희박한 상태로 되는 경우이다.

28 기관 워밍업 후 정상주행 상태에서 산소센서의 신호에 따라 연료량을 조정하여 공연비를 보정하는 방식은?

① 자기진단 시스템 ② MPI 시스템
③ 피드백 시스템 ④ 에어컨 시스템

> 산소센서의 기전력을 E.C.U로 feed back하여 이를 기준으로 연료량을 조절하여 공연비를 보정한다.

[5. 전자제어장치]

01 승용차에 전자제어식 가솔린 분사기관을 채택하는 이유 중 틀린 것은?

① 회전수 향상
② 유해 배출가스 저감
③ 연료소비율 개선
④ 신속한 응답성

02 기화기식과 비교한 전자제어 가솔린 연료 분사장치의 장점이라고 할 수 없는 것은?

① 고출력 및 혼합비 제어에 유리하다.
② 연료 소비율이 낮다.
③ 부하변동에 따라 신속하게 응답한다.
④ 적절한 혼합비 공급으로 유해 배출가스가 증가한다.

> 전자제어 연료분사 기관의 장점
> • 유해 배기가스의 저감
> • 연비 및 출력 향상
> • 월 웨팅(wall wetting)에 따른 저온 시동성 향상
> • 응답성 향상

03 전자제어 연료분사식 엔진의 특징으로 틀린 것은?

① 혼합비의 정밀한 제어를 할 수 있다.
② 혼합기가 각 실린더로 균일하게 분배된다.
③ 저속에서는 회전력이 감소된다.
④ 냉시동성이 우수하다.

04 다음 중 기화기식과 비교한 MPI 연료분사 방식의 특징으로 잘못된 것은?

① 저속 또는 고속에서 토크 영역의 변화가 가능하다
② 온·냉시에도 최적의 성능을 보장한다
③ 설계시 체적효율의 최적화에 집중하여 흡기다기관 설계가 가능하다
④ 월 웨팅(wall wetting)에 따른 냉시동 특성은 큰 효과가 없다

05 전자제어 엔진의 연료분사 방식에 들지 않는 것은?

① 동시분사 ② 그룹분사
③ 순간분사 ④ 독립분사

> 전자제어 엔진의 연료분사 방식

방식		설명
연속분사		엔진 회전에 따라 무조건 분사
간헐분사	동기 분사	엔진 회전에 동기하여 분사 • 독립분사(순차분사) : 각 실린더의 인젝터가 독립적으로 분사 • 동시분사 : 매 회전마다 동시에 분사 • 그룹분사 : 점화순서에 따라 그룹으로 분사
	비동기 분사	시동시나 급가속시 엔진 회전에 관계없이 필요할 때 분사

정답 26 ② 27 ② 28 ③ [5. 전자제어장치] 01 ① 02 ④ 03 ③ 04 ④ 05 ③

06 크랭크각 신호에 따라 각 실린더의 인젝터를 동시에 개방하여 연료를 공급하는 분사방식은?

① 동기분사 ② 동시분사
③ 비동기분사 ④ 순차분사

07 전자제어 가솔린 엔진의 분사 방식으로 가장 적절치 못한 것은?

① 순차분사 ② 병렬분사
③ 동시분사 ④ 그룹분사

08 전자제어 연료분사 장치의 연료분사 방식 중 동시 분사 방식에 대해 옳게 설명한 것은?

① 크랭크샤프트 2회전마다 전기통(모든 실린더) 동시에 1회 분사한다.
② 크랭크샤프트 1회전마다 전기통(모든 실린더) 동시에 1회 분사한다.
③ 점화 순서에 따라 흡입행정 직전에 분사된다.
④ 흡입 또는 압축행정 직전에 있는 실린더에만 동시에 분사된다.

09 전자제어 기관의 흡입 공기량 측정에서 출력이 전기 펄스(pulse, digital) 신호인 것은?

① 벤(Vane)식
② 칼만(Karman) 와류식
③ 열(熱)식
④ 에어 밸브(Air Valve)식

🔍 칼만 와류식은 초음파를 발생하여 칼만 와류수 만큼 밀집되거나 분산되어 수신기에 디지털 펄스로 측정된다.

10 전자제어식 연료분사 장치의 주요 구성부품 중 흡입공기량을 검출하는 장치는?

① 연료압력 조정기
② ECU
③ 공기유량 센서
④ 냉각수온 센서

🔍 공기유량 센서는 흡입공기량을 검출하는 센서이다.

11 에어플로우미터(air flow meter)의 흡입공기량 계측 방법에서 공기의 체적 검출방식인 것은?

① 베인식(Vane)
② 열선식(Hot wire)
③ 열막식(Hot film)
④ 스로틀 스피드 방식(Throttle speed)

🔍 흡입공기량 계측방식
㉠ 직접 계측방식(mass flow type)
 • 체적 검출방식 : 베인식, 칼만 와류식
 • 질량 검출방식 : 열선(Hot wire)식, 열막(Hot film)식
㉡ 간접 계측방식(speed density type) : MAP센서 방식

12 전자제어 엔진에서 플랩(FLAP) 타입의 공기량 감지기 설치 위치는?

① 에어크리너와 스로틀 보디 사이
② 스로틀 보디와 흡입 매니폴드 사이
③ 흡입 매니폴드와 흡입밸브 사이
④ 흡입밸브와 배기밸브 사이

🔍 가속페달에 의해 공기가 들어가는 통로에 설치되므로 에어크리너와 스로틀 보디 사이에 설치한다.

13 전자제어 엔진에서 흡입 공기량을 계량할 때 질량 유량을 검출하는 방식은?

① 열선식 ② 칼만 와류식
③ 기동 베인식 ④ 맵센서 방식

14 MAP센서의 기능으로 맞은 것은?

① 흡기 매니폴드 내의 공기 온도를 측정한다.
② 에어클리너 내의 공기량을 직접 측정한다.
③ 흡기 매니폴드 내의 부압을 절대압력으로 측정한다.
④ 에어클리너 내의 절대압력을 측정한다.

🔍 MAP센서란 Manifold Absolute Pressure sensor의 약자로 반도체식 압력센서를 이용하여 흡기 매니폴드의 진공(절대압력)을 측정한다.

정답 06 ② 07 ② 08 ② 09 ② 10 ③ 11 ① 12 ① 13 ① 14 ③

15 열선식 흡입 공기량 검출방식에서 이용되는 것은?

① 열량
② 시간
③ 전류
④ 주파수

> 공기 통로에 설치된 발열체인 열선이 공기에 의해 냉각되면 전류량을 증가시켜 규정 온도가 되도록 상승시켜 흡입 공기량을 측정한다.

16 MAP(Manifold Air Pressure) 센서의 진공 호스는 엔진의 어느 위치에 설치하는 것이 가장 좋은가?

① 스로틀 밸브의 앞쪽(에어클리너 쪽)
② 스로틀 밸브의 뒤쪽(매니폴드 쪽)
③ 흡기다기관의 뒤쪽
④ 연소실 입구

> MAP센서는 흡기 매니홀드의 진공을 측정하므로 스로틀 밸브 뒤쪽에 설치한다.

17 자동차용 센서 중 압전소자를 이용하는 것은?

① 스로틀포지션센서
② 조향각센서
③ 맵센서
④ 차고센서

18 MPI 구성요소 중 맵 센서(MAP SENSOR)에 대한 설명이다. 틀린 것은?

① 배기 공기량을 측정하는 센서이다.
② 흡기 매니폴드의 압력 변화를 전압으로 환산하여 흡입공기량을 간접 측정한다.
③ 점화스위치가 ON 일 때 맵 센서 출력전압이 3.9~4.1V 이면 정상이다.
④ 서지 탱크와 호스연결이 불량할 때 맵 센서내의 공기 흐름이 방해를 받는다.

19 전자제어 가솔린기관에서 에어플로우센서(AFS)의 기능에 의한 제어 흐름 설명 중 틀린 것은?

① 실린더로 유입되는 공기량을 검출한다.
② 검출된 신호를 기초로 기본연료 분사량을 산출한다.
③ 검출된 공기량에 따라 인젝터에서 분사되는 연료량도 변화한다.
④ 검출된 공기량에 따라 컴퓨터는 각 센서의 신호를 조합하여 연료압력을 제어한다.

> 에어플로우센서는 연소실로 흡입되는 공기량을 검출하는 장치로 이를 기준으로 기본 분사량을 산출하고 검출된 공기량에 따라 분사되는 연료량도 조절한다.

20 전자제어 분사장치 기관에서 에어플로센서가 하는 일로 바르게 표현된 것은?

① 공기의 흐름을 원활하게 한다.
② 에어클리너 내부에 설치되어 흡입 공기량을 제어한다.
③ 에어클리너 내부에 설치되어 흡입 공기량을 측정한 후 ECU에 보낸다.
④ 에어클리너에 설치되어 흡입공기를 정화시키고 그 상태를 ECU에 보낸다.

21 흡기온도 센서에 대하여 바르게 설명 된 것은?

① 흡입 공기의 밀도를 계측하여 분사량을 보정한다.
② 점화 스위치를 OFF시킨 후 측정한다.
③ 흡기 온도가 높을수록 저항 값이 높아진다.
④ 저항이 규정치를 벗어나거나 불변이면 저항값을 재조정하여 사용한다.

> 흡기온도 센서는 NTC 소자를 이용하여 공기의 밀도를 측정하여 연료 분사량을 보정한다.

22 전자식 기관제어장치의 공회전 상태 제어용 입력 정보에 해당하지 않는 것은?

① 기관 회전속도
② 수온센서
③ 자동 변속기의 중립신호
④ 차속센서

> 공회전 상태란 기관이 공전(idle)인지, 냉각수는 웜업되었는지, 기어는 중립인지를 입력받아 공회전 상태를 제어한다.

정답 15 ③ 16 ② 17 ③ 18 ① 19 ④ 20 ③ 21 ① 22 ④

23 TPS(스로틀 포지션 센서)에 대한 설명으로 틀린 것은?

① 일반적으로 가변 저항식이 사용된다.
② 운전자가 가속페달을 얼마나 밟았는지 감지한다.
③ 급가속을 감지하면 컴퓨터가 연료분사 시간을 늘려 실행시킨다.
④ 분사시기를 결정해 주는 가장 중요한 센서이다.

🔍 TPS(스로틀 포지션 센서)는 가변 저항식으로 스로틀 밸브를 밟으면 스로틀 밸브 축에 위치한 스로틀 위치센서를 통해 밸브의 열림 정도가 감지되며 열린 정도에 따라 공기량이 조절된다.

24 스로틀 밸브의 열림 정도를 감지하는 센서는?

① 차속 센서 ② 산소 센서
③ W.T.S ④ T.P.S

25 전자 제어 엔진에서 스로틀 보디의 역할을 가장 적절하게 설명한 것은?

① 공연비 조절 ② 공기량 조절
③ 혼합기 조절 ④ 회전수 조절

26 다음 중 가속 페달에 의해 저항 변화가 일어나는 센서는?

① 공기온도 센서(ATS)
② 수온 센서(WTS)
③ 크랭크포지션 센서(CAS)
④ 스로틀포지션 센서(TPS)

27 스로틀 위치센서(TPS)가 감지하는 상황이 아닌 것은?

① 공회전 ② 가속
③ 감속 ④ 크랭킹

28 가솔린 기관 흡기계통에서 스로틀 보디의 구성부품이 아닌 것은?

① 칼만와류식 에어플로우 센서
② 스로틀 포지션 센서
③ 스로틀 밸브
④ 공전속도 조절장치

🔍 스로틀 보디는 스로틀 밸브, 스로틀 포지션 센서, 공전속도 조절기로 구성되어 있다.

29 전자제어 기관의 공전속도 조절기구(idle speed actuator)의 역할이 아닌 것은?

① 대시포트 작용(dash-pot)
② 공전시 엔진 부하에 따른 엔진 회전수 보상
③ 냉간 운전시 냉각수 온도에 따라 공전시 공기유량 조절
④ 공기 유량을 검출하여 컴퓨터로 전송한다.

🔍 공전속도 조절기구는 공전속도 조절, 패스트 아이들 제어, 아이들 업 제어, 대시포트 제어, 스로틀 밸브 열림량 제어의 기능을 한다.

30 공회전 속도를 조정하기 위한 ISC 서보의 위치를 검출하는 센서는?

① 스로틀 포지션 센서 (TPS)
② 모터 포지션 센서 (MPS)
③ 크랭크 각 센서 (CAS)
④ 냉각수 온도센서 (WTS)

🔍 ISC 서보 내의 모터 위치 센서(MPS)는 ISC 서보 플런저의 위치를 검출한다.

31 다음 그림은 자동차의 부품 중 어떤 부품의 파형을 검출한 것인가?

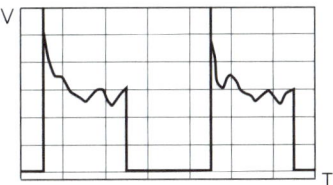

① 스로틀 포지션센서 ② 수온센서
③ 스텝모터 ④ 인젝터

🔍 스로틀 포지션센서, 수온센서는 가변 저항식이므로 아날로그 파형이고, 인젝터는 통전시간에 해당되는 구간(12V→0V)이 있어야 한다.

정답 23 ④ 24 ④ 25 ② 26 ④ 27 ④ 28 ① 29 ④ 30 ② 31 ③

32 가솔린 연료 분사장치에서 연료의 기본 분사량을 결정하는 요소는?

① 흡입공기량, 기관회전수
② 흡입공기량, 산소센서
③ 산소센서, 기관회전수
④ 기관회전수, 냉각수온도

> 가솔린 연료 분사장치는 흡입공기량과 기관회전수로 기본 분사량을 결정한다.

33 전자제어 기관에서 연료펌프가 작동되지 않을 때는?

① 점화 스위치가 ST 위치에 있을 때
② 점화 스위치가 ON 위치에 있고 엔진이 정지되어 있을 때
③ 점화 스위치가 ON 위치에 있고 엔진이 규정 이상으로 회전될 때
④ 점화 스위치가 ON 위치에 있고 공기 흡입이 감지될 때

> 점화 스위치를 "ST" 위치에 놓으면 연료압력을 형성하기 위하여 일시적으로 연료펌프가 작동하고, 점화 스위치가 "ON" 위치에 있고 엔진이 회전하여 공기 흡입이 감지되면 연료펌프는 계속 작동한다.

34 전자제어 엔진의 연료펌프에서 첵밸브가 하는 역할은?

① 잔압 유지와 고온 재시동을 용이하게 한다.
② 연료 압력의 맥동을 감소시킨다.
③ 연료가 막혔을 때 압력을 조절한다.
④ 연료를 분사한다.

> 연료펌프의 체크밸브는 연료펌프가 작동을 멈출 때 연료 출구를 막아 연료의 역류를 방지하며 잔압을 유지하여 고온에 의한 베이퍼 록을 방지하고, 재시동성을 향상시킨다.

35 전자제어 연료장치에서 기관이 정지한 후 연료압력이 급격히 저하되는 원인에 해당되는 것은?

① 연료 필터가 막혔을 때
② 연료 펌프의 체크 밸브가 불량할 때
③ 연료의 리턴 파이프가 막혔을 때
④ 연료 펌프의 릴리프 밸브가 불량할 때

36 전자제어 엔진의 연료압력이 높아지는 원인으로 가장 거리가 먼 것은?

① 연료 리턴 라인의 막힘
② 연료펌프의 첵 밸브 고장
③ 연료압력조절기의 진공 누설
④ 연료압력조절기의 고장

37 전자제어 가솔린 분사장치의 연료계통에서 연료압력이 규정보다 낮은 압력을 유지하고 있을 때 발생 될 수 있는 현상과 가장 거리가 먼 것은?

① 베이퍼록 발생
② 재시동성 불량
③ 연료 분사량
④ 맥동 및 소음 발생

38 전자제어 가솔린 연료장치에서 릴리프 밸브의 역할은?

① 증발가스의 발생을 억제한다.
② 저온 시동성을 양호하게 한다.
③ 연료 라인 내의 압력이 규정압 이상으로 상승하는 것을 방지한다.
④ 연료 압력을 올려준다.

> 릴리프 밸브(relief valve, safety valve)는 연료 공급라인이 막혔을 경우 연료 압력이 높아져 연료펌프 내의 부품이 망가질 수 있으므로 이를 방지하기 위하여 연료 라인 내의 압력이 규정 이상으로 상승하는 것을 방지한다.

39 가솔린 기관에서 흡기다기관 내의 압력 변화에 대응하여 연료 분사량을 일정하게 유지하기 위해 인젝터에 걸리는 연료 압력을 일정하게 조절하는 것은?

① 릴리프 밸브
② MAP 센서
③ 압력 조절기
④ 첵 밸브

> 연료압력 조절기는 흡기 매니폴드의 부압에 의해 작동되며, 흡기다기관 내의 압력변화에 대응하여 연료 분사량을 일정하게 유지하기 위해 인젝터에 걸리는 연료압력을 일정하게($2.55 kgf/cm^2$) 조절한다.

정답 32 ① 33 ② 34 ① 35 ② 36 ② 37 ③ 38 ③ 39 ③

40 전자제어 연료분사 장치에서 연료펌프의 구동상태를 점검하는 방법으로 틀린 것은?

① 연료펌프 모터의 작동음을 확인한다.
② 연료의 송출여부를 점검한다.
③ 연료압력을 측정한다.
④ 연료펌프를 분해하여 점검한다.

> 연료펌프 구동상태 점검 방법
> • 모터의 작동음을 확인한다.
> • 연료 압력을 측정한다.
> • 연료의 송출여부를 측정한다.
> • 연료 호스를 잡아 맥동을 감지한다.

41 전자제어 차량의 컴퓨터(ECU, ECM)에는 크게 입력신호와 출력단으로 구분할 수 있다. 이중에서 입력 신호가 아닌 것은?

① 냉각수 온도 센서(W.T.S)
② 흡기온도 센서(A.T.S)
③ 스로틀 포지션 센서(T.P.S)
④ 인젝터(injector)

> 인젝터는 E.C.U의 신호에 의해 작동되는 출력신호이다.

42 전자제어 기관 인젝터의 분사량에 영향을 주지 않는 것은?

① 모터 포지션센서   ② 산소 센서
③ 냉각 수온센서(WTS) ④ 공기 유량센서(AFS)

> 모터 포지션센서는 ISC 서보 플런저의 위치를 검출한다.

43 전자제어 엔진에서 연료 분사량에 영향을 가장 적게 주는 것은?

① 노즐의 크기와 행정
② 인젝터의 걸리는 연료 압력
③ 인젝터의 서지 전압
④ 인젝터의 분사 시간

> 연료 분사량은 노즐의 크기, 분사시간, 분사횟수, 연료 압력에 비례한다.

44 전자제어 기관 인젝터의 연료 분사량과 관계없는 것은?

① 분구의 면적   ② 연료의 압력
③ TDC 센서   ④ 통전시간

45 가솔린 연료분사장치 인젝터의 연료 분사량은 무엇에 의해 결정되는가?

① 니들밸브의 개방시간
② 플런저의 유효행정
③ 니들밸브의 유효행정
④ 니들밸브의 전행정

> 인젝터의 연료 분사량은 인젝터(니들밸브)의 통전시간(개방시간)으로 결정된다.

46 전자제어 엔진에서 컴퓨터는 무엇으로 연료 분사량을 조절하는가?

① 인젝터의 통전 시간
② 인젝터의 공급 전압
③ 인젝터의 니들밸브 행정
④ 인젝터의 공급 전류

47 전자제어 분사장치에서 기본 분사시간을 결정할 때 입력받는 신호는?

① 스로틀포지션센서, 수온센서
② 엔진 회전수, 수온센서
③ 흡입공기량센서, 엔진회전수
④ 흡입공기량센서, 스로틀포지션센서

> 기본 분사시간이란 연료 분사량을 의미하므로 흡입 공기량 센서와 엔진 회전수의 신호로 결정한다.

48 인젝터 분사시간 결정에 가장 큰 영향을 주는 센서는?

① 수온센서
② 공기온도센서
③ 노크센서
④ 흡입공기량센서

정답 40 ④ 41 ④ 42 ① 43 ③ 44 ③ 45 ① 46 ① 47 ③ 48 ④

49 전자제어 자동차의 인젝터 분사시간에 대한 설명으로 틀린 것은?

① 급 가속시에는 순간적으로 분사시간이 길어진다.
② 축전지 전압이 낮으면 무효 분사시간이 길어진다.
③ 급 감속시에는 경우에 따라 연료공급이 차단된다.
④ 산소센서의 전압이 높으면 분사시간이 길어진다.

🔍 혼합기가 농후하면 산소센서의 전압이 높아지므로 연료 분사량을 줄이기 위해 분사시간을 짧게 한다.

50 전자제어 연료분사 장치에서 인젝터를 설명한 것 중 틀린 것은?

① 플런저 : 니들 밸브를 누르고 있다가 ECU 신호에 의해 작동된다.
② 솔레노이드 : ECU 신호에 의해 전자석이 된다.
③ 니들 밸브 : 연료 압력을 일정하게 유지시킨다.
④ 배선 커넥터 : 솔레노이드에 ECU로부터 신호를 연결하여 준다.

🔍 니들밸브는 플런저와 일체로 되어 있어 플런저와 같이 전자석에 의해 당겨져 분공을 열어 연료를 분사하며, 연료 압력을 일정하게 하는 것은 연료압력 조절기라 한다.

51 다음 그림은 전자제어 연료분사장치의 인젝터 파형이다. ①~④의 설명으로 틀린 것은?

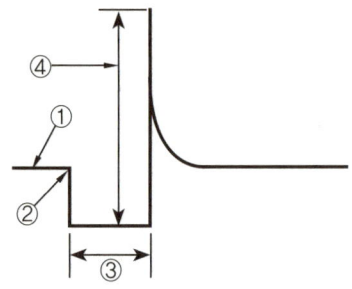

① 인젝터 구동 전압을 나타낸다.
② 인젝터를 구동시키기 위한 트랜지스터의 OFF 상태를 나타낸다.
③ 인젝터 구동 시간(연료 분사시간)을 나타낸다.
④ 인젝터 코일의 자장 붕괴시 역기전력을 나타낸다.

🔍 ②번은 인젝터를 구동시키기 위한 트랜지스터의 ON 상태를 나타낸다.

52 전자제어 연료분사식 엔진에서 냉각수온 센서에 대한 설명 중 틀린 것은?

① 냉각수 온도를 저항치로 변화시켜 컴퓨터로 입력시킨다.
② 냉각수온 센서가 단락되었을 때는 저항값이 0Ω에 가깝다.
③ 냉각수 온도가 높아지면 저항값이 커진다.
④ 냉각수온 센서의 저항값이 높아지면 연료 분사량이 증가한다.

🔍 냉각수온 센서는 부특성(NTC) 서미스터로 온도가 높아지면 저항값이 감소한다.

53 전자제어 기관에서 인젝터를 점검하는 방법으로 가장 관련이 없는 것은?

① 인젝터의 분사상태 확인
② 인젝터의 코일 저항 측정
③ 인젝터의 온도 측정
④ 인젝터의 작동음 확인

🔍 인젝터의 온도 측정은 하지 않는다.

54 전자제어 기관의 인젝터 회로 접촉불량은 물론 인젝터 자체 저항불량까지 한 번에 측정이 가능한 점검 요령을 기술한 것 중 가장 올바른 것은?

① 인젝터 전류 파형의 측정하여 점검
② 인젝터 작동소리로 점검
③ 인젝터 저항을 측정하여 점검
④ 인젝터 분사량을 측정하여 점검

🔍 인젝터의 전류 파형을 점검하여 인젝터 회로의 접촉불량 및 자체 저항 불량까지 알 수 있다.

55 전자식 기관제어 장치의 구성에 해당하지 않는 것은?

① 연료 분사 제어
② 배기 재순환(EGR)
③ 공회전 제어(ISC)
④ 전자식 제동 제어 장치(ABS)

🔍 ABS는 전자제어 섀시장치에 속한다.

정답 49 ④ 50 ③ 51 ② 52 ③ 53 ③ 54 ① 55 ④

56 전자제어 기관에서 수온센서 배선이 접지되었을 경우 나타나는 현상은?

① 고속주행이 곤란하다.
② 상온상태에서 시동이 곤란하다.
③ 연료소모가 많다.
④ 겨울철 시동이 곤란하다.

🔍 수온센서 배선이 접지되면 엔진이 워밍업으로 입력되어 겨울철 시동이 곤란하다.

57 센서의 점검 정비시 조건이 잘못 짝지어진 것은?

① AFS – 시동상태
② 컨트롤 릴레이 – 점화스위치 ON 상태
③ 인히비터 스위치 – 주행상태
④ 크랭크각 센서 – 크랭킹 상태

🔍 인히비터 스위치는 P나 N 레인지에서 시동 가능한 정지상태이다.

58 전자제어 가솔린 엔진에서 ECM(또는 ECU)의 입력요소가 아닌 것은?

① 연료 분사 밸브 ② 공기유량 센서
③ 공전스위치   ④ 크랭크각 센서

🔍 연료 분사밸브는 ECM(또는 ECU)에 의해 작동되는 출력요소이다.

59 전자제어 연료분사 장치 차량에서 시동이 안 걸리는 원인으로 가장 거리가 먼 것은?

① 점화 일차 코일의 단선
② 타이밍 벨트가 끊어짐
③ 차속 센서 불량
④ 연료 펌프 배선의 단선

🔍 차속센서 불량은 시동과 관계없다.

60 전자제어 분사장치 자동차가 열간 시 시동이 잘 안 걸리는 원인 중 잘못된 것은?

① 인젝터 불량
② 연료 압력 레귤레이터 불량
③ 흡기 매니홀드 개스킷 불량
④ 산소 센서 불량

🔍 산소센서는 시동 후 배기가스 중 산소농도를 측정하여 E.C.U로 피드백 시킨다.

61 최근 자동차에 사용되는 센서를 설명하였다. 틀린 것은?

① 온도변화나 압력변화 등의 물리량을 전압이나 전류 등의 전기량으로 변화시킨다.
② 온도센서, 압력센서, 차속센서 등이 있다.
③ 복잡한 제어장치에 사용되며 주위 상황이나 운전상태 등을 감지한다.
④ 온도변화나 압력변화 등에 상관없이 저항이 일정하다.

🔍 온도나 압력의 변화에 따라 저항값이 변하여 측정된 전압이 E.C.U로 입력된다.

62 컨트롤 릴레이에서 전원을 공급해 주는 곳이 아닌 것은?

① 인젝터   ② 연료펌프
③ ECU   ④ 기동전동기

🔍 기동전동기는 키 스위치에 의해 배터리 전원이 공급된다.

정답 56 ④ 57 ③ 58 ① 59 ③ 60 ④ 61 ④ 62 ④

CHAPTER 04

Craftsman Motor Vehicles Maintenance

자동차 섀시

Section 01 동력전달장치
Section 02 현가 및 조향장치
Section 03 제동장치
Section 04 주행 및 구동장치

SECTION 01 동력전달장치

① 클러치 디스크가 마모되면 페달 유격이 작아진다.
② 유체 클러치 : 펌프, 터빈, 가이드 링
③ 토크 컨버터 : 펌프, 터빈, 스테이터
④ 종감속 기어의 종류 : 하이포이드기어, 웜기어, 베벨기어

STEP 01 클러치

1. 클러치 일반

1) 클러치의 정의
클러치는 기관에서 발생된 동력을 변속기로 전달 또는 차단하는 것으로 변속기와 기관 사이에 설치된다. 기관을 시동하거나 기어 변속을 할 때는 기관과의 연결 상태를 차단하고, 출발할 때에는 기관의 동력을 변속기로 서서히 전달하는 일을 한다.

2) 클러치의 필요성
① 기관 시동시 기관을 무부하 상태 유지
② 변속시 기관의 회전력을 차단
③ 정차 및 기관의 동력을 서서히 전달

3) 클러치의 구비조건
① 동력차단이 신속히 될 것
② 동력전달 및 차단이 원활할 것
③ 작동이 확실할 것
④ 구조가 간단하며 점검 및 취급이 용이할 것
⑤ 동력이 차단된 후 수동부분에 회전 타성이 적을 것
⑥ 방열이 잘 되고 과열되지 않을 것
⑦ 회전부분의 평형이 좋을 것

4) 클러치 용량
클러치가 전달할 수 있는 회전력의 크기는 엔진 회전력의 1.5~2.3배이며 출력이 커지면 클러치 판도 증가시켜 주어야 미끄럼 현상이 생기지 않는다.

2. 클러치 구조 및 작용

1) 마찰 클러치
① 클러치판 : 비틀림스프링(댐퍼스프링, 토션스프링), 쿠션 스프링(클러치 판의 편마멸, 변형, 파손 등을 방지), 페이싱으로 구성된 원판이며 플라이 휠과 압력 판 사이에 설치되어 클러치축을 통하여 변속기에 동력을 전달하는 역할을 한다.

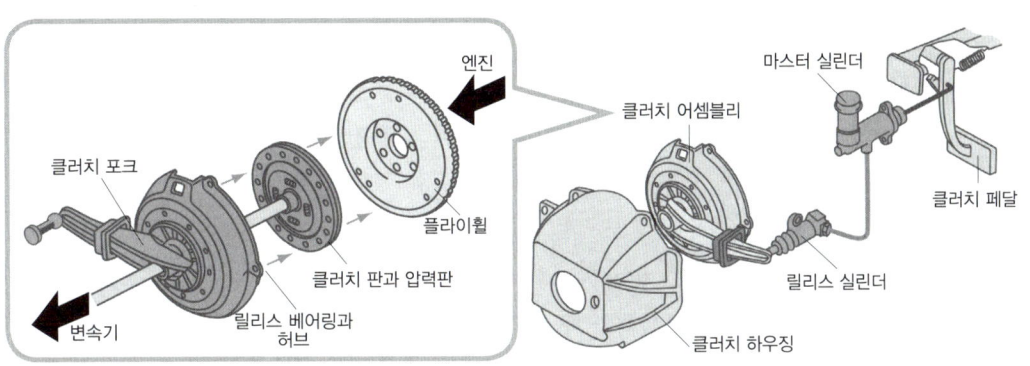

[유압 클러치의 구조]

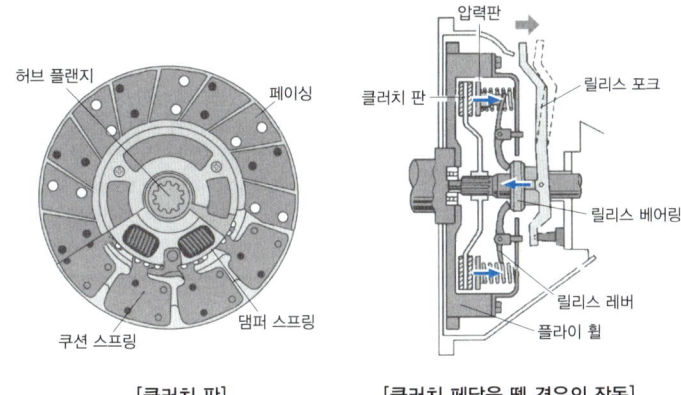

[클러치 판]　　　[클러치 페달을 뗄 경우의 작동]

② 압력판 : 클러치 스프링의 장력으로 클러치 판을 플라이휠에 밀착시키는 일을 한다.
③ 릴리스 포크 : 릴리스 베어링의 힘을 받아 압력판을 움직이는 역할을 한다.
④ 클러치 스프링 : 클러치 커버와 압력판 사이에 설치되어 압력판에 압력을 발생시킨다.
⑤ 릴리스 베어링 : 릴리스 포크에 의해 클러치 축의 길이 방향으로 움직이며, 회전 중인 릴리스 레버를 눌러 동력을 차단시키는 일을 한다. 솔벤트나 액체의 세척제로 닦아서는 안 된다.

2) 유체 클러치와 토크 컨버터
① 유체 클러치 : 펌프, 터빈, 가이드링으로 구성된다.
② 토크 컨버터 : 펌프, 터빈, 스테이터로 구성된다.

> 참고 전자식 클러치 : 전자석의 자력을 증감시켜 클러치 작용을 한다.

3. 클러치의 조작기구

클러치 페달의 밟는 힘을 로드나 케이블을 통하여 릴리스 포크에 전달하는 기계식과 유압으로 릴리스 포크를 움직이는 유압식이 있다.

1) 마스터 실린더
① 오일탱크, 피스톤 및 피스톤 컵, 리턴 스프링, 푸시 로드 등으로 구성된다.
② 피스톤 컵 : 1차컵(유압을 발생), 2차컵(기밀을 유지)

2) 릴리스 실린더(오퍼레이팅 실린더, 슬레이브 실린더)
① 피스톤 및 피스톤 컵, 푸시 로드 등으로 구성된다.
② 마스터 실린더에서 발생한 유압이 릴리스 실린더 에 전달한다.

4. 클러치의 고장원인과 점검

1) 클러치 연결시 진동이 생기는 원인
① 릴리스 레버의 높이가 불평형할 때
② 클러치판의 런아웃이 클 때
③ 클러치판의 허브가 마모되었을 때
④ 압력판 및 클러치 커버의 체결이 풀어졌을 때

2) 클러치가 미끄러지는 원인
① 클러치 페달의 자유 간격이 작아졌을 때
② 클러치 스프링의 장력 쇠손 또는 절손
③ 페이싱에 기름 부착
④ 페이싱의 과도한 마모시

3) 클러치 페달에 유격을 주는 이유
① 릴리스 베어링의 수명을 연장한다.
② 디스크의 미끄러짐을 방지한다.
③ 클러치 페이싱의 마멸을 작게 한다.

4) 클러치 유격이 작을 때의 영향
① 클러치가 미끄러진다.
② 클러치 판이 마멸된다.
③ 릴리스 베어링이 빨리 마모된다.
④ 클러치에서 소음이 발생한다.

5) 클러치의 차단이 불량한 원인
① 클러치 페달의 유격이 너무 클 때
② 클러치판이 흔들리거나 비틀어졌을 때
③ 파일럿 베어링이 고착되었을 때

STEP 02 수동변속기

1. 변속기 일반

1) 변속기의 필요성
① 기관 회전속도와 바퀴 회전속도와의 비를 주행 저항에 대응하여 바꾼다.
② 바퀴의 회전방향을 역전시켜 차의 후진을 가능하게 한다.
③ 기관과의 동력을 끊을 수도 있다.

2) 변속기의 구비 조건
① 단계가 없이 연속적인 변속조작이 가능할 것
② 변속조작이 용이하고 신속, 정확하게 변속될 것
③ 전달효율이 좋을 것
④ 소형, 경량으로서 고장이 없고 다루기가 용이할 것

2. 수동변속기의 종류

종류	설명
섭동기어식 변속기	변속레버가 기어를 직접 움직여 변속한다.
상시물림식 변속기	동력을 전달하는 기어를 항상 맞물리게하고 클러치 기어를 이동시켜 변속한다.
동기물림식 변속기	상시물림식과 같은 방식에서 동기 물림기구를 두어 기어가 물릴 때 작용한다.

1) 동기물림식 변속기의 구성
① 변속기 입력축 : 클러치 판에 연결되어 기관의 동력이 변속기로 전달된다.
② 부축 기어 : 클러치가 접속된 상태에서는 항상 회전하여 주축에 설치된 각 기어에 동력을 전달하는 역할을 한다.
③ 주축 기어 : 후진 기어가 설치되어 공전을 하며 기어와 기어 사이에는 회전을 원활하게 전달하기 위하여 싱크로메시 기구가 설치되어 있다.
④ 싱크로메시 기구(synchronizer system) : 변속시에 주축의 회전수와 각 기어의 회전수 차이를 싱크로나이저 링과 콘(cone) 사이에서 발생되는 마찰력으로 동기시켜 변속이 원활하게 이루어지도록 하는 장치이다.
⑤ 싱크로나이저 허브 : 스플라인에 끼워져 고정되어 있으며, 그 바깥 둘레에 클러치 슬리브가 끼워지는 부분이다.
⑥ 싱크로나이저 슬리브 : 전후 방향으로 이동하여 기어 클러치의 역할을 한다.
⑦ 싱크로나이저 링 : 콘과 접촉하여 클러치 작용을 한다.
⑧ 싱크로나이저 키 : 슬리브를 고정하여 기어 물림이 빠지지 않게 하는 역할을 한다.
⑨ 싱크로나이저 키 스프링 : 슬리브를 고정하여 기어의 물림이 빠지지 않도록 하는 역할을 한다.

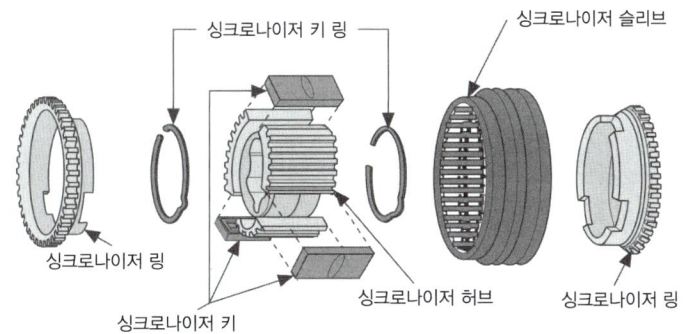

[싱크로 메시 기구]

3. 변속기의 부수장치

1) 기어 물림의 빠짐 방지 장치
① 싱크로나이저 슬리브의 챔퍼 가공
② 로킹 볼 : 로킹 볼과 스프링을 설치하여 시프트 레일을 고정하므로서 기어가 빠지는 것을 방지한다.

2) 2중 물림 방지 장치
인터록(Interlock) 장치는 하나의 기어가 물림하고 있을 때 다른 기어는 중립 위치로부터 움직이지 않도록 하는 장치이다.

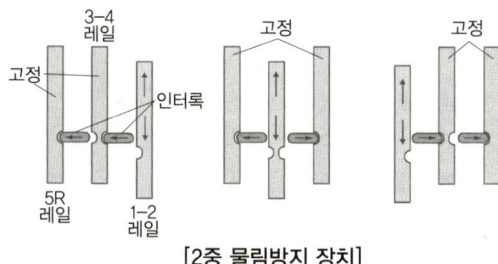

[2중 물림방지 장치]

3) 변속비
기관의 회전속도와 변속기 주축의 회전속도와의 비율을 말한다.

$$변속비 = \frac{기관 \ 회전수}{추진축 \ 회전수} = \frac{부축}{주축} \times \frac{주축}{부축}$$

4) 동력 인출장치(PTO, Power Take Off)
엔진의 동력을 주행 외에 용도에 이용하기 위한 장치로서 변속기 케이스 옆면에 설치되어 부축상의 동력 인출 구동기어에서 동력을 인출한다.

> **참고** 오버 드라이브의 특징
> - 차의 속도를 30% 정도 빠르게 할 수 있다.
> - 엔진 수명을 연장한다.
> - 평탄 도로에서 약 20%의 연료가 절약된다.
> - 엔진 운전이 조용하게 된다.

4. 변속기의 고장 원인과 점검

1) 변속기어가 잘 물리지 않는 원인
① 클러치가 끊어지지 않을 때
② 싱크로 나이저링의 접촉이 불량할 때
③ 변속레버 선단과 스플라인 마모시
④ 주축 베어링 마모시

2) 기어가 빠지는 원인
① 싱크로나이저 클러치기어의 스플라인이 마멸되었을 때
② 메인 드라이브 기어의 클러치기어가 마멸되었을 때
③ 클러치축과 파일럿 베어링의 마멸
④ 메인 드라이브 기어의 마멸
⑤ 시프트링의 마멸

⑥ 로크볼의 작용 불량
⑦ 로크스프링의 장력이 약할 때

3) 변속시 기어의 소음 원인
① 클러치가 잘 끊기지 않을 때
② 싱크로나이저의 마찰면에 마멸이 있을 때
③ 클러치기어 허브와 주축과의 틈새가 클 때
④ 조작기구의 불량으로 치합이 나쁠 때
⑤ 기어 오일 부족
⑥ 각 기어 및 베어링 마모 시

STEP 03 자동변속기

1. 유체 클러치와 토크 컨버터

1) 유체 클러치(구성 : 펌프, 터빈, 가이드링)
① 펌프 : 크랭크 축에 설치되어 유압을 발생한다.
② 터빈 : 변속기 입력 축에 설치된다.
③ 가이드링 : 유체 충돌을 방지한다.
④ 동력전달 효율은 최대 98% 정도이다.

2) 토크 컨버터(구성 : 펌프, 터빈, 스테이터)
① 펌프 : 크랭크 축에 설치되어 유압을 발생한다.
② 터빈 : 변속기 입력 축에 설치된다.
③ 스테이터 : 오일의 흐름 방향을 바꾸어 토크를 증가한다.
④ 속도비 0에서 회전력 변환비가 가장 크다.
⑤ 토크 컨버터에서의 속도감소는 회전력의 증가를 의미한다.
⑥ 클러치 점(Clutch Point) 이상의 속도비에서는 회전력 변환비는 1이 된다.
⑦ 회전력 변환비는 2~3:1이다.

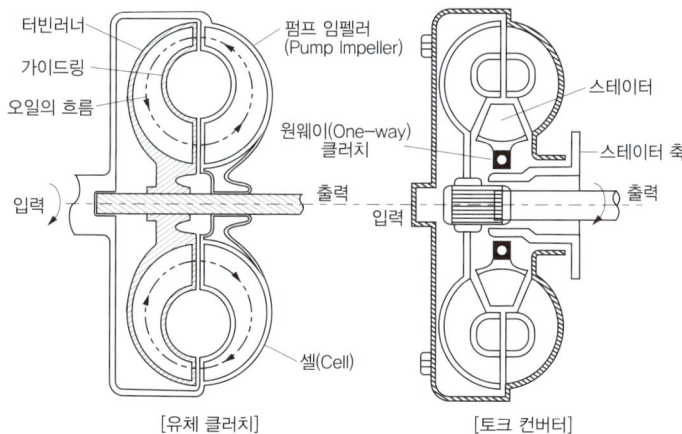

[유체클러치와 토크컨버터의 구조]

3) 댐퍼(록업) 클러치

토크 컨버터를 기계적으로 직결시켜 미끄러짐에 의한 손실을 방지하는 장치이며, 동력 전달 순서는 기관→프런트 커버→댐퍼 클러치→변속기 입력축이다.

> **참고** 댐퍼 클러치가 작용하지 않는 범위
> - 1속, 후진시
> - 엔진 브레이크 시
> - 유온 60℃ 이하 시
> - 냉각수 온도가 50℃ 이하 시
> - 3속에서 2속으로 시프트 다운 시
> - 엔진 회전수가 800rpm 이하
> - 엔진 회전수가 2,000rpm 이하에서 스로틀 밸브의 열림이 클 때

2. 자동 변속기의 제어 요소

제어 요소	역할
엔드 클러치 (end clutch)	제3속 및 오버 드라이브 주행시 구동력을 유성 기어 캐리어에 전달
프런트 클러치 (front clutch)	제3속 및 후진시 구동력을 후진 선 기어에 동력을 전달
리어 클러치 (rear clutch)	제1~3속시 구동력을 전진 선 기어에 전달
로우 리버스 브레이크 (low reverse brake)	l레인지의 제1속 및 후진시 유성 기어 캐리어를 고정
킥다운 브레이크 (kick down brake)	제2속 및 오버 드라이브 주행시에 킥다운 브레이크 드럼을 고정하여 유성 기어장치의 선 기어를 고정
일방향 클러치 (one-way clutch)	d레인지 또는 2속 레인지의 제1속 주행시에 유성 기어 캐리어에 역방향의 회전력을 차단한다.
유성 기어 장치 (planetary gear)	유성 기어, 선 기어, 링 기어, 유성 기어 캐리어로 구성되어 있으며, 클러치 및 브레이크에 의해 요소를 고정 및 해제시켜 자동으로 변속이 이루어진다.

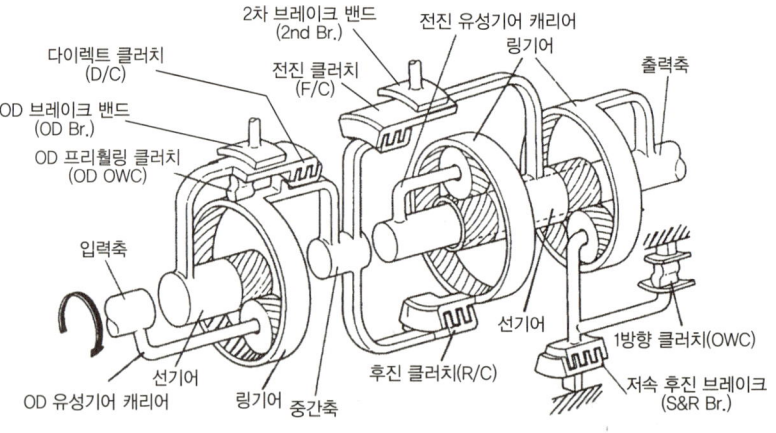

[자동변속기 제어 요소]

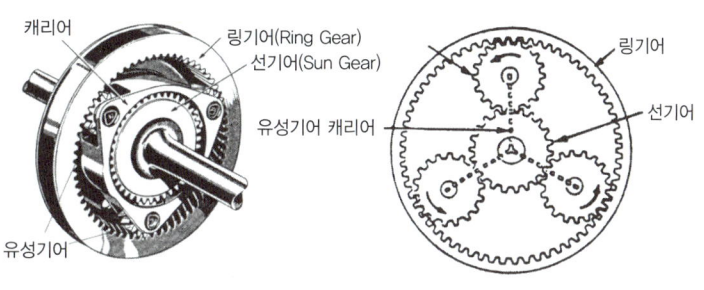

[유성 기어 장치]

3. TCU의 제어

종류	설명
댐퍼 클러치 제어용 센서	유온 센서, 가속페달 스위치, TPS, 에어컨 릴레이, 점화 펄스, 펄스 제너레이터 B
변속 패턴 제어용 센서	인히비터 스위치, 펄스 제너레이터 B, 파워·이코노미 및 홀드 스위치, 오버드라이브 스위치, 가속 페달 스위치, 유온 센서
유압 제어용 센서	펄스 제너레이터 A, 파워·이코노미 및 홀드 스위치, 킥다운 서보 스위치, TPS, 에어컨 릴레이, 점화 펄스

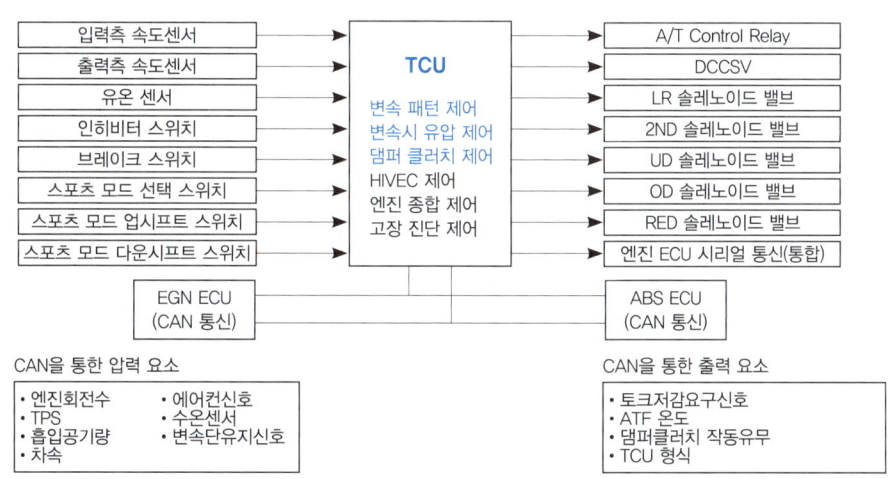

[자동변속기의 전자제어 구성도]

4. 유압 제어 밸브

① 레귤레이터 밸브 : 펌프에서 발생된 유압을 라인 압력으로 조절한다.
② 토크 컨버터 컨트롤 밸브(TCCV) : 오일을 토크 컨버터 및 각 윤활부에 공급하기 위한 압력으로 조절하는 역할을 한다.
③ 댐퍼 클러치 컨트롤 밸브(DCCV) : 유압을 댐퍼 클러치의 작동측과 해제측에 공급한다.
④ 댐퍼 클러치 컨트롤 솔레노이드 밸브(DCCSV) : 댐퍼 클러치 유압을 제어한다.
⑤ 리듀싱 밸브(감압 밸브) : 라인 압력보다 낮은 압력으로 조절하는 역할을 한다.

5. 자동 변속기의 점검 및 시험

1) 자동변속기의 오일 색깔
① 정상 : 투명도가 높은 붉은 색이다.
② 갈색 : 장시간 고온에 노출되어 열화를 일으킨 상태이다.
③ 검은색 : 클러치판 마멸, 부싱 및 기어가 마멸된 경우이다.
④ 백색 : 냉각수가 혼입된 경우이다.

2) 스톨 테스트(stall test)
D, R레인지에서 기관의 최대 속도를 측정하여 변속기와 기관의 상태를 시험하는 것이며, 5초 이내에 시험하여야 한다.

STEP 04 무단변속기

1. 개요

① 무단 변속기(CVT, Continuously Variable Transmission)는 주행 중 변속을 연속적으로 가변시키는 변속기로서 무단으로 변속을 실행하므로 변속기에서 발생할 수 있는 변속 충격 방지 및 연료 소비율 향상과 가속 성능이 우수하다.

② 무단 변속기의 장점
　㉠ 가속 성능의 향상 : 변속비가 연속적으로 이루어지므로 엔진 회전속도를 일정 한 구간으로 유지하여 변속할 수 있기 때문에 운자의 성향에 따라 필요한 구동력의 영역으로 운전을 할 수 있다.
　㉡ 연료 소비율의 향상 : 무단 변속기는 중간에 동력이 차단되는 변속이 없으므로 댐퍼 클러치 영역을 기존 자동변속기보다 크게 할 수 있다.
　㉢ 변속될 때 충격 감소 : 변속 패턴이 없어 출력축 회전력의 변동에 의한 차이가 없기 때문에 변속될 때 충격이 없다.
　㉣ 무게 감소 : 기존의 자동변속기에 비해 부품 수가 적어 무게가 가벼워진다.

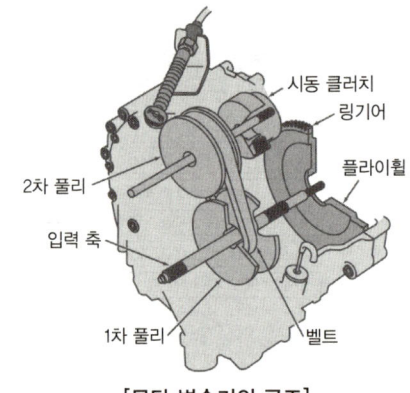

[무단 변속기의 구조]

2. 무단 변속기의 구성별 분류

1) 동력 전달방식에 의한 분류
① 토크 컨버터 방식 : 기존의 자동변속기에서 사용하는 토크 컨버터와 동일한 방식을 사용하며, 무단 변속기 특성상 댐퍼 클러치 제어 영역을 자동변속기에 비해 작동 영역을 크게 할 수 있어 연료 소비율이 향상된다.
② 전자 분말 방식 : 전자 분말을 밀폐된 공간에 넣고 바깥쪽 구동축에 전자석을 설치하고 안쪽에는 변속기 입력축을 설치하여 코일에 전원을 가하면 전자 분말이 자화하여 입력축과 출력축이 연결된다.

2) 변속 방식에 의한 분류

① 고무 벨트 방식(Rubber Belt type) : 알루미늄 합금 블록의 측면을 내열 수지로 성형한 고무 벨트는 높은 마찰 계수를 유지하는 효과를 얻을 수 있고 벨트를 누르는 힘인 추력을 작게 할 수 있다.

② 금속 벨트 방식(Metal Belt Type) : 두께 0.2mm의 금속 밴드를 12장씩 겹친 밴드 사이에 끼워 넣은 상태로 되어 있으며, 고무 벨트 방식은 인장력으로 동력을 전달하지만 금속 벨트 방식은 금속 블록 사이의 압축력에 의해서 동력을 전달한다.

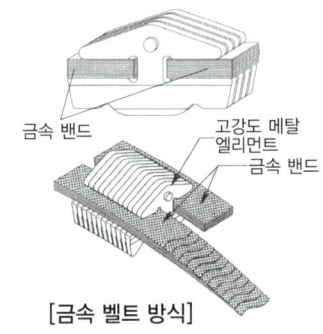

[금속 벨트 방식]

③ 트랙션 구동 방식(Traction Drive type) : 탄성의 오일 막을 이용하여 금속의 전동체로 사용하여 입력축과 출력축 원판에 하중 P를 작용시키고 롤러(Roller)가 A점을 중심으로 회전함에 따라 유효 접촉 반지름인 R_i와 R_o가 변화한다 마찰 바퀴는 토로이드(Toroid)라 하며, 레이스(Race)와 롤러는 직접 접촉하지 않고 그 사이에 존재하는 유막의 전단력에 의해 동력이 전달된다.

> **참고** 트랙션 구동 방식의 특징
> - 변속 범위가 넓으며, 높은 효율을 낼 수 있고, 작동 상태가 정숙하다.
> - 큰 추진력 및 회전면의 높은 정밀도와 강성이 필요하다.
> - 무게가 무겁고, 전용의 오일을 사용하여야 한다.
> - 마멸에 따른 출력 부족 가능성이 크다.

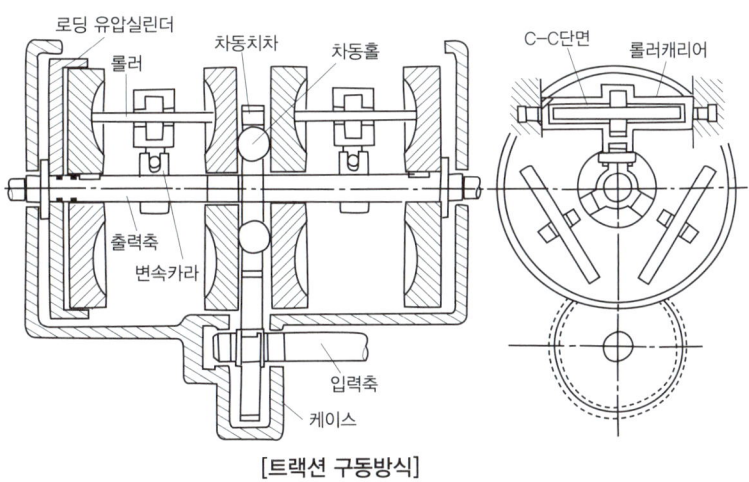

[트랙션 구동방식]

3. 무단 변속기의 구성 요소와 작동

1) 토크 컨버터(torque convertor)

기존의 자동변속기의 토크 컨버터의 주요 부품을 공용화 하고 댐퍼 클러치를 내장하고 있다.

2) 오일 펌프(Oil Pump)

풀리에서 금속 벨트의 미끄럼이 일어날 경우 내구 성능에 치명적이므로 풀리의 제어 압력이 기존의 자동변속기 제어 압력보다 더욱 큰 압력이 요구된다.

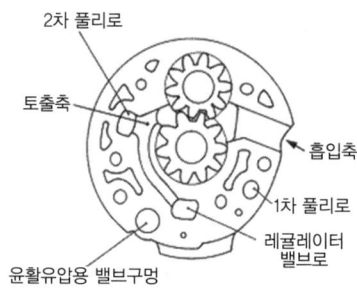

[오일 펌프]

3) 전·후진 장치

① P&N 레인지일 때 : P와 N 레인지에서는 전진 클러치와 후진 브레이크는 작동하지 않고 입력 축에서의 구동력은 1차 풀리로 전달되지 않는다.

② 전진에서의 작동 : 엔진→토크 컨버터→입력축→전진 클러치→유성 캐리어→출력(1차 풀리)이다.

③ 후진에서의 작동 : 엔진→토크 컨버터→입력축→선 기어→피니언→피니언→유성 캐리어→출력(1차 풀리)이다.

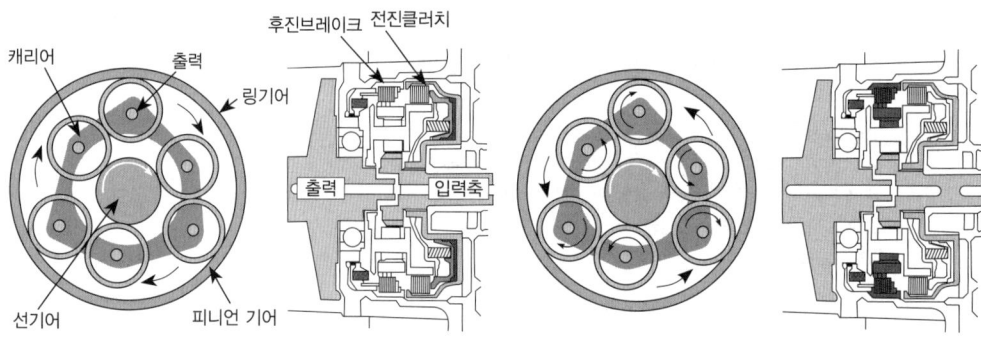

[전진 시 작동]　　　　　[후진 시 작동]

4) 가변 풀리(Variation Pulley)

지름이 다른 풀리 2개가 벨트를 통하여 연결되어 있으며, 각 풀리는 벨트가 설치되어 지름을 변경할 수 있도록 되어 있다. 다음은 저속에서의 작동 시 풀리의 작동에 대한 설명이다.

① 1차 풀리 : 최대한 벌어져 금속 벨트가 제일 안쪽으로 들어가게 되어 1차 풀리 축의 중심에서 반지름이 가장 작아진다.

② 2차 풀리 : 최대한 좁혀져 금속 벨트가 가장 바깥쪽으로 가게 되어 2차 풀리 중심에서 반지름이 가장 커진다.

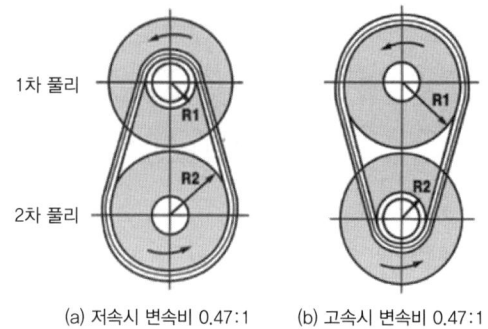

(a) 저속시 변속비 0.47:1　　(b) 고속시 변속비 0.47:1

[저속 및 고속시 가변풀리의 작동]

4. 무단 변속기의 전자 제어

1) 구성 요소

① 솔레노이드 밸브(Solenoid Valve) : 솔레노이드 밸브의 기준 유압을 낮추어 기존의 자동변속기용에 비해 작게 제작 할 수 있어 비용 절감과 소음을 감소한다.

② 오일 온도 센서(Oil Temperature Sensor) : 변속기 오일의 온도를 서미스터로 검출하여 댐퍼 클러치 작동 및 미작동 영역을 검출하고 변속할 때 유압 제어 정보 등으로 사용한다.

③ 유압 센서(Oil Pressure Sensor) : 라인 압력 또는 1차 풀리쪽의 압력 검출용과 2차 풀리쪽의 압력 검출용 2개가 설치되며 검출 압력의 범위는 0~80kgf/cm^2, 입력 범위는 0.5~4.5V 이다.

④ 회전속도 센서 : 터빈 회전속도 센서, 1차 풀리 회전속도 센서, 2차 풀리 회전속도 센서로 구성되며 1·2차 풀리의 회전속도 센서는 공용화가 가능한 홀 센서 형식을 사용한다.

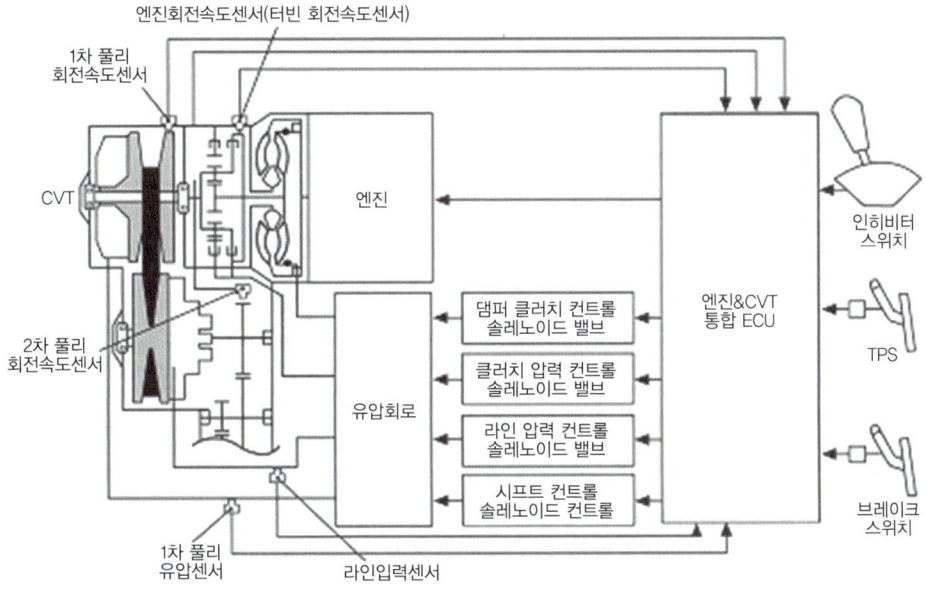

[센서의 구성]

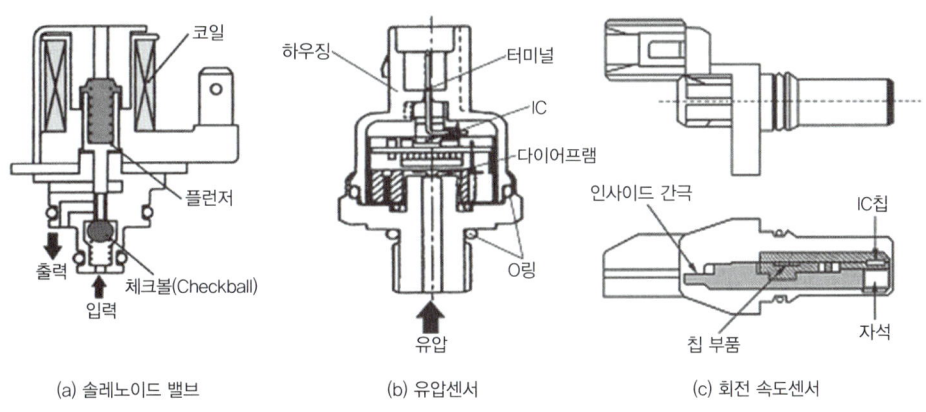

(a) 솔레노이드 밸브 (b) 유압센서 (c) 회전 속도센서

[무단 변속기의 전자제어 구성요소]

2) 유압 제어 계통

(1) 라인 압력 제어
20~30bar 정도로서 항상 높은 라인 압력을 유지하기 위해서는 오일 펌프의 구동력이 커지므로 효율을 높이기 위해서는 전달되는 회전력의 크기에 비례하여 적절한 라인 압력을 제어

(2) 제어 밸브의 기능
① 레귤레이터 밸브 : 라인 압력을 주행 조건에 따라 적절한 압력으로 조정한다.
② 변속 제어 밸브 : 1차 풀리의 유압을 조정한다.
③ 클러치 압력 제어 밸브 : 전진 클러치 및 후진 브레이크의 작동을 조정한다.
④ 댐퍼 클러치 제어 밸브 : 댐퍼 클러치의 작동을 조정한다.

3) 엔진 변속기 총합 제어(Ⅰ)
엔진 회전력(입력 회전력)에 대응하여 풀리에 작동하는 유압을 조정한다.

① 정확한 엔진 회전력 연산 : 엔진은 정밀한 회전력 제어가 가능하다. 이 정보를 이용하여 벨트를 잡아주는 힘을 최소로 억제하고 유압을 필요 최소량으로 한다.
② 높은 응답 제어 : 대용량의 컴퓨터로 제어하므로 엔진 제어와 무단 변속기 제어 사이의 통신 지연을 배제하고 높은 점도에서 응답성이 우수한 유압 센서를 부착하여 응답 지연을 최소화한다.
③ 엔진의 운전 영역 : 엔진의 저속회전 영역에서 개선 효과가 크며 변속비를 단계가 없이 제어하는 무단 변속기와 엔진의 조합에 의해 연료 소비량이 저속회전 영역에서도 운전 속도를 높이며 낮은 연료 소비율을 실현한다.

4) 엔진 변속기 총합 제어(Ⅱ)
기존의 자동변속기용 인벡스(INVECS, Intelligence Vehicle Control System) Ⅱ를 기본으로 하여 무단 변속기의 무단 변속 특성에 따라 인벡스Ⅱ보다 진화된 인벡스Ⅲ를 사용하고 있다.

① 내리막길 제어 : 여러 가지 주행 조건에 의한 엔진 브레이크를 얻을 수 있도록 변속비를 제어하며 가속 페달 또는 브레이크 페달 조작량에 의해서 엔진 브레이크의 과부족을 판정하고 학습 보정 제어를 실시
② 오르막길 제어 : 오르막길을 주행할 때 리프트 풋(Lift Foot)에 따른 불필요한 업 시프트를 방지하고 다시 가속할 때 구동력의 확보를 위해 1차 풀리 회전속도를 증대하여 엔진 회전속도가 저하되는 것을 방지한다.

5) 댐퍼 클러치 제어
① 작동 시점의 저속화 : 엔진의 회전력에 응답하여 세밀하게 직결 작동 압력을 제어하여 저속에서도 충격없이 직결한다.

② 댐퍼 클러치 작동 영역

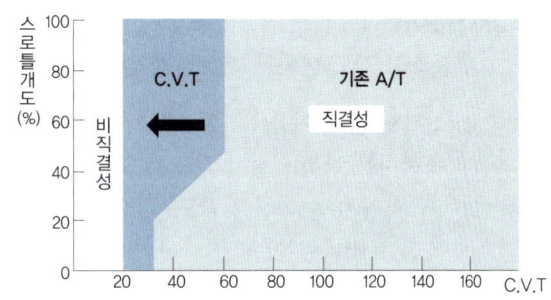

6) 6속 스포츠 모드 제어

인벡스-Ⅲ 제어에 의해 운전의 편리성을 실현한 D, Ds 모드에 추가로 스포츠 모드가 있다. 스포츠 모드의 특성은 다음과 같다.

① 변속 레버를 앞뒤로 이동시키는 것만으로 업, 다운 시프트가 가능하다.
② 가속 페달을 밟은 상태에서 기어 변속이 가능하다. 이 때문에 출력의 감소없이 운전을 즐길 수 있다.
③ 굴곡 도로 및 산악 도로에서도 양호한 변속의 패턴을 스스로 선택할 수 있어 곡선 도로 진입 직전이나 경사로 주행 직후의 경쾌한 다운 시프트가 가능하다.
④ 현재의 변속 패턴을 시프트 표시등으로 점등 표시하여 스포츠 모드에서 변속 레버 조작을 도와준다. 또한 D 레인지의 주행 중에도 변속 패턴을 표시하여 스포츠 모드를 선택할 때의 의지 결정을 도와준다.
⑤ 스킵 변속(skip shift)이 가능하다.

STEP 05 드라이브 라인 및 동력 배분장치

1. 드라이브 라인

기관의 동력을 원활하게 뒤차축에 전달하기 위해 추진축의 중간부분에 슬립이음(slip joint)과 추진축의 앞쪽 또는 양쪽 끝에 자재이음(universal joint)이 있고 이것을 합쳐서 드라이브 라인이라고 부른다.

1) 추진축

변속기의 회전력을 종감속 장치에 전달하여 바퀴를 회전시키는 속이 비어 있는 축이다.

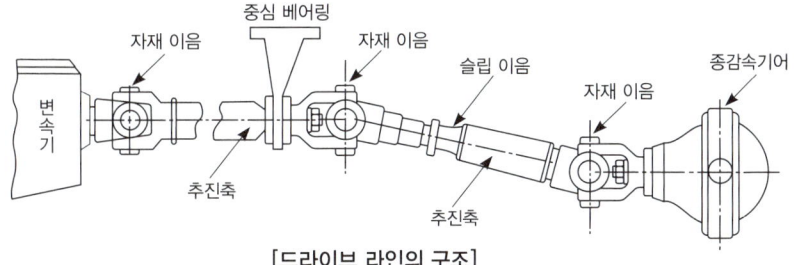

[드라이브 라인의 구조]

2) 자재 이음

추진축의 각도 변화를 가능하게 한다.

① 십자형 자재 이음 : 각도 변화를 12~18° 이하로 하고 있다.
② 플렉시블 이음 : 설치 각도는 3~5°이다.
③ CV 자재 이음 : 설치 각도는 29~30°이다.
④ 볼 & 트러니언 이음

3) 슬립 이음

출력축에 스플라인이 설치되어 추진축의 길이 변화를 가능케 한다.

2) 종감속 기어 및 차동 기어

1) 종감속 기어의 종류

종류	특징
하이포이드기어	구동피니언과 스파이럴 베벨기어의 편심량이 링기어 지름의 10~20%이다.
웜기어	감속비가 크지만 전동효율이 낮다.
스파이럴 베벨 기어	베벨 기어의 형태가 매우 경사진 것이다.

(a) 하이포이드 기어

(b) 웜 기어

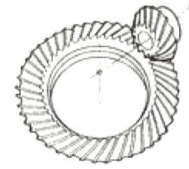
(c) 스파이럴 베벨 기어

[종감속 기어]

2) 종감속비와 구동력

① 특정의 이가 항상 물리는 것을 방지하고 기어의 물림을 좋게 하기 위하여 나누어 떨어지지 않는 수치로 한다.
② 종감속비를 크게 하면 가속성능과 등판성능은 향상되나 고속성능이 저하된다.

$$종감속비 = \frac{링기어의 잇수}{구동 피니언의 잇수}$$

3) 차동 기어장치

① 원리 : 주행시 커브길에서 양쪽 바퀴가 미끄러지지 않고 원활히 회전되도록 바깥 바퀴를 안쪽 바퀴보다 더 많이 회전시킨다. 따라서 요철부분의 길을 통과할 때 양 바퀴의 회전수를 다르게 하여 원활한 회전을 가능하게 하는 장치로, 랙과 피니언의 원리를 이용한다.

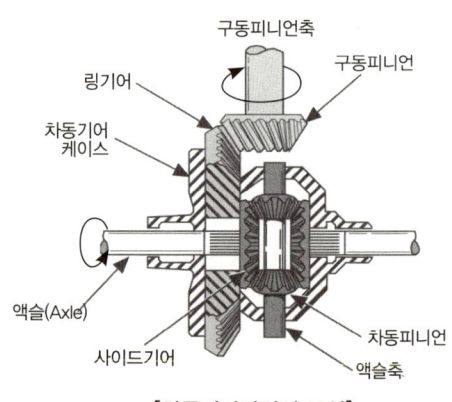

[차동기어장치의 구성]

② 동력 전달순서 : 구동 피니언축→구동 피니언→링 기어→차동 기어 케이스→(차동 피니언→사이드 기어)→차축 순이다.

$$한쪽\ 바퀴의\ 회전수 = \frac{엔진\ 회전수}{총\ 감속비} \times 2 - (다른쪽\ 바퀴의\ 회전수)$$
$$= \frac{추진축\ 회전수}{종감속비} \times 2 - (다른쪽\ 바퀴의\ 회전수)$$

STEP 06 친환경 동력전달장치 – 듀얼 클러치 트랜스미션

1. 개요
클러치를 2개를 이중으로 설치하여 수동 변속기를 자동 변속기처럼 작동시키는 변속기로 변속이 매끄러우며 신속하게 변경되는 방식이다.

2. 작동 원리
① 정지 시 : 클러치 1,2가 해제된 상태에서 클러치 1의 1단 기어와 클러치 2의 2단 기어 가 물려 있고, 대기 상태이다.
② 1단 출발 시 : 클러치 1이 접속되면서 1단 출발한다.
③ 2단 변속 시 : 클러치 1의 해제와 동시에 클러치 2를 접속 2단 변속하면서 클러치 1에 연결된 3단 기어를 미리 연결된다.
④ 3단 변속 시 : 클러치 2의 해제와 동시에 클러치 1을 접속 3단 변속하면서 클러치 2에 연결된 4단 기어를 미리 연결된다.

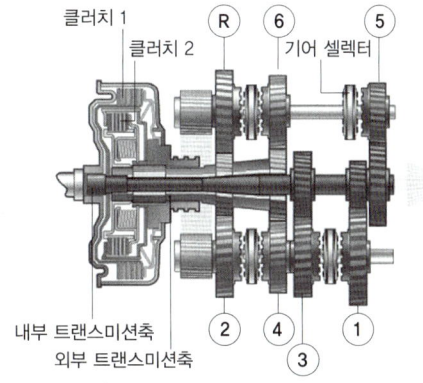

[듀얼 클러치 구성]

⑤ 후진 변속 시 : 클러치 1, 2이 해제된 상태에서 클러치 2의 후진 기어를 연결 후 클러치2를 연결하여 후진한다.

3. 작동 기구
① 건식 클러치 : 대기에 노출된 단판 클러치를 사용하며 전기모터를 사용하여 클러치와 시프트 포크를 제어하는 방식이다.
② 습식 다판 클러치 : 자동 변속기와 같이 습식 다판 클러치를 사용하며 클러치와 시프트 포크를 유압으로 제어하는 방식이다.

SECTION 02 현가 및 조향장치

Key Factor
① 독립현가장치의 종류 : 평행사변형 형식, SLA 형식, 맥퍼슨 형식
② 전자제어 현가장치의 감쇄력(Hard제어, Soft제어) 및 차고조절
③ 동력 조향장치 구성요소 : 동력부, 작동부, 제어부
④ 조향기어비 = 조향 핸들이 움직인 각 / 피트먼 암이 움직인 각

STEP 01 현가장치

1. 차축

바퀴를 통해 차량의 무게를 지지하는 부분으로, 현가방식에 따라 일체차축방식과 분할차축식으로 나눌 수 있다.

1) 앞차축

① 독립 현가 장치의 특징

장점	• 스프링 밑 질량이 적어 승차감이 우수하다. • 바퀴의 시미 현상이 적어 로드 홀딩이 우수하다. • 스프링 상수가 적은 것을 사용할 수 있다. • 승차감 및 안전성이 우수하다.
단점	• 바퀴의 상하 운동에 따라서 윤거나 앞바퀴 얼라인먼트가 변화되어 타이어의 마멸이 촉진된다. • 구조가 복잡하고 취급 및 정비가 어렵다. • 볼 이음이 많기 때문에 마멸에 의해 앞바퀴 얼라인먼트가 틀려지기 쉽다.

② 독립 현가장치의 종류

종류	설명
평행사변형 형식	위·아래 컨트롤 암의 길이가 같으며, 윤거가 변화하는 결점이 있다.
SLA 형식	아래 컨트롤 암이 위 컨트롤 암보다 긴 것이며, 컨트롤 암이 움직일 때마다 캠버가 변화되며 과부하가 걸리면 더욱 부의 캠버가 된다.
맥퍼슨 형식	조향 장치와 조향 너클이 일체로 되어 있는 형식이다.

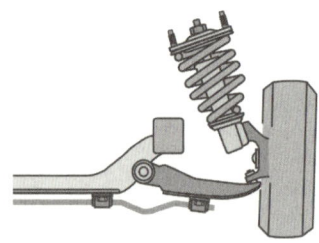
[독립 현가 장치]

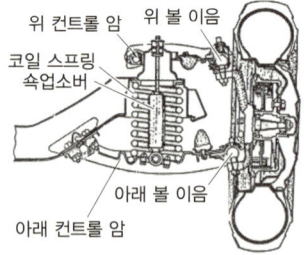
[SLA 형식]

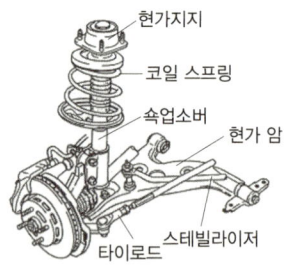
[맥퍼슨 형식]

③ 일체차축 현가장치

엘리옷형, 역엘리옷형, 르모앙형, 마몬형

2) 뒷차축

종류	설명
호치키스 구동	• 구동축의 현가 스프링으로 판 스프링을 사용한다. • 구동 바퀴에 의한 추진력은 스프링 끝을 거쳐 차체에 전달된다. • 구동력, 제동력에 발생하는 비틀림과 리어 앤드 토크 등도 스프링이 받게 된다.
토크 튜브 구동	• 코일 스프링을 사용하는 경우에 사용되는 형식이다. • 토크 튜브 내에 추진축을 설치하여 동력을 전달한다. • 구동 바퀴의 추진력은 토크 튜브를 통하여 차체 또는 프레임에 전달한다. • 리어 앤드 토크를 토크 튜브가 흡수한다.
레디어스 암 구동	• 코일 스프링을 사용하는 경우에 사용하는 형식이다. • 바퀴의 추진력은 구동축과 차체 또는 프레임에 연결된 레디어스 암으로 전달한다. • 리어 앤드 토크는 레디어스 암이 흡수한다.

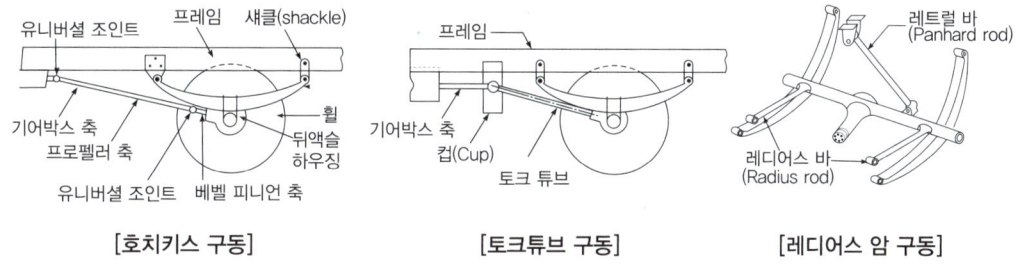

[호치키스 구동]   [토크튜브 구동]   [레디어스 암 구동]

3) 차축 하우징(Axle Housing)

종감속 기어, 차동 장치 및 구동축을 포함하는 고정 축으로 벤조형, 분할형, 빌드업형 등이 있다.

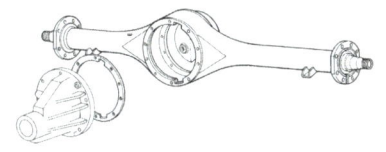

4) 뒤차축 고정방식

종류	설명
전부동식	차량의 무게 모두를 하우징이 받고, 차축은 동력만 전달하며 바퀴를 떼어 내지 않고 차축을 빼낼 수 있다.
반부동식	차축이 동력을 전달함과 동시에 차량의 무게를 ½을 지지한다.
3/4 부동식	차축은 동력을 전달함과 동시에 차량 무게의 ¼을 지지한다.

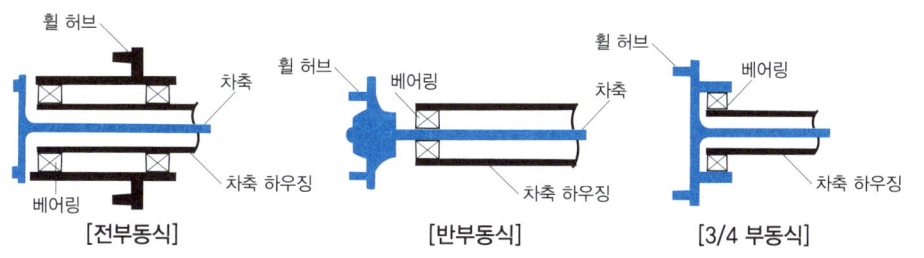

[전부동식]   [반부동식]   [3/4 부동식]

2. 완충 장치

완충 장치에는 판 스프링, 코일 스프링, 토션 바 스프링, 공기 스프링, 쇽업소버(shock absorber), 스태빌라이저가 있다.

1) 판 스프링

판 스프링을 여러 장 겹쳐 놓으면 접합면 마찰에 의해 진동을 흡수한다. 판 스프링의 구성요소는 다음과 같다.

① 스팬 : 스프링의 아이와 아이의 중심거리
② 아이 : 스프링의 양 끝 설치 구멍
③ 캠버 : 스프링의 휨 양
④ 중심 볼트 : 스프링을 고정하는 볼트
⑤ U볼트 : 차축 하우징을 설치하기 위한 볼트
⑥ 닙 : 스프링의 양끝이 휘어진 부분
⑦ 새클 : 스팬의 길이를 변화시키며, 차체에 설치
⑧ 새클 핀 : 아이가 지지되는 부분

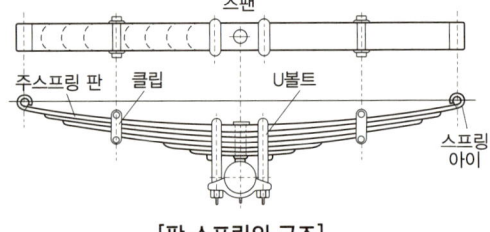

[판 스프링의 구조]

단판 스프링

겹판 스프링

2) 코일 스프링

장점	• 작은 진동 흡수율이 크다. • 승차감이 좋다.
단점	• 진동의 감쇄 작용을 하지 못하고 비틀림에 대해 약하다. • 구조가 복잡하다.

[코일 스프링]

3) 토션 바 스프링(Torsion Bar Spring)

① 막대가 지지하는 비틀림 탄성을 이용하여 완충 작용을 한다.
② 스프링 장력은 막대의 길이와 단면적에 의해 정해진다.
③ 구조가 간단하고 단위 중량당 에너지 흡수율이 크다.
④ 좌·우로 구분되어 있으며, 쇽업소버와 함께 병용해야 한다.
⑤ 현가 높이를 조절할 수 있다.

[토션 바 스프링]

4) 공기 스프링

장점	• 고유 진동을 낮게 할 수 있어 유연하다. • 자체에 감쇄성이 있기 때문에 작은 진동을 흡수한다. • 차체의 높이를 일정하게 유지한다. • 스프링의 세기가 하중에 비례한다.
단점	• 구조가 복잡하다. • 제작비가 비싸다.

[공기 스프링]

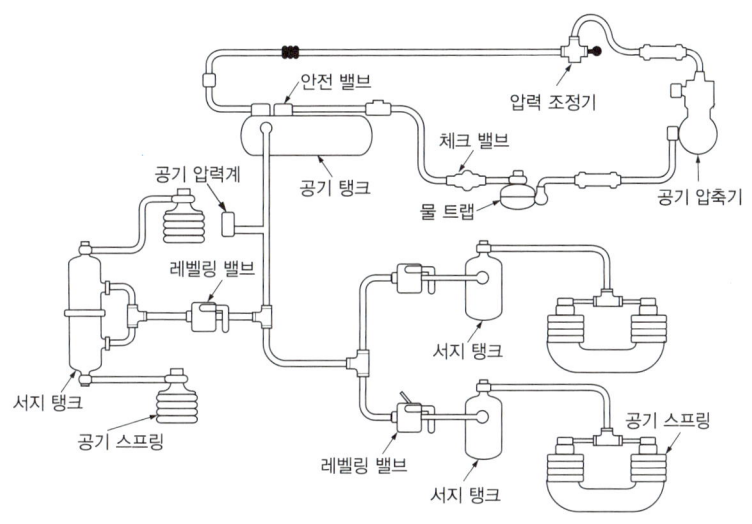

[공기 스프링의 구조]

5) 쇽업소버(Shock Absorber)
① 스프링의 상하 운동 에너지를 열에너지로 변환시켜 진동을 감쇄시킨다.
② 종류

종류	특징
단동식	인장 시에만 감쇄력이 작용한다.
복동식	인장 수축시 모두 감쇄력이 작용한다.
가스 봉입식	실린더 아래쪽에 질소 가스를 봉입하여 작동을 부드럽게 한 형식이다.

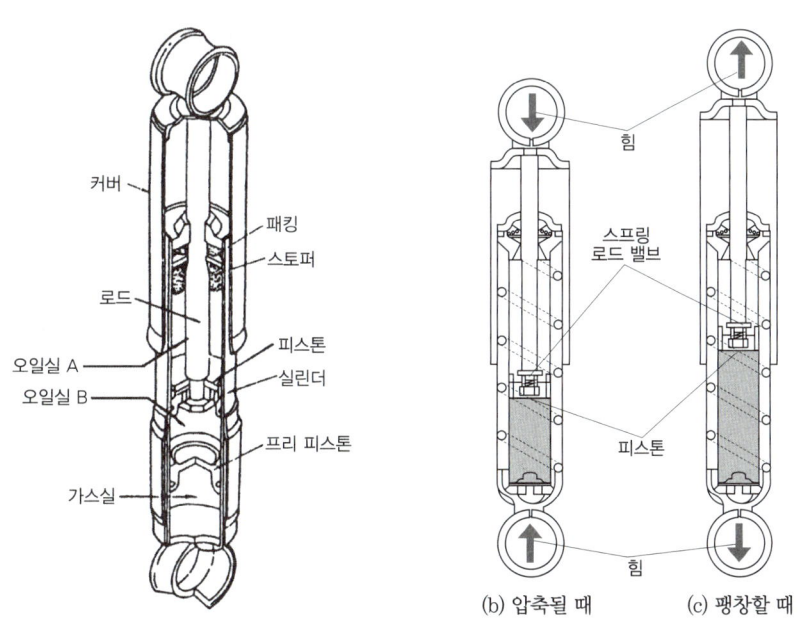

(b) 압축될 때   (c) 팽창할 때

[쇽업소버의 구조와 작동원리]

6) 스테빌라이저

선회할 때 차체의 롤링을 방지하며, 차체의 기울기를 감소시켜 평형을 유지하는 기구이다.

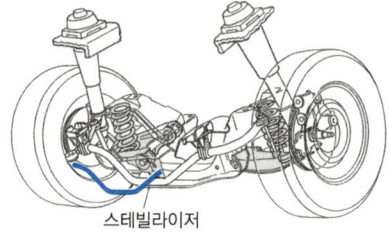
스테빌라이저

3. 전자제어 현가장치(ECS)

1) 정의

ECU, 각종 센서, 액추에이터 등을 통해 노면의 상태, 주행조건, 운전자의 선택에 따라 차고와 스프링 감쇄력을 제어하는 시스템이다.

2) 전자제어 현가장치의 특징

① 급 제동시에 노즈 다운을 방지한다.
② 급 선회시 차체의 기울기를 방지한다.
③ 차량의 높이를 조정할 수 있다.
④ 승차감을 조절할 수 있다.
⑤ 고속시 차량 높이를 낮추어 안전성을 증대시킨다.

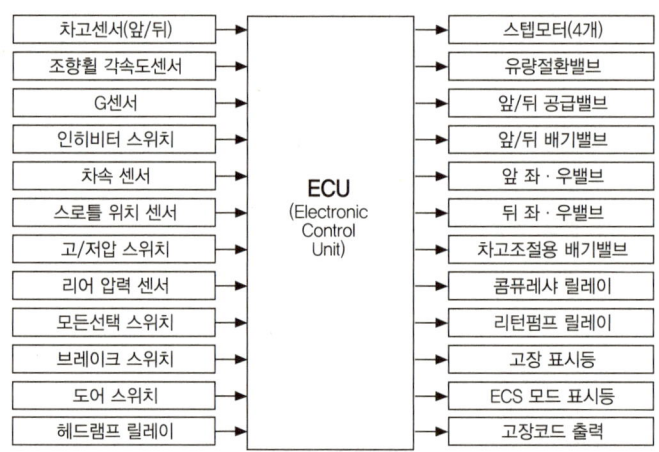

[전자제어 현가장치 입출력 구성]

3) 구성 요소

① 차속 센서 : 스프링 상수 및 쇽업소버의 감쇄력 제어를 위해 차속을 검출한다.
② 차고 센서 : 차고 조정을 위해 차체와 차축의 위치를 검출하는 센서이다.
③ 조향 핸들 각속도 센서 : 차체의 기울기를 방지하기 위해 조향 핸들의 작동 속도를 검출한다.
④ 스로틀 위치 센서 : 스프링의 상수와 감쇄력 제어를 위해 급 가감속의 상태를 검출한다.
⑤ 중력 센서(G 센서) : 감쇄력 제어를 위해 차체의 바운싱을 검출한다.
⑥ 전조등 릴레이 : 차고 조절을 위해 전조등의 점등 여부를 검출한다.
⑦ 발전기 L단자 : 기관의 시동 여부를 검출한다.
⑧ 제동등 스위치 : 차고 조절을 위해 제동 여부를 검출한다.
⑨ 도어 스위치 : 차고 조절을 위해 도어의 열림 상태를 검출한다.

⑩ 액추에이터 : 스프링 상수와 쇼업소버의 감쇄력을 조절한다.
⑪ 공기 압축기 및 릴레이 : 모터에 전기를 공급하여 압축기를 작동한다.
⑫ ECS ECU : 각종 센서로부터 신호를 받아 액추에이터를 제어한다.

4) ECU 제어
① 스프링 감쇄력 AUTO, HARD, SOFT로 제어한다.
② 차고 조절을 제어한다.
③ 조향 핸들의 감도를 제어한다.

5) 감쇄력 및 차고 조절

감쇄력 조절	• Hard 제어 : Hard 솔레노이드 밸브가 작동하여 압축 공기가 액추에이터에 공급된다. • Soft 제어 : Soft 솔레노이드 밸브가 열려 액추에이터에서 공기가 배출된다.
차고 조절	체임버에 압축 공기를 공급하여 쇼업소버의 길이를 증가시켜 차량의 높이를 조절한다.

STEP 02 조향장치

1. 조향 이론

1) 조향 장치가 갖추어야 할 조건
① 조향 조작이 주행 중의 충격에 영향받지 않을 것
② 조작하기 쉽고 방향 변환이 원활하게 행하여 질 것
③ 회전 반경이 작을 것
④ 조향 핸들의 회전과 바퀴의 선회 차가 크지 않을 것
⑤ 수명이 길고 다루기가 쉬우며, 정비하기 쉬울 것
⑥ 고속 주행에서도 조향 핸들이 안정될 것

2) 조향원리의 형식

종류	설명
애커먼식	좌·우 바퀴만 나란히 움직이므로 타이어 마멸과 선회가 나빠 사용되지 않는다.
애커먼 장토식	애커먼식을 개량한 것으로 선회시 앞바퀴가 나란히 움직이지 않고 뒤 액슬의 연장선 상의 한 점 O에서 만나게 되며 현재 사용되는 형식이다.

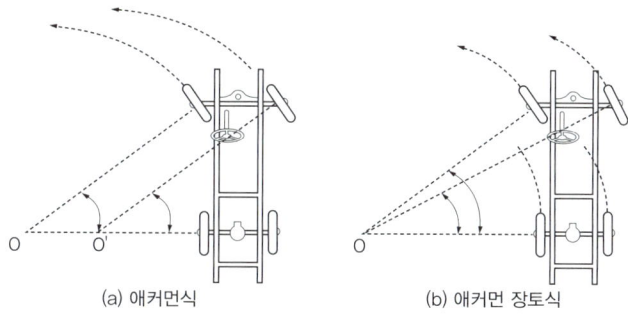

(a) 애커먼식   (b) 애커먼 장토식

[애커먼식 및 애커먼 장토식 조향원리]

3) 최소 회전반경

조향 각도를 최대로 하고 선회할 때 그려지는 동심원 가운데 가장 바깥쪽 원의 회전반경을 말한다.

$$R = \frac{L}{\sin\alpha} + r$$

여기서, R : 최소 회전 반지름(m)
$\sin\alpha$: 바깥쪽 앞바퀴의 조향 각도
L : 축간거리(m)
r : 킹핀 중심선에서 타이어 중심선까지의 거리(m)

4) 조향 기어비

조향 핸들이 회전한 각도와 피트먼 암이 회전한 각도와의 비를 말한다.

$$\text{조향기어비} = \frac{\text{조향 핸들이 움직인 각}}{\text{피트먼 암이 움직인 각}}$$

5) 조향 장치의 형식

① 비가역식 : 핸들의 조작력이 바퀴에 전달되지만 바퀴의 충격이 핸들에 전달되지 않는다.
② 가역식 : 핸들과 바퀴쪽에서의 조작력이 서로 전달된다.
③ 반가역식 : 조향기어의 구조나 기어비로 조정하여 비가역과 가역성의 중간을 나타낸다.

2. 조향장치의 구성 및 작용

1) 조향 핸들과 축

허브, 스포크 및 노브로 되어 조향축의 세레이션 홈에 끼워지며 조향 핸들은 일반적으로 직경 500㎜ 이내의 것이 많이 사용되며 25~50㎜ 정도의 유격이 있다.

2) 조향기어

소형 차량은 10~20:1로, 대형 차량은 20~30:1의 비율로 감속해 피트먼 암으로 전달하며 종류로는 웜 앤 섹터형(Worm & Sector), 웜 앤 롤러형(Warm & Roller), 볼 앤 너트형(Ball & Nut), 캠 앤 레버형(Cam & Lever), 랙 앤 피니언형(Rack & Pinion) 등이 있다.

3) 피트먼 암

한쪽 끝은 세레이션을 이용해 섹터축과 다른쪽 끝은 링크 기구로 연결된다.

4) 드래그 링크와 너클 암

피트먼 암과 너클암을 연결하는 로드이며, 양쪽 끝은 볼 조인트에 의해 암과 연결되어 있다.

5) 타이로드와 타이로드 엔드

좌우의 너클암(knuckle arm)과 연결되어 다른쪽 너클암에 전달하며 좌우바퀴의 관계 위치를 정확하게 유지하는 역할을 하며 타이로드 엔드로는 토인을 조정한다.

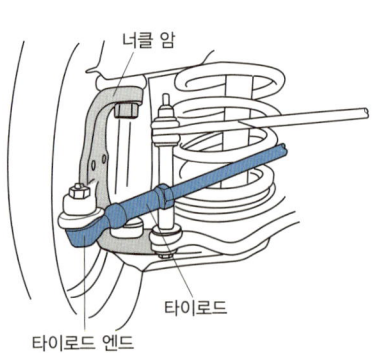

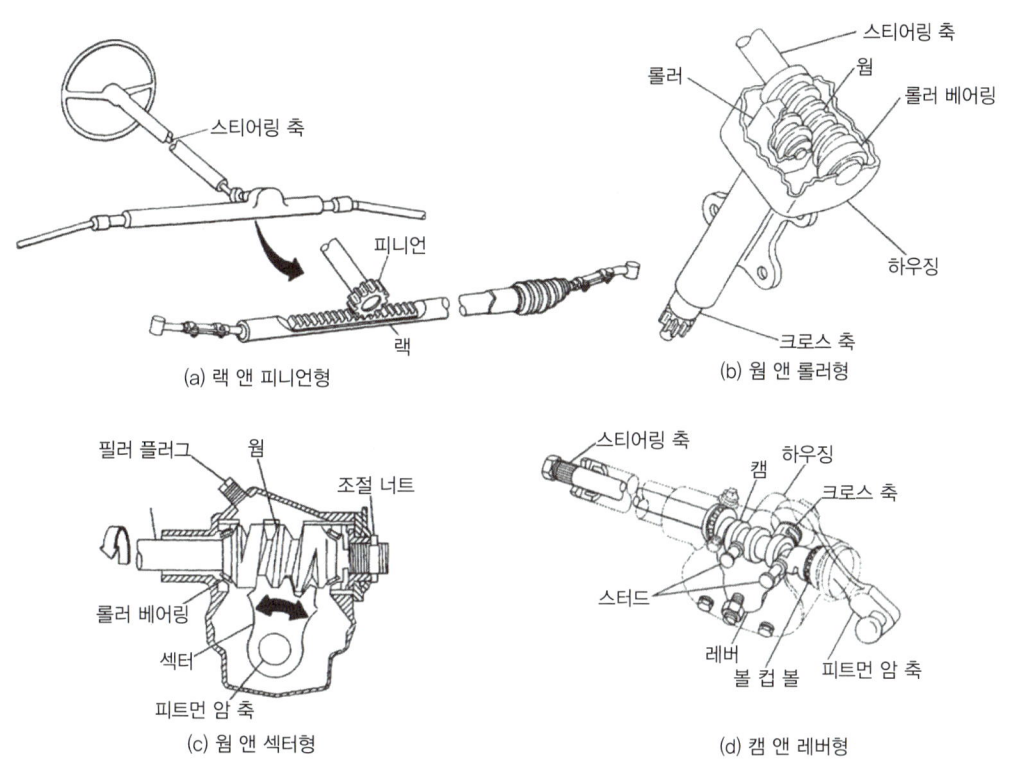

[조향기어의 종류]

3. 동력 조향장치

1) 동력 조향장치의 유형

종류	설명
링키지(linkage) 형	동력실린더가 조향 링키지 기구의 중간에 설치된 형식이며 제어밸브와 동력 실린더가 일체로 결합된 조합식과 각각 분리된 분리식이 있다.
일체(integral) 형	동력실린더, 동력피스톤, 제어밸브 등으로 구성된 주요 기구가 조향기어 하우징 안에 일체로 결합되어 있는 형식이다.

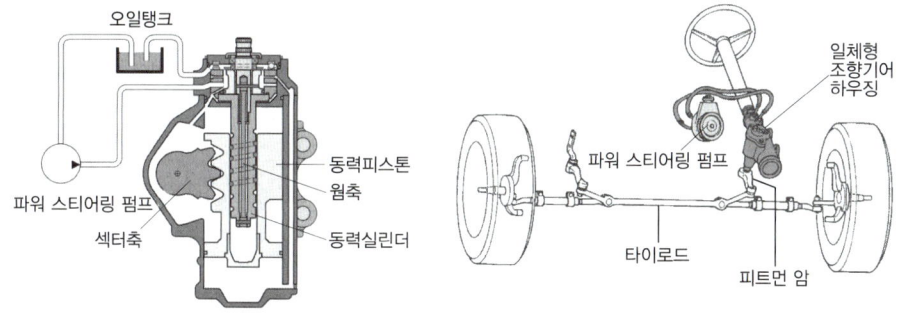

[일체형 동력 조향장치]

2) 동력식의 주요 구성

① 동력부 : 기관에 의해서 구동되는 오일 펌프와 최고 유압을 제어하는 압력조절밸브 및 오일통로의 유량을 조정하는 유량 제어밸브를 포함한 밸브유닛 등으로 구성되어 동력원이 되는 유압을 발생하는 장치이다.
② 작동부 : 유압을 기계적인 힘으로 바꾸어 앞바퀴의 조향력을 발생하며 복동식 동력 실린더를 사용한다.
③ 제어부 : 유압 통로를 개폐하는 밸브이며, 핸들의 조작으로 제어밸브가 오일 방향을 바꾸어 동력실린더의 작동상태와 작동 방향을 제어한다.

4. 전자제어 동력 조향장치(EPS, Electric Power Steering)

1) 차속 감응형 EPS

차량의 속도에 반응하여 조향 조작력이 변화하는 장치이다. 차속 감응형 EPS의 특징은 다음과 같다.

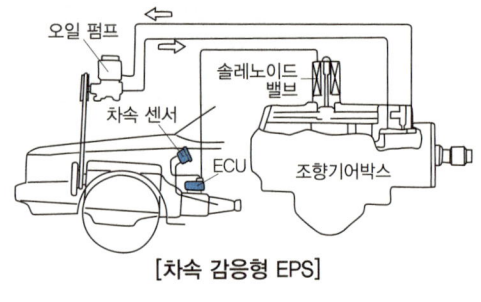

[차속 감응형 EPS]

① 공전과 저속에서 핸들의 조작력이 가볍다.
② 고속 주행 시에는 핸들의 조작력이 무거워진다.
③ 중속 이상에서 차량의 속도에 감응하여 조작력을 변화시킨다.
④ 차속 센서는 홀 센서로 변속기 출력축에 장착되어 있다.
⑤ ECU에 의해 제어되며, 솔레노이드 밸브로 리턴되는 오일량을 제어한다.

2) 반력 제어 방식 EPS

① 조향핸들 반력에 반응하여 조향 조작력이 변화하는 장치이다.
② 제어 밸브의 열림을 직접 조절, 동력 실린더에 가해지는 유압은 제어 밸브의 열림량으로 결정된다.
③ 조향력의 변화 범위를 크게 할 수 있으나, 반력 플런저 등의 기구가 별도로 필요하게 되어 구조가 복잡하다.
④ 차속 센서가 로터리형 유압 모터로 되어 있고 자동차의 주행속도에 따라 유량을 조절하고, 이 유량으로 제어 밸브의 움직임을 변화시켜서 적절한 조향 감각을 얻도록 하고 있다.

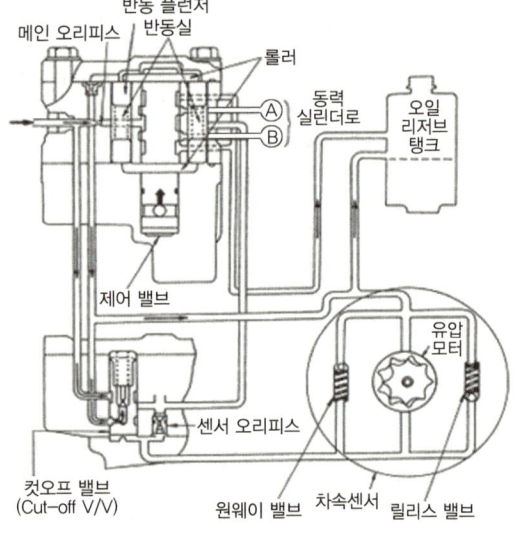

[반력 제어 방식 EPS]

3) 모터 구동 방식(MDPS, Motor Driven Power Steering)

기존 유압식 파워 스티어링 대신 직류 모터를 사용하여 핸들 조향력을 보조하는 장치이며 칼럼 구동식, 피니언 구동식, 랙구동식 등이 있다.

(1) MDPS의 장점
① 조향 성능이 향상된다.
② 3~5%의 연비가 향상된다.
③ 오일을 사용하지 않아 친환경적이다.
④ 기존 유압식에 비해 경량이다.

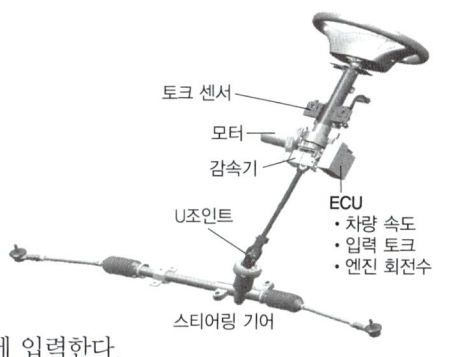

[MDPS의 구조]

(2) 구성 요소
① 모터 : 감속기가 내장된 직류 전동기이다.
② 토크 센서 : 핸들의 회전 토크를 측정하여 ECU에 입력한다.
③ ECU : 토크 센서, 차속 센서, 엔진 회전수 등의 신호를 받아서 모터의 전류를 제어한다.

(3) MDPS ECU 입·출력 요소

구분	요소
입력 요소	• 상시전원 : 엔진룸 릴레이박스 50A에서 공급된다. • IG 전원 : 실내 정션박스에서 IG 전원이 입력된다. • 엔진 회전수 : 디지털 펄스가 입력된다. • 차속신호 : 디지털 펄스가 입력된다. • 토크 센서 : 메인과 서브 각각 2.5V가 체크되면 정상이며, 핸들을 회전하면 2.5V를 기준으로 전압이 변한다.
출력 요소	• 전동모터 : 최대 45A까지 가능하며 최저는 8A까지 제어한다. • 아이들 업 신호 : 소비전류가 25A 이상 소비되면 신호를 출력한다. • MDPS 경고등 : KEY ON시 점등하며 시동 후 소등된다. • 자기진단 K단자 : 고장코드를 출력한다.

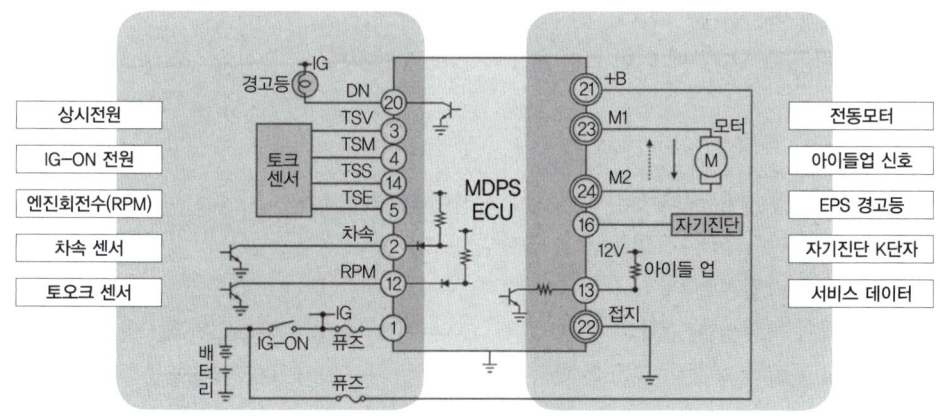

[MDPS ECU 입출력 요소]

5. 휠 얼라이먼트

조향 조작시 확실한 조향과 방향이 안정되고 복원성이 좋아지도록 앞바퀴가 일정한 기하학적 각도를 가지고 설치되어 있다.

1) 캠버

① 앞바퀴 윗부분이 바깥쪽으로 약간 벌어져 위쪽이 넓게 되어 있다.(정(+))
② 정(+), 부(-), 영(0)의 캠버가 있고 0.5~2°를 둔다.
③ 조향 조작력을 가볍게 한다.
④ 수직 하중에 의한 차축의 휨을 방지한다.
⑤ 타이어의 이상 마멸을 방지한다.

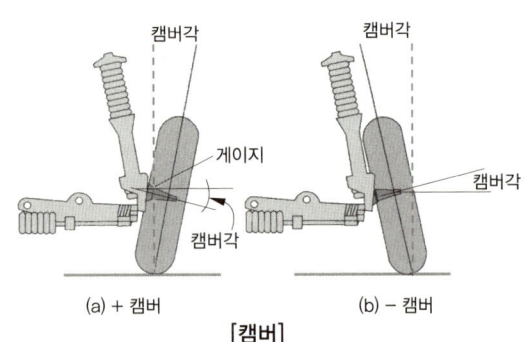

[캠버]

2) 캐스터(Caster)

① 앞바퀴 옆에서 보았을 때 킹핀의 중심선이 뒤쪽으로 기울어 설치되어 있는 것을 말한다(0.5~1°).
② 주행 중 조향 바퀴에 방향성을 준다.
③ 조향 핸들의 직진 복원성을 준다.
④ 안전성을 준다.

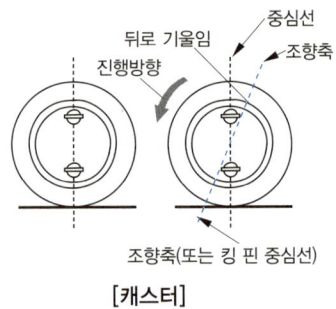

[캐스터]

3) 토인(Toe-In)

① 앞바퀴를 위에서 볼 때 좌우 바퀴의 앞쪽이 뒤쪽보다 조금 좁게 되어 있다(2~6mm).
② 앞바퀴를 주행 중에 평행하게 회전시킨다.
③ 조향할 때 바퀴가 옆방향으로 미끄러지는 것을 방지한다.
④ 타이어의 마멸을 방지한다.
⑤ 조향 링키지의 마멸에 의한 토아웃이 되는 것을 방지한다.

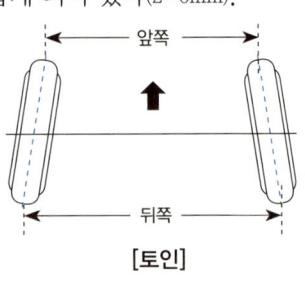

[토인]

4) 킹핀 경사각

① 앞바퀴를 앞에서 볼 때 킹핀 중심이 수직선에 대하여 안쪽으로 경사각을 이루고 있는 것을 말한다(6~9°).
② 조향력을 가볍게 한다.
③ 앞바퀴에 복원성을 준다.
④ 저속시 원활한 회전이 되도록 한다.

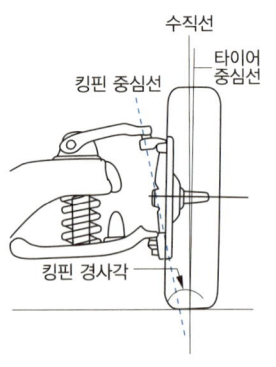

SECTION 03 제동장치

Key Factor
① 페이드 현상 : 브레이크의 과도한 사용으로 드럼과 라이닝에 열이 축적되어 제동이 잘 되지 않는 현상
② 공기브레이크 체크 밸브 : 공기탱크의 공기 역류 방지
③ 공기브레이크 릴레이 밸브 : 압축 공기를 체임버에 공급, 배출
④ ABS 구성품 : 휠스피드 센서, ECU, 모듈레이터(HCU)

STEP 01 유압식 제동장치

1. 브레이크 오일

피마자 기름(40%)과 알코올(60%)로 된 식물성 오일이므로 정비시 경유 · 가솔린 등과 같은 광물성 오일에 주의해야 한다.

1) 브레이크 오일의 구비조건
① 비등점이 높고 빙점이 낮아야 한다.
② 농도의 변화가 적어야 한다.
③ 화학변화를 잘 일으키지 말아야 한다.
④ 고무나 금속을 변질시키지 말아야 한다.

2) 브레이크 오일 교환 및 보충 시 주의사항
① 지정된 오일 사용
② 제조 회사가 다른 것을 혼용치 말 것
③ 빼낸 오일은 다시 사용치 말 것
④ 브레이크 부품 세척시 알코올 또는 세척용 오일로 세척

2. 제동시 발생 가능한 현상

1) 페이드 현상
브레이크가 연속적으로 반복 작용되면 마찰열이 축적되어 드럼과 라이닝의 마찰계수가 감소하여 브레이크가 밀리는 현상이다.

2) 베이퍼록
연료나 브레이크 오일이 과열되면 증발되어 증기 폐쇄 현상을 일으키는 것을 말하며 그 원인은 다음과 같다.

① 과도한 브레이크 사용시
② 드럼과 라이닝 끌림에 의한 과열시
③ 마스터 실린더 체크 밸브의 쇠손에 의한 잔압 저하
④ 불량 오일 사용시
⑤ 오일의 변질에 의한 비점 저하

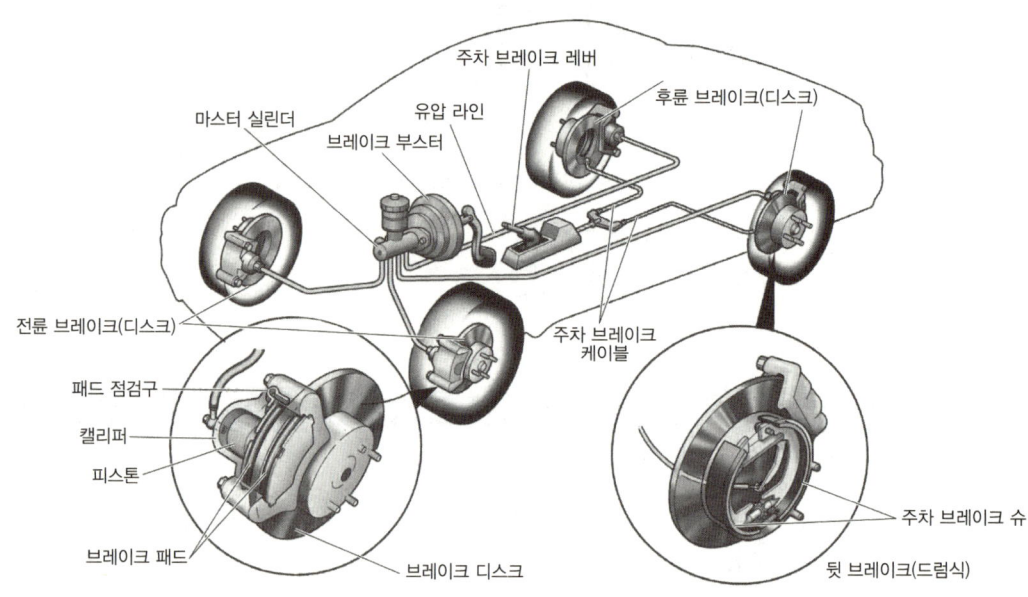

[제동장치의 구성]

3. 유압 조작기구

1) 마스터 실린더(master cylinder)

브레이크 페달을 밟아서 필요한 유압을 발생하는 부분으로, 피스톤과 피스톤 1차컵·2차컵, 체크 밸브로 구성되어 있어 0.6~0.8kg/cm²의 잔압을 유지시킨다. 잔압을 두는 이유는 브레이크의 작용을 원활히 하고 휠 실린더의 오일 누출 방지와 베이퍼 록 방지를 위해서이다.

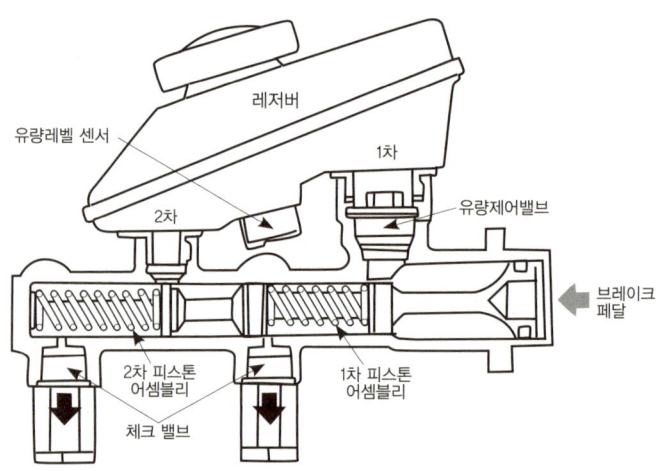

[브레이크 마스터 실린더의 구조]

2) 브레이크 페달

지렛대 원리를 이용하여 마스터 실린더에 힘을 가한다.

3) 브레이크 파이프 및 호스
① 방청 처리된 3~8mm 강파이프 사용
② 요동이 심한 곳은 플렉시블 호스 사용

4. 드럼식 브레이크

1) 구성요소
① 휠 실린더 : 마스터 실린더의 유압으로 브레이크슈를 드럼에 밀착한다.
② 브레이크 슈 : T자로 된 반달형으로 석면제나 금속제 라이닝이 부착된다.
③ 브레이크 드럼 : 특수 주철제로 냉각과 강성을 돕기 위해 원둘레에 리브(Rib)가 있고 휠과 타이어가 부착된다.

2) 브레이크 라이닝의 구비 조건
① 고열에 견디고 내마멸성이 우수할 것
② 마찰계수가 클 것
③ 온도의 변화나 물 등에 의해 마찰계수 변화가 적고, 기계적 강도가 클 것
④ 마찰계수 : 0.3~0.5
⑤ 라이닝(슈, Shoe)과 드럼의 간극 : 0.3~0.4mm

3) 브레이크 드럼의 구비 조건
① 정적, 동적 평형이 잡혀 있을 것
② 충분한 강성이 있을 것
③ 마찰면에 충분한 내마멸성이 있을 것
④ 방열이 잘 될 것
⑤ 무게가 가벼울 것

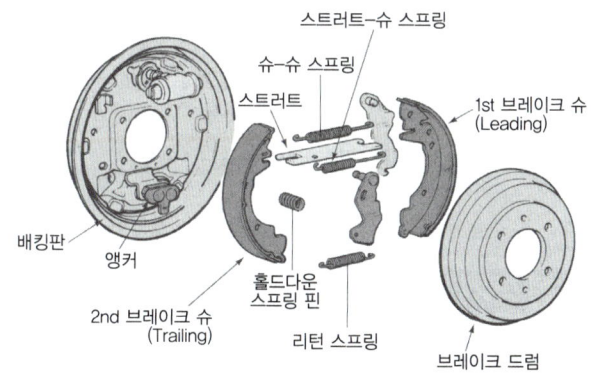

[드럼식 브레이크의 구조]

5. 디스크식 브레이크

1) 구성 요소
① 디스크(Disk) : 특수주철로 만들어 휠 허브에 결합되어 바퀴와 함께 회전한다.
② 캘리퍼(Caliper) : 브레이크 실린더와 패드로 구성되어 있는 어셈블리이다.

③ 브레이크 실린더 및 피스톤 : 실린더는 캘리퍼의 좌우 또는 한쪽에 있고, 자동 간극 조정 기능이 있는 피스톤 시일이 장착되며 피스톤에는 먼지 유입을 방지하는 부트가 있다.
④ 패드 : 석면과 레진을 혼합한 것으로 피스톤에 부착된다.

2) 디스크 브레이크의 특징
① 베이퍼록 현상이 적고, 오일누출이 없다.
② 디스크가 노출되어 회전하기 때문에 열변형에 의한 제동력의 저하가 없다.
③ 디스크와 패드의 마찰면적이 적기 때문에 패드의 누르는 힘을 크게 할 필요가 있다.
④ 자기배력작용이 없기 때문에 필요한 조작력이 커진다.
⑤ 패드는 강도가 큰 재료를 사용해야 한다.
⑥ 부품수가 적고, 스프링 아래 중량이 가볍다.

6. 배력식 브레이크

1) 진공 배력식 : 흡입 다기관 부압과 대기압 차를 이용한 형식이다.
2) 공기 배력식 : 압축공기와 대기압 차를 이용한 형식이다.

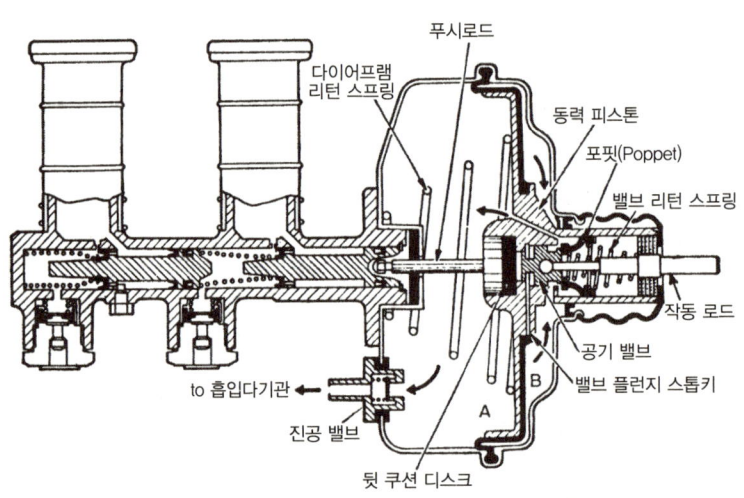

[배력 브레이크의 구조]

STEP 02 공기식 제동장치

1. 공기식 제동장치의 계통별 구분

계통	구성품
공기 압축 계통	공기 압축기, 공기 탱크, 압력 조정기
제동 계통	브레이크 밸브, 릴레이 밸브, 브레이크 체임버
안전 계통	저압 표시기, 안전밸브, 체크 밸브
조정 계통	슬랙 어저스터, 브레이크 밸브, 압력 조정기

2. 공기 브레이크의 주요 구조

① 공기 압축기 : 압축 공기를 생산하며, 왕복 피스톤식이다.
② 공기 탱크 : 압축된 공기를 저장하며, 안전밸브가 내부 압력을 $7kg/cm^2$ 정도로 유지시킨다.
③ 브레이크 밸브 : 브레이크 페달을 밟는 정도에 따라 압축공기를 릴레이 밸브로 보낸다.
④ 릴레이 밸브 : 압축공기를 브레이크 체임버에 공급 · 단속한다.
⑤ 브레이크 체임버 : 공기압력을 기계적 운동으로 바꾼다.
⑥ 슬랙 어저스터 : 웜기어와 웜축의 캠축을 돌려 라이닝과 드럼의 간극을 조정한다.
⑦ 슈 및 브레이크 드럼 : 캠에 의한 내부 확장식 앵커핀형이 많아 캠의 작용에 의하여 브레이크 슈를 확장하고 리턴 스프링에 의하여 수축된다.
⑧ 체크 밸브 : 공기탱크 입구에 설치되어서 압축공기의 역류를 방지한다.
⑨ 안전 밸브 : 규정압력 이상시 공기탱크 내의 압력을 방출시키는 밸브이다.

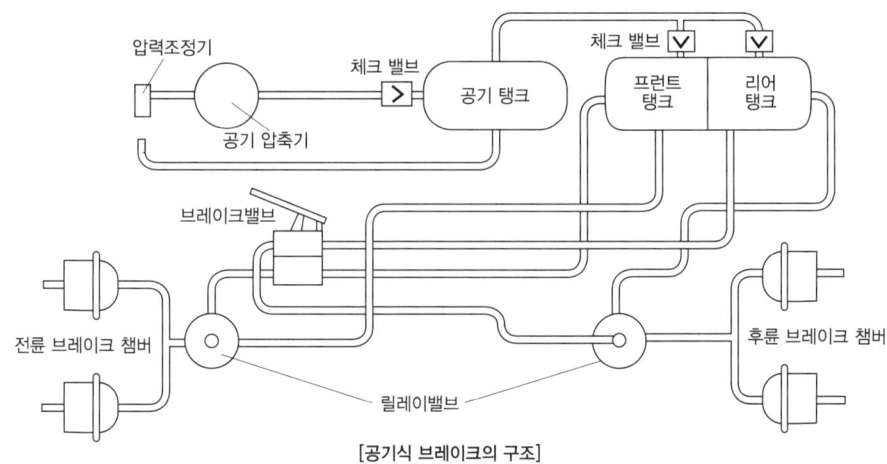

[공기식 브레이크의 구조]

3. 브레이크 고장 점검

1) 브레이크 라이닝과 드럼과의 간극이 클 때
① 브레이크 작용이 늦어진다.
② 브레이크 페달의 행정이 길어진다.
③ 브레이크 페달이 발판에 닿아 브레이크 작용이 어렵게 된다.

2) 브레이크 라이닝과 드럼과의 간극이 작을 때
① 라이닝과 드럼의 마모가 촉진된다.
② 베이퍼 록의 원인이 된다.
③ 라이닝이 타서 붙는 원인이 된다.

3) 브레이크가 잘 듣지 않는 경우
① 회로 내의 오일 누설 및 공기의 혼입
② 라이닝에 기름, 물 등이 묻어 있을 때
③ 라이닝 또는 드럼의 과다한 편마모

④ 라이닝과 드럼과의 간극이 너무 큰 경우

⑤ 브레이크 페달의 자유 간극이 너무 큰 경우

4) 브레이크가 한쪽만 듣는 원인

① 브레이크의 드럼 간극의 조정 불량

② 타이어 공기압의 불균일

③ 라이닝의 접촉 불량

④ 브레이크 드럼의 편마모

5) 브레이크 작동시 소음이 발생하는 원인

① 라이닝의 표면 경화

② 라이닝의 과대 마모

STEP 03 전자제어 제동장치

1. ABS(Anti-lock Brake System)

급제동을 하거나 눈길과 같은 미끄러운 노면에서 제동할 때 바퀴의 슬립을 휠 스피드 센서가 감지하여 컴퓨터가 모듈레이터를 조정하여 방향 안전성 유지, 조정 성능의 확보, 제동거리를 단축하는 시스템이다.

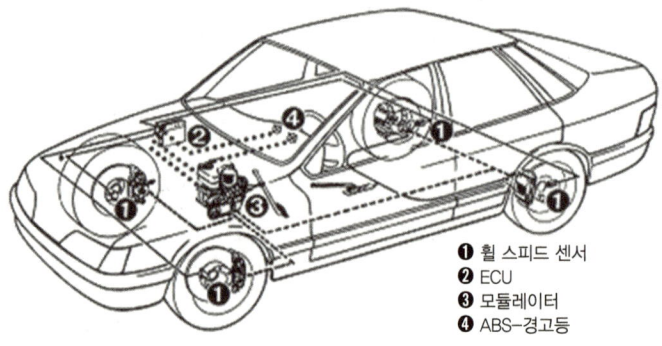

❶ 휠 스피드 센서
❷ ECU
❸ 모듈레이터
❹ ABS-경고등

[ABS의 구성]

2. ABS 구성 부품

1) 휠 스피드 센서 : 각 바퀴의 회전 속도를 검출하여 컴퓨터로 입력한다.

2) 컴퓨터(ECU) : 휠 스피드 센서의 신호에 의해 바퀴의 회전속도를 검출하여 제동 작용을 할 때 바퀴가 고착될 가능성이 있다고 판단되면 모듈레이터의 각 솔레노이드 밸브를 작동시켜 제동장치의 유압을 제어한다.

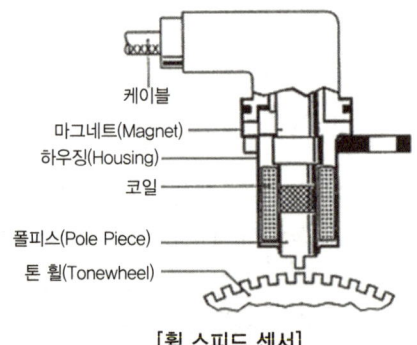

[휠 스피드 센서]

3) 모듈레이터(HCU) : 컴퓨터의 제어 신호에 의해 각 휠 실린더에 작용하는 유압을 조절하며 압력 감소, 압력 상승, 압력 유지 등의 기능을 한다.

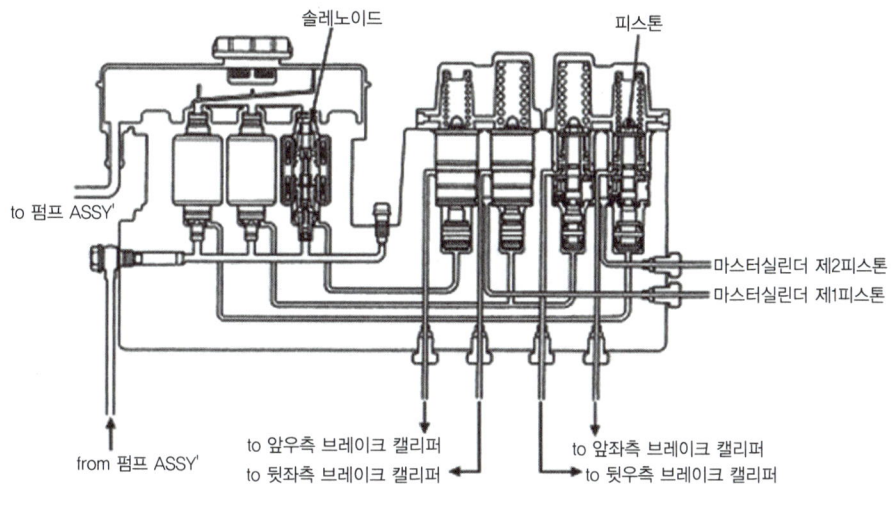

[모듈레이터]

STEP 04 친환경 제동장치

1. HEV(하이브리드카) 회생 제동시스템

일반 자동차는 제동 시 차량의 에너지를 브레이크에서 마찰열로 소모하나 하이브리드 자동차는 제동시 모터를 발전기로 작동시켜 제동 에너지를 전기 에너지로 변환 후 배터리에 저장 후 저장된 전기 에너지는 전기 모터의 구동에 사용된다.

2. 구성 부품

① 모터 고정자 : 엔진 블록 및 변속기 하우징과 체결되어 있다.
② 영구자석 회전자 : 엔진 크랭크축과 직결되어 있다.
③ MCU : 모터의 구동력을 제어하는 역할을 한다.

[모터의 구조]

SECTION 04 주행 및 구동장치

Key Factor
① 타이어의 이상 현상 : 스탠딩웨이브, 하이드로플래닝
② 트램핑 : 타이어 상하 무게 불평형으로 발생하는 상, 하 진동
③ 시미 : 타이어 대각선 무게 불평형으로 발생하는 좌, 우 진동

STEP 01 휠 및 타이어

1. 휠(wheel)

① 휠의 종류 : 디스크 휠, 스포크 휠, 스파이더 휠
② 림(rim)의 종류 : 2분할 림, 드롭 센터 림, 광폭 드롭 센터 림, 인터 림, 안전 리지 림

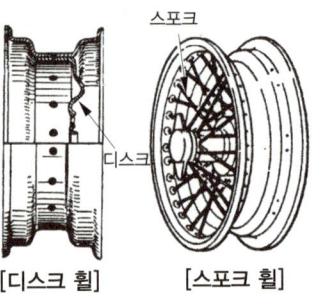

[디스크 휠]   [스포크 휠]

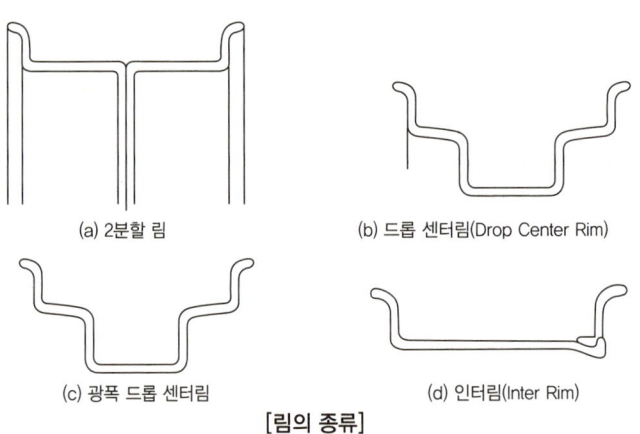

(a) 2분할 림
(b) 드롭 센터림(Drop Center Rim)
(c) 광폭 드롭 센터림
(d) 인터림(Inter Rim)

[림의 종류]

2. 타이어(tire)

1) 타이어의 구조

① 카커스(Carcass) : 목면 · 나일론 코드를 내열성 고무로 접착한다.
② 비드(Bead) : 타이어와 림에 접하는 부분이다.
③ 브레이커 : 트레드와 카커스 사이의 코드층이다.
④ 트레드(Tread) : 노면과 접촉하는 부분으로 미끄럼 방지 · 열발산 역할을 한다.

2) 타이어 호칭 방법

① 고압 타이어 : 외경-폭-플라이 수
② 저압 타이어 : 폭-내경-플라이 수

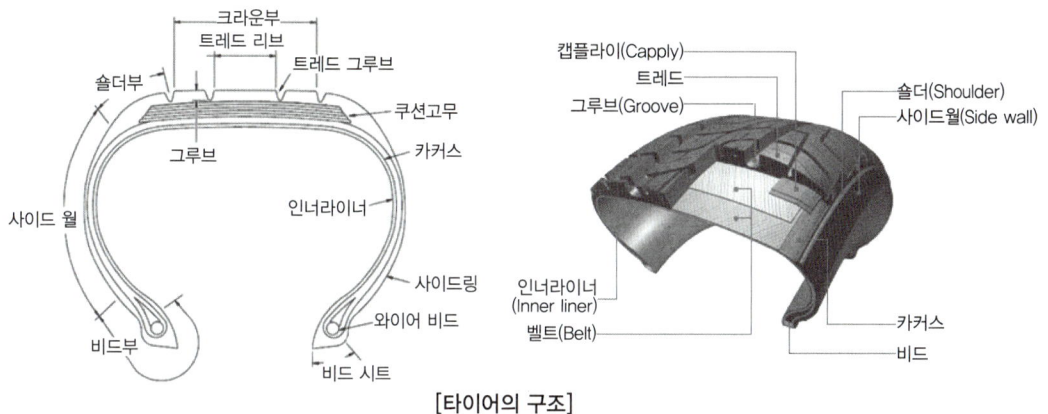

[타이어의 구조]

3) 타이어 트레드 패턴의 필요성
① 타이어 옆 방향, 전진 방향 미끄러짐 방지
② 타이어 내부의 열 발산
③ 트레드부에 생긴 절상 등의 확대 방지
④ 구동력이나 선회 성능 향상

4) 타이어 평형(휠 밸런스)
① 정적 평형 : 상하의 무게 불평형으로 주행 중 휠 트램핑(바퀴의 상하 진동) 현상이 발생된다.
② 동적 평형 : 수직·수평으로 나누어 대각선의 합이 서로 다른 것으로, 주행 중 시미(바퀴의 좌우 흔들림) 현상이 생긴다.

5) 타이어 이상 현상
① 스탠딩 웨이브 : 고속 주행시 공기압력이 적을 때 타이어가 찌그러지는 현상으로, 공기압력을 15~20% 정도 높이거나, 강성이 큰 타이어를 사용한다.
② 하이드로 플래닝 : 젖은 노면에서 수막에 의해 타이어가 노면에서 뜨는 현상으로 트레드의 마멸이 적은 타이어를 사용하고, 공기압을 높이며, 리브 패턴형 타이어를 사용한다.

STEP 02 구동력 및 주행성능

1. 바퀴에 발생되는 힘
① 자동차 운동력은 바퀴와 노면 사이의 마찰력에 좌우된다.
② 마찰력
  ㉠ 횡력 : 바퀴 회전 방향에 대한 직각방향의 성분
  ㉡ 항력 : 바퀴 회전 방향과 같은 방향의 성분
③ 코너링 포스 : 바퀴 진행 방향에 대한 직각 방향의 성분
④ 선회 저항 : 바퀴 진행 방향과 같은 방향의 성분

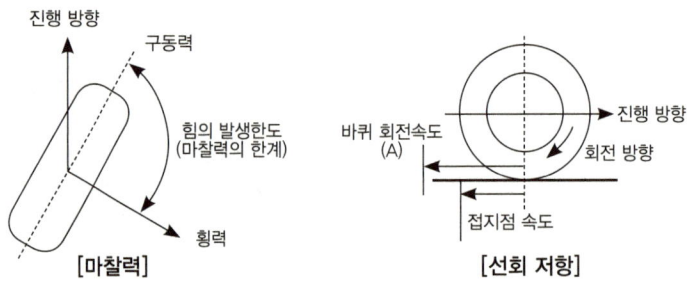

2. 바퀴의 미끄럼과 구동력

가속 중에 바퀴와 노면 사이에 미세한 미끄럼이 발생하며 바퀴의 회전속도에 대한 차체 속도와의 차이를 미끄럼 비율이라 한다.

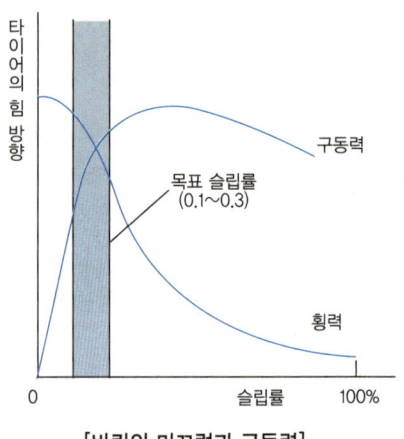

미끄럼 비율 $S = \dfrac{V - V_w}{V}$

S : 미끄럼 비율
V : 차체 속도
V_w : 바퀴 회전속도

[바퀴의 미끄럼과 구동력]

STEP 03 구동력 제어장치(TCS)

1. TCS의 개요

눈길, 빙판 길 등의 마찰계수가 낮은 도로에서는 운전자는 바퀴를 공전시키지 않도록 하기 위해 정밀한 가속 페달의 조작이 필요하나 TCS(Traction Control System)가 장착되면 바퀴의 공회전을 감지하여 엔진의 출력이 감소하고 공전하는 바퀴의 유압을 증압하여 구동력을 노면에 효율적으로 전달할 수 있다.

2. 분류

1) FTCS(Full TCS)

ABS ECU가 TCS 제어를 함께 수행하며 바퀴의 휠 스피드 센서의 신호에 의해 구동 바퀴의 미끄럼을 검출하면 브레이크 제어와 엔진 ECU와 통신하여 엔진 회전력을 감소하여 바퀴의 슬립을 방지한다.

2) BTCS(Brake TCS)

TCS를 제어시 엔진토크는 제어하지 않고 브레이크 제어만을 수행하는 방식이다.

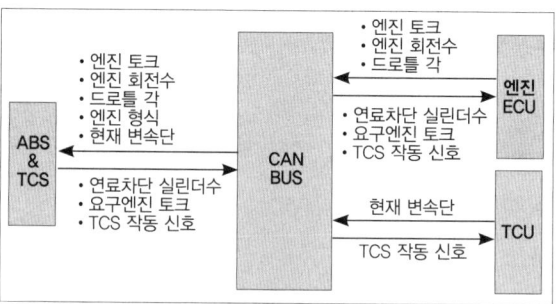

[TCS 통신의 구성]

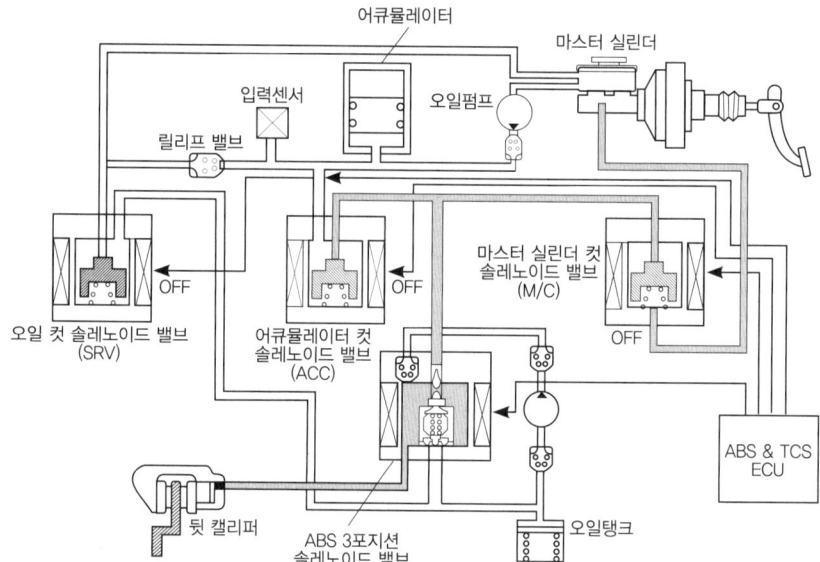

[BTCS 구성]

제04장_ 자동차 섀시
출제예상문제

[1. 동력전달장치]

01 자동차 클러치의 구비조건이 아닌 것은?
① 회전부분의 평형이 좋을 것
② 회전 관성이 클 것
③ 회전력 단속이 확실할 것
④ 과열되지 않을 것

> 클러치 구비조건
> • 동력전달이 확실하고 신속할 것
> • 방열이 잘 되어 과열되지 않을 것
> • 회전부분의 평형이 좋을 것

02 클러치 접속시 회전 충격을 흡수하는 스프링은?
① 쿠션 스프링　　② 리테이닝 스프링
③ 댐퍼 스프링　　④ 클러치 스프링

> • 비틀림 코일(torsional damper) 스프링 : 회전충격 흡수
> • 쿠션 스프링 : 직각방향의 충격 흡수, 디스크의 변형 및 파손 방지

03 클러치판의 비틀림 코일 스프링의 사용 목적으로 가장 적합한 것은?
① 클러치 작용시 회전충격을 흡수한다.
② 클러치 판의 밀착을 크게 한다.
③ 클러치 판의 변형파손을 방지한다.
④ 클러치 판과 압력판의 마멸을 방지한다.

04 클러치 압력판의 역할로 다음 중 가장 적당한 것은?
① 기관의 동력을 받아 속도를 조절한다.
② 제동거리를 짧게 한다.
③ 견인력을 증가시킨다.
④ 클러치 판을 밀어서 플라이 휠에 압착시키는 역할을 한다.

> 압력판은 클러치 판을 플라이 휠에 압착시키는 역할을 한다.

05 클러치에 사용되는 릴리스 베어링의 종류가 아닌 것은?
① 벤 조우형　　② 카본형
③ 볼 베어링형　　④ 앵귤러 접촉형

> 릴리스 베어링의 종류
> 카본형, 볼 베어링형, 앵귤러 접촉형

06 클러치의 릴리스 베어링으로 사용되지 않는 것은?
① 앵귤러 접촉형　　② 평면 베어링형
③ 볼 베어링형　　④ 카본형

07 클러치 페달을 밟아 클러치를 차단하려고 할 때 소리가 난다면 그 원인은?
① 비틀림 코일스프링이 절손되었다.
② 변속기어의 백래시가 작다.
③ 클러치 스프링이 파손되었다.
④ 릴리스 베어링이 마모되었다.

> 클러치를 차단하려고 클러치 페달을 밟았을 때 소리가 나면 릴리스 베어링이 마모되었음을 뜻한다.

08 클러치 디스크의 런아웃이 클 때 나타날 수 있는 현상으로 옳은 것은?
① 클러치의 단속이 불량해진다.
② 클러치 페달의 유격에 변화가 생긴다.
③ 주행 중 소리가 난다.
④ 클러치 스프링이 파손된다.

> 런아웃이란 디스크가 휘어진 상태로 클러치 단속이 불량해지며, 클러치 연결시 떨림이 생긴다.

09 클러치가 미끄러지는 원인 중 틀린 것은?
① 마찰면의 경화, 오일 부착
② 페달 자유 간극 과대
③ 클러치 압력스프링 쇠약, 절손

정답　[1. 동력전달장치]　01 ②　02 ③　03 ①　04 ④　05 ①　06 ②　07 ④　08 ①　09 ②

④ 압력판 및 플라이 휠 손상

🔍 **클러치가 미끄러지는 원인**
- 클러치 디스크 마모로 인한 자유유격 과소
- 클러치 스프링의 약화 및 변형
- 마찰면에 오일 부착
- 압력판, 플라이 휠 접촉면의 손상

10 클러치를 주행상태에서 점검하려고 한다. 주행 상태에서 점검하는 것이 아닌 것은?

① 페달의 작동상태 점검
② 끊어짐 및 접속 상태의 점검
③ 미끄러짐 유무의 점검
④ 소음 유무의 점검

🔍 페달 작동점검은 정지상태에서 유격, 페달 행정, 답력 등을 점검한다.

11 수동 변속기 차량에서 클러치판은 어떤 축의 스플라인에 끼워져 있는가?

① 변속기 입력축 ② 추진축
③ 차동 기어 장치 ④ 크랭크축

🔍 클러치판은 변속기 입력축 스플라인에 끼워져 변속기 쪽으로 동력을 전달한다.

12 다음 중 수동 변속기에 요구되는 조건이 아닌 것은?

① 소형 경량이고 고장이 없으며 다루기 쉬울 것
② 단계가 없이 연속적으로 변속될 것
③ 회전관성이 클 것
④ 전달효율이 좋을 것

🔍 **변속기의 구비조건**
- 전달효율이 좋을 것
- 단계가 없이 연속적으로 변속될 것
- 조작이 쉽고 확실하며 정숙할 것
- 소형 경량이고 고장이 없으며 다루기 쉬울 것

13 변속기의 필요성과 가장 거리가 먼 것은?

① 엔진의 회전력을 증대시키기 위하여
② 엔진을 무부하 상태로 있게 하기 위하여
③ 자동차의 후진을 위하여
④ 바퀴의 회전속도를 추진축의 회전속도보다 높이기 위하여

🔍 **변속기의 필요성**
- 엔진을 무부하 상태로 있게 하기 위하여
- 엔진의 회전력을 증대시키기 위하여
- 자동차의 후진을 위하여

14 수동변속기에서 싱크로메시(synchro mesh) 기구가 작동하는 시기는?

① 변속기어가 물려있을 때
② 클러치 페달을 놓을 때
③ 변속기어가 물릴 때
④ 클러치 페달을 밟을 때

🔍 싱크로메시 기구는 기어 변속시 변속단의 속도를 싱크로메시 기구를 이용하여 동기시켜 변속하는 장치이다.

15 주행상태에서 변속할 때 변속기 충돌음이 발생하는 원인으로 가장 적당한 것은?

① 바르지 못한 엔진과의 얼라인먼트
② 드라이브 기어의 마모
③ 싱크로나이저 링의 고장
④ 변속 링키지의 헐거움

🔍 변속시 충돌음이 발생되는 것은 싱크로메시 기구의 결함 때문이다.

16 다음 중 기어가 잘 빠지는 원인으로 맞는 것은?

① 싱크로나이저 콘(corn) 부 마멸
② 클러치의 미끄러짐
③ 인터록 파손
④ 록킹볼 마멸

🔍 **수동변속기 기어가 잘 빠지는 원인**
- 기어 시프트 포크의 마멸
- 싱크로메시 기구의 마멸
- 주축기어의 마멸
- 록킹볼 마멸 또는 헐거움
- 베어링 또는 부싱의 마멸

정답 10 ① 11 ① 12 ③ 13 ④ 14 ③ 15 ③ 16 ④

17 변속기에서 주행 중 기어가 빠졌다. 그 고장원인 중 직접적으로 영향을 미치지 않는 것은?

① 기어 시프트 포크의 마멸
② 각 기어의 지나친 마멸
③ 오일의 부족 또는 변질
④ 각 베어링 또는 부싱의 마멸

18 다음 중 변속기의 이중물림을 방지하기 위한 장치는?

① 파킹볼 장치
② 인터록 장치
③ 오버드라이브 장치
④ 록킹볼 장치

> • 이중 물림 방지 : 인터 록
> • 기어 빠짐 방지 : 록킹 볼

19 그림과 같이 기어 A, B, C 3개가 있다. A 기어의 토크 4m-kgf, 회전은 2,500rpm로 돌아갈 때 기어 C의 rpm은 얼마인가?

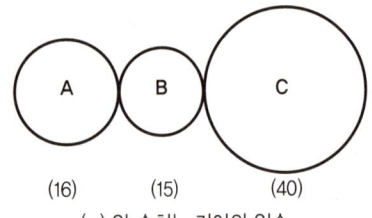

(16)　(15)　(40)
( ) 안 수치는 기어의 잇수

① 2,000rpm
② 1,500rpm
③ 1,000rpm
④ 2,500rpm

> 입력축 기어잇수×입력축 회전수 = 출력축 기어잇수×출력축 회전수
> ∴ 출력축 회전수 = $\frac{입력축 기어잇수}{출력축 기어잇수}$ ×입력축 회전수
> = $\frac{16}{40}$×2,500 = 1,000rpm

20 유체클러치 내에서 유체 충돌을 방지하는 것은?

① 가이드링
② 스테이터
③ 베인
④ 임펠러

> 유체클러치의 가이드 링은 유체의 흐름을 안내하여 유체 충돌을 방지한다.

21 자동변속기 유체 클러치의 구성품이 아닌 것은?

① 터빈
② 스테이터
③ 펌프
④ 가이드링

> 유체클러치의 3요소 : 펌프(임펠러), 터빈(러너), 가이드 링

22 자동변속기에 있어 유성기어의 구성부품이 아닌 것은?

① 선기어
② 링기어
③ 캐리어
④ 차동기어

> 유성기어 구성부품 : 선기어, 링기어, 유성기어, 유성기어 캐리어

23 토크 컨버터(Torque Converter)의 구성품은?

① 펌프, 터빈, 스테이터
② 런너, 오일펌프, 스테이터
③ 유성기어, 펌프, 터빈
④ 클러치, 브레이크, 댐퍼

> • 유체클러치의 3요소 : 펌프(임펠러), 터빈(러너), 가이드 링
> • 토크컨버터의 3요소 : 펌프(임펠러), 터빈(러너), 스테이터

24 자동변속기 토크컨버터의 구성 부품이 아닌 것은?

① 펌프
② 터빈
③ 스테이터
④ 캐리어

25 자동차의 자동변속기에 사용되는 토크 컨버터의 구성품이 아닌 것은?

① 터빈
② 임펠러
③ 스테이터
④ 가이드 링

26 자동변속기의 터빈에서 돌아오는 유체의 방향을 바꾸어 주는 것은?

① 토크 변환기
② 스테이터
③ 펌프
④ 유성기어

> 스테이터는 터빈에서 나오는 유체의 방향을 바꿔 펌프와 같은 방향으로 흐르게 한다.

정답 17 ③ 18 ② 19 ③ 20 ① 21 ④ 22 ④ 23 ① 24 ④ 25 ④ 26 ②

27 기관의 회전력을 액체의 운동에너지로 바꾸고 이 에너지를 다시 동력으로 바꾸어 변속기에 전달하는 클러치는?

① 다판 클러치 ② 단판 클러치
③ 유체 클러치 ④ 리어 클러치

🔍 유체클러치는 유체(액체)를 이용하여 동력을 전달한다.

28 자동차의 자동변속기 구성장치 중 변속시 변속비를 결정하는 장치는?

① 브레이크 밴드 ② 킥다운 서보
③ 유성 기어 ④ 오일 펌프

🔍 유성기어의 구성부품인 선기어, 링기어, 유성기어 캐리어 등을 이용하여 변속한다.

29 토크컨버터에서 터빈런너의 회전 속도가 펌프임펠러의 회전속도에 가까워져 스테이터가 공전하기 시작하는 점은?

① 클러치점 ② 임계점
③ 영점 ④ 변속점

🔍 펌프(임펠러)가 회전하고 터빈(런너)가 정지하고 있을 때를 정지점(stall point), 터빈(런너)이 회전하여 펌프(임펠러)의 회전속도에 가까워져 스테이터가 공전하기 시작할 때를 클러치 점(clutch point)이라 한다.

30 토크 변환기에서 펌프와 터빈의 속도비가 거의 같아졌을 때 스테이터는 어떤 운동을 하는가?

① 공전한다.
② 터빈의 방향으로 더 빠른 속도로 회전한다.
③ 정지한다.
④ 터빈과 같은 속도로 반대 방향으로 회전한다.

31 토크 변환기에서 클러치 점(clutch point)을 가장 옳게 설명한 것은?

① 펌프가 회전하는 시점
② 터빈이 회전하는 시점
③ 스테이터가 공전하는 시점
④ 클러치가 미끄러지는 시점

32 자동변속기의 싱글 피니언 단순 유성기어장치에서 선기어를 고정하고 캐리어를 구동하면 차속(출력 : 링기어)은 어떻게 되는가?

① 증속된다. ② 감속된다.
③ 역전 증속된다. ④ 역전 감속된다.

🔍 선기어를 고정하고 캐리어를 구동하면 링기어는 증속된다.

33 자동변속기 유압 시험시 주의할 사항이 아닌 것은?

① 규정 오일을 사용하고, 오일량을 정확히 유지하고 있는 지 여부를 점검한다.
② 오일온도가 규정온도에 도달되었을 때 실시한다.
③ 측정하는 항목에 따라 유압이 클 수 있으므로 유압계 선택에 주의한다.
④ 유압시험은 냉간, 중간, 열간 등 온도를 3단계로 나누어 실시한다.

🔍 자동변속기 유압 시험 시 주의 사항
• 규정오일을 사용하고 오일량이 적정한 지 확인한다.
• 엔진을 웜업시켜 오일온도가 규정온도에 도달되었을 때 실시한다.
• 측정하는 항목에 따라 유압이 다를 수(클 수) 있으므로 유압계 선택에 주의한다.

34 자동변속기 장착 차량의 스톨 테스트(stall test)방법으로 옳지 않은 것은?

① 변속레버를 'N' 위치에 놓고 한다.
② 변속레버를 'D' 위치에 놓고 한다.
③ 변속레버를 'R' 위치에 놓고 한다.
④ 브레이크를 밟고 가속페달을 밟은 후 기관 RPM을 읽는다.

🔍 스톨시험(stall test)이란 자동변속기의 'D' 또는 'R' 레인지에서 엔진의 최대속도를 측정하여 엔진의 종합적인 상태를 측정하는 시험으로 엔진의 출력, 토크 컨버터의 동력전달 상태, 토크 컨버터의 미끄러짐 등을 알 수 있다.

35 자동변속기 스톨시험으로 알 수 없는 것은?

① 엔진의 구동력
② 토크컨버터의 동력차단 기능
③ 토크컨버터의 동력전달 상태
④ 클러치 미끄러짐 유무

정답 27 ③ 28 ③ 29 ① 30 ① 31 ② 32 ① 33 ④ 34 ① 35 ②

36 자동변속기의 스톨시험 결과 엔진 회전수가 규정의 스톨 회전수보다 낮을 때 나타날 수 있는 원인으로 맞는 것은?

① 라인 압력 저하
② 엔진불량으로 인한 출력 부족
③ 변속기 내부 클러치 슬립
④ 밴드 브레이크의 슬립

🔍 엔진 회전수가 규정보다 적다는 것을 엔진이 불량하여 출력이 부족한 것을 의미한다.

37 전자제어 자동변속기에서 제어하는 항목이 아닌 것은?

① 변속단 제어   ② 댐퍼클러치 제어
③ 거버너 제어   ④ 라인압 가변 제어

🔍 전자제어 자동변속기에서 변속조절밸브를 이용하여 변속단을 제어하고, 댐퍼클러치 조절밸브를 통해 댐퍼클러치를 작동 또는 해제시키며 레귤레이터 밸브를 이용하여 라인 압력을 조절한다.

38 자동변속기 장착 자동차에서 시프트 레버의 조작을 받아 변속레인지를 결정하는 밸브 보디의 구성 요소는?

① 압력조정 밸브   ② 매뉴얼 밸브
③ 거버너 밸브   ④ 스로틀 밸브

🔍 매뉴얼 밸브는 시프트 레버의 조작으로 작동하는 수동(manual) 밸브이다.

39 자동차의 자동변속기의 유압 제어장치 구성품이 아닌 것은?

① 종감속 기어(final reduction gear)
② 오일 펌프(oil pump)
③ 시프트 밸브(shift valve)
④ 밸브 보디(valve body)

🔍 종감속 기어는 변속기 뒤에 있는 최종 감속기어이다.

40 자동차의 전자제어식 자동변속기에서 인히비터 스위치의 기능에 해당하지 않는 것은?

① 시프트레버 D 레인지에서 시동이 가능하게 한다.
② 시프트레버 D 또는 L 레인지에서는 시동을 불가능하게 한다.
③ 시프트레버 P 또는 N 레인지에서 시동이 가능하게 한다.
④ 시프트레버 R 레인지에서 후진등을 점등되게 한다.

🔍 인히비터(inhibitor) 스위치는 "P" 또는 "N" 레인지 이외에서는 시동이 걸리지 않도록 하는 스위치이다.

41 자동변속기 차량에서 시동이 가능한 변속레버 위치는?

① P, N   ② P, D
③ 전 구간   ④ N, D

42 자동 변속기에 관계되는 일반적인 사항을 나열하였다. 틀린 것은?

① "P" 위치에서는 주차 기능이 있어야 한다.
② 처음 시동시 선택 레버 위치가 "N" 또는 "P" 위치에서만 시동되어야 한다.
③ "D" 위치에서 주행 후 시동을 끄고, 재차 시동을 했을 때는 시동이 걸려야 한다.
④ "R" 위치에서는 백업등(Back-up Lamp)이 점등되어야 한다.

43 자동변속기에서 토크컨버터의 슬립에 의한 손실을 최소화하기 위한 작동기구는?

① 댐퍼 클러치   ② 다판 클러치
③ 일방향 클러치   ④ 롤러 클러치

🔍 댐퍼 클러치는 토크컨버터의 슬립에 의한 손실을 최소화하기 위하여 댐퍼 클러치를 작동시켜 직결시킨다.

44 자동변속기 차량에서 록업 클러치가 작동될 수 있는 영역은?

① 고속 저부하시   ② 저속 고부하시
③ 변속시   ④ 시동시

🔍 댐퍼 클러치(록업 클러치)는 고속 저부하시에 직결되어 토크컨버터의 슬립에 의한 손실을 최소화한다.

정답 36 ② 37 ③ 38 ② 39 ① 40 ① 41 ① 42 ③ 43 ① 44 ①

45 토크컨버터 내에 록업 클러치의 작동 영역은?

① 중립시 ② 후진시
③ 저속 고부하시 ④ 고속 저부하시

46 전자제어식 자동변속기에 사용되는 센서에 해당되지 않는 것은?

① 흡기온 센서 ② 유온센서
③ 펄스 제너레이터 ④ 스로틀 포지션 센서

🔍 흡기온 센서는 연료량 보정에 사용되는 센서이다.

47 자동변속기의 전자제어 장치 중 T.C.U에 입력되는 신호가 아닌 것은?

① 스로틀 포지션 센서 신호
② 엔진회전 신호
③ 엑셀레이터 신호
④ 흡입공기 온도의 신호

🔍 흡입공기 온도 신호는 E.C.U에 입력된다.

48 자동변속기를 고장 진단하기 전에 미리 행하여야 할 점검 사항이 아닌 것은?

① 오일량 점검
② 스로틀 밸브 케이블 점검 및 조종
③ 매뉴얼링크의 외관점검 및 조종
④ 오일압력 점검

🔍 오일 압력은 시동을 걸고 각 레인지로 변속하면서 점검한다.

49 무단 변속기(CVT)에서는 다음 중 어느 것에 의해 변속비가 변화하는가?

① 유성기어 ② V벨트와 풀리
③ 유체클러치 ④ 하이포이드 기어

🔍 무단 변속기는 벨트방식의 경우 V벨트와 풀리가 가변하므로서 변속된다.

50 드라이브 라인의 설명 중 틀린 것은?

① 추진축의 앞뒤 요크는 동일 평면에 있어야 한다.
② 추진축의 토션 댐퍼는 충격을 흡수하는 일을 한다.
③ 슬립조인트 설치 목적은 거리의 신축성을 제공해주는 것이다.
④ 자재이음은 일정 한도 내의 각도를 가진 두 축 사이에 회전력을 전달하는 것이다.

🔍 추진축의 토션 댐퍼(torsion damper)는 비틀림 진동을 방지하기 위한 것이다.

51 오버드라이브 장치에 관한 설명으로 옳은 것은?

① 고갯길을 올라갈 때 작동한다.
② 추진축의 회전속도를 크랭크축의 회전속도보다 빠르게 한다.
③ 토크를 증가시킬 때 작동한다.
④ 최고 출력을 낼 때 작동한다.

🔍 오버드라이브 장치는 엔진의 여유출력을 이용하여 추진축의 회전속도를 크랭크축의 회전속도보다 빠르게 한다.

52 자동식 오버드라이브에 사용되는 유성기어의 구성 부품은?

① 유성기어, 유성기어 캐리어, 링기어, 선기어
② 유성캐리어, 임펠러, 런너
③ 유성기어장치, 프리휠링 장치, 솔레노이드 장치
④ 가이드링, 스테이터, 임펠러

🔍 유성기어 장치는 선기어, 링기어 유성기어, 유성기어 캐리어로 구성되어 있다.

53 동력전달장치의 드라이브 라인에 슬립 이음을 사용하는 이유로 맞는 것은?

① 진동을 흡수하기 위해
② 추진축의 길이 방향에 변화를 가능하게 하기 위해
③ 출발을 원활하게 하기 위해
④ 회전력을 직각으로 전달하기 위해

🔍 슬립 조인트(slip joint)는 추진축의 길이 방향의 변화를 가능하게 하기 위하여 둔다.

정답 45 ④ 46 ① 47 ④ 48 ④ 49 ② 50 ② 51 ② 52 ① 53 ②

54 추진축이 진동하는 원인이 아닌 것은?

① 중간베어링이 마모되었다.
② 요크 방향이 다르다.
③ 플랜지부를 강하게 조였다.
④ 밸런스 웨이트가 떨어졌다.

> 추진축이 진동하는 원인
> • 추진축의 질량 평형이 맞지 않는다.(밸런스 웨이트가 떨어졌다.)
> • 요크 방향이 다르다.
> • 십자축 베어링과 센터 베어링이 마모되었다.

55 추진축이 진동하는 원인이 아닌 것은?

① 요크 방향이 다르다.
② 플랜지부를 규정보다 조금 세게 조였다.
③ 십자축 베어링과 중간 베어링이 마모 되었다.
④ 밸런스 웨이트가 떨어졌다.

56 변속비 4.3, 종감속비 2.5일 때 총감속비는?

① 1.72   ② 6.8
③ 1.8   ④ 10.75

> 총감속비 = 변속비×종감속비
> ∴ 총감속비 = 4.3×2.5 = 10.75

57 변속기의 제 1감속비가 4.5 : 1 이고, 종 감속비는 6 : 1일 때 총 감속비는?

① 27 : 1   ② 10.5 : 1
③ 1.33 : 1   ④ 0.75 : 1

> 총감속비 = 변속비×종감속비
> ∴ 총감속비 = 4.5×6 = 27

58 자동차가 주행하는 노면 중 30°의 언덕길은 약 몇 %의 언덕길이라 하는가?

① 0.5%   ② 30%
③ 58%   ④ 88%

> 구배(경사율) = 경사각×100(%) = tan 30°×100
> = 0.577×100 = 57.7%

59 주행거리 1.6km를 주행하는데 40초가 걸렸다. 이 자동차의 주행속도를 초속과 시속으로 표시하면?

① 40m/s, 144km/h
② 40m/s, 11.1km/h
③ 25m/s, 14.4km/h
④ 64m/s, 230.4km/h

> 초속 = $\frac{1,600m}{40sec}$ = 40m/s
> 시속 = 초속×3.6 = 40×3.6 = 144km/h

60 자동차 기관의 회전속도가 2,000rpm, 제 2속의 변속비가 2:1, 종감속비가 3:1, 타이어의 유효반지름은 50cm이다. 이때 자동차의 시속은?

① 62.8km/h   ② 46.8km/h
③ 34.8km/h   ④ 17.8km/h

> 시속 = $\frac{\pi DN}{R_t \times R_f} \times \frac{60}{1,000}$
> D : 타이어 직경(m), N : 엔진회전수(rpm),
> R_t : 변속비, R_f : 종감속비
> ∴ 시속 = $\frac{3.14 \times 1 \times 2,000}{2 \times 3} \times \frac{60}{1,000}$ = 62.8km/h

61 속도계 기어가 설치되는 곳으로 맞는 것은?

① 변속기 1속 기어   ② 변속기 부축
③ 변속기 출력축   ④ 변속기 톱기어

> 속도계 기어는 변속기 출력축에 설치된다.

62 자동차 주행 중 가속페달 작동에 따라 저항 변화가 일어나는 센서는?

① 공기온도 센서
② 수온 센서
③ 크랭크 포지션 센서
④ 스로틀 포지션 센서

> 스로틀 포지션 센서는 가속 페달의 작동에 따라 저항 변화를 일으켜 그에 해당하는 출력전압이 컴퓨터로 보내어진다.

정답 54 ③ 55 ② 56 ④ 57 ① 58 ③ 59 ① 60 ① 61 ③ 62 ④

63 종감속기어의 감속비가 4 : 1일 때 구동 피니언이 4회 전하면 링 기어는 몇 회전하는가?

① 4회전　　② 3회전
③ 2회전　　④ 1회전

🔍 종감비 = $\dfrac{\text{링기어 잇수}}{\text{구동피니언기어 잇수}}$ = $\dfrac{\text{구동피니언기어 회전수}}{\text{구동피니언기어 잇수}}$

∴ 링기어 회전수 = $\dfrac{\text{구동피니언기어 회전수}}{\text{종감속비}} = \dfrac{4}{4} = 1$

64 종감속기어의 구동피니언의 잇수가 6, 링기어의 잇수가 42인 자동차가 평탄한 도로를 직진할 때 추진축의 회전수가 2,100rpm 이라면 오른쪽 뒷바퀴의 회전수는?

① 150rpm　　② 300rpm
③ 450rpm　　④ 600rpm

🔍 액슬축 회전수 = $\dfrac{\text{추진축 회전수}}{\text{종감속비}} = \dfrac{2,100}{7} = 300rpm$

65 후륜구동 자동차에서 최고출력이 70PS인 엔진이 4,200rpm으로 회전하고 있다. 총 감속비가 4.2라면 이때 후 차축의 회전수는?

① 500rpm　　② 700rpm
③ 1,000rpm　　④ 1,250rpm

🔍 추진축 회전수 = $\dfrac{\text{엔진 회전수}}{\text{종감속비}} = \dfrac{\text{추진축 회전수}}{\text{종감속비}}$
= $\dfrac{4,200}{4.2} = 1000rpm$

66 종감속비가 6인 자동차에서 추진축의 회전수가 900rpm일 때 뒤차축의 회전수는 얼마인가? (단, 직진으로 주행하고, 변속기 변속비는 1.5 : 1 이다.)

① 100rpm　　② 150rpm
③ 600rpm　　④ 900rpm

🔍 뒤차축 회전수 = $\dfrac{\text{추진축 회전수}}{\text{종감속비}} = \dfrac{900}{6} = 150rpm$

67 기관의 회전속도가 1,800rpm, 변속기의 변속비가 3:1, 종감속비가 6:1인 자동차에서 오른쪽 바퀴를 고정시키고 왼쪽 바퀴만을 회전토록 한다면 회전수는 몇 rpm 인가?

① 100　　② 200
③ 300　　④ 600

🔍 한쪽바퀴 회전수 = $\dfrac{\text{엔진 회전수}}{\text{총 감속비}} \times 2 - \text{다른쪽바퀴 회전수}$

∴ 한쪽바퀴 회전수 = $\dfrac{1,800}{3 \times 6} \times 2 - 0 = 200$

68 엔진의 회전수가 2,200rpm 이고 변속비가 4:1, 종감속비가 5.5:1 이다. 이 차의 왼쪽 바퀴가 45rpm이었다면 이 차의 오른쪽 바퀴의 회전수는?

① 505rpm　　② 355rpm
③ 145rpm　　④ 155rpm

🔍 한쪽바퀴 회전수 = $\dfrac{\text{엔진 회전수}}{\text{총 감속비}} \times 2 - \text{다른쪽바퀴 회전수}$

∴ 한쪽바퀴 회전수 = $\dfrac{2,200}{4 \times 5.5} \times 2 - 45 = 155$

69 구동피니언이 링기어 중심선 밑에서 물리게 되어 있는 기어는?

① 직선베벨 기어　　② 스파이럴 기어
③ 스퍼 기어　　④ 하이포이드 기어

🔍 하이포이드(hypoid) 기어는 링기어의 중심보다 구동피니언 기어의 중심이 10~20% 낮게(off-set) 설치되어 있는 방식으로 자동차의 최종 감속기어에 많이 사용한다.

70 자동차의 최종 감속기어에 일반적으로 가장 많이 사용되는 것은?

① 스퍼 기어　　② 하이포이드 기어
③ 워엄 기어　　④ 스플라인 기어

71 차량이 선회할 때 바깥쪽 바퀴의 회전속도를 증가시키기 위해 설치하는 것은?

① 동력전달장치　　② 변속장치
③ 차동장치　　④ 현가장치

🔍 차동장치란 자동차가 선회시 안쪽바퀴와 바깥쪽 바퀴와의 회전속도를 조절하는 장치이다.

정답　63 ④　64 ②　65 ③　66 ②　67 ③　68 ④　69 ④　70 ②　71 ③

72 차동장치에서 액슬축과 직접 접촉되어 있는 것은?
① 사이드 기어　② 웜 기어
③ 피니언 기어　④ 링 기어

🔍 차동장치 사이드 기어의 안쪽 스플라인 부에는 좌,우측 액슬축이 끼워져 있다.

73 종 감속장치에서 링 기어와 구동 피니언 기어의 접촉 상태를 설명한 용어가 맞지 않는 것은?
① 힐 접촉 : 구동 피니언이 링기어의 중간 부분에 접촉
② 토우 접촉 : 구동 피니언이 링기어의 소단부로 치우친 접촉
③ 페이스 접촉 : 구동 피니언이 링기어의 이면 접촉
④ 플랭크 접촉 : 구동 피니언이 링기어의 이뿌리 부분에 접촉

🔍 힐 접촉 : 구동 피니언이 링기어의 바깥쪽 부분으로 치우친 접촉

74 차동장치 링기어의 흔들림을 측정하는데 사용되는 것은?
① 디그니스 게이지　② 다이얼 게이지
③ 마이크로 미터　④ 실린더 게이지

🔍 • 디그니스 게이지 : 간극 측정용 게이지
　• 마이크로 미터 : 수치 측정용 게이지
　• 실린더 게이지 : 내경 측정용 게이지
　• 다이얼 게이지 : 흔들림이나 런 아웃(run-out) 측정용 게이지

75 후차축 케이스에서 오일이 누유되는 원인이 아닌 것은?
① 오일의 점성이 높다.
② 오일이 너무 많다.
③ 오일 시일이 파손되었다.
④ 액슬 축 베어링의 마멸이 크다.

🔍 후차축에서 오일이 누유되는 원인
　• 오일이 너무 많다.
　• 오일 시일이 파손되었다.
　• 액슬 축 베어링이 마멸되었다.

76 전자제어 새시장치에 속하지 않는 장치는?
① 종감속장치
② 자동변속기
③ 차속 감응형 조향장치
④ 차속 감응형 4륜 조향장치

🔍 자동변속기, 차속 감응형 장치 등은 전자제어 방식이다.

77 자동차의 바퀴를 빼지 않고 액슬 축을 빼낼 수 있는 형식은?
① 반부동식　② 전부동식
③ 분리식차축　④ ¾부동식

🔍 전부동식(全浮動式, full floating type)은 바퀴를 떼어내지 않고도 바퀴 중앙에 위치한 액슬축 고정 볼트를 풀면 액슬축을 떼어낼 수 있다.

78 전부동식 차축에서는 뒤 차축을 어떻게 작업하는가?
① 허브를 떼어낸다.
② 허브를 떼어내지 않고 작업한다.
③ 바퀴를 떼어낸 다음에 작업한다.
④ 바퀴를 꽉 조인 다음에 떼어낸다.

79 정속주행 장치(cruise control system)의 컨트롤 스위치 중에서 정속 주행 중 일시 해제되었던 고정속도를 다시 회복시키는 기능을 하는 스위치는?
① 메인(main) 스위치　② 리줌(resume) 스위치
③ 세트(set) 스위치　④ 인히비터 스위치

🔍 리줌(resume) 스위치는 정속 주행 중 일시 해제되었던 속도를 처음 세팅속도로 다시 회복시키는 기능을 한다.

80 자동차에서 정속 주행 장치의 구성품이 아닌 것은?
① 차속센서　② 타코미터
③ 액추에이터　④ 조작스위치

🔍 정속주행장치의 구성품 : 차속센서, 조작 스위치, 액추에이터 등

정답 72 ①　73 ①　74 ②　75 ①　76 ①　77 ②　78 ②　79 ②　80 ②

81 구동력 조절장치(TCS)의 조절방식의 종류에 속하지 않는 것은?

① 기관의 회전력 조절방식
② 구동력 브레이크 조절방식
③ 기관과 브레이크 병용조절방식
④ 기관회전수와 동력전달 조절방식

🔍 TCS 조절방식의 종류
- 기관 회전력 조절장치
- 구동력 브레이크 조절방식
- 기관과 브레이크 병용 조절방식

[2. 현가 및 조정장치]

01 다음 중 현가장치의 구성품과 관계없는 것은?

① 스테빌라이저 ② 타이로드
③ 쇽업쇼버   ④ 판스프링

🔍 현가장치의 구성품은 판스프링, 쇽업쇼버, 스테빌라이저 등이고, 타이로드는 조향장치 관련부품이다.

02 자동차에서 판스프링은 무엇에 의해 프레임에 설치되는가?

① 킹핀   ② 코터핀
③ 새클핀 ④ U 볼트

🔍 판스프링은 새클핀에 의해 프레임에, U볼트에 의해 차축과 연결되어 있다.

03 자동차의 가로축(좌/우 방향 축)을 중심으로 하는 전/후 회전 진동은?

① 롤링(rolling)   ② 요잉(yawing)
③ 피칭(pitching)   ④ 바운싱(bouncing)

🔍 차체의 운동
- X축 : 롤링 [세로축(앞/뒤 방향 축)을 중심으로 하는 좌/우 회전운동]
- Y축 : 피칭 [가로축(좌/우 방향 축)을 중심으로 하는 전/후 회전운동]
- Z축 : 요잉 [수직축을 중심으로 앞뒤가 회전하는 운동]
- 상하운동 : 바운싱 [차체가 동시에 상하로 튀기는 운동]

04 다음 중 스팬의 길이 변화를 가능하게 하는 것은?

① 섀클   ② 스팬
③ 행거   ④ U 볼트

🔍 섀클은 판스프링의 길이 변화를 가능하게 한다.

05 독립현가장치의 장점으로 가장 거리가 먼 것은?

① 스프링 정수가 적은 스프링을 사용할 수 있다.
② 스프링 아래 질량이 적어 승차감이 우수하다.
③ 바퀴가 시미를 잘 일으키지 않고 로드 홀딩이 좋다.
④ 하중에 관계없이 승차감은 차이가 없다.

06 자동차가 고속으로 선회할 때 차체의 좌우 진동을 완화하는 기능을 하는 것은?

① 타이로드   ② 토인
③ 겹판 스프링 ④ 스태빌라이저

🔍 스태빌라이저는 차체의 좌우 진동을 완화하는 기능을 한다.

07 독립현가식 자동차에서 주행 중 롤링(rolling)현상을 감소시키고 차의 평형을 유지시켜주는 장치는 무엇인가?

① 쇽업소버   ② 스태빌라이저
③ 스트럿바   ③ 토크컨버터

08 스프링 상수가 4kgf/mm인 코일 스프링을 6cm 압축하는데 필요한 힘은?

① 240kgf   ② 24kgf
③ 15kgf   ④ 0.067kgf

🔍 스프링 상수(k) = $\dfrac{W}{a}$, W : 하중(kgf), a : 변형량(mm)
∴ W = k×a = 4×60 = 240kgf

정답 81 ④ [2. 현가 및 조정장치] 01 ② 02 ③ 03 ③ 04 ① 05 ④ 06 ④ 07 ② 08 ①

09 토션 바 스프링에 대하여 맞지 않는 것은?

① 단위 무게에 대한 에너지 흡수율이 다른 스프링에 비해 크기 때문에 가볍고 구조도 간단하다.
② 대형차에 적합하고, 현가 높이를 조정할 수 없다.
③ 구조가 간단하고, 가로 또는 세로로 자유로이 설치할 수 있다.
④ 쇽업소버를 병용한다.

> 🔍 **토션바 스프링의 특징**
> • 단위 중량에 대한 에너지 흡수율이 크다.
> • 스프링의 힘은 바의 길이와 단면적에 따라 결정된다.
> • 진동에 의한 감쇠작용이 없으므로 쇽업소버를 병용해야 한다.
> • 가볍고 구조가 간단하며 가로 또는 세로로 자유로이 설치할 수 있다.

10 전자제어 현가장치의 장점에 대한 설명으로 맞는 것은?

① 굴곡이 심한 노면을 주행할 때에 흔들림이 작은 평행한 승차감 실현
② 차속 및 조향 상태에 따라 적절한 조향 특성을 얻을 수 있음
③ 운전자가 희망하는 쾌적 공간을 제공해 주는 최신 시스템
④ 운전자의 의지에 따라 조향 능력 유지

11 자동차에서 전자제어 현가장치의 기능이 아닌 것은?

① 급제동시 노즈다운을 방지한다.
② 급선회시 구심력 발생을 방지한다.
③ 노면으로부터의 차량 높이를 조정한다.
④ 노면상태에 따라 승차감을 조절한다.

> 🔍 **전자제어 현가장치(E.C.S)의 기능**
> • 급제동시 노즈 다운(nose down)을 방지
> • 노면으로부터 차의 높이를 조정
> • 급선회시 원심력에 의한 차량의 기울어짐을 방지
> • 노면으로부터 차의 높이를 조정
> • 굴곡이 심한 노면을 주행할 때에 흔들림이 작은 평행한 승차감 실현

12 전자제어 현가장치에 관한 설명 중 틀린 것은?

① 급제동시 노즈 다운 현상 방지
② 고속 주행시 차량의 높이를 낮추어 안정성 확보
③ 제동시 휠의 로킹 현상을 방지하여 안정성 증대
④ 주행조건에 따라 현가장치의 감쇠력 조절

13 전자제어 현가장치의 장점이 아닌 것은?

① 고속 주행시 안전성이 있다.
② 조향시 차체가 쏠리는 경우가 있다.
③ 승차감이 좋다.
④ 충격을 감소한다.

14 ECS 장착 차량에서 차량의 높이를 감지하는 센서는?

① 차고 센서　　② 차속 센서
③ 스티어링 휠 각도 센서　④ 스트럿 유니트

15 다음은 전자제어 현가장치의 한 예를 든 것이다. 차량 높이를 높이는 방법으로 옳은 것은?

① 배기 솔레노이드 밸브를 작동시킨다.
② 앞·뒤 솔레노이드 공기밸브의 배기구를 개방시킨다.
③ 공기챔버의 체적과 쇽업소버의 길이를 증가시킨다.
④ 공기챔버의 체적과 쇽업소버의 길이를 감소시킨다.

> 🔍 공기챔버의 체적과 쇽업소버의 길이를 증가시켜 차고를 높인다.

16 전자제어 현가장치 고장 진단시 액추에이터 시험 조건으로 맞는 것은?

① 점화 스위치 OFF　② 점화 스위치 ON
③ 고장 경고등 점등　④ 차속이 30km/h일 때

> 🔍 **액추에이터 시험 금지조건**
> • 점화스위치 "OFF"
> • 발전기 "L" 단자 출력 Low(충전부족)
> • 차속 3km/h 이상
> • 경고등 점등 시

정답 09 ②　10 ①　11 ②　12 ③　13 ②　14 ①　15 ③　16 ②

17 ECS 장착 자동차에서 주행 중 급커브 상태를 감지하는 센서는?

① 차속 센서
② 차고 센서
③ 스티어링 휠 각속도 센서
④ 휠 속도 센서

🔍 스티어링 휠 각속도 센서는 자동차가 주행 중 급커브를 감지한다.

18 전자제어 현가장치 작동을 위한 입력 센서가 아닌 것은?

① 차속 센서
② G 센서
③ 조향 휠 각속도 센서
④ 액추에이터

🔍 액추에이터는 출력 장치이다.

19 전자제어 현가장치에 사용되는 쇽업소버에서 오일이 상하 실린더로 이동할 때 통과하는 구멍을 무엇이라고 하는가?

① 밸브 하우징
② 로터리 밸브
③ 오리피스
④ 스텝구멍

🔍 오리피스(orifice)는 쇽업소버에서 오일이 상하 실린더로 이동할 때 통과 유량을 제어하여 감쇠력을 형성한다.

20 조향장치가 갖추어야 할 조건으로 틀린 것은?

① 조향 조작이 주행 중의 충격에 영향을 받지 않을 것
② 조작하기 쉽고 방향 전환이 원활하게 행하여 질 것
③ 조향핸들의 회전과 바퀴 선회의 차가 크지 않을 것
④ 회전반경이 커서 좁은 곳에서도 방향전환을 할 수 있을 것

🔍 조향장치가 갖추어야 할 조건
- 조작하기 쉽고 방향전환이 원활하게 행해질 것
- 회전반경이 적을 것
- 조향핸들과 바퀴의 선회 차이가 크지 않을 것
- 조향조작이 주행 중의 충격에 영향을 받지 않을 것
- 고속 주행에도 조향휠이 안정되고 복원력이 좋을 것

21 조향장치가 갖추어야 할 조건으로 틀린 것은?

① 노면의 충격이 조향 휠에 전달되지 않아야한다.
② 회전 반지름이 커야 한다.
③ 진행 방향을 바꿀 때 새시 및 보디 각부에 무리한 힘이 작용하지 않아야 한다.
④ 고속주행 중에는 조향 휠이 안정되고 복원력이 좋아야 한다.

22 자동차의 축간거리가 2.9m, 조향각이 30°이다. 이 자동차의 최소회전반경은 몇 m인가? (단, 바퀴의 접지면 중심과 킹핀과의 거리는 0.2m이다.)

① 5m
② 6m
③ 7m
④ 8m

🔍 최소회전반경 $R = \dfrac{L}{\sin\alpha} + r$

L : 축거(m), r : 타이어 중심과 킹핀과의 거리(m)

∴ 최소회전반경 $R = \dfrac{2.9}{\sin 30°} + 0.2 = 6m$

23 조향 기어비를 구하는 식으로 맞는 것은?

① 조향 휠의 움직인 각도를 피트먼 암의 움직인 각도로 나눈 값
② 조향 휠의 움직인 량을 사이드슬립 량으로 나눈 값
③ 피트먼 암의 움직인 거리를 사이드슬립 량으로 나눈 값
④ 피트먼 암의 직선거리를 조향 휠의 직경으로 나눈 값

🔍 조향기어비 = $\dfrac{핸들\ 회전\ 각도}{피트먼\ 암\ 회전\ 각도}$

24 조향핸들이 320° 회전할 때 피트먼 암이 32° 회전하였다면 조향 기어비는?

① 5 : 1
② 10 : 1
③ 15 : 1
④ 20 : 1

🔍 조향기어비 = $\dfrac{핸들\ 회전\ 각도}{피트먼\ 암\ 회전\ 각도} = \dfrac{320}{32} = 10$

정답 17 ③ 18 ④ 19 ③ 20 ④ 21 ② 22 ② 23 ① 24 ②

25 조향장치에서 조향기어의 백래시가 너무 크면 어떻게 되는가?

① 조향각도가 크게 된다.
② 조향기어 비가 크게 된다.
③ 조향핸들의 유격이 크게 된다.
④ 핸들의 축방향 유격이 크게 된다.

> 🔍 조향기어의 백래시가 크면 조향핸들의 유격이 크게 된다.

26 다음 중 조향 휠이 한쪽으로 쏠리는 원인이 아닌 것은?

① 앞바퀴 얼라이먼트 불량
② 쇽업소버 작동 불량
③ 스티어링 휠의 유격 과소
④ 타이어 공기압 불균일

> 🔍 조향 휠이 한쪽으로 쏠리는 원인
> • 타이어 공기압이 불균일하다.
> • 좌·우 축거가 다르다.
> • 좌·우 캠버가 같지 않다.
> • 좌·우 브레이크 라이닝의 간극이 다르다.
> • 쇽업소버 작동이 불량하다.
> • 휠 얼라인먼트가 불량하다.

27 자동차에서 브레이크 작동시 조향 핸들이 한쪽으로 쏠리는 원인이 아닌 것은?

① 얼라인먼트의 조정이 불량하다.
② 좌우 타이어의 공기압이 같지 않다.
③ 브레이크 라이닝의 간극이 불량하다.
④ 마스터 실린더의 첵밸브의 작동이 불량하다.

28 후륜 구동 자동차에서 주행 중 핸들이 쏠리는 원인이 아닌 것은?

① 타이어 공기압의 불균형
② 바퀴 얼라인먼트의 조정 불량
③ 쇽업쇼버의 작동 불량
④ 조향기어 하우징의 풀림

29 조향 핸들의 유격이 크게 되는 원인이다. 틀린 것은?

① 볼 이음의 마멸 ② 타이로드의 휨
③ 조향 너클의 헐거움 ④ 앞바퀴 베어링의 마멸

> 🔍 조향 핸들의 유격이 크게 되는 원인
> • 조향 링키지의 마멸
> • 조향 너클의 헐거움
> • 볼 이음의 마멸
> • 앞바퀴 베어링의 마멸

30 전자제어 동력 조향장치의 요구 조건이 아닌 것은?

① 저속 시 조향력이 적을 것
② 고속 직진시 복원 반력이 감소 할 것
③ 긴급 조향 시 신속한 조향반응이 보장될 것
④ 직진 안정감과 미세한 조향 감각이 보장될 것

> 🔍 동력 조향장치(EPS)의 장점
> • 적은 힘으로 조향조작을 할 수 있다.
> • 조향기어비를 조작력에 관계없이 설정할 수 있다.
> • 노면의 충격을 흡수하여 조향핸들에 전달되는 것을 방지한다.
> • 앞바퀴의 시미현상을 감쇠하는 효과가 있다.

31 전자제어 파워 스티어링의 특징 중 틀린 것은?

① 정차 시 조향력 감소
② 저속 주행시 조향력 감소
③ 고속 주행 시 큰 조향시는 수동과 동일
④ 험한 길 주행 시 핸들을 놓치기 쉽다.

32 동력조향장치의 주요 구성장치가 아닌 것은?

① 동력장치   ② 작동장치
③ 제어장치   ④ 속도제어장치

> 🔍 동력 조향장치의 구성장치
> • 동력부 : 오일 펌프 – 유압을 발생
> • 작동부 : 동력 실린더 – 보조력을 발생
> • 제어부 : 제어 밸브 – 오일 통로를 변경

33 동력 조향장치를 동력실린더와 제어밸브의 형태 및 배치에 따라 분류한 형식이다. 이에 해당되지 않는 것은?

① 인터그럴형   ② 분리형
③ 일체형   ④ 콘티형

> 🔍 동력 조향장치의 분류
> • 일체형(integral type)
> • 링키지형(linkage type) – 조합형, 분리형

정답 25 ③ 26 ③ 27 ④ 28 ④ 29 ② 30 ② 31 ④ 32 ④ 33 ④

34 동력 조향장치의 구성품이 아닌 것은?

① 유압 펌프 ② 파워 실린더
③ 유압식 리타더 ④ 제어 밸브

35 전자제어 동력 조향장치의 오일펌프 내부에 있는 플로우 컨트롤 밸브에 대한 설명 중 틀린 것은?

① 조향기어 박스로 가는 오일의 양을 조절 할 수 있다.
② 고속 회전시는 조향기어 박스로 가는 오일의 양을 많게 한다.
③ 플로우 컨트롤 밸브 내부에는 릴리프 밸브가 있다.
④ 저속 회전시는 조향기어 박스로 가는 오일의 양을 많게 한다.

> 유량 제어밸브(flow control valve)
> 오일 펌프로부터의 유량이 규정량을 넘으면 과잉의 오일을 오일 탱크로 바이패스 시켜 조향기어 박스로 가는 오일의 양을 조절한다. 또한 유량 제어밸브 내부에는 압력을 조절하는 릴리프 밸브가 있어 유압이 규정 이상으로 높아지면 밸브를 열어 오일의 일부를 오일 탱크로 보내어 압력을 낮춘다.

36 전자식 조향제어 장치의 조향력 제어에서 차량 속도가 저속에서는 가볍고 고속에서는 무거운 조향이 되도록 하는 방식은?

① 조향속도 감응방식
② 슬립 감응방식
③ 차속 감응방식
④ 로터회전 감응방식

> 전자식 동력 조향장치는 차속에 따라 저속에서는 가볍게 하고 고속에서는 적절히 무겁게 하여 조향 안정성을 꾀한다.

37 동력조향장치에서 자동차의 속도에 따라 핸들의 조향력을 변화시켜주는 장치는?

① 속도 감응형 동력조향장치
② 엔진회전수 감응형 동력조향장치
③ 휠 스피드 감응형 동력조향장치
④ 조향각도 감응 조향장치

38 차속 감응방식의 동력 조향장치에서 조향력은 고속에서 어떻게 되는가?

① 가벼운 조향이 되게 한다.
② 무거운 조향이 되게 한다.
③ 무겁다가 가볍게 된다.
④ 가볍다가 무겁게 된다.

39 회전하는 슬릿 디스크를 끼우고 발광 다이오드와 포토 트랜지스터에서 검출하는 포터 인터럽터 방식을 사용하여 차체와 로어 컨트롤암 또는 차축의 상대 위치를 검출하는 센서는?

① 조향각 센서 ② 요레이트 센서
③ 차고 센서 ④ G 센서

> 차고 센서는 회전하는 슬릿 디스크를 끼우고 발광 다이오드와 포토 트랜지스터에서 검출하는 포터 인터럽터 방식을 사용하여, 차체와 로어 컨트롤암 또는 차축의 상대 위치를 검출한다.

40 다음 중 앞바퀴 정렬의 종류가 아닌 것은?

① 하이텐션 ② 캠버
③ 캐스터 ④ 토인

> 앞바퀴 정렬의 종류 : 캠버, 캐스터, 토인, 킹핀 경사각

41 앞바퀴 얼라인먼트의 역할이 아닌 것은?

① 조향 핸들의 조향 조작을 쉽게 한다.
② 조향 핸들에 알맞은 유격을 준다.
③ 타이어의 마모를 최소화 한다.
④ 조향 핸들에 복원성을 준다.

> 앞바퀴 정렬(wheel alignment)의 역할
> • 조향 핸들의 조작력을 가볍게 한다.
> • 조향 핸들에 복원성을 준다.
> • 타이어의 마모를 최소화 한다.
> • 조향 조작이 확실하고 안정성을 준다.

정답 34 ③ 35 ② 36 ③ 37 ① 38 ② 39 ③ 40 ① 41 ②

42 자동차의 앞 차륜 정렬에서 정(+) 캠버란?

① 앞바퀴의 아래쪽이 위쪽보다 좁은 것을 말한다.
② 앞바퀴의 앞쪽이 뒤쪽보다 좁은 것을 말한다.
③ 앞바퀴의 킹핀이 뒤쪽으로 기울어진 것을 말한다.
④ 앞바퀴의 위쪽이 아래쪽보다 좁은 것을 말한다.

> 캠버 : 자동차를 앞에서 보았을 때 앞바퀴의 위쪽이 아래쪽보다 넓은 것. 이것을 정(+)의 캠버라 하고, 아래쪽이 넓은 것을 부(-)의 캠버라 한다.

43 앞바퀴가 하중을 받았을 때 아래쪽이 벌어지는 것을 방지하기 위해 둔 각은?

① 캐스터　　　　② 캠버
③ 킹핀 경사각　　④ 토인

> 캠버의 효과
> • 킹핀 경사각과 함께 조향 핸들의 조작을 가볍게 한다.
> • 수직방향의 하중에 의한 앞차축의 휨을 방지한다.
> • 볼록노면 도로에 대해 수직인 효과가 있다.
> • 하중을 받았을 때 앞바퀴의 아래쪽이 벌어지는 것을 방지한다.

44 타이로드(tie rod)로 조정하는 것과 가장 관련 있는 것은?

① 캠버(camber)　　② 캐스터(caster)
③ 킹핀(kingpin)　　④ 토인(toe in)

45 자동차의 앞 차륜 정렬에서 킹핀의 연장선과 캠버의 연장선이 지면 위에서 만나게 되는 것을 무엇이라고 하는가?

① 캐스터　　　　② 스크러브 레디어스
③ 오버 스티어　④ 코너링 포스

> 킹핀의 연장선과 캠버의 연장선이 지면에서 만나는 선의 길이를 캠버 오프셋(camber offset, scrub radius)이라고 한다.

46 킹핀경사각과 함께 앞바퀴에 복원성을 주어 직진 위치로 쉽게 돌아오게 하는 앞바퀴 정렬과 관련이 가장 큰 것은?

① 캠버　　　　　② 캐스터

③ 토인　　　　　④ 토아웃

> 캐스터의 작용
> • 주행 중 조향바퀴에 방향성(직진성)을 준다.
> • 선회한 후 조향 핸들을 놓으면 직진방향으로 되돌아오는 복원력이 발생된다.

47 토인의 필요성을 설명한 것으로 틀린 것은?

① 수직방향의 하중에 의한 앞차축 휨을 방지한다.
② 조향링키지의 마멸에 의해 토아웃이 되는 것을 방지한다.
③ 앞바퀴를 평행하게 회전시킨다.
④ 바퀴가 옆방향으로 미끄러지는 것과 타이어의 마멸을 방지한다.

> 토인을 두는 목적
> • 앞바퀴를 평행하게 회전시킨다.
> • 바퀴가 옆방향으로 미끄러지는 것과 타이어의 마멸을 방지한다.
> • 조향 링키지의 마멸에 의해 토아웃이 되는 것을 방지한다.

48 토(toe)에 대한 설명으로 가장 거리가 먼 것은?

① 토인은 주행 중 타이어의 앞 부분이 벌어지려고 하는 것을 방지한다.
② 토는 타이로드의 길이로 조정한다.
③ 토의 조정이 불량하면 타이어의 편마모가 된다.
④ 토인은 조향 복원성을 위해 둔다.

49 토인 조정에 사용되는 것은?

① 드래그 링크　　② 킹핀
③ 타이로드　　　④ 아이들 암

50 휠 얼라인먼트에서 앞차축과 뒤차축의 평행도에 해당하는 것은?

① 셋백　　　　　② 토인
③ 킹핀경사각　　④ 조향각

> 셋백(Set back)이란 휠 얼라인먼트에서 앞차축과 뒷차축의 평행도를 나타낸다.

정답 42 ④　43 ②　44 ④　45 ②　46 ②　47 ①　48 ④　49 ③　50 ①

51 사이드슬립 테스터의 지시값이 4이다. 이것은 주행 1km에 대하여 앞바퀴의 슬립량이 얼마인 것을 표시하는가?

① 4mm ② 4cm
③ 40cm ④ 4m

> 사이드 슬립 시험기의 1 눈금은 1km 주행에 1m 슬립된 것을 의미한다.

[3. 제동장치]

01 차량 속도를 감속하거나 정지시키기 위한 장치는?

① 현가장치 ② 조향장치
③ 주행장치 ④ 제동장치

> 제동장치는 주행 중인 자동차의 속도를 감속시키거나 정지시키고, 주차상태를 유지시키는 장치이다.

02 유압식 브레이크는 어떤 원리를 이용한 것인가?

① 뉴톤의 원리 ② 파스칼의 원리
③ 베르누이의 원리 ④ 애커먼 장토의 원리

> 유압식 브레이크는 파스칼의 원리를 이용한 것이다.

03 일반적인 브레이크 오일의 주성분은?

① 윤활유와 경유 ② 알콜과 피마자 기름
③ 알콜과 윤활유 ④ 경유와 피마자 기름

> 브레이크 오일은 일반적으로 피마자 기름에 알콜 등의 용제를 혼합한 식물성 오일이다.

04 유압 브레이크에서 잔압과 관계가 있는 부품은?

① 마스터 실린더 피스톤 1차 컵과 2차 컵
② 마스터 실린더의 첵 밸브와 복귀 스프링
③ 마스터 실린더 오일 탱크
④ 마스터 실린더 피스톤

> 유압식 브레이크에서 잔압은 리턴 스프링이 항상 첵 밸브를 밀고 있으므로 회로내의 유압과 리턴 스프링의 장력이 평형이 되어 회로 내에 어느 정도 압력이 남는 것을 말한다.

05 브레이크 드럼이 갖추어야 할 조건이 아닌 것은?

① 정적, 동적 평형이 잡혀 있을 것
② 슈와 마찰면에 내마멸성이 있을 것
③ 방열이 잘되지 않을 것
④ 충분한 강성이 있을 것

> 브레이크 드럼이 갖추어야 할 조건
> • 방열이 잘 되고 가벼울 것
> • 충분한 강성과 내마멸성이 있을 것
> • 정적, 동적 평형이 잡혀 있을 것

06 회전중인 브레이크 드럼에 제동을 걸면 슈는 마찰력에 의해 드럼과 함께 회전하려는 경향이 생겨 확장력이 커지므로 마찰력이 증대되는데 이러한 작용을 무엇이라 하는가?

① 자기작동 작용 ② 브레이크 작용
③ 페이드 현상 ④ 상승 작용

> 자기작동(self energizing action)이란 회전중인 드럼에 브레이크를 걸면 슈는 마찰력에 의해 드럼과 함께 회전하려는 경향이 생겨 확장력이 커지므로 마찰력이 증대되는 작용을 말한다.

07 제동장치에서 전진방향 주행시 자기작동이 발생되는 슈를 무엇이라 하는가?

① 서보슈 ② 리딩슈
③ 트레일링슈 ④ 역전슈

> 전진에서 자기작동이 발생되는 슈를 전진슈라 하며 자기작동이 발생되므로 리딩슈, 다른 한 쪽을 트레일링슈라 한다.

08 자동차의 제동장치에서 듀어 서보형 브레이크의 설명으로 옳은 것은?

① 전진 시 브레이크를 작동하면 1차 2차 슈가 자기작동하고, 후진 시는 자기작동을 하지 않는다.
② 전진 시 브레이크를 작동하면 1차 슈만 자기 작동한다.
③ 전, 후진 시 브레이크를 작동하면 1차 및 2차 슈가 자기 작동한다.
④ 후진 시에만 1차 및 2차 슈가 자기 작동을 한다.

> 듀어 서보형 브레이크란 전진 및 후진에서 1차 슈와 2차 슈가 모두 자기작동을 하는 브레이크를 말한다.

정답 51 ④ [3. 제동장치] 01 ④ 02 ② 03 ② 04 ② 05 ③ 06 ① 07 ② 08 ③

09 브레이크 슈의 리턴 스프링에 관한 설명이다. 가장 거리가 먼 것은?

① 브레이크 슈의 리턴 스프링이 약하면 휠 실린더 내의 잔압은 높아진다.
② 브레이크 슈의 리턴 스프링이 약하면 드럼을 과열시키는 원인이 될 수도 있다.
③ 브레이크 슈의 리턴 스프링이 강하면 드럼과 라이닝의 접촉이 신속히 해제된다.
④ 브레이크 슈의 리턴 스프링이 약하면 브레이크 슈의 마멸이 촉진될 수 있다.

> 브레이크 슈의 리턴 스프링이 강하면 드럼과 라이닝의 접촉이 신속히 해제되고, 약하면 리턴이 불량하여 브레이크 슈의 마멸이 촉진되고 드럼을 과열시킨다.

10 마스터 백은 무엇을 이용하여 브레이크에 배력작용을 하는가?

① 배기가스 압력을 이용한다.
② 대기 압력만을 이용한다.
③ 흡기 다기관의 압력만을 이용한다.
④ 대기압과 흡기 다기관의 압력차를 이용한다.

> 마스터 백(master vac)은 대기압과 흡기다기관의 압력차를 이용하여 브레이크에 배력작용을 한다.

11 브레이크를 밟았을 때 하이드로백 내의 작동이다. 틀린 것은?

① 공기 밸브는 닫힌다.
② 진공 밸브는 닫힌다.
③ 동력 피스톤이 하이드롤릭 실린더 쪽으로 움직인다.
④ 동력 피스톤 앞쪽은 진공상태이다.

> 브레이크를 밟았을 때 진공밸브는 닫히고 공기밸브는 열린다.

12 디스크 브레이크를 드럼 브레이크와 비교한 특징으로 틀린 것은?

① 페이드 현상이 잘 일어나지 않는다.
② 구조가 간단하다.
③ 브레이크의 편제동 현상이 적다.
④ 자기작동 효과가 크다.

> **디스크 브레이크의 특징**
> • 구조가 간단하다.
> • 디스크가 대기 중에 노출되어 냉각 효과가 크다.
> • 방열이 잘 되어 페이드 현상이나 편제동 현상이 적다.
> • 부품의 평형이 좋고 한쪽만 제동되는 일이 적다.
> • 자기작동이 없으므로 페달 조작력이 커야 한다.
> • 마찰면적이 적어 패드의 강도가 커야하고, 패드의 마멸이 크다.

13 디스크 브레이크에 대한 설명 중 맞는 것은?

① 드럼 브레이크에 비하여 브레이크의 평형이 좋다.
② 드럼 브레이크에 비하여 한쪽만 브레이크 되는 일이 많다.
③ 드럼 브레이크에 비하여 베이퍼록이 일어나기 쉽다.
④ 드럼 브레이크에 비하여 페이드 현상이 일어나기 쉽다.

14 브레이크 장치에서 페이드(Fade) 현상이 가장 적게 일어나는 제동장치는?

① 디스크 브레이크
② 서어보 브레이크
③ 넌서어보 브레이크
④ 2리딩 슈우 브레이크

15 제동장치에서 베이퍼록(vapor lock) 원인이 아닌 것은?

① 긴 비탈길에서 브레이크의 사용 빈도가 많은 운전
② 드럼과 라이닝의 끌림에 의한 가열
③ 오일의 변질에 의한 비등점의 저하
④ 공기 브레이크의 과도한 사용

> **베이퍼록의 원인**
> • 긴 내리막길에서 빈번한 브레이크의 사용
> • 드럼과 라이닝의 끌림에 의한 과열
> • 브레이크 슈 리턴 스프링의 쇠손에 의한 잔압 저하
> • 브레이크 슈 라이닝 간극이 너무 적을 때
> • 오일이 변질되어 비등점이 낮아졌을 때
> • 불량 오일을 사용하거나 다른 오일을 혼용하였을 때

정답 09 ① 10 ④ 11 ① 12 ④ 13 ① 14 ① 15 ④

16 브레이크 시스템에서 베이퍼록이 생기는 원인이 아닌 것은?

① 과도한 브레이크 사용
② 비점이 높은 브레이크 오일 사용
③ 브레이크 슈 라이닝 간극의 과소
④ 브레이크 슈 리턴 스프링 절손

17 제동력 상태가 비정상적일 경우 그 고장 원인과 가장 관련이 적은 것은?

① 브레이크 오일의 누설
② 브레이크 슈 라이닝의 과대 마모
③ 브레이크 오일부족 또는 공기 흡입
④ 브레이크 드럼의 밸런스 불균형

> 브레이크 작동이 불량한 원인
> • 브레이크 오일의 누설
> • 브레이크 라이닝의 과도한 마모
> • 브레이크 라이닝에 오일이 묻었을 때
> • 브레이크 오일이 부족하거나 공기가 침입했을 때
> • 페이드 현상이 발생되어 마찰계수가 저하되었을 때
> • 휠 실린더 피스톤 컵이 손상되었을 때

18 브레이크 페달을 밟아도 브레이크 효과가 나쁘다. 그 원인이 아닌 것은?

① 브레이크 오일의 부족
② 라이닝에 오일부착
③ 브레이크액에 공기 혼입
④ 브레이크 간격 조정이 지나치게 적을 때

19 브레이크가 작동하지 않는 원인과 관계가 없는 것은?

① 브레이크 오일회로에 공기가 들어있을 때
② 브레이크 드럼과 슈의 간격이 너무나 과다할 때
③ 휠 실린더의 피스톤 컵이 손상되었을 때
④ 브레이크 오일탱크 주입구 캡이 불량할 때

20 브레이크를 밟았을 때 자동차가 한쪽으로 쏠리는 이유 중 틀린 것은?

① 좌우 타이어의 공기압이 차이가 있다.
② 라이닝의 접촉이 비정상적이다.
③ 휠 실린더의 작동이 불량하다.
④ 좌우 드럼의 마모가 균일하게 심하다.

> 브레이크 작동시 한 쪽으로 쏠리는 원인
> • 좌우 공기압에 차이가 있다.
> • 좌우 라이닝 간극 조정이 틀리게 조정되었다.
> • 한 쪽 휠 실린더의 작동이 불량하다.
> • 앞바퀴 정렬이 잘못되었다.

21 제동장치에서 고장이 발생하였을 때 리어 휠의 로크로 인한 스핀을 방지하기 위해 사용되는 것은?

① 릴리프 밸브
② 컷 오프 밸브
③ 프로포셔닝 밸브
④ 솔레노이드 밸브

> 프로포셔닝 밸브는 브레이크 페달을 밟았을 때 뒷바퀴가 조기에 고착되지 않도록 뒷바퀴의 유압을 제어한다. 제동 중 뒷바퀴가 로크되면 자동차는 스핀이 발생된다.

22 공기 브레이크의 구성 부품이 아닌 것은?

① 공기 압축기   ② 브레이크 챔버
③ 브레이크 휠 실린더   ④ 퀵 릴리스 밸브

> 공기브레이크에는 휠 실린더가 없다.

23 공기 브레이크에서 공기의 압력을 기계적 운동으로 바꾸어 주는 장치는?

① 릴레이 밸브   ② 브레이크 챔버
③ 브레이크 밸브   ④ 브레이크 슈

> 브레이크 페달에 의해 브레이크 밸브가 열리면 릴레이 밸브를 거쳐 브레이크 챔버로 공기의 압력이 전달되고 푸시로드를 통해 캠을 미는 기계적 운동으로 바뀌어 브레이크 슈를 작동시킨다.

24 공기식 브레이크 장치에서 최종적으로 라이닝을 움직이는 부품은?

① 푸시로드   ② 하이드로 피스톤
③ 캠   ④ 휠 실린더

> 브레이크 챔버로 들어온 공기압력이 로드를 밀면 캠이 회전하여 브레이크 슈를 확장하여 제동한다.

정답 16 ② 17 ④ 18 ④ 19 ④ 20 ④ 21 ③ 22 ③ 23 ② 24 ③

25 제동장치에서 마스터 실린더의 내경이 2cm, 푸시로드에 100kgf의 힘이 작용할 때 브레이크 파이프에 작용하는 압력은 약 얼마인가?

① 32kgf/cm² ② 25kgf/cm²
③ 10kgf/cm² ④ 2kgf/cm²

> 압력 = $\dfrac{하중}{단면적}$, ∴ 압력 = $\dfrac{100}{0.785 \times 2^2}$ = 31.85kgf/cm²

26 어떤 자동차로 마찰계수 0.3인 도로에서 제동했을 때 제동 초속도가 10m/s라면 약 몇 m 나가서 정지하겠는가?

① 12m ② 15m
③ 16m ④ 17m

> 제동거리(S) = $\dfrac{v^2}{2\mu g}$
> v : 제동초속도(m/s²), μ : 마찰계수
> g : 중력가속도(9.8m/s²)
> ∴ 제동거리(S) = $\dfrac{10^2}{2 \times 0.3 \times 9.8}$ = 17m

27 자동차에 ABS 장치를 설치한 목적과 거리가 먼 것은?

① ECU에 의해 브레이크를 컨트롤하여 조종성 확보
② 최대 제동거리 확보를 위한 안정 장치
③ 앞바퀴의 잠김(록)으로 인한 조향 능력 상실 방지
④ 뒷바퀴의 잠김(록)으로 차체 스핀에 의한 전복 방지

> ABS의 설치 목적
> • 미끄러짐을 방지하여 차체를 안정성을 유지한다.
> • ECU에 의해 브레이크를 컨트롤하여 조종성 확보한다.
> • 제동거리를 단축시킨다.
> • 앞바퀴의 잠김으로 인한 조향능력 상실을 방지한다.
> • 뒷바퀴의 잠김으로 인한 차체 스핀에 의한 전복을 방지한다.

28 자동차의 ABS에 대한 설명으로 옳은 것은?

① 모든 차륜에 동시에 최대 제동력을 작용시킨다.
② 페달 답력에 따라 각 차륜에 작용하는 브레이크 압력을 제어한다.
③ 차륜이 블로킹되지 않고 회전을 계속하도록 각 차륜에 작용하는 브레이크 압력을 제어한다.
④ 차륜과 노면 사이에 미끄럼 마찰이 발생되도록 브레이크 압력을 제어한다.

29 다음 중 ABS(Anti-Lock Brake System)의 구성요소가 아닌 것은?

① 스피드 센서
② 프로포셔닝 밸브
③ 감쇠력 변환 액추에이터
④ 하이드롤릭 유닛

> ABS의 구성부품
> • 휠 스피드 센서 : 차륜의 회전상태를 검출
> • E.C.U : 휠 스피드 센서의 신호를 받아 ABS를 제어
> • 하이드롤릭 유닛 : E.C.U의 신호에 따라 휠 실린더에 공급되는 유압을 제어

30 다음에서 ABS(Anti-lock Break System)의 구성부품이 아닌 것은?

① 휠 스피드 센서(wheel speed sensor)
② 일렉트로닉 컨트롤 유닛(electronic control unit)
③ 하이드로닉 유닛(hydraulic unit)
④ 크랭크 앵글 센서(crank angle sensor)

31 ABS의 구성 부품 중 휠의 회전속도를 감지하여 컨트롤 유닛으로 보내는 역할을 하는 것은?

① 휠 스피드 센서
② 하이드롤릭 센서
③ 솔레노이드 밸브
④ 어큐뮬레이터

32 자동차의 ABS에서 유압 모듈레이터(유압조절 장치)의 구성 요소가 아닌 것은?

① U 밸브 ② 체크 밸브
③ 솔레노이드 밸브 ④ 어큐뮬레이터

> 하이드롤릭 유닛(유압 모듈레이터)의 구성 부품
> 어큐뮬레이터, 솔레노이드 밸브, 체크 밸브, P 밸브, 펌프, 리저보(reservoir) 등으로 구성

정답 25 ① 26 ④ 27 ② 28 ③ 29 ③ 30 ④ 31 ① 32 ①

33 자동차의 ABS는 자동으로 브레이크를 제어하는 장치로서 바퀴가 Lock-up 되어 미끌림이나 미끄러짐을 방지하는 것이다. 바퀴의 Lock-up을 감지하는 것은?

① 브레이크 드럼
② 하이드로닉 유니트
③ 휠 속도 센서
④ E.C.U

34 다음 중 ABS의 해제 조건이 아닌 것은?

① 브레이크 S/W off
② 바퀴의 슬립
③ 차량속도 증가
④ L(램프)선이 끊어졌음

> **ABS 해제 조건**
> • 브레이크 페달을 밟지 않았을 때
> • 가속 페달을 밟았을 때
> • 발전기 L(램프)선이 끊어졌을 때

35 스피드 센서의 폴피스에 이물질이 붙어 있으면 어떤 현상이 발생하는가?

① 회전속도 검출기능과 관계없다.
② 바퀴의 회전속도 감지능력이 저하된다.
③ 바퀴의 회전속도 감지능력이 증가된다.
④ 자화가 되지 않는다.

[4. 주행 및 구동장치]

01 자동차에서 튜브리스 타이어의 특징으로 틀린 것은?

① 못에 찔려도 공기가 급격히 새지 않는다.
② 유리조각 등에 의해 찢어지는 손상도 수리하기 쉽다.
③ 고속 주행하여도 발열이 적다.
④ 림이 변형되면 공기가 새기 쉽다.

> **튜브리스 타이어의 특징**
> • 못 등에 찔려도 공기가 급격히 새지 않는다.
> • 펑크 수리가 간단하고, 고속으로 주행하여도 발열이 적다.
> • 림이 변형되어 타이어와 밀착이 불량하면 공기가 새기 쉽다.
> • 유리조각 등에 의해 찢어지면 수리하기 어렵다.

02 타이어의 구조에서 직접 노면과 접촉되어 마모에 견디고 적은 슬립으로 견인력을 증대시키는 곳의 명칭은?

① 트레드(tread)
② 브레이커(breaker)
③ 카커스(carcass)
④ 비드(bead)

> **타이어의 구조**
> • 트레드 : 노면과 직접 접촉하는 부분으로 제동력, 구동력, 옆방향 미끄럼 방지, 승차감 향상 등의 역할을 한다.
> • 브레이커 : 트레드와 카커스 사이에 있으며 분리를 방지하고 노면에서의 완충작용을 한다.
> • 카커스 : 타이어의 골격을 이루는 부분으로 여러겹의 코드층으로 되어 공기압력을 견디고 완충작용을 한다.
> • 비드 : 타이어가 림에 접촉하는 부분으로 타이어가 늘어나고 빠지는 것을 방지하기 위해 피아노선이 들어 있다.

03 고무로 피복된 코드를 여러 겹 겹친 층에 해당되며, 타이어에서 타이어 골격을 이루는 부분은?

① 카커스 부
② 트레드 부
③ 숄더 부
④ 비드 부

04 자동차의 타이어에서 60 또는 70시리즈라고 할 때 시리즈란?

① 단면 쪽
② 단면 높이
③ 편평비
④ 최대속도표시

> 편평비 : 타이어의 높이를 폭으로 나눈 값으로 0.6일 경우 60시리즈라 한다.

05 타이어의 높이가 180mm, 너비가 220mm인 타이어의 편평비는?

① 1.22
② 0.82
③ 0.75
④ 0.62

> 편평비 = $\dfrac{높이}{폭(너비)}$ = $\dfrac{180}{220}$ = 0.818

정답 33 ③ 34 ② 35 ② [4. 주행 및 구동장치] 01 ② 02 ① 03 ① 04 ③ 05 ②

06 레이디얼(radial) 타이어의 장점이 아닌 것은?

① 미끄럼이 적고 견인력이 좋다.
② 선회시 안전하다.
③ 조종 안정성이 좋다.
④ 저속 주행, 험한 도로 주행 시에 적합하다.

> 레이디얼(radial) 타이어의 특징
> • 미끄럼이 적고 견인력이 좋다.
> • 선회할 때 사이드 슬립이 적고 코너링 포스가 좋아 안전하다.
> • 고속으로 주행할 때 안전정이 좋다.
> • 스탠딩 웨이브가 잘 일어나지 않는다.
> • 튼튼하므로 타이어의 변형이 적고, 충격 흡수가 작아 승차감이 나쁘다.

07 타이어가 동적 불평형 상태에서 70~90km/h 정도로 달리면 바퀴에 어떤 현상이 발생하는가?

① 로드 홀딩 현상 ② 트램핑 현상
③ 토-아웃 현상 ④ 시미 현상

> 타이어가 정적 불평형이면 타이어가 상하로 움직이는 트램핑 현상이, 동적 불평형이면 타이어가 좌우로 움직이는 시미 현상이 발생한다.

08 구동바퀴가 자동차를 미는 힘을 구동력이라고 하는데 구동력을 구하는 공식은? (단, F : 구동력, T : 축의 회전력, R : 바퀴의 반경)

① F=R/T ② F=T/R
③ F=T×R ④ F=T×2R

> $T = F \times r$,
> T : 회전력(kgf-m), F : 구동력(kgf), r : 타이어 반지름(m)

09 타이어 반경 0.7m인 자동차가 회전속도 480rpm으로 주행할 때, 회전력이 12m-kgf이라고 하면 이 자동차의 구동력은?

① 약 8.6kgf ② 약 7.5kgf
③ 약 4.3kgf ④ 약 17.1kgf

> 회전력(T) = $F \times r$, F : 구동력(kgf), r : 타이어 반지름(m)
> ∴ 구동력(F) = $\dfrac{T}{r} = \dfrac{12}{0.7} = 17.14$ kgf

정답 06 ④ 07 ④ 08 ② 09 ④

CHAPTER 05

친환경자동차

Section 01 하이브리드 자동차
Section 02 전기자동차
Section 03 수소자동차

SECTION 01 하이브리드 자동차

Key Factor
① 하이브리드 자동차 : 서로 다른 종류의 동력원을 가진 자동차
② 하이브리드 자동차의 분류 : 소프트 타입(FMED), 하드 타입(TMED), 플러그 인 타입
③ 하이브리드 자동차의 주요 구성 : 전기모터, 인버터, 컨버터, 배터리

STEP 01 하이브리드 개요

1. 하이브리드 일반

1) 하이브리드 자동차의 개념

하이브리드(hybrid)란 잡종, 혼성물, 혼합물이란 의미로, 하이브리드 자동차란 서로 다른 종류의 동력원을 가진 자동차를 말하며, 주로 가솔린 엔진(디젤, LPi) + 전기모터를 함께 사용한다.

2) 하이브리드 자동차의 필요성
① 석유자원 고갈에 대한 대체 에너지 개발
② 배출가스 규제 대응 및 온난화 가스인 CO_2 배출량 감소
③ CARB의 ZEV 규격 입법화
④ 2003년부터 무공해차 10% 의무화

3) 하이브리드의 장·단점
① 엔진과 모터의 장점을 이용하여 효율을 증대시킨다.
② 연비가 향상되고, 배기가스가 저감된다.
③ 복수의 동력을 탑재하므로 복잡하고 공간이 필요하다.
④ 배터리, 인버터 등 부품이 증가하므로 제작비용, 중량이 증가한다.
⑤ 대중화되어 있지 않아 비싸다.

4) 하이브리드 자동차의 원리 3가지 핵심
① Idle stop : 정차 시 엔진이 자동으로 정지되어 연료소모량을 줄임
② 동력 보조 : 가속 및 등판 시 엔진과 전기모터가 적절한 힘의 분배를 하여 연료소모량을 줄임
③ 감속 시 충전(회생 브레이크) : 감속 시 배터리를 자동으로 충전하여 전기에너지를 재생산

5) 하이브리드 자동차 기본 동력전달

구분	동력전달
정지 시	엔진이 자동으로 정지되어 연료소모량을 줄인다.(idle stop)
정지 상태에서 출발 시	배터리를 이용하여 전기모터를 돌려 바퀴를 구동한다.
일반 주행 시	엔진과 전기모터 모두가 차량 바퀴를 움직인다. 엔진의 힘은 바퀴와 전기모터에 나누어 전달되며, 효율적인 측면에서 힘의 배분이 컨트롤 된다.

구분	동력전달
가속 및 고속 주행 시	일반 주행에 더하여 배터리 전기를 이용하여 전기모터를 구동한다.(동력보조)
감속 시(브레이크를 밟았을 때)	브레이크 시 발생되는 열에너지를 전기모터가 발전기 역할을 하여 배터리를 충전한다.(회생 브레이크)

① 정지 시 : 엔진이 자동으로 정지되어 연료소모량을 줄인다.(idle stop)
② 정지 상태에서 출발 시 : 배터리를 이용하여 전기모터를 돌려 바퀴를 구동한다.
③ 일반 주행 시 : 엔진과 전기모터 모두가 차량 바퀴를 움직인다. 엔진의 힘은 바퀴와 전기모터에 나누어 전달되며, 효율적인 측면에서 힘의 배분이 컨트롤 된다.
④ 가속 및 고속 주행 시 : 일반 주행에 더하여 배터리 전기를 이용하여 전기모터를 구동한다.(동력보조)
⑤ 감속 시(브레이크를 밟았을 때) : 브레이크 시 발생되는 열에너지를 전기모터가 발전기 역할을 하여 배터리를 충전한다.(회생 브레이크)

2. 하이브리드 자동차의 분류

1) 탑재한 엔진에 따라(내연기관과 모터의 조합 기준)
① 모터(배터리) + 디젤 엔진
② 모터(배터리) + 가솔린 엔진

2) 모터의 사용방법에 따라
① 시리즈 하이브리드 : 구동은 모터, 엔진은 발전용
② 패러렐(병렬형) 하이브리드 : 구동에 모터 + 엔진
③ 시리즈 패러렐(combine) 하이브리드 : 모터 또는 엔진 구동 또는 모터 + 엔진 구동

3) 주행 동력 및 충전 방법에 따라
① 소프트 타입(FMED) : 변속기와 모터 사이에 클러치를 두어 제어하며, 출발 시 엔진과 모터를 구동하고, 주행 시 엔진을 구동하여 주행한다.
② 하드 타입(TMED) : 엔진과 모터 사이에 클러치를 두어 제어하며, 순수 EV(전기구동) 모드가 존재한다. 출발 시 모터를 구동하며, 가속 시 엔진과 모터를 구동한다.
③ 플러그 인 타입 : HEV 대비 전기차 주행능력을 확대한 차량으로, 가정용 전기 또는 외부 전원으로 배터리를 충전하는 방식이다.

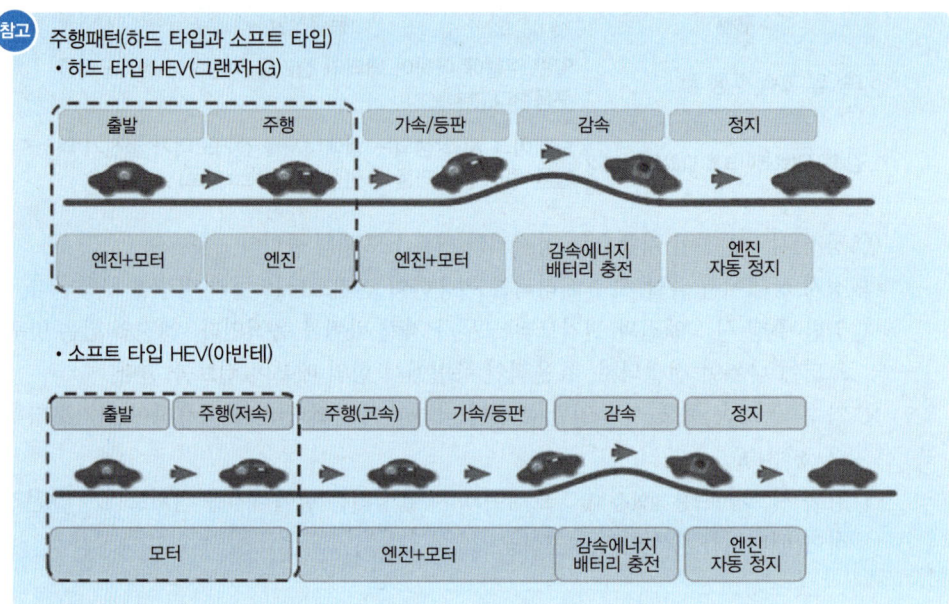

3. 도요타 프리우스(Prius)

1) 도요타 HSD의 특징

전기모터가 엔진을 단순히 보조하는 역할을 하는 Mild Hybrid 시스템이 아닌, 가솔린 엔진과 전기모터 간의 최적의 밸런스를 찾아내고, 최대 80마력의 출력을 갖는 모터가 독자적으로 구동하는 Full Hybrid 시스템이다.

2) 도요타 프리우스(Prius) 구분

① 1세대 (THS-Ⅰ, 1997년) : 1,500cc 58마력, 모터 33kW(44마력)
② 2세대 (THS-Ⅱ, 2003년) : 1,500cc 78마력, 모터 50kW(67마력)
③ 3세대 (HSD, 2009년) : 1,800cc 98마력, 모터 80마력

4. HEV 주행 패턴(에너지 흐름도)

1) 엔진 시동

① 고전압 배터리를 이용하여 HSG를 시동한다.
② HSG 고장 시 HEV 모터로 엔진을 시동한다.

2) EV 주행(HEV 모터 단독 구동)

① 차량 출발 시나 저속 주행 시 HEV 모터 동력만으로 주행한다.
② 엔진과 모터 사이의 클러치는 차단된 상태로 모터의 동력이 바퀴까지 전달된다.
③ 엔진 OFF 시에는 EOP(Electric Oil Pump)를 작동해 AT 유압을 발생한다.

3) 중·고속 정속 주행

중·고속 정속 주행 시에는 엔진의 동력이 바퀴에 전달하기 위해 엔진과 HEV 모터 사이의 엔진 클러치를 연결하여 변속기에 동력을 전달한다.

4) HEV 주행(엔진 + 모터)
① 급가속 또는 등판 시에는 엔진과 HEV 모터를 동시에 HEV 모드로 주행한다.
② 클러치 체결 전 HSG를 구동하여 엔진 회전속도를 빠르게 올려 HEV 모터와 동기시킨다.

5) 정속 주행 중 배터리 충전
주행 중 차량의 상태를 모니터링하여 고전압 배터리 충전량이 기준치 이하일 경우, HEV 모터의 발전 기능을 통해 고전압 배터리를 충전한다.

6) 회생 제동(브레이크)
① 감속, 제동 시 차량의 운동에너지를 전기에너지로 변환하여 고전압 배터리를 충전한다.
② 브레이크를 밟으면 전체 제동량과 배터리 잔량(SOC)을 연산하여 기계적 제동량(유압)과 회생 제동량(모터 제동)을 분배한다.

7) EV 주행 중 충전
EV 모드 주행시 고전압 배터리 잔량(SOC)이 기준치 이하로 떨어지면, 엔진을 강제 구동하여 HSG로 고전압 배터리를 충전하면서 EV 주행을 한다.

8) 공회전 충전
EV 주행 중 정지 상태에서 고전압 배터리 잔량(SOC)이 기준치 이하로 떨어지면, 엔진을 강제 구동하여 HSG의 발전 기능을 이용해 고전압 배터리를 충전한다.

STEP 02 하이브리드 시동 및 취급방법

1. 하이브리드 시스템의 시동 및 조건

1) 하이브리드 모터 시동
① 하이브리드 모터에 의한 시동
② 시동 모터를 이용한 시동

2) 하이브리드 모터에 의한 시동 조건
① Key 시동(P/N단)
② 아이들 스탑 해제

3) 특이사항
① 모터 시동 금지 시는 Key 시동 시 스타터로 시동
② 아이들 스탑 중 금지 조건 발생 시 아이들 스탑을 즉각 해제하고 모터 시동

4) 하이브리드 모터 시동 금지 조건
① 고전압 배터리의 온도 〈 -10℃ 또는 배터리 온도 〉 45℃
② MCU Inverter 온도 〉 94℃
③ SOC 18% 이하
④ 엔진 냉각수 온도 -10℃ 이하
⑤ ECU/MCU/BMS 고장 시

5) 시동 rpm 조정
① ECU 아이들 rpm 이상으로 설정
② 장시간 아이들 스탑 후 시동 시 CVT 유압 발생을 위하여 시동 rpm을 상승시킨다.

2. 하이브리드 자동차 정비 시 주의 사항

하이브리드 시스템은 일반 배터리(12V)도 있지만, 고전압(140~380V) 시스템으로 구성되어 있으므로 쇼트, 감전 및 누전에 주의한다.

1) 작업 전 준비 사항
① 안전복, 절연장갑, 고무장갑, 보호안경 및 안전화를 준비
② ABC 소화기를 준비
③ 전해질을 닦을 수 있는 수건을 준비

2) 고전압 시스템 점검 시 주의 사항
① 취급 기술자는 고전압 시스템에 대한 검사와 서비스 교육이 선행될 것
② 모든 고전압 시스템 부품에는 고전압 라벨이 부착
③ 고전압 작업 시 절연장갑을 착용하고, 고전압 안전 스위치를 OFF할 것
④ 안전 스위치 OFF후 5분 경과 후 작업할 것(MCU 방전시간 필요)
⑤ 작업 시 금속성 물질을 제거(시계, 반지, 목걸이, 금속성 필기구 등)
⑥ 고전압 케이블 작업 시 반드시 전압계를 이용하여 0.1V 이하인지 확인
⑦ 고전압 터미널 체결 시 규정 토크 준수
⑧ 정비, 점검 시 "주의 : 고전압 흐름, 촉수금지" 경고판 설치

3) 차량 정비 시 작업 순서
① 이그니션 스위치 "OFF"
② 후석 시트 등받이 제거
③ 절연장갑 착용 상태에서 12V 배터리 접지 케이블 탈거
④ 안전 스위치 "OFF"
⑤ 안전 스위치 "OFF" 후, 고전압 부품 취급 전에 5~10분 이상 대기한 후 테스터기로 DC Link 전압을 측정하여 0V를 확인 한 후 작업한다. 대기시간은 인버터 내의 콘덴서에 충전되어 있는 고전압을 방전시키기 위해 필요한 시간이다.

4) 차량 사고 시 조치 사항
① 고전압 케이블(절연피복이 벗겨진 상태)은 손대지 말 것
② 차량 화재 시 ABC 소화기로 진압할 것
③ 차량이 반쯤 침수되었을 경우 안전 스위치 등 일체의 접근 금지
④ 차량에 손댈 경우, 차량을 물에서 완전히 안전한 곳으로 이동 후 조치
⑤ 고전압 배터리 전해질 누수 발생시 피부에 접촉하지 말 것
⑥ 리튬 폴리머 배터리는 겔(Gel) 타잎 전해질 적용(액상 전해질 미적용)
⑦ 차량 파손으로 고전압 차단이 필요하면, 다음 순서대로 조치할 것
  ㉠ 차량 정지 후 P단으로 하고, 사이드 브레이크를 작동시킬 것

ⓒ IG Key 제거 후 보조 배터리 접지(-)를 탈거
ⓒ 절연장갑을 착용한 후 안전 스위치 "OFF" 할 것

STEP 03 하이브리드 시스템 구성

1. 하이브리드 시스템 개요

HEV는 전기동력 부품인 전기모터, 인버터, 컨버터, 배터리로 시스템이 구성되며, 차량 구동을 지원하는 전기모터는 엔진 측에 장착되고, 인버터, 컨버터, 배터리는 통합 패키지 형태로 차량 후방에 탑재된다.

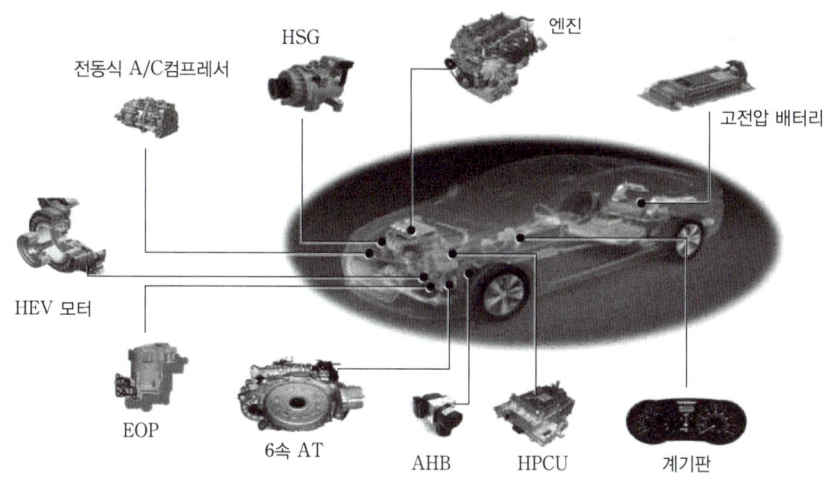

[하이브리드 자동차의 주요 부품]

2. 하이브리드 기본 부품

1) 엔진
 ① 하이브리드 자동차의 엔진은 전자제어 가솔린 엔진으로, 기존 오토 사이클이 아닌 앳킨슨 사이클을 사용하였다.
 ② 앳킨슨 사이클은 오토 사이클과는 달리 압축행정이 팽창행정에 비해 짧다. 앳킨슨 사이클 엔진은 펌핑손실을 최소화하여 연비가 향상되나 압축되는 혼합기가 적어 출력이 떨어지게 된다.

2) 자동변속기
 ① 하이브리드 자동차의 변속기는 일반적으로 6속을 채용한다.
 ② EV 모드 주행을 위한 전동식 오일펌프(EOP)와 EOP를 제어하기 위한 오일펌프 유닛(OPU)가 적용된다.

3) HEV 모터와 HSG(Hybrid Starter & Generator)

① HEV 모터와 HSG는 모터 기능 및 발전 기능의 2가지 역할을 한다.
② HSG는 시동제어, 엔진속도 제어, 소프트 랜딩 제어, 발전 제어를 한다.

4) 엔진 클러치
① 엔진 클러치는 EV 모드에서 HEV 모드로 변환 시 엔진의 동력을 HEV 모터로 연결하는 부품이다.
② 따라서, 엔진 클러치는 주행 조건에 따라 엔진과 모터의 동력을 연결하거나 차단시킨다.

5) 고전압 배터리 및 BMS(Battery Management System)
① 고전압 배터리는 리튬이온폴리머 배터리를 주로 사용하며, 1셀의 전압은 3.75V이다. 전압은 그랜저의 경우 72셀 270V로 되어있다. BMS는 각 셀의 전압, 전류, 배터리의 온도를 감지하며, ECU는 이 값을 참고로 하여 SOC를 판단하고, Power-Cut, 냉각제어, 릴레이 제어, 셀 밸런싱, 자기 진단 등 고전압 배터리를 제어한다.
② 고전압 배터리에는 배터리 온도를 낮추기 위한 냉각시스템이 있어 배터리 온도가 최적의 상태로 유지될 수 있도록 하며, 고전압을 ON/OFF 제어하기 위한 PRA(Power Relay Assembly)가 있어 IG OFF 상태에서는 메인 릴레이를 차단한다.

6) 인버터
① 인버터는 MCU의 기능 중 하나이며, 고전압 배터리의 직류전압을 3상 교류전압으로 변환하여 HEV 모터와 HSG에 공급하여 구동 토크를 제어한다.
② 감속 및 제동 시에는 교류를 직류로 변환하여 고전압 배터리를 충전한다.

7) LDC(Low voltage DC-DC Converter)
① LDC는 하이브리드 전기자동차에 12V 전장 전원을 공급하는 장치로, 고전압 직류를 저전압 직류로 낮추어 차량에 일반적인 사용 전압(12V)으로 변환한다.
② 일반 자동차의 경우 자동차의 등화 등 각종 전기장치를 12V 배터리를 직접 사용하지만, HEV는 고전압 배터리를 LDC를 이용하여 저전압 12V로 낮추어 사용한다.

8) AHB(Active Hydraulic Booster, 액티브 하이드롤릭 부스터)
① 하이브리드 자동차가 EV 주행 시 시동 OFF 상태이므로 진공 부압이 없어 AHB를 적용하여, 제동력 확보 및 회생제동 협조 제어를 통해 연비를 향상시킨다.
② 부스터 브레이크와 유사한 답력을 위해 페달 시뮬레이터가 적용된다.

9) EWP(Electric Water Pump, 전기식 워터펌프)
① EWP는 MCU에 의해 제어되는 엔진 냉각장치와는 별개의 냉각장치이다.
② 냉각수 주입 시 GDS를 설치하여 냉각수 주입 요령에 맞춰 진행하며, 공기 빼기 순서를 반드시 지켜야 한다.

10) HEV 클러스터
① HEV 클러스터에는 READY 램프와 EV 램프가 있으며, READY 램프는 모든 제어기가 정상일 때 "READY" 램프가 점등되어 주행이 가능한 상태를 알려준다.
② EV 램프는 HEV 모터에 의한 주행 또는 주행가능한 상태에서 점등되어 모터 단독 주행임을 알려주는 램프이다.

SECTION 02 전기자동차

Key Factor
① 전기자동차(EV) : 배터리만으로 작동하는 순수 전기차를 의미
② 전기자동차의 구성 : 충전기(급속 및 완속), 배터리(고전압, 저전압), 인버터와 컨버터, 모터
③ BMS의 핵심 기능 : 배터리 잔존용량 측정, 셀(전지) 밸런싱, 보호회로

STEP 01 전기자동차 개요

1. 전기자동차의 장·단점

1) 전기자동차

전기자동차(EV)는 동력 발생 및 동력 변환과정 등 많은 부분이 내연기관 자동차와는 다른 오직 배터리만으로 작동하는 순수 전기차를 의미한다. EV는 배터리만으로 자동차를 구동하므로 배터리 성능이 가장 중요하며, 초기에는 주행거리가 매우 적었으나 현재는 대부분 한번 충전에 400km 이상 주행이 가능하다.

2) 전기자동차의 장점

① 주행 중 이산화탄소(CO_2)를 전혀 배출하지 않는다.
② 진동이나 소음도 적으며 환경 친화적이다.
③ 출발이나 가속이 부드럽다.
④ 연료비가 적게 들어 경제적이다.
⑤ 운전 중 기어 조작이 필요 없어 운전 조작이 간편하다.
⑥ 차량 디자인 및 부품 배치에 자유도가 크다.
⑦ 비상용 전원으로 사용할 수 있다.
⑧ 내연기관 자동차보다 부품의 수가 적어 유지보수 비용이 적게 든다.

3) 전기자동차의 단점

① 배터리 가격이 고가라 차량 가격이 비싸다.
② 내연기관에 비해 아직은 주행거리가 작다.
③ 충전 인프라가 부족하여 충전에 어려움이 있다.
④ 배터리로 인한 화재의 위험이 있다.
⑤ 배터리의 수명 및 용량에 한계가 존재한다.
⑥ 충전시간이 길어 불편하다.
⑦ 추운 곳이나 겨울철에 배터리 성능이 저하하여 주행거리가 작아진다.

2. 전기자동차의 구성 및 전력 흐름

1) 전기자동차의 구성

전기자동차의 구성은 개략적으로 급속 및 완속 충전기, 고전압 및 저전압 배터리, 인버터와

컨버터 및 모터로 구성되어 있으며, 각 부품 간의 연결에 따라 직류 또는 교류로 상호 작동한다.

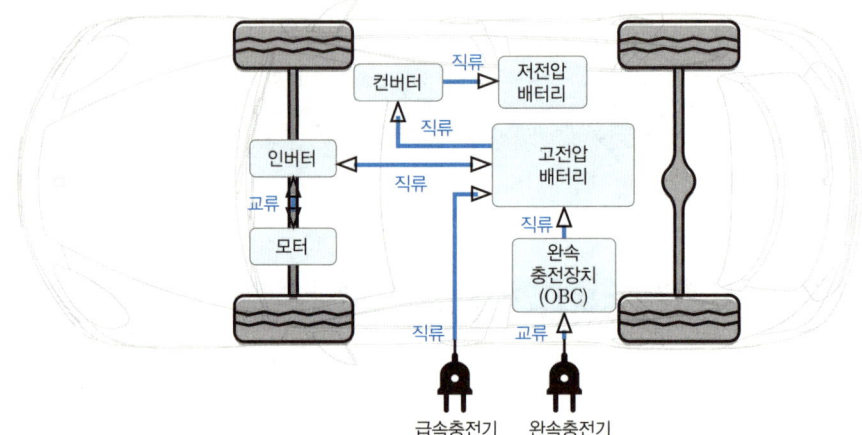

[전기자동차의 구성 및 전기에너지 흐름]

2) 전기자동차의 전력 흐름

전기자동차는 차량 주행 시에만 전기를 사용하고, 완속충전, 급속충전 및 회생제동 시에는 충전상태이다. 다음은 차량 주행 및 충전에 따른 전기의 흐름 상태를 나타낸다.

① 차량 주행 : 차량 주행 시에는 고전압 배터리의 전기로 인버터를 이용하여 직류전기를 교류로 바꾸어 모터를 구동하며, 컨버터를 이용하여 저전압 배터리 충전 및 등화장치를 작동시킨다.

② 회생제동 : 차량 감속 시에는 바퀴의 회전력을 이용하여 고전압 배터리를 충전시키며, 역시 컨버터를 이용하여 저전압 배터리를 충전시킨다.

③ 완속충전 : 완속충전은 가정용 교류를 이용하여 충전하므로, 교류를 직류로 바꿔주는 완속 충전장치(OBC, On Board Charger)가 있고 이를 이용하여 고전압 배터리를 충전시킨다.

④ 급속충전 : 급속충전은 고전압 배터리에 직접 직류 전류를 가해 고전압 배터리를 충전시킨다.

STEP 02 전기자동차 배터리

1. 배터리 단위

1) 셀(cell, 단전지)

① 전지에 사용되는 기본 단위는 셀(cell)이라 하며, 단전지라 부른다.
② 전기자동차에 사용되는 전지는 리튬이온 배터리이며, 1셀 당 전압은 3.75V로 기존 납산 축전지의 1셀 전압 2.1V에 비해 2배 가량 전압이 높다.
③ 리튬이온 배터리가 상용화된 제품으로는 1셀당 전압이 가장 높아 현재 전기자동차용 배터리로 대부분 사용되고 있다.

2) 셀, 모듈, 팩(Cell, Module, Pack)

① 셀이란 배터리의 기본 단위로, 단위 부피당 높은 용량을 지녀야 하고 긴 수명과 주행 중 충격을 견디며 고온 및 저온에서도 높은 신뢰성과 안정성을 지녀야 한다.

② 모듈이란 셀을 열과 진동 등 외부 충격에 보호될 수 있도록 적정한 개수를 하나로 묶은 것이고, 팩은 모듈을 여러 개 묶은 것에 배터리의 온도나 전압 등을 관리해 주는 배터리 관리 시스템(BMS, Battery Management System)과 냉각장치 등을 추가하여 하나의 배터리 상태로 자동차에 장착하는 것을 말한다. 즉, "셀 < 모듈 < 팩"이다.

③ 일반적으로 자동차에는 8개의 셀을 모아 30V(3.75V×8)로 하나의 모듈을 만들고, 이를 9개 연결하여(30V×9) 270V 배터리를 자동차용으로 사용한다. 셀의 숫자와 모듈의 숫자에 따라 모듈의 전압이나 배터리의 전압이 결정된다.

④ 배터리 셀, 모듈, 팩의 정의

구분	정의
배터리 셀(Cell)	전기에너지를 충전, 방전해 사용할 수 있는 리튬이온 배터리의 기본 단위로, 양극, 음극, 분리막, 전해액을 사각형의 알루미늄 케이스에 넣어 제조
배터리 모듈(Module)	배터리 셀을 외부 충격과 열, 진동으로부터 보호하기 위해 일정한 개수로 묶어 프레임에 넣은 배터리 조립체(Assembly)
배터리 팩(Pack)	전기자동차에 장착되는 배터리 시스템의 최종 형태로 배터리 모듈에 BMS, 냉각시스템 등 각종 제어 및 보호 시스템을 장착하여 완성

2. 배터리의 4대 구성요소

1) 양극

① 양극은 리튬이 들어가는 공간으로, 리튬이 원소 상태에서는 반응이 불안정하여 리튬과 산소로 된 리튬산화물을 양극으로 사용한다. 실제 배터리에서 전극 반응에 관여하는 물질을 활물질이라 부르며, 리튬이온 배터리의 양극에서는 리튬산화물이 활물질로 사용된다.

② 양극재의 중요 원소는 리튬(Li), 니켈(Ni), 코발트(Co), 망간(Mn), 알루미늄(Al) 등이며, 이들의 함량에 따라 용량, 가격, 수명 및 출력 특성 향상에 영향이 크므로 각 금속원소의 조합이 배터리 성능에 굉장히 중요하다.

2) 음극

① 음극 역시 양극처럼 음극재에 활물질이 입혀진 형태로 음극 활물질은 양극에서 나온 리튬이온을 가역적으로 흡수 및 방출하면서 외부 회로를 통해 전류를 흐르게 하는 역할을 수행한다.

② 배터리가 충전상태일 때 리튬이온은 음극에 존재하게 되며, 양극과 음극을 도선으로 이어주게 되면 리튬이온은 전해액을 통해 양극이온으로 이동하게 되고, 리튬이온과 분리된 전자(e-)는 도선을 따라 이동하면서 전기를 발생하게 된다.

③ 음극재 또한 양극재에 이어 두 번째로 중요하며, 음극재의 재료는 안정적인 구조를 지닌 흑연(graphite)을 사용한다. 흑연은 음극 활물질이 지녀야 할 구조적인 안정성, 낮은 전자

화학 반응성, 리튬이온을 많이 저장할 수 있는 조건, 가격 등을 갖춘 재료이다. 흑연에는 천연흑연과 인조흑연이 있으며 그 특징은 다음과 같다.

㉠ 천연흑연 : 용량 성능은 좋으나 수명이 짧고, 인조흑연은 반대로 수명이 길지만 용량이 작다. 또한 인조흑연은 천연흑연보다 내부구조가 일정하고 안정적이라 수명이 길고 급속충전에 유리하다.

㉡ 인조흑연 : 2,500℃ 이상의 온도에서 가열해 흑연의 고결정 구조를 얻을 수 있으므로 가격이 천연흑연보다 2배 더 비싸다.

3) 분리막(격리판)

① 전지의 양극과 음극은 산화제와 환원제이다. 양극과 음극이 직접 접촉하게 되면 자기방전을 일으킬 뿐 아니라 급격히 진행되면 위험하므로 서로 섞이지 않도록 물리적으로 막아주는 역할을 하여야 한다. 즉, 전자가 전해액을 통해 직접 흐르지 않도록 하고 내부의 미세한 구멍을 통해 원하는 이온만 이동할 수 있게 한다.

② 리튬전지의 분리막으로는 폴리에틸렌(PP)과 폴리프로필렌(PP)와 같은 합성수지가 사용되고 있다.

③ 분리막의 구비 조건
   ㉠ 배터리 셀 내부에 있는 여러 종류의 이온들과 반응하지 말아야 한다.
   ㉡ 전기화학적으로 안정적이어야 한다.
   ㉢ 절연특성이 뛰어나야 한다.
   ㉣ 두께가 얇고 강도가 우수해야 한다.

4) 전해액

① 양극과 음극 사이에서 리튬이온이 원활히 이동할 수 있도록 돕는 매개체로, 전자는 도선을 통해 이동하지만 리튬이온은 전해액을 통해 이동하므로 이온 전도성이 높은 물질을 주로 사용한다.

② 전해액은 염, 용매, 첨가제로 구성되어 있으며, 염은 리튬이온이 지나갈 수 있는 이동 통로, 용매는 염을 용해시키기 위한 유기 액체, 첨가제는 특정 목적으로 소량 첨가되는 물질이다. 이렇게 만들어진 전해액은 이온들만 전극으로 이동시키고 전자는 통과하지 못하게 한다. 전해액의 종류에 따라 리튬이온의 움직임이 둔해지기도 빨라지기도 하므로 전해액은 까다로운 조건들을 만족해야 사용이 가능하다.

③ 양극과 음극이 배터리의 기본 성능을 결정한다면, 분리막과 전해액은 배터리의 안정성을 결정짓는 중요한 구성요소이다.

> **참고** 배터리의 구성
> 배터리는 양극(56%), 음극(16%), 분리막(격리판, 15%), 전해액(13%) 4가지로 구성되어 있다.

3. 리튬이온 배터리의 충·방전 과정

1) 개요

전기의 흐름은 전자의 흐름과는 반대이다. 즉, 전기가 흐른다(방전)는 것은 양극에서 음극으로 전류는 흐르지만 전자는 음극에서 양극으로 이동하는 과정이다. 리튬이온 배터리는 납산 축전지와는 달리 화학반응이 아니라 리튬이온의 이동으로 충전과 방전을 한다.

2) 충전과 방전

① 충전 : 양극 산화물에서 리튬 이온(Li+)이 격자구조를 빠져나와 음극으로 이동해 음극의 탄소 결정 속으로 들어가는 과정을 말한다.

② 방전 : 리튬 이온(Li+)이 음극인 탄소 격자에서 빠져나와 양극 산화물로 들어가는 과정을 말한다. 이때 외부에서는 충전 시 전자가 음극으로 들어가고, 방전 시에는 전자가 음극에서 나오게 된다.

③ 전기의 흐름 : 충전과 방전 시 내부에서는 리튬 이온의 흐름이, 외부에서는 전자의 흐름이 전위차를 발생하여 전기가 흐른다.

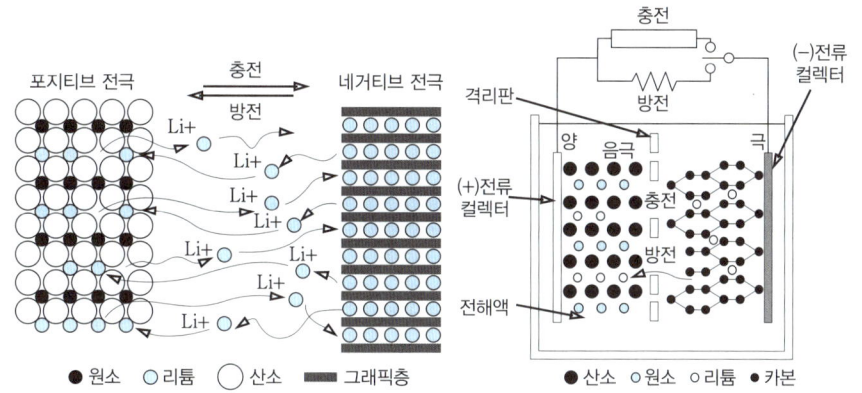

[리튬이온 전지의 충·방전 작용]

4. 전고체 배터리(all solid state battery)

1) 전고체 배터리 개요

① 리튬이온 배터리는 양극, 음극, 전해질, 분리막으로 구성되어 전해질은 액체 상태의 전해질을 사용하나, 이와 달리 전고체 배터리는 전해질이 액체가 아닌 고체 상태로 사용하는 배터리이다. 액체 전해질의 경우 양극과 음극의 접촉을 방지하기 위해 분리막이 있지만, 전고체 배터리는 액체 전해질 대신 고체 전해질이 분리막 역할까지 대신하고 있다.

② 전고체 배터리가 중요한 이유는 배터리의 용량을 높이기 위해서는 배터리의 개수를 늘리는 방법이 있으나 이는 가격 상승과 공간 효율성이 저해되므로, 전고체 배터리로 전기차 배터리 모듈, 팩 등의 시스템을 구성하면 부품 수의 감소로 부피 당 에너지 밀도를 높이고 용량도 높여야 하는 전기차용 배터리로 적합하기 때문이다.

2) 전고체 배터리의 장·단점

① 온도변화에 따른 증발이나 충격에 따른 누액 위험이 없다.
② 인화성 물질이 포함되지 않아 폭발 및 발화가능성이 낮아 안전하다.
③ 액체 전해질보다 에너지 밀도가 높아 주행거리도 증가하고, 충전시간도 짧다.
④ 부품이 덜 들어가므로 무게가 가볍다.
⑤ 플렉서블(flexible, 휘는) 배터리 구현에 적합하다.

⑥ 액체 전해질보다 이온전도성이 낮아 출력이 낮고 수명이 짧다.
⑦ 상용화까지 시간이 필요하다.

3) 리튬이온 배터리와 전고체 배터리의 차이

구분	리튬이온 배터리	전고체 배터리
양극재	고체 (리튬, 니켈, 망간, 코발트 등)	고체 (리튬, 니켈, 망간, 코발트 등)
음극재	고체 (흑연, 실리콘 등)	고체 (리튬 금속)
전해질	액체 (용매 리튬염 첨가제)	고체 (황화물 산화물 폴리머)
분리막	고체 필름	불필요

STEP 03 전기자동차의 주요 부품

1. 개요

전기자동차는 동력 발생장치인 배터리와 동력 변환장치인 모터가 핵심이라고 할 수 있으며, 그 외 인버터/컨버터, 모터제어기, 회생제동장치, 축전지 시스템(BMS) 등이 있다.

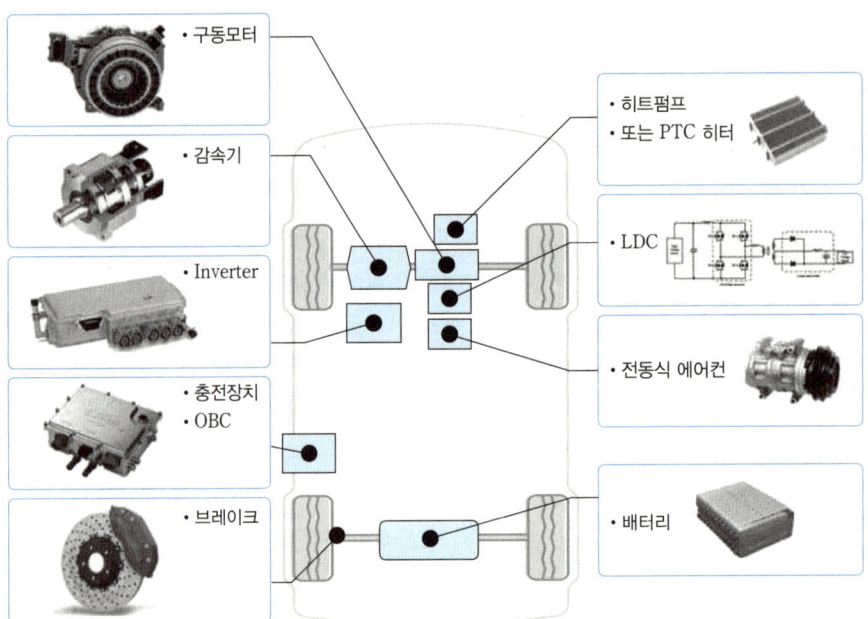

[전기자동차의 주요 부품]

2. 주요 부품

1) 배터리(Battery)
① 전기자동차에 사용되는 배터리는 기존 납산 배터리가 아닌 주로 리튬이온 배터리를 사용하고 있으며, 니켈 수소 전지와는 달리 메모리 효과가 없으므로 수명에 거의 영향을 미치지 않는다.

② 메모리 효과란 니켈 수소전지의 경우 조금 사용하고 다시 충전하는 shallow charge-discharge(즉, 불충분한 충·방전)를 반복하게 되면 NiOH 고용체를 생성하게 되어 다시 되돌아가지 못하므로 남아있는 용량을 사용하지 못하게 되는 현상을 말한다.

2) 모터(Motor)
① 전기자동차의 동력전달에 사용되는 모터의 출력은 현재 80~150kW 정도가 일반적으로 주류는 AC 모터이다. 또한 모터는 구동용 또는 회생용으로 사용되며, 모터의 회전수 제어로 주행속도를 제어한다.

② 전기자동차에 교류 모터를 사용하는 이유는 가격, 수명, 출력 면에서 더 효율적이며, 수백 V의 직류를 교류로 바꾸는 것은 인버터로 가능하기 때문이다.

3) 인버터/컨버터(Inverter/Converter)
① 컨버터 : 교류를 직류로 바꾸거나, 직류전압을 높이거나 낮추는 변환기로 컨버터를 이용하여 300V 정도의 고전압을 저전압으로 낮춰 각종 등화장치에 사용한다.

② 인버터 : 컨버터와 반대로 직류를 교류로 변환하는 장치 즉, 역변환장치로 인버터를 이용하여 직류를 교류로 변화시켜 유도전동기를 제어하여 구동모터를 작동시킨다.

4) 모터제어기(MCU : Motor Control Unit)
내연기관 자동차는 가속페달을 밟아 출력을 조절하지만, 전기자동차는 모터를 컨트롤러로 제어하여 출력을 조절한다.

5) 회생제동장치(Regenerative Brake System)
① 회생제동이란 감속 시 브레이크를 밟지 않음으로 인한 바퀴의 회전으로 모터의 저항을 이용하여 속도를 줄이는 동시에 이때 발생한 운동에너지를 전기에너지로 바꾸어 자동차의 배터리를 충전시키는 제동방법으로 전기에너지도 회수하고 제동력도 발휘할 수 있는 전기자동차의 주행거리 향상에 필수적인 기능이다.

② 회생제동이 가능함에 따라 에너지의 효율이 높아지고 주행거리가 늘어남은 물론 브레이크 패드의 수명도 연장시키게 되어 소모품인 브레이크의 교환 주기도 길어져 결과적으로 절약을 할 수 있게 된다.

6) 축전지 시스템(BMS : Battery Management System)
① BMS란 배터리를 최적의 상태로 관리하는 전자회로 시스템이다. 즉, BMS는 배터리 팩에 내장되어 배터리의 전류, 전압, 온도 등을 측정하여 배터리의 잔량을 제어하는 것으로, 수십 개의 배터리 셀들의 잔존 용량과 전지의 수명을 사용자에게 알려주고, 과충전, 과방전, 과전류 등 상태를 조절하여 배터리의 효율과 수명을 연장시켜 주고 안전을 유지하도록 한다. 또한 셀 들간의 전압 차에 의한 수명 단축을 방지하기 위해 전지간 균형을 유지

하여 에너지를 최적화 시켜주는 셀 밸런싱(cell balancing) 기능도 있다.
② 전기자동차에서 BMS의 핵심 기능
   ㉠ 배터리 잔존용량 측정 : 배터리의 SOC(State Of Charge)를 측정
   ㉡ 셀(전지) 밸런싱 : 셀의 용량 편차를 균일하게 조정
   ㉢ 보호회로 : 과충전, 과방전, 과전류 상태에서 전류를 차단

STEP 04 전기자동차의 충전 및 냉·난방장치

1. 전기자동차의 충전 방법

1) AC(교류) 충전
전기자동차에 사용되는 배터리는 고전압 직류(DC) 배터리이므로 AC 충전은 차량이 AC 전류를 입력받아 고전압 DC 전류로 바꾸어 충전하는 방식으로 이를 위해서 차량에는 OBC(On Board Charger)라는 교류→직류 변환장치가 탑재된다.

2) DC(직류) 충전
충전기가 공급받은 380V 교류를 직류로 변환하여 차량에 필요한 전압과 전류를 제공하는 방식이다. 차량의 OBC는 용량에 한계가 있지만, 급속 충전기의 경우 50~400kW까지 충전가능하므로 보통 15~20분 정도면 충전된다.

2. 전기자동차의 충전 방식

1) 충전 시간에 따른 충전 방식
① 급속 충전기(약 50~400kW) : 한시간 이내 충전할 때이며, 보통 15~20분 정도 소요
② 완속 충전기(약 7~16kW) : 4~5시간 정도 충전
③ 이동형 충전기(약 3kW) : 가정에서 사용하는 220V 콘덴서에 연결하여 8~10시간 정도 충전

2) 충전구에 따른 3가지 충전 방식
세계적으로 전기자동차가 순차적으로 개발되면서 제조사별로 다른 충전방식이 적용되어 국제표준으로 5가지 급속 방식이 규정되어 있으며, 국내 전기자동차에 사용되는 충전방식은 크게 차데모(CHAdeMO), AC 3상, DC 콤보1을 사용하고 있다. CHAdeMO란 charge de move의 합성어로 일본의 충전기 규격 이름이며, 콤보란 직류와 교류를 동시에 사용한다는 의미로, 완속과 급속을 1개의 충전구에서 충전할 수 있는 방식이다.

구분	차데모	AC 3상	DC 콤보
커넥터 형상			

구분	차데모	AC 3상	DC 콤보
개발 주체	일본 도쿄 전력	르노	GM 등 독일, 미국의 7개 기업
특징	• 완속/급속 소켓 구분 • 전파간섭의 우려가 적음	• 배터리와 전력망을 전기교란으로부터 보호하는 기술 적용	• 충전구가 하나로 통합(위: 완속, 아래:급속) • 비상 급속충전이 가능
단점	• 부피가 크고 충전시간이 길다.	• 충전기 출력을 20kW 이상 올리기 어렵다. • 충전기 설치비용이 높다.	• 완속충전 시간이 길다.

[전기자동차의 3가지 충전 방식]

3. 전기자동차의 냉·난방장치

1) 전기자동차의 냉·난방 시스템 개요

물은 높은 곳에서 낮은 데로 흐르지만 낮은 곳에서 높은 곳으로 올리기 위해서는 펌프가 필요하듯, 열도 온도가 낮은 저온에서 고온으로 이동시키려면 펌프가 필요하다. 열을 저온에서 고온으로 이동시키는 장치가 히트펌프이다. 전기자동차는 내연기관이 없으므로 엔진의 냉각수를 이용하여 히터를 작동할 수 없으며, 기존 PTC 히터를 사용하여 난방을 하는 방법도 있으나 고전압 배터리의 소모로 인해 주행거리가 단축되는 단점이 있으므로, 전기자동차의 냉·난방시스템은 히트펌프 시스템을 사용한다.

2) 냉방 사이클

① 냉매 흐름 : 컴프레서 → 실내 컨덴서 → 2way 밸브 #1(By pass) → 3way 밸브 #1 → 실외 컨덴서 → 3way 밸브 #2 → TXV(팽창밸브) → 이배퍼레이터 → 컴프레서
② 냉방 사이클 : 히트펌프가 적용되더라도 냉방을 위한 사이클은 TXV 타입과 동일한 방향으로 흘러가는 것을 볼 수 있으며, 실내 컨덴서 및 어큐뮬레이터는 냉방과 관계없이 지나가는 통로이다.

3) 난방 사이클(최대 난방 시)

① 냉매 흐름 : 컴프레서 → 실내 컨덴서 → 2way 밸브 #1(오리피스) → 3way 밸브 #1 → 실외 컨덴서 → 3way 밸브 #2(ON) → 전장폐열 칠러 → 어큐뮬레이터 → 컴프레서
② 난방 사이클(최대 난방 Mode)
  ㉠ 히트펌프 구동 시 컴프레서에서 토출된 고온 고압의 기체 냉매는 실내 컨덴서를 지나 2Way 밸브까지 공급된다.
  ㉡ FATC에서 2Way 밸브와 3way #2 밸브를 구동하면 대기하고 있던 냉매는 오리피스 관을 통해 저온 저압의 액체 상태의 냉매로 확산되어 외부 컨덴서로 유입되고 열교환을 시작한다.
  ㉢ 열교환을 끝낸 저온 저압의 기체 냉매와 아직 열교환을 못한 액체 상태의 냉매는 3way 밸브 #2를 통해 칠러로 공급되고 전장폐열을 통해 2차 열교환을 한 후 어큐뮬레이터로 유입된다.
  ㉣ 어큐뮬레이터는 남아있는 액체 상태의 냉매와 기체 상태의 냉매를 분리하여 기체 상

태의 냉매만 컴프레셔로 유입될 수 있도록 동작한다. 이후 실외 컨덴서에 착상(Icing)이 발생하거나 또는 실내 제습이 필요한 경우를 제외한 상태에서는 동일한 사이클을 유지하며, 히트펌프(난방)을 구동한다.

ⓔ 히트펌프가 구동되는 중에도 실내 난방 부하에 따라 고전압 PTC가 구동되어 난방을 보조한다.

③ 난방 실행 조건

㉠ 난방을 실행하기 위해서는 FATC를 Auto 모드로 설정하거나, 컨트롤 패널의 Heat 스위치를 눌러야 한다.

㉡ Auto 모드 시에는 온도에 따라 FATC가 자동으로 히트펌프를 구동하지만, 사용자가 선택한 수동모드에서는 Heat 스위치를 눌러야만 난방모드로 진입한다.

㉢ 만일 Heat 스위치를 누르지 않고 설정 온도만 높인다면 차가운 바람만 송풍된다.

4) 난방 사이클(실외기 착상 시)

① 냉매 흐름 : 컴프레셔(냉매량 조절) → 실내 컨덴서 → 2way 밸브 #1(오리피스) → 3way 밸브 #1(ON, 컨덴서 출구로 By-pass) → 3way 밸브 #2(ON) → 전장폐열 칠러 → 어큐뮬레이터 → 컴프레셔

② 난방 사이클(난방 Mode) : 실외 컨덴서가 얼었을 경우, 컴프레셔 토출량 조정과 함께 실외 컨덴서 출구 쪽으로 냉매를 By-pass시킨다. 이후 칠러에서만 냉매의 증발을 담당하고 고전압 PTC가 구동되어 난방을 보조한다.

5) 난방 사이클(실내 제습 시)

① 냉매 흐름 : 컴프레셔(냉매량 조절) → 실내 컨덴서 → 2way 밸브 #1(오리피스) →

㉠ 2way 밸브 #2 → 이배퍼레이터 → 어큐뮬레이터 → 컴프레셔(제습)

㉡ 3way 밸브 #1 → 컨덴서 → 3way 밸브 #2(ON) → 전장폐열 칠러 → 어큐뮬레이터 → 컴프레셔(난방)

② 난방 사이클(최대 난방 Mode + 실내 제습) : 실내 제습이 필요한 경우에는, 이배퍼레이터로 냉매를 공급하여 건조한 바람을 송풍시킨다. 이때 냉매는 오리피스에 의해 팽창된 상태이므로 TXV(팽창밸브)로 공급되지 않는다.

6) 난방 사이클(실외기 착상+실내 제습 시)

① 냉매 흐름 : 컴프레셔(냉매량 조절) → 실내 컨덴서 → 2way 밸브 #1(오리피스) →

㉠ 2way 밸브 #2 → 이배퍼레이터 → 어큐뮬레이터 → 컴프레셔

㉡ 3way 밸브 #1(컨덴서 출구로 By-pass) → 3way 밸브 #2 → 전장폐열 칠러 → 어큐뮬레이터 → 컴프레셔

② 난방 사이클(난방 Mode + 실내 제습)

㉠ 실외 컨덴서가 얼고 제습이 필요한 경우, 컴프레셔 토출량 조정과 함께 3Way 밸브를 통해 실외 컨덴서 출구 측으로 냉매를 By-pass시킨다. 이후 칠러에서만 냉매의 증발을 담당하고 고전압 PTC가 구동되어 난방을 보조한다. 더불어 이배퍼레이터로 냉매를 공급하여 건조한 바람을 송풍시킨다.

㉡ 오리피스관을 통해 팽창된 2Way 밸브를 통해 소량을 이배퍼레이터로 보내어 냉방의 효과를 나타낼 수 있다. 이때 냉매는 오리피스에 의해 팽창된 상태이므로 TXV(팽창밸브)로 공급되지 않는다.

SECTION 03 수소자동차

Key Factor
① 수소자동차 : 수소와 공기 중의 산소를 반응시켜 얻은 전기를 이용해 모터를 구동하는 방식
② 연료전지 운전장치 시스템(BOP) : 공기공급 시스템(APS), 수소(연료)공급 시스템(FPS), 열관리 시스템(TMS)

STEP 01 수소 연료전지 자동차 일반

1. FCEV 개요

수소 연료전지 자동차는 연료전지 스택(Stack)이라는 특수한 장치에서 수소(H_2)와 산소(O)의 화학반응을 통해 물(H_2O)을 생성하고, 생성하는 과정에서 발생되는 전기적인 에너지를 사용하여 구동 모터를 돌려 주행하는 자동차를 말한다. 즉, 수소와 공기 중의 산소를 반응시켜 전기를 생성하고, 생산된 전기는 인버터를 통해 모터로 공급된다. 또한 스택에서 생산된 전기의 충·방전을 보조하기 위해 별도의 고전압 배터리가 적용된다. 이 과정에서 유일하게 배출하는 배기가스는 수증기이다.

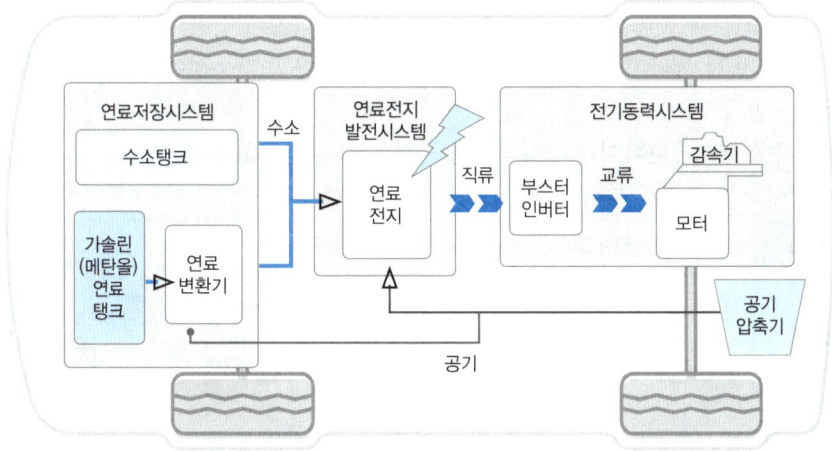

[수소 연료전지 자동차]

2. 수소 연료전지 자동차의 장·단점

1) 장점
① 기존 발전 방법보다 효율성이 높다. (약 40~60%)
② 물과 열만 배출하는 청정에너지로 친환경적이다.
③ 다양한 연료의 사용이 가능하다. (메탄올, 천연가스, 석탄가스 등)
④ 탄소 배출량이 적다.
⑤ 수소 연료전지의 크기가 작아 공간 확보가 용이하다.

2) 단점

① 차량 가격이 높다.
② 초기 설치비용이 고가이다.
③ 수소 공급, 저장, 배포 등 인프라 구축이 어렵다.
④ 수소 취급관련 별도의 안전교육이 필요하다.

> **참고** 수소자동차 정비 시 주의 사항
> • 환기 및 수소감지 시스템을 구비한 공인 작업장에서 수리하여야 한다.
> • 차량 주변에 점화원이 없어야 한다.
> • 수소 가스를 누출시킬 때는 누출 경로 주변에 점화원이 없어야 한다.
> • 수소 공급 시스템은 가압되어 있기 때문에 가스 누출로 인한 위험이 있을 수 있고 부상을 입을 수도 있다.
> • 수소 탱크는 고압수소 가스로 충전되어 있기 때문에 탱크를 비우기 전에 수소 탱크를 제거하지 않는다.

STEP 02 수소 연료전지

1. 수소 생산 방식 및 BOP

1) 수소 생산 방식

수소는 연소할 때 공해물질 방출이 전혀 없는 청정에너지이며, 생산을 위한 원료의 고갈 우려가 없다. 또한 에너지 밀도가 높고, 이용 기술의 실용화 가능성이 높은 에너지이다.

① 추출(개질) : 천연가스(메탄), LPG, 갈탄 등을 고온·고압에서 분해
② 부생수소 : 석유화학이나 제철공장의 공정 중에 부산물로 발생
③ 수전해 : 물을 전기 분해하면 수소와 산소가 발생

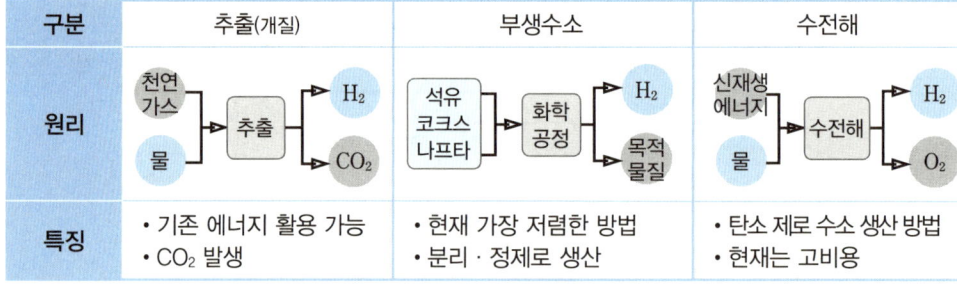

구분	추출(개질)	부생수소	수전해
원리	천연가스 + 물 → 추출 → H_2 + CO_2	석유 코크스 나프타 → 화학 공정 → H_2 + 목적물질	신재생에너지 + 물 → 수전해 → H_2 + O_2
특징	• 기존 에너지 활용 가능 • CO_2 발생	• 현재 가장 저렴한 방법 • 분리·정제로 생산	• 탄소 제로 수소 생산 방법 • 현재는 고비용

[수소가스 제조방법]

2) BOP(Balance Of Plant)

내연기관의 작동에는 공기, 연료, 점화 3가지 시스템이 필요하듯, 수소 연료전지 자동차에는 공기공급 시스템, 수소(연료)공급 시스템, 열관리 시스템 3가지가 전력(동력)을 만들어 내는 데 필요하고, 이를 BOP라 한다.

① 공기공급 시스템(APS, Air Processing System) : 외부의 공기를 압축하고 냉각시켜 스택에 공급하는 장치이다.
② 수소공급 시스템(FPS, Fuel Processing System) : 충전탱크의 수소 연료를 적당한 압력으로 전

환하여 스택까지 전송하는 장치이다.
③ 열관리 시스템(TMS, Thermal Management System) : 스택 내부에서 전기를 생산하는 고정에서 발생하는 열을 냉각하고, 스택 내부의 온도를 올려 일정한 온도로 유지하는 장치이다.

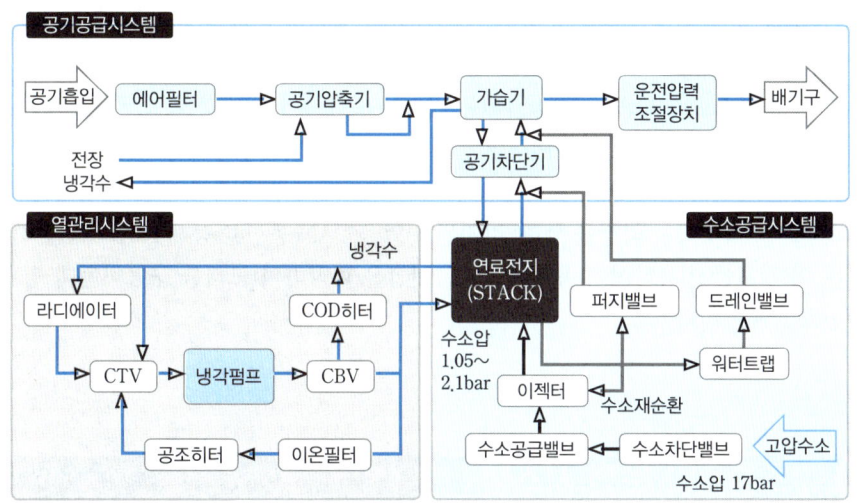

[BOP(Balance Of Plant)]

2. 연료전지 스택(Fuel Cell Stack)

1) 연료전지 스택 개요
① 연료전지 스택이란 수소와 산소의 반응을 통해 전기를 생산해 내는 장치로 연료전지 자동차도 모터를 사용하므로, 이를 구동하기 위한 전기에너지를 확보하기 위하여 다수의 셀을 직렬로 연결하여 사용한다. 스택 내에서 전기를 만드는 최소 부품을 셀(연료전지 셀)이라 한다.
② 셀은 원자에서 전자를 분리시켜 전기를 만들고, 이온을 다른 경로로 움직이게 하는 일을 한다. 각 셀은 약 0.5~1V의 전압을 출력하므로, 약 440장을 적층구조로 조립하여 250~450V의 전압을 생산하여 수소자동차의 모터 구동에 사용한다.

2) 연료전지 스택의 전기발생 원리
① 연료전지 스택의 수소극(Anode)에 수소를 공급하고 스택의 산소극(Cathode)에 공기(산소)를 공급하면, 수소극을 통해 들어온 수소는 촉매에 의해 양자(H^+)와 전자(e^-)로 나누어진다. 이때 수소 양자(H^+)는 전해질을 통과하여 산소극의 산소와 만나 물 분자(H_2O)를 생성하고, 수소 이온(e^-)은 외부 회로로 이동하여 전기를 발생시킨다.
② 셀의 화학반응식은 다음과 같다.
  ㉠ 수소반응 : $2H_2 \rightarrow 4H^+ + 4e^-$
  ㉡ 산소반응 : $4H^+ + O_2 + 4e^- \rightarrow 2H_2O$

3) 연료전지 스택의 주요 구성품
① 막-전극 접합체(MEA, Membrane Electrode Assembly)
  ㉠ 전해질막과 전극이 일체로 되어있는 구조이며 양극과 음극 사이에 이온이 움직이는

통로로, 전자의 이동이 가능하게 하므로 전기를 만들어 내는 스택의 핵심 부품이다.
ⓒ 수소 이온인 양성자(H+)만 통과하여 산소와 반응한다.
② 기체 확산층(GDL : Gas Diffusion layer) : 전극에 있는 수소를 Membrane까지 확산시켜 주며, 반응 생성물(가스 및 물) 제거, 셀에서 전기를 만들기 위해 필요한 물 관리, 촉매층의 전자를 이동시키는 역할 등을 한다.
③ 분리판(separator) : 스택으로 공급되는 기체(수소, 산소)의 공급 통로, 스택 냉각을 위한 냉각수의 통로, 발전된 전류를 이동시키는 통로의 역할을 한다.
④ 스택 전압 모니터(SVM, Stack Voltage Monitor) : 스택 내부의 각 셀에서 발생되는 전압을 실시간으로 측정하는 역할을 하며, 감지된 전압을 CAN 통신을 통해 FCU에 전송하고, FCU는 이 정보를 이용하여 가용할 수 있는 전압을 파악하여 모터를 구동하는데 필요한 기초 신호로 사용한다.

STEP 03 수소자동차 운전 시스템

1. 연료전지 운전장치

1) 공기공급 시스템(APS, Air Processing System)

흡입공기는 에어필터를 지나 공기압축기로 흡입되며, 가습기를 지나 수분을 보충한 습한 공기 상태로 되어 공기차단기의 inlet을 거쳐 스택으로 공급된 후, 다시 공기차단기의 outlet을 통해 가습기로 되돌아간다. 가습기를 통과한 공기는 공기 압력밸브(운전압력 조절장치)를 지나 배기로 배출된다.

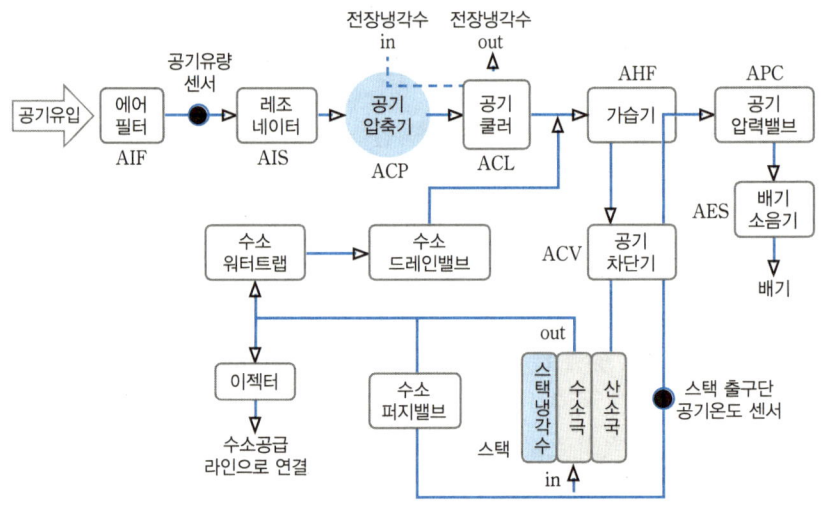

[공기공급 시스템 흐름도]

2) 수소공급 시스템(FPS, Fuel Processing System)

수소 탱크로부터 공급된 약 700bar의 수소(연료)는 체크밸브, 고압 레귤레이터를 거쳐 약 17bar로 감압되어 수소 차단밸브를 거치고, 수소 공급밸브를 거쳐 2차 감압 후 이젝터로 공급된 후 스택에 연료를 공급한다. 스택에서 배출되는 연료는 이젝터, 퍼지밸브, 워터 트랩으로 흘러 들어가며 이젝터로 유입된 연료 일부는 재순환되며 순도가 떨어지면 퍼지밸브를 통해 대기로 배출된다. 수소 워터트랩은 스택 수소층에서 발생된 생성수(H2O)를 모았다가 드레인 밸브를 통해 외부로 배출된다.

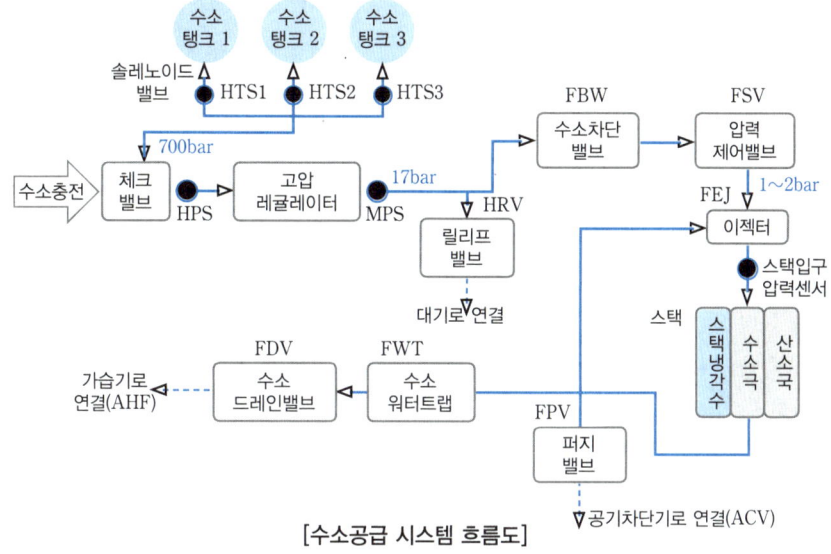

[수소공급 시스템 흐름도]

3) 열관리 시스템(TMS, Thermal Management System)

수소와 산소의 반응으로 인한 연료전지 스택의 온도 상승을 억제하고 스택 전반의 온도 분포를 균일하게 냉각, 관리하는 것이 열관리 시스템이다. 스택 냉각수의 흐름에 따라 일반운전, 과열, 냉시동으로 구분된다.

① 일반운전 시 냉각수 흐름 : 스택 냉각수펌프(CSP)에서 펌핑된 냉각수는 스택우회밸브(CBV)를 거쳐 스택으로 유입된 후 다시 스택 냉각수 온도밸브(CTV)를 거쳐 냉각수 펌프로 유입된다. 이때 CBV를 통과한 냉각수 중 일부는 항상 히터코어와 이온필터를 지나 CTV로 유입되어 냉각수 펌프로 들어간다.

② 과열 시 냉각수 흐름 : 과열 시에는 스택을 지나온 냉각수의 대다수가 라디에이터를 지나 냉각된 후 CTV로 유입된다. 스택을 통과한 냉각수 일부는 FCU CAN 신호에 따라 라디에이터를 통과한 냉각수와 통과 이전의 냉각수를 적절히 섞어 온도제어를 수행한다.

③ 냉시동 시 냉각수 흐름 : 스택 냉각수펌프에서 펌핑된 냉각수는 CBV에서 스택으로 연결되는 라인

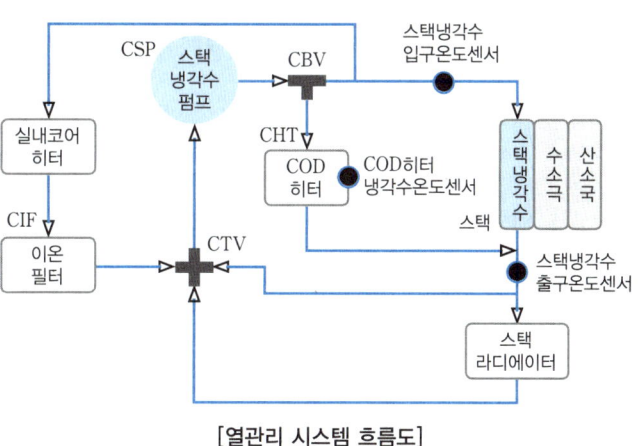

[열관리 시스템 흐름도]

을 차단하고 COD 히터로 연결한다. COD 히터를 통해 데워진 냉각수는 다시 CTV로 입력되어 다시 냉각수 펌프로 유입된다. 이때 스택은 냉각수가 공급되지 않은 상태이므로 스택 자체에서 발생되는 열로 히팅을 한다.

2. 연료전지 운전장치의 주요 구성품

1) 공기공급 시스템

① 에어 필터 : 연료전지 차량은 이물질에 의해 전기 생산이 저하하므로, 일반 차량보다 여과성능이 뛰어난 화학필터를 사용한다.

② 공기유량 센서 : 스택에 유입되는 공기의 양을 측정하여 FCU로 입력한다.

③ 공기 압축기(ACP) : 에어필터를 통해 유입된 공기의 압력을 높여 스택에 보내는 장치이다. 10만 rpm, 2bar까지 압축시킨다.

④ 공기 쿨러 및 가습기 : 공기 쿨러 및 가습기는 일체로 되어있으며, 쿨러는 효율적인 공기의 냉각을, 가습기는 스택으로 공급되는 공기에 수분을 공급한다.

⑤ 공기 차단기(ACV) : 가습기에서 공급된 공기를 스택으로 공급하고, 스택에서 사용된 공기를 다시 가습기로 배출시키는 통로 역할을 한다.

⑥ 공기압력 밸브(APC) : 가습기와 배기구 사이에 설치되며, 부하에 따라 운전압력 조절장치의 공기압력 밸브를 닫아 스택 내부의 공기단에 배압을 형성하도록 하여 수소와 충분히 반응을 할 수 있도록 한다.

2) 수소공급 시스템

① 수소 저장탱크 : 수소 충전소에서 약 700bar로 충전시킨 기체 수소를 충전하는 탱크이다.

② 고압감지 센서(HPS) : 충전된 수소의 이상 고압을 감지하여 수소탱크 제어유닛(HMU)으로 전송하는 역할을 한다. 최고 900bar 까지 감지한다.

③ 중압감지 센서(MPS) : 고압 레귤레이터, 중압 감지센서, 릴리프 밸브가 하나로 블록으로 구성되며, 700bar의 압력이 17bar로 감압되어 연료 차단밸브로 공급된다.

④ 수소탱크 밸브(HTS) : 수소 저장탱크에 각각 하나씩 적용되며, 탱크에 저장된 수소를 공급라인으로 연결하는 솔레노이드 밸브, 수소를 수동으로 차단할 수 있는 매뉴얼 밸브, 탱크 내부온도를 감지하는 온도센서가 일체로 구성된다.

⑤ 연료차단 밸브(FBV) : 고압 레귤레이터에 의해 감압된 17bar의 수소를 스택으로 공급 및 차단하는 역할을 한다.

⑥ 연료공급 밸브(FSV, 수소압력제어밸브) : 연료 차단밸브에서 공급된 17bar의 연료를 스택에서 전력을 생산하는데 필요한 만큼 압력을 조절하는 밸브이다.

⑦ 연료라인 퍼지 밸브(FPV) : 재순환 과정의 수소는 순도가 낮아 전력효율이 떨어지므로 스택에서 일정량의 수소를 소비할 때, FCU는 수소 순도를 높이기 위해 퍼지 밸브를 개방하여 수소를 배출하고 새로운 수소를 공급한다.

⑧ 워터 트랩(FWT) : 스택 내부 수소확산 영역에서 생성된 물을 저장한다. 최대 200ml를 저장할 수 있다.

⑨ 생성수 레벨 센서 : 워터 트랩에 저장된 수분의 양을 측정한다.

⑩ 드레인 밸브(FDV) : FCU의 구동에 의해 워터 트랩에 저장된 물을 공기 공급라인의 가습

기로 보낸다.
⑪ 적외선 이미터(HMI) : 수소 충전 건이 차량과 연결되면, HMU는 적외선 이미터를 통해 충전관리 시스템에 현재 수소저장탱크의 압력 및 온도를 전송한다. 이 신호를 수신한 충전 시스템은 탱크 부하에 맞는 속도로 수소 충전을 실시한다.

3) 열관리 시스템

① 스택 냉각수 펌프(CSP) : 내연기관에서의 워터펌프 역할과 같으며, 250V~450V 전원을 입력받아 내부 인버터에서 3상으로 변환한 뒤 펌프를 구동한다. FCU와의 통신을 통해 회전수를 제어하고 연료전지 냉각시스템의 냉각수를 순환시키는 역할을 한다.

② COD 히터(CHT) : COD 히터는 내부에 발열체를 가지고 있으며, COD 릴레이를 통해 고압회로와 연결된다. COD 히터는 4가지 역할을 수행한다.
　㉠ COD 기능 : 연료전지 셀의 내구성 향상을 위해 IG off시 스택에 남아있는 잔류 전류를 강제 반응시켜 소진하는 기능
　㉡ 냉시동 기능 : 냉시동 조건(영하 30°C)이 되면, 약 30초 동안 COD 히터를 가열하여 냉각수 온도를 올린다.
　㉢ 회생제동 기능 : 회생제동 시 고전압 배터리의 SOC가 높을 경우 COD 히터를 사용하여 발열로 소진한다.
　㉣ 급속 고전압 소진 : 충돌, 절연파괴 등과 같은 위급상황 시 고전압 시스템 차단 후 COD 히터를 통해 잔류 고전압을 소진한다.

③ 이온 필터(CIF) : 스택 냉각수의 이온을 필터링하여 차량의 전기전도도를 일정 수준으로 유지하여 전기 안전성을 확보해주는 기능을 한다. 스택 냉각수는 전장 냉각수 대비 전기 전도도가 낮아 혼합하여 사용할 수 없다. 만일 전장 냉각수를 스택 냉각수에 넣을 경우 단락(절연 파괴)되어 차량 운행이 정지된다.

④ 스택 우회밸브(CBV) : 스택 우회밸브는 3 Way 밸브로, 일반 운전조건일 경우 냉각수는 스택으로 유입되어 냉각작용을 하며, 냉시동 조건에서는 COD히터로 보내 냉각수 온도를 상승시킨다.

⑤ 스택 냉각수 온도제어 밸브(CTV) : 스택 냉각수 온도제어 밸브는 4 Way 밸브로 써모스탯 역할을 한다. 일반 운전조건일 경우 스택에서 유입된 냉각수를 바로 펌프로 연결하지만, 냉각수 온도가 상승하면 라디에이터에서 유입되는 통로를 펌프와 연결시킨다.

⑥ 스택 냉각수 온도센서 : 스택으로 유입되는 냉각수 온도를 감지하여 FCU로 보낸다. 스택 입구 온도센서와 출구 온도센서의 정보를 기준으로 냉각수 온도를 제어하여 스택이 과열되지 않도록 제어한다.

⑦ 라디에이터 : 냉각수의 통로로, 스택 라디에이터, 전장 라디에이터, 콘덴서가 일체로 구성되었다.

⑧ 쿨링팬 : 라디에이터를 냉각시키는 역할을 한다.

3. 수소자동차의 시동 준비 과정 및 약어

1) 수소자동차의 시동 준비 과정

① 하이브리드 자동차, 전기자동차 수소자동차 등 전기모터를 사용하는 친환경 자동차는

엔진 시동 대신 모터를 구동할 수 있다는 의미인 초록색 "READY" 램프를 점등한다. READY 램프가 점등되었다는 것은 내연기관 자동차에서 시동이 걸린 것과 동일하게 주행 가능하다는 의미이다.

② 시동 버튼을 누르면, 다음과 같은 순서로 "READY"가 진행된다.
  ㉠ 브레이크 페달을 밟고 시동 버튼을 누른다.
  ㉡ SMK(IBU)는 실내에 존재하는 스마트키 인증이 완료되면 전원 릴레이를 구동하여 각 제어기에 전원을 공급한다.
  ㉢ FCU는 IGN(On/Start 전원) 전원이 입력되면 K-Line을 통해 SMK로 이모빌라이저 인증을 요청하고 응답을 받는다.
  ㉣ 인증과 별도로 SMK는 시동 출력(12V)을 한다. 이때 시동 출력과 동일하게 스타트 피드백 단자로 12V가 입력되어야 한다.(미 입력시 시동 출력을 멈춤)
  ㉤ FCU는 약 1초 이상 시동 신호를 입력받으면 SMK로 P CAN을 통해 시동 출력 정지 신호를 보낸다.
  ㉥ 즉, FCU는 연료도어가 닫혀있고, 연료전지 시스템 및 고전압 회로가 정상이며, 이모빌라이저 인증이 정상이고, FCU로 시동 신호가 입력되는 4가지 조건을 만족할 경우 "READY" 램프를 점등하여 구동 모터를 구동할 수 있는 상태로 대기하게 된다.

2) 수소자동차 약어 설명

약어	원어
FCEV	Fuel Cell Electric Vehicle(연료전지 전기자동차)
FCU	Fuel-cell Control unit(연료전지 컨트롤 유닛)
PFC	Power-train Fuel Cell(수소전기차 동력원)
BOP	Balance of Plant(연료전지 시스템 운전장치)
HMU	Hydrogen Manufacture Unit(수소저장시스템 제어기)
APS	Air Processing System(공기공급 시스템)
FPS	Fuel Processing System(수소공급 시스템)
TMS	Thermal Management System(열관리 시스템)
LDC	Low DC-DC Converter
BHDC	Bi-directional High Voltage DC-DC Converter
ACV	Air Cut-off Valve(공기차단기)
APC	Air Pressure Control Valve(공기 압력밸브)
MPS	Mid Pressure Sensor(중압 감지센서)
HPS	High Pressure Sensor(고압 감지센서)
HTS	Hydrogen Tank Solenoid(수소탱크 밸브)
FBV	Fuel Block Valve(수소 차단밸브)
FSV	Fuel Supply Valve(수소압력 제어밸브, 연료공급밸브)
FPV	Fuel line Purge Valve(수소 퍼지밸브)

약어	원어
FWT	Fuel-cell Water Trap(워터 트랩)
FDV	Fuel-cell Frain Valve(드레인 밸브)
HIE	Hydrogen IR Emitter(적외선 이미터)
CSP	Coolant Stack Pump(스택 냉각수 펌프)
CBV	Coolant Bypass Valve(냉각수 우회밸브)
CTV	Coolant Temperature Valve(냉각수 온도밸브)
COD	Cathode Oxygen Depletion
CHT	COD Heater

4. 수소자동차의 전력 변환

1) 수소자동차의 전력 변환 관계

① 수소자동차(FCEV)는 전기자동차(EV)의 부품을 모두 가지고 있다. 또한, 운용되는 전압의 종류는 400V, 240V, 12V까지 다양하다.

② 인버터는 대개 출력(직류)을 교류로 변환시키는 장치이고, 컨버터는 출력을 직류로 변환시키는 장치이다.

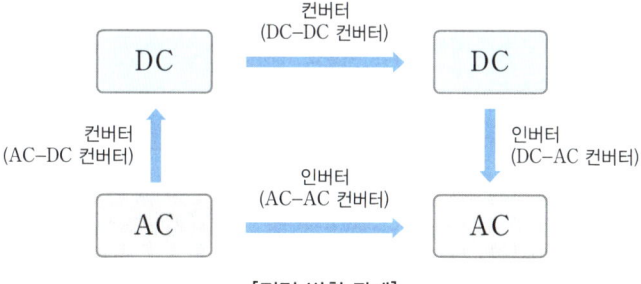

[전력 변환 관계]

2) 수소자동차의 시동 시 전력변환

① 스마트키(SMK)의 시동신호가 FCU에 전달되면 FCU는 고전압 배터리(240V)에 작동을 명령한다.(PRA 작동) 이때 고전압 배터리 내부 전원으로는 구동모터를 작동시킬 수 있는 토크가 부족하므로, BHDC를 통해 240V를 450V로 승압하여 고전압 정션박스로 보낸다.

② MCU는 이 고전압 직류를 구동모터를 제어하기 위한 3상 교류로 변환시켜 모터를 구동시킨다. 이와 동시에, 고전압은 LDC로도 입력되어 12V배터리를 충전시킨다.

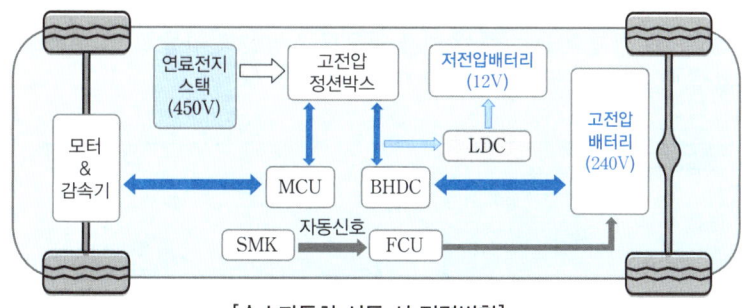

[수소자동차 시동 시 전력변환]

3) 수소자동차의 평지주행 시 전력변환

① 평지 주행 시는 저부하, 정속주행 조건이므로 스택에서 생산되는 전기로 충분히 구동 가능하며, 주행하면서도 남은 전기는 회수하여 고전압배터리에 충전시켜 효율을 높인다.
② BHDC는 스택의 450V 고전압을 감압시켜 240V의 고전압 배터리를 충전시킨다.

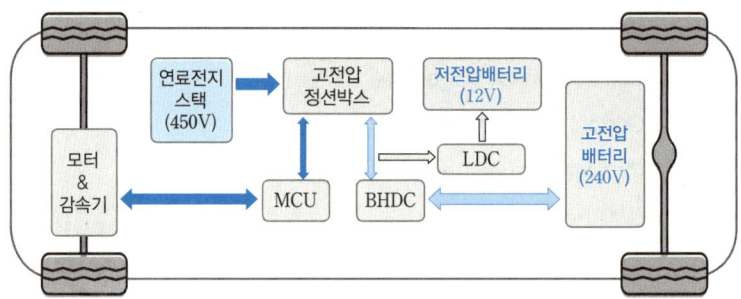

[수소자동차 평지주행 시 전력변환]

4) 수소자동차의 등판주행 시 전력변환

① 기본적으로 스택에서 생산되는 전기를 사용하여 모터를 구동시키지만 부족할 경우 고전압배터리의 지원을 받는다.(스택+고전압 배터리)
② 고전압배터리는 240V이므로 BHDC에서 450V로 승압하여 고전압 정션박스로 보내면 MCU는 직류를 교류로 변환하여 3상 교류모터를 구동하게 된다.

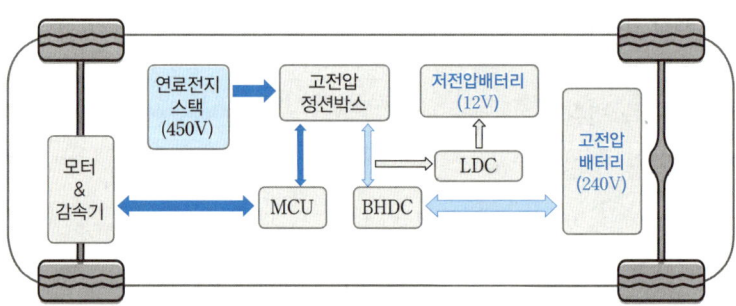

[수소자동차 등판주행 시 전력변환]

5) 수소자동차의 내리막길 주행 시 전력변환

① 하이브리드 자동차와 마찬가지로 감속 시에는 회생제동에 의해 구동모터가 발전기가 되어 전기를 생산한다. 이때 MCU는 교류를 직류로 변환하여 고전압배터리를 충전시킨다.
② 만약 고전압배터리가 완전 충전되어 있을 때(고전압 배터리 SOC가 높을 때), 계속 충전이 된다면 회생제동에 의해 과충전 될 우려가 있으므로 남은 전기를 COD 히터로 보내 자체적으로 소진시킨다.

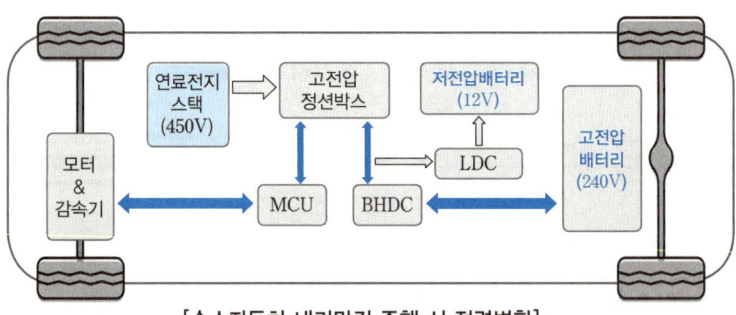

[수소자동차 내리막길 주행 시 전력변환]

제05장_ 친환경자동차 출제예상문제

[1. 하이브리드자동차]

01 주행거리가 짧은 전기자동차의 단점을 보완하기 위하여 만든 자동차로 전기자동차의 주 동력인 전기배터리에 보조 동력장치를 조합하여 만든 자동차는?

① 하이브리드 자동차
② 태양광 자동차
③ 천연가스 자동차
④ 전기 자동차

> 하이브리드 자동차는 긴 충전시간, 짧은 항속거리, 무거운 중량의 배터리를 가진 전기자동차의 단점을 보완하기 위하여 전기 배터리에 보조 동력원으로 주로 내연기관을 조합하여 만든 자동차이다.

02 하이브리드 자동차의 연비 향상 요인이 아닌 것은?

① 주행 시 자동차의 공기저항을 높여 연비가 향상된다.
② 정차 시 엔진을 정지(오토 스톱)시켜 연비를 향상시킨다.
③ 연비가 좋은 영역에서 작동되도록 동력 분배를 제어한다.
④ 회생 제동(배터리 충전)을 통해 에너지를 흡수하여 재사용한다.

> 하이브리드 자동차의 연비 향상 요인은 주로 아이들 스톱(idle stop), 회생제동 및 효율적인 동력분배 기능 때문이다. 공기저항이 크면 연비가 나빠진다.

03 하이브리드 자동차의 특징이 아닌 것은?

① 회생제동
② 2개의 동력원으로 주행
③ 저전압 배터리와 고전압 배터리 사용
④ 고전압 배터리 충전을 위해 LDC(저전압 직류변환장치)를 사용

> ①~③항이 하이브리드 자동차의 특징이며, 고전압 배터리 충전은 엔진 단독 주행 중 고전압 배터리의 충전량이 기준치 이하일 경우 HEV 모터를 통해 충전하고, EV 모드 주행 시 고전압 배터리 잔량이 기준치 이하로 떨어지면 HSG로 엔진을 구동하여 고전압 배터리를 충전하며 회생 제동 시에는 차량의 운동 에너지를 전기 에너지로 변환하여 충전한다.

04 하이브리드 자동차에 사용되는 엔진으로 적절한 것은?

① 오토 사이클 엔진
② 밀러 사이클 엔진
③ 사바테 사이클 엔진
④ 브레이턴 사이클 엔진

> 밀러 사이클 엔진은 저압축 고팽창 엔진으로 하이브리드 자동차에 사용된다.

05 하이브리드 시스템에 대한 설명 중 틀린 것은?

① 직렬형 하이브리드는 소프트타입과 하드타입이 있다.
② 소프트타입은 순수 EV(전기차) 주행 모드가 없다.
③ 하드타입은 소프트타입에 비해 연비가 향상된다.
④ 플러그-인 타입은 외부 전원을 이용하여 배터리를 충전한다.

> 직렬형은 순수 EV모드가 없는 소프트 타입을, 병렬형은 모터 단독주행이 가능한 하드 타입을 말한다.

06 하이브리드 자동차(HEV)에 대한 설명으로 거리가 먼 것은?

① 병렬형(Parallel)은 엔진과 변속기가 기계적으로 연결되어 있다.
② 병렬형(Parallel)은 구동용 모터 용량을 크게 할 수 있는 장점이 있다.
③ FMED(Flywheel Mounted Electric Device) 방식은 모터가 엔진 측에 장착되어 있다.
④ TMED(Transmission Mounted Electric Device) 방식은 모터가 변속기 측에 장착되어 있다.

정답 [1. 하이브리드자동차] 01 ① 02 ① 03 ④ 04 ② 05 ① 06 ②

🔍 하이브리드 자동차에서 병렬형(Parallel)이란 모터의 동력 흐름과 엔진의 동력 흐름이 별도로(병렬로) 되어 있어 동력을 함께 사용하거나 한 가지만 선택하여 사용할 수 있는 방식이다. 병렬형은 엔진과 변속기가 기계적으로 연결되어 변속기가 필요하고, 구동용 모터 용량을 작게 할 수 있는 장점이 있다.

07 병렬형 하이브리드 자동차의 특징 설명으로 틀린 것은?

① 모터는 동력 보조만 하므로 에너지 변환 손실이 적다.
② 기존 내연기관 차량을 구동장치의 변경없이 활용 가능하다.
③ 소프트 방식은 일반 주행 시에는 모터 구동만을 이용한다.
④ 하드 방식은 EV 주행 중 엔진 시동을 위해 별도의 장치가 필요하다.

🔍 ①, ②항이 병렬형 하이브리드 자동차에 대한 옳은 설명이고, 하드 방식은 EV 주행 중 엔진 시동을 위해 별도의 장치인 HSG가 필요하다. 소프트 방식은 엔진이 작동되어야 주행이 가능한 방식으로 일반 주행 시에 엔진으로 구동하고 모터 단독으로는 구동이 안되는 방식이다.
[참고] HSG : Hybrid Starter & Generator

08 병렬형(Parallel) TMED(Transmission Mounted Electric Device) 방식의 하이브리드 자동차(HEV)에 대한 설명으로 틀린 것은?

① 모터가 변속기에 직결되어 있다.
② 모터 단독 구동이 가능하다.
③ 모터가 엔진과 연결되어 있다.
④ 주행 중 엔진 시동을 위한 HSG가 있다.

🔍 병렬형 TMED 방식은 모터 단독 주행이 가능한 하드타입으로서 모터와 변속기가 직결되어 있고, 주행 중 엔진 시동을 위한 HSG가 장착되어 있다. 엔진 단독 구동 시에는 엔진 클러치를 연결하여 변속기에 동력을 전달한다.

09 병렬형 하드 타입 하이브리드 자동차에 대한 설명으로 옳은 것은?

① 배터리 충전은 엔진이 구동시키는 발전기로만 가능하다.
② 구동모터가 플라이휠에 장착되고 변속기 앞에 엔진 클러치가 있다.
③ 엔진과 변속기 사이에 구동모터가 있는데 모터만으로는 주행이 불가능하다.
④ 구동모터는 엔진의 동력보조 뿐만 아니라 순수 전기모터로도 주행이 가능하다.

🔍 병렬형 하드 타입 하이브리드 자동차는 모터의 동력 흐름과 엔진의 동력 흐름이 별도로(병렬로) 되어 있어 동력을 함께 사용하거나 한가지만 선택하여 사용할 수 있는 방식이다. 따라서, 구동모터는 엔진의 동력보조 뿐만 아니라 순수 전기모터로도 단독주행이 가능한 하드타입이다.

10 병렬형(Parallel) TMED(Transmission Mounted Electric Device)방식의 하이브리드 자동차(HEV)의 주행 패턴에 대한 설명으로 틀린 것은?

① 엔진 OFF시에는 EOP(Electric Oil Pump)를 작동해 자동변속기 구동에 필요한 유압을 만든다.
② 엔진 단독 구동 시에는 엔진 클러치를 연결하여 변속기에 동력을 전달한다.
③ EV 모드 주행 중 HEV 주행 모드로 전환할 때 엔진 동력을 연결하는 순간 쇼크가 발생할 수 있다.
④ HEV 주행 모드로 전환할 때 엔진 회전속도를 느리게 하여 HEV모터 회전 속도와 동기화 되도록 한다.

🔍 ①~③항은 병렬형 TMED 방식의 하이브리드 자동차(HEV)의 주행 패턴에 대한 옳은 설명이며, TMED 방식은 HEV 단독 주행이 가능한 하드타입으로서 모터와 변속기가 직결되어 있으므로 엔진 회전속도와는 관련이 없다.

11 하이브리드 자동차 용어 (KS R 0121)에서 충전시켜 다시 쓸 수 있는 전지를 의미하는 것은?

① 1차 전지
② 2차 전지
③ 3차 전지
④ 4차 전지

🔍 KS R 0121에 의한 에너지 저장 시스템 용어에서 2차 전지(rechargeable battery)란 충전시켜 다시 쓸 수 있는 전지로, 납산 축전지, 알칼리 축전지, 기체 전지, 리튬 이온 전지, 니켈-수소 전지, 니켈-카드뮴 전지, 폴리머 전지 등이 있다.

정답 07 ③ 08 ③ 09 ④ 10 ④ 11 ②

12 하이브리드 자동차에 사용되는 배터리 중에서 에너지 밀도가 가장 높은 것은?

① Li-Ion(리튬-이온) 배터리
② AGM(흡수성 유리섬유) 배터리
③ Li-Polymer(리튬-폴리머) 배터리
④ Ni-MH(니켈-수산화금속) 배터리

🔍 배터리 종류별 에너지 밀도

종류	납	니켈 카드뮴	니켈 수소	리튬 이온	리튬 이온 폴리머
에너지 밀도 (Wh/kg)	35	50~60	60~80	90~120	180~200

13 하이브리드 자동차에 적용하는 배터리 중 자기방전이 없고 에너지 밀도가 높으며 전해질이 젤타입이고 내진동성이 우수한 방식은?

① 리튬이온 폴리머 배터리(Li-Pb battery)
② 니켈수소 배터리(NI-MH battery)
③ 니켈카드뮴 배터리(Ni-Cd battery)
④ 리튬이온 배터리(Li-ion battery)

🔍 하이브리드 자동차에 적용되는 리튬이온 폴리머 배터리(Li-Pb battery)는 자체 방전이 매우 낮고 에너지 밀도가 높으며, 전해질이 고체이기 때문에 누수의 염려가 없어 안전하고 내 진동성이 우수하다.

14 하이브리드 자동차에서 리튬 이온 폴리머 고전압 배터리는 9개의 모듈로 구성 되어 있고, 1개의 모듈은 8개의 셀로 구성되어 있다. 이 배터리의 전압은? (단, 셀 전압은 3.75V이다.)

① 30V
② 90V
③ 270V
④ 375V

🔍 하이브리드 자동차에 사용되는 리튬이온 폴리머 배터리의 최소단위는 셀(cell)이다.
8개의 셀을 1모듈로 하고, 9개 모듈이 있으므로,
3.75V×8×9 = 270V

15 하이브리드 자동차의 고전압 배터리 관리시스템에서 셀 밸런싱 제어의 목적은?

① 배터리의 적정 온도 유지
② 상황별 입출력 에너지 제한
③ 배터리 수명 및 에너지 효율 증대
④ 고전압 계통 고장에 의한 안전사고 예방

🔍 배터리 셀 밸런싱 제어의 목적은 개별 셀의 충전 상태 및 전압 편차가 생긴 셀을 동일 전압으로 제어하여 배터리의 수명 및 에너지 효율을 증대시키기 위함이다.

16 하이브리드 자동차의 고전압 배터리의 충·방전 과정에서 전압 편차가 생긴 셀을 동일 전압으로 제어하는 것은?

① 충전상태 제어
② 셀 밸런싱 제어
③ 파워 제한 제어
④ 고전압 릴레이 제어

🔍 하이브리드 자동차에서 개별 셀의 충전 상태 및 전압 편차가 생긴 셀을 동일한 전압으로 매칭하여 배터리 수명과 에너지 용량 및 효율 증대를 갖게 제어하는 것을 셀 밸런싱 제어라 한다.

17 하이브리드 자동차의 컨버터(Converter)와 인버터(Inverter)의 전기특성 표현으로 옳은 것은?

① 컨버터(Converter) : AC에서 DC로 변환,
  인버터(Inverter) : DC에서 AC로 변환
② 컨버터(Converter) : DC에서 AC로 변환,
  인버터(Inverter) : AC에서 DC로 변환
③ 컨버터(Converter) : AC에서 AC로 변환,
  인버터(Inverter) : DC에서 DC로 변환
④ 컨버터(Converter) : DC에서 DC로 변환,
  인버터(Inverter) : AC에서 AC로 변환

🔍 컨버터(converter)란 교류를 직류로, 또는 직류를 직류로 감압 또는 승압 변환시키는 장치이며, 인버터(inverter)란 직류를 교류로 변환하는 장치이다.

정답 12 ③ 13 ① 14 ③ 15 ④ 16 ② 17 ①

18 하이브리드자동차의 전원 제어 시스템에 대한 두 정비사의 의견 중 옳은 것은?

- 정비사 KIM : 인버터는 열을 발생하므로 냉각이 중요하다.
- 정비사 LEE : 컨버터는 고전압의 전원을 12볼트로 변환하는 역할을 한다.

① 정비사 KIM만 옳다.
② 정비사 LEE만 옳다.
③ 두 정비사 모두 틀리다.
④ 두 정비사 모두 옳다.

🔍 컨버터는 교류를 직류로, 인버터는 직류를 교류로 변환시키는 장치로, 스위칭 소자를 사용하므로 열이 많이 발생한다.

19 하이브리드 자동차에서 직류(DC) 전압을 다른 직류(DC) 전압으로 바꾸어 주는 장치는 무엇인가?

① 캐패시터
② DC-AC 인버터
③ DC-DC 컨버터
④ 리졸버

🔍 하이브리드 자동차에서 직류(DC) 전압을 다른 직류(DC) 전압으로 바꾸어 주는 장치를 LDC(Low DC-DC Converter)라 한다.

20 하이브리드 자동차의 동력제어 장치에서 모터의 회전속도와 회전력을 자유롭게 제어할 수 있도록 직류를 교류로 변환하는 장치는?

① 컨버터   ② 레졸버
③ 인버터   ④ 커패시터

🔍 인버터란 직류를 교류로 변환하는 장치를 말하며, 컨버터는 교류를 직류로 변환하는 장치를 말한다.

21 하이브리드 자동차에서 PRA(Power Relay Assembly) 기능에 대한 설명으로 틀린 것은?

① 승객 보호
② 전장품 보호
③ 고전압 회로 과전류 보호
④ 고전압 배터리 암전류 차단

🔍 하이브리드 자동차에서 PRA는 고전압 배터리의 기계적인 분리(암전류 차단), 고전압 회로 과전류 보호(Fuse), 전장품 보호(초기 충전회로 적용), 고전압 정비 시 작업자 보호를 위해 안전 스위치(Safety SW)가 적용되어 있다.

22 하이브리드 고전압장치 중 프리차저 릴레이& 프리차저 저항의 기능 아닌 것은?

① 메인릴레이 보호
② 타 고전압 부품 보호
③ 메인 퓨즈, 버스바, 와이어 하네스 보호
④ 배터리 관리 시스템 입력 노이즈 저감

🔍 MCU는 IG ON시 메인릴레이 (+)를 작동시키기 이전에 프리차저 릴레이를 먼저 동작시켜 저항을 통해 270V 고전압이 인버터 측으로 공급되기 때문에 돌입전류에 의한 인버터의 손상을 방지한다. 프리차저 릴레이 작동 후 완만한 전압 상승이 완료되면 메인릴레이 (+)를 작동시켜 정상적인 270V 전원공급을 완료한다. 즉, IG ON시 릴레이 작동순서는 메인릴레이 (-), 프리차저 릴레이, 메인릴레이 (+) 순이 된다.

23 하이브리드 자동차의 고전압 배터리 (+)전원을 인버터로 공급하는 구성품은?

① 전류 센서   ② 고전압 배터리
③ 세이프티 플러그 ④ 프리 차저 릴레이

🔍 MCU는 IG ON시 메인릴레이 (+)를 작동시키기 이전에 프리차저 릴레이를 먼저 동작시켜 저항을 통해 270V 고전압이 인버터 측으로 공급되기 때문에 돌입전류에 의한 인버터의 손상을 방지한다. 프리차저 릴레이 작동 후 완만한 전압 상승이 완료되면 메인릴레이 (+)를 작동시켜 정상적인 270V 전원공급을 완료한다. 즉, IG ON시 릴레이 작동순서는 메인릴레이 (-), 프리차저 릴레이, 메인릴레이 (+) 순이 된다.

24 시동 키 ON시 PRA(Power Relay Assembly) 작동순서로 맞는 것은?

① 메인 릴레이(+) ON → 메인 릴레이(-) ON → 프리차저 릴레이 ON
② 메인 릴레이(+) ON → 프리차저 릴레이 ON → 메인 릴레이(-) ON
③ 메인 릴레이(-) ON → 메인 릴레이(+) ON → 프리차저 릴레이 ON
④ 메인 릴레이(-) ON → 프리차저 릴레이 ON → 메인 릴레이(+) ON

정답 18 ④ 19 ③ 20 ③ 21 ① 22 ④ 23 ④ 24 ④

○ 시동 키 ON시 PRA 작동순서는 메인 릴레이(-) ON → 프리차저 릴레이 ON → 메인 릴레이(+) ON 이다.
[참고] 고전압 배터리 릴레이 제어

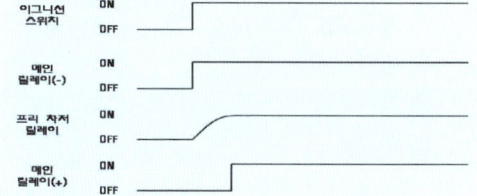

25 하이브리드 자동차에서 돌입전류에 의한 인버터 손상을 방지하는 것은?

① 메인 릴레이
② 프리차저 릴레이와 저항
③ 안전 스위치
④ 부스 바

○ MCU는 IG ON시 메인릴레이 (+)를 작동시키기 이전에 프리차저 릴레이를 먼저 동작시켜 저항을 통해 270V 고전압이 인버터 측으로 공급되기 때문에 돌입전류에 의한 인버터의 손상을 방지한다.

26 다음은 하이브리드 자동차에서 사용하고 있는 캐패시터(Capacitor)의 특징을 나열한 것이다. 틀린 것은?

① 충전시간이 짧다.
② 출력의 밀도가 낮다.
③ 전지와 같이 열화가 거의 없다.
④ 단자 전압으로 남아있는 전기량을 알 수 있다.

○ 캐패시터(Capacitor)의 특징
· 충전시간이 짧다.
· 출력의 밀도가 높다.
· 전지와 같이 열화가 거의 없다.
· 단자 전압으로 남아있는 전기량을 알 수 있다.

27 하이브리드 자동차 고전압 배터리의 사용 가능 에너지를 표시하는 것은?

① SOC(State of Charge)
② PRA(Power Relay Assembly)
③ LDC(Low DC-DC Converter)
④ BMS(Battery Management System)

○ SOC(State of Charge)란 고전압 배터리에서 사용 가능한 에너지, 즉 배터리 정격용량 대비 방전 가능한 전류량의 백분율을 말한다. (SOC = 잔존 배터리 용량/정격용량)

28 하이브리드 자동차 고전압 배터리 충전상태(SOC)의 일반적인 제한 영역은?

① 20~80%
② 55~86%
③ 86~110%
④ 110~140%

○ 하이브리드 자동차의 고전압 배터리 충전상태(SOC)는 최대 제한영역이 최소 20%에서 최대 80%이내이며, 평상시에는 SOC영역이 55%~65% 범위를 벗어나지 않게 해야 한다.

29 하이브리드 자동차에서 고전압 배터리 관리 시스템(BMS)의 주요 제어 기능으로 틀린 것은?

① 모터제어
② 출력제한
③ 냉각제어
④ SOC제어

○ 하이브리드 자동차(HEV)의 BMS는 SOC 추정(충전상태 제어), 파워(출력) 제한, 냉각 제어, 릴레이 제어, 셀 밸런싱, 고장진단 등을 수행한다.

30 하이브리드 자동차에서 고전압 배터리 제어기(Battery Management System)의 역할 설명으로 틀린 것은?

① 충전상태 제어
② 파워 제한
③ 냉각 제어
④ 저전압 릴레이 제어

○ 하이브리드 자동차(HEV)의 BMS는 SOC 추정 (충전상태 제어), 파워(출력) 제한, 냉각 제어, 릴레이 제어, 셀 밸런싱, 고장진단 등을 수행한다.

31 BMS(Battery Management System)에서 제어하는 항목과 제어내용에 대한 설명으로 틀린 것은?

① 고장 진단 : 배터리 시스템 고장 진단
② 컨트롤 릴레이 제어 : 배터리 과열 시 컨트롤 릴레이 차단
③ 셀 밸런싱 : 전압 편차가 생긴 셀을 동일한 전압으로 매칭
④ SOC(Stage Of Charge) 관리 : 배터리의 전압, 전류, 온도를 측정하여 적정 SOC 영역관리

정답 25 ② 26 ② 27 ① 28 ① 29 ① 30 ④ 31 ②

> 하이브리드 자동차(HEV)의 BMS는 SOC 추정(충전상태 제어), 파워(출력) 제한, 냉각 제어, 릴레이 제어, 셀 밸런싱, 고장진단 등을 수행한다.
> ※컨트롤 릴레이는 엔진 ECU 및 연료펌프, 인젝터, AFS 등에 전원을 공급하는 역할을 한다.

32 하이브리드 시스템을 제어하는 컴퓨터의 종류가 아닌 것은?

① 모터 컨트롤 유닛(Motor Control Unit)
② 하이드로릭 컨트롤 유닛(Hydraulic Control Unit)
③ 배터리 콘트롤 유닛(Battery Control Unit)
④ 통합제어 유닛(Hybrid Control Unit)

> 하이드로릭 컨트롤 유닛은 ABS 시스템을 제어하는 컴퓨터이다.

33 하이브리드 자동차에서 모터의 회전자와 고정자의 위치를 감지하는 것은?

① 레졸버
② 인버터
③ 경사각 센서
④ 저전압 직류 변환장치

> 레졸버(회전자 위치 센서)보정이란 MCU가 모터에게 정확한 토크를 지령하려면 레졸버와 모터가 정확히 조립되어야 하지만 기계적인 공차에 의해 모터와 레졸버의 위치를 맞추는 것이 어려우므로 정확한 상의 위치 값과 레졸버의 출력 값이 같아지도록 보정해주는 것을 말한다. 즉, 모터의 회전자와 하우징과 연결된 레졸버 고정자의 위치를 감지한다.

34 하드 타입 하이브리드 자동차에서 구동모터의 주요 기능으로 틀린 것은?

① 출발 시 전기모드 주행
② 가속 시 구동력 증대
③ 감속 시 배터리 충전
④ 변속 시 동력 차단

> 하드 타입 하이브리드 전기자동차의 구동모터는 출발 시 모터 단독으로 전기모드 주행이 가능한 병렬형으로, 구동모터는 가속 시 구동력을 증대시키고 제동 및 감속 시 회생제동을 통해 고전압 배터리를 충전시킨다.

35 하이브리드 자동차의 고전압 배터리 시스템 제어특성에서 모터 구동을 위하여 고전압 배터리가 전기 에너지를 방출하는 동작 모드로 맞는 것은?

① 제동모드
② 방전모드
③ 정지모드
④ 충전모드

> 고전압 배터리가 전기 에너지를 방출하는 것을 방전모드라 한다.

36 병렬형(Parallel) TMED(Transmission Mounted Electric Device) 방식의 하이브리드 자동차의 HSG(Hybrid Starter Generator)에 대한 설명 중 틀린 것은?

① 엔진 시동 기능과 발전 기능을 수행한다.
② 감속 시 발생되는 운동에너지를 전기에너지로 전환하여 배터리를 충전한다.
③ EV 모드에서 HEV(Hybrid Electric Vehicle) 모드로 전환 시 엔진을 시동한다.
④ 소프트 랜딩(Soft Landing) 제어로 시동 ON 시 엔진 진동을 최소화하기 위해 엔진 회전수를 제어한다.

> HSG(Hybrid Starter Generator)의 역할
> • 시동 제어 : 엔진 시동 기능과 발전 기능을 수행한다.
> • 엔진속도 제어 : EV 모드에서 HEV 모드로 전환 시 엔진을 시동한다.
> • 소프트 랜딩(Soft Landing) 제어 : 시동 OFF 시 발생되는 진동을 HSG에 부하를 걸어 엔진 진동을 최소화한다.
> • 발전제어 : 감속 시 발생되는 운동에너지를 전기에너지로 전환하여 배터리를 충전한다.

37 병렬형 하드 타입의 하이브리드 자동차에서 HEV모터에 의한 엔진 시동 금지 조건인 경우, 엔진의 시동은 무엇으로 하는가?

① HEV 모터
② 블로워 모터
③ 기동 발전기(HSG)
④ 모터 컨트롤 유닛(MCU)

> 병렬형 하드 타입 하이브리드 자동차는 모터와 엔진은 분리되어 있고 모터와 변속기가 직결되어 있으므로 HEV모터 단독 주행이 가능하고, HEV모터에 의한 엔진 시동 금지 조건인 경우, 기동 발전기(HSG)로 엔진을 시동한다.

정답 32 ② 33 ① 34 ④ 35 ② 36 ④ 37 ③

38 하이브리드 차량에서 감속 시 전기 모터를 발전기로 전환하여 차량의 운동 에너지를 전기 에너지로 변환시켜 배터리로 회수하는 시스템은?

① 회생 제동 시스템
② 파워 릴레이 시스템
③ 아이들링 스톱 시스템
④ 고전압 배터리 시스템

> 하이브리드 자동차에서 자동차의 제동 및 감속은 회생제동 모드로서, 차량 감속 시 전기 모터를 발전기로 전환하여 구동바퀴에서 발생하는 운동 에너지를 전기 에너지로 변환시켜 배터리를 충전하는 모드이다.

39 하이브리드 차량의 구동바퀴에서 발생하는 운동에너지를 전기적 에너지로 변환시켜 고전압 배터리로 충전하는 모드는?

① ISG(Idle Stop & Go) 모드
② 회생 제동 모드
③ 언덕길 밀림 방지 모드
④ 변속기 발전 모드

> 하이브리드 자동차에서 자동차의 제동 및 감속은 회생제동 모드로서, 차량 감속 시 전기 모터를 발전기로 전환하여 구동바퀴에서 발생하는 운동 에너지를 전기 에너지로 변환시켜 배터리를 충전하는 모드이다.

40 주행 중인 하이브리드 자동차에서 제동 시에 발생된 에너지를 회수(충전)하는 제어모드는?

① 가속 모드
② 발진 모드
③ 시동 모드
④ 회생제동 모드

> 하이브리드 자동차에서 자동차의 제동 및 감속은 회생제동 모드로서, 차량 감속 시 전기 모터를 발전기로 전환하여 구동바퀴에서 발생하는 운동 에너지를 전기 에너지로 변환시켜 배터리를 충전하는 모드이다.

41 주행 중인 하이브리드 자동차에서 제동 및 감속 시 충전불량 현상이 발생하였을 때 점검이 필요한 곳은?

① 회생제동 장치
② LDC 제어 장치
③ 발진 제어 장치
④ 12V용 충전 장치

> 하이브리드 자동차에서 자동차의 제동 및 감속은 회생제동 모드로서, 차량 감속 시 전기 모터를 발전기로 전환하여 구동바퀴에서 발생하는 운동 에너지를 전기 에너지로 변환시켜 배터리를 충전하는 모드이다.

42 하이브리드 자동차는 감속 시 전기에너지를 고전압 배터리로 회수(충전)한다. 이러한 발전기 역할을 하는 부품은?

① AC 발전기
② 스타팅 모터
③ 하이브리드 모터
④ 모터 컨트롤 유닛

> 하이브리드 자동차는 감속 시 자동차의 휠에 의해 하이브리드 모터가 회전하여 회전 동력을 전기에너지로 변환하여 고전압 배터리로 회수 충전한다.

43 하이브리드 자동차 계기판에 있는 오토 스톱(Auto Stop)의 기능에 대한 설명으로 옳은 것은?

① 배출가스 저감
② 엔진오일 온도 상승 방지
③ 냉각수 온도 상승 방지
④ 엔진 재시동성 향상

> 오토 스톱(auto stop)은 아이들 스톱이라고도 하며, 연료소비 및 배출가스를 저감시키기 위해 차량이 정지할 경우 엔진을 자동으로 정지시키는 기능이다.

44 다음은 하이브리드 자동차 계기판(Cluster)에 대한 설명이다. 틀린 것은?

① 계기판에 'READY' 램프가 소등(OFF)시 주행이 안 된다.
② 계기판에 'READY' 램프가 점등(ON)시 주행이 가능하다.
③ 계기판에 'READY' 램프가 점멸(BLINKING)시 비상모드 주행이 가능하다.
④ EV 램프는 HEV(Hybrid Electric Vehicle) 모터에 의한 주행 시 소등된다.

> ①~③항이 옳은 설명이고, EV 램프는 HEV 모터에 의한 주행 시(EV 모드 주행) 점등된다.

정답 38 ① 39 ② 40 ④ 41 ① 42 ③ 43 ① 44 ④

45 하이브리드 자동차에서 저전압(12V) 배터리가 장착된 이유로 틀린 것은?

① 오디오 작동
② 등화장치 작동
③ 네비게이션 작동
④ 하이브리드 모터 작동

🔍 하이브리드 전기자동차에서 12V 저전압 배터리는 등화장치, 오디오 및 내비게이션 등 각종 전기장치의 작동에 사용되며, 하이브리드 모터는 270V 이상의 고전압 배터리를 이용, 직류를 교류로 변환하여 작동시킨다.

46 하이브리드 자동차의 보조 배터리가 방전으로 시동 불량일 때 고장원인 또는 조치방법에 대한 설명으로 틀린 것은?

① 단시간에 방전이 되었다면 암전류 과다 발생이 원인이 될 수도 있다.
② 장시간 주행 후 바로 재시동이 불량하면 LDC 불량일 가능성이 있다.
③ 보조 배터리가 방전이 되었어도 고전압 배터리로 시동이 가능하다.
④ 보조 배터리를 점프 시동하여 주행 가능하다.

🔍 ①, ②, ④항이 하이브리드 자동차의 시동 불량 시 고장원인 및 조치방법이고, 보조 배터리가 방전되었으면 점프 시켜야만 시동이 가능하다.
※고전압 배터리는 주행 동력에 사용되는 배터리이다.

47 다음 중 하이브리드 자동차에 적용된 이모빌라이저 시스템의 구성품이 아닌 것은?

① 스마트라(Smatra)
② 트랜스폰더(Transponder)
③ 안테나 코일(Coil Antenna)
④ 스마트 키 유닛(Smart Key Unit)

🔍 이모빌라이저 시스템의 구성품
• 엔진 ECU : IG ON시 키 정보를 받아 시동 여부를 판단
• 스마트라 : 키에 내장된 트랜스폰더와 통신 중계기 역할
• 트랜스폰더 : 차량의 비밀코드를 저장(key에 내장)
• 코일 안테나 : IGN key 실린더에 내장된 안테나 코일

48 하이브리드 자동차에서 엔진정지 금지조건이 아닌 것은?

① 브레이크 부압이 낮은 경우
② 하이브리드 모터 시스템이 고장인 경우
③ 엔진의 냉각수 온도가 낮은 경우
④ D레인지에서 차속이 발생한 경우

🔍 엔진정지 금지조건
① 브레이크 부압이 낮은 경우
② 하이브리드 모터 시스템이 고장인 경우
③ 엔진의 냉각수 온도가 낮은 경우

49 하이브리드 자동차에서 기동발전기(hybrid starter & generator)의 교환 방법으로 틀린 것은?

① 안전 스위치를 OFF하고, 5분 이상 대기한다.
② HSG 교환 후 반드시 냉각수 보충과 공기빼기를 실시한다.
③ HSG 교환 후 진단정비를 통해 HSG 위치센서(레졸버)를 보정한다.
④ 점화 스위치를 OFF하고, 보조 배터리의 (-)케이블은 분리하지 않는다.

🔍 하이브리드 자동차의 기동발전기(HSG) 교환 방법
• 점화 스위치를 OFF하고, 보조 배터리의 (-)케이블을 분리한다.
• 안전 스위치를 OFF하고, 5분 이상 대기한다.
• 방전 여부 확인은 U, V, W 상간 전압이 0V 인지를 확인한다.
• HSG 교환 후 반드시 냉각수 보충(5.5L 정도)과 공기빼기를 실시한다.
• HSG 교환 후 진단정비를 통해 HSG 위치센서(레졸버)를 보정한다.

50 하이브리드 자동차의 전기장치 정비 시 반드시 지켜야 할 내용이 아닌 것은?

① 절연장갑을 착용하고 작업한다.
② 서비스플러그(안전플러그)를 제거한다.
③ 전원을 차단하고 일정 시간이 경과 후 작업한다.
④ 하이브리드 컴퓨터의 커넥터를 분리하여야 한다.

🔍 하이브리드 자동차 고전압 전기장치 정비 시 주의할 점
• 이그니션 스위치를 OFF한다.
• 절연 장갑을 착용하고 작업한다.
• 안전 플러그(safety plug)를 탈거한다.
• 전원을 차단하고 일정 시간(5~10분)이 경과 후 작업한다.
• 작업 시 시계, 반지, 목걸이 등 장신구를 제거한다.

정답 45 ④ 46 ③ 47 ④ 48 ④ 49 ④ 50 ④

[2. 전기자동차]

01 전기의 3요소는?

① 전류, 도체, 자계
② 전압, 저항, 자기
③ 전류, 전압, 저항
④ 도체, 자기, 자계

🔍 전기의 3요소는 전류, 전압, 저항이다.

02 전자력에 대한 설명으로 틀린 것은?

① 전자력은 자계의 세기에 비례한다.
② 전자력은 자력에 의해 도체가 움직이는 힘이다.
③ 전자력은 도체의 길이, 전류의 크기에 비례한다.
④ 전자력은 자계방향과 전류의 방향이 평행일 때 가장 크다.

🔍 ①~③항이 전자력에 대한 옳은 설명이며, 전자력은 자계방향과 전류의 방향이 직각일 때 가장 크다.

03 자동차의 각종 전기장치 중 전기적 에너지를 열로 바꾸어 이용하는 것은?

① 서미스터 ② 시가라이터
③ 기동전동기 ④ 솔레노이드

🔍 각종 전기장치의 역할
• 서미스터 : 온도 → 저항
• 시가라이터 : 전기 → 열
• 기동전동기 : 전기 → 힘
• 솔레노이드 : 전기 → 힘

04 그림과 같이 철심에 1·2차 코일을 감고 1차 측 전류 I_1이 20A일 때 2차 측 전류는?

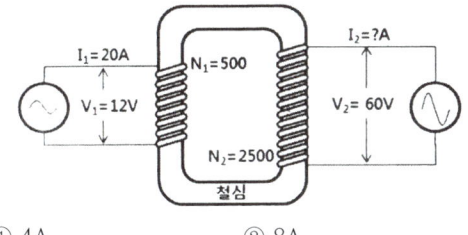

① 4A ② 8A
③ 10A ④ 20A

🔍 에너지 보존법칙에 의해 1차측과 2차측의 전력이 같으므로 $V_1 I_1 = V_2 I_2$ 즉, $I_2 = \dfrac{V_1}{V_2} \times I_1$

$\therefore I_2 = \dfrac{V_1}{V_2} \times I_1 = \dfrac{12}{60} \times 20 = 4A$

05 그림과 같은 사인파에서 A와 B의 위상차는?

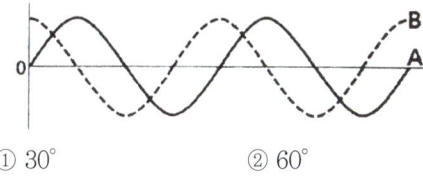

① 30° ② 60°
③ 90° ④ 180°

🔍 사인파의 1 사이클은 360°이다. 최대값과 최소값이 지나가는 0에서 만나면 위상차가 180°이고, 그 중 반을 지나가므로 90° 위상차이다.

06 차체 전장품이 증가하면서 도입된 LAN(local area network)시스템의 장점으로 틀린 것은?

① 설계 변경에 대한 대응이 용이하다.
② 스위치, 액추에이터 근처에 ECU를 설치할 수 있다.
③ 전기기기의 사용 커넥터 수와 접속 부위의 감소로 신뢰성이 향상되었다.
④ 자동차 전체 ECU를 통합시켜 크기는 증대되었으나 비용은 감소되었다.

🔍 ①~③항이 LAN 시스템에 대한 옳은 설명이며, ECU를 통합이 아닌 모듈별로 하여 용량은 작아지고 개수는 증가되어 비용도 증가된다.

07 자동차에 사용되는 CAN 통신에 대한 설명으로 틀린 것은? (단, HI-Speed CAN의 경우)

① 표준화된 통신 규약을 사용한다.
② CAN 통신 종단저항은 120Ω을 사용한다.
③ 연결된 모든 네트워크의 모듈은 종단저항이 있다.
④ CAN 통신은 컴퓨터들 사이에 신속한 정보 교환을 목적으로 한다.

🔍 ①,②,④항이 CAN 통신에 대한 설명이며, 종단저항은 CAN-High선과 CAN-Low 선의 양단 끝에 있다.

정답 [2. 전기자동차] 01 ③ 02 ④ 03 ② 04 ① 05 ③ 06 ④ 07 ③

08 다음 중 CAN 데이터 버스의 구성 요소가 아닌 것은?

① CAN 배선
② 노드
③ 저항
④ 콘덴서

🔍 CAN 데이터 버스 시스템은 최소한 2개의 노드, CAN-High 배선, CAN-Low 배선, 최소한 2개의 터미널 저항으로 구성된다.

09 자동차 CAN 통신 시스템의 종류로 125kbps 이하에 적용되며 바디전장 계통의 데이터 통신에 응용하는 것은?

① Low Speed CAN
② High Speed CAN
③ Ultra Sonic CAN
④ Super Speed CAN

🔍 High Speed CAN은 125~1Mbps, Low Speed CAN은 10~125kbp의 네트워크 통신속도에 해당하며, 고속 CAN은 파워 트레인 등 실시간 제어에, 저속 CAN은 파워 윈도우 등 바디전장 계통의 데이터 통신에 사용된다.

10 자동차 CAN통신의 CLASS구분으로 가장 거리가 먼 것은? (단, SAE 기준이다.)

① CLASS A : 접지를 기준으로 1개의 와이어링으로 통신선을 구성하고, 진단통신에 응용되며 K-라인 통신이 이에 해당된다.
② CLASS B : CLASS A 보다 많은 정보의 전송이 필요한 경우에 사용되며, 바디전장 및 클라스터 등에 사용되며 저속 CAN에 적용된다.
③ CLASS C : 실시간으로 중대한 정보교환이 필요한 경우로서 1~10ms 간격으로 데이터 전송 주기가 필요한 경우에 사용되며 파워트레인 계통에서 응용되고 고속 CAN통신에 적용된다.
④ CLASS D : 수백 수천 bits의 블록 단위 데이터 전송이 필요한 경우에 사용되며, 멀티미디어 통신에 응용되며 FlexRay 통신에 적용된다.

🔍 CLASS D : 수백 수천 bite의 블록단위 데이터 전송이 필요한 경우에 사용되며, AV, CD, DVD 등의 멀티미디어 통신에 응용되며 MOST 통신에 적용된다.
[참고] CAN 통신 CLASS 구분 : SAE 정의 기준

구분	특징	적용 예
A	1. 통신속도 : 10kbps 이하 2. 접지를 기준으로 1개의 와이어링으로 통신선 구성 가능 3. 응용분야 : 바디전장(도어, 시트, 파워윈도우)등의 구동신호	K-Line 통신 LIN 통신
B	1. 통신속도 : 40kbps 내외 2. Class A보다 많은 정보의 전송이 필요할 때 3. 응용분야 : 바디 전장 모듈 간 정보교환	J1850 저속 CAN
C	1. 통신속도 : 1Mbps 내외 2. 실시간으로 중대한 정보교환이 필요한 경우로서 1~10ms 간격으로 데이터 전송 주기가 필요한 경우 사용 3. 응용분야 : 엔진, 변속기, 섀시 계통 간의 정보교환	고속 CAN
D	1. 통신속도 : 수십 Mbps 2. 수백 수천 bites의 블록단위 데이터 전송이 필요하다. 3. 응용분야 : AV, CD, DVD 신호 등의 멀티미디어	MOST IDB 1394

11 일반적인 자동차 통신에서 고속 CAN 통신이 적용되는 부분은?

① 멀티미디어 장치
② 펄스폭 변조기
③ 차체 전장부품
④ 파워 트레인

🔍 주행 중 자동차의 급격한 변화에 민첩하게 대응하기 위하여 파워 트레인 등의 실시간 제어에 고속 CAN 통신이 사용되며, 파워 윈도우 등 바디전장 계통의 데이터 통신에는 저속 CAN이 사용된다.

12 플렉스레이(FlexRay) 데이터 버스의 특징으로 거리가 먼 것은?

① 데이터 전송은 2개의 채널을 통해 이루어진다.
② 실시간 능력은 해당 구성에 따라 가능하다.
③ 데이터를 2채널로 동시에 전송한다.
④ 데이터 전송은 비동기방식이다.

정답 08 ④ 09 ① 10 ④ 11 ④ 12 ④

> 플렉스레이(FlexRay) 데이터 버스의 특징
> - 데이터 전송은 2개의 채널을 통해 이루어진다.
> - 최대 데이터 전송속도는 10Mbps이다.
> - 데이터를 2채널로 동시에 전송함으로써 데이터 안전도는 4배로 상승한다.
> - 데이터 전송은 동기방식이다.
> - 실시간(real time) 능력은 해당 구성에 따라 가능하다.

13 전기회생제동장치가 주제동장치의 일부로 작동되는 경우에 대한 설명으로 틀린 것은? (단, 자동차 및 자동차 부품의 성능과 기준에 관한 규칙에 의한다.)

① 주제동장치의 제동력은 동력 전달계통으로부터의 구동전동기 분리 또는 자동차의 변속비에 영향을 받는 구조일 것
② 전기회생제동력이 해제되는 경우에는 마찰제동력이 작동하여 1초 내에 해제 당시 요구 제동력의 75% 이상 도달하는 구조일 것
③ 주제동장치는 하나의 조종장치에 의하여 작동되어야 하며, 그 외의 방법으로는 제동력의 전부 또는 일부가 해제되지 아니하는 구조일 것
④ 주제동장치 작동 시 전기회생제동장치가 독립적으로 제어될 수 있는 경우에는 자동차에 요구되는 제동력을 전기회생제동력과 마찰제동력 간에 자동으로 보상하는 구조일 것

> 자동차 및 자동차 부품에 관한 규칙 "제15조(제동장치)" 참조
> ②~④항이 제15조(제동장치) 규칙의 내용이고, ①항은 "주제동장치의 제동력은 동력 전달계통으로부터의 구동전동기 분리 또는 자동차의 변속비에 영향을 받지 아니하는 구조일 것"이다.

14 Ni-Cd 배터리에서 일부만 방전된 상태에서 다시 충전하게 되면 추가로 충전한 용량 이상의 전기를 사용할 수 없게 되는 현상은?

① 스웰링 현상   ② 배부름 효과
③ 메모리 효과   ④ 설페이션 현상

> 2차전지로 흔히 사용하는 Ni-Cd 배터리는 shallow charge-discharge를 반복하면, 즉 "조금 사용하고 다시 충전하고"를 계속하면 NiOH 고용체를 형성하게 되어 다시는 되돌아가지 못해 남아있는 용량을 사용하지 못하게 된다. 이와 같이 전지가 사용할 수 있는 용량의 한계를 기억하는 것과 같은 현상을 메모리 효과라 한다.

15 AGM(Absorbent Glass Mat) 배터리에 대한 설명으로 거리가 먼 것은?

① 극판의 크기가 축소되어 출력 밀도가 높아졌다.
② 유리섬유 격리판을 사용하여 충전 사이클 저항성이 향상되었다.
③ 높은 시동 전류를 요구하는 기관의 시동성을 보장한다.
④ 셀-플러그는 밀폐되어 있기 때문에 열 수 없다.

> AGM 배터리란 하이브리드 차량의 ISG 기능으로 인한 잦은 정차와 재 시동에 의한 소모되는 에너지를 빠르게 충전할 수 있는 고효율 배터리로, 내부에 유리섬유를 넣어 배터리 액이 밖으로 흐르지 않도록 안정성을 확보하여 가격이 높지만 수명이 길고 충전시간이 짧으며 저온에서 시동성이 좋은 배터리이다.

16 고전압 배터리에 사용되는 리튬이온 폴리머(Li-PB) 배터리의 음극은 어떤 물질로 되어 있는가?

① C(탄소)
② Li(리튬)
③ Ni(니켈)
④ Pb(납)

> 리튬이온 폴리머 배터리의 음극은 탄소, 양극은 금속산화물을 사용한다.

17 리튬 폴리머 고전압 배터리 1셀의 전압은?

① 1.2V   ② 2.0V
③ 3.75V ④ 5V

> 리튬 폴리머 고전압 배터리 1셀의 전압은 3.75V 정도이며, 이것을 수십 개 직렬로 연결하여 고전압 배터리를 구성한다.

18 고전압 배터리에 대한 설명으로 틀린 것은?

① 리튬 이온 폴리머 배터리를 사용한다.
② 고전압 배터리 전해질은 액체를 사용한다.
③ 최적의 배터리 셀 온도는 45℃ 이하로 한다.
④ BMS는 배터리의 모든 셀 전압을 확인하다.

> 고전압 배터리 전해질은 폭발방지를 위하여 폴리머(젤) 형식을 사용한다.

정답 13 ① 14 ③ 15 ① 16 ① 17 ③ 18 ②

19 전기자동차의 충전방법에서 완속충전 순서로 옳은 것은?

① 완속충전기 → OBC → 고전압 정션블록 → PRA → 고전압배터리
② 완속충전기 → OBC → PRA → 고전압 정션블록 → 고전압배터리
③ 완속충전기 → 고전압 정션블록 → OBC → PRA → 고전압배터리
④ 완속충전기 → 고전압 정션블록 → PRA → OBC → 고전압배터리

🔍 완속충전 시 전원 공급 순서
완속충전기 → OBC → 고전압 정션블록 → PRA → 고전압배터리

20 배터리의 충전 상태를 표현한 것은?

① SOC(State Of Charge)
② SOH(State Of Health)
③ PRA(Power Relay Assembly)
④ BMS(Battery Management System)

🔍 SOC(State of Charge)란 고전압 배터리에서 사용 가능한 에너지, 즉 배터리 정격용량 대비 방전 가능한 전류량의 백분율을 말한다. (SOC = 잔존 배터리 용량/정격용량)

21 고 전압 배터리의 충·방전 과정에서 전압 편차가 생긴 셀을 동일한 전압으로 매칭 하여 배터리 수명과 에너지 용량 및 효율 증대를 갖게 하는 것은?

① SOC(state of charge) ② 파워 제한
③ 셀 밸런싱 ④ 배터리 냉각제어

🔍 하이브리드 자동차에서 개별 셀의 충전 상태 및 전압 편차가 생긴 셀을 동일한 전압으로 매칭하여 배터리 수명과 에너지 용량 및 효율 증대를 갖게 제어하는 것을 셀 밸런싱 제어라 한다.

22 고전압 배터리의 셀 밸런싱을 제어하는 장치는?

① MCU(Motor Control Unit)
② LDC(Low DC-DC Convertor)
③ ECM(Electronic Control Module)
④ BMS(Battery Management System)

🔍 BMS(Battery Management System)는 고전압 배터리 시스템의 열적, 전기적 기능을 제어 또는 관리하고 배터리 시스템과 다른 차량 제어기와의 사이에서 통신(HCU 또는 MCU)을 제공하며, SOC 추정, 파워 제한, 냉각 제어, 릴레이 제어, 셀 밸런싱, 고장진단 등을 수행한다.

23 다음 중 파워 릴레이 어셈블리에 설치되며 인버터의 커패시터를 초기 충전할 때 충전 전류에 의한 고전압 회로를 보호하는 것은?

① 프리 차저 레지스터
② 메인 릴레이
③ 안전 스위치
④ 부스 바

🔍 프리차저 릴레이 및 프리차저 레지스터는 파워 릴레이 어셈블리(PRA)에 설치되어 있으며, MCU는 IG ON시 메인릴레이 (+)를 작동시키기 이전에 프리차저 릴레이를 먼저 동작시켜 저항을 통해 270V 고전압이 인버터 측으로 공급되기 때문에 돌입전류에 의한 인버터의 손상을 방지한다.

24 고전압 배터리 관리 시스템의 메인 릴레이를 작동시키기 전에 프리 차지 릴레이를 작동시키는데 프리 차지 릴레이의 기능이 아닌 것은?

① 등화장치 보호
② 고전압 회로 보호
③ 타 고전압 부품 보호
④ 고전압 메인 퓨즈, 부스바, 와이어 하네스 보호

🔍 PRA(Power Relay Assembly)는 고전압 배터리의 기계적인 분리(암전류 차단), 고전압 회로 과전류 보호(Fuse), 전장품 보호(초기 충전회로 적용), 고전압 정비 시 작업자 보호를 위해 안전 스위치(Safety SW)가 적용되어 있다.

25 파워릴레이 어셈블리(PRA) 내에 장착되어 있으며 IG On 시, 인버터의 커패시터를 초기 충전할 때 고전압 배터리와 고전압 회로를 연결하는 기능을 하는 장치는?

① 메인 릴레이 (+,-)
② 전류센서
③ 승온히터 센서
④ 프리차지 릴레이

🔍 인버터의 커패시터를 초기 충전할 때는 프리차지 릴레이가 On되며 충전이 완료되면 릴레이는 OFF된다.

정답 19 ① 20 ① 21 ③ 22 ④ 23 ① 24 ① 25 ④

26 전기자동차에서 수동으로 고전압 배터리 연결회로를 단선시켜 차량에 공급되는 전원을 차단할 수 있는 장치는?

① MCU
② 세이프티플러그(서비스 플러그)
③ LDC
④ 컨버터

🔍 세이프티 플러그 또는 인터락 커넥터는 수동으로 고전압 배터리 전원을 차단할 수 있다.

27 배터리 승온시스템에 대한 설명으로 틀린 것은?

① 배터리 승온장치는 혹한기에 배터리의 온도를 높여준다.
② 고전압 배터리는 온도에 따라서 충·방전 성능이 달라진다.
③ 승온히터는 고전압을 이용한 전기 히터다.
④ 승온히터는 혹한기에 주행성능을 향상시키기 위해 사용된다.

🔍 배터리 승온 시스템의 역할
• 배터리 승온장치는 혹한기에 배터리의 온도를 높여준다.
• 고전압 배터리는 온도에 따라서 충·방전 성능이 달라진다.
• 혹한기에는 충전 성능이 현저히 저하되기 때문에 충전시간을 단축시키기 위해 승온히터를 장착하여 배터리의 온도를 높여준다.
• 승온히터는 고전압을 이용한 전기 히터로 고전압 배터리 충전 시 또는 공조 동작 시에만 작동된다.(주행 중에는 사용자 선택에 따라 동작한다.)
• 고전압 배터리 외부에 배터리 승온용 냉각수 히터를 장착한다.

28 고전압 배터리의 전압을 저전압(12V)으로 변환하여 보조배터리를 충전하는 장치는?

① PRA
② HCU
③ 컨버터
④ LDC

🔍 고전압 배터리의 전압을 저전압(12V)으로 변환하여 보조배터리를 충전하는 장치는 LDC(low voltage DC-DC converter) 이다.

29 전기차 전력 제어장치(EPCU)의 통합제어 모듈 내부 구성 부품이 아닌 것은?

① VCU
② LDC
③ OBC
④ MCU

🔍 전기차 전력 제어장치(EPCU)는 제어보드, 파워보드, 커패시터로 구성되어 있으며, 제어보드는 VCU, MCU, LDC제어 소자, 파워보드에는 PCB 기판 및 반도체 소자로 구성되어 있다.

30 전기자동차의 냉각시스템에 대한 설명 중 틀린 것은?

① EWP는 고전압 부품과 고전압 배터리를 냉각시킨다.
② 냉각시스템 제어기는 냉각대상 부품의 온도에 따라 EWP RPM을 제어한다.
③ 3-WAY 밸브는 BMS에 의해 제어되며 냉각수의 흐름을 제어한다.
④ 냉각시스템은 배터리 셀의 온도를 30℃ 이하로 유지시킨다.

🔍 냉각시스템은 배터리 셀의 온도를 45℃ 이하로 유지시킨다.

31 전기 자동차용 전동기에 요구되는 조건으로 틀린 것은?

① 구동 토크가 작아야 한다.
② 고출력 및 소형화해야 한다.
③ 속도제어가 용이해야 한다.
④ 취급 및 보수가 간편해야 한다.

🔍 ②~④항이 전동기에 요구되는 조건이고, 전기 자동차용 전동기(모터)는 구동 토크가 커야 한다.

32 삼상 교류모터에서 회전속도를 결정짓는 요소가 아닌 것은?

① 모터의 극수
② 전류의 세기
③ 교류 주파수
④ 슬립율

🔍 모터의 회전속도는 모터의 극(+,-)수와 주파수, 슬립율에 따라 변화된다.

$$N = \frac{120f}{P}(1-s) \text{ (RPM)}$$

여기서, • N : 모터의 회전속도 (RPM)
• f : 주파수(Hz)
• P : 극의 수
• s : 슬립율

정답 26 ② 27 ④ 28 ④ 29 ③ 30 ④ 31 ① 32 ② 33 ④

33 전기자동차에서 많이 사용하는 모터의 형식은?

① 직류 직권 모터
② 직류 복합 모터
③ 유도자석 비동기 모터
④ 영구자석 동기 모터

> 전기자동차에서는 유도자석 비동기 모터를 일부 차에서 사용하나, 주로 영구자석 동기 모터를 많이 사용한다.

34 전기자동차에 사용되는 동기모터에 대한 설명으로 틀린 것은?

① 영구자석을 이용한 동기모터를 사용한다.
② 로터의 위치를 인식 및 학습하는 레졸버 센서가 장착되어 있다.
③ 모터 및 EPCU 교환 시 레졸버 센서의 초기화 학습이 필요하다.
④ 모터의 속도와 토크제어는 저항을 사용한 전류제어 방식을 사용한다.

> 전기자동차에 사용되는 동기모터에 대한 설명
> • 영구자석을 이용한 동기모터를 사용한다.
> • 로터의 위치를 인식 및 학습하는 레졸버 센서가 장착되어 있다.
> • 모터 및 EPCU 교환 시 레졸버 센서의 초기화 학습이 필요하다.
> • 모터의 속도와 토크제어는 PWM 방식으로 전압과 주파수를 동시에 가변제어 한다.

35 전기모터의 효율을 높이기 위하여 모터의 회전자(로터) 위치 인식 및 학습을 하는 장치는?

① 레졸버 센서
② 모터 컨트롤 유니트
③ 휠속도센서
④ 감속기

> 레졸버 센서는 모터 내의 회전자(로터)의 위치를 확인하여 교류모터의 효율을 높이는데 도움을 준다.

36 전기자동차에서 모터의 속도와 토크를 제어하기 위해 사용하는 방식으로 옳은 것은?

① 전류제어방식으로 저항을 사용하여 전력을 변화시키며 제어한다.
② 회전수와 토크를 제어하기 위해 컨버터를 이용하여 직류전류를 생성하여 모터를 구동한다.
③ 통합형 전동식 제동장치를 사용하여 속도와 토크를 제어한다.
④ PWM 방식(전압제어)으로 전압과 주파수 동시에 가변제어한다.

> PWM 방식(전압제어)으로 전압과 주파수 동시에 가변제어하여 모터의 속도와 토크를 제어할 수 있다.

37 친환경(전기)자동차에 사용되는 감속기의 주요 기능에 해당하지 않는 것은?

① 감속 기능 : 모터 구동력 증대
② 증속 기능 : 증속 시 다운 시프트 적용
③ 차동 기능 : 차량 선회 시 좌우바퀴 차동
④ 파킹 기능 : 운전자 P단 조작 시 차량 파킹

> 전기 자동차의 감속기는 구동 모터로부터 동력을 전달받아 속도는 감속하고 구동력을 증대시키는 기능과 차량 선회 시 좌우바퀴의 속도차에 따른 차동장치의 역할 및 P단 조작 시 전자식 파킹 액추에이터를 장착하여 차량 파킹 기능을 수행한다.

38 전기자동차에서 회생제동 시 에너지 흐름 순서로 올바른 것은?

① 휠 → 모터 → EPCU → 감속기 → 고전압배터리
② 휠 → 모터 → 감속기 → EPCU → 고전압배터리
③ 휠 → 감속기 → EPCU → 모터 → 고전압배터리
④ 휠 → 감속기 → 모터 → EPCU → 고전압배터리

> 회생제동 시 에너지 흐름 순서는 휠 → 감속기 → 모터 → EPCU(인버터 → PRA) → 고전압배터리이다.

39 전기자동차의 냉방 사이클에서 냉매의 순환 과정이 올바른 것은?

① 컴프레서 → 컨덴서 → 팽창밸브 → 이배퍼레이터
② 컴프레서 → 컨덴서 → 이배퍼레이터 → 팽창밸브
③ 컴프레서 → 팽창밸브 → 컨덴서 → 이배퍼레이터
④ 컴프레서 → 팽창밸브 → 이배퍼레이터 → 컨덴서

> 냉방 사이클에서 냉매의 순환 과정 : 컴프레서 → 컨덴서 → 팽창밸브 → 이배퍼레이터

정답 34 ④ 35 ① 36 ④ 37 ② 38 ④ 39 ①

40 전기자동차의 통합형 전동브레이크(IEB)에서 제동을 위하여 압력을 발생시키는 장치는?

① PTS(Pedal Travel Stroke Sensor)
② BCU(Brake Control Unit)
③ ESC(Electronic Stability Control)
④ PSU(Pressure Source Unit)

🔍 전기자동차의 통합형 전동브레이크(IEB)장치는 엔진의 부압을 사용할 수 없어서 PSU(pressure source unit) 사용하여 압력을 발생시켜 제동력을 향상시킨다.

41 SBW(shift by wire) 장치에 대한 설명으로 틀린 것은?

① 변속레버가 없이 변속 버튼으로 운전자의 변속단을 선택한다.
② 변속버튼의 신호는 "P와 P 이외(D/R/N)"의 2가지 위치만 SCU에게 송신한다.
③ D/R/N단 간 제어는 MCU가 제어한다.
④ VCU의 신호를 받아 파킹 액추에이터를 구동하여 주행 및 정차를 한다.

🔍 SBW(shift by wire) 장치
• 변속레버가 없이 변속 버튼으로 운전자의 변속단을 선택한다.
• 변속버튼의 신호는 "P와 P 이외(D/R/N)"의 2가지 위치만 SCU(shift control unit)에게 송신한다.
• D/R/N단 간 제어는 VCU가 제어한다.
• VCU의 신호를 받아 파킹 액추에이터를 구동하여 주행 및 정차를 한다.

42 전기자동차에 사용되는 감속기에 대한 설명으로 틀린 것은?

① 변속기와 같은 역할을 한다.
② 감속기어는 모터의 회전수와 구동력을 감소시킨다.
③ 파킹기어를 포함하여 5개의 기어로 구성되어 있다.
④ 차동기어는 선회 시 좌우바퀴의 속도차에 따른 회전수의 분배를 한다.

🔍 전기자동차에 사용되는 감속기에 대한 설명
• 변속기와 같은 역할을 한다.
• 감속기어는 모터의 회전수는 감소시키고 구동력은 증대시킨다.
• 파킹기어를 포함하여 5개의 기어로 구성되어 있다.
• 차동기어는 선회 시 좌우바퀴의 속도차에 따른 회전수의 분배를 한다.

43 전기자동차의 가속 시 동력전달 순서를 바르게 설명한 것은?

① 고전압 배터리 → 구동모터 → MCU → 감속기 → 바퀴
② 고전압 배터리 → MCU → 감속기 → 구동모터 → 바퀴
③ 고전압 배터리 → MCU → 구동모터 → 감속기 → 바퀴
④ 고전압 배터리 → 감속기 → MCU → 구동모터 → 바퀴

🔍 전기자동차의 가속 시 동력전달은 "고전압 배터리 → MCU → 구동모터 → 감속기 → 바퀴" 순서이다.

44 카메라로 주행차량의 전방영상을 촬영한 뒤 영상처리를 거쳐 차선을 인식하여 경보해주는 장치는?

① 위험속도 방지장치   ② 적응순항 제어장치
③ 차간거리 경보장치   ④ 차선이탈 경보장치

🔍 차선이탈 경보장치(Lane Departure Warning System, LDWS)는 카메라로 주행차량의 전방영상을 촬영한 뒤 영상처리를 거쳐 차선을 인식하여 경보해주는 장치이다. 방향지시등 작동 없이 차선을 이탈하면 계기판의 이미지와 경고음으로 운전자에게 알려준다.

45 주행 조향 보조 시스템(LKAS)에 대한 구성 요소별 역할에 대한 설명으로 틀린 것은?

① 클러스터 : 동작 상태 알림
② 레이더 센서 : 전방 차선, 광원, 차량
③ LKAS 스위치 : 운전자에 의한 시스템 ON/OFF 제어
④ 전동식 파워스티어링 : 목표 조향 토크에 따른 조향력 제어

🔍 주행 조향 보조 시스템(LKAS)는 전방 인식 다기능 카메라(Multi Function Camera, MFC)를 이용하여 차선이탈을 판정하고, MDPS에 보조 토크를 제공하여 차선을 유지하도록 도와주는 편의장치이다. 레이더 센서는 선행차량과의 거리 및 속도를 측정하는 기능으로 ASCC에 사용되는 부품이다.
[참고] LKAS 주요 구성품
• ON/OFF 스위치 : 시스템 ON/OFF(운전자 선택)
• 전방 인식 카메라 : 전방 차선, 광원, 차량, 보행자 인식
• MDPS : 목표 조향 토크에 따른 조향력 제어
• 클러스터 : 차선 인식 상태 및 동작 상태 경보

정답 40 ④ 41 ③ 42 ② 43 ③ 44 ④ 45 ②

46 후진경보장치에서 물체에 부딪혀 되돌아오는 시간을 측정하여 물체와의 거리를 측정하는 센서는?

① 적외선 센서
② 와전류 센서
③ 광전도 셀
④ 초음파 센서

> 자동차의 후진경보장치(Back Warning System, BWS)에 사용되는 초음파 센서는 40kHz의 초음파를 발산하고 이 음파가 물체에 부딪혀 되돌아올 때까지의 시간을 측정하여 물체와의 거리를 측정하는 센서이다.
> [참고] 물체와의 거리(S) = 1/2V×T
> • V : 음파의 속도(340m/s)
> • T : 물체까지의 왕복 시간(S)

47 주행안전장치에서 AFLS(Adaptive Front Lighting System)의 주요 제어 기능에 관한 설명으로 적절하지 않은 것은?

① Dynamic Bending – 곡선 도로에서 차량 진행 방향에 최적의 조명 제공
② Auto Leveling – 차량의 기울기 조건에 대한 헤드램프 로우 빔의 현상
③ Around View Monitoring – 운전자가 원하는 주변 부분 감지
④ 페일 세이프 – 시스템 고장 및 오동작 감지 시에 안전모드 동작

> AFLS(능동 전조등 시스템)이란 차량 주행 시 도로 상황, 기후 환경 및 차량상태를 감지해 전조등의 빔 패턴을 능동적으로 조절하여 최적의 빔 패턴의 출력으로 운전자의 야간 시인성을 향상시키는 시스템이다.

48 가상 엔진 사운드 시스템(VSS)에 관한 설명으로 틀린 것은?

① 엔진 구동 소리와 유사한 소리를 발생한다.
② 자동차 속도 약 40km/h 이상부터 작동한다.
③ 차량 주변 보행자 주의환기로 사고 위험성이 감소한다.
④ 전기차 모드에서 보행자가 차량을 인지할 수 있도록 작동한다.

> 가상 엔진 사운드 시스템(Virtual Engine Sound System) 이란 전기차는 엔진 소음이 없으므로 저속 EV모드로 운행 중 차량 근접을 보행자에게 경고하기 위한 시스템이다. 엔진 구동소리와 유사한 소리를 외부 스피커를 통해 가상 사운드를 작동하여 보행자에게 주의를 환기시켜 사전에 사고를 예방하는 시스템이다.
> [차속에 따른 출력 범위]
> • P단 : 사운드 OFF
> • 전진 : D, N단 0.4~28km/h
> • 후진 : 차속과 관계없이 후진 선택 시 계속 출력

49 운전 중 제동 시점이 늦거나 제동력이 충분히 확보되지 않아 발생할 수 있는 사고에 대한 충돌이나 피해를 경감하기 위한 시스템은?

① 자동 긴급 제동 시스템
② 긴급 정지신호 시스템
③ 안티 록 브레이크 시스템
④ 전자식 파킹 브레이크 시스템

> 자동 긴급 제동 시스템(Autonomous Emergency Braking, AEB)는 졸음운전 방지 장치로, 전방 충돌 예상 상황에서 자동으로 브레이크를 작동시켜 운전 중 제동 시점이 늦거나 제동력이 충분히 확보되지 않아 발생할 수 있는 사고를 방지하거나 그 피해를 최소화하기 위한 기능이다.

50 전기장치 정비 시 주의사항으로 틀린 것은?

① 센서, 릴레이 취급 시 심한 충격을 주지 않도록 한다.
② 커넥터를 확실하게 연결되었는가를 확인한다.
③ 커넥터를 분리시킬 때는 배선을 잡고 당긴다.
④ 커넥터 연결은 딱 소리가 날 때까지 밀어 넣는다.

> 커넥터를 분리시킬 때에는 커넥터 본체를 잡고 커넥터 키를 누르면서 잡아 당긴다.

51 자동차관리법상 저속전기자동차의 최고속도(km/h) 기준은? (단, 차량 총중량이 1361kg을 초과하지 않는다.)

① 20 ② 40
③ 60 ④ 80

> 자동차 관리법 시행규칙 [제57조2]
> 저속전기자동차의 기준 : 저속전기자동차란 최고속도가 매시 60킬로미터를 초과하지 않고, 차량 총중량이 1361킬로그램을 초과하지 않는 자동차를 말한다.

정답 46 ④ 47 ③ 48 ② 49 ① 50 ③ 51 ③

[3. 수소자동차]

01 연료전지의 장점에 해당되지 않는 것은?

① 상온에서 화학반응을 하므로 위험성이 적다.
② 에너지 밀도가 매우 크다.
③ 연료를 공급하여 연속적으로 전력을 얻을 수 있으므로 충전이 필요 없다.
④ 출력밀도가 크다.

🔍 연료전지의 장점
• 연료를 공급하여 연속적으로 전력을 얻을 수 있으므로 충전이 필요 없다.
• 에너지 밀도가 매우 크다.
• 상온에서 화학반응을 하므로 위험성이 적다.

02 수소 연료전지 전기차(HFCEV)의 장점이 아닌 것은?

① 유해한 배기가스가 없어 친환경적이다.
② 화석연료에 비해 저렴하다.
③ 충전시간이 짧다.
④ 수소 제조에 쓰이는 촉매의 가격이 저렴하다.

🔍 ①~③은 수소 연료전지 자동차의 장점이며, 촉매의 재료인 백금, 팔라듐, 세륨 등이 희토류이며 귀금속이라 비싸다.

03 수소 연료전지 전기차(HFCEV)에 대한 특징이 아닌 것은?

① 연료전지는 직접 발전하므로 효율이 높다.
② 연료전지의 연료는 탄소 등 다른 불순물이 없으므로 유해한 배기가스가 없다.
③ 대기 중의 먼지나 화학물질이 정화된 후 배출되므로 공기정화 기능이 있다.
④ 수소제조에 들어가는 비용이 높아 연료가격이 비싸다.

🔍 ①~③항이 수소연료전지 전기차의 특징이며, 현재의 기술로 수소의 가격은 저렴한 편이다.

04 수소 연료전지 전기차의 주행 특성이 틀린 것은?

① 차량에 부하가 적을 경우, 스택에서 생산된 전기로 모터를 구동한다.
② 차량에 부하가 클 경우, 스택의 전기 생산량을 높여 모터에 공급되는 전압을 높인다.
③ 차량에 부하가 없을 경우, 회생제동으로 생산된 전기를 스택에 저장하여 연비를 향상시킨다.
④ 차량에 부하가 없을 경우, 스택으로 공급되는 연료를 차단하여 스택을 정지시킨다.

🔍 수소 연료전지 전기차의 주행상황에 따른 주행 특성은 다음과 같다.
• 차량에 부하가 적을 경우, 스택에서 생산된 전기로 모터를 구동한다.
• 차량에 부하가 클 경우, 스택의 전기 생산량을 높여 모터에 공급되는 전압을 높인다.
• 차량에 부하가 없을 경우, 스택으로 공급되는 연료를 차단하여 스택을 정지시킨다. 또한, 회생제동으로 생산된 전기는 스택으로 가지 않고 고전압 배터리를 충전하여 연비를 향상시킨다.

05 수소 연료전지 전기차에 사용되는 수소가스 제조 기술 중 다른 방식은?

① Alkaline(알카라인)
② PEM(Polymer electrolyte membrane, 전해법)
③ Solid oxide electrolysis(고체산화물 수전해)
④ Natural gas reforming(천연가스 개질법)

🔍 ①~③은 물을 전기분해하여 수소를 얻는 방식이고, 천연가스 개질법은 화석연료를 열분해하여 수소가스를 제조하는 방식이다.

06 수소 연료전지 전기차(HFCEV)는 수소와 산소를 반응시켜 동력을 발생시킨다. 이때 발생되는 수증기 30ml를 만들기 위해 필요한 산소 기체의 부피는?

① 15ml
② 30ml
③ 60ml
④ 75ml

🔍 수소와 산소의 반응식 $2H_2 + O_2 = 2H_2O$에서 부피의 비는 분자수의 비와 같다. 따라서, 산소 : 수증기 = 1:2이므로, 수증기 30ml를 만들기 위해 필요한 산소 기체의 부피는 $1:2 = x:30$ ∴ $x = 15ml$이다.

정답 [3. 수소자동차] 01 ④ 02 ④ 03 ④ 04 ③ 05 ④ 06 ①

07 수소연료 전지차의 에너지소비효율 라벨에 표시되는 항목이 아닌 것은? (단, 자동차의 에너지소비효율 및 등급표시에 관한 규정에 의한다.)

① CO_2 배출량
② 1회 충전 주행거리
③ 도심주행 에너지소비효율
④ 고속도로주행 에너지소비효율

🔍 수소전기차 에너지소비효율 라벨
• 복합 에너지 소비효율
• CO_2 배출량
• 도심주행 에너지소비효율
• 고속도로주행 에너지소비효율
[산업통상자원부 고시, "자동차 에너지소비효율 및 등급표시에 관한 규정" [별표 5] 자동차의 에너지소비효율 및 등급의 표시방법

08 연료전지의 효율(η)을 구하는 식은? [예상문제]

① 효율(η) = $\dfrac{1\,mol의\,연료가\,생성하는\,전기에너지}{생성\,엔트로피}$

② 효율(η) = $\dfrac{1\,mol의\,연료가\,생성하는\,전기에너지}{생성\,엔탈피}$

③ 효율(η) = $\dfrac{10\,mol의\,연료가\,생성하는\,전기에너지}{생성\,엔트로피}$

④ 효율(η) = $\dfrac{10\,mol의\,연료가\,생성하는\,전기에너지}{생성\,엔탈피}$

🔍 연료전지의 효율(η)
= $\dfrac{1\,mol의\,연료가\,생성하는\,전기에너지}{생성\,엔탈피}$

09 다음 중 두 정비사의 의견 중 옳은 것은?

• 정비사 A : 수소 연료전지 전기차는 스택과 전장에 모두 냉각수가 필요하다.
• 정비사 B : 냉각수는 모두 물을 사용하므로 같이 사용해도 좋다.

① 정비사 A만 옳다.
② 정비사 B만 옳다.
③ 두 정비사 모두 틀리다.
④ 두 정비사 모두 옳다.

🔍 스택 냉각수와 전장 냉각수는 계열은 동일하나 냉각수 특성이 다르므로 절대로 혼용하면 안된다.

10 수소 연료전지 전기차의 1셀(Cell)은 약 몇 V인가?

① 0.5~1V
② 1.2~1.5V
③ 2.1~2.3V
④ 3.7~3.75V

🔍 수소와 산소가 반응하여 생기는 전압은 1셀 당 약 0.5~1V이다.

11 수소 연료전지는 수소와 산소의 화학반응에 의해 에너지로서 무엇을 발생하는가?

① 열의 발생
② 압력의 발생
③ 전압의 발생
④ 전류의 발생

🔍 수소 연료전지는 수소와 산소의 화학반응에 의해 에너지로서 전류를 발생한다.

12 다음 중 수소 연료전지 전기차에 대한 설명 중 틀린 것은?

① 연료전지 셀을 적층구조로 만든 것을 스택이라 한다.
② 연료전지 셀의 음극에는 수소가, 양극에는 산소가 공급된다.
③ 연료전지 셀은 수소와 산소의 화학반응으로 전압을 발생한다.
④ 하나의 셀은 약 3.75V의 전압을 발생할 수 있다.

🔍 ①~③항이 옳은 설명이고, 하나의 셀은 약 0.5~1V의 전압을 발생할 수 있다.

정답 07 ② 08 ② 09 ① 10 ① 11 ④ 12 ④

13 고분자 전해질형 연료전지의 특징으로 틀린 것은?

① 다른 형태의 연료전지에 비해 전류밀도가 큰 고출력 연료전지이다.
② 100℃ 이상의 고온에서 작동되어 시동성이 우수하다.
③ 고분자 막을 전해질로 사용한다.
④ 수소 이외에도 메탄올이나 천연가스를 연료로 사용할 수 있어 동력원으로 적합하다.

🔍 ①, ③, ④항 외에 100℃ 미만의 저온에서 작동되며, 구조가 간단하고 시동성이 우수하다.

14 수소 연료전지 전기차에서 스택의 주요 구성요소가 아닌 것은?

① 막전극 집합체
② 기체 확산층
③ 분리판
④ 고전압 배터리

🔍 연료전지 스택의 주요 구성요소는 막전극 집합체, 기체 확산층, 분리판, 개스킷 체결기구, 인클로저 등이 있다.

15 수소 연료전지 전기차에서 연료전지 스택의 막전극 집합체(Membrane Electrode Assembly, MEA)의 주요 기능이 아닌 것은?

① 수소 이온의 전달
② 기체 상태의 산소, 수소를 차단
③ 전자를 차단하는 절연체 역할
④ 전해액의 원활한 이동

🔍 연료전지 스택의 막전극 집합체는 수소이온 만을 선택적으로 통과시키고, 기체 상태의 산소, 수소를 차단하며 전자의 직접 전달을 방지하기 위한 절연체 역할을 한다.

16 수소 연료전지 전기차에서 연료전지 운전장치의 시스템이 아닌 것은?

① 공기공급 시스템
② 수소공급 시스템
③ 전력공급 시스템
④ 열관리 시스템

🔍 연료전지 운전장치(BOP, Balance Of Plant)는 공기공급 시스템, 수소공급 시스템, 열관리 시스템으로 구성되어 있다.

17 수소 연료전지 전기차에서 공기공급 시스템의 순서로 올바른 것은?

① 에어필터 → 공기압축기 → 공기쿨러 → 가습기 → 공기차단기 → 스택
② 에어필터 → 공기쿨러 → 가습기 → 공기차단기 → 공기압축기 → 스택
③ 에어필터 → 가습기 → 공기차단기 → 공기압축기 → 공기쿨러 → 스택
④ 에어필터 → 공기차단기 → 공기압축기 → 공기쿨러 → 가습기 → 스택

🔍 수소 연료전지 전기차에서 공기공급 시스템의 순서는 다음과 같다.
에어필터 → 공기압축기 → 공기쿨러 → 가습기 → 공기차단기 → 스택

18 수소 연료전지 전기차에서 수소공급 시스템의 순서로 올바른 것은?

① 수소탱크 → 고압 레귤레이터 → 수소 차단밸브 → 압력제어밸브 → 이젝터 → 스택
② 수소탱크 → 수소 차단밸브 → 압력제어밸브 → 이젝터 → 고압 레귤레이터 → 스택
③ 수소탱크 → 압력제어밸브 → 이젝터 → 고압 레귤레이터 → 수소 차단밸브 → 스택
④ 수소탱크 → 이젝터 → 고압 레귤레이터 → 수소 차단밸브 → 압력제어밸브 → 스택

🔍 수소 연료전지 전기차에서 수소공급 시스템의 순서는 다음과 같다.
수소탱크 → 고압 레귤레이터 → 수소 차단밸브 → 압력제어밸브 → 이젝터 → 스택

19 수소 연료전지 전기차에서 연료탱크의 고압을 낮은 압력으로 낮추어 스택으로 공급하는 장치는?

① 고압 레귤레이터
② 연료 공급밸브
③ 릴리프 밸브
④ 드레인 밸브

🔍 수소 저장탱크에 저장된 700bar의 압력은 고압 레귤레이터를 지나 약 17bar로 감압된다.

정답 13 ② 14 ④ 15 ④ 16 ③ 17 ① 18 ① 19 ①

20 수소 연료전지 자동차의 연료탱크 내 700bar의 고압은 17bar로 1차 감압된 후, 일반적인 운전 조건에서 1~2bar로 감압하여 스택에 공급한다. 이 장치는?

① 연료 차단 밸브
② 연료 공급 밸브
③ 연료라인 퍼지 밸브
④ 저압 레귤레이터

> 고압 레귤레이터를 통해 공급된 고압은 수소 차단 밸브를 거쳐 연료 공급 밸브에서 1~2bar로 감압하여 스택에 공급된다.

21 수소 연료전지 전기차에서 열관리 시스템(Thermal Management System)의 구성품이 아닌 것은?

① 냉각펌프
② 라디에이터
③ PTC 히터
④ COD 히터

> 열관리 시스템(Thermal Management System, TMS)은 스택 냉각펌프, 스택 라디에이터, COD 히터, 온도 조절밸브(CTV), 냉각수 바이패스 밸브(CBV) 등으로 구성되어 있다.

22 다음 중 연료전지 운전장치의 열관리 시스템에서 COD(Cathode Oxygen Depletion) 히터의 역할이 아닌 것은?

① 잔류 전류 소진 기능
② 회생 에너지 소진 기능
③ 급속 고전압 소진 기능
④ 겨울철 실내 히팅 기능

> 연료전지 운전장치의 COD 히터는 COD(Cathode Oxygen Depletion, 잔류 전류 소진) 기능, 냉·시동 기능, 회생제동 기능, 급속 고전압 소진 기능을 수행한다.

23 다음 중 수소 연료전지 전기차의 전력변환 시스템에 대한 설명으로 틀린 것은?

① 차량 시동을 걸면 스택에서 발생한 고전압으로 모터를 구동한다.
② 차량 시동을 걸면 고전압은 LDC로도 입력되어 12V 배터리를 충전한다.
③ 모터를 구동할 때는 BHDC를 이용 고전압 배터리의 전압을 상승시켜 모터를 구동한다.
④ 회생제동 시 발생되는 전기에너지를 고전압 배터리에 충전할 때는 BHDC를 이용 감압하여 충전한다.

> ②~④항이 옳은 설명이고, 차량 시동을 걸면 고전압 배터리에서 나온 에너지는 BHDC를 이용하여 승압 과정을 거쳐 모터를 구동한다.

정답 20 ② 21 ③ 22 ④ 23 ①

CHAPTER 06

안전관리

Section 01 산업안전 일반
Section 02 공구 및 작업상에 대한 안전

SECTION 01 산업안전 일반

Key Factor
① 비상구 : 미닫이문 또는 외부로 열리는 문을 설치하여야 한다.
② 차량 전기 작업시 축전지의 (−) 단자를 먼저 분리한다.

STEP 01 안전기준 및 안전보전장치

1. 안전 기준

1) 작업장의 바닥
넘어지거나 미끄러지는 등의 위험이 없도록 작업장 바닥을 안전하고 청결한 상태로 유지하여야 한다.

2) 작업장의 출입문
작업장에 출입문을 설치하는 때에는 다음 각 호의 사항을 준수하여야 한다.

① 출입문의 위치 · 수 및 크기가 작업장의 용도와 특성에 적합하도록 할 것
② 근로자가 쉽게 열고 닫을 수 있도록 할 것
③ 주목적이 하역운반 기계용인 출입구에는 인접하여 보행자용 문을 따로 설치할 것
④ 하역운반 기계의 통로와 인접하여 있는 출입문에서 접촉에 의하여 근로자에게 위험을 미치지 않을 것

3) 비상구의 설치
① 위험물을 제조 · 취급하는 작업장 및 당해작업장이 있는 건축물에는 출입문 외에 안전한 장소로 대피할 수 있는 1개 이상의 비상구를 설치하여야 한다.
② 비상구에는 미닫이문 또는 외부로 열리는 문을 설치하여야 한다.

4) 비상용의 표시
비상구 · 비상통로 또는 비상용 기구에 대하여는 비상용이라는 뜻을 표시하고 쉽게 이용할 수 있도록 유지하여야 한다

5) 통로의 설치
① 작업장으로 통하는 장소 또는 작업장내에는 근로자가 사용하기 위한 안전한 통로를 설치하고 항상 사용가능한 상태로 유지하여야 한다.
② 통로의 주요한 부분에는 통로표시를 하고, 근로자가 안전하게 통행할 수있도록 하여야 한다.

6) 원동기·회전축 등의 위험방지
① 기계의 원동기 · 회전축 · 치차 · 풀리 · 플라이휠 및 벨트 등 근로자에게 위험을 미칠 우려가 있는 부위에는 덮개 · 울 · 슬리이브 및 건널다리 등을 설치하여야 한다.

② 회전축·치차·풀리 및 플라이휠 등에 부속하는 키 및 핀 등의 고정구는 묻힘형으로 하거나 해당 부위에 덮개를 설치하여야 한다.
③ 벨트의 이음부분에는 돌출된 고정구를 사용하여서는 아니된다.

7) 기계의 동력차단장치

동력으로 작동되는 기계에는 스위치·클러치 및 벨트 이동 장치 등 동력차단장치를 설치하여야 한다.

2. 안전보전장치

1) 산업 안전 색채 및 용도

색상	의미	색상	의미
적색	방화금지, 긴급 정지	청색	주의 수리 중, 송전 중
노란색	주의, 경고	백색	주의 표지
흑색	방향표시	자주(보라)색	방사능 위험 표지
녹색	안전지도, 안전위생	황색	주의 표지

2) 안전보건 표시의 설치
① 쉽게 식별할수 있는 장소, 시설 물체에 설치한다.
② 흔들리거나 파손되지 않게 견고하게 설치한다.
③ 설치 부착이 곤란한 경우 당해 물체에 직접 도장한다.

3) 안전보건표지의 종류 및 형태

1. 금지표지							
101 출입금지	102 보행금지	103 차량통행금지	104 사용금지	105 탑승금지	106 금연	107 화기금지	108 물체이동금지

2. 경고표지							
201 인화성물질 경고	202 산화성물질 경고	203 폭발성물질 경고	204 급성독성물질 경고	205 부식성물질 경고	206 방사성물질 경고	207 고압전기 경고	208 매달린물체 경고
209 낙하물 경고	210 고온 경고	211 저온 경고	212 몸균형상실 경고	213 레이저광선경고	214 발암성·변이원성·생식독성·전신독성·호흡기과민성물질경고		215 위험장소경고

3. 지시표지							
301 보안경 착용	302 방독마스크 착용	303 방진마스크 착용	304 보안면 착용	305 안전모 착용	306 귀마개 착용	307 안전화 착용	308 안전장갑 착용
309 안전복착용							

4. 안내표지							
401 녹십자표지	402 응급구호표지	403 들것	404 세안장치	405 비상용기구	406 출입금지	407 좌측비상구	408 우측비상구
5. 문자추가 시범례							

STEP 02 기계 및 기기에 대한 안전

1. 엔진 검점 및 취급

유형	점검 및 처리사항
기관 정지 상태	• 급유 상태 • 주행 장치 섭동부분 • 전동기와 개폐기 • 나사, 볼트, 너트의 풀림 • 안전 장치와 동력 전달장치 • 힘이 작용하는 부분의 이상 유무
기관 탈착 시	• 팬더에 상처가 나지 않도록 팬더 덮개를 사용한다. • 기관을 떼어 낼 때 방해나 손상될 우려가 있는 것은 미리 떼어 낸다. • 빼낸 볼트나 너트는 본래의 위치에 가볍게 꽂아 둔다. • 전기 배선은 다시 결선하기 편리하도록 꼬리표를 달아둔다. • 차량 밑에서 작업시 스탠드를 설치한 후 작업한다.

2. 섀시 취급

점검 사항	설명
운전 상태	• 클러치의 상태 • 기어의 치합 상태 • 베어링의 온도 상태 • 섭동부의 상태 • 이상음의 유무
변속기 탈부착 시	• 하체 작업시 보안경을 착용한다. • 안전화를 착용한다. • 축전지 접지선 탈거 후 작업한다. • 안전 스탠드를 설치 후 작업한다.

3. 기타 사항

1) 전장품 취급 주의사항
전장품에 대한 충격 및 살수 등을 금지한다.

2) 전기 용접 때 반드시 준수해야 할 사항
① 모든 전기 스위치를 OFF시킬 것
② 배터리의 (-)터미널의 케이블을 분리하고 터미널을 고무 캡 등으로 덮어둘 것
③ 용접 전 접지선을 분리해 테이핑 해두고 작업완료 후 다시 접지시킬 것
④ 모든 ECU 및 컨트롤러의 커넥터를 분리할 것
⑤ 용접 완료 후 배터리 케이블 및 접지 케이블을 단단히 조일 것
⑥ 용접기 접지선을 연료탱크에 연결하지 말 것
⑦ 용접 불꽃이 연료탱크에 닿지 않도록 유의할 것

3) 차량 장착 상태에서 배터리 점프 때 준수해야 할 사항
① 차량의 모든 전기 스위치를 OFF시킨 상태에서 케이블을 연결한다.
② 배터리 터미널과 케이블 터미널 간에 아아크가 발생하지 않도록 단단히 고정한다.
③ 대전류가 흐르는 부위의 볼트는 규정토크로 조인다.
④ 접지 터미널을 조일 때 차체 부위의 페인트 및 이물질 등을 깨끗이 제거하고 조인다.
⑤ 전원 ON 상태에서 와이어링 및 회로에 대한 재작업을 금지한다.

4) 리프트 취급 주의사항
① 리프트 위치를 확인한다.
② 이동중 구조물의 부딪힘에 주의한다.
③ 안전 장치를 해제하지 않는다.
④ 리프트에 탑승하여 층간 이동을 하지 않는다.

SECTION 02 공구 및 작업상에 대한 안전

Key Factor
① 드릴 작업 시 장갑을 착용하지 않는다.
② 산소 용접을 할 때 역화 시 산소 코크를 먼저 잠근다.

STEP 01 전동 및 공기 공구

1. 전동 공구

1) 드릴 작업의 안전 사항
① 장갑이나 소맷자락이 넓은 상의는 착용하지 않는다.
② 칩은 브러시로 털며, 정지 후 제거한다.
③ 가공물의 설치 또는 제거는 회전을 멈추고 한다.
④ 가공물은 단단히 고정시킨 후 작업한다.
⑤ 작업이 끝날 무렵에는 힘을 약하게 준다.
⑥ 얇은 판의 구멍 뚫기시 고무판이나 각목을 밑에 고정 후 작업한다.

2) 연삭기의 안전 지침
① 숫돌차를 고정하기 전에 균열이 있는지 점검한다.
② 숫돌차의 커버를 벗겨 놓고 사용하지 않는다.
③ 작업자는 숫돌 바퀴의 측면에 서서 연삭한다.
④ 숫돌차와 받침대의 간격은 3mm 이하로 유지하여야 한다.
⑤ 가공물과 숫돌차의 접촉은 적당한 압력으로 연삭한다.
⑥ 숫돌차의 설치가 끝나면 3분 이상 시험 운전을 한다.
⑦ 숫돌차의 측면을 사용하지 않는다.
⑧ 숫돌차는 제조 후 사용 원주 속도의 1.5배 정도로 안전 시험을 한다.
⑨ 연삭 작업시 방진 안경을 착용하여야 한다.
⑩ 숫돌차의 회전을 규정 이상으로 빠르게 하지 않는다.

3) 공기 압축기 필터 교환
① 공기 압축기를 정지시킨다.
② 뚜껑을 열고 먼지를 제거한다.
③ 필터를 닦거나 압축 공기로 제거한다.
④ 필터에 기름칠을 하지 않는다.

2. 측정공구

1) 블록 게이지 취급상 주의 사항
① 먼지가 없고 건조한 장소에서 사용한다.
② 사용 후 벤젠으로 닦고 방청유를 발라서 보관한다.
③ 정밀도 점검을 정기적으로 한다.
④ 사용 후 떼어서 보관한다.
⑤ 측정면은 헝겊이나 가죽으로 닦는다.
⑥ 보관은 반드시 보관 상자에 보관한다.

2) 마이크로 미터 사용상의 주의점
① 사용전 영점이 조정되어 있는가를 확인한다.
② 보관시 스핀들유를 발라서 보관한다.
③ 보관시 스핀들과 엔빌을 접촉시키지 않는다.
④ 측정시 스핀들의 축선에 정확하게 일치시킨다.
⑤ 3회 이상 측정하여 평균값을 측정값으로 한다.

3) 다이얼 게이지 취급상 주의 사항
① 측정자를 측정면에 접촉시킬 때는 가볍게 누른다.
② 게이지에 충격을 주지 않는다.
④ 스핀들에 급유를 해서는 안된다.
③ 사용 후는 깨끗한 헝겊으로 닦아서 보관한다.

4) 하이트 게이지 사용시 주의 사항
① 사용하기 전에 영점을 점검하여야 한다.
② 스크라이버의 길이를 필요 이상 길게 하지 말 것
③ 금긋기를 할 때는 고정 나사를 단단히 조일 것
④ 평면도가 좋은 정반을 사용하여야 한다.

5) 실린더 게이지 취급상 주의할 점
① 다이얼 게이지 거치대는 휨이 없는 것을 사용한다.
② 보관시 깨끗하고 건조한 헝겊으로 닦아서 보관한다.
③ 게이지에 충격을 주지 않는다.
④ 스핀들을 측정부에 가볍게 접촉되도록 한다.
⑤ 스핀들에는 스핀들유를 주입한다.

STEP 02 수공구

1. 작업 안전

1) 스패너, 렌치 사용시 주의 사항
① 볼트 및 너트는 꼭 맞는 것을 사용한다.
② 작업시 몸쪽으로 당겨서 작업한다.
③ 연결대를 연결하거나 망치로 두들겨 사용하지 않는다.
④ 스패너와 너트 사이에 쐐기를 넣어 사용하지 않는다.
⑤ 반대 방향으로 뒤집어 사용하지 않는다.

2) 해머 작업시 안전수칙
① 손잡이가 튼튼하게 박힌 것을 사용한다.
② 타격면이 찌그러진 것은 사용하지 않는다.
③ 해머를 휘두르기 전에 반드시 주위를 살핀다.
④ 기름 묻은 손 또는 장갑을 끼고 작업하여서는 안된다.
⑤ 사용 중에 해머와 해머 자루를 자주 점검한다.
⑥ 불꽃이 발생되거나 파편이 발생될 수 있는 작업은 반드시 보안경을 착용한다.

3) 정 작업의 안전 사항
① 정이나 해머에 오일이 묻어 있어서는 안된다.
② 정은 기름걸레로 깨끗이 닦은 다음 보관한다.
③ 장기 보관시는 방청제를 바르고 건조한 곳에 보관한다.
④ 재료에 맞는 각도의 정을 사용한다.
⑤ 담금질 된 재료는 정 작업을 하지 않는다.
⑥ 쪼아내기 작업시 처음은 약하게 하고 잘 맞기 시작하면 강하게 때린다.
⑦ 쪼아내기 작업은 보안경을 착용한다.
⑧ 정 머리에 기름이 묻어 있으면 안된다.
⑨ 정 머리가 찌그러진 것은 연삭하여 사용한다.

2. 바이스, 활톱, 줄작업 안전

1) 바이스 취급 시 주의 사항
① 조(jaw)가 이상이 없는지 확인한다.
② 조에 기름이 묻어 있으면 닦아낸다.
③ 둥근 봉이나 얇은 판 등을 물릴 때는 알루미늄판 또는 구리판을 싸서 고정한다.
④ 공작물은 바이스의 중앙에 장착한다.
⑤ 작업 후 파쇄철의 부스러기를 털어버리고 기름걸레로 닦는다.
⑥ 바이스의 조는 가볍게 조여준다.

2) 활톱 사용시 주의 사항
① 공작물은 바이스에 물리고 알맞은 톱날을 선택할 것

② 톱날을 끼울 때 전진 행정에서 절단되도록 끼운다.
③ 톱날을 틀에 장착하고 두 세 번 사용 후 다시 조정한다.
④ 절단이 끝날 무렵에 힘을 알맞게 조절할 것
⑤ 둥근 파이프는 삼각 줄로 안내 홈을 파고서 그 위를 자른다.
⑥ 일정한 힘으로 고르게 하여 자른다.

3) 줄 작업상의 주의 사항
① 새 줄은 연한 재료로부터 단단한 재료의 순으로 사용한다.
② 주물 등의 다듬질 때에는 표면의 흑피를 벗기고 줄질한다.
③ 눈 메꿈 방지를 위해서 줄에 먼저 백묵을 칠한다.
④ 날이 메워지면 와이어 브러시로 깨끗이 털어낸다.
⑤ 줄질한 면에 손을 대어서는 안된다.

STEP 03 작업상의 안전

1. 일반 및 운반기계

1) 동력 기계기구
① 방호덮개를 설치한다.
② 절삭공구 사용시 장갑 착용 금지한다.
③ 고소 작업시 안전성을 확보한다.

2) 중량물 작업
① 형상에 적합한 작업 받침대를 사용한다.
② 외부 충격에 견딜만큼만 적재한다.
③ 차량 상, 하차시 안전 펜스를 설치한다.
④ 중량물 위에서 작업시 안전모를 착용한다.

3) 운반 작업시의 안전
① 드럼통 가스봄베 등을 굴려서 운반하면 안된다.
② 길이가 긴 물건은 앞쪽을 위로하여 운반한다.
③ 중량물 운반시 무리한 힘을 가하지 않는다.

2. 아세틸렌 취급 시 안전

1) 아세틸렌 용기 사용시 주의 사항
① 아세틸렌 가스의 누설이나 화기 또는 열에 주의한다.
② 용기를 운반할 때는 반드시 캡을 씌운다.
③ 충전 용기는 공병과 구분하여 안전한 장소에 저장한다.
④ 충격을 주거나 난폭하게 다루지 않는다.
⑤ 누설 점검은 비눗물을 사용한다.

2) 역화를 일으켰을 때 조치 순서
① 산소 코크를 먼저 잠그고, 아세틸렌 코크를 잠근다.
② 산소를 분출시키면서 팁 끝을 물 속에 넣어 냉각시킨다.
③ 역화의 원인을 점검하고 팁의 청소 및 조임 정도를 검사한다.

3) 아세틸렌의 위험성
① 자연 발화 : 405~408℃에서 자연 발화, 505~515℃가 되면 폭발한다.
② 압력 : 1.5기압 이상이면 폭발할 위험이 있고 2기압 이상으로 압축하면 폭발한다.
③ 혼합 가스 : 아세틸렌 15%, 산소 85% 부근이 가장 위험하다.
④ 화합물 : 구리, 은, 수은 등과 접촉하면 폭발성 화합물이 생성된다.

3. 작업장에서의 복장
① 헤지고 찢어진 작업복은 빨리 수선한다.
② 기름이 밴 작업복을 입지 않는다.
③ 수건을 허리춤에 차거나 목에 감지 않는다.
④ 작업복 소매와 단추를 잠그고 상의의 옷자락이 밖으로 나오지 않도록 한다.
⑤ 작업복은 몸에 맞는 것을 착용한다.
⑥ 작업의 종류에 따라서 작업복이나 보호복 또는 보호구를 착용한다.

4. 소화기

화재 등급	설명
A급 화재	일반 가연물의 화재로서 냉각 소화법으로 소화시켜야 하며, 표식은 백색으로 되어 있다.
B급 화재	가솔린, 알코올, 석유 등의 유류 화재로서 질식 소화법으로 소화시켜야 하며, 표식은 황색으로 되어 있다.
C급 화재	전기 기계, 기구 등에서 발생되는 화재로서 질식 소화법으로 소화시켜야 하며, 원형 표식은 청색으로 되어 있다.
D급 화재	마그네슘 등의 금속 화재로서 질식 소화법으로 소화시켜야 한다.

제06장_ 안전관리
출제예상문제

[1. 산업안전 일반]

01 소화작업의 기본요소가 아닌 것은?

① 가연 물질을 제거한다.
② 산소를 차단한다.
③ 점화원을 냉각시킨다.
④ 연료를 기화시킨다.

　소화작업의 3요소는 공기, 점화원, 가연물이다.

02 소화작업 시 적당하지 않은 것은?

① 화재가 일어나면 먼저 인명구조를 해야 한다.
② 전기배선이 있는 곳을 소화 할 때는 전기가 흐르는지 먼저 확인해야 한다.
③ 가스 밸브를 잠그고 전기 스위치를 끈다.
④ 카바이트 및 유류에는 물을 끼얹는다.

　카바이트 및 유류는 산소를 차단하여 소화한다.

03 다음 중 인화성 물질이 아닌 것은?

① 아세틸렌 가스　　② 가솔린
③ 프로판 가스　　　④ 산소

　산소는 인화를 도와주는 물질이다.

04 화재의 분류에서 유류화재는?

① A급　　　　　　② B급
③ C급　　　　　　④ D급

　화재의 분류

구분	종류	표시	소화기	비고	방법
일반	A급	백색	포말	목재,종이	냉각소화
유류	B급	황색	분말	유류,가스	질식소화
전기	C급	청색	CO_2	전기기구	질식소화
금속	D급	-	모래	가연성금속	피복에 의한 질식

05 유류화재 시 소화방법으로 가장 적당하지 않은 것은?

① 분말 소화기를 사용한다.
② 다량의 물을 부어 끈다.
③ 모래를 뿌린다.
④ 가마니를 덮는다.

06 카바이트 취급 시 주의할 점 중 잘못 설명한 것은?

① 밀봉에서 보관한다.
② 건조한 곳보다 약간 습기가 있는 곳에 보관한다.
③ 인화성이 없는 곳에 보관한다.
④ 저장소에 전등을 설치할 경우 방폭 구조로 한다.

　카바이트는 물과 반응하여 연소하므로 건조한 곳에 보관한다.

07 아세틸렌 용기 내의 아세틸렌은 게이지 압력이 얼마 이상이 되면 폭발할 위험이 있는가?

① $0.2kgf/cm^2$　　② $0.6kgf/cm^2$
③ $0.8kgf/cm^2$　　④ $1.5kgf/cm^2$

　압력이 높을수록 폭발위험이 높다.

08 산소용접 작업 시 아세틸렌 용기에 관련된 주의 사항 설명으로 올바른 것은?

① 가스의 누설 탐지를 위해 화학 재료를 사용하지 말 것
② 내부 공기 침투를 방지하기 위해 적정 압력을 $2kgf/cm^2$으로 유지시킬 것
③ 토치에 점화 시에는 아세틸렌 밸브를 먼저 열고 점화 후 산소 밸브를 열 것
④ 용기의 보관 온도는 최소 60℃ 이하가 되도록 할 것

　토치에 점화 시에는 아세틸렌 밸브를 먼저 열고 점화 후 산소 밸브를 연다.

정답 [1. 산업안전 일반] 01 ④ 02 ④ 03 ④ 04 ② 05 ② 06 ② 07 ④ 08 ③

09 근로자 500명인 직장에서 1년간 8건의 사상자를 냈다면 연 천인율은?

① 12　　② 14
③ 16　　④ 18

🔍 $500 : 8 = 1,000 : x, \therefore x = \dfrac{8,000}{500} = 16$명

10 재해건수/연근로시간수×1,000,000의 식이 나타내는 것은?

① 강도율　　② 도수율
③ 휴업율　　④ 천인율

🔍 • 연 천인율 : 연 근로자 1,000명당 1년간 발생하는 피해자 수로 표시
　• 도수율 : 산업재해의 발생 빈도수를 나타내는 것으로 연 근로시간 합계 100만 시간당 재해발생 건 수로 표시
　• 강도율 : 재해의 경중 즉, 강도를 나타내는 정도로 연 근로시간 1,000 시간당 재해에 잃어버린 일 수로 표시

11 연 근로시간 1,000시간 중에 발생한 재해로 인하여 손실된 일수로 나타내는 것을 무엇이라고 하는가?

① 연 천인율　　② 강도율
③ 도수율　　　④ 손실률

12 어느 정비 공장의 연 근로시간수가 150,000시간이며, 근로 총 손실수가 150일이라면 강도율은 약 얼마인가?

① 10　　② 1
③ 0.1　　④ 0.001

13 안전·보건표지의 종류와 형태에서 경고표지 색깔로 맞는 것은?

① 검정색 바탕에 노란색 테두리
② 노란색 바탕에 검정색 테두리
③ 빨강색 바탕에 흰색 테두리
④ 흰색 바탕에 빨강색 테두리

14 안전·보건표지의 종류와 형태에서 그림이 나타내는 것은?

① 저온 경고
② 고온 경고
③ 고압전기 경고
④ 방화성물질 경고

15 다음 그림은 안전표지의 어떠한 내용을 나타내는가?

① 지시표지
② 금지표지
③ 경고표지
④ 안내표지

16 다음 중 안전 표시 색채의 연결이 맞는 것은?

① 주황색 – 화재의 방지에 관계되는 물건에 표시
② 흑색 – 방사능 표시
③ 노란색 – 충돌, 추락 주의 표시
④ 청색 – 위험, 구급 장소 표시

🔍 안전·보건표지의 색채

색채	용도	사용예
빨간색	금지	정지신호, 소화설비 및 그 장소, 유해행위의 금지
	경고	화학물질 취급장소에서의 유해·위험 경고
노란색	경고	화학물질 취급장소에서의 유해·위험경고 이외의 위험경고, 주의표지 또는 기계방호물
파란색	지시	특정 행위의 지시 및 사실의 고지
녹색	안내	비상구 및 피난소, 사람 또는 차량의 통행 표지
흰색		파란색 또는 녹색에 대한 보조색
검은색		문자 및 빨간색 또는 노란색에 대한 보조색

17 자동차에서 엔진오일압력 경고등의 식별 색상으로 가장 많이 사용되는 색은?

① 녹색　　② 황색
③ 청색　　④ 적색

정답　09 ③　10 ②　11 ②　12 ②　13 ②　14 ③　15 ①　16 ③　17 ④

18 고압가스 종류별 용기의 도색으로 틀린 것은?

① 산소 – 녹색
② 아세틸렌 – 노란색
③ 액화암모니아 – 흰색
④ 수소 – 갈색

고압가스 종류별 용기의 도색

가스	색상	가스	색상
산소	녹색	아세틸렌	황색
액화암모니아	백색	수소	주황색
LPG	회색	액화염소	갈색
검은색	회색		

※ 그 밖의 가스 : 회색

19 안전장치 선정시 고려사항 중 맞지 않는 것은?

① 안전장치의 사용에 따라 방호가 완전할 것
② 안전장치의 기능 면에서 신뢰도가 클 것
③ 정기 점검시 이외에는 사람의 손으로 조정할 필요가 없을 것
④ 안전장치를 제거하거나 또는 기능의 정지를 용이하게 할 수 있을 것

안전장치는 어떠한 상태에서도 제거해서는 안된다.

20 작업시작 전의 안전점검에 관한 사항 중 잘못 짝지어진 것은?

① 인적인 면 – 건강상태, 기능상태
② 물적인 면 – 기계기구 설비, 공구
③ 관리적인 면 – 작업내용, 작업순서
④ 환경적인 면 – 작업방법, 안전수칙

21 산업현장에서 안전을 확보하기 위해 인적문제와 물적문제에 대한 실태를 파악하여야 한다. 다음 중 인적문제에 해당하는 것은?

① 기계 자체의 결함
② 안전교육의 결함
③ 보호구의 결함
④ 작업 환경의 결함

22 안전장치에 관한 사항 중 틀린 것은?

① 안전장치는 효과 있게 사용한다.
② 안전장치는 작업 형편상 부득이한 경우는 일시 제거해도 좋다.
③ 안전장치가 불량할 때는 즉시 수리한 후 작업한다.
④ 안전장치는 반드시 작업 전에 점검한다.

23 옷에 묻은 먼지를 털 때 사용하여서는 안되는 것은?

① 털이개   ② 손수건
③ 솔   ④ 압축공기

압축공기를 사용하면 옷에 묻은 먼지가 파묻힐 수 있다.

24 작업 중 분진방지에 특히 신경 써야 하는 작업은?

① 도장작업
② 타이어 교환작업
③ 기관 분해 조립작업
④ 판금작업

25 귀 마개를 착용하여야 하는 작업과 가장 거리가 먼 것은?

① 공기압축기가 가동되는 곳에서 작업
② 디젤엔진 시동 작업
③ 단조 작업
④ 제관 작업

디젤엔진 시동작업은 소리를 들어야 하므로 귀마개를 착용해서는 안된다.

26 방독 마스크를 착용하지 않아도 되는 곳은?

① 일산화탄소 발생 장소
② 아황산가스 발생장소
③ 암모니아 발생장소
④ 산소 발생 장소

인체에 유해한 가스를 발생하는 장소에서는 방독 마스크를 하여야 한다.

정답 18 ④ 19 ④ 20 ④ 21 ② 22 ② 23 ④ 24 ① 25 ② 26 ④

[2. 기계 및 기기에 대한 안전]

01 엔진작업에서 실린더 헤드 볼트를 올바르게 풀어내는 방법은?

① 반드시 토크 렌치를 사용한다.
② 풀기 쉬운 것부터 푼다.
③ 바깥쪽에서 안쪽을 향하여 대각선 방향으로 푼다.
④ 시계 방향으로 차례대로 푼다.

> 🔍 실린더 헤드 볼트는 바깥쪽에서 안쪽을 향하여 대각선 방향으로 푼다.

02 실린더 헤드 볼트를 풀었는데도 실린더 헤드가 떨어지지 않을 때 조치사항으로 가장 적당한 것은?

① 쇠 해머로 두둘긴다.
② 쇠 꼬챙이로 구멍을 뚫는다.
③ 정을 넣고 때린다.
④ 플라스틱 해머로 두들긴다.

> 🔍 실린더 헤드가 떨어지지 않을 때에는 자중을 이용하거나 플라스틱 해머를 사용하여 떼어낸다.

03 밸브 래핑 작업을 수작업으로 할 때 가장 효율적이며, 안전하게 작업하는 방법은?

① 래퍼를 양손에 끼고 오른쪽으로 돌렸다.
② 래퍼를 양손에 끼고 왼쪽으로 돌리면서 이따금 가볍게 충격을 준다.
③ 래퍼를 양손에 끼고 좌우로 돌리면서 이따금 가볍게 충격을 준다.
④ 래퍼를 양손에 끼고 좌우로 돌렸다.

> 🔍 밸브 래핑 작업은 래퍼를 양손에 끼고 좌우로 돌리면서 이따금 가볍게 충격을 준다.

04 가솔린기관을 시동하기 전 확인하지 않아도 무방한 것은?

① 냉각수   ② 엔진 속도
③ 축전지   ④ 윤활유

> 🔍 가솔린 기관을 시동하기 전에 엔진오일, 냉각수, 배터리 상태 등을 확인한다.

05 오일 팬 내 기관오일의 양은 어떤 상태에서 측정하는 것이 제일 좋은가?

① 정지상태   ② 공전운전상태
③ 고속운전상태   ④ 중속운전상태

> 🔍 기관 오일 점검은 차량 정지상태, 노면은 수평인 상태에서 점검한다.

06 엔진에서 엔진오일 점검시 틀린 것은?

① 계절 및 기관에 알맞은 오일을 사용한다.
② 기관을 수평상태에서 한다.
③ 오일량 점검 시 시동이 걸린 상태에서 한다.
④ 오일은 정기적으로 점검, 교환한다.

07 윤활유의 인화점, 발화점이 낮을 때 발생할 수 있는 것은?

① 화재발생의 원인이 된다.
② 연소불량 원인이 된다.
③ 압력 저하 요인이 발생한다.
④ 점성과 온도관계가 양호하게 된다.

> 🔍 윤활유의 인화점, 발화점이 낮으면 화재발생의 원인이 된다.

08 오일팬 속의 오일 색깔을 살펴 보았더니 우유색을 나타냈다면 그 원인은?

① 점도가 높은 오일을 사용했을 때
② 냉각수가 오일에 침입 되었을 때
③ 4에틸 납이 오일에 침입 되었을 때
④ 가솔린이 오일에 침입 되었을 때

> 🔍 오일에 냉각수가 침입하면 우유색을 띤다.

09 가솔린 엔진의 조작불량으로 불완전 연소를 했을 때 인체에 해로운 배기가스로 가장 많이 발생하는 가스는?

① H_2 가스   ② SO_2 가스
③ CO 가스   ④ CO_2 가스

> 🔍 일산화탄소(CO)는 산소 부족으로 호흡 곤란을 일으켜 사망에 이르게 하는 가장 해로운 배기가스이다.

정답 [2. 기계 및 기기에 대한 안전] 01 ③ 02 ④ 03 ③ 04 ② 05 ① 06 ③ 07 ① 08 ② 09 ③

10 과열된 기관에 냉각수를 보충하려 한다. 다음 중 가장 적합한 방법은?

① 기관의 공전상태에서 잠시 후 캡을 열고 물을 보충한다.
② 기관을 가속시키면서 물을 보충한다.
③ 자동차를 서행하면서 물을 보충한다.
④ 기관 시동을 끄고 완전히 냉각시킨 후 물을 보충한다.

🔍 기관이 과열되었을 때 냉각수 보충은 기관 시동을 끄고 완전히 냉각시킨 후 물을 보충한다.

11 LPG 자동차 관리에 대한 주의 사항 중 맞지 않는 것은?

① LPG는 고압이고, 누설이 쉬우며 공기보다 무겁다.
② 가스 충전시에는 합격 용기인가를 확인하고, 과충전 되지 않도록 해야 한다.
③ 엔진실이나 트렁크 실 내부 등을 점검할 때 라이터나 성냥 등을 켜고 확인한다.
④ LPG는 온도상승에 의한 압력상승이 있기 때문에 용기는 직사광선 등을 피하는 곳에 설치하고 과열되지 않아야 한다.

12 부품을 분해 정비시 반드시 새것으로 교환해야 한다. 아닌 것은?

① 오일실   ② 볼트, 너트
③ 개스킷   ④ O 링

🔍 부품을 분해 정비시 개스킷, O 링, 오일 실 등은 한번 분해하면 사용할 수 없으므로 반드시 교환한다.

13 다음 중 설명이 잘못된 것은?

① 부동액은 차체의 도색 부분을 손상시킬 수 있다.
② 전해액은 차체를 부식시킨다.
③ 냉각수는 경수를 사용하는 것이 좋다.
④ 자동변속기 오일은 제작회사의 추천오일을 사용한다.

🔍 냉각수로 경수를 사용하면 기관 각부를 부식시키므로 증류수나 수돗물과 같은 연수를 사용한다.

14 다음 중 동력 및 전달장치에서 가장 재해가 많은 것은?

① 차축   ② 기어
③ 피스톤   ④ 벨트

🔍 동력 및 전달장치에서 벨트 관련 재해가 가장 많다.

15 변속기 작업을 할 때 안전한 작업방법으로 옳은 것은?

① 잭만으로 견고하게 든 상태에서 작업할 것
② 차체의 도장이 손상되지 않게 고무신을 신을 것
③ 엔진을 작동시키면서 변속기 설치 볼트를 풀 것
④ 자동차 밑에서 작업할 때에는 보안경을 쓸 것

16 자동변속기 분해 조립시 유의사항으로 틀린 것은?

① 작업시 청결을 유지하고 작업한다.
② 분해된 모든 부품은 걸레로 닦아낸다.
③ 클러치판, 브레이크 디스크는 자동변속기 오일로 세척한다.
④ 조립시 개스킷, 오일 실 등은 새 것으로 교환한다.

17 차량에서 허브(hub) 작업을 할 때 지켜야 할 사항으로 가장 적당한 것은?

① 잭(jack)으로 든 상태에서 작업한다.
② 잭(jack)과 견고한 스탠드로 받치고 작업한다.
③ 프레임(frame)의 한쪽을 받치고 작업한다.
④ 차체를 로프(rope)로 고정시키고 작업한다.

🔍 차량에서 허브(hub) 작업을 할 때는 잭과 견고한 스탠드로 받치고 작업한다.

18 브레이크의 파이프 내에 공기가 들어가면 일어나는 현상으로 가장 적당한 것은?

① 브레이크 오일이 냉각된다.
② 오일이 매스터 실린더에서 샌다.
③ 브레이크 페달의 유격이 크게 된다.
④ 브레이크가 지나치게 급히 작동한다.

🔍 브레이크 파이프 내에 공기가 들어가면 공기가 압축되어 브레이크 페달의 유격이 크게 된다.

정답 10 ④ 11 ③ 12 ② 13 ③ 14 ④ 15 ④ 16 ② 17 ② 18 ③

19 자동차의 공기 브레이크 장치 취급 시 유의사항 중 틀린 것은?

① 라이닝의 교환은 반드시 세트(조)로 한다.
② 매일 공기 압축기의 물을 빼낸다.
③ 규정 공기압을 확인한 다음 출발해야 한다.
④ 길고 급한 내리막길을 내려갈 때 반 브레이크를 사용한다.

🔍 길고 급한 내리막길을 내려갈 때에는 엔진 브레이크를 사용하도록 한다.

20 타이어 및 튜브를 어떠한 곳에 보관하는 것이 가장 적합한가?

① 그늘진 창고에 보관한다.
② 밖에 쌓아 둔다.
③ 오일, 그리스 및 석유가 있는 곳에 방치하여 둔다.
④ 물이 있는 곳에 둔다.

🔍 타이어 및 튜브는 그늘진 창고에 보관한다.

21 휠 평형잡기의 시험 중 안전사항에 해당되는 않는 것은?

① 타이어의 회전방향에 서지 말아야 한다.
② 타이어를 과속으로 돌리거나 진동이 일어나게 해서는 안된다.
③ 회전하는 휠에 손을 대지 말아야 한다.
④ 휠을 정지 시킬 때는 손으로 정지시켜도 무방하다.

🔍 휠의 정지는 휠의 회전이 자연히 멈출 때까지 기다린다.

22 축전지 충전시의 주의사항으로 틀린 것은?

① 염산을 준비하여 만일의 경우에 대비한다.
② 환기장치를 한다.
③ 불꽃이나 인화물질의 접근을 금한다.
④ 축전지 전해액의 온도가 45℃ 이상 되지 않도록 한다.

🔍 염산은 배터리 충전과는 아무 관계가 없다.

23 축전지 취급시 주의해야 할 사항이 아닌 것은?

① 중탄산소다수와 같은 중화제를 항상 준비하여 둘 것
② 축전지의 충전실은 항상 환기장치가 잘되어 있을 것
③ 전해액 혼합시에는 황산에 물을 서서히 부어 넣을 것
④ 황산액이 담긴 병을 옮길 때는 보호상자에 넣어 운반할 것

🔍 전해액을 만들 때에는 물에 황산을 조금씩 서서히 부어 넣는다.

24 배터리의 전해액을 만들 때 반드시 해야 할 것은?

① 황산을 물에 부어야 한다.
② 물을 황산에 부어야 한다.
③ 철제의 용기를 사용한다.
④ 황산을 가열하여야 한다.

25 축전지를 급속 충전할 때 축전지의 접지 단자에서 케이블을 떼어내는 목적은?

① 발전기의 다이오드를 보호하기 위함이다.
② 충전기를 보호하기 위함이다.
③ 과충전을 방지하기 위함이다.
④ 레귤레이터를 보호하기 위함이다.

🔍 축전지를 급속 충전할 때 축전지의 접지 단자에서 케이블을 떼어내는 발전기의 다이오드를 보호하기 위함이다.

26 축전지의 점검과 전해액 비중 측정시의 지켜야 할 사항에 해당되지 않는 것은?

① 전해액이 옷이나 피부에 닿지 않도록 한다.
② 충전기로 충전할 때에는 극성에 주의한다.
③ 축전지의 단자 전압은 교류 전압계로 측정한다.
④ 전해액 비중 점검 결과 방전되면 보충전한다.

🔍 축전지 단자 전압은 직류 전압계로 측정한다.

정답 19 ④ 20 ① 21 ④ 22 ① 23 ③ 24 ① 25 ① 26 ③

27 축전지를 충전할 때 화기를 가까이 하면 위험한 이유는?

① 산소 가스가 인화성 가스이기 때문에
② 수소 가스가 폭발성 가스이기 때문에
③ 산소 가스가 폭발성 가스이기 때문에
④ 수소 가스가 조연성 가스이기 때문에

28 차에 축전지를 설치할 때 안전하게 작업하려면?

① 두 케이블을 함께 연결한다.
② 접지 케이블을 나중에 연결한다.
③ 절연 케이블을 나중에 연결한다.
④ 접지 케이블을 프레임에 연결한다.

> 차에 축전지를 설치할 때에는 절연(+) 케이블을 먼저 연결하고 접지(−) 케이블은 나중에 연결한다.

29 차량에서 축전지 취급시 유의사항이 아닌 것은?

① 축전지를 충전할 때는 이산화탄소가 발생하기 때문에 환기가 잘되는 곳에서 충전을 해야 한다.
② 축전지를 충전할 때 극성에 주의를 해야 한다.
③ 축전지 충전시 전해액의 온도가 45℃가 넘지 않도록 해야 한다.
④ 축전지를 차량에 설치할 때는 (+)케이블부터 연결하는 것이 일반적인 원칙이다.

30 발전기 및 레귤레이터 취급 시 주의사항으로 틀린 것은?

① 발전기 작업시 배터리 (−)케이블을 분리하지 않는다.
② 배터리를 단락시키지 않는다.
③ 발전기 작동 중 배터리 배선을 분리해도 무관하다.
④ 회로를 단락시키거나 극성을 바꾸어 연결하지 않는다.

> 발전기 작동 중에는 배터리 케이블을 분리하지 않는다.

31 회로 시험기로 전기회로의 측정 점검을 하고자 한다. 측정기 취급이 잘못된 것은?

① 테스트 리드의 적색은 +단자에, 흑색은 −단자에 꽂는다.
② 전류 측정시는 회로를 연결하고 그 회로에 병렬로 테스터를 연결하여야 한다.
③ 각 측정 범위의 변경은 큰 쪽부터 작은 쪽으로 하고 역으로는 하지 않는다.
④ 중앙 손잡이 위치를 측정 단자에 합치시켜야 한다.

> 전류는 직렬로 연결하여 측정하고, 전압은 병렬로 연결하여 측정하여야 한다.

32 부품의 바깥지름, 안지름, 길이, 깊이 등을 측정할 수 있는 측정 기구는?

① 마이크로미터
② 버니어 캘리퍼스
③ 다이얼 게이지
④ 직각자

33 측정기 취급에 대한 설명 중 잘못된 것은?

① 비중계의 눈금은 눈높이에서 읽는다.
② 점화플러그 세척시에는 보안경을 사용한다.
③ 파워 밸런스 시험은 가능한 짧은 시간 내에 실시한다.
④ 회로시험기의 0점 조정은 측정범위에 관계없이 1회만 실시한다.

> 저항시험의 경우 각 레인지마다 0점 조정을 실시한다.

34 자동차 전기장치 취급시 안전 유의사항이 아닌 것은?

① 축전지 단자 연결시 스파크가 발생하지 않도록 한다.
② 점화코일 극성 시험시 감전되지 않도록 한다.
③ 고압케이블을 탈거 할 때는 절연 집게를 이용하여 안전하게 뽑아낸다.
④ 회로시험기는 정확하게 측정하기 위하여 자석을 연결한다.

> 회로시험기 주변에 자석을 연결하면 지침이 틀리게 지시하게 된다.

정답 27 ② 28 ② 29 ① 30 ③ 31 ② 32 ② 33 ④ 34 ④

35 다이얼 게이지의 사용시 가장 알맞은 사항은?
① 반드시 정해진 지지대에 설치하고 사용한다.
② 가끔 분해 소제나 조정을 한다.
③ 스핀들에는 가끔 주유해야 한다.
④ 스핀들이 움직이지 않으면 충격을 가해 움직이게 한다.

🔍 다이얼 게이지 취급시 주의사항
• 반드시 정해진 지지대에 설치하고 사용한다.
• 게이지 눈금은 0점 조정하여 사용한다.
• 게이지는 측정 면에 직각으로 설치한다.
• 충격은 절대로 금해야 한다.
• 분해 청소나 조절을 함부로 하지 않는다.

36 다이얼 게이지 취급시 주의사항으로 잘못된 것은?
① 게이지는 측정 면에 직각으로 설치한다.
② 충격은 절대로 금해야 한다.
③ 게이지 눈금은 0점 조정하여 사용한다.
④ 스핀들에는 유압유를 급유하여 둔다.

37 다이얼 게이지 사용시 유의사항을 설명하였다. 틀린 것은?
① 스핀들에 주유하거나 그리스를 발라서 보관하는 것이 좋다.
② 분해 청소나 조절을 함부로 하지 않는다.
③ 게이지에 어떤 충격도 가해서는 안된다.
④ 게이지를 설치할 때에는 지지대의 팔을 될 수 있는대로 짧게 하고 확실하게 고정해야 한다.

38 다이얼 게이지로 휨을 측정할 때 측정부의 위치는?
① 보기 좋은 위치에 놓는다.
② 공작물에 수직으로 놓는다.
③ 공작물의 우측으로 기울이게 놓는다.
④ 공작물의 좌측으로 기울이게 놓는다.

39 기관에서 크랭크 축의 휨을 측정시 가장 적합한 것은?
① 스프링 저울과 V블록
② 버니어캘리퍼스와 곧은 자
③ 마이크로미터와 다이얼게이지
④ 다이얼게이지와 V블록

🔍 크랭크 축의 휨 측정은 V블록 위에 크랭크 축을 올려 놓고 다이얼 게이지를 직각으로 설치하고 0점 조정한 후, 크랭크 축을 돌려서 이 때 움직인 다이얼 게이지의 눈금을 읽는다. 측정값은 움직인 값의 1/2이다.

40 차량에서 캠버, 캐스터 측정시 유의사항이 아닌 것은?
① 수평인 바닥에서 한다.
② 타이어 공기압을 규정치로 한다.
③ 차량의 화물은 적재상태로 한다.
④ 새시스프링은 안전상태로 한다.

🔍 캠버, 캐스터 측정시 차량은 공차상태에서 측정한다.

41 집광식 전조등 시험기로 전조등 시험시 주의 사항 중 틀린 것은?
① 각 타이어의 공기압은 규정대로 할 것
② 시험기에 차량을 마주보게 할 것
③ 밑바닥이 수평일 것
④ 공차상태의 차량에 운전자 및 보조자 두 사람이 탈 것

🔍 공차상태의 차량에 운전자 1인이 탑승할 것

42 다음은 사이드슬립 시험기 사용시 주의할 사항이다. 틀린 것은?
① 시험기의 운동부분은 항상 청결하여야 한다.
② 시험기의 답판 및 타이어에 부착된 수분, 기름, 흙 등을 제거한다.
③ 시험기에 대하여 직각방향으로 진입시킨다.
④ 답판 위에서 차속이 빠르면 브레이크를 사용하여 차속을 맞춘다.

🔍 답판 위로 통과할 때는 핸들에서 손을 뗀 상태로 서서히 멈추지 않고 통과한다.

정답 35 ① 36 ④ 37 ① 38 ② 39 ④ 40 ③ 41 ④ 42 ④

43 기계 취급에 관한 안전수칙 중 잘못된 것은?

① 기계운전 중에는 자리를 지킨다.
② 기계의 청소는 작동 중 수시로 한다.
③ 기계운전 중 정전시 즉시 주전원 스위치를 끈다.
④ 기계공장에서는 반드시 작업복과 안전화를 착용한다.

🔍 기계 작동 중에는 청소를 하지 않는다.

44 기계시설의 배치시 안전 유의사항에 맞지 않는 것은?

① 회전부분(기어, 벨트, 체인)등은 위험하므로 반드시 커버를 씌워둔다.
② 발전기, 아크 용접기, 엔진 등 소음이 발생하는 기계는 한곳에 모아서 배치한다.
③ 작업장의 통로는 근로자가 안전하게 다닐 수 있도록 정리정돈을 한다.
④ 작업장의 바닥이 미끄러워 보행에 지장을 주지 않도록 한다.

45 공작기계 작업시의 주의사항으로 틀린 것은?

① 몸에 묻은 먼지나 철분 등 기타의 물질은 손으로 털어 낸다.
② 정해진 용구를 사용하여 파쇄철이 긴 것은 자르고 짧은 것은 막대로 제거한다.
③ 무거운 공작물을 옮길 때는 운반기계를 이용한다.
④ 기름걸레는 정해진 용기에 넣어 화재를 방지하여야 한다.

46 기계가공 중 기계에서 이상한 소리가 날 때 조치하여야 할 사항으로 가장 옳은 것은?

① 가공을 계속하여 작업을 완료한 후 점검한다.
② 기계 가공 중에 손으로 점검한다.
③ 속도를 낮추어 계속 작업한다.
④ 즉시 기계를 멈추고 점검한다.

47 절삭기계 테이블의 T홈 위에 있는 칩 제거방법으로 가장 적합한 것은?

① 걸레
② 맨손
③ 솔
④ 장갑낀 손

48 선반 주축의 변속은 기계를 어떠한 상태에서 하는 것이 가장 좋은가?

① 저속으로 회전시킨 후 한다.
② 기계를 정지시킨 후 한다.
③ 필요에 따라 운전 중에 할 수 있다.
④ 어느 때이든 변속 시킬 수 있다.

49 선반작업에서 작업 전에 점검하여야 할 것이 아닌 것은?

① 급유상태를 검사한다.
② 양 센터 중심이 일치되는가 검사한다.
③ 회전속도 조정이 되어 있는가 검사한다.
④ 주축에 센터가 고정되어 있는가 검사한다.

50 리머가공에 관한 설명으로 옳은 것은?

① 리머는 직경 10mm 이상의 것은 없다.
② 리머는 드릴 구멍보다 먼저 작업한다.
③ 리머는 드릴 구멍보다 더 정밀도가 높은 구멍을 가공하는데 필요하다.
④ 리머는 드릴 구멍보다 더 작게 하는데 사용한다.

🔍 리머 가공은 드릴작업 후 정밀도가 높도록 다듬질하기 위하여 필요하다.

51 엔진을 보링한 절삭면을 연마하는 기계로 적당한 것은?

① 보링머신
② 호밍머신
③ 리머
④ 평면 연삭기

🔍 호밍머신은 보링한 절삭면을 연마하는 기계이다.

정답 43 ② 44 ② 45 ① 46 ④ 47 ③ 48 ② 49 ④ 50 ③ 51 ②

[3. 공구에 대한 안전]

01 다음 중 해머작업 시의 안전수칙으로 틀린 것은?
① 해머는 처음과 마지막 작업시 타격하는 힘을 크게 할 것
② 해머로 녹슨 것을 때릴 때에는 반드시 보안경을 쓸 것
③ 해머의 사용 면이 깨진 것은 사용하지 말 것
④ 해머 작업시 타격 가공하려는 곳에 눈을 고정시킬 것

> 해머 작업시 주의사항
> • 장갑을 끼지 말 것
> • 처음에는 서서히 칠 것
> • 해머 작업할 때에는 반드시 보안경을 쓸 것
> • 해머 작업시 타격 가공하려는 곳에 눈을 고정 시킬 것
> • 해머의 사용 면이 깨진 것은 사용하지 말 것

02 해머작업을 할 때 주의사항 중 틀린 것은?
① 타격 면이 찌그러진 것은 사용치 않는다.
② 손잡이가 튼튼한 것을 사용한다.
③ 반드시 장갑을 끼고 작업한다.
④ 손에 묻은 기름은 깨끗이 닦고 작업한다.

03 정 작업에서 안전한 사용방법이 아닌 것은?
① 안전을 위해서 정 작업은 마주보고 작업한다.
② 정 작업은 시작과 끝에 특히 조심한다.
③ 열처리한 재료는 정으로 작업하지 않는다.
④ 정 작업시 버섯 머리는 그라인더로 갈아서 사용한다.

> 정 작업 시 주의사항
> • 정 작업시 버섯머리는 그라인더로 갈아서 사용한다.
> • 정 작업은 시작과 끝에 특히 조심한다.
> • 열처리한 재료는 정으로 작업하지 않는다.
> • 절삭면을 손가락으로 만지거나 절삭칩을 손으로 제거하지 않는다.

04 스패너의 사용시 주의할 사항 중 틀린 것은?
① 스패너 손잡이에 파이프를 이어서 사용하는 것은 가급적이면 하지 말것
② 스패너 사용시 항시 주위를 살펴보고 조심성 있게 될 것
③ 스패너는 당기지 말고 밀어서 사용할 것
④ 스패너와 너트 사이에 절대 다른 물건을 끼우지 말것

05 스패너 사용에 관한 설명 중 가장 옳은 것은?
① 스패너와 너트 사이에 쐐기를 넣어 사용한다.
② 스패너는 너트보다 약간 큰 것을 사용한다.
③ 스패너가 너트에서 벗겨지더라도 넘어지지 않도록 몸의 균형을 잡는다.
④ 스패너 자루에 파이프 등을 끼워서 힘이 덜 들도록 사용한다.

> 스패너 및 렌치 작업시 주의사항
> • 스패너는 몸 앞으로 당겨서 사용할 것
> • 스패너는 조금씩 돌려서 사용할 것
> • 스패너와 너트 사이에 절대 다른 물건을 끼우지 말 것
> • 스패너 손잡이에 파이프를 이어서 사용하거나 해머로 두들기지 말 것
> • 스패너가 너트에서 벗겨지더라도 넘어지지 않는 자세를 취할 것
> • 스패너 사용시 항시 주위를 살펴보고 조심성 있게 낄 것
> • 조정렌치의 조정조에 힘이 가해지지 않을 것
> • 파이프 렌치는 둥근 물체에만 사용할 것

06 다음 중 볼트나 너트를 조이거나 풀 때 부적합한 공구는?
① 복스 렌치
② 소켓 렌치
③ 오픈 엔드 렌치
④ 바이스 그립 플라이어

> 바이스 그립 플라이어는 물체를 잡을 때 사용하는 공구이다.

07 렌치 작업 요령 설명으로 틀린 것은?
① 스패너의 자루가 짧다고 느낄 때는 긴 파이프를 연결하여 사용할 것
② 스패너를 사용할 때는 앞으로 당길 것
③ 스패너는 조금씩 돌리며 사용할 것
④ 파이프 렌치는 반드시 둥근 물체에만 사용할 것

정답 [3. 공구에 대한 안전] 01 ① 02 ③ 03 ① 04 ③ 05 ③ 06 ④ 07 ①

08 렌치 사용시의 안전 및 주의사항 중 틀린 것은?

① 렌치는 볼트 너트를 풀거나 조일 때 볼트 머리나 너트에 꼭 끼워져야 한다.
② 렌치가 짧을 때에는 파이프 등의 연장대를 끼워서 사용하여야 한다.
③ 조정 조에 잡아당기는 힘이 가해져서는 안된다.
④ 렌치를 잡아 당겨 작업한다.

09 그림의 화살표 방향으로 조정 렌치를 사용하여야 하는 가장 중요한 이유는?

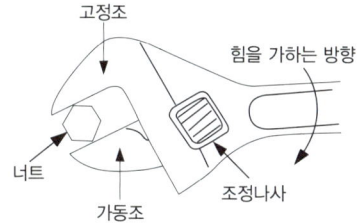

① 볼트나 너트의 머리 손상을 방지하기 위하여
② 작은 힘으로 풀거나 조이기 위해
③ 렌치의 파손을 방지하기 위함이며, 또 안전한 자세이기 때문에
④ 작업의 자세가 편리하기 때문에

10 줄 작업시 주의사항이 아닌 것은?

① 뒤로 당길 때만 힘을 가한다.
② 공작물은 바이스에 확실히 고정한다.
③ 날이 메꾸어 지면 와이어 브러시로 털어낸다.
④ 절삭가루는 솔로 쓸어 낸다.

🔍 **줄 작업시 주의사항**
• 줄에 균열이 있는 것은 위험하므로 잘 점검한다.
• 줄자루는 적당한 크기의 것으로 자루를 확실히 고정하여 사용한다.
• 공작물은 바이스에 확실히 고정한다.
• 칩은 입으로 불거나 맨손으로 털지 말고 반드시 브러시를 사용한다.
• 줄을 잡을 때는 한손으로 확실히 잡고 다른 한 손은 끝을 가볍게 쥐고 앞으로 가볍게 밀어 사용한다.

11 줄(file)을 사용할 때의 주의사항들이다. 안전에 어긋나는 점은?

① 줄 작업의 높이는 작업자의 팔꿈치 높이로 하거나 조금 낮춘다.
② 작업 자세는 허리를 낮추고, 전신을 이용할 수 있게 한다.
③ 절삭가루가 많이 쌓일 때는 불어가면 작업한다.
④ 줄을 잡을 때는 한손으로 줄을 확실히 잡고, 다른 한 손으로 끝을 가볍게 쥐고 앞으로 가볍게 민다.

12 줄 작업에서 줄에 손잡이를 꼭 끼우고 사용하는 이유는?

① 평형을 유지하기 위해
② 열의 전도를 막기 위해
③ 보관에 편리하도록 하기 위해
④ 사용자에게 상처를 입히지 않기 위해

13 드릴로 큰 구멍을 뚫으려고 할 때에 먼저 할 일은?

① 금속을 무르게 한다.
② 작은 구멍을 뚫는다.
③ 스핀들의 속도를 빠르게 한다.
④ 드릴 커팅 앵글을 증가시킨다.

🔍 드릴로 큰 구멍을 뚫을 때에는 먼저 작은 구멍을 뚫는다.

14 드릴머신 작업의 안전사항이다. 틀린 것은?

① 드릴은 마모나 균열이 있는 것은 사용하지 않는다.
② 가볍고 작은 물건은 손으로 잡고 작업한다.
③ 드릴의 착탈은 회전이 멈춘 다음 행한다.
④ 감기기 쉬운 복장은 피한다.

15 드릴링 머신의 안전수칙 설명 중 틀린 것은?

① 구멍뚫기를 시작하기 전에 자동이송장치를 쓰지 말 것
② 드릴을 회전시킨 후 테이블을 조정하지 말 것
③ 드릴을 끼운 뒤에는 척키를 반드시 꽂아 놓을 것
④ 드릴 화전 중에는 쇳밥을 손으로 털거나 불지 말 것

정답 08 ② 09 ③ 10 ① 11 ③ 12 ④ 13 ② 14 ② 15 ③

16 드릴작업을 할 때 주의할 점으로 틀린 것은?

① 일감은 정확히 고정한다.
② 작은 일감은 손으로 잡고 작업한다.
③ 작업복을 입고 작업한다.
④ 테이블 위에 가공물을 고정시켜서 작업한다.

> 드릴 작업 시 주의사항
> • 일감은 정확히 고정한다.
> • 드릴을 고정하거나 풀 때는 주축이 완전히 멈춘 후에 한다.
> • 작업복을 입고 작업하고, 감기기 쉬운 복장은 피한다.
> • 드릴은 양호한 것을 사용하고 마모나 균열이 있는 것은 사용하지 않는다.
> • 작은 물건은 바이스나 고정구로 고정하고 직접 손으로 잡지 말아야 한다.
> • 얇은 물건을 드릴 작업할 때에는 밑에 나무 등을 놓고 뚫어야 한다.

17 다음은 드릴 작업시의 주의사항이다. 틀린 것은?

① 작업복을 입고 작업한다.
② 드릴 구멍의 관통 여부는 봉을 넣어 조사한다.
③ 테이블 위에서 해머작업을 하지 않도록 한다.
④ 작은 일감은 손으로 붙잡고 작업한다.

18 드릴링 머신의 사용에 있어서 안전상 옳지 못한 것은?

① 드릴 회전 중 칩을 손으로 털거나 불어내지 말 것
② 가공물에 구멍을 뚫을 때 가공물을 바이스에 물리고 작업할 것
③ 솔로 절삭유를 바를 경우에는 위에서 바를 것
④ 드릴을 회전시킨 후에 머신테이블을 조정할 것

19 연삭 작업시 안전사항 중 옳지 않은 것은?

① 나무 해머로 연삭 숫돌을 가볍게 두들겨 맑은 음이 나면 정상이다.
② 연삭 숫돌의 표면이 심하게 변형된 것은 반드시 수정한다.
③ 받침대는 숫돌차의 중심선보다 낮게 한다.
④ 연삭 숫돌과 받침대와의 간격은 3mm 이내로 유지한다.

> 연삭 작업시 주의사항
> • 숫돌을 설치하기 전에 나무 해머로 숫돌을 가볍게 두들겨 맑은 음이 나면 정상이다.
> • 숫돌과 받침대와의 간격은 항상 3mm 이하로 유지한다.
> • 숫돌의 커버를 벗겨놓은 채 사용해서는 안된다.
> • 소형 숫돌은 측압에 약하므로 측면 사용을 피한다.

20 연삭작업에서 숫돌차와 받침대 사이의 표준 간격은 얼마가 적당한가?

① 0~1mm   ② 2~3mm
③ 5~7mm   ④ 8~10mm

21 전동공구를 사용하여 작업할 때의 준수사항이다. 올바른 것은?

① 코드는 방수제로 되어 있기 때문에 물이나 기름이 있는 곳에 놓아도 좋다.
② 무리하게 코드를 잡아당기지 않는다.
③ 드릴의 이동이나 교환시는 모터를 손으로 멈추게 한다.
④ 코드는 예리한 걸이에도 절단이나 파손이 안되므로 걸어도 좋다.

22 다음 중 압축 공기를 이용한 공구를 사용할 필요가 없는 작업은?

① 타이어 교환 작업
② 클러치 떼어내기와 설치하기
③ 축전지 단자 케이블 연결
④ 엔진 분해 조립

> 축전지 단자 케이블 조립은 오픈렌치를 사용한다.

23 임팩트 렌치의 사용시 안전 수칙으로 거리가 먼 것은?

① 렌치 사용시 헐거운 옷은 착용하지 않는다.
② 위험요소를 항상 점검한다.
③ 에어호스를 몸에 감고 작업을 한다.
④ 가급적 회전부에 떨어져서 작업을 한다.

정답 16 ② 17 ④ 18 ④ 19 ③ 20 ② 21 ② 22 ③ 23 ③

24 공기공구 사용에 대한 설명 중 틀린 것은?

① 공구의 교체 시에는 반드시 밸브를 꼭 잠그고 하여야 한다.
② 활동 부분은 항상 윤활유 또는 그리스를 급유한다.
③ 사용시에는 반드시 보호구를 착용해야 한다.
④ 공기공구를 사용할 때에는 밸브를 빠르게 열고 닫는다.

> 공기공구는 회전이 빠르므로 천천히 속도를 높여가며 조심스럽게 사용한다.

[4. 작업상의 안전]

01 다음 중 작업복의 조건으로서 가장 알맞은 것은?

① 작업자의 편안함을 위하여 자율적인 것이 좋다.
② 도면, 공구 등을 넣어야 하므로 주머니가 많아야 한다.
③ 작업에 지장이 없는 한 손발이 노출되는 것이 간편하고 좋다.
④ 주머니가 적고 팔이나 발이 노출되지 않는 것이 좋다.

> 작업 복장의 일반사항
> • 작업복은 신체에 맞고 가벼운 것으로 작업자의 편안함을 위하여 자율적인 것이 좋다.
> • 더운 계절이나 고온 작업시에도 재해로부터 작업자를 보호하기 위하여 작업복을 벗지 않는다.
> • 작업에 지장이 없는 한 손발이 노출되는 것이 간편하고 좋다.
> • 작업에 따라 물건을 착용할 수 있어야 하고, 단추가 달린 것은 되도록 피한다.
> • 작업복은 항상 깨끗이 하고 특히 기름 묻은 옷은 불이 붙기 쉬우므로 위험하다.

02 작업장에서 작업복을 착용하는 이유로 가장 적합한 것은?

① 작업장의 질서를 확립시키기 위해서
② 작업 능률을 올리기 위해서
③ 재해로부터 작업자의 몸을 지키기 위해서
④ 작업자의 복장 통일을 위해서

03 무거운 짐을 이동할 때 적당하지 않은 것은?

① 힘겨우면 기계를 이용한다.
② 기름이 묻은 장갑을 끼고 한다.
③ 지렛대를 이용한다.
④ 힘센 사람과 약한 사람과의 균형을 잡는다.

04 중량물 운반 수레의 취급시 안전사항 중 틀린 것은?

① 적재는 가능한 중심이 위로 오도록 한다.
② 화물은 자체에 앞뒤 또는 측면에 편중되지 않도록 한다.
③ 사용 전에 운반수레의 각부를 점검한다.
④ 앞이 안 보일 정도로 화물을 적재하지 않는다.

> 적재는 가능한 한 중심이 낮은 곳에 위치하도록 한다.

05 운반차를 이용한 운반작업에 대한 사항 중 잘못 설명한 것은?

① 여러 가지 물건을 쌓을 때는 가벼운 물건을 위에 올린다.
② 차의 동요로 안정이 파괴되기 쉬울 때는 비교적 무거운 물건을 위에 쌓는다.
③ 화물이나 운반차에 사람의 탑승은 절대 금한다.
④ 긴 물건을 실을 때는 맨 끝 부분에 위험 표시를 해야 한다.

06 기관을 운반하기 위해 체인 블록을 사용할 때의 안전사항 중 가장 옳은 것은?

① 기관을 반드시 체인으로만 묶어야 한다.
② 노끈 및 밧줄은 무조건 굵은 것을 사용한다.
③ 가는 철선이나 체인으로 기관을 묶어도 좋다.
④ 체인 및 리프팅은 중심부에 고정시키고 작업한다.

07 정비공장에서 엔진을 이동시키는 방법 가운데 가장 옳은 것은?

① 사람이 들고 이동한다.
② 지렛대를 이용한다.
③ 로프로 묶고 잡아 당긴다.
④ 체인 블록이나 호이스트를 사용한다.

> 무거운 물건은 체인 블록이나 호이스트를 이용하여 운반한다.

08 정비공장에서 지켜야 할 안전수칙이 아닌 것은?

① 작업중 입은 부상은 응급치료를 받고 즉시 보고한다.
② 밀폐된 실내에서는 시동을 걸지 않는다.
③ 통로나 마루바닥에 공구나 부품을 방치하지 않는다.
④ 기름걸레나 인화물질은 나무상자에 보관한다.

09 자동차 정비공장에서 지켜야 할 안전수칙 중 틀린 것은?

① 지정된 흡연 장소 외에서는 흡연을 못하도록 할 것
② 경중을 막론하고 입은 부상은 응급치료를 받고 감독자에게 보고할 것
③ 모든 잭은 적재 제한 별로 보관할 것
④ 공구나 부속품은 반드시 휘발유를 사용해서 세척하되 특정 장소에서 할 것

10 정비작업 시 지켜야 할 안전수칙 중 잘못된 것은?

① 작업에 맞는 공구를 사용한다.
② 작업장 바닥에는 오일을 떨어뜨리지 않는다.
③ 전기장치는 기름기 없이 작업을 한다.
④ 잭을 사용하여 차체를 올린 후 손잡이를 그대로 두고 작업한다.

11 정비작업 상의 안전수칙 설명으로 틀린 것은?

① 정비작업을 위하여 차를 받칠 때는 안전잭이나 고임목으로 고인다.
② 노즐시험기로 노즐분사상태를 점검할 때는 분사되는 연료에 손이 닿지 않도록 해야 한다.
③ 알칼리성 세척유가 눈에 들어갔을 때는 먼저 알칼리유로 씻어 중화한 뒤 깨끗한 물로 씻는다.
④ 기관 시동시에는 소화기를 비치해야 한다.

정답 07 ④ 08 ④ 09 ④ 10 ④ 11 ③

CHAPTER 07

Craftsman Motor Vehicles Maintenance

CBT 복원문제

01 2019년 1회
02 2019년 2회
03 2019년 3회
04 2020년 1회
05 2020년 2회
06 2020년 3회
07 2021년 1회
08 2021년 2회
09 2021년 3회
10 2022년 1회
11 2022년 2회
12 2022년 3회
13 2023년 1회
14 2023년 2회
15 2024년 1회
16 2024년 2회
17 2025년 1회
18 2025년 2회

2019년 1회 CBT 복원문제

01 실린더 내경이 50mm, 행정이 100mm인 4실린더 기관의 압축비가 11일 때 연소실 체적은?

① 약 40.1cc   ② 약 30.1cc
③ 약 15.6cc   ④ 약 19.6cc

> 행정체적(배기량) $V = \dfrac{\pi}{4} \cdot D^2 \cdot L$
>
> 여기서, D : 내경(cm), L : 행정(cm)
>
> ∴ 배기량 $V = \dfrac{3.14}{4} \times 5^2 \times 10 = 196.25$ cc
>
> 압축비 = 1 + $\dfrac{\text{행정 체적(배기량)}}{\text{연소실 체적}}$ 이므로
>
> ∴ 연소실 체적 = $\dfrac{\text{행정 체적(배기량)}}{\text{압축비} - 1} = \dfrac{196.25}{11-1} = 19.6$cc

02 기관의 압축압력 측정시험 방법에 대한 설명으로 틀린 것은?

① 기관을 정상 작동온도로 한다.
② 점화플러그를 전부 뺀다.
③ 엔진오일을 넣고도 측정한다.
④ 기관 회전을 1,000rpm으로 한다.

> 압축압력 측정 방법
> • 기관을 정상 작동온도로 한다.
> • 모든 점화플러그를 뺀다.
> • 압축압력 게이지를 측정할 실린더에 꼽고 기관을 크랭킹 한다.
> • 엔진오일을 넣고 습식시험을 한다.

03 단위에 대한 설명으로 옳은 것은?

① 1 PS는 75kgf · m/h의 일률이다.
② 1 J은 0.24 cal이다.
③ 1 kW는 1,000kgf · m/s의 일률이다.
④ 초속 1m/s는 시속 36 km/h와 같다.

> 단위 환산
> • 1 PS = 75kgf · m/s
> • 1 kW = 1.36 PS = 102kgf · m/s
> • 1m/s = 3.6 km/h

04 배기밸브가 하사점 전 55°에서 열리고 상사점 후 15°에서 닫혀 진다면 배기밸브의 열림각은?

① 70°
② 195°
③ 235°
④ 250°

> 밸브 개폐시기 기간 배기밸브 열림각
> = 배기밸브열림각도 + 배기밸브닫힘각도 + 180°
> = 55° + 15° + 180° = 250°

05 직접고압 분사방식(CRDi) 디젤엔진에서 예비분사를 실시하지 않는 경우로 틀린 것은?

① 엔진 회전수가 고속인 경우
② 분사량의 보정제어 중인 경우
③ 연료 압력이 너무 낮은 경우
④ 예비 분사가 주 분사를 너무 앞지르는 경우

> 파일럿(예비) 분사가 중단될 수 있는 조건
> • 파일럿 분사가 주분사를 너무 앞지르는 경우
> • 엔진회전수 3,200rpm 이상인 경우
> • 분사량이 너무 작은 경우
> • 주 분사 연료량이 불충분한 경우
> • 연료압이 최소값(100 bar) 이하인 경우
> • 엔진 가동 중단에 오류가 발생한 경우

06 디젤 분사펌프시험기로 시험할 수 없는 것은?

① 연료 분사량 시험
② 조속기 작동시험
③ 분사시기의 조정시험
④ 디젤기관의 출력시험

> 디젤 분사펌프 시험기 시험항목
> • 분사시기의 조정시험
> • 연료 분사량 시험
> • 조속기 작동시험
> • 자동 타이머 조정
> • 연료 공급펌프 시험
> ※ 분사펌프 시험기이므로 디젤기관의 출력시험은 할 수 없다.

07 기관에서 공기 과잉률이란?

① 이론공연비
② 실제공연비
③ 공기흡입량 ÷ 연료소비량
④ 실제공연비 ÷ 이론공연비

> 공기 과잉률이란 이론적으로 필요한 공연비와 실제 엔진에 공급된 공연비와의 비를 말한다.

08 가솔린 기관의 이론 공연비는?

① 12.7 : 1
② 13.7 : 1
③ 14.7 : 1
④ 15.7 : 1

> 가솔린 기관의 이론 공연비는 14.7 : 1이다.

09 배기가스 재순환장치는 주로 어떤 물질의 생성을 억제하기 위한 것인가?

① 탄소
② 이산화탄소
③ 일산화탄소
④ 질소산화물

> 배기가스 재순환장치는 EGR 밸브를 이용하여 연소실의 최고온도를 낮추어 질소산화물(NOx)의 발생을 감소시킨다.

10 4행정 기관의 행정과 관계없는 것은?

① 흡입 행정
② 소기 행정
③ 배기 행정
④ 압축 행정

> 4행정 기관의 행정은 흡입, 압축, 폭발, 배기 이며, 소기행정은 2행정기관이다.

11 스프링 정수가 5kgf/mm의 코일을 1cm 압축하는데 필요한 힘은?

① 5kgf
② 10kgf
③ 50kgf
④ 100kgf

> 스프링 정수 = $\dfrac{\text{하중(kgf)}}{\text{변형량(mm)}}$
> ∴ 하중 = 스프링 정수×변형량 = 5kgf/mm×10mm
> = 50kgf

12 자동차의 구조·장치의 변경승인을 얻은 자는 자동차 정비업자로부터 구조·장치의 변경과 그에 따른 정비를 받고 얼마 이내에 구조변경검사를 받아야 하는가?

① 완료일로부터 45일 이내
② 완료일로부터 15일 이내
③ 승인받은 날부터 45일 이내
④ 승인받은 날부터 15일 이내

> 구조·장치의 변경과 그에 따른 정비를 받고 승인 받은 날로부터 45일 이내에 구조 변경검사를 받아야 한다.

13 밸브 스프링의 서징현상에 대한 설명으로 옳은 것은?

① 밸브가 열릴 때 천천히 열리는 현상
② 흡·배기 밸브가 동시에 열리는 현상
③ 밸브가 고속 회전에서 저속으로 변화할 때 스프링의 장력의 차가 생기는 현상
④ 밸브스프링의 고유 진동수와 캠 회전수가 공명에 의해 밸브스프링이 공진하는 현상

> 밸브 스프링의 서징(surging)현상이란 밸브스프링의 고유 진동수와 캠 회전수가 공명에 의해 고속시 밸브스프링이 공진하는 현상으로, 서징현상 방지법으로는 스프링 정수를 크게 하거나, 2중 스프링, 부등피치 스프링, 원뿔형 스프링 등을 사용한다.

14 자동차 배출 가스의 구분에 속하지 않는 것은?

① 블로바이 가스
② 연료증발 가스
③ 배기 가스
④ 탄산 가스

> 배출가스 제어장치의 종류
> • 블로바이가스 제어장치 : PCV 밸브, 브리더 호스
> • 연료증발가스 제어장치 : 차콜 캐니스터, PCSV
> • 배기가스 제어장치 : 산소(O_2)센서, EGR 장치, 삼원촉매

15 전자제어 가솔린 엔진에서 인젝터의 고장으로 발생될 수 있는 현상으로 가장 거리가 먼 것은?

① 연료소모 증가
② 배출가스 감소
③ 가속력 감소
④ 공회전 부조

> 인젝터가 고장이면 배출가스가 증가한다.

16 예혼합(믹서)방식 LPG 기관의 장점으로 틀린 것은?

① 점화플러그의 수명이 연장된다.
② 연료펌프가 불필요하다.
③ 베이퍼 록 현상이 없다.
④ 가솔린에 비해 냉시동성이 좋다.

> **LPG 기관의 특징**
> • 연소효율이 좋고, 엔진이 정숙하다.
> • 오일의 오염이 적어 엔진 수명이 길다.
> • 연소실에 카본부착이 없어 점화플러그 수명이 길어진다.
> • 대기오염이 적고, 위생적이며 경제적이다.
> • 옥탄가가 높고 노킹이 적어 점화시기를 앞당길 수 있다.
> • 연료 자체의 압력으로 공급되므로 연료펌프가 없으며, 가스상태이므로 퍼컬레이션이나 베이퍼 록 현상이 없다.

17 승용차에서 전자제어식 가솔린 분사기관을 채택하는 이유로 거리가 먼 것은?

① 고속 회전수 향상
② 유해 배출가스 저감
③ 연료소비율 개선
④ 신속한 응답성

> **전자제어 연료분사 기관의 장점**
> • 유해 배기가스의 저감
> • 연료소비율 향상
> • 출력 향상
> • 월 웨팅(wall wetting)에 따른 저온 시동성 향상
> • 응답성 향상
> • 벤투리가 없어 공기 흐름저항이 적다.

18 윤활장치 내의 압력이 지나치게 올라가는 것을 방지하여 회로 내의 유압을 일정하게 유지하는 기능을 하는 것은?

① 오일 펌프
② 유압 조절기
③ 오일 여과기
④ 오일 냉각기

> 유압 조절기는 윤활회로 내의 압력이 과도하게 상승되는 것을 방지하여 유압을 일정하게 유지하는 기능을 한다.

19 엔진이 작동 중 과열되는 원인으로 틀린 것은?

① 냉각수의 부족
② 라디에이터 코어의 막힘
③ 전동팬 모터 릴레이의 고장
④ 수온조절기가 열린 상태로 고장

> ①~③은 엔진이 과열되는 원인이며, 수온조절기가 열린 채로 고장나면 엔진이 과냉된다.

20 4행정 기관과 비교한 2행정 기관(2 Stroke engine)의 장점은?

① 각 행정의 작용이 확실하여 효율이 좋다.
② 배기량이 같을 때 발생동력이 크다.
③ 연료 소비율이 적다.
④ 윤활유 소비량이 적다.

> ①, ③, ④항은 4행정 기관의 장점이며, 2행정 기관은 매회전마다 동력이 발생하므로 배기량이 같을 때 발생동력이 크다.

21 산소센서에 대한 설명으로 옳은 것은?

① 농후한 혼합기가 연소된 경우 센서 내부에서 외부쪽으로 산소 이온이 이동한다.
② 산소센서의 내부에는 배기가스와 같은 성분의 가스가 봉입되어져 있다.
③ 촉매 전·후의 산소센서는 서로 같은 기전력을 발생하는 것이 정상이다.
④ 광역 산소센서에서 히팅 코일 접지와 신호 접지 라인은 항상 0V이다.

> 산소센서 내부에는 가스가 봉입되어 있지 않으며, 촉매 전후의 기전력이 같으면 촉매가 고장난 것이다. 히팅코일은 ECU가 듀티제어하므로 항상 0V가 아니다.

22 배기가스 중의 일부를 흡기다기관으로 재순환시킴으로서 연소온도를 낮춰 NOx의 배출량을 감소시키는 것은?

① EGR 장치
② 캐니스터
③ 촉매 컨버터
④ 과급기

> 배기가스 재순환(Exhaust Gas Recirculation) 장치란 EGR 밸브를 이용하여 배기가스의 일부를 흡기계인 연소실로 재순환시켜 연소실의 최고온도를 낮추어 질소산화물(NOx)의 발생을 감소시키는 방법이다.

23 가솔린연료에서 노크를 일으키기 어려운 성질을 나타내는 수치는?

① 옥탄가
② 점도
③ 세탄가
④ 베이퍼 록

> 옥탄가 : 연료의 안티 노킹성(anti-knocking, 내폭성, 제폭성)을 나타내는 정도

24 전자제어 제동장치(ABS)의 구성요소가 아닌 것은?

① 휠 스피드 센서
② 하이드롤릭 모터
③ 프리뷰 센서
④ 하이드롤릭 유닛

> ABS의 구성부품
> • 휠 스피드 센서 : 차륜의 회전상태를 검출
> • 전자제어 컨트롤 유닛(E.C.U) : 휠 스피드 센서의 신호를 받아 ABS를 제어
> • 하이드롤릭 유닛 : E.C.U의 신호에 따라 휠 실린더에 공급되는 유압을 제어
> • 프로포셔닝 밸브 : 브레이크를 밟았을 때 뒷바퀴가 조기에 고착되지 않도록 뒷바퀴의 유압을 제어
> ※ 프리뷰 센서는 전자제어 현가장치에 사용되는 부품이다.

25 유압식 동력조향장치에서 안전밸브(safety check valve)의 기능은?

① 조향 조작력을 가볍게 하기 위한 것이다.
② 코너링 포스를 유지하기 위한 것이다.
③ 유압이 발생하지 않을 때 수동조작으로 대처할 수 있도록 하는 것이다.
④ 조향 조작력을 무겁게 하기 위한 것이다.

> 안전 첵 밸브는 엔진의 정지, 오일펌프의 고장 등으로 유압이 발생하지 않을 때 수동으로 작동이 가능하게 해준다.

26 유압식 동력 조향장치의 구성요소로 틀린 것은?

① 브레이크 스위치
② 오일펌프
③ 스티어링 기어박스
④ 압력 스위치

> 브레이크 스위치는 동력 조향장치와는 관련이 없다.

27 선회 주행 시 자동차가 기울어짐을 방지하는 부품으로 옳은 것은?

① 너클 암
② 섀클
③ 타이로드
④ 스태빌라이저

> 스태빌라이저는 선회시 차체의 기울어짐을 방지하여 차의 평형을 유지시켜 주는 기능을 한다.

28 전자제어 현가장치(Electronic Control Suspension)에서 사용하는 센서에 속하지 않는 것은?

① 차속센서
② 차고센서
③ 스로틀 포지션센서
④ 냉각수 온도센서

> 전자제어 현가장치(ECS) 센서의 기능
> • 차속 센서 : 자동차의 속도를 검출
> • 차고 센서 : 자동차의 차축의 위치를 검출
> • 조향각 센서 : 조향 휠의 회전방향을 검출
> • 스로틀 포지션센서 : 자동차의 가감속을 검출
> • G(중력) 센서 : 자동차의 바운싱을 검출

29 종감속 기어의 감속비가 5:1일 때 링기어가 2회전하려면 구동피니언은 몇 회전하는가?

① 12 회전
② 10 회전
③ 5 회전
④ 1 회전

> 링기어 회전수 = $\dfrac{\text{피니언 회전}}{\text{종감속비}}$
> ∴ 피니언 회전수 = 종감속비 × 링기어 회전수
> = 5 × 2 = 10회전

30 구동바퀴가 자동차를 미는 힘을 구동력이라 하며 이 때 구동력의 단위는?

① kgf
② kgf · m
③ ps
④ kgf · m/s

> • kgf : 힘(구동력)의 단위
> • kgf · m : 일의 단위
> • ps, kgf · m/s : 일률(마력)의 단위

31 링기어 중심에서 구동 피니언을 편심 시킨 것으로 추진축의 높이를 낮게 할 수 있는 종감속 기어는?

① 직선 베벨 기어   ② 스파이럴 베벨 기어
③ 스퍼 기어   ④ 하이포이드 기어

> 하이포이드(hypoid) 기어는 링기어의 중심보다 구동 피니언 기어의 중심을 10~20% 낮게(off-set) 편심시켜 추진축의 높이를 낮게 할 수 있어 무게중심이 낮아지고 거주성이 향상되는 방식의 종감속 기어이다.

32 브레이크 장치(brake system)에 관한 설명으로 틀린 것은?

① 브레이크 작동을 계속 반복하면 드럼과 슈의 마찰열이 축적되어 제동력이 감소되는 것을 페이드 현상이라 한다.
② 공기 브레이크에서 제동력을 크게 하기 위해서는 언로더 밸브를 조절한다.
③ 브레이크 페달의 리턴스프링 장력이 약해지면 브레이크 풀림이 늦어진다.
④ 마스터 실린더의 푸시로드 길이를 길게 하면 라이닝이 수축하여 잘 풀린다.

> 브레이크 장치에서 마스터 실린더의 푸시로드 길이를 길게 하면 브레이크 액이 리턴되지 못하므로 브레이크가 풀리지 않는 원인이 된다.

33 전자제어 현가장치에서 감쇠력 제어 상황이 아닌 것은?

① 고속 주행하면서 좌회전할 경우
② 정차 시 뒷좌석에 많은 사람이 탑승한 경우
③ 정차 중 급출발할 경우
④ 고속 주행 중 급제동한 경우

> ①, ③, ④항이 감쇠력 제어 상황이고, 뒷좌석에 많은 사람이 탑승한 경우에는 차고제어를 한다.

34 앞바퀴를 위에서 아래로 보았을 때 앞쪽이 뒤쪽보다 좁게 되어져 있는 상태를 무엇이라 하는가?

① 킹핀(king-pin) 경사각
② 캠버(camber)
③ 토인(toe in)
④ 캐스터(caster)

> 토인(toe in)이란 앞바퀴를 위에서 아래로 보았을 때 앞쪽이 뒷쪽보다 좁게 되어져 있는 상태를 말한다.

35 우측으로 조향을 하고자 할 때 앞바퀴의 내측 조향각이 45°, 외측 조향각이 42°이고 축간거리는 1.5m, 킹핀과 바퀴 접지면까지 거리가 0.3m일 경우 최소회전반경은? (단, sin30° = 0.5, sin42° = 0.67, sin45° = 0.71)

① 약 2.41m   ② 약 2.54m
③ 약 3.30m   ④ 약 5.21m

> 최소회전반경 $R = \dfrac{L}{\sin\alpha} + r$
> 여기서, α : 외측바퀴 회전각도(°)
> L : 축거(m)
> r : 타이어 중심과 킹핀과의 거리(m)
> ∴ 최소회전반경 $R = \dfrac{1.5}{\sin 42°} + 0.3 = \dfrac{1.5}{0.67} + 0.3 = 2.54m$

36 전동식 전자제어 조향장치 구성품으로 틀린 것은?

① 오일펌프   ② 모터
③ 컨트롤 유닛   ④ 조향각 센서

> 전동식 전자제어 조향장치(MDPS)는 모터로 조향력을 발생하므로 오일펌프가 필요없다.

37 전자제어 현가장치의 장점으로 틀린 것은?

① 고속 주행 시 안정성이 있다.
② 조향 시 차체가 쏠리는 경우가 있다.
③ 승차감이 좋다.
④ 지면으로부터의 충격을 감소한다.

> 전자제어 현가장치(E.C.S)의 장점
> • 노면상태에 따라 승차감을 조절한다.
> • 노면으로부터 차의 높이를 조정
> • 굴곡이 심한 노면을 주행할 때에 흔들림이 작은 평행한 승차감 실현
> • 급제동시 노즈 다운(nose down)을 방지
> • 급선회시 원심력에 의한 차량의 기울어짐을 방지
> • 고속 주행시 안정성이 있다.

38 변속기의 1단 감속비가 4:1이고, 종감속 기어의 감속비는 5:1일 때 총 감속비는?

① 0.8 : 1 ② 1.25 : 1
③ 20 : 1   ④ 30 : 1

🔍 총 감속비 = 변속비 × 종감속비
∴ 총 감속비 = 4 × 5 = 20

39 조향장치의 동력전달 순서로 옳은 것은?

① 핸들 – 타이로드 – 조향기어 박스 – 피트먼 암
② 핸들 – 섹터 축 – 조향기어 박스 – 피트먼 암
③ 핸들 – 조향기어 박스 – 섹터 축 – 피트먼 암
④ 핸들 – 섹터 축 – 조향기어 박스 – 타이로드

🔍 조향장치 동력전달 순서(볼 너트 형식)
핸들 → 조향기어 박스 → 섹터 축 → 피트먼 암 → 릴레이 로드 → 타이로드 → 너클 → 바퀴

40 앞바퀴의 옆 흔들림에 따라서 조향 휠의 회전축 주위에 발생하는 진동을 무엇이라 하는가?

① 시미   ② 휠 플러터
③ 바우킹   ④ 킥업

🔍 시미란 앞바퀴의 좌우방향의 진동을 말한다.

41 납산축전지(battery)의 방전 시 화학반응에 대한 설명으로 틀린 것은?

① 극판의 과산화납은 점점 황산납으로 변한다.
② 극판의 해면상납은 점점 황산납으로 변한다.
③ 전해액은 물만 남게 된다.
④ 전해액의 비중은 점점 높아진다.

🔍 축전지 방전시에는 ⊕ 극판의 과산화납과 ⊖ 극판의 해면상납은 황산납으로, 전해액인 묽은황산은 물로 변하며, 전해액의 비중은 점점 낮아진다.

42 기관에 설치 된 상태에서 시동 시(크랭킹 시) 기동전동기에 흐르는 전류와 회전수를 측정하는 시험은?

① 단선시험 ② 단락시험
③ 접지시험 ④ 부하시험

🔍 부하시험이란 엔진을 시동(크랭킹)할 때 기동전동기에 흐르는 전류와 회전수를 측정하는 시험을 말한다.

43 납산 축전지의 온도가 낮아졌을 때 발생되는 현상이 아닌 것은?

① 전압이 떨어진다.
② 용량이 적어진다.
③ 전해액의 비중이 내려간다.
④ 동결하기 쉽다.

🔍 배터리 온도가 낮아졌을 때 나타나는 현상
• 전압이 떨어진다.
• 용량이 작아진다.
• 전해액의 비중이 올라간다.
• 동결하기 쉽다.

44 오버닝클러치 형식의 기동 전동기에서 기관이 시동된 후에도 계속해서 키 스위치를 작동시키면?

① 기동 전동기의 전기자가 타기 시작하여 소손된다.
② 기동 전동기의 전기자는 무부하 상태로 공회전한다.
③ 기동 전동기의 전기자가 정지된다.
④ 기동 전동기의 전기자가 기관회전보다 고속 회전한다.

🔍 기동 전동기의 피니언 기어만 기관에 의해 회전하고, 전기자는 오버닝 클러치에 의해 무부하 상태로 공회전한다.

45 발전기 스테이터 코일의 시험 중 그림은 어떤 시험인가?

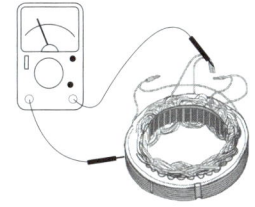

① 코일과 철심의 절연시험
② 코일의 단선시험
③ 코일과 브러시의 단락시험
④ 코일과 철심의 전압시험

🔍 스테이터 코일에서 코일과 철심의 절연시험이다.

46 축전지 단자의 부식을 방지하기 위한 방법으로 옳은 것은?

① 경유를 바른다.
② 그리스를 바른다.
③ 엔진오일을 바른다.
④ 탄산나트륨을 바른다.

> 축전지 단자 표면에 그리스를 발라 단자의 부식을 방지한다.

47 에어컨 매니폴드 게이지(압력 게이지) 접속 시 주의사항으로 틀린 것은?

① 매니폴드 게이지를 연결할 때에는 모든 밸브를 잠근 후 실시한다.
② 진공펌프를 작동시키고 매니폴드 게이지 또는 센터 호스를 저압라인에 연결한다.
③ 황색 호스를 진공펌프나 냉매회수기 또는 냉매충전기에 연결한다.
④ 냉매가 에어컨 사이클에 충전되어 있을 때에는 충전호스, 매니폴드 게이지의 밸브를 전부 잠근 후 분리한다.

> 매니폴드 게이지의 센터 호스를 진공펌프에 연결시키고, 진공펌프를 작동시켜 진공 작업을 행한다.

48 계기판의 주차 브레이크등이 점등되는 조건이 아닌 것은?

① 주차브레이크가 당겨져 있을 때
② 브레이크액이 부족할 때
③ 브레이크 페이드 현상이 발생했을 때
④ EBD 시스템에 결함이 발생했을 때

> 주차 브레이크등 점등 조건
> • 주차브레이크가 당겨져 있을 때
> • 브레이크액이 부족할 때
> • EBD 시스템에 결함이 발생했을 때
> ※ 브레이크 페이드 현상이란 미끄럼에 의한 마찰력 저하 현상으로 브레이크 등이 점등되지 않는다.

49 PNP형 트랜지스터의 순방향 전류는 어떤 방향으로 흐르는가?

① 컬렉터에서 베이스로
② 이미터에서 베이스로
③ 베이스에서 이미터로
④ 베이스에서 컬렉터로

> PNP형 트랜지스터의 순방향 전류는 이미터에서 베이스 또는 이미터에서 컬렉터로 흐른다.

50 계기판의 속도계가 작동하지 않을 때 고장부품으로 옳은 것은?

① 차속 센서
② 크랭크각 센서
③ 흡기매니홀드 압력 센서
④ 냉각수온 센서

> 속도계와 관계있는 센서는 차속 센서이다.

51 줄 작업에서 줄에 손잡이를 꼭 끼우고 사용하는 이유는?

① 평형을 유지하기 위해
② 중량을 높이기 위해
③ 보관에 편리하도록 하기 위해
④ 사용자에게 상처를 입히지 않기 위해

> 줄 작업시 줄에 손잡이를 꼭 끼우고 사용하는 이유는 사용자에게 상처를 입히지 않기 위해서 이다.

52 산업재해 예방을 위한 안전시설 점검의 가장 큰 이유는?

① 위해요소를 사전점검하여 조치한다.
② 시설장비의 가동상태를 점검한다.
③ 공장의 시설 및 설비 레이아웃을 점검한다.
④ 작업자의 안전교육 여부를 점검한다.

> 안전시설을 점검하는 이유는 위해요소를 사전에 점검, 조치하여 산업재해를 예방하기 위한 것이다.

53 정비용 기계의 검사, 유지, 수리에 대한 내용으로 틀린 것은?

① 동력기계의 급유 시에는 서행한다.
② 동력기계의 이동장치에는 동력 차단장치를 설치한다.
③ 동력 차단장치는 작업자 가까이에 설치한다.
④ 청소할 때는 운전을 정지한다.

🔍 동력기계의 급유 시에는 가동을 중지한다.

54 정밀한 기계를 수리할 때 부속품의 세척(청소) 방법으로 가장 안전한 방법은?

① 걸레로 닦는다.
② 와이어 브러시를 사용한다.
③ 에어건을 사용한다.
④ 솔을 사용한다.

🔍 정밀한 부속품의 세척은 에어 건으로 한다.

55 공기압축기 및 압축공기 취급에 대한 안전수칙으로 틀린 것은?

① 전기배선, 터미널 및 전선 등에 접촉 될 경우 전기쇼크의 위험이 있으므로 주의하여야 한다.
② 분해시 공기압축기, 공기탱크 및 관로 안의 압축공기를 완전히 배출한 뒤에 실시한다.
③ 하루에 한 번씩 공기탱크에 고여 있는 응축수를 제거한다.
④ 작업 중 작업자의 땀이나 열을 식히기 위해 압축공기를 호흡하면 작업효율이 좋아진다.

🔍 공기압축기의 공기압력은 고압이므로 땀이나 열을 식히기 위해 사용해서는 안된다.

56 전자제어 가솔린 기관의 실린더 헤드볼트를 규정대로 조이지 않았을 때 발생하는 현상으로 틀린 것은?

① 냉각수의 누출
② 스로틀 밸브의 고착
③ 실린더 헤드의 변형
④ 압축가스의 누설

🔍 헤드볼트를 규정대로 조이지 않았을 때 발생하는 현상
• 압축가스의 누설
• 냉각수의 누출
• 실린더 헤드의 변형
• 헤드 가스켓의 파손

57 전동공구 사용 시 전원이 차단되었을 경우 안전한 조치방법은?

① 전기가 다시 들어오는지 확인하기 위해 전동공구를 ON 상태로 둔다.
② 전기가 다시 들어올 때 까지 전동공구의 ON-OFF를 계속 반복한다.
③ 전동공구 스위치는 OFF 상태로 전환한다.
④ 전동공구는 플러그를 연결하고 스위치는 ON 상태로 하여 대피한다.

🔍 전동공구 사용 시 전원이 차단되었을 경우 전동공구 스위치는 OFF 상태로 전환한다.

58 자동차의 기동전동기 탈부착 작업 시 안전에 대한 유의사항으로 틀린 것은?

① 배터리 단자에서 터미널을 분리시킨 후 작업한다.
② 차량 아래에서 작업 시 보안경을 착용하고 작업한다.
③ 기동전동기를 고정시킨 후 배터리 단자를 접속한다.
④ 배터리 벤트플러그는 열려있는지 확인 후 작업한다.

🔍 ①, ②, ③항이 옳은 작업방법이며, 배터리 벤트 플러그가 열려있어서는 안된다.

59 납산 축전지 취급 시 주의사항으로 틀린 것은?

① 배터리 접속 시 (+)단자 부터 접속한다.
② 전해액이 옷에 묻지 않도록 주의한다.
③ 전해액이 부족하면 시냇물로 보충한다.
④ 배터리 분리 시 (-)단자 부터 분리한다.

🔍 전해액이 부족하면 연수(증류수, 빗물, 수도물 등)를 보충한다.

60 자동차 정비 작업시 작업복 상태로 적합한 것은?

① 가급적 주머니가 많이 붙어 있는 것이 좋다.
② 가급적 소매가 넓어 편한 것이 좋다.
③ 가급적 소매가 없거나 짧은 것이 좋다.
④ 가급적 폭이 넓지 않은 긴바지가 좋다.

🔍 작업복은 가급적 폭이 넓지 않은 긴바지가 좋다.

정답 2019년 1회 복원문제

01 ④	02 ④	03 ②	04 ④	05 ②
06 ④	07 ④	08 ③	09 ④	10 ②
11 ③	12 ③	13 ④	14 ④	15 ②
16 ④	17 ①	18 ②	19 ④	20 ②
21 ①	22 ①	23 ①	24 ③	25 ③
26 ①	27 ④	28 ④	29 ②	30 ①
31 ④	32 ④	33 ②	34 ③	35 ②
36 ①	37 ②	38 ③	39 ③	40 ①
41 ④	42 ④	43 ③	44 ②	45 ①
46 ②	47 ②	48 ③	49 ②	50 ①
51 ④	52 ①	53 ①	54 ③	55 ④
56 ②	57 ③	58 ④	59 ③	60 ④

2019년 2회 CBT 복원문제

01 LPG 기관에서 액체상태의 연료를 기체상태의 연료로 전환시키는 장치는?

① 베이퍼라이저
② 솔레노이드밸브 유닛
③ 봄베
④ 믹서

🔍 베이퍼라이저(vaporizer)는 액체를 기체로 변화시켜 주는 장치로 감압, 기화 및 압력조절 작용을 한다.

02 디젤 연료분사 펌프의 플런저가 하사점에서 플런저 배럴의 흡·배기 구멍을 닫기까지 즉, 송출 직전까지의 행정은?

① 예비행정
② 유효행정
③ 변행정
④ 정행정

🔍 분사펌프의 플런저가 하사점에서 상승하여 플런저 배럴의 연료 공급구멍을 막을 때까지 움직인 거리를 예행정이라 하며, 막은 다음부터 플런저의 바이패스 홈이 연료 공급구멍을 만나면 연료의 압송이 중지된다. 이 거리를 유효행정이라 한다.

03 기화기식과 비교한 전자제어 가솔린 연료분사장치의 장점으로 틀린 것은?

① 고출력 및 혼합비 제어에 유리하다.
② 연료 소비율이 낮다.
③ 부하변동에 따라 신속하게 응답한다.
④ 적절한 혼합비 공급으로 유해 배출가스가 증가 된다.

🔍 전자제어 연료분사 기관의 장점
 • 유해 배기가스의 저감
 • 연비 및 출력 향상
 • 부하변동에 따른 응답성 향상
 • 월 웨팅(wall wetting)에 따른 저온 시동성 향상
 • 저속 또는 고속에서 토크 영역의 변화가 가능하다.
 • 벤투리가 없어 공기 흐름저항이 적다.
 • 온·냉 시에도 최적의 성능을 보장한다.
 • 설계시 체적효율의 최적화에 집중하여 흡기다기관 설계가 가능하다.

04 석유를 사용하는 자동차의 대체에너지에 해당 되지 않는 것은?

① 알콜
② 전기
③ 중유
④ 수소

🔍 화석연료의 고갈로 자동차에 사용될 대체에너지로는 태양열, 풍력, 바이오 에너지, 수소 및 연료전지 등이 있다.

05 흡기다기관의 진공시험 결과 진공계의 바늘이 20~40 cmHg 사이에서 정지되었다면 가장 올바른 분석은?

① 엔진이 정상일 때
② 피스톤링이 마멸되었을 때
③ 밸브가 소손 되었을 때
④ 밸브 타이밍이 맞지 않을 때

🔍 흡기다기관의 진공도 시험
 • 정상 : 45~50cmHg 사이에서 조용히 흔들림
 • 실린더 벽, 피스톤 링 마멸 : 정상보다 낮은 30~40cmHg 에서 흔들림
 • 밸브 타이밍이 맞지 않을 때 : 20~40cmHg 사이에서 조용히 흔들림
 • 밸브 밀착불량, 점화시기 틀림 : 정상보다 5~8cmHg 낮음
 • 배기장치 막힘 : 기관을 급가속 후 닫으면 0으로 하강 후 40~45cmHg 에서 흔들림

06 기관의 윤활장치를 점검해야 하는 이유로 거리가 먼 것은?

① 윤활유 소비가 많다.
② 유압이 높다.
③ 유압이 낮다.
④ 오일 교환을 자주한다.

🔍 윤활장치 점검은 윤활유 소비가 많거나, 유압이 규정보다 너무 높거나 낮을 때 점검한다.

07 4행정 V6기관에서 6실린더가 모두 1회의 폭발을 하였다면 크랭크축은 몇 회전 하였는가?

① 2회전　　② 3회전
③ 6회전　　④ 9회전

> 4행정 기관이란 크랭크축 2회전에 모든 실린더가 1회씩 폭발한다.

08 매연측정기 배기가스 채취관의 길이는 얼마 이상이어야 하는가?

① 30 cm　　② 40 cm
③ 50 cm　　④ 60 cm

09 다음 중 흡입 공기량을 계량하는 센서는?

① 에어플로 센서　　② 흡기온도 센서
③ 대기압 센서　　④ 기관 회전속도 센서

> 에어플로 센서(AFS : Air Flow Sensor)는 에어클리너 내부에 설치되어 흡입 공기량을 측정한 후 ECU에 보낸다.

10 다음 (　)에 들어갈 말로 옳은 것은?

> NOx는 (㉠)의 화합물이며, 일반적으로 (㉡)에서 쉽게 반응한다.

① ㉠ 일산화탄소와 산소 ㉡ 저온
② ㉠ 일산화질소와 산소 ㉡ 고온
③ ㉠ 질소와 산소 ㉡ 저온
④ ㉠ 질소와 산소 ㉡ 고온

> NOx는 질소(N)와 산소(O)의 화합물이며, 일반적으로 고온에서 쉽게 반응한다.

11 엔진오일의 유압이 낮아지는 원인으로 틀린 것은?

① 베어링의 오일간극이 크다.
② 유압조절밸브의 스프링 장력이 크다.
③ 오일 팬 내의 윤활유 양이 적다.
④ 윤활유 공급 라인에 공기가 유입되었다.

> 유압이 낮아지는 원인
> • 유압조절밸브 스프링 장력 저하
> • 베어링 마모로 오일간극이 커졌을 때
> • 오일의 희석 및 점도 저하
> • 오일 부족
> • 오일펌프 불량 및 유압회로의 누설

12 자동차 기관의 기본 사이클이 아닌 것은?

① 역 브레이튼 사이클　　② 정적 사이클
③ 정압 사이클　　④ 복합 사이클

> 자동차 기관의 기본 사이클
> • 오토 사이클 : 정적 사이클 – 가솔린 기관
> • 디젤 사이클 : 정압 사이클 – 저속 디젤기관
> • 사바테 사이클 : 복합(합성) 사이클 – 고속 디젤기관

13 기관의 실린더(cylinder) 마멸량이란?

① 실린더 안지름의 최대 마멸량
② 실린더 안지름의 최대 마멸량과 최소 마멸량의 차이 값
③ 실린더 안지름의 최소 마멸량
④ 실린더 안지름의 최대 마멸량과 최소 마멸량의 평균 값

> 실린더 마멸량이란 실린더 안지름의 최대 마멸량과 실린더 규정값(최소 마멸량)과의 차이를 말한다.

14 기관이 과열하는 원인으로 틀린 것은?

① 냉각팬의 파손
② 냉각수 흐름 저항 감소
③ 라디에이터의 코어 파손
④ 냉각수 이물질 혼입

> ①, ③, ④는 기관이 과열하는 원인이고, 냉각수 흐름 저항 감소는 냉각수가 잘 순환한다는 의미로 좋은 현상이다.

15 다음 중 단위 환산으로 틀린 것은?

① $1J = 1N \cdot m$　　② $-40℃ = -40℉$
③ $-273℃ = 0°K$　　④ $1kgf/cm^2 = 1.42psi$

> $1kgf/cm^2 = 14.2psi$

16 열선식 흡입공기량 센서에서 흡입공기량이 많아질 경우 변화하는 물리량은?

① 열량 ② 시간
③ 전류 ④ 주파수

> 공기 통로에 설치된 발열체인 열선이 공기에 의해 냉각되면 전류량을 증가시켜 규정 온도가 되도록 상승시켜 흡입 공기량을 측정한다.

17 크랭크 핀 축받이 오일 간극이 커졌을 때 나타나는 현상으로 옳은 것은?

① 유압이 높아진다.
② 유압이 낮아진다.
③ 실린더 벽에 뿜어지는 오일이 부족해진다.
④ 연소실에 올라가는 오일의 양이 적어진다.

> 유압이 낮아지는 원인
> • 유압조절밸브 스프링 장력 저하
> • 베어링 마모로 오일간극이 커졌을 때
> • 오일의 희석 및 점도 저하
> • 오일 부족
> • 오일펌프 불량 및 유압회로의 누설

18 가솔린 엔진의 작동 온도가 낮을 때와 혼합비가 희박하여 실화되는 경우에 증가하는 유해 배출가스는?

① 산소(O_2)
② 탄화수소(HC)
③ 질소산화물(NO_x)
④ 이산화탄소(CO_2)

> 일산화탄소(CO)와 탄화수소(HC)는 엔진 작동 온도가 낮을 때와 혼합비가 희박하여 실화되는 경우에 발생한다.

19 디젤 노크를 일으키는 원인과 직접적인 관계가 없는 것은?

① 압축비 ② 회전속도
③ 옥탄가 ④ 엔진의 부하

> 압축비, 엔진 회전속도, 엔진의 부하, 연료 분사량, 분사시기, 흡입공기 온도는 디젤 노크와 밀접한 관계가 있고 옥탄가와 관계가 없다.

20 그림과 같은 커먼레일 인젝터 파형에서 주분사 구간을 가장 알맞게 표시한 것은?

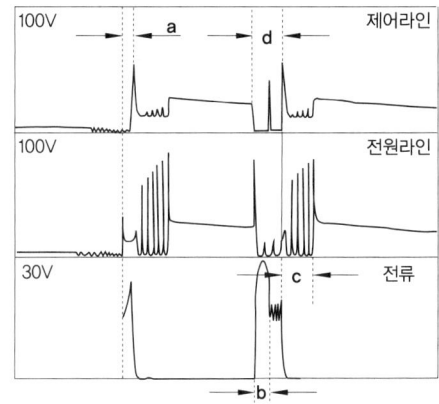

① a ② b
③ c ④ d

> 인젝터 파형 설명
> • a : 예비(파일럿) 분사 구간(전압)
> • b : 주분사 풀인전류 구간
> • c : 진동 감쇠구간
> • d : 주분사 전 구간(전압)

21 부특성 서미스터(Thermister)에 해당되는 것으로 나열된 것은?

① 냉각수온 센서, 흡기온 센서
② 냉각수온 센서, 산소 센서
③ 산소 센서, 스로틀 포지션 센서
④ 스로틀 포지션 센서, 크랭크 앵글 센서

> 부특성 서미스터 : 냉각수온 센서, 흡기온 센서, 오일온도 센서 등에 사용

22 176°F는 몇 ℃인가?

① 76 ② 80
③ 144 ④ 176

> 섭씨온도 ℃ $= \dfrac{5}{9}(F-32)$
> $= \dfrac{5}{9}(176-32) = 80℃$

23 산소센서 신호가 희박으로 나타날 때 연료계통의 점검 사항으로 틀린 것은?

① 연료필터의 막힘 여부
② 연료펌프의 작동전류 점검
③ 연료펌프 전원의 전압강하 여부
④ 릴리프 밸브의 막힘 여부

🔍 산소센서 신호가 희박하다고 나타나면 연료가 부족하다는 의미이므로 ①~③항을 점검하고, 릴리프 밸브는 연료압력이 높아지면 작동하는 안전밸브로 관련이 없다.

24 주행저항 중 자동차의 중량과 관계없는 것은?

① 구름저항　② 구배저항
③ 가속저항　④ 공기저항

🔍 공기저항은 자동차의 전면 투영면적과 관계가 있고, 중량과는 관계가 없다.

25 자동변속기 오일펌프에서 발생한 라인압력을 일정하게 조정하는 밸브는?

① 체크 밸브
② 거버너 밸브
③ 매뉴얼 밸브
④ 레귤레이터 밸브

🔍 레귤레이터(regulator) 밸브는 오일펌프에서 발생한 라인압력을 일정하게 조절하는 역할을 한다.

26 수동변속기 차량에서 클러치의 구비조건으로 틀린 것은?

① 동력전달이 확실하고 신속할 것
② 방열이 잘 되어 과열되지 않을 것
③ 회전부분의 평형이 좋을 것
④ 회전 관성이 클 것

🔍 클러치 구비조건
 • 동력전달이 확실하고 신속할 것
 • 방열이 잘 되어 과열되지 않을 것
 • 회전부분의 평형이 좋을 것
 • 내열성이 좋을 것
 • 회전관성이 작을 것

27 종감속 장치에서 하이포이드 기어의 장점으로 틀린 것은?

① 기어 이의 물림 율이 크기 때문에 회전이 정숙하다.
② 기어의 편심으로 차체의 전고가 높아진다.
③ 추진축의 높이를 낮게 할 수 있어 거주성이 향상된다.
④ 이면의 접촉 면적이 증가되어 강도를 향상시킨다.

🔍 하이포이드 기어의 특징
 • 구동 피니언 중심과 링기어 중심이 10~20% 낮게(off-set) 설치되어 있다.
 • 추진축의 높이를 낮게 할 수 있어 무게중심이 낮아지고 거주성이 향상된다.
 • 기어 이의 물림률이 크기 때문에 회전이 정숙하다.
 • 구동 피니언을 크게 할 수 있어 강도가 증가한다.

28 자동변속기에서 차속센서와 함께 연산하여 변속시기를 결정하는 주요 입력신호는?

① 캠축 포지션 센서
② 스로틀 포지션 센서
③ 유온 센서
④ 수온 센서

🔍 자동변속기의 변속은 운전자의 의지(변속레버 위치), 엔진부하(스로틀 개도), 자동차 속도에 의해 이루어진다.

29 전자제어 자동변속기에서 변속단 결정에 가장 중요한 역할을 하는 센서는?

① 스로틀 포지션 센서　② 공기유량 센서
③ 레인 센서　④ 산소 센서

🔍 자동변속기의 변속은 스로틀 포지션 센서의 열림량과 차속에 의해서 결정된다.

30 기계식 주차레버를 당기기 시작(0%)하여 완전작동(100%) 할 때까지의 범위 중 주차가능 범위로 옳은 것은?

① 10~20%　② 15~30%
③ 50~70%　④ 80~100%

🔍 주차레버의 주차가능 범위는 전 행정의 50~70%이다.

31 제어 밸브와 동력 실린더가 일체로 결합된 것으로 대형트럭이나 버스 등에서 사용되는 동력조향장치는?

① 조합형
② 분리형
③ 혼성형
④ 독립형

> 동력조향장치의 분류
> • 일체형(integral type) : 조향기어, 동력실린더, 제어밸브 모두 기어박스 내에 설치
> • 링키지 조합형 : 동력실린더와 제어밸브가 일체로 설치
> • 링키지 분리형 : 조향기어, 동력실린더, 제어밸브 모두 분리되어 설치

32 드럼 방식의 브레이크 장치와 비교했을 때 디스크 브레이크의 장점은?

① 자기작동 효과가 크다.
② 오염이 잘되지 않는다.
③ 패드의 마모율이 낮다.
④ 패드의 교환이 용이하다.

> 디스크 브레이크의 특징
> • 구조가 간단하고, 패드 교환이 쉽다.
> • 디스크가 대기 중에 노출되어 냉각 효과가 크다.
> • 방열이 잘 되어 페이드 현상이나 편제동 현상이 적다.
> • 부품의 평형이 좋고 한쪽만 제동되는 일이 적다.
> • 자기작동이 없으므로 페달 조작력이 커야 한다.
> • 마찰면적이 적어 패드의 강도가 커야하고, 패드의 마멸이 크다.

33 전자제어 현가장치에서 입력 신호가 아닌 것은?

① 스로틀 포지션 센서
② 브레이크 스위치
③ 감쇠력 모드 전환 스위치
④ 대기압 센서

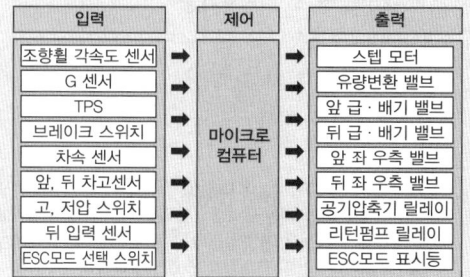

34 타이어의 스탠딩 웨이브 현상에 대한 내용으로 옳은 것은?

① 스탠딩 웨이브를 줄이기 위해 고속 주행 시 공기압을 10% 정도 줄인다.
② 스탠딩 웨이브가 심하면 타이어 박리현상이 발생할 수 있다.
③ 스탠딩 웨이브는 바이어스 타이어보다 레디얼 타이어에서 많이 발생한다.
④ 스탠딩 웨이브 현상은 하중과 무관하다.

> 스탠딩 웨이브(standing wave) 현상 : 고속 주행시 타이어가 노면과의 충격에 의해 뒷면이 찌그러져 마치 물결모양으로 정지한 것처럼 보이는 현상으로, 심하면 타이어 박리현상이 생길 수 있다.
> [참고] 스탠딩 웨이브 방지법
> • 타이어의 공기압을 10~15% 높인다.
> • 강성이 큰 타이어(레이디얼 타이어)를 사용한다.
> • 자동차의 하중을 작게 한다.
> • 저속 운행을 한다.

35 제동장치에서 편제동의 원인이 아닌 것은?

① 타이어 공기압 불 평형
② 마스터 실린더 리턴 포트의 막힘
③ 브레이크 패드의 마찰계수 저하
④ 브레이크 디스크에 기름 부착

> ①, ③, ④항은 편제동의 원인이며, 마스터 실린더의 리턴 구멍이 막히면 브레이크 액이 리턴되지 못하므로 브레이크가 풀리지 않는 원인이 된다.

36 주행 중 가속페달 작동에 따라 출력전압의 변화가 일어나는 센서는?

① 공기온도 센서
② 수온 센서
③ 유온 센서
④ 스로틀 포지션 센서

> 스로틀 포지션 센서(TPS)는 가변 저항식으로 스로틀 밸브를 밟으면 스로틀 밸브 축에 위치한 스로틀 위치센서 (TPS)를 통해 밸브의 열림 정도가 감지되며 열린 정도에 따라 공기량이 조절된다.

37 전자제어식 동력조향장치(EPS)의 관련된 설명으로 틀린 것은?

① 저속 주행에서는 조향력을 가볍게, 고속주행에서는 무겁게 되도록 한다.
② 저속 주행에서는 조향력을 무겁게, 고속주행에서는 가볍게 되도록 한다.
③ 제어방식에서 차속감응과 엔진회전수 감응방식이 있다.
④ 급조향시 조향 방향으로 잡아당기는 현상을 방지하는 효과가 있다.

🔍 전자식 동력 조향장치는 차속에 따라 저속 주행에서는 조향력을 가볍게 하고, 고속에서는 적절히 무겁게 하여 조향 안정성을 꾀한다.

38 전자제어 제동 시스템(ABS)을 입력, 제어, 출력으로 나누었을 때 입력이 아닌 것은?

① 스피드 센서
② 모터 릴레이
③ 브레이크 스위치
④ 축전지 전원

🔍 전원, 센서, 스위치는 입력신호이고, 모터 릴레이는 출력신호이다.

39 변속기 내부에 설치된 증속장치(Over drive system)에 대한 설명으로 틀린 것은?

① 기관의 회전속도를 일정수준 낮추어도 주행속도를 그대로 유지한다.
② 출력과 회전수의 증대로 윤활유 및 연료 소비량이 증가한다.
③ 기관의 회전속도가 같으면 증속장치가 설치된 자동차 속도가 더 빠르다.
④ 기관의 수명이 길어지고 운전이 정숙하게 된다.

🔍 증속 구동장치(over drive)는 ①, ③, ④항 외에 엔진의 여유동력을 이용하므로 연료 소비량이 적어진다.

40 ABS(Anti-lock Brake System)의 구성 요소 중 휠의 회전속도를 감지하여 컨트롤 유닛으로 신호를 보내주는 것은?

① 휠 스피드 센서
② 하이드로릭 유닛
③ 솔레노이드 밸브
④ 어큐뮬레이터

🔍 ABS의 구성부품
• 휠 스피드 센서 : 차륜의 회전상태를 검출
• 전자제어 컨트롤 유닛(E.C.U) : 휠 스피드 센서의 신호를 받아 ABS를 제어
• 하이드롤릭 유닛 : E.C.U의 신호에 따라 휠 실린더에 공급되는 유압을 제어
• 프로포셔닝 밸브 : 브레이크를 밟았을 때 뒷바퀴가 조기에 고착되지 않도록 뒷바퀴의 유압을 제어

41 완전 충전된 납산축전지에서 양극판의 성분(물질)으로 옳은 것은?

① 과산화납
② 납
③ 해면상납
④ 산화물

🔍 납산축전지가 완전 충전되면 양극판은 과산화납, 음극판은 해면상납, 전해액은 묽은황산으로 되돌아 온다.

42 교류 발전기의 발전원리에 응용되는 법칙은?

① 플레밍의 왼손 법칙
② 플레밍의 오른손 법칙
③ 옴의 법칙
④ 자기포화의 법칙

🔍 직류발전기는 플레밍의 오른손 법칙, 교류발전기는 렌쯔의 법칙을 응용한 것이다. 발전기는 둘 중 하나이므로 플레밍의 오른손 법칙을 정답으로 하였다.

43 커먼레일 디젤엔진 차량의 계기판에서 경고등 및 지시등의 종류가 아닌 것은?

① 예열플러그 작동지시등
② DPF 경고등
③ 연료수분 감지 경고등
④ 연료 차단 지시등

🔍 커먼레일 디젤엔진 경고등 및 지시등
• 예열플러그 작동지시등 : 예열플러그 작동시간 동안 점등
• DPF 경고등 : 매연입자가 일정량 이상 모이면 점등
• 연료수분 감지 경고등 : 연료필터에 수분이 규정 이상 있을 때 점등

44 현재의 연료 소비율, 평균속도, 항속 가능거리 등의 정보를 표시하는 시스템으로 옳은 것은?

① 종합 경보 시스템(ETACS 또는 ETWIS)
② 엔진·변속기 통합제어 시스템(ECM)
③ 자동주차 시스템(APS)
④ 트립(Trip) 정보 시스템

> 트립 정보시스템(trip computer)은 시동 "ON"부터 "OFF"까지의 주행거리(적산 거리), 주행 가능 거리, 평균속도 및 주행시간 등 주행에 관련된 각종 정보들을 LCD를 이용해 화면에 표시해 주는 운전자 정보 전달장치

45 그림과 같이 측정했을 때 저항 값은?

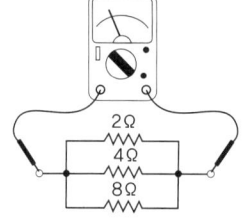

① 14Ω ② $\frac{1}{14}$Ω
③ $\frac{8}{7}$Ω ④ $\frac{7}{8}$Ω

> 합성저항 $\frac{1}{R} = \frac{1}{R_1} + \frac{1}{R_2} + \cdots + \frac{1}{R_n}$
> ∴ 합성저항 $\frac{1}{R} = \frac{1}{2} + \frac{1}{4} + \frac{1}{8} = \frac{4}{8} + \frac{2}{8} + \frac{1}{8} = \frac{7}{8}$Ω
> ∴ $R = \frac{8}{7}$Ω

46 브레이크등 회로에서 12V 축전지에 24W의 전구 2개가 연결되어 점등된 상태라면 합성저항은?

① 2Ω
② 3Ω
③ 4Ω
④ 6Ω

> 소비전력 = 24W + 24W = 48W
> ∴ $R = \frac{E^2}{P} = \frac{12^2}{48} = 3Ω$

47 발전기의 기전력 발생에 관한 설명으로 틀린 것은?

① 로터의 회전이 빠르면 기전력은 커진다.
② 로터코일을 통해 흐르는 여자 전류가 크면 기전력은 커진다.
③ 코일의 권수와 도선의 길이가 길면 기전력은 커진다.
④ 자극의 수가 많아지면 여자되는 시간이 짧아져 기전력이 작아진다.

> 기전력을 크게 발생하는 방법
> • 로터의 회전을 빠르게 한다.
> • 자극수를 많게 한다.
> • 코일의 권수와 도선의 길이를 길게 한다.
> • 여자전류를 크게 한다.

48 디젤 승용자동차의 시동장치 회로 구성요소로 틀린 것은?

① 축전지 ② 기동 전동기
③ 점화코일 ④ 예열·시동스위치

> 디젤 승용자동차의 시동회로에는 축전지, 예열 및 시동스위치, 기동 전동기가 있으며 압축착화 엔진이므로 점화코일이 없다.

49 IC 방식의 전압조정기가 내장된 자동차용 교류발전기의 특징으로 틀린 것은?

① 스테이터 코일 여자전류에 의한 출력이 향상된다.
② 접점이 없기 때문에 조정 전압의 변동이 없다.
③ 접점방식에 비해 내진성, 내구성이 크다.
④ 접점 불꽃에 의한 노이즈가 없다.

> ②, ③, ④항이 옳은 설명이며, 교류발전기는 로터 코일 여자전류에 의해 출력이 향상된다.

50 기동전동기에 많은 전류가 흐르는 원인으로 옳은 것은?

① 높은 내부저항 ② 내부 접지
③ 전기자 코일의 단선 ④ 계자 코일의 단선

> 내부저항이 크면 아주 작은 전류가 흐르며, 전기자 코일의 단선과 계자 코일의 단선은 전류가 흐르지 않는다. 기동전동기 내부에서 접지되면 기동전동기에 많은 전류가 흐르게 된다.

51 작업 현장의 안전표시 색채에서 재해나 상해가 발생하는 장소의 위험 표시로 사용되는 색채는?

① 녹색　　　　② 파랑색
③ 주황색　　　④ 보라색

> 작업 현장에서 재해나 상해가 발생하는 장소의 위험 표시 색채는 주황색이다.

52 정 작업 시 주의할 사항으로 틀린 것은?

① 정 작업 시에는 보호안경을 사용 할 것
② 철재를 절단할 때는 철편이 튀는 방향에 주의할 것
③ 자르기 시작할 때와 끝날 무렵에는 세게 칠 것
④ 담금질 된 재료는 깎아내지 말 것

> 정 작업시 주의사항
> • 정 작업 시에는 보호안경을 사용 할 것
> • 정 작업은 시작과 끝에 특히 조심한다.
> • 처음에는 약하게 타격하고 차차 강하게 때린다.
> • 열처리한 재료는 정으로 작업하지 않는다.
> • 머리가 찌그러진 것은 수정하여 사용하여야 한다.
> • 철재를 절단할 때는 철편이 튀는 방향에 주의할 것
> • 정 작업시 버섯머리는 그라인더로 갈아서 사용한다.

53 어떤 제철공장에서 400명의 종업원이 1년간 작업하는 가운데 신체장애 등급 11급 10명과 1급 1명이 발생하였다. 재해 강도율은 약 얼마인가? (단, 1일 8시간 작업하고, 년 300일 근무한다.)

장애등급	1-3	4	5	6	7	8
근로손실일수	7500	5500	4000	3000	2000	1500
장애등급	9	10	11	12	13	14
근로손실일수	1000	600	400	200	100	50

① 10.98%　　　② 11.98%
③ 12.98%　　　④ 13.98%

> 강도율이란 연 근로시간 1,000 시간당 재해에 잃어버린 일수로 표시한다.
> 즉, 강도율 = $\dfrac{\text{근로손실 일수}}{\text{연근로시간수}} \times 10^3$
> • 연 근로시간 = 400 × 8 × 300 = 960,000 시간
> • 근로손실 일수 = 400 × 10 + 7,500 × 1 = 11,500 일
> ∴ 강도율 = $\dfrac{11,500}{960,000} \times 10^3 = 11.98$

54 기계 부품에 작용하는 하중에서 안전율을 가장 크게 하여야 할 하중은?

① 정 하중　　　② 교번 하중
③ 충격 하중　　④ 반복 하중

> 안전율의 크기 순서 충격하중 > 교번하중 > 반복하중 > 정하중

55 일반적인 기계 동력 전달 장치에서 안전상 주의사항으로 틀린 것은?

① 기어가 회전하고 있는 곳은 뚜껑으로 잘 덮어 위험을 방지한다.
② 천천히 움직이는 벨트라도 손으로 잡지 않는다.
③ 회전하고 있는 벨트나 기어에 필요 없는 접근을 금한다.
④ 동력전달을 빨리하기 위해 벨트를 회전하는 풀리에 손으로 걸어도 좋다.

> 풀리에 벨트를 걸때는 기관을 정지시키고 한다.

56 브레이크에 페이드 현상이 일어났을 때 운전자가 취할 응급처치로 가장 옳은 것은?

① 자동차의 속도를 조금 올려준다.
② 자동차를 세우고 열이 식도록 한다.
③ 브레이크를 자주 밟아 열을 발생시킨다.
④ 주차 브레이크를 대신 사용한다.

> 브레이크에서 페이드 현상은 마찰열이 발생되어 제동력이 저하하는 현상이므로, 자동차를 세우고 열을 식히도록 한다.

57 유압식 브레이크 정비에 대한 설명으로 틀린 것은?

① 패드는 안쪽과 바깥쪽을 세트로 교환한다.
② 패드는 좌・우 어느 한쪽이 교환시기가 되면 좌・우 동시에 교환한다.
③ 패드 교환 후 브레이크 페달을 2~3회 밟아준다.
④ 브레이크액은 공기와 접촉 시 비등점이 상승하여 제동성능이 향상된다.

> ①, ②, ③항이 옳은 작업방법이며, 브레이크액에 공기가 혼입되어서는 안된다.

58 운반기계의 취급과 안전수칙에 대한 내용으로 틀린 것은?

① 무거운 물건을 운반할 때는 반드시 경종을 울린다.
② 기중기는 규정 용량을 지킨다.
③ 흔들리는 화물은 보조자가 탑승하여 움직이지 못하도록 한다.
④ 무거운 것은 밑에, 가벼운 것은 위에 쌓는다.

🔍 흔들리는 화물은 움직이지 못하도록 단단히 묶는다.

59 타이어 압력 모니터링 장치(TPMS)의 점검, 정비 시 잘못된 것은?

① 타이어 압력센서는 공기 주입 밸브와 일체로 되어 있다.
② 타이어 압력센서 장착용 휠은 일반 휠과 다르다.
③ 타이어 분리시 타이어 압력센서가 파손되지 않게 한다.
④ 타이어 압력센서용 배터리 수명은 영구적이다.

🔍 타이어 압력센서용 배터리 보증수명은 대략 10년 정도이다.

60 운반 기계에 대한 안전수칙으로 틀린 것은?

① 무거운 물건을 운반할 경우에는 반드시 경종을 울린다.
② 흔들리는 화물은 사람이 승차하여 붙잡도록 한다.
③ 기중기는 규정 용량을 초과하지 않는다.
④ 무거운 물건을 상승시킨 채 오랫동안 방치하지 않는다.

🔍 흔들리는 화물은 움직이지 못하도록 단단히 묶어 놓고 화물칸에 사람이 승차하여서는 안된다.

정답 2019년 2회 복원문제

01 ①	02 ①	03 ④	04 ③	05 ④
06 ④	07 ①	08 ①	09 ①	10 ④
11 ②	12 ①	13 ②	14 ②	15 ④
16 ③	17 ②	18 ②	19 ③	20 ④
21 ①	22 ②	23 ④	24 ④	25 ②
26 ④	27 ②	28 ②	29 ①	30 ③
31 ①	32 ④	33 ④	34 ②	35 ②
36 ④	37 ②	38 ②	39 ②	40 ①
41 ①	42 ②	43 ②	44 ④	45 ③
46 ②	47 ④	48 ③	49 ①	50 ②
51 ③	52 ③	53 ②	54 ③	55 ④
56 ②	57 ④	58 ③	59 ④	60 ②

2019년 3회 CBT 복원문제

01 베어링이 하우징 내에서 움직이지 않게 하기 위하여 베어링의 바깥 둘레를 하우징의 둘레보다 조금 크게 하여 차이를 두는 것은?

① 베어링 크러시
② 베어링 스프레드
③ 베어링 돌기
④ 베어링 어셈블리

> 베어링 크러시란 베어링 바깥둘레를 하우징 둘레보다 약간 크게 둔 것으로, 볼트로 조였을 때 압착시켜 베어링 면의 열 전도율을 향상시킨다.

02 120PS의 디젤기관이 24시간 동안에 360L의 연료를 소비하였다면, 이 기관의 연료소비율(g/PS·h)은? (단, 연료의 비중은 0.9이다.)

① 약 125
② 약 450
③ 약 113
④ 약 513

> 연료소비율(g/ps-h) = $\dfrac{\text{연료 소비량}}{\text{시간} \times \text{마력}}$ = $\dfrac{360 \times 1{,}000 \times 0.9}{24 \times 120}$
> = 112.5g/ps-h

03 공회전 속도조절 장치라 할 수 없는 것은?

① 전자 스로틀 시스템
② 아이들 스피드 액추에이터
③ 스텝 모터
④ 가변 흡기제어 장치

> 가변 흡기제어 장치(VIS : Variable Intake System)란 엔진 회전수와 부하에 따라 흡기다기관의 길이를 변화시켜 전 운전 영역에서 엔진 성능을 향상시키는 시스템이다.

04 전자제어 가솔린기관에서 흡기다기관의 압력과 인젝터에 공급되는 연료압력 편차를 일정하게 유지시키는 것은?

① 릴리프 밸브
② MAP 센서
③ 압력 조절기
④ 체크 밸브

> 연료압력 조절기는 흡기 매니홀드의 부압에 의해 작동되며, 흡기다기관 내의 압력변화에 대응하여 연료 분사량을 일정하게 유지하기 위해 인젝터에 걸리는 연료 압력을 일정하게 (2.55kgf/cm²) 조절한다.

05 압축압력 시험에서 압축압력이 떨어지는 요인으로 가장 거리가 먼 것은?

① 헤드 가스켓 소손
② 피스톤링 마모
③ 밸브시트 마모
④ 밸브 가이드고무 마모

> 밸브 가이드고무가 마모되면 오일이 유입되어 오일이 줄어드나 압축압력에 영향을 미치지는 않는다.

06 피스톤 재질의 요구특성으로 틀린 것은?

① 무게가 가벼워야 한다.
② 고온 강도가 높아야 한다.
③ 내마모성이 좋아야 한다.
④ 열팽창 계수가 커야 한다.

> 피스톤의 구비조건
> • 무게가 가벼울 것
> • 내마모성이 클 것
> • 고온에서 강도가 높을 것
> • 열팽창율이 적고, 열전도율이 좋을 것

07 디젤기관에서 과급기의 사용 목적으로 틀린 것은?

① 엔진의 출력이 증대된다.
② 체적효율이 작아진다.
③ 평균유효압력이 향상된다.
④ 회전력이 증가한다.

> 과급기 사용의 장점
> • 체적효율이 좋아진다.
> • 평균유효압력이 향상된다.
> • 회전력이 증가한다.
> • 엔진의 출력이 증대된다.
> • 연료소비율이 향상된다.
> • 잔류 배출가스를 완전히 배출시킬 수 있다.

08 기관 연소실 설계 시 고려할 사항으로 틀린 것은?

① 화염전파에 요하는 시간을 가능한 한 짧게 한다.
② 가열되기 쉬운 돌출부를 두지 않는다.
③ 연소실의 표면적이 최대가 되게 한다.
④ 압축행정에서 혼합기에 와류를 일으키게 한다.

🔍 열손실을 줄이기 위해 연소실의 표면적은 가능한 한 작게 한다.

09 가솔린의 조성 비율(체적)이 이소옥탄 80, 노멀헵탄 20인 경우 옥탄가는?

① 20 ② 40
③ 60 ④ 80

🔍 옥탄가 = $\dfrac{이소옥탄}{이소옥탄 + 정(노말)헵탄} \times 100(\%)$
= $\dfrac{80}{80+30} \times 100 = 80(\%)$

10 바이널리 출력방식의 산소센서 점검 및 사용 시 주의사항으로 틀린 것은?

① O_2 센서의 내부저항을 측정치 말 것
② 전압 측정 시 디지털 미터를 사용할 것
③ 출력 전압을 쇼트 시키지 말 것
④ 유연 가솔린을 사용할 것

🔍 산소센서 점검 및 사용 시 주의사항
• 무연 가솔린을 사용할 것
• O_2 센서의 내부저항을 측정치 말 것
• 전압 측정 시 디지털 미터를 사용할 것
• 출력 전압을 쇼트 시키지 말 것

11 실린더 내경 75mm, 행정 75mm, 압축비가 8:1인 4실린더 기관의 총 연소실 체적은?

① 약 239.3cc ② 약 159.3cc
③ 약 189.3cc ④ 약 318.3cc

🔍 압축비 = $1 + \dfrac{행정 체적(배기량)}{연소실 체적}$
∴ 연소실 체적 = $\dfrac{행정 체적(배기량)}{압축비 - 1}$
= $\dfrac{0.785 \times 7.5^2 \times 7.5}{8-1} = 47.31$cc
4실린더이므로 $47.31 \times 4 = 189.24$cc
∴ 약 189.3cc

12 커넥팅로드의 길이가 150mm, 피스톤의 행정이 100mm라면 커넥팅로드 길이는 크랭크 회전반지름의 몇 배가 되는가?

① 1.5배 ② 3배
③ 3.5배 ④ 6배

🔍 피스톤 행정이 100mm이면 크랭크축 회전반지름은 50mm이므로, 150÷50 = 3배이다.

13 디젤기관에서 분사시기가 빠를 때 나타나는 현상으로 틀린 것은?

① 배기가스의 색이 흑색이다.
② 노크현상이 일어난다.
③ 배기가스의 색이 백색이 된다.
④ 저속회전이 어려워진다.

🔍 분사시기가 빠를 때 나타나는 현상
• 노크 현상이 발생한다.
• 연소가 불량하여 배기가스가 흑색이다.
• 기관의 출력이 저하된다.
• 저속에서 회전이 불량해 질 수 있다.

14 디젤기관에서 연료 분사시기가 과도하게 빠를 경우 발생할 수 있는 현상으로 틀린 것은?

① 노크를 일으킨다.
② 배기가스가 흑색이다.
③ 기관의 출력이 저하된다.
④ 분사압력이 증가한다.

🔍 분사시기가 빠를 때 나타나는 현상
• 노크 현상이 발생한다.
• 연소가 불량하여 배기가스가 흑색이다.
• 기관의 출력이 저하된다.
• 저속에서 회전이 불량해 질 수 있다.

15 자동차의 안전기준에서 제동등이 다른 등화와 겸용하는 경우 제동조작 시 그 광도가 몇배 이상 증가하여야 하는가?

① 2배 ② 3배
③ 4배 ④ 5배

🔍 제동등은 다른 등화와 겸용할 경우 그 광도가 3배 이상 증가할 것

16 스프링 정수가 2kgf/mm인 자동차 코일 스프링을 3cm 압축하려면 필요한 힘은?

① 6kgf
② 60kgf
③ 600kgf
④ 6,000kgf

> 스프링 상수(k) = $\dfrac{W(kgf)}{l(mm)}$
> ∴ W = k · l = 2 × 30 = 60kgf

17 아날로그 신호가 출력되는 센서로 틀린 것은?

① 옵티컬 방식의 크랭크각 센서
② 스로틀 포지션 센서
③ 흡기온도 센서
④ 수온 센서

> 옵티컬 방식의 크랭크각 센서는 디지털 신호이다.

18 배기장치(머플러) 교환 시 안전 및 유의사항으로 틀린 것은?

① 분해 전 촉매가 정상 작동온도가 되도록 한다.
② 배기가스 누출이 되지 않도록 조립한다.
③ 조립 할 때 가스켓은 신품으로 교환한다.
④ 조립 후 다른 부분과의 접촉여부를 점검한다.

> ②~④항에 유의하여 작업하며, 화상의 염려가 있으므로 촉매장치가 완전히 식은 후에 작업한다.

19 기관의 윤활유 점도지수(viscosity index) 또는 점도에 대한 설명으로 틀린 것은?

① 온도변화에 의한 점도변화가 적을 경우 점도지수가 높다.
② 추운 지방에서는 점도가 큰 것 일수록 좋다.
③ 점도지수는 온도변화에 대한 점도의 변화 정도를 표시한 것이다.
④ 점도란 윤활유의 끈적끈적한 정도를 나타내는 척도이다.

> ①, ③, ④항이 점도지수에 대한 옳은 설명이고, 추운 지방에서는 점도가 낮은 것을 사용하는 것이 좋다.

20 디젤기관에 사용되는 경유의 구비조건은?

① 점도가 낮을 것
② 세탄가가 낮을 것
③ 유황분이 많을 것
④ 착화성이 좋을 것

> 경유의 구비조건
> • 착화성이 좋을 것
> • 세탄가가 높을 것
> • 유황분이 적을 것
> • 점도가 적당할 것

21 LPG기관에서 냉각수 온도 스위치의 신호에 의하여 기체 또는 액체 연료를 차단하거나 공급하는 역할을 하는 것은?

① 과류방지 밸브
② 유동 밸브
③ 안전 밸브
④ 액 · 기상 솔레노이드 밸브

> LPG기관의 액 · 기상 솔레노이드 밸브는 냉각수 온도 스위치의 신호에 의하여 기체 또는 액체 연료를 차단하거나 공급하는 역할을 한다.

22 흡기매니홀드 내의 압력에 대한 설명으로 옳은 것은?

① 외부 펌프로부터 만들어진다.
② 압력은 항상 일정하다.
③ 압력변화는 항상 대기압에 의해 변화한다.
④ 스로틀 밸브의 개도에 따라 달라진다.

> 흡기매니홀드 내의 압력은 스로틀 밸브의 개도에 따라 달라진다. 즉, 스로틀 밸브가 닫히면 압력은 낮아지고, 열리면 높아진다.

23 기관에서 블로바이 가스의 주성분은?

① N_2
② HC
③ CO
④ NO_x

> 블로바이 가스 환원장치는 피스톤과 실린더 사이에서 누출된 미연소 가스인 탄화수소(HC)의 배출을 줄이기 위한 장치이다.

24 공기 브레이크의 구성 부품이 아닌 것은?

① 공기 압축기   ② 브레이크 챔버
③ 브레이크 휠 실린더   ④ 퀵 릴리스 밸브

🔍 공기 브레이크에는 휠 실린더가 없다.

25 수동변속기 내부에서 싱크로나이저 링의 기능이 작용하는 시기는?

① 변속기 내에서 기어가 빠질 때
② 변속기 내에서 기어가 물릴 때
③ 클러치 페달을 밟을 때
④ 클러치 페달을 놓을 때

🔍 싱크로나이저 링은 기어 변속시(물릴 때) 동기시켜 변속을 원활하게 해주는 역할을 한다.

26 사이드 슬립테스터의 지시 값이 4m/km일 때 1km 주행에 대한 앞바퀴의 슬립 량은?

① 4mm   ② 4cm
③ 40cm   ④ 4m

🔍 사이드 슬립 시험기의 지시 값이 4m/km 라는 것은 1km 주행에 4m 슬립된 것을 의미한다.

27 조향장치에서 차륜 정렬의 목적으로 틀린 것은?

① 조향 휠의 조작안정성을 준다.
② 조향 휠의 주행안정성을 준다.
③ 타이어의 수명을 연장시켜 준다.
④ 조향 휠의 복원성을 경감시킨다.

🔍 앞바퀴 정렬(wheel alignment)의 역할
 • 조향 핸들의 조작력을 가볍게 한다.
 • 조향 조작이 확실하고 주행안정성을 준다.
 • 조향 핸들에 복원성을 준다.
 • 타이어의 마모를 최소화 한다.

28 전자제어 동력 조향장치와 관계가 없는 센서는?

① 일사 센서   ② 차속 센서
③ 스로틀 포지션 센서   ④ 조향각 센서

🔍 동력 조향장치의 입력 센서
 • 차속센서 : 차량속도를 검출하여 ECU로 입력
 • 스로틀 포지션 센서 : 가속페달의 밟는 량을 검출
 • 조향각 센서 : 조향 속도를 측정하여 파워 스티어링의 catch up 현상을 보상

29 빈번한 브레이크 조작으로 인해 온도가 상승하여 마찰계수 저하로 제동력이 떨어지는 현상은?

① 베이퍼 록 현상
② 페이드 현상
③ 피칭 현상
④ 시미 현상

🔍 용어 설명
 • 페이드 현상 : 빈번한 브레이크 조작으로 인해 온도가 상승하여 라이닝(패드)의 마찰계수 저하로 제동력이 떨어지는 현상
 • 베이퍼 록(vapor lock) 현상 : 브레이크의 빈번한 사용이나 끌림 등에 의한 마찰열이 브레이크 회로에 전달되어, 브레이크 회로 내에 기포가 발생되어 압력전달이 불가능하게 되는 현상

30 자동변속기의 유압제어 기구에서 매뉴얼 밸브의 역할은?

① 선택 레버의 움직임에 따라 P, R, N, D 등의 각 레인지로 변환 시 유로 변경
② 오일펌프에서 발생한 유압을 차속과 부하에 알맞은 압력으로 조정
③ 유성기어를 차속이나 엔진 부하에 따라 변환
④ 각 단 위치에 따른 포지션을 컴퓨터로 전달

🔍 매뉴얼 밸브는 시프트 레버의 조작으로 작동하는 수동(manual) 밸브로, 변속레버의 움직임에 따라 P, R, N, D 등의 각 레인지로 변환 시 유로를 변경하는 역할을 한다.

31 유압식 동력조향장치에 사용되는 오일펌프 종류가 아닌 것은?

① 베인 펌프   ② 로터리 펌프
③ 슬리퍼 펌프   ④ 벤딕스 기어 펌프

🔍 ①, ②, ③항은 오일펌프의 종류이며, 벤딕스 기어 펌프란 없다.

32 자동차 현가장치에 사용하는 토션 바 스프링에 대하여 틀린 것은?

① 단위 무게에 대한 에너지 흡수율이 다른 스프링에 비해 크며 가볍고 구조도 간단하다.
② 스프링의 힘은 바의 길이 및 단면적에 반비례한다.
③ 구조가 간단하고 가로 또는 세로로 자유로이 설치할 수 있다.
④ 진동의 감쇠작용이 없어 쇽업소버를 병용하여야 한다.

🔍 토션바 스프링은 바의 단면적에 비례하고, 길이에 반비례한다.

33 제3의 브레이크(감속 제동장치)로 틀린 것은?

① 엔진 브레이크　② 배기 브레이크
③ 와전류 브레이크　④ 주차 브레이크

🔍 브레이크의 분류
 • 제1브레이크 : 풋 브레이크
 • 제2브레이크 : 주차 브레이크
 • 제3브레이크 : 엔진 브레이크, 배기 브레이크, 와전류 브레이크

34 유효 반지름이 0.5m인 바퀴가 600rpm으로 회전할 때 차량의 속도는 약 얼마인가?

① 약 10.98km/h　② 약 25km/h
③ 약 50.92km/h　④ 약 113.04km/h

🔍 차속 $= \dfrac{\pi DN}{60} \times 3.6$
 여기서, D : 타이어 직경(m)　N : 엔진회전수(rpm)
 ∴ 차속 $= \dfrac{3.14 \times 1 \times 600}{60} \times 3.6 = 113.04$ km/h

35 마스터 실린더의 푸시로드에 작용하는 힘이 120kgf이고, 피스톤의 면적이 4cm²일 때 유압은?

① 20kgf/cm²　② 30kgf/cm²
③ 40kgf/cm²　④ 50kgf/cm²

🔍 압력(kgf/cm²) $= \dfrac{\text{하중}}{\text{단면적}}$
 ∴ 압력 $= \dfrac{120}{4} = 30$ kgf/cm²

36 기관 최고출력이 70PS인 자동차가 직진하고 있을 때 변속기 출력축의 회전수가 4,800rpm, 종감속비가 2.4이면 뒤 액슬축의 회전속도는?

① 1,000rpm
② 2,000rpm
③ 2,500rpm
④ 3,000rpm

🔍 액슬축(후차축) 회전수 $= \dfrac{\text{출력축 회전수}}{\text{종감속비}}$
 ∴ 액슬축 회전수 $= \dfrac{4,800}{2.4} = 2,000$ rpm

37 차륜 정렬 측정 및 조정을 해야 할 이유와 거리가 먼 것은?

① 브레이크의 제동력이 약할 때
② 현가장치를 분해 · 조립했을 때
③ 핸들이 흔들리거나 조작이 불량할 때
④ 충돌 사고로 인해 차체에 변형이 생겼을 때

🔍 ②~④항은 차륜을 정렬 및 조정하여야 하며, 브레이크 제동력이 약한 것은 차륜 정렬과는 관련이 없다.

38 수동변속기 정비시 측정 할 항목이 아닌 것은?

① 주축 엔드플레이
② 주축의 휨
③ 기어의 직각도
④ 슬리브와 포크의 간극

🔍 ①, ②, ④항은 수동변속기 변속시 변속에 어려움이 발생하므로 정비시 점검하여야 한다.

39 자동변속기에서 토크컨버터 내부의 미끄럼에 의한 손실을 최소화하기 위한 작동기구는?

① 댐퍼 클러치　② 다판 클러치
③ 일방향 클러치　④ 롤러 클러치

🔍 댐퍼 클러치는 토크컨버터 내부에서 고속 회전시 터빈과 펌프를 기계적으로 직결시켜 미끄럼에 의한 손실을 방지하는 역할을 한다.

40 클러치 페달을 밟을 때 무겁고, 자유간극이 없다면 나타나는 현상으로 거리가 먼 것은?

① 연료 소비량이 증대된다.
② 기관이 과냉된다.
③ 주행 중 페달을 밟아도 차가 가속되지 않는다.
④ 등판 성능이 저하된다.

🔍 클러치 페달을 밟을 때 무겁고, 자유간극이 없다면 클러치 디스크가 마모되어 나타나는 현상으로 주행 중 차가 가속되지 않고 등판성능이 저하하며 연료 소비량이 증대된다.

41 용량과 전압이 같은 축전지 2개를 직렬로 연결할 때의 설명으로 옳은 것은?

① 용량은 축전지 2개와 같다.
② 전압이 2배로 증가한다.
③ 용량과 전압 모두 2배로 증가한다.
④ 용량은 2배로 증가하지만 전압은 같다.

🔍 배터리의 직렬연결
• 직렬연결이란 전압과 용량이 동일한 배터리 2개 이상을 (+)단자와 연결대상 배터리 (-)단자에, (-)단자는 (+)단자로 연결하는 방식이다.
• 직렬연결시 배터리 용량은 1개와 같으며, 전압이 2배로 증가한다.

42 HEI 코일(폐자로형 코일)에 대한 설명 중 틀린 것은?

① 유도작용에 의해 생성되는 자속이 외부로 방출되지 않는다.
② 1차 코일을 굵게 하면 큰 전류가 통과할 수 있다.
③ 1차 코일과 2차 코일은 연결되어 있다.
④ 코일 방열을 위해 내부에 절연유가 들어있다.

🔍 폐자로형 점화코일은 코일 내부를 수지로 몰드시킨 몰드형 점화코일로, 자속이 철심 내부에서 형성되므로 자력손실이 적어 발생전압이 높으며 소형화가 가능하다.

43 트랜지스터(TR)의 설명으로 틀린 것은?

① 증폭 작용을 한다.
② 스위칭 작용을 한다.
③ 아날로그 신호를 디지털 신호로 변환한다.
④ 이미터, 베이스, 컬렉터의 리드로 구성되어져 있다.

🔍 ①, ②, ④항은 트랜지스터의 설명이며, 아날로그 신호를 디지털 신호로 바꾸는 것은 A-D 컨버터이다.

44 도어 록 제어(door lock control)에 대한 설명으로 옳은 것은?

① 점화스위치 ON 상태에서만 도어를 unlock으로 제어한다.
② 점화스위치를 OFF로 하면 모든 도어 중 하나라도 록 상태일 경우 전 도어를 록(lock) 시킨다.
③ 도어 록 상태에서 주행 중 충돌 시 에어백 ECU로부터 에어백 전개신호를 입력받아 모든 도어를 unlock 시킨다.
④ 도어 unlock 상태에서 주행 중 차량 충돌 시 충돌센서로부터 충돌정보를 입력받아 승객의 안전을 위해 모든 도어를 잠김(lock)으로 한다.

🔍 도어 록 제어(Door lock control)
• 도어 록(lock) : 차속 신호에 의해서만 작동
• 도어 언록(unlock) : 점화스위치 OFF 또는 에어백 전개시만 작동

45 편의장치 중 중앙집중식 제어장치(ETACS 또는 ISU) 입·출력 요소의 역할에 대한 설명으로 틀린 것은?

① INT 볼륨 스위치 : INT 볼륨 위치 검출
② 모든 도어 스위치 : 각 도어 잠김 여부 검출
③ 키 리마인드 스위치 : 키 삽입 여부 검출
④ 와셔 스위치 : 열선 작동 여부 검출

🔍 와셔 스위치는 와셔 액의 작동 여부를 감지하는 스위치이다.

46 자동차에서 배터리의 역할이 아닌 것은?

① 기동장치의 전기적 부하를 담당한다.
② 캐니스터를 작동시키는 전원을 공급한다.
③ 컴퓨터(ECU)를 작동시킬 수 있는 전원을 공급한다.
④ 주행상태에 따른 발전기의 출력과 부하와의 불균형을 조정한다.

🔍 **배터리의 역할**
- 시동시 전기부하를 담당한다.
- 주행 상태에 따른 발전기의 출력과 전기적 부하와의 불균형을 조정한다.
- 발전기 고장시 주행을 확보하기 위한 전원으로 작동한다.

47 전자제어 방식의 뒷 유리 열선 제어에 대한 설명으로 틀린 것은?

① 엔진 시동상태에서만 작동한다.
② 열선은 병렬회로로 연결되어 있다.
③ 정확한 제어를 위해 릴레이를 사용하지 않는다.
④ 일정시간 작동 후 자동으로 OFF 된다.

🔍 ①, ②, ④항이 뒷 유리 열선 제어 시스템에 대한 옳은 설명이고, 정확한 제어를 위해 열선 릴레이를 사용한다.

48 가솔린기관의 점화코일에 대한 설명으로 틀린 것은?

① 1차코일의 저항보다 2차코일의 저항이 크다.
② 1차코일의 굵기보다 2차코일의 굵기가 가늘다.
③ 1차코일의 유도전압 보다 2차코일의 유도전압이 낮다.
④ 1차코일의 권수보다 2차코일의 권수가 많다.

🔍 **점화코일의 구조**
- 1차코일의 저항보다 2차코일의 저항이 크다.
- 1차코일의 굵기보다 2차코일의 굵기가 가늘다.
- 1차코일의 권수보다 2차코일의 권수가 많다.
- 1차코일의 유도전압보다 2차코일의 유도전압이 높다.
- 1차코일을 개자로형은 바깥쪽에, 폐자로형은 안쪽에 감는다.

49 반도체에 대한 특징으로 틀린 것은?

① 극히 소형이며 가볍다.
② 예열시간이 불필요하다.
③ 내부 전력손실이 크다.
④ 정격값 이상이 되면 파괴된다.

🔍 **반도체의 장점**
- 극히 소형이고 경량이다.
- 예열을 요구하지 않고 곧바로 작동한다.
- 내부 전력 손실이 매우 적다.
- 수명이 길다.
- 온도가 상승하면 특성이 몹시 나빠진다.
- 정격값을 넘으면 파괴되기 쉽다.

50 쿨롱의 법칙에서 자극의 강도에 대한 내용으로 틀린 것은?

① 자석의 양 끝을 자극이라 한다.
② 두 자극 세기의 곱에 비례한다.
③ 자극의 세기는 자기량의 크기에 따라 다르다.
④ 거리에 반비례한다.

🔍 쿨롱의 법칙 $F = k\dfrac{q_1 \times q_2}{r^2}$
즉, 두 대전체에 작용하는 힘(인력)은 전하량의 곱에 비례하고, 거리의 제곱에 반비례한다.

51 산업안전보건법 상 작업현장 안전·보건표지 색채에서 화학물질 취급장소에서의 유해·위험 경고 용도로 사용되는 색채는?

① 빨간색
② 노란색
③ 녹색
④ 검은색

🔍 **안전·보건표지의 색채**

색채	용도	사용 례
빨간색	금지	정지신호, 소화설비 및 그 장소, 유해행위의 금지
	경고	화학물질 취급장소에서의 유해·위험 경고
노란색	경고	화학물질 취급장소에서의 유해·위험경고 이외의 위험경고, 주의표지 또는 기계 방호물
파란색	지시	특정 행위의 지시 및 사실의 고지
녹색	안내	비상구 및 피난소, 사람 또는 차량의 통행표지
흰색		파란색 또는 녹색에 대한 보조색
검은색		문자 및 빨간색 또는 노란색에 대한 보조색

52 드릴머신 작업의 주의사항으로 틀린 것은?

① 회전하고 있는 주축이나 드릴에 손이나 걸레를 대거나 머리를 가까이 하지 않는다.
② 드릴의 탈부착은 회전이 완전히 멈춘 다음 행한다.
③ 가공 중 드릴에서 이상음이 들리면 회전상태로 그 원인을 찾아 수리한다.
④ 작은 물건은 바이스를 사용하여 고정한다.

> 드릴 작업시 주의사항
> - 일감은 정확히 고정한다.
> - 드릴을 고정하거나 풀 때는 주축이 완전히 멈춘 후에 한다.
> - 작업복을 입고 작업하고, 감기기 쉬운 복장은 피한다.
> - 드릴은 양호한 것을 사용하고 마모나 균열이 있는 것은 사용하지 않는다.
> - 작은 물건은 바이스나 고정구로 고정하고 직접 손으로 잡지 말아야 한다.
> - 얇은 물건을 드릴 작업할 때에는 밑에 나무 등을 놓고 뚫어야 한다.
> - 가공 중 드릴에서 이상음이 들리면 즉시 회전을 멈추고, 그 원인을 찾아 수리한다.

53 산소용접에서 안전한 작업수칙으로 옳은 것은?

① 기름이 묻은 복장으로 작업한다.
② 산소밸브를 먼저 연다.
③ 아세틸렌 밸브를 먼저 연다.
④ 역화하였을 때는 아세틸렌 밸브를 빨리 잠근다.

> 토치에 점화 시에는 아세틸렌 밸브를 먼저 열고 점화 후 산소 밸브를 연다.(아전산후)

54 조정렌치의 사용방법이 틀린 것은?

① 조정너트를 돌려 조(jaw)가 볼트에 꼭 끼게 한다.
② 고정 조에 힘이 가해지도록 사용해야 한다.
③ 큰 볼트를 풀 때는 렌치 끝에 파이프를 끼워서 세게 돌린다.
④ 볼트 너트의 크기에 따라 조의 크기를 조절하여 사용한다.

> 조정렌치 작업시 주의사항
> - 조정너트를 돌려 조(jaw)가 볼트에 꼭 끼게 한다.
> - 볼트 너트의 크기에 따라 조의 크기를 조절하여 사용한다.
> - 고정 조에 힘이 가해지도록 사용해야 한다.
> - 렌치는 몸 앞으로 당겨서 사용할 것
> - 렌치에 파이프 등의 연장대를 끼우고 사용해서는 안된다.
> - 렌치를 해머 대용으로 사용해서는 안된다.

55 안전사고율 중 도수율(빈도율)을 나타내는 표현식은?

① (연간 사상자수/평균 근로자 수)×1,000
② (사고 건수/연근로 시간 수) × 1,000
③ (노동 손실일수/노동 총시간 수)×1,000
④ (사고 건수/노동 총시간 수)×1,000

> 도수율이란 연 근로시간 합계 100만 시간당 재해 발생 건수로 표시
> 즉, 도수율 = $\dfrac{재해건수}{연근로시간수} \times 1,000,000$
> ※ 보기의 1,000은 100만으로 바뀌어야 함

56 차량에 축전지를 교환할 때 안전하게 작업하려면 어떻게 하는 것이 제일 좋은가?

① 두 케이블을 동시에 함께 연결한다.
② 점화 스위치를 넣고 연결한다.
③ 케이블 연결시 접지 케이블을 나중에 연결한다.
④ 케이블 탈착시 (+) 케이블을 먼저 떼어낸다.

> 차에 축전지를 설치할 때에는 절연(+) 케이블을 먼저 연결하고, 접지(−) 케이블은 나중에 연결한다.

57 기관정비 시 안전 및 취급주의 사항에 대한 내용으로 틀린 것은?

① TPS, ISC Servo 등은 솔벤트로 세척하지 않는다.
② 공기압축기를 사용하여 부품 세척 시 눈에 이물질이 튀지 않도록 한다.
③ 캐니스터 점검 시 흔들어서 연료증발가스를 활성화 시킨 후 점검한다.
④ 배기가스 시험 시 환기가 잘되는 곳에서 측정한다.

> 캐니스터는 연료 증발라인의 연결부 풀림, 과도한 휨, 손상, 균열, 연료 누설 등을 점검한다.

58 회로 시험기로 전기회로의 측정 점검시 주의사항으로 틀린 것은?

① 테스트 리드의 적색은 + 단자에, 흑색은 단자에 연결한다.
② 전류 측정시는 테스터를 병렬로 연결하여야 한다.
③ 각 측정 범위의 변경은 큰 쪽에서 작은 쪽으로 한다.
④ 저항 측정시엔 회로전원을 끄고 단품은 탈거한 후 측정한다.

> 전류 측정시는 테스터를 직렬로 연결하여야 한다.

59 축전지를 차에 설치한 채 급속충전을 할 때의 주의사항으로 틀린 것은?

① 축전지 각 셀(cell)의 플러그를 열어 놓는다.
② 전해액 온도가 45℃를 넘지 않도록 한다.
③ 축전지 가까이에서 불꽃이 튀지 않도록 한다.
④ 축전지의 양(+, -)케이블을 단단히 고정하고 충전한다.

> 축전지를 차에 설치한 채 급속충전 할 때에는 축전지의 (-) 케이블을 떼어내고 충전한다.

60 하이브리드 자동차의 정비 시 주의사항에 대한 내용으로 틀린 것은?

① 하이브리드 모터 작업 시 휴대폰, 신용카드 등은 휴대하지 않는다.
② 고전압 케이블(U, V, W상)의 극성은 올바르게 연결한다.
③ 도장 후 고압 배터리는 헝겊으로 덮어두고 열처리한다.
④ 엔진 룸의 고압 세차는 하지 않는다.

> 고압 배터리는 폭발의 위험이 있으므로 떼어내고 열처리한다.

정답 2019년 3회 복원문제

01 ①	02 ③	03 ④	04 ③	05 ④
06 ④	07 ②	08 ③	09 ④	10 ④
11 ③	12 ②	13 ③	14 ④	15 ②
16 ②	17 ①	18 ①	19 ②	20 ④
21 ④	22 ④	23 ②	24 ③	25 ②
26 ④	27 ④	28 ①	29 ②	30 ①
31 ④	32 ④	33 ④	34 ④	35 ②
36 ②	37 ①	38 ③	39 ①	40 ②
41 ②	42 ④	43 ③	44 ③	45 ④
46 ②	47 ③	48 ③	49 ③	50 ④
51 ①	52 ③	53 ②	54 ③	55 ②
56 ③	57 ③	58 ②	59 ④	60 ③

2020년 1회 CBT 복원문제

01 가솔린 연료분사 기관에서 인젝터 (−)단자에서 측정한 인젝터 분사파형은 파워트랜지스터가 off되는 순간 솔레노이드 코일에 급격하게 전류가 차단되기 때문에 큰 역기전력이 발생하게 되는데 이것을 무엇이라 하는가?

① 평균전압　　② 전압강하
③ 서지전압　　④ 최소전압

> 인젝터 분사파형은 파워트랜지스터가 off되는 순간 솔레노이드 코일에 급격하게 전류가 차단되기 때문에 큰 역기전력이 발생하게 되는 데 이것을 서지전압이라 한다.

02 각 실린더의 분사량을 측정하였더니 최대분사량이 66cc이고, 최소분사량이 58cc이였다. 이 때의 평균분사량이 60cc이면 분사량의 "+불균율"은 얼마인가?

① 5%　　② 10%
③ 15%　　④ 20%

> 분사량의 불균율
> $$+ 불균율 = \frac{최대 - 평균}{평균} \times 100(\%)$$
> $$= \frac{66 - 60}{60} \times 100(\%) = 10\%$$

03 디젤 엔진의 정지방법에서 인테이크 셔터(intake shutter)의 역할에 대한 설명으로 옳은 것은?

① 연료를 차단　　② 흡입공기를 차단
③ 배기가스를 차단　　④ 압축 압력 차단

> 인테이크 셔터(intake shutter)란 흡입공기를 차단하여 디젤 엔진을 정지시키는 방법이다.

04 기관정비 작업 시 피스톤링의 이음 간극을 측정할 때 측정도구로 가장 알맞은 것은?

① 마이크로미터　　② 다이얼 게이지
③ 시크니스게이지　　④ 버니어캘리퍼스

> 피스톤링 이음 간극 측정은 시크니스(필러, 틈새, 간극) 게이지로 한다.

05 가솔린 기관에서 노킹(knocking) 발생 시 억제하는 방법은?

① 혼합비를 희박하게 한다.
② 점화시기를 지각시킨다.
③ 옥탄가가 낮은 연료를 사용한다.
④ 화염전파 속도를 느리게 한다.

> 가솔린 기관의 노킹 방지 대책
> • 옥탄가가 높은 연료를 사용한다.
> • 화염전파 거리를 가능한 한 짧게 한다.
> • 화염전파 속도를 빠르게 한다.
> • 혼합가스의 와류를 좋게 한다.
> • 흡입공기 온도와 냉각수 온도를 낮게 한다.
> • 퇴적된 카본을 제거한다.
> • 점화시기를 지각시킨다.

06 가솔린기관과 비교할 때 디젤기관의 장점이 아닌 것은?

① 부분부하영역에서 연료소비율이 낮다.
② 넓은 회전속도 범위에 걸쳐 회전 토크가 크다.
③ 질소산화물과 매연이 조금 배출된다.
④ 열효율이 높다.

> 디젤기관의 장점
> • 압축비를 크게 할 수 있다.
> • 점화장치가 없으므로 이에 따른 고장이 없다.
> • 경유의 인화점이 높으므로 저장이나 취급이 용이하다.
> • 넓은 회전속도에서 회전력이 크다.
> • 열효율이 높고 연료소비량이 적다.
> • 부분부하 영역에서 연료소비율이 낮다.
> • 연료의 값이 저렴하다.
> • 대형 엔진의 제작이 가능하다.
> • 마력당 중량이 무겁다.

07 전자제어 차량의 흡입 공기량 계측방식으로 매스 플로(mass flow) 방식과 스피드 덴시티(speed density) 방식이 있는데 매스 플로 방식이 아닌 것은?

① 맵 센서식(MAP sensor type)
② 핫 필름식(hot wire type)
③ 베인식(vane type)
④ 칼만 와류식(karman vortex type)

> 흡입공기량 계측방식
> - 직접 계측방식(mass flow type)
>   - 체적 검출방식 : 베인식, 칼만 와류식
>   - 질량 검출방식 : 열선(Hot wire)식, 열막(Hot film)식
> - 간접 계측방식(speed density type) : 흡기다기관 절대압력(MAP센서) 방식

08 피스톤 행정이 84mm, 기관의 회전수가 3000rpm인 4행정 사이클 기관의 피스톤 평균속도는 얼마인가?

① 4.2m/s
② 8.4m/s
③ 9.4m/s
④ 10.4m/s

> 피스톤 평균속도(v) = $\frac{2LN}{60} = \frac{LN}{30}$
> (L : 행정(m), N : 엔진 회전수(rpm))
> ∴ 피스톤 평균속도 v = $\frac{0.084 \times 3,000}{30}$ = 8.4 m/s

09 윤중에 대한 정의이다. 옳은 것은?

① 자동차가 수평으로 있을 때, 1개의 바퀴가 수직으로 지면을 누르는 중량
② 자동차가 수평으로 있을 때, 차량 중량이 1개의 바퀴에 수평으로 걸리는 중량
③ 자동차가 수평으로 있을 때, 차량 총 중량이 2개의 바퀴에 수직으로 걸리는 중량
④ 자동차가 수평으로 있을 때, 공차 중량이 4개의 바퀴에 수직으로 걸리는 중량

> 윤중이란 자동차가 수평으로 있을 때, 1개의 바퀴가 수직으로 지면을 누르는 중량을 말한다.

10 가솔린 기관에서 고속 회전 시 토크가 낮아지는 원인으로 가장 적합한 것은?

① 체적 효율이 낮아지기 때문이다.
② 화염전파 속도가 상승하기 때문이다.
③ 공연비가 이론공연비에 접근하기 때문이다.
④ 점화시기가 빨라지기 때문이다.

> 가솔린 기관에서 고속 회전 시 토크가 낮아지는 원인은 체적 효율이 낮아지기 때문이다.

11 연소실 체적이 40cc이고, 압축비가 9 : 1인 기관의 행정 체적은?

① 280cc
② 300cc
③ 320cc
④ 360cc

> 압축비 = 1 + $\frac{행정 체적(배기량)}{연소실 체적}$
> ∴ 행정 체적(배기량) = (압축비 − 1) × 연소실 체적
> = (9 − 1) × 40 = 320cc

12 내연기관에서 언더 스퀘어 엔진은 어느 것인가?

① 행정 / 실린더 내경 = 1
② 행정 / 실린더 내경 〈 1
③ 행정 / 실린더 내경 〉 1
④ 행정 / 실린더 내경 ≤ 1

> 언더 스퀘어(under square) 엔진이란 내경이 행정보다 작은 엔진을 말한다. 즉, 행정 / 실린더 내경 〉 1

13 LPG 기관에서 액상 또는 기상 솔레노이드 밸브의 작동을 결정하기 위한 엔진 ECU의 입력요소는?

① 흡기관 부압
② 냉각수 온도
③ 엔진 회전수
④ 배터리 전압

> LPG 기관에서 엔진 ECU는 냉각수 온도 스위치의 신호에 의하여 액·기상 솔레노이드 밸브를 작동시켜 액체 또는 기체 연료를 공급하거나 차단시킨다.

14 실린더 지름이 100mm의 정방형 엔진이다. 행정 체적은 약 얼마인가?

① 600cm³
② 785cm³
③ 1,200cm³
④ 1,490cm³

> 행정체적(배기량) V = $\frac{\pi}{4} \cdot D^2 \cdot L$
> 여기서, D : 내경(cm), L : 행정(cm)
> ∴ 행정체적 V = $\frac{3.14}{4} \times 10^2 \times 10$ = 785cm³

15 디젤기관에서 연료분사의 3대 요인과 관계가 없는 것은?

① 무화 ② 분포
③ 디젤 지수 ④ 관통력

🔍 연료분사의 3대 조건 : 무화, 분포, 관통력

16 EGR(Exhaust Gas Recirculation) 밸브에 대한 설명 중 틀린 것은?

① 배기가스 재순환 장치이다.
② 연소실 온도를 낮추기 위한 장치이다.
③ 증발가스를 포집하였다가 연소시키는 장치이다.
④ 질소산화물(NOx) 배출을 감소시키기 위한 장치이다.

🔍 ①, ②, ④항이 EGR 밸브에 대한 옳은 설명이고, 연료 증발가스는 차콜 캐니스터와 PCSV를 이용하여 재연소시킨다.

17 정지하고 있는 질량 2kg의 물체에 1N의 힘이 작용하면 물체의 가속도는?

① $0.5m/s^2$ ② $1m/s^2$
③ $2m/s^2$ ④ $5m/s^2$

🔍 $F = m \cdot a$
여기서, F : 힘(N), m : 질량(kg), a : 가속도(m/s^2)
∴ 가속도 $a = \frac{F}{m} = \frac{1}{2} = 0.5m/s^2$

18 자동차 엔진의 냉각 장치에 대한 설명 중 적절하지 않은 것은?

① 강제 순환식이 많이 사용된다.
② 냉각 장치 내부에 물때가 많으면 과열의 원인이 된다.
③ 서모스탯에 의해 냉각수의 흐름이 제어된다.
④ 엔진 과열시에는 즉시 라디에이터 캡을 열고 냉각수를 보급하여야 한다.

🔍 기관이 과열되었을 때 냉각수 보충은 기관 시동을 끄고 완전히 냉각시킨 후 라디에이터 캡을 열고 냉각수를 보충한다.

19 10 m/s의 속도는 몇 km/h인가?

① 3.6km/h
② 36km/h
③ 1/3.6km/h
④ 1/36km/h

🔍 시속 = 초속 × 3.6
∴ 시속 = 10 × 3.6 = 36km/h

20 가솔린 엔진에서 점화장치 점검방법으로 틀린 것은?

① 흡기온도센서의 출력값을 확인한다.
② 점화코일의 1차, 2차 코일 저항을 확인한다.
③ 오실로 스코프를 이용하여 점화파형을 확인한다.
④ 고압 케이블을 탈거하고 크랭킹 시 불꽃 방전 시험으로 확인한다.

🔍 가솔린 엔진에서 점화장치 점검은②~④의 방법으로 한다. 흡기온도 센서 출력값과는 관련이 없다.

21 배기가스 재순환 장치(EGR)의 설명으로 틀린 것은?

① 가속성능의 향상을 위해 급가속시에는 차단된다.
② 연소온도가 낮아지게 된다.
③ 질소산화물(NOx)이 증가한다.
④ 탄화수소와 일산화탄소량은 저감되지 않는다.

🔍 배기가스 재순환 장치는 배기가스 중의 일부를 연소실로 재순환시키므로 동력행정시 연소온도가 낮아져 질소산화물의 량은 현저하게 감소한다.

22 공기청정기가 막혔을 때의 배기가스 색으로 가장 알맞은 것은?

① 무색
② 백색
③ 흑색
④ 청색

🔍 공기 청정기가 막히면 연료가 과다하여 배기가스 색이 흑색이다.

23 전동식 냉각팬의 장점 중 거리가 가장 먼 것은?

① 서행 또는 정차시 냉각성능 향상
② 정상온도 도달시간 단축
③ 기관 최고출력 향상
④ 작동온도가 항상 균일하게 유지

🔍 전동식 냉각팬의 장점
• 정상온도에 도달하는 시간이 단축된다.
• 작동온도가 항상 균일하게 유지된다.
• 서행 또는 정차 시 냉각성능이 향상된다.
• 냉각수 온도가 높을수록 기관의 출력이 향상되고, 연료소비율이 작아진다.(최고출력이 향상되는 것은 아님)
• 기관 동력의 손실을 적게 한다.

24 축거가 1.2m 인 자동차를 왼쪽으로 완전히 꺾을 때 오른쪽 바퀴의 조향각이 30°이고 왼쪽 바퀴의 조향각도가 45°일 때 차의 최소회전반경은? (단, r 값은 무시)

① 1.7m   ② 2.4m
③ 3.0m   ④ 3.6m

🔍 최소회전반경 $R = \dfrac{L}{\sin\alpha} + r$
여기서, α : 외측바퀴 회전각도(°)
    L : 축거(m)
    r : 타이어 중심과 킹핀과의 거리(m)
∴ 최소회전반경 $R = \dfrac{1.2}{\sin 30°} = 2.4m$

25 선회할 때 조향각도를 일정하게 유지하여도 선회 반경이 작아지는 현상은?

① 오버 스티어링
② 언더 스티어링
③ 다운 스티어링
④ 어퍼 스티어링

🔍 선회특성
• 언더 스티어 : 조향각을 일정하게 하고 선회시 선회반경이 커지는 현상
• 오버 스티어 : 조향각을 일정하게 하고 선회시 선회반경이 작아지는 현상
• 뉴트럴 스티어 : 조향각만큼 정상 선회
• 리버스 스티어 : 차속이 증가할수록 언더 스티어에서 오버 스티어로 되는 현상

26 추진축의 슬립 이음은 어떤 변화를 가능하게 하는가?

① 축의 길이   ② 드라이브 각
③ 회전 토크   ④ 회전 속도

🔍 드라이브 라인의 구성품과 역할
• 추진축(propeller shaft) : 회전력 전달
• 자재이음(universal joint) : 각도 변화
• 슬립이음(slip joint) : 길이 변화

27 진공 배력장치에서 진공식은 무엇을 이용하는가?

① 대기 압력만을 이용
② 배기가스 압력만을 이용
③ 대기압과 흡기다기관 부압의 차이를 이용
④ 배기가스와 대기압과의 차이를 이용

🔍 진공식은 흡기 다기관의 진공(부압)과 대기압의 압력차를 이용한다.

28 전자제어 현가장치(E.C.S) 입력신호가 아닌 것은?

① 휠 스피드센서
② 차고센서
③ 조향휠 각속도센서
④ 차속센서

🔍 휠 스피드 센서는 전자제어 제동장치(ABS)의 입력신호이다.

29 마스터 실린더의 푸시로드에 작용하는 힘이 150kgf이고, 피스톤의 면적이 3cm²일 때 단위면적당 유압은?

① $10 kgf/cm^2$ ② $50 kgf/cm^2$
③ $150 kgf/cm^2$ ④ $450 kgf/cm^2$

🔍 압력$(kgf/cm^2) = \dfrac{하중}{단면적}$
∴ 압력 $= \dfrac{150}{3} = 50 kgf/cm^2$

30 엔진의 출력을 일정하게 하였을 때 가속성능을 향상시키기 위한 것이 아닌 것은?

① 여유구동력을 크게 한다.
② 자동차의 총중량을 크게 한다.
③ 종감속비를 크게 한다.
④ 주행저항을 작게 한다.

🔍 ①, ③, ④항이 가속성능을 향상시키며, 자동차의 중량이 증가하면 가속성능이 나빠진다.

31 타이어의 구조에 해당되지 않는 것은?

① 트레드   ② 브레이커
③ 카커스   ④ 압력판

> 타이어의 구조
> • 트레드(tread) : 노면과 직접 접촉하는 부분으로 제동력, 구동력, 옆방향 미끄럼 방지, 승차감 향상 등의 역할을 한다.
> • 브레이커(breaker) : 트레드와 카커스 사이에 있으며, 분리를 방지하고 노면에서의 완충작용을 한다.
> • 카커스(carcass) : 타이어의 골격을 이루는 부분으로 고무로 피복된 여러겹의 코드층으로 되어 공기압력을 견디고 완충작용을 한다.
> • 비드(bead) : 타이어가 림에 접촉하는 부분으로 타이어가 늘어나고 빠지는 것을 방지하기 위해 몇 줄의 피아노 선이 들어있다.

32 다음 중 수동변속기 기어의 2중 결합을 방지하기 위해 설치한 기구는?

① 앵커 블록   ② 시프트 포크
③ 인터록 기구   ④ 싱크로나이져 링

> • 인터 록 : 이중 물림 방지
> • 록킹 볼 : 기어 빠짐 방지

33 구동 피니언의 잇수가 15, 링기어의 잇수가 58일 때의 종감속비는 약 얼마인가?

① 2.58   ② 3.87
③ 4.02   ④ 2.94

> 종감속비 = $\dfrac{\text{링기어 잇수}}{\text{구동 피니언기어 잇수}} = \dfrac{58}{15} = 3.87$

34 클러치 부품 중 플라이휠에 조립되어 플라이휠과 함께 회전하는 부품은?

① 클러치판   ② 변속기 입력축
③ 클러치 커버   ④ 릴리스 포크

> 클러치 커버는 플라이휠에 볼트로 조립되어 있으므로 시동이 걸리면 항상 플라이휠과 함께 회전한다.

35 다음 중 현가장치에 사용되는 판 스프링에서 스팬의 길이 변화를 가능하게 하는 것은?

① 섀클   ② 스팬
③ 행거   ④ U볼트

> 섀클은 판스프링의 길이 변화를 가능하게 한다.

36 전자제어 제동장치(ABS)의 적용 목적이 아닌 것은?

① 차량의 스핀 방지   ② 차량의 방향성 확보
③ 휠 잠김(lock) 유지   ④ 차량의 조종성 확보

> 전자제어 제동장치(ABS)의 적용 목적
> • 차량의 스핀 방지
> • 차량의 방향성 확보
> • 차량의 조종성 확보
> • 휠 잠김(lock) 방지

37 조향핸들이 1회전 하였을 때 피트먼암이 40° 움직였다. 조향기어의 비는?

① 9 : 1   ② 0.9 : 1
③ 45 : 1   ④ 4.5 : 1

> 조향기어비란 핸들이 회전한 각도와 피트먼암이 회전한 각도와의 비를 말한다.
> ∴ 조향기어비 = $\dfrac{\text{핸들 회전각도}}{\text{피트먼암 회전각도}} = \dfrac{360}{40} = 9$

38 주행 중 조향핸들이 한쪽으로 쏠리는 원인과 가장 거리가 먼 것은?

① 바퀴 허브 너트를 너무 꽉 조였다.
② 좌·우의 캠버가 같지 않다.
③ 컨트롤 암(위 또는 아래)이 휘었다.
④ 좌·우의 타이어 공기압이 다르다.

> ②~④항은 핸들이 한쪽으로 쏠리는 원인이며, 바퀴의 허브 너트는 꽉 조여야 한다.

39 주행 중 제동 시 좌우 편제동의 원인으로 거리가 가장 먼 것은?

① 드럼의 편마모
② 휠 실린더 오일 누설
③ 라이닝 접촉불량, 기름부착
④ 마스터 실린더의 리턴 구멍 막힘

> 유압식 브레이크 장치에서 마스터 실린더의 리턴 구멍이 막히면 브레이크 액이 리턴되지 못하므로 브레이크가 풀리지 않는 원인이 된다.

40 레이디얼타이어 호칭이 "175 / 70 SR 14"일 때 "70"이 의미하는 것은?

① 편평비
② 타이어 폭
③ 최대속도
④ 타이어 내경

> 타이어 호칭 기호 175 : 폭(너비) 70 : 편평비(%), S : 타이어 최대 허용속도 R : 레이디얼 타이어 14 : 림 직경(인치)

41 계기판의 엔진 회전계가 작동하지 않는 결함의 원인에 해당되는 것은?

① VSS(Vehicle Speed Sensor) 결함
② CPS(Crankshaft Position Sensor) 결함
③ MAP(Manifold Absolute Pressure Sensor) 결함
④ CTS(Coolant Temperature Sensor) 결함

> 엔진 회전계는 점화코일 – 신호 또는 CPS의 신호에 의해 작동한다.

42 이모빌라이저 시스템에 대한 설명으로 틀린 것은?

① 차량의 도난을 방지할 목적으로 적용되는 시스템이다.
② 도난 상황에서 시동이 걸리지 않도록 제어한다.
③ 도난 상황에서 시동키가 회전되지 않도록 제어한다.
④ 엔진의 시동을 반드시 차량에 등록된 키로만 시동이 가능하다.

> 도난 상황에서 시동키가 회전은 되나, 시동이 걸리지 않도록 제어한다.

43 엔진 정지 상태에서 기동스위치를 "ON"시켰을 때 축전지에서 발전기로 전류가 흘렀다면 그 원인은?

① ⊕ 다이오드가 단락되었다.
② ⊕ 다이오드가 절연되었다.
③ ⊖ 다이오드가 단락되었다.
④ ⊖ 다이오드가 절연되었다.

> ⊕ 다이오드가 단락되면 키 "ON"시 배터리 전류가 발전기로 흐르게 된다.

44 일반적으로 발전기를 구동하는 축은?

① 캠축
② 크랭크축
③ 앞차축
④ 컨트롤로드

> 일반적으로 발전기는 크랭크축 풀리를 이용하여 구동한다.

45 발전기의 3상 교류에 대한 설명으로 틀린 것은?

① 3조의 코일에서 생기는 교류 파형이다.
② Y결선을 스타 결선, △결선을 델타 결선이라 한다.
③ 각 코일에 발생하는 전압을 선간전압이라고 하며, 스테이터 발생전류는 직류 전류가 발생된다.
④ △결선은 코일의 각 끝과 시작점을 서로 묶어서 각각의 접속점을 외부 단자로 한 결선 방식이다.

> 스테이터 코일에서는 교류전류가 발생된다.

46 기동전동기 무부하 시험을 할 때 필요 없는 것은?

① 전류계
② 저항 시험기
③ 전압계
④ 회전계

> 기동전동기 무부하 시험 시 필요 장비
> • 배터리   • 전류계
> • 전압계   • 회전계
> • 스위치

47 AC 발전기에서 전류가 발생하는 곳은?

① 전기자
② 스테이터
③ 로터
④ 브러시

> AC 발전기는 로터가 회전하면 스테이터에서 전류가 발생한다.

48 R-134a 냉매의 특징을 설명한 것으로 틀린 것은?

① 액화 및 증발되지 않아 오존층이 보존된다.
② 무색, 무취, 무미하다.
③ 화학적으로 안정되고 내열성이 좋다.
④ 온난화 계수가 구냉매 보다 낮다.

> R-134a 냉매의 특징
> • 오존층을 파괴하는 염소(Cl)가 없어 오존층이 보존된다.
> • 무색, 무취, 무미하다.
> • 화학적으로 안정되고 내열성이 좋다.
> • 온난화 계수가 구냉매 보다 낮다.

49 전자제어 가솔린엔진에서 점화시기에 가장 영향을 주는 것은?

① 퍼지 솔레노이드밸브
② 노킹센서
③ EGR 솔레노이드밸브
④ PCV(Positive Crankcase Ventilation)

> 노킹센서는 노킹을 감지하여 점화시기를 늦추는 신호로 사용된다.

50 "회로 내의 어떤 한 점에 유입한 전류의 총합과 유출한 전류의 총합은 서로 같다."는 법칙은?

① 렌쯔의 법칙
② 앙페르의 법칙
③ 뉴톤의 제 1법칙
④ 키르히호프의 제 1법칙

> 키르히호프의 제1법칙(전류의 법칙) : 도체내의 임의의 한 점으로 유입된 전류의 총합은 유출한 전류의 총합과 같다.

51 적외선 전구에 의한 화재 및 폭발할 위험성이 있는 경우와 거리가 먼 것은?

① 용제가 묻은 헝겊이나 마스킹 용지가 접촉한 경우
② 적외선 전구와 도장면이 필요이상으로 가까운 경우
③ 상당한 고온으로 열량이 커진 경우
④ 상온의 온도가 유지되는 장소에서 사용하는 경우

> ①~③항은 화재및 폭발의 위험이 있으나, 상온은 정상적인 사용 환경이다.

52 렌치를 사용한 작업에 대한 설명으로 틀린 것은?

① 스패너의 자루가 짧다고 느낄 때는 긴 파이프를 연결하여 사용할 것
② 스패너를 사용할 때는 앞으로 당길 것
③ 스패너는 조금씩 돌리며 사용할 것
④ 파이프 렌치의 주용도는 둥근 물체 조립용이다.

> 스패너 및 렌치 작업시 주의사항
> • 렌치는 몸 앞으로 조금씩 당겨서 사용할 것
> • 렌치와 너트 사이에 절대 다른 물건을 끼우지 말 것
> • 렌치를 해머 대용으로 사용해서는 안된다.
> • 렌치에 파이프 등의 연장대를 끼우고 사용해서는 안된다.
> • 렌치는 볼트 너트를 풀거나 조일 때 볼트 머리나 너트에 꼭 끼워져야 한다.
> • 조정렌치의 조정조에 힘이 가해지지 않을 것
> • 파이프 렌치의 주용도는 둥근 물체 조립용이다.

53 수공구 사용방법 중 잘못된 것은?

① 공구를 청결한 상태에서 보관할 것
② 공구를 취급할 때에 올바른 방법으로 사용할 것
③ 공구는 지정된 장소에 보관할 것
④ 공구는 사용 전후 오일을 발라 둘 것

> 수공구 사용은 ①~③과 같은 방법으로 사용하며, 사용 전·후 오일이 묻어있으면 잘 닦아둔다.

54 화재의 분류 기준에서 휘발유로 인해 발생한 화재는?

① A급 화재
② B급 화재
③ C급 화
④ D급 화재

> 화재의 분류
>
> | 구분 | 종류 | 표시 | 소화기 | 비고 | 방법 |
> |---|---|---|---|---|---|
> | 일반 | A급 | 백색 | 포말 | 목재, 종이 | 냉각소화 |
> | 유류 | B급 | 황색 | 분말 | 유류, 가스 | 질식소화 |
> | 전기 | C급 | 청색 | CO_2 | 전기기구 | 질식소화 |
> | 금속 | D급 | - | 모래 | 가연성 금속 | 피복에 의한 질식 |

55 재해 발생 원인으로 가장 높은 비율을 차지하는 것은?

① 작업자의 불안전한 행동
② 불안전한 작업환경
③ 작업자의 성격적 결함
④ 사회적 환경

🔍 작업현장에서 작업자의 불안전한 행동은 재해의 직접적인 원인이 된다.

56 하이브리드 자동차의 고전압 배터리 취급 시 안전한 방법이 아닌 것은?

① 고전압 배터리 점검, 정비 시 절연 장갑을 착용한다.
② 고전압 배터리 점검, 정비 시 점화 스위치는 OFF한다.
③ 고전압 배터리 점검, 정비 시 12V 배터리 접지선을 분리한다.
④ 고전압 배터리 점검, 정비 시 반드시 세이프티 플러그를 연결한다.

🔍 하이브리드 자동차의 고전압 배터리 점검, 정비 시 반드시 세이프티 플러그를 분리시켜야 한다.

57 호이스트 사용시 안전사항 중 틀린 것은?

① 규격 이상의 하중을 걸지 않는다.
② 무게 중심 바로 위에서 달아 올린다.
③ 사람이 짐에 타고 운반하지 않는다.
④ 운반중에는 물건이 흔들리지 않도록 짐에 타고 운반한다.

🔍 호이스트(hoist) 점검시 유의사항
• 규정 하중 이상으로 들지 않는다.
• 들어 올릴 때에는 천천히 올려 상태를 살핀 후 완전히 들어올린다.
• 사람이 짐에 타고 운반하지 않는다.
• 호이스트 바로 밑에서 조작하지 않는다.
• 화물을 걸을 때에는 들어 올리는 화물 무게중심의 위치를 확인하고 건다.

58 공작기계 작업시의 주의사항으로 틀린 것은?

① 몸에 묻은 먼지나 철분 등 기타의 물질은 손으로 털어 낸다.
② 정해진 용구를 사용하여 파쇄철이 긴 것은 자르고 짧은 것은 막대로 제거한다.
③ 무거운 공작물을 옮길 때는 운반기계를 이용한다.
④ 기름걸레는 정해진 용기에 넣어 화재를 방지하여야 한다.

🔍 몸에 묻은 먼지나 철분 등 기타 물질의 제거는 솔로 털어낸다.

59 자동차 VIN(vehicle identification number)의 정보에 포함되지 않는 것은?

① 안전벨트 구분   ② 제동장치 구분
③ 엔진의 종류   ④ 자동차 종별

🔍 자동차 차대번호(VIN) 정보

표기 군별	자리 번호	사용 부호	표시내용
제작 회사군	1	B	자동차 제작사 및 자동차 종별구분
	2	B	
	3	B	
자동차 특성군	4	B	차종(차량의 기본형식 기준)
	5	B	차체 형상
	6	B	세부차종 (승용차는 등급, 기타는 용도별로 구분)
	7	B	• 안전벨트의 고정개소(승용차의 경우) • 제동장치의 형식(공기식, 유압식 등) : 승용차 이외의 경우 • 기타 특성
	8	B	원동기(배기량별로 구분)
	9	B	타각의 이상유무 확인 표시
	10	B	모델연도
	11	B	제작공장의 위치
제작 일련 번군	12	B	제작일련번호
	13	B	
	14	N	
	15	N	
	16	N	
	17	N	

60 안전표시의 종류를 나열한 것으로 옳은 것은?

① 금지표시, 경고표시, 지시표시, 안내표시
② 금지표시, 권장표시, 경고표시, 지시표시
③ 지시표시, 권장표시, 사용표시, 주의표시
④ 금지표시, 주의표시, 사용표시, 경고표시

> 안전·보건표지의 종류
> - 금지표지(8종) : 적색원형으로 특정 행동을 금지시키는 표지(바탕은 흰색, 기본모형은 빨간색, 관련부호 및 그림은 검은색)
> - 경고표지(15종) : 흑색 삼각형의 황색표지로 유해 또는 위험물에 대한 주의를 환기시키는 표지(바탕은 노란색, 기본모형 관련부호 및 그림은 검은색)
>   ※ 단, 인화성물질경고, 산화성물질경고, 폭발성물질경고, 급성독성물질경고, 부식성물질경고의 기본 모형은 빨간색 (검은색도 가능) 임
> - 지시표지(9종) : 청색원형으로 보호구 착용을 지시하는 표지 (바탕은 파란색, 관련 그림은 흰색)
> - 안내표지(8종) : 위치(비상구, 의무실, 구급용구)를 알리는 표지(바탕은 흰색, 기본모형 및 관련부호는 녹색, 바탕은 녹색, 관련부호 및 그림은 흰색)

정답 2020년 1회 복원문제

01 ③	02 ②	03 ②	04 ③	05 ②
06 ③	07 ①	08 ②	09 ①	10 ①
11 ③	12 ③	13 ②	14 ②	15 ③
16 ③	17 ①	18 ④	19 ②	20 ①
21 ③	22 ③	23 ③	24 ②	25 ①
26 ①	27 ③	28 ①	29 ③	30 ②
31 ④	32 ③	33 ②	34 ③	35 ①
36 ③	37 ①	38 ①	39 ④	40 ①
41 ②	42 ③	43 ①	44 ②	45 ③
46 ②	47 ②	48 ①	49 ②	50 ④
51 ④	52 ①	53 ④	54 ②	55 ①
56 ④	57 ④	58 ①	59 ③	60 ①

2020년 2회 CBT 복원문제

01 단위환산으로 맞는 것은?

① 1mile = 2km
② 1lb = 1.55kgf
③ 1kgf · m = 1.42ft · lbf
④ 9.81N · m = 9.81J

> 단위 환산
> • 1mile = 1.6km
> • 1lb = 0.4535kgf
> • 1kgf · m = 2.2lbf × 3.28ft = 7.216ft · lbf
> • 9.81N · m = 9.81J (∵ 1N · m = 1J = 1W · s)

02 이소옥탄 60%, 정헵탄 40%의 표준연료를 사용했을 때 옥탄가는 얼마인가?

① 40%
② 50%
③ 60%
④ 70%

> 옥탄가 = $\dfrac{\text{이소옥탄}}{\text{이소옥탄} + \text{정(노말)헵탄}} \times 100(\%)$
> = $\dfrac{60}{60+40} \times 100 = 60(\%)$

03 디젤 엔진에서 연료 공급펌프 중 프라이밍 펌프의 기능은?

① 기관이 작동하고 있을 때 펌프에 연료를 공급한다.
② 기관이 정지되고 있을 때 수동으로 연료를 공급한다.
③ 기관이 고속운전을 하고 있을 때 분사 펌프의 기능을 돕는다.
④ 기관이 가동하고 있을 때 분사펌프에 있는 연료를 빼는 데 사용한다.

> 디젤 엔진에서 프라이밍 펌프는 기관이 정지되어 있을 때 수동으로 작동시켜 연료라인에서 공기빼기 작업에 사용되며 동시에 연료를 분사펌프로 공급한다.

04 연료 분사 펌프의 토출량과 플런저의 행정은 어떠한 관계가 있는가?

① 토출량은 플런저의 유효행정에 정비례한다.
② 토출량은 예비행정에 비례하여 증가한다.
③ 토출량은 플런저의 유효행정에 반비례한다.
④ 토출량은 플런저의 유효행정과 전혀 관계가 없다.

> 플런저의 유효행정을 크게 하면 연료 분사량이 많아진다. 즉, 토출량은 플런저의 유효행정에 정비례한다.

05 피에죠(PIEZO) 저항을 이용한 센서는?

① 차속 센서
② 매니폴드압력 센서
③ 수온 센서
④ 크랭크각 센서

> 매니폴드 압력센서는 압전소자(피에조 저항형 센서)를 이용하여 흡기 매니홀드의 진공(절대압력)을 측정한다.

06 가솔린 자동차의 배기관에서 배출되는 배기가스와 공연비와의 관계를 잘못 설명한 것은?

① CO는 혼합기가 희박할수록 적게 배출된다.
② HC는 혼합기가 농후할수록 많이 배출된다.
③ NOx는 이론혼합비 부근에서 최소로 배출된다.
④ CO_2는 혼합기가 농후할수록 적게 배출된다.

> CO, HC는 혼합기가 농후할수록 많이 배출되고, NOx는 이론공연비 부근에서 다량 배출된다.

07 LPG 연료에 대한 설명으로 틀린 것은?

① 기체 상태는 공기보다 무겁다.
② 저장은 가스 상태로만 한다.
③ 연료 충진은 탱크 용량의 약 85% 정도로 한다.
④ 주변온도 변화에 따라 봄베의 압력변화가 나타난다.

> LPG란 Liquefied Petroleum Gas(액화석유가스)란 뜻으로, 압력에 의해 액화시켜 액체상태로 연료를 저장한다.

08 연료의 저위발열량 10,500kcal/kgf, 제동마력 93PS, 제동 열효율 31%인 기관의 시간당 연료 소비량(kgf/h)은?

① 약 18.07 ② 약 17.07
③ 약 16.07 ④ 약 5.53

> 제동 열효율(η_b) = $\dfrac{632.3 \times PS}{CW}$
> 여기서, C : 연료의 저위발열량(kcal/kgf)
> W : 시간당 연료 소비량(kgf/h)
> PS : 마력(ps) (주어지지 않으면 1마력)
> ∴ 시간당 연료 소비량(W) = $\dfrac{632.3 \times PS}{C \times \eta_b}$
> = $\dfrac{632.3 \times 93}{10,500 \times 0.31}$ = 18.07(kgf/h)

09 인젝터의 분사량을 제어하는 방법으로 맞는 것은?

① 솔레노이드 코일에 흐르는 전류의 통전시간으로 조절한다.
② 솔레노이드 코일에 흐르는 전압의 시간으로 조절한다.
③ 연료압력의 변화를 주면서 조절한다.
④ 분사구의 면적으로 조절한다.

> 인젝터의 연료 분사량은 솔레노이드 코일에 흐르는 인젝터 전류의 통전시간(개방시간)으로 조절한다.

10 측압이 가해지지 않은 쪽의 스커트 부분을 따낸 것으로 무게를 늘리지 않고 접촉면적은 크게 하고 피스톤 슬랩(slap)은 적게 하여 고속기관에 널리 사용하는 피스톤의 종류는?

① 슬립퍼 피스톤(slipper piston)
② 솔리드 피스톤(solid piston)
③ 스플릿 피스톤(split piston)
④ 옵셋 피스톤(offset piston)

> 슬립퍼 피스톤은 측압이 가해지지 않은 쪽의 스커트 부분을 따낸 것으로, 무게를 늘리지 않고 접촉면적은 크게 하고 피스톤 슬랩은 적게 하여 고속기관에 널리 사용한다.

11 엔진의 흡기장치 구성요소에 해당하지 않는 것은?

① 촉매장치
② 서지탱크
③ 공기청정기
④ 레조네이터(resonator)

> 촉매장치는 배기가스 정화장치이다.

12 기관의 최고출력이 1.3ps이고, 총배기량이 50cc, 회전수가 5000rpm일 때 리터 마력(ps/L)은?

① 56 ② 46
③ 36 ④ 26

> 리터 마력(ps/L) = $\dfrac{1.3}{50} \times 1,000$ = 26ps

13 디젤 기관에 쓰이는 연소실이다. 복실식 연소실이 아닌 것은?

① 예연소실식 ② 직접분사식
③ 공기실식 ④ 와류실식

> 디젤기관 연소실의 분류
> • 단실식 : 직접 분사실식
> • 복실식 : 예연소실식, 와류실식, 공기실식

14 윤활유 특성에서 요구되는 사항으로 틀린 것은?

① 점도지수가 적당할 것
② 산화 안정성이 좋을 것
③ 발화점이 낮을 것
④ 기포 발생이 적을 것

> 윤활유의 구비조건
> • 인화점과 발화점이 높을 것
> • 응고점이 낮을 것
> • 비중과 점도(지수)가 적당할 것
> • 열과 산에 대하여 안정될 것
> • 기포 발생이 적을 것
> • 카본의 생성이 적으며, 강인한 유막을 형성할 것

15 여지 반사식 매연측정기의 시료 채취관을 배기관에 삽입 시 가장 알맞은 깊이는?

① 20cm ② 40cm
③ 50cm ④ 60cm

> 시료채취관을 여지반사식은 20cm, 광투과식은 5cm 삽입하여 가속페달을 급속히 밟으면서 시료를 채취한다.

16 가솔린 기관의 연료펌프에서 체크밸브의 역할이 아닌 것은?

① 연료라인 내의 잔압을 유지한다.
② 기관 고온시 연료의 베이퍼록을 방지한다.
③ 연료의 맥동을 흡수한다.
④ 연료의 역류를 방지한다.

> 연료펌프의 체크밸브는 연료펌프가 작동을 멈출 때 연료 출구를 막아 연료의 역류를 방지하며 잔압을 유지하여 고온에 의한 베이퍼 록을 방지하고, 재시동성을 향상시킨다.

17 실린더블록이나 헤드의 평면도 측정에 알맞은 게이지는?

① 마이크로미터 ② 다이얼 게이지
③ 버니어 캘리퍼스 ④ 직각자와 필러게이지

> 실린더 헤드의 평면도 점검은 직각자(곧은자)와 필러(틈새, 간극, 시크니스)게이지로 측정 점검한다.

18 CO, HC, NOx 가스를 CO_2, H_2O, N_2 등으로 화학적 반응을 일으키는 장치는?

① 캐니스터
② 삼원촉매장치
③ EGR장치
④ PCV(Positive Crankcase Ventilation)

> 삼원 촉매장치는 가솔린 기관의 유해 배기가스인 일산화탄소(CO), 탄화수소(HC), 질소산화물(NOx)를 백금(Pt), 팔라듐(Pd), 로듐(Rh) 3가지 원소를 이용하여 CO_2, H_2O, N_2 등으로 정화한다.

19 연료 분사장치에서 산소센서의 설치 위치는?

① 라디에이터
② 실린더 헤드
③ 흡입 매니홀드
④ 배기 매니홀드 또는 배기관

> 산소센서는 배기 매니홀드 또는 배기관에 장착되어 있으며 배기가스 중의 산소 농도차에 따라 전압이 발생되면 이를 피드백하여 이론 공연비로 제어하기 위한 센서이다.

20 크랭크축에서 크랭크 핀저널의 간극이 커졌을 때 일어나는 현상으로 맞는 것은?

① 운전 중 심한 소음이 발생할 수 있다.
② 흑색 연기를 뿜는다.
③ 윤활유 소비량이 많다.
④ 유압이 낮아질 수 있다.

> 크랭크 핀저널의 간극이 커지면 크랭크 축과의 충격이 커져 운전 중 심한 소음이 발생할 수 있다.

21 피스톤에 옵셋(off set)을 두는 이유로 가장 올바른 것은?

① 피스톤의 틈새를 크게 하기 위하여
② 피스톤의 중량을 가볍게 하기 위하여
③ 피스톤의 측압을 작게 하기 위하여
④ 피스톤 스커트부에 열전달을 방지하기 위하여

> 피스톤의 측압을 감소시키고 회전을 원활하게 하며, 실린더와 피스톤의 편마모를 방지하기 위하여 피스톤 핀의 위치를 중심에서 약 1.5mm 정도 옵셋시킨 옵셋 피스톤을 사용한다.

22 내연기관 밸브장치에서 밸브 스프링의 점검과 관계없는 것은?

① 스프링 장력
② 자유높이
③ 직각도
④ 코일의 권수

> 밸브 스프링 점검사항 : 직각도, 자유고, 장력

23 기관의 동력을 측정할 수 있는 장비는?

① 멀티미터
② 볼트미터
③ 타코미터
④ 다이나모미터

> 기관의 동력은 엔진 다이나모미터로 측정한다.

24 동력인출장치에 대한 설명이다. ( ) 안에 맞는 것은?

> 동력 인출장치는 농업기계에서 ( )의 구동용으로도 사용되며, 변속기 측면에 설치되어 ( )의 동력을 인출한다.

① 작업장치, 주축상　② 작업장치, 부축상
③ 주행장치, 주축상　④ 주행장치, 부축상

🔍 동력 인출장치(Power Take Off, PTO)란 자동차의 주행과는 관계없이 다른 용도에 이용하기 위한 장치로, 농업기계에서 작업장치의 구동용으로도 사용되며 변속기 측면에 설치되어 부축상의 동력을 인출한다.

25 승용자동차에서 주제동 브레이크에 해당되는 것은?

① 디스크 브레이크
② 배기 브레이크
③ 엔진 브레이크
④ 와전류 브레이크

🔍 엔진 브레이크, 배기 브레이크, 와전류 브레이크는 보조 브레이크이다.

26 차량 총중량 5000kgf의 자동차가 20%의 구배길을 올라갈 때 구배저항(Rg)은?

① 2500kgf
② 2000kgf
③ 1710kgf
④ 1000kgf

🔍 구배저항(Rg) = $W \cdot \sin\theta \fallingdotseq W \cdot \tan\theta = \frac{WG}{100}$
여기서, W : 차량총중량 θ : 경사각도 G : 구배(경사율,%)
∴ 구배저항(Rg) = $\frac{WG}{100} = \frac{5000 \times 20}{100}$ = 1000kgf

27 제동장치에서 디스크 브레이크의 형식으로 적합한 것은?

① 앵커핀 형　② 2 리딩 형
③ 유니서보 형　④ 플로팅 캘리퍼 형

🔍 드럼 브레이크의 분류
• 넌서보 브레이크 : 리딩 트레일링 슈(앵커핀) 형식
• 서보 브레이크 : 단동 2리딩 또는 복동 2리딩 슈 형식, 유니 서보식, 듀오 서보식, 앵커 링크 형식 등
※ 플로팅 캘리퍼형은 디스크 브레이크 형식이다.

28 휠얼라인먼트 요소 중 하나인 토인의 필요성과 거리가 가장 먼 것은?

① 조향 바퀴에 복원성을 준다.
② 주행 중 토 아웃이 되는 것을 방지한다.
③ 타이어의 슬립과 마멸을 방지한다.
④ 캠버와 더불어 앞바퀴를 평행하게 회전시킨다.

🔍 토인을 두는 목적
• 앞바퀴를 평행하게 회전시킨다.
• 바퀴가 옆방향으로 미끄러지는 것과 타이어의 마멸을 방지한다.
• 조향 링키지의 마멸에 의해 토아웃이 되는 것을 방지한다.

29 자동차의 축간 거리가 2.2m, 외측 바퀴의 조향각이 30°이다. 이 자동차의 최소 회전반지름은 얼마인가? (단 바퀴의 접지면 중심과 킹핀과의 거리는 30cm이다.)

① 3.5m　② 4.7m
③ 7m　④ 9.4m

🔍 최소회전반경 R = $\frac{L}{\sin\alpha}$ + r
여기서, α : 외측바퀴 회전각도(°)
L : 축거(m)
r : 타이어 중심과 킹핀과의 거리(m)
∴ 최소회전반경 R = $\frac{2.2}{\sin 30°}$ + 0.3 = 4.7m

30 동력전달장치에서 추진축의 스플라인부가 마멸되었을 때 생기는 현상은?

① 완충작용이 불량하게 된다.
② 주행 중에 소음이 발생한다.
③ 동력전달 성능이 향상된다.
④ 종감속 장치의 결함이 불량하게 된다.

🔍 추진축 스플라인 부의 마모가 심하면 주행 중 소음이 발생하고 추진축이 진동한다.

31 수동변속기의 필요성으로 틀린 것은?

① 회전방향을 역으로 하기 위해
② 무부하 상태로 공전운전할 수 있게 하기 위해
③ 발진시 각부에 응력의 완화와 마멸을 최대화하기 위해
④ 차량발진시 중량에 의한 관성으로 인해 큰 구동력이 필요하기 때문에

> 수동변속기의 필요성
> • 무부하 상태로 공전운전할 수 있게 하기 위해
> • 차량발진시 중량에 의한 관성으로 인해 큰 구동력이 필요하기 때문에
> • 회전방향을 역으로 하기 위해

32 시동 off 상태에서 브레이크 페달을 여러 차례 작동 후 브레이크 페달을 밟은 상태에서 시동을 걸었는데 브레이크 페달이 내려가지 않는다면 예상되는 고장 부위는?

① 주차 브레이크 케이블　② 앞 바퀴 캘리퍼
③ 진공 배력장치　　　　④ 프로포셔닝 밸브

> 진공 배력장치는 흡기다기관의 진공을 사용하므로 시동을 걸었을 때 배력장치가 작동되어 페달이 약간 내려가야 정상이다.

33 전자제어 현가장치에 사용되고 있는 차고센서의 구성 부품으로 옳은 것은?

① 에어챔버와 서브탱크
② 발광다이오드와 유화 카드뮴
③ 서모스위치
④ 발광다이오드와 광트랜지스터

> 전자제어 현가장치의 차고센서는 차고 변화에 따른 보디와 액슬의 위치를 감지하는 역할을 하며, 차고의 변화는 센서에 전달되는 레버의 회전량으로 변환된다. 차고센서는 발광다이오드(LED, 발광기)와 광트랜지스터(수광기) 쌍으로 구성되어 있다.

34 자동변속기 오일의 주요 기능이 아닌 것은?

① 동력전달 작용　② 냉각 작용
③ 충격전달 작용　④ 윤활 작용

> 자동변속기 오일의 주요 기능
> • 윤활 작용
> • 냉각 작용
> • 동력전달 작용
> • 충격흡수 작용

35 십자형 자재이음에 대한 설명 중 틀린 것은?

① 십자축과 두개의 요크로 구성되어 있다.
② 주로 후륜 구동식 자동차의 추진축에 사용된다.
③ 롤러베어링을 사이에 두고 축과 요크가 설치되어 있다.
④ 자재이음과 슬립이음 역할을 동시에 하는 형식이다.

> ①~③항이 십자형 자재이음에 대한 설명이고, 슬립조인트가 슬립이음의 역할을 한다.

36 자동차에서 제동시의 슬립비를 표시한 것으로 맞는 것은?

① $\dfrac{\text{자동차 속도} - \text{바퀴 속도}}{\text{자동차 속도}} \times 100$

② $\dfrac{\text{자동차 속도} - \text{바퀴 속도}}{\text{바퀴 속도}} \times 100$

③ $\dfrac{\text{바퀴 속도} - \text{자동차 속도}}{\text{자동차 속도}} \times 100$

④ $\dfrac{\text{바퀴 속도} - \text{자동차 속도}}{\text{바퀴 속도}} \times 100$

> ABS에서 타이어 슬립율이란 자동차(차체) 속도와 바퀴(차륜) 속도와의 차이를 말한다.

37 전자제어 조향장치에서 차속센서의 역할은?

① 공전속도 조절
② 조향력 조절
③ 공연비 조절
④ 점화시기 조절

> 차속센서는 차속에 따른 신호를 동력 조향장치의 컨트롤 유닛(ECU)에 입력하며, 컨트롤 유닛은 차속센서 신호가 입력되면 차속에 따라 조향력을 적절하게 조절한다.

38 주행 중 브레이크 작동 시 조향핸들이 한쪽으로 쏠리는 원인으로 거리가 가장 먼 것은?

① 휠 얼라인먼트 조정이 불량하다.
② 좌우 타이어의 공기압이 다르다.
③ 브레이크 라이닝의 좌·우 간극이 불량하다.
④ 마스터 실린더의 첵 밸브의 작동이 불량하다.

> 브레이크 작동 시 한 쪽으로 쏠리는 원인
> • 드럼이 편마모 되었다.
> • 좌우 타이어 공기압에 차이가 있다.
> • 좌우 라이닝 간극 조정이 틀리게 조정되었다.
> • 한 쪽 휠 실린더의 작동이 불량하다.
> • 라이닝의 접촉 불량 또는 기름이 묻어있다.
> • 앞바퀴 정렬(wheel alignment)이 잘못되었다.

39 클러치 마찰면에 작용하는 압력이 300N, 클러치판의 지름이 80cm, 마찰계수 0.3일 때 기관의 전달회전력은 약 몇 N·m인가?

① 36 ② 56
③ 62 ④ 72

> 전달 회전력(T) = μ·P·r(N·m)
> 여기서, μ : 마찰계수, P : 압력(N), r : 클러치 반경(m)
> ∴ 전달 회전력(T) = μ·P·r = 0.3 × 300N × 0.4m
>   = 36N·m

40 공기식 제동장치의 구성요소로 틀린 것은?

① 언로더 밸브
② 릴레이 밸브
③ 브레이크 챔버
④ EGR 밸브

> EGR 밸브는 배기가스 제어장치에 사용되는 부품이다.

41 트랜지스터식 점화장치는 어떤 작동으로 점화코일의 1차 전압을 단속하는가?

① 증폭 작용   ② 자기 유도 작용
③ 스위칭 작용   ④ 상호 유도 작용

> 트랜지스터식 점화장치는 파워 트랜지스터의 스위칭 작용으로 점화코일의 1차전압을 단속한다.

42 자동차 에어컨 시스템에 사용되는 컴프레셔 중 가변용량 컴프레셔의 장점이 아닌 것은?

① 냉방성능 향상
② 소음진동 향상
③ 연비 향상
④ 냉매 충진 효율 향상

> 가변용량 컴프레셔의 장점
> • 냉방성능 향상
> • 소음진동 향상
> • 연비 향상
> • 차량 운전성 향상

43 자동차용 배터리의 충전방전에 관한 화학반응으로 틀린 것은?

① 배터리 방전 시 (+)극판의 과산화납은 점점 황산납으로 변한다.
② 배터리 충전 시 (+)극판의 황산납은 점점 과산화납으로 변한다.
③ 배터리 충전 시 물은 묽은 황산으로 변한다.
④ 배터리 충전 시 (−)극판에는 산소가, (+)극판에는 수소를 발생시킨다.

> 충·방전시 화학작용
> • 배터리 방전시 양극판과 음극판은 황산납으로, 전해액인 묽은 황산은 물로 변한다.
> • 배터리 충전시 양극판은 과산화납으로, 음극판은 해면상납으로, 전해액은 묽은 황산으로 변화한다.
> • 배터리 충전시 (+)극판에서는 산소가, (−)극판에서 수소를 발생시킨다.

44 저항이 4Ω인 전구를 12V의 축전지에 의하여 점등했을 때 접속이 올바른 상태에서 전류(A)는 얼마인가?

① 4.8A
② 2.4A
③ 3.0A
④ 6.0A

> 오옴의 법칙 $I = \frac{E}{R}$ 이므로, 전류 $I = \frac{12}{4} = 3A$

45 와이퍼 장치에서 간헐적으로 작동되지 않는 요인으로 거리가 먼 것은?

① 와이퍼 릴레이가 고장이다.
② 와이퍼 블레이드가 마모되었다.
③ 와이퍼 스위치가 불량이다.
④ 모터 관련 배선의 접지가 불량이다.

> 와이퍼와 관련된 와이퍼 모터, 릴레이, 스위치, 접지 등이 고장이면 와이퍼는 작동하지 않는다. 와이퍼 블레이드는 마모되어도 와이퍼는 작동한다.

46 배터리 취급 시 틀린 것은?

① 전해액량은 극판 위 10~13mm 정도 되도록 보충한다.
② 연속 대전류로 방전되는 것은 금지해야 한다.
③ 전해액을 만들어 사용 시는 고무 또는 납그릇을 사용하되, 황산에 증류수를 조금씩 첨가하면서 혼합한다.
④ 배터리의 단자부 및 케이스면은 소다수로 세척한다.

> 전해액을 만들어 사용 시 고무 그릇은 사용 가능하나 납그릇은 황산과 반응하므로 사용하면 안된다.

47 논리회로에서 AND 게이트의 출력이 HIGH(1)로 되는 조건은?

① 양쪽의 입력이 HIGH일 때
② 한쪽의 입력만 LOW일 때
③ 한쪽의 입력만 HIGH일 때
④ 양쪽의 입력이 LOW일 때

> AND 회로는 입력신호가 모두 HIGH(1)일 때, 출력이 1이 되는 회로이다.

48 다음 중 가속도(G) 센서가 사용되는 전자제어 장치는?

① 에어백(SRS)장치 ② 배기장치
③ 정속주행장치 ④ 분사장치

> 가속도(G) 센서는 차량 충돌시 가·감속도를 감지하여 에어백의 작동유무를 판정한다.

49 자동차용 배터리에 과충전을 반복하면 배터리에 미치는 영향은?

① 극판이 황산화 된다.
② 용량이 크게 된다.
③ 양극판 격자가 산화된다.
④ 단자가 산화된다.

> 충전이란 양극판이 과산화납으로 되돌아가는 과정이므로 과충전하면 양극판 격자가 산화된다.

50 4기통 디젤기관에 저항이 0.8Ω인 예열플러그를 각 기통에 병렬로 연결하였다. 이 기관에 설치된 예열플러그의 합성저항은 몇 Ω 인가? (단, 기관의 전원은 24V 임)

① 0.1
② 0.2
③ 0.3
④ 0.4

> 병렬 합성저항 $\frac{1}{R} = \frac{1}{R_1} + \frac{1}{R_2} + \cdots + \frac{1}{R_n}$
> ∴ 합성저항 $\frac{1}{R} = \frac{1}{0.8} + \frac{1}{0.8} + \frac{1}{0.8} = \frac{4}{0.8}Ω$
> ∴ $R = 0.2Ω$

51 관리감독자의 점검대상 및 업무내용으로 가장 거리가 먼 것은?

① 보호구의 착용 및 관리실태 적절 여부
② 산업재해 발생시 보고 및 응급조치
③ 안전수칙 준수 여부
④ 안전관리자 선임 여부

> 안전관리자의 선임 여부는 사용자가 한다.

52 단조작업의 일반적 안전사항으로 틀린 것은?

① 해머작업을 할 때에는 주위 사람을 보면서 한다.
② 재료를 자를 때에는 정면에 서지 않아야 한다.
③ 물품에 열이 있기 때문에 화상에 주의한다.
④ 형(die) 공구류는 사용 전에 예열한다.

> 해머작업 시에는 타격 가공하려는 곳에 눈을 고정시켜야 한다.

53 다음 중 연료 파이프 피팅을 풀 때 가장 알맞은 렌치는?

① 탭 렌치
② 복스 렌치
③ 소켓 렌치
④ 오픈 엔드 렌치

> 연료 파이프의 피팅은 관 형태이므로 오픈 엔드 렌치 또는 조합 렌치로 풀어야 한다.

54 정 작업 시 주의 할 사항으로 틀린 것은?

① 금속 깎기를 할 때는 보안경을 착용한다.
② 정의 날을 몸 안쪽으로 하고 해머로 타격한다.
③ 정의 생크나 해머에 오일이 묻지 않도록 한다.
④ 보관 시는 날이 부딪쳐서 무디어지지 않도록 한다.

> 정 작업시 주의사항
> • 정 작업 시에는 보호안경을 사용 할 것
> • 정 작업은 시작과 끝에 특히 조심한다.
> • 처음에는 약하게 타격하고 차차 강하게 때린다.
> • 열처리한 재료는 정으로 작업하지 않는다.
> • 정의 생크나 해머에 오일이 묻지 않도록 한다.
> • 철재를 절단할 때는 철편이 튀는 방향에 주의할 것
> • 정 작업시 버섯머리는 그라인더로 갈아서 사용한다.
> • 보관 시는 날이 부딪쳐서 무디어지지 않도록 한다.

55 제3종 유기용제 취급장소의 색표시는?

① 빨강
② 노랑
③ 파랑
④ 녹색

> 유기용제의 색 표시
> 1종 – 적색(빨강), 2종 – 황색(노랑), 3종 – 청색(파랑)

56 정비공장에서 엔진을 이동시키는 방법 가운데 가장 적합한 방법은?

① 체인 블록이나 호이스트를 사용한다.
② 지렛대를 이용한다.
③ 로프를 묶고 잡아당긴다.
④ 사람이 들고 이동한다.

> 무거운 물건은 체인 블록이나 호이스트를 이용하여 운반한다.

57 작업장의 안전점검을 실시할 때 유의사항이 아닌 것은?

① 과거 재해 요인이 없어졌는지 확인한다.
② 안전점검 후 강평하고 사소한 사항은 묵인한다.
③ 점검내용을 서로 이해하고 협조한다.
④ 점검자의 능력에 적응하는 점검내용을 활용한다.

> 안전점검 후 강평하고 사소한 사항이라도 확인한다.

58 전자제어 시스템 정비 시 자기진단기 사용에 대하여 ( )에 적합한 것은?

> 고장 코드의 (a)는 배터리 전원에 의해 백업되어 점화스위치를 OFF 시키더라도 (b)에 기억된다. 그러나 (c)를 분리시키면 고장진단 결과는 지워진다.

① a : 정보, b : 정션박스, c : 고장진단 결과
② a : 고장진단 결과, b : 배터리 (−)단자, c : 고장부위
③ a : 정보, b : ECU, c : 배터리 (−)단자
④ a : 고장진단 결과, b : 고장부위, c : 배터리 (−)단자

> 고장 코드의 정보는 배터리 전원에 의해 백업되어 점화스위치를 OFF 시키더라도 ECU에 기억된다. 그러나 배터리 (−)단자를 분리시키면 고장진단 결과는 지워진다.

59 LPG 자동차 관리에 대한 주의사항 중 틀린 것은?

① LPG가 누출되는 부위를 손으로 막으면 안된다.
② 가스 충전시에는 합격 용기인가를 확인하고, 과충전 되지 않도록 해야 한다.
③ 엔진실이나 트렁크 실 내부 등을 점검할 때 라이터나 성냥 등을 켜고 확인한다.
④ LPG는 온도상승에 의한 압력상승이 있기 때문에 용기는 직사광선 등을 피하는 곳에 설치하고 과열되지 않아야 한다.

> LPG 자동차는 고압가스인 LPG 가스가 엔진실이나 트렁크 실 내부에 누설되어 있을 수 있으므로 점검할 때 라이터나 성냥 등을 사용하면 폭발의 위험이 있으므로 사용해서는 안 된다.

60 차량 밑에서 정비할 경우 안전조치 사항으로 틀린 것은?

① 차량은 반드시 평지에 받침목을 사용하여 세운다.
② 차를 들어 올리고 작업할 때에는 반드시 잭으로 들어 올린 다음 스탠드로 지지해야 한다.
③ 차량 밑에서 작업할 때에는 반드시 앞치마를 이용한다.
④ 차량 밑에서 작업할 때에는 반드시 보안경을 착용한다.

> 차량 밑에서 정비시 안전조치 사항
> • 차량은 반드시 평지에 받침목을 사용하여 세운다.
> • 차를 들어 올리고 작업할 때에는 반드시 잭으로 들어 올린 다음 스탠드로 지지해야 한다.
> • 차량 밑에서 작업할 때에는 반드시 보안경을 착용한다.

정답 2020년 2회 복원문제

01 ④	02 ③	03 ②	04 ①	05 ②
06 ③	07 ②	08 ①	09 ①	10 ①
11 ①	12 ①	13 ②	14 ③	15 ①
16 ③	17 ④	18 ④	19 ④	20 ①
21 ③	22 ④	23 ④	24 ②	25 ①
26 ④	27 ④	28 ①	29 ②	30 ②
31 ③	32 ③	33 ④	34 ③	35 ④
36 ①	37 ②	38 ④	39 ①	40 ④
41 ③	42 ④	43 ④	44 ③	45 ②
46 ③	47 ①	48 ④	49 ③	50 ②
51 ④	52 ①	53 ④	54 ②	55 ③
56 ①	57 ②	58 ③	59 ③	60 ③

2020년 3회 CBT 복원문제

01 전자제어 연료분사 차량에서 크랭크각 센서의 역할이 아닌 것은?

① 냉각수 온도 검출
② 연료의 분사시기 결정
③ 점화시기 결정
④ 피스톤의 위치 검출

> 크랭크각 센서는 ②~④항의 역할을 하며, 냉각수 온도 검출은 냉각수온 센서(WTS 또는 CTS)가 한다.

02 전자제어기관에서 인젝터의 연료분사량에 영향을 주지 않는 것은?

① 산소(O_2)센서
② 공기유량센서(AFS)
③ 냉각수온센서(WTS)
④ 핀 서모(pin thermo)센서

> 핀 서모센서는 에어컨 시스템에 사용되는 센서로 연료분사량과는 관련이 없다.

03 산소센서(O_2 sensor)가 피드백(feed back) 제어를 할 경우로 가장 적합한 것은?

① 연료를 차단할 때
② 급가속 상태일 때
③ 감속 상태일 때
④ 대기와 배기가스 중의 산소농도 차이가 있을 때

> 산소(O_2)센서는 배기관에 장착되어 있으며, 배기가스 중의 산소 농도차에 따라 전압이 발생되면 이를 피드백하여 이론 공연비로 제어하기 위한 센서이다.

04 전자제어 연료장치에서 기관이 정지 후 연료압력이 급격히 저하되는 원인 중 가장 알맞은 것은?

① 연료 휠터가 막혔을 때
② 연료 펌프의 첵 밸브가 불량할 때
③ 연료의 리턴 파이프가 막혔을 때
④ 연료 펌프의 릴리프 밸브가 불량할 때

> 연료펌프의 첵 밸브가 불량하면 잔압이 형성되지 않아 기관 정지 후 연료압력이 급격히 낮아진다.

05 연료 탱크 내장형 연료펌프(어셈블리)의 구성부품에 해당되지 않는 것은?

① 첵 밸브
② 릴리프 밸브
③ DC모터
④ 포토 다이오드

> 연료탱크 내장형 연료펌프 구성부품 : DC모터, 첵 밸브, 릴리프 밸브

06 LPG 기관에서 연료공급 경로로 맞는 것은?

① 봄베 → 솔레노이드 밸브 → 베이퍼라이저 → 믹서
② 봄베 → 베이퍼라이저 → 솔레노이드 밸브 → 믹서
③ 봄베 → 베이퍼라이저 → 믹서 → 솔레노이드 밸브
④ 봄베 → 믹서 → 솔레노이드 밸브 → 베이퍼라이저

> LPG 기관의 연료공급 경로 : 봄베(연료탱크) → 솔레노이드 밸브 → 베이퍼라이저 → 믹서

07 배출가스 저감장치 중 삼원촉매(Catalytic Convertor) 장치를 사용하여 저감시킬 수 있는 유해가스의 종류는?

① CO, HC, 흑연
② CO, NOx, 흑연
③ NOx, HC, SO
④ CO, HC, NOx

> 삼원 촉매장치는 일산화탄소(CO), 탄화수소(HC), 질소산화물(NOx)을 저감한다.

08 적색 또는 청색 경광등을 설치하여야 하는 자동차가 아닌 것은?

① 교통단속에 사용되는 경찰용 자동차
② 범죄수사를 위하여 사용되는 수사기관용 자동차
③ 소방용 자동차
④ 구급자동차

🔍 구급자동차의 경광등은 녹색이다.

09 4행정 6실린더 기관의 제 3번 실린더 흡기 및 배기밸브가 모두 열려있을 경우 크랭크축을 회전 방향으로 120° 회전 시켰다면 압축 상사점에 가장 가까운 상태에 있는 실린더는? (단, 점화순서는 1-5-3-6-2-4)

① 1번 실린더
② 2번 실린더
③ 4번 실린더
④ 6번 실린더

🔍 3번 실린더의 흡기 및 배기밸브가 모두 열려있으므로 오버랩(흡기행정)이다. 따라서 4번 실린더는 동력행정이다. 또한 압축상사점에 가깝다는 것은 곧 동력행정을 한다는 의미이며, 현재 점화순서에 따라 압축행정을 시작하고 있는 것은 1번 실린더이므로 120° 회전시키면 동력행정을 하기 위해 1번 실린더가 압축상사점으로 오게 된다.

10 내연기관의 윤활장치에서 유압이 낮아지는 원인으로 틀린 것은?

① 기관 내 오일부족
② 오일스트레이너 막힘
③ 유압 조절밸브 스프링장력 과대
④ 캠축 베어링의 마멸로 오일 간극 커짐

🔍 유압이 낮아지는 원인
• 기관 내 오일부족
• 오일스트레이너 막힘
• 베어링 마모로 오일간극이 커졌을 때
• 유압조절밸브 스프링 장력 저하
• 오일의 희석 및 점도 저하
• 오일펌프 불량 및 유압회로의 누설

11 자동차 기관에서 윤활회로 내의 압력이 과도하게 올라가는 것을 방지하는 역할을 하는 것은?

① 오일 펌프
② 릴리프 밸브
③ 체크 밸브
④ 오일 쿨러

🔍 릴리프 밸브(유압조절 밸브, relief valve)는 윤활회로 내의 압력이 과도하게 올라가는 것을 방지하여 유압을 일정하게 유지하는 기능을 한다.

12 디젤 기관의 노킹을 방지하는 대책으로 알맞은 것은?

① 실린더 벽의 온도를 낮춘다.
② 착화지연 기간을 길게 유도한다.
③ 압축비를 낮게 한다.
④ 흡기온도를 높인다.

🔍 디젤 노크의 방지 대책
• 세탄가가 높은(착화성이 좋은) 연료를 사용한다.
• 흡입공기의 온도, 실린더 벽의 온도를 높게 한다.
• 압축비를 높게 한다.
• 착화지연기간을 짧게 한다.
• 착화지연기간 중 연료의 분사량을 적게 한다.
• 흡입공기에 와류가 일어나도록 한다.

13 지르코니아 산소센서에 대한 설명으로 맞는 것은?

① 공연비를 피드백 제어하기 위해 사용한다.
② 공연비가 농후하면 출력전압은 0.45V 이하이다.
③ 공연비가 희박하면 출력전압은 0.45V 이상이다.
④ 300℃ 이하에서도 작동한다.

🔍 산소센서는 배기관에 장착되어 있으며 배기가스 중의 산소농도차에 따라 전압이 발생되면 이를 피드백하여 이론 공연비로 제어하기 위한 센서이다. 센서의 온도가 300℃ 이상에서 안정되게 작동하며 이론공연비 14.7 : 1을 기준으로 공연비가 희박하면 100mV, 농후하면 900mV를 나타낸다.

14 기관에 이상이 있을 때 또는 기관의 성능이 현저하게 저하되었을 때 분해수리의 여부를 결정하기 위한 가장 적합한 시험은?

① 캠각 시험
② CO 가스측정
③ 압축압력 시험
④ 코일의 용량시험

🔍 압축압력 시험을 하여 규정값보다 70% 이하시 기관을 분해수리(overhaul) 한다.

15 가솔린 기관의 이론공연비로 맞는 것은? (단, 희박연소 기관은 제외)

① 8 : 1 ② 13.4 : 1
③ 14.7 : 1 ④ 15.6 : 1

🔍 가솔린 기관의 이론 공연비는 14.7 : 1이다.

16 기관에 윤활유를 급유하는 목적과 관계없는 것은?

① 연소촉진작용 ② 동력손실감소
③ 마멸방지 ④ 냉각작용

🔍 기관에 윤활유를 급유하는 목적은 마찰을 감소시켜 동력손실을 최소화하고 마멸을 방지하며, 마찰로 인한 열을 흡수하여 냉각시키고 충격을 분산시켜 응력을 최소화시키기 위함이다.

17 크랭크축이 회전 중 받는 힘의 종류가 아닌 것은?

① 휨(bending) ② 비틀림(torsion)
③ 관통(penetration) ④ 전단(shearing)

🔍 크랭크 축은 엔진 작동 중 폭발압력에 의해 휨, 비틀림, 전단력 등을 받으며 회전한다.

18 다음 중 디젤기관에 사용되는 과급기의 역할은?

① 윤활성의 증대 ② 출력의 증대
③ 냉각효율의 증대 ④ 배기의 증대

🔍 디젤기관에서 과급기는 출력의 증대를 위하여 사용된다.

19 연소실의 체적이 48cc이고, 압축비가 9:1인 기관의 배기량은 얼마인가?

① 432cc ② 384cc
③ 336cc ④ 288cc

🔍 압축비(ε) = $\frac{V_c}{V_s}$ = 1 + $\frac{V}{V_c}$
여기서, V_s : 실린더 체적(cc)
 V : 행정 체적(배기량)(cc)
 V_c : 연소실(간극) 체적(cc)
∴ 배기량(V) = (ε-1) × V_c = (9 - 1) × 48 = 384cc

20 연소란 연료의 산화반응을 말하는데 연소에 영향을 주는 요소 중 가장 거리가 먼 것은?

① 배기 유동과 난류
② 공연비
③ 연소 온도와 압력
④ 연소실 형상

🔍 ②~④항이 연소에 영향을 주는 요소이며, 배기 유동은 연소 후 이므로 관련이 없다.

21 가솔린 기관의 노킹(Knocking)을 방지하기 위한 방법이 아닌 것은?

① 화염전파속도를 빠르게 한다.
② 냉각수 온도를 낮춘다.
③ 옥탄가가 높은 연료를 사용한다.
④ 혼합가스의 와류를 방지한다.

🔍 가솔린 기관의 노킹 방지 대책
• 옥탄가가 높은 연료를 사용한다.
• 화염전파 거리를 가능한 한 짧게 한다.
• 화염전파 속도를 빠르게 한다.
• 혼합가스의 와류를 좋게 한다.
• 흡입공기 온도와 냉각수 온도를 낮게 한다.
• 퇴적된 카본을 제거한다.
• 점화시기를 지각시킨다.

22 엔진의 내경이 9cm, 행정 10cm인 1기통 배기량은?

① 약 666cc ② 약 656cc
③ 약 646cc ④ 약 636cc

🔍 배기량 $V = 0.785D^2 \cdot L \cdot Z$
여기서, D : 내경(mm), L : 행정(mm), Z : 실린더 수
∴ 배기량 $V = 0.785 \times 9^2 \times 10 \times 1 = 635.85cc$

23 기관이 과열되는 원인이 아닌 것은?

① 라디에이터 코어가 막혔다.
② 수온 조절기가 열려있다.
③ 냉각수의 양이 적다.
④ 물 펌프의 작동이 불량하다.

🔍 ①, ③, ④항은 기관이 과열되는 원인이며, 수온조절기가 열려 있으면 기관이 과냉된다.

24 전자제어식 제동장치(ABS)에서 제동시 타이어 슬립율이란?

① $\dfrac{차륜속도 - 차체속도}{차체속도} \times 100$

② $\dfrac{차체속도 - 차륜속도}{차체속도} \times 100$

③ $\dfrac{차체속도 - 차륜속도}{차륜속도} \times 100$

④ $\dfrac{차륜속도 - 차체속도}{차륜속도} \times 100$

> ABS에서 타이어 슬립율이란 자동차(차체) 속도와 바퀴(차륜) 속도와의 차이를 말한다.

25 앞바퀴 정렬의 종류가 아닌 것은?

① 토인 ② 캠버
③ 섹터 암 ④ 캐스터

> 앞바퀴 정렬의 종류 : 캠버, 캐스터, 토인, 킹핀 경사각

26 자동차의 앞바퀴정렬에서 토(toe) 조정은 무엇으로 하는가?

① 와셔의 두께
② 시임의 두께
③ 타이로드의 길이
④ 드래그 링크의 길이

> 자동차의 앞바퀴정렬에서 토(toe) 조정은 타이로드의 길이를 가감하여 한다.

27 유압식 전자제어 파워스티어링 ECU의 입력 요소가 아닌 것은?

① 차속 센서
② 스로틀포지션 센서
③ 크랭크축포지션 센서
④ 조향각 센서

> 크랭크축포지션 센서는 엔진 ECU의 입력 요소이다.

28 자동변속기 오일의 구비조건으로 부적합한 것은?

① 기포 발생이 없고 방청성이 있을 것
② 점도지수의 유동성이 좋을 것
③ 내열 및 내산화성이 좋을 것
④ 클러치 접속시 충격이 크고 미끄럼이 없는 적절한 마찰계수를 가질 것

> 자동변속기 오일의 구비조건
> - 기포 발생이 없고 방청성이 있을 것
> - 저온시 유동성이 좋을 것
> - 내열 및 내산화성이 좋을 것
> - 클러치 접속시 충격이 적고 미끄럼이 없는 적절한 마찰계수를 가질 것
> - 점도지수의 변화가 작을 것
> - 침전물의 발생이 적을 것

29 전자제어 현가장치의 장점에 대한 설명으로 가장 적합한 것은?

① 굴곡이 심한 노면을 주행할 때에 흔들림이 작은 평행한 승차감 실현
② 차속 및 조향 상태에 따라 적절한 조향 특성을 얻을 수 있음
③ 운전자가 희망하는 쾌적 공간을 제공해 주는 시스템
④ 운전자의 의지에 따라 조향 능력을 유지해 주는 시스템

> 전자제어 현가장치(E.C.S)의 장점
> - 노면상태에 따라 승차감을 조절한다.
> - 노면으로부터 차의 높이를 조정
> - 굴곡이 심한 노면을 주행할 때에 흔들림이 작은 평행한 승차감 실현
> - 급제동시 노즈 다운(nose down)을 방지
> - 급선회시 원심력에 의한 차량의 기울어짐을 방지
> - 고속 주행시 안정성이 있다.

30 자동차 주행 시 차량 후미가 좌·우로 흔들리는 현상은?

① 바운싱 ② 피칭
③ 롤링 ④ 요잉

> 차량 후미가 좌·우로 흔들리는 현상은 Z축을 중심으로 흔들리는 것이므로 요잉이라 한다.
> ※ X축 : 롤링, Y축 : 피칭, Z축 : 요잉, 상하 : 바운싱

31 자동변속기에서 일정한 차속으로 주행 중 스로틀 밸브 개도를 갑자기 증가시키면 시프트 다운(감속 변속)되어 큰 구동력을 얻을 수 있는 것은?

① 스톨
② 킥 다운
③ 킥 업
④ 리프트 풋 업

> 킥 다운(kick down)이란 일정한 차속으로 주행 중 스로틀 밸브 개도를 갑자기 증가시키면(85% 이상) 강제로 시프트 다운(감속 변속)되어 큰 구동력을 얻을 수 있다.

32 브레이크 파이프에 잔압 유지와 직접적인 관련이 있는 것은?

① 브레이크 페달
② 마스터 실린더 2차컵
③ 마스터 실린더 체크 밸브
④ 푸시로드

> 유압식 브레이크에서 잔압이란 리턴 스프링이 항상 체크 밸브를 밀고 있으므로 회로내의 유압과 리턴 스프링의 장력이 평형이 되어 회로 내에 어느 정도 압력이 남는 것을 말한다.

33 유압식 제동장치에서 적용되는 유압의 원리는?

① 뉴톤의 원리
② 파스칼의 원리
③ 벤투리관의 원리
④ 베르누이의 원리

> 유압식 제동장치는 파스칼의 원리를 이용한 것이다.

34 진공식 브레이크 배력장치의 설명으로 틀린 것은?

① 압축공기를 이용한다.
② 흡기 다기관의 부압을 이용한다.
③ 기관의 진공과 대기압을 이용한다.
④ 배력장치가 고장나면 일반적인 유압 제동장치로 작동된다.

> 공기식 제동장치는 압축공기를 이용하여 브레이크 작용을 한다.

35 여러 장을 겹쳐 충격 흡수 작용을 하도록 한 스프링은?

① 토션바 스프링
② 고무 스프링
③ 코일 스프링
④ 판 스프링

> 판 스프링은 금속제 강판을 여러 장 겹쳐 충격 흡수 작용을 하도록 한 스프링이다.

36 자동차가 고속으로 선회할 때 차체가 기울어지는 것을 방지하기 위한 장치는?

① 타이로드
② 토인
③ 프로포셔닝밸브
④ 스태빌라이저

> 스태빌라이저는 선회시 차체의 기울어짐을 방지하여 차의 평형을 유지시켜 주는 기능을 한다.

37 엔진의 회전수가 4500rpm일 경우 2단의 변속비가 1.5일 경우 변속기 출력축의 회전수(rpm)는 얼마인가?

① 1500
② 2000
③ 2500
④ 3000

> 변속비 = $\dfrac{엔진\ 회전수}{출력축\ 회전수}$ = $\dfrac{출력축\ 기어\ 잇수}{입력축\ 기어\ 잇수}$
> ∴ 출력축 회전수 = $\dfrac{4500}{1.5}$ = 3000rpm

38 자동변속기 유압시험 시 주의할 사항이 아닌 것은?

① 오일온도가 규정온도에 도달 되었을 때 실시한다.
② 유압시험은 냉간, 중간, 열간 등 온도를 3단계로 나누어 실시한다.
③ 측정하는 항목에 따라 유압이 클 수 있으므로 유압계 선택에 주의한다.
④ 규정 오일을 사용하고, 오일 량을 정확히 유지하고 있는지 여부를 점검한다.

> 자동변속기 유압시험 시 주의할 사항
> • 규정오일을 사용하고 오일량이 적정한 지 확인한다.
> • 엔진을 웜-업시켜 오일온도가 규정온도에 도달 되었을 때 실시한다.
> • 측정하는 항목에 따라 유압이 다를 수(클 수) 있으므로 유압계 선택에 주의한다.

39 자동차가 커브를 돌 때 원심력이 발생하는데 이 원심력을 이겨내는 힘은?

① 코너링 포스
② 컴플라이언스 포스
③ 구동 토크
④ 회전 토크

🔍 자동차가 선회 주행시 원심력이 발생하는데 이 원심력에 대항하여 이겨내는 힘을 코너링 포스라 한다.

40 조향휠이 1회전 하였을 때 피트먼암이 60° 움직였다. 조향 기어비는 얼마인가?

① 12:1　② 6:1
③ 6.5:1　④ 13:1

🔍 조향기어비 = $\dfrac{핸들\ 회전각도}{피트먼암\ 회전각도} = \dfrac{360}{60} = 6$

41 모터나 릴레이 작동 시 라디오에 유기되는 일반적인 고주파 잡음을 억제하는 부품으로 맞는 것은?

① 트랜지스터　② 볼륨
③ 콘덴서　④ 동소기

🔍 콘덴서는 모터나 릴레이 작동 시 라디오에 유기되는 일반적인 고주파 잡음을 억제한다.

42 자기유도작용과 상호유도작용 원리를 이용한 것은?

① 발전기　② 점화코일
③ 기동모터　④ 축전지

🔍 점화장치는 점화코일의 자기유도 작용과 상호유도 작용을 이용하여 고압의 전기적 불꽃으로 점화하여 연소를 일으키는 장치이다.

43 백워닝(후방경보) 시스템의 기능과 가장 거리가 먼 것은?

① 차량 후방의 장애물을 감지하여 운전자에게 알려주는 장치이다.
② 차량 후방의 장애물은 초음파 센서를 이용하여 감지한다.
③ 차량 후방의 장애물 감지시 브레이크가 작동하여 차속을 감속시킨다.
④ 차량 후방의 장애물 형상에 따라 감지되지 않을 수도 있다.

🔍 백 워닝(back warning) 시스템은 초음파 센서를 이용하여 차량 후방의 장애물을 감지하여 운전자에게 알려주는 시스템으로, 장애물의 형상에 따라 감지되지 않을 수도 있다.

44 자동차용 배터리의 급속 충전 시 주의사항으로 틀린 것은?

① 배터리를 자동차에 연결한 채 충전할 경우, 접지 (-) 터미널을 떼어 놓을 것
② 충전 전류는 용량 값의 약 2배 정도의 전류로 할 것
③ 될 수 있는 대로 짧은 시간에 실시할 것
④ 충전 중 전해액 온도가 약 45℃ 이상 되지 않도록 할 것

🔍 배터리 급속 충전시 충전 전류는 배터리 용량의 약 50%의 전류로 한다.

45 비중이 1.280(20℃)의 묽은 황산 1LITER 속에 35%(중량)의 황산이 포함되어 있다면 물은 몇 g 포함되어 있는가?

① 932　② 832
③ 719　④ 819

🔍 황산이 35% 포함되어 있으면 물은 65% 포함되어 있으므로, 1280 × 0.65 = 832g

46 자동차 전기장치에서 "유도 기전력은 코일내의 자속의 변화를 방해하는 방향으로 생긴다."는 현상을 설명한 것은?

① 앙페르의 법칙
② 키르히호프의 제1법칙
③ 뉴톤의 제1법칙
④ 렌츠의 법칙

🔍 렌츠의 법칙은 "유도 기전력은 코일내의 자속의 변화를 방해하는 방향으로 생긴다."는 법칙이다.

47 다음 그림의 기호는 어떤 부품을 나타내는 기호인가?

① 실리콘 다이오드　② 발광 다이오드
③ 트랜지스터　　　④ 제너 다이오드

> 제너 다이오드의 기호로, 제너 다이오드는 어떤 기준 전압(브레이크 다운 전압) 이상이 되면 역방향으로도 전류가 흐르는 반도체이다.

48 부특성(NTC) 가변저항을 이용한 센서는?

① 산소센서　　② 수온센서
③ 조향각센서　④ TDC센서

> 부특성이란 온도가 올라갈 때 저항값이 내려가는 반도체 소자로 수온센서, 흡기온도 센서 등 온도 감지용으로 사용된다.

49 괄호 안에 알맞은 소자는?

> SRS(supplemental restraint system) 시스템 점검 시 반드시 배터리의 (−)터미널을 탈거 후 5분정도 대기한 후 점검한다. 이는 ECU 내부에 있는 데이터를 유지하기 위한 내부 (　)에 충전 되어있는 전하량을 방전시키기 위함이다.

① 서미스터　② G센서
③ 사이리스터　④ 콘덴서

> SRS(supplemental restraint system) 시스템 점검 시 반드시 배터리의 (−)터미널을 탈거 후 5분정도 대기한 후 점검한다. 이는 ECU 내부에 있는 데이터를 유지하기 위한 내부 콘덴서에 충전 되어있는 전하량을 방전시키기 위함이다.

50 주행계기판의 온도계가 작동하지 않을 경우 점검을 해야 할 곳은?

① 공기유량센서　　② 냉각수온센서
③ 에어컨압력센서　④ 크랭크포지션센서

> 계기판의 온도계가 작동하지 않으면 냉각수온센서(WTS 또는 CTS)를 점검한다.

51 평균 근로자 500명인 직장에서 1년간 8명의 재해가 발생하였다면 연천인율은?

① 12
② 14
③ 16
④ 18

> 연 천인률 : 연 근로자 1,000명당 1년간 발생하는 피해자 수로 표시한다. 즉, 500명에 8명 재해가 발생하였으므로, 1000명이면 16명에 해당한다.
> [참고] 500 : 8 = 1,000 : x,
> ∴ $x = \dfrac{1,000}{200} \times 8 = 16$명

52 리머가공에 관한 설명으로 옳은 것은?

① 액슬축 외경 가공 작업 시 사용된다.
② 드릴 구멍보다 먼저 작업한다.
③ 드릴 구멍보다 더 정밀도가 높은 구멍을 가공하는데 필요하다.
④ 드릴 구멍보다 더 작게 하는데 사용한다.

> 리머 가공은 드릴작업 후 정밀도가 높도록 가공하기 위하여 필요하다.

53 절삭기계 테이블의 T홈 위에 있는 칩 제거 시 가장 적합한 것은?

① 걸레
② 맨손
③ 솔
④ 장갑 낀 손

> 선반작업 시 발생된 칩의 제거는 솔로 한다.

54 드릴 작업 때 칩의 제거 방법으로 가장 좋은 것은?

① 회전시키면서 솔로 제거
② 회전시키면서 막대로 제거
③ 회전을 중지시킨 후 손으로 제거
④ 회전을 중지시킨 후 솔로 제거

> 드릴 작업 때 칩의 제거는 드릴의 회전을 중지시킨 후 솔로 제거한다.

55 선반작업 시 안전수칙으로 틀린 것은?

① 선반 위에 공구를 올려놓은 채 작업하지 않는다.
② 돌리개는 적당한 크기의 것을 사용한다.
③ 공작물을 고정한 후 렌치 류는 제거해야 한다.
④ 날 끝의 칩 제거는 손으로 한다.

🔍 선반작업 시 발생된 칩의 제거는 솔로 한다.

56 FF차량의 구동축을 정비할 때 유의사항으로 틀린 것은?

① 구동축의 고무부트 부위의 그리스 누유상태를 확인한다.
② 구동축 탈거 후 변속기 케이스의 구동축 장착 구멍을 막는다.
③ 구동축을 탈거할 때 마다 오일씰을 교환한다.
④ 탈거 공구를 최대한 깊이 끼워서 사용한다.

🔍 탈거 공구를 이용하여 지렛대 원리로 밀어낸다.

57 납산 배터리의 전해액이 흘렀을 때 중화용액으로 가장 알맞은 것은?

① 중탄산소다
② 황산
③ 증류수
④ 수돗물

🔍 전해액은 산성이므로 중화용액으로 알칼리성인 중탄산소다로 중화시킨다.

58 휠 밸런스 점검 시 안전수칙으로 틀린 사항은?

① 점검 후 테스터 스위치를 끄고 자연히 정지하도록 한다.
② 타이어의 회전방향에서 점검한다.
③ 과도하게 속도를 내지 말고 점검한다.
④ 회전하는 휠에 손을 대지 않는다.

🔍 휠 밸런스 점검 시 타이어의 회전방향에 서지 않도록 한다.

59 전기장치의 배선 연결부 점검 작업으로 적합한 것을 모두 고른 것은?

a. 연결부의 풀림이나 부식을 점검한다.
b. 배선 피복의 절연, 균열 상태를 점검한다.
c. 배선이 고열 부위로 지나가는지 점검한다.
d. 배선이 날카로운 부위로 지나가는지 점검한다.

① a - b
② a - b - d
③ a - b - c
④ a - b - c - d

🔍 a, b, c, d 모두 전기장치 배선 연결부 점검 작업에 적합하다.

60 자동차의 배터리 충전 시 안전한 작업이 아닌 것은?

① 자동차에서 배터리 분리 시 (+)단자 먼저 분리한다.
② 배터리 온도가 약 45℃ 이상 오르지 않게 한다.
③ 충전은 환기가 잘되는 넓은 곳에서 한다.
④ 과충전 및 과방전을 피한다.

🔍 자동차에서 배터리 분리 시에는 접지(-) 단자를 먼저 분리하고, 절연(+) 단자는 나중에 분리한다.

정답 2020년 3회 복원문제

01 ①	02 ④	03 ④	04 ②	05 ④
06 ①	07 ④	08 ④	09 ①	10 ③
11 ②	12 ④	13 ①	14 ③	15 ④
16 ①	17 ④	18 ②	19 ②	20 ①
21 ④	22 ④	23 ②	24 ②	25 ③
26 ③	27 ②	28 ④	29 ①	30 ②
31 ②	32 ②	33 ②	34 ①	35 ④
36 ④	37 ④	38 ②	39 ①	40 ②
41 ③	42 ②	43 ③	44 ②	45 ②
46 ④	47 ④	48 ②	49 ④	50 ②
51 ③	52 ③	53 ③	54 ④	55 ④
56 ④	57 ①	58 ②	59 ④	60 ①

2021년 1회 CBT 복원문제

01 실린더 안지름 및 행정이 78mm인 4실린더 기관의 총 배기량은 얼마인가?

① 1,298cm³
② 1,490cm³
③ 1,670cm³
④ 1,587cm³

> 총 배기량(V) = $\frac{\pi}{4}D^2 \cdot L \cdot Z = 0.785 D^2 \cdot L \cdot Z$
> 여기서, D : 내경(cm), L : 행정(cm), Z : 실린더 수
> ∴ 총 배기량 V = 0.785 × 7.8² × 7.8 × 4 = 1,490cm³

02 기관에 사용하는 윤활유의 기능이 아닌 것은?

① 마멸 작용
② 기밀 작용
③ 냉각 작용
④ 방청 작용

> 윤활유의 6대 작용
> • 감마작용 : 마찰을 감소시켜 동력 손실을 최소화
> • 밀봉(기밀)작용 : 오일막을 형성하여 기밀을 유지
> • 냉각작용 : 마찰로 인한 열을 흡수하여 냉각시킴
> • 세척작용 : 먼지, 카본 등 불순물을 흡수하여 오일을 세척
> • 방청작용 : 수분의 침입을 막아 부식과 침식을 예방
> • 응력 분산작용 : 동력 행정시 충격을 분산시켜 응력을 최소화

03 크랭크 축 메인 베어링의 오일 간극을 점검 및 측정할 때 필요한 장비가 아닌 것은?

① 마이크로 미터
② 시크니스 게이지
③ 시일 스톡식
④ 플라스틱 게이지

> 오일 간극 점검 및 측정 장비
> • 플라스틱 게이지
> • 마이크로 미터
> • 시일 스톡식
> ※ 시크니스 게이지는 간극 게이지이나 베어링의 간극을 측정할 수는 없다.

04 LPG 차량에서 연료를 충전하기 위한 고압 용기는?

① 봄베
② 베이퍼라이저
③ 슬로우 컷 솔레노이드
④ 연료 유니온

> LPG 차량에서 연료를 충전하기 위한 고압용기를 봄베(bombe)라 한다.

05 LPG의 특징 중 틀린 것은?

① 액체 상태의 비중은 0.5이다.
② 기체 상태의 비중은 1.5~2.0이다.
③ 무색 무취이다.
④ 공기보다 가볍다.

> 기체 상태의 비중이 1.5~2.0이므로 공기보다 무겁다.

06 전자제어 가솔린 분사장치에서 기관의 각종 센서 중 입력 신호가 아닌 것은?

① 스로틀 포지션 센서
② 냉각 수온 센서
③ 크랭크 각 센서
④ 인젝터

> 전원 및 각종 센서, 스위치는 입력신호이고, 릴레이, 액추에이터(인젝터) 등은 출력신호이다.

07 커넥팅 로드 대단부의 배빗메탈의 주 재료는?

① 주석(Sn)
② 안티몬(Sb)
③ 구리(Cu)
④ 납(Pb)

> 엔진 베어링의 종류
> • 배빗메탈 : 주석(80~90%) + 안티몬(3~12%) + 구리(3~7%)
> • 켈밋메탈 : 구리(60~70%) + 납(30~40%)

08 자동차 주행빔 전조등의 발광면은 상측, 하측, 내측, 외측의 몇 도 이내에서 관측 가능해야 하는가?

① 5
② 10
③ 15
④ 20

🔍 제38조 전조등 : 전조등 렌즈의 발광각도

구분	관측 각도			
	상측	하측	내측	외측
주행빔 렌즈	5°	5°	5°	5°
변환빔 렌즈	15°	10°	10°	45°

09 전자제어 연료분사 가솔린 기관에서 연료펌프의 체크 밸브는 어느 때 닫히게 되는가?

① 기관 회전 시
② 기관 정지 후
③ 연료 압송 시
④ 연료 분사 시

🔍 연료펌프의 체크 밸브는 기관 정지 후 리턴 스프링의 힘으로 닫힌다.

10 평균 유효압력이 4kgf/cm², 행정 체적이 300cc인 2행정 사이클 단기통 기관에서 1회의 폭발로 몇 kgf·m의 일을 하는가?

① 6
② 8
③ 10
④ 12

🔍 일 = 압력 × 체적
∴ 일 = 4kgf/cm² × 300cm³ = 1200kgf·cm
  = 12kgf·m

11 내연기관과 비교하여 전기모터의 장점 중 틀린 것은?

① 마찰이 적기 때문에 손실되는 마찰열이 적게 발생한다.
② 후진기어가 없어도 후진이 가능하다.
③ 평균 효율이 낮다.
④ 소음과 진동이 적다.

🔍 내연기관과 비교한 전기모터의 장점
 • 마찰이 적기 때문에 손실되는 마찰열이 적게 발생한다.
 • 후진기어가 없어도 후진이 가능하다.
 • 평균 효율이 높다.
 • 소음과 진동이 적다.

12 촉매변환기를 거쳐 나오는 가스를 측정하였다. 인체에 유해가스는?

① H_2O
② CO_2
③ HC
④ N_2

🔍 유해 배기가스는 일산화탄소(CO), 탄화수소(HC), 질소산화물(NOx) 이다.

13 압력식 라디에이터 캡을 사용하므로 얻어지는 장점과 거리가 먼 것은?

① 비등점을 올려 냉각 효율을 높일 수 있다.
② 라디에이터를 소형화 할 수 있다.
③ 라디에이터의 무게를 크게 할 수 있다.
④ 냉각장치 내의 압력을 높일 수 있다.

🔍 압력식 캡을 사용하면 라디에이터를 소형화 할 수 있어 무게를 가볍게 할 수 있다.

14 연료는 온도가 높아지면 외부로부터 불꽃을 가까이 하지 않아도 발화하여 연소된다. 이때의 최저온도를 무엇이라 하는가?

① 인화점
② 착화점
③ 연소점
④ 응고점

🔍 연료의 온도가 상승하여 외부에서 불꽃을 가까이 하지 않아도 자연히 발화되는 최저 온도를 착화점이라 한다.

15 전자제어 기관의 흡입 공기량 측정에서 출력이 전기펄스(Pulse, digital) 신호인 것은?

① 벤(Vane)식
② 칼만(Karman) 와류식
③ 핫 와이어(hot wire)식
④ 맵센서(MAP sensor)식

🔍 칼만 와류식은 초음파를 발생하여 칼만 와류수 만큼 밀집되거나 분산되어 수신기에 디지털 펄스로 측정된다. 나머지는 아날로그 신호이다.

16 이소옥탄 80(체적), 노멀헵탄 20(체적)인 가솔린연료의 옥탄가는 얼마(%)인가?

① 20　　② 40
③ 60　　④ 80

> 옥탄가 = $\dfrac{\text{이소옥탄}}{\text{이소옥탄} + \text{정(노말)헵탄}} \times 100(\%)$
>
> ∴ $\dfrac{80}{80+20} \times 100 = 80(\%)$

17 3원 촉매장치의 촉매 컨버터에서 정화처리 하는 주요 배기가스로 거리가 먼 것은?

① CO　　② NOx
③ SO₂　　④ HC

> 삼원 촉매장치는 백금(Pt), 팔라듐(Pd), 로듐(Rh) 3가지 원소를 이용하여 가솔린 기관의 유해 배기가스인 일산화탄소(CO), 탄화수소(HC), 질소산화물(NOx)를 정화한다.

18 LPG 기관에서 액체상태의 연료를 기체상태의 연료로 전환시키는 장치는?

① 베이퍼라이저　　② 솔레노이드밸브 유닛
③ 봄베　　④ 믹서

> 베이퍼라이저(vaporizer)는 액체상태의 연료를 기체상태로 변화시켜 주는 장치로, 감압, 기화 및 압력조절 작용을 한다.

19 베어링에 적용하중이 80kgf 힘을 받으면서 베어링 면의 미끄럼 속도가 30m/s일 때 손실마력은? (단, 마찰계수는 0.2 이다.)

① 4.5PS　　② 6.4PS
③ 7.3PS　　④ 8.2PS

> 손실마력(FHP) = $\dfrac{Fv}{75}$
>
> 여기서, F : 마찰력(kgf), v : 피스톤 평균속도(m/s)
>
> ∴ 손실마력 = $\dfrac{80 \times 0.2 \times 30}{75} = 6.4$ PS

20 디젤 기관의 연료 분사 조건으로 부적당한 것은?

① 무화가 잘 되고, 분무의 입자가 작고 균일할 것
② 분무가 잘 분산되고 부하에 따라 필요한 양을 분사할 것
③ 분사의 시작과 끝이 확실하고, 분사 시기, 분사량 조정이 자유로울 것
④ 회전속도와 관계없이 일정한 시기에 분사할 것

> ①~③항의 분사조건과 회전속도의 변동에 따라 분사시기가 조정되어야 한다.

21 공기량 계측방식 중에서 발열체와 공기 사이의 열전달 현상을 이용한 방식은?

① 열선식 질량유량 계량방식
② 베인식 체적유량 계량방식
③ 칼만와류 방식
④ 맵 센서방식

> 열선식 질량유량 계량방식은 공기의 흐름 통로 중에 발열체를 놓아 공기량에 따라 열을 빼앗기는 열량, 즉 발열체와 공기 사이의 열전달 현상을 이용하여 공기량을 계측하는 방식이다.

22 일반적인 엔진오일의 양부 판단 방법이다. 틀린 것은?

① 오일의 색깔이 우유색에 가까운 것은 냉각수가 혼입되어 있는 것이다.
② 오일의 색깔이 회색에 가까운 것은 가솔린이 혼입되어 있는 것이다.
③ 종이에 오일을 떨어뜨려 금속분말이나 카본의 유무를 조사하고, 많이 혼입된 것은 교환한다.
④ 오일의 색깔이 검은색에 가까운 것은 장시간 사용했기 때문이다.

> 오일에 가솔린이 혼입되면 붉은 색에 가까운 색깔을 띠게 된다.

23 디젤기관에서 기계식 독립형 연료 분사펌프의 분사시기 조정방법으로 맞는 것은?

① 거버너의 스프링을 조정
② 랙과 피니언으로 조정
③ 피니언과 슬리브로 조정
④ 펌프와 타이밍 기어의 커플링으로 조정

> 디젤기관에서 보쉬형 연료분사 펌프의 분사시기는 펌프와 타이밍 기어의 커플링으로 조정한다.

24 유압식 동력 조향장치의 구성요소가 아닌 것은?

① 유압 펌프
② 파워 실린더
③ 유압식 리타더
④ 제어 밸브

🔍 동력 조향장치의 구성장치
- 동력부 : 오일 펌프 – 유압을 발생
- 작동부 : 동력 실린더 – 보조력을 발생
- 제어부 : 제어 밸브 – 오일 통로를 변경

25 조향장치가 갖추어야 할 조건 중 적당하지 않는 사항은?

① 적당한 회전 감각이 있을 것
② 고속주행에서도 조향핸들이 안정될 것
③ 조향휠의 회전과 구동휠의 선회차가 클 것
④ 선회 후 복원성이 있을 것

🔍 조향장치가 갖추어야 할 조건
- 조작하기 쉽고 방향전환이 원활하게 행해질 것
- 회전반경이 적을 것
- 조향핸들과 바퀴의 선회 차이가 크지 않을 것
- 조향조작이 주행 중의 충격에 영향을 받지 않을 것
- 고속 주행에도 조향휠이 안정되고 복원력이 좋을 것
- 선회 시 저항이 적고 선회 후 복원성이 좋을 것
- 적당한 회전 감각이 있을 것

26 액슬축의 지지 방식이 아닌 것은?

① 반부동식   ② 3/4 부동식
③ 고정식   ④ 전부동식

🔍 액슬축 지지방식
- 반부동식 : 액슬축과 하우징이 하중을 반씩 부담
- 3/4동식 : 액슬축이 하중을 1/4, 하우징이 3/4를 부담
- 전부동식 : 하우징이 하중을 전부 부담하므로 액슬축은 자유로워 바퀴를 빼지 않고도 액슬축을 떼어낼 수 있다.

27 유압 브레이크는 무슨 원리를 응용한 것인가?

① 아르키메데스의 원리
② 베르누이의 원리
③ 아인슈타인의 원리
④ 파스칼의 원리

🔍 유압식 브레이크는 파스칼의 원리를 이용한 것이다.

28 자동차가 주행시 혹은 제동시 핸들이 한쪽 방향으로 쏠리는 원인으로 거리가 먼 것은?

① 브레이크 조정불량   ② 휠의 불평형
③ 쇽업소버의 불량   ④ 타이어 공기압이 높음

🔍 ①~③항이 주행 시 또는 제동 시 핸들이 한쪽방향으로 쏠리는 원인이며, 타이어 공기압이 높은 것과는 관계가 없다.

29 차동장치에서 차동 피니언과 사이드 기어의 백 래시 조정은?

① 축받이 차축의 왼쪽 조정심을 가감하여 조정한다.
② 축받이 차축의 오른쪽 조정심을 가감하여 조정한다.
③ 차동장치의 링기어 조정 장치를 조정한다.
④ 스러스트(thrust) 와셔의 두께를 가감하여 조정한다.

🔍 차동장치에서 차동 사이드 기어의 백 래시 조정은 드러스트 와셔의 두께를 가감하여 조정한다.

30 전자제어 현가장치(ECS)에서 보기의 설명으로 맞는 것은?

【보기】
조향 휠 각속도 센서와 차속정보에 의해 ROLL 상태를 조기에 검출해서 일정시간 감쇠력을 높여 차량이 선회 주행 시 ROLL을 억제하도록 한다.

① 안티 스쿼트 제어
② 안티 다이브 제어
③ 안티 롤 제어
④ 안티 시프트 스쿼트 제어

🔍 차량의 자세 제어
- 안티 롤 제어 : 선회시 차량이 기울어지는 롤 상태를 검출하여 롤을 억제
- 안티 다이브 제어 : 급제동시 앞쪽은 내려가고 뒤쪽은 들어 올려지는 현상을 검출하여 다이브를 억제
- 안티 스쿼트 제어 : 급 출발시 앞쪽은 들어 올려지고 뒤쪽은 내려가는 현상을 검출하여 스쿼트를 억제
- 안티 시프트 스쿼트 제어 : N → D 또는 N → R 변속시 앞, 또는 뒤쪽이 들어 올려지는 현상을 억제

31 그림과 같은 브레이크 페달에 100N의 힘을 가하였을 때 피스톤의 면적이 5cm²라고 하면 작동 유압은?

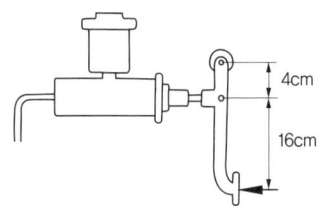

① 100kPa
② 500kPa
③ 1000kPa
④ 5000kPa

> $4 \times F = 20 \times 100N$
> $\therefore F = \dfrac{20 \times 100}{4} = 500N$
> $\therefore 작동 유압 = \dfrac{500}{5} = 100N/cm^2$
> 1N = 1/9.8kgf, 1kgf/cm² ≒ 100kPa이므로
> 작동 유압 = $\dfrac{100}{9.8} \times 100 = 1020kPa$

32 제동장치에서 디스크 브레이크의 장점으로 옳은 것은?

① 방열성이 좋아 제동력이 안정된다.
② 자기작동으로 제동력이 증대된다.
③ 큰 중량의 자동차에 주로 사용한다.
④ 마찰 면적이 적어 압착하는 힘을 작게 할 수 있다.

> 디스크가 대기 중에 노출되어 방열성이 좋아 제동력이 안정된다.

33 일반적인 브레이크 오일의 주성분은?

① 윤활유와 경유
② 알콜과 피마자 기름
③ 알콜과 윤활유
④ 경유와 피마자 기름

> 브레이크 오일은 일반적으로 피마자 기름에 알콜 등의 용제를 혼합한 식물성 오일이다.

34 유압식 브레이크 마스터 실린더에 작용하는 힘이 120kgf이고 피스톤 면적이 3cm²일 때 마스터 실린더 내에 발생하는 유압은?

① 50kgf/cm²
② 40kgf/cm²
③ 30kgf/cm²
④ 25kgf/cm²

> 압력(kgf/cm²) = $\dfrac{하중}{단면적}$
> $\therefore$ 압력 = $\dfrac{120}{3}$ = 40kgf/cm²

35 변속장치에서 동기물림 기구에 대한 설명으로 옳은 것은?

① 변속하려는 기어와 메인 스플라인과의 회전수를 같게 한다.
② 주축기어의 회전속도를 부축기어의 회전속도보다 빠르게 한다.
③ 주축기어와 부축기어의 회전수를 같게 한다.
④ 변속하려는 기어와 슬리브와의 회전수에는 관계 없다.

> 동기물림 기구(싱크로메시 기구)는 변속하려는 기어와 메인 스플라인과의 회전수를 같게 하여 변속을 원활하게 한다.

36 자동차가 주행하면서 선회할 때 조향각도를 일정하게 유지하여도 선회 반지름이 커지는 현상은?

① 오버 스티어링
② 언더 스티어링
③ 리버스 스티어링
④ 토크 스티어링

> 선회 반지름이 커졌다는 것은 원하는 조향보다 덜 된 것이므로 언더 스티어링(under steering)이라 하고 많이 된 것(선회 반지름이 적어진 것)은 오버 스티어링(over steering)이라 한다.

37 전자제어 현가장치의 입력 센서가 아닌 것은?

① 차속 센서
② 조향 휠 각속도 센서
③ 차고 센서
④ 임팩트 센서

> 임팩트 센서는 에어백 장치의 입력신호이다.

38 타이어 트레드 패턴의 종류가 아닌 것은?

① 러그 패턴
② 블록 패턴
③ 리브러그 패턴
④ 카커스 패턴

> 타이어트레드 패턴의 종류
> • 리브 패턴(rib pattern)
> • 러그 패턴(rug pattern)
> • 리브러그 패턴(rib rug pattern)
> • 블록 패턴(block pattern)
> • 수퍼 트랙션 패턴(super traction pattern)
> • 오프 더 로드 패턴(off the road pattern)

39 추진축의 자재이음은 어떤 변화를 가능하게 하는가?

① 축의 길이
② 회전 속도
③ 회전축의 각도
④ 회전 토크

> 드라이브 라인의 역할
> • 추진축(propeller shaft) : 회전력 전달
> • 자재이음(universal joint) : 각도 변화
> • 슬립이음(slip joint) : 길이 변화

40 드라이브 라인에서 전륜 구동차의 종감속 장치로 연결된 구동 차축에 설치되어 바퀴에 동력을 주로 전달하는 것은?

① CV형 자재이음
② 플랙시블 이음
③ 십자형 이음
④ 트러니언 이음

> 전륜 구동차의 구동 차축에 설치되어 바퀴에 동력을 전달하는 것을 등속 자재이음(CV joint)이라 한다.

41 자동차 전조등회로에 대한 설명으로 맞는 것은?

① 전조등 좌우는 직렬로 연결되어 있다.
② 전조등 좌우는 병렬로 연결되어 있다.
③ 전조등 좌우는 직병렬로 연결되어 있다.
④ 전조등 작동 중에는 미등이 소등된다.

> 자동차 전조등의 좌측과 우측은 병렬로 연결되어 있다.

42 자동차용 교류발전기에 대한 특성 중 거리가 가장 먼 것은?

① 브러쉬 수명이 일반적으로 직류발전기보다 길다.
② 중량에 따른 출력이 직류발전기보다 약 1.5배 정도 높다.
③ 슬립링 손질이 불필요하다.
④ 자여자 방식이다.

> 교류발전기의 특징
> • 소형 경량으로 수명이 길다.
> • 저속에서의 충전 성능이 좋다.
> • 속도 변동에 따른 적응 범위가 넓다.
> • 다이오드를 사용하므로 정류 특성이 좋다.
> • 브러시 수명이 일반적으로 직류발전기보다 길다.
> • 중량에 따른 출력이 직류발전기보다 약 1.5배 정도 높다.
> • 슬립링 손질이 불필요하다.
> • 타여자 방식이다.

43 다음은 배터리 격리판에 대한 설명이다. 틀린 것은?

① 격리판은 전도성이어야 한다.
② 전해액에 부식되지 않아야 한다.
③ 전해액의 확산이 잘 되어야 한다.
④ 극판에서 이물질을 내뿜지 않아야 한다.

> 격리판의 구비조건
> • 비전도성일 것
> • 다공성일 것
> • 전해액의 확산이 잘될 것
> • 기계적 강도가 있을 것
> • 극판에서 이물질을 내뿜지 않을 것

44 자동차 전기장치에서 "저항에 의해 발생되는 열량은 도체의 저항, 전류의 제곱 및 흐르는 시간에 비례한다." 는 현상을 설명한 것은?

① 앙페르의 법칙
② 키르히호프의 법칙
③ 뉴톤의 제1법칙
④ 주울의 법칙

> 주울의 법칙은 도체에 발생되는 열량은 도체의 저항, 전류의 제곱 및 흐르는 시간에 비례한다.

45 자동차 에어컨 장치의 순환과정으로 맞는 것은?

① 압축기 → 응축기 → 건조기 → 팽창밸브 → 증발기
② 압축기 → 응축기 → 팽창밸브 → 건조기 → 증발기
③ 압축기 → 팽창밸브 → 건조기 → 응축기 → 증발기
④ 압축기 → 건조기 → 팽창밸브 → 응축기 → 증발기

> 에어컨 순환과정
> 압축기(compressor) → 응축기(condenser) → 건조기(receiver drier) → 팽창밸브(expansion valve) → 증발기(evaporator)

46 150Ah의 축전지 2개를 병렬로 연결한 상태에서 15A의 전류로 방전시킨 경우 몇 시간 사용할 수 있는가?

① 5 ② 10
③ 15 ④ 20

> 축전지 용량(AH) = 방전전류(A) × 방전시간(H)
> ∴ 방전시간 = $\frac{축전지 용량}{방전전류} = \frac{150 \times 2}{15} = 20H$

47 자동차용 납산배터리를 급속충전 할 때 주의사항으로 틀린 것은?

① 충전시간을 가능한 길게 한다.
② 통풍이 잘되는 곳에서 충전한다.
③ 충전 중 배터리에 충격을 가하지 않는다.
④ 전해액의 온도가 약 45℃가 넘지 않도록 한다.

> 납산배터리 급속충전시의 주의사항
> • 충전시간을 가능한 한 짧게 한다.
> • 통풍이 잘되는 곳에서 충전한다.
> • 충전 중 배터리에 충격을 가하지 않는다.
> • 전해액의 온도가 약 45℃를 넘지 않도록 한다.

48 현재 통용되는 전자동 에어컨 시스템의 컴퓨터가 감지하는 센서와 가장 거리가 먼 것은?

① 외기온도센서
② 스로틀포지션센서
③ 일사센서(SUN 센서)
④ 냉각수온도센서

> 전자동 에어컨에서 E.C.U에 입력되는 센서로는 실내온도 센서, 외기온도 센서, 일사 센서, 수온 센서, AQS 센서, 차속 센서 등이 있다.

49 자기방전률은 축전지 온도가 상승하면 어떻게 되는가?

① 높아진다.
② 낮아진다.
③ 변함없다.
④ 낮아진 상태로 일정하게 유지된다.

> 축전지의 자기 방전률은 온도가 상승하면 높아지고, 온도가 하강하면 낮아진다.

50 점화코일의 2차 쪽에서 발생되는 불꽃전압의 크기에 영향을 미치는 요소 중 거리가 먼 것은?

① 점화플러그 전극의 형상
② 점화플러그 전극의 간극
③ 기관 윤활유 압력
④ 혼합기 압력

> 방전전압에 영향을 미치는 요인
> • 전극의 틈새모양, 간극 및 극성
> • 점화코일의 성능
> • 혼합가스의 온도, 압력
> • 흡입공기의 습도와 온도

51 산업체에서 안전을 지킴으로서 얻을 수 있는 이점으로 틀린 것은?

① 직장의 신뢰도를 높여준다.
② 상하 동료 간에 인간관계가 개선된다.
③ 기업의 투자 경비가 늘어난다.
④ 회사 내 규율과 안전수칙이 준수되어 질서유지가 실현된다.

> 산업체에서 안전을 지킴으로서 ①, ②, ④항의 이점이 있으며, 기업의 투자 경비가 줄어든다.

52 도장 작업장의 안전수칙이 아닌 것은?

① 알맞은 방진, 방독면을 착용한다.
② 작업장 내에서 음식물 섭취를 금지한다.
③ 전기 기기는 수리를 필요로 할 경우 스위치를 꺼 놓는다.
④ 희석제나 도료 등을 취급할 때는 면장갑을 꼭 착용한다.

> 희석제나 도료 등을 취급할 때는 고무장갑을 착용한다.

53 헤드 볼트를 체결할 때 토크 렌치를 사용하는 이유로 가장 옳은 것은?

① 신속하게 체결하기 위해
② 작업상 편리하기 위해
③ 강하게 체결하기 위해
④ 규정 토크로 체결하기 위해

> 헤드 볼트를 체결할 때 토크 렌치를 사용하는 이유는 규정값으로 조이기 위해서이다.

54 줄 작업 시 주의사항이 아닌 것은?

① 몸 쪽으로 당길 때에만 힘을 가한다.
② 공작물은 바이스에 확실히 고정한다.
③ 날이 메꾸어 지면 와이어 브러시로 털어낸다.
④ 절삭가루는 솔로 쓸어낸다.

> 줄 작업시 주의사항
> • 줄에 균열이 있는 것은 위험하므로 잘 점검한다.
> • 줄자루는 적당한 크기의 것으로 자루를 확실히 고정하여 사용한다.
> • 공작물은 바이스에 확실히 고정한다.
> • 칩은 입으로 불거나 맨손으로 털지 말고 반드시 브러시를 사용한다.
> • 줄을 잡을 때는 한손으로 확실히 잡고 다른 한 손은 끝을 가볍게 쥐고 앞으로 가볍게 밀어 사용한다.

55 드릴링 머신 작업을 할 때 주의사항으로 틀린 것은?

① 드릴은 주축에 튼튼하게 장치하여 사용한다.
② 공작물을 제거할 때는 회전을 완전히 멈추고 한다.
③ 가공 중에 드릴이 관통했는지를 손으로 확인한 후 기계를 멈춘다.
④ 드릴의 날이 무디어 이상한 소리가 날 때는 회전을 멈추고 드릴을 교환하거나 연마한다.

> 드릴 작업시 주의사항
> • 드릴은 주축에 튼튼하게 장치하여 사용한다.
> • 드릴을 끼운 뒤에는 척키를 반드시 빼놓을 것
> • 드릴의 날이 무디어 이상한 소리가 날 때는 회전을 멈추고 드릴을 교환하거나 연마한다.
> • 드릴을 회전시킨 후 테이블을 조정하지 말 것
> • 드릴 회전 중 칩을 손으로 털거나 불어내지 말 것
> • 가공물에 구멍을 뚫을 때 가공물을 바이스에 물리고 작업할 것
> • 공작물을 제거할 때는 회전을 완전히 멈추고 한다.

56 교류발전기 점검 및 취급 시 안전 사항으로 틀린 것은?

① 성능시험 시 다이오드가 손상되지 않도록 한다.
② 발전기 탈착 시 축전지 접지케이블을 먼저 제거한다.
③ 세차할 때는 발전기를 물로 깨끗이 세척한다.
④ 발전기 브러시는 1/2 마모 시 교환한다.

> 세차할 때는 발전기에 물이 들어가지 않도록 주의한다.

57 전자제어시스템을 정비할 때 점검 방법 중 올바른 것을 모두 고른 것은?

> a. 배터리 전압이 낮으면 자기진단이 불가 할 수 있으므로 배터리 전압을 확인한다.
> b. 배터리 또는 ECU 커넥터를 분리하면 고장항목이 지워질 수 있으므로 고장진단 결과를 완전히 읽기 전에는 배터리를 분리시키지 않는다.
> c. 전장품을 교환할 때에는 배터리 (−)케이블을 분리 후 작업한다.

① a, b
② a, c
③ b, c
④ a, b, c

> a, b, c 모두 전자제어 시스템을 점검하는 올바른 방법이다.

58 작업장에서 중량물 운반수레의 취급 시 안전사항으로 틀린 것은?

① 적재중심은 가능한 한 위로 오도록 한다.
② 화물이 앞뒤 또는 측면으로 편중되지 않도록 한다.
③ 사용 전 운반수레의 각 부를 점검한다.
④ 앞이 안보일 정도로 화물을 적재하지 않는다.

🔍 적재중심은 낮을수록 안전하므로 적재는 가능한 한 중심이 낮은 곳에 위치하도록 한다.

59 자동차기관이 과열된 상태에서 냉각수를 보충할 때 적합한 것은?

① 시동을 끄고 즉시 보충한다.
② 시동을 끄고 냉각시킨 후 보충한다.
③ 기관을 가감속하면서 보충한다.
④ 주행하면서 조금씩 보충한다.

🔍 기관이 과열되었을 때 냉각수 보충은 시동을 끄고 완전히 냉각시킨 후 보충한다.

60 동력전달장치에서 작업 시 안전사항으로 적합하지 않는 것은?

① 기어가 회전하고 있는 곳은 안전커버를 잘 덮는다.
② 회전하고 있는 벨트나 기어는 항상 점검한다.
③ 회전하는 풀리에 벨트를 걸어서는 안 된다.
④ 천천히 움직이는 벨트라도 손으로 잡지 않는다.

🔍 회전하고 있는 벨트나 기어는 정지시킨 후 점검한다.

정답 2021년 1회 복원문제

01 ②	02 ①	03 ②	04 ①	05 ④
06 ④	07 ①	08 ①	09 ②	10 ④
11 ③	12 ③	13 ③	14 ②	15 ②
16 ④	17 ③	18 ①	19 ②	20 ④
21 ①	22 ②	23 ④	24 ②	25 ③
26 ③	27 ④	28 ④	29 ④	30 ③
31 ③	32 ①	33 ②	34 ②	35 ①
36 ②	37 ④	38 ④	39 ③	40 ①
41 ②	42 ④	43 ①	44 ②	45 ①
46 ④	47 ①	48 ②	49 ①	50 ③
51 ③	52 ④	53 ④	54 ①	55 ③
56 ③	57 ④	58 ①	59 ②	60 ②

2021년 2회 CBT 복원문제

01 디젤 기관에서 열효율이 가장 우수한 형식은?

① 예연소실식　　② 와류식
③ 공기실식　　　④ 직접 분사식

> 직접 분사식(단실식)은 다른 방식(복실식)에 비해 냉각수와 접촉하는 면적이 가장 작으므로 열효율이 좋다.

02 피스톤 간극이 크면 나타나는 현상이 아닌 것은?

① 블로바이가 발생한다.
② 압축압력이 상승한다.
③ 피스톤 슬랩이 발생한다.
④ 기관의 기동이 어려워진다.

> 피스톤 간극이 클 때 나타나는 현상
> • 블로바이가 발생한다.
> • 압축압력이 낮아진다.
> • 피스톤 슬랩이 발생한다.
> • 기관의 기동이 어려워진다.

03 흡기 장치의 공기 유량을 계측하는 방식 중 간접 계측 방식에 해당하는 것은?

① 흡기 다기관 압력방식　② 가동 베인식
③ 열선식　　　　　　　　④ 칼만 와류식

> 흡입공기량 계측방식
> • 직접 계측방식(mass flow type) a. 체적 검출방식 : 베인식, 칼만 와류식 b. 질량 검출방식 : 열선(Hot wire)식, 열막(Hot film)식
> • 간접 계측방식(speed density type) : 흡기다기관 절대압력(MAP센서) 방식

04 가솔린 전자제어 기관에서 축전지 전압이 낮아졌을 때 연료분사량을 보정하기 위한 방법은?

① 분사시간을 증가시킨다.
② 기관의 회전속도를 낮춘다.
③ 공연비를 낮춘다.
④ 점화시기를 지연시킨다.

> 축전지 전압이 낮으면 무효 분사시간이 길어지므로 분사시간을 증가시켜 연료분사량을 증량 보정한다.

05 연료누설 및 파손방지를 위해 전자제어 기관의 연료시스템에 설치된 것으로 감압 작용을 하는 것은?

① 체크 밸브
② 제트 밸브
③ 릴리프 밸브
④ 포핏 밸브

> 안전 밸브(safety valve, relief valve)는 연료펌프 라인에 고압이 걸릴 경우 연료의 누출이나 연료 배관이 파손되는 것을 방지한다.

06 실린더 지름이 80mm이고, 행정이 70mm인 엔진의 연소실 체적이 50cc인 경우의 압축비는?

① 8　　　② 8.5
③ 7　　　④ 7.5

> 행정체적(배기량) $V = \dfrac{\pi}{4} \cdot D^2 \cdot L$
> 여기서, D : 내경(cm), L : 행정(cm)
> ∴ 행정체적(배기량) $V = \dfrac{3.14}{4} \times 8^2 \times 7 = 351.68\text{cc}$
> 압축비 $= 1 + \dfrac{\text{행정 체적(배기량)}}{\text{연소실 체적}} = 1 + \dfrac{351.68}{50} = 8$

07 가솔린 기관에서 심한 노킹이 일어나면?

① 급격한 연소로 고온, 고압이 되어 충격파를 발생한다.
② 배기가스 온도가 상승한다.
③ 기관의 온도저하로 냉각수 손실이 작아진다.
④ 최고압력이 떨어지고 출력이 증대된다.

> ①항의 현상 외에 기관에 이상 열전달이 일어나 냉각수가 끓어(over heat) 넘치고, 출력이 감소한다.

08 가솔린 기관에서 배기가스에 산소량이 많이 잔존하고 있다면 연소실내의 혼합기는 어떤 상태인가?

① 농후하다.
② 희박하다.
③ 농후하기도 하고 희박하기도 하다.
④ 이론공연비 상태이다.

> 배기가스에 산소량이 많이 잔존하고 있다면 연소실내의 혼합기는 희박한 상태이다.

09 4기통인 4행정사이클 기관에서 회전수가 1800rpm, 행정이 75mm인 피스톤의 평균속도는?

① 2.55m/sec ② 2.45m/sec
③ 2.35m/sec ④ 4.5m/sec

> 피스톤 평균속도(v) = $\frac{2LN}{60} = \frac{LN}{30}$
> (L : 행정(m), N : 엔진 회전수(rpm))
> ∴ 피스톤 평균속도 v = $\frac{0.075 \times 1,800}{30}$ = 4.5m/s

10 와류실식 연소실을 갖는 디젤 기관의 장점은?

① 연소실 구조가 간단하다.
② 연료 소비율이 작다.
③ 고속 회전이 가능하다.
④ 시동이 용이하다.

> 와류실식 연소실의 특징
> • 주연소실과 부연소실이 있어 복잡하다.
> • 주실과 부실을 좁은 통로 연결하여 강한 와류가 발생
> • 고속 운전에 적합하다.
> • 연료 소비율이 나쁘다.

11 가솔린 기관의 흡기 다기관과 스로틀 보디 사이에 설치되어 있는 서지 탱크의 역할 중 틀린 것은?

① 실린더 상호간에 흡입공기 간섭 방지
② 흡입공기 충진 효율을 증대
③ 연소실에 균일한 공기 공급
④ 배기가스 흐름 제어

> 서지 탱크는 흡기 다기관과 스로틀 보디 사이에 설치되어 ①~③의 역할을 하며, 배기가스의 흐름 제어는 머플러에서 한다.

12 맵 센서 점검 조건에 해당되지 않는 것은?

① 냉각수온 약 80~95℃ 유지
② 각종 램프, 전기 냉각 팬, 부장품 모두 ON 상태 유지
③ 트랜스 액슬 중립(A/T 경우 N 또는 P 위치) 유지
④ 스티어링 휠 중립 상태 유지

> 맵 센서 점검 조건은 ①, ③, ④항과 각종 램프, 전기 냉각 팬, 부장품 모두 OFF 상태를 유지한다.

13 자동차의 앞면에 안개등을 설치 할 경우에 해당되는 기준으로 틀린 것은?

① 비추는 방향은 앞면 진행방향을 향하도록 할 것
② 후미등이 점등된 상태에서 전조등과 연동하여 점등 또는 소등 할 수 있는 구조일 것
③ 등광색은 백색 또는 황색으로 할 것
④ 등화의 중심점은 차량중심선을 기준으로 좌우가 대칭이 되도록 할 것

> 후미등이 점등된 상태에서 전조등과 별도로 점등 또는 소등 할 수 있는 구조일 것

14 내연기관의 사이클에서 가솔린 기관의 표준 사이클은?

① 정적 사이클 ② 정압 사이클
③ 복합 사이클 ④ 사바테 사이클

> 가솔린 기관의 표준 사이클은 정적 사이클이다.

15 실린더의 안지름이 100mm, 피스톤 행정 130mm, 압축비가 21일 때 연소실 용적은 약 얼마인가?

① 25cc ② 32cc
③ 51cc ④ 58cc

> 행정체적(배기량) V = $\frac{\pi}{4} \cdot D^2 \cdot L = 0.785D^2 \cdot L$
> 압축비 = 1 + $\frac{\text{행정 체적(배기량)}}{\text{연소실 체적}}$
> ∴ 연소실 체적 = $\frac{\text{행정 체적(배기량)}}{\text{압축비} - 1}$
> = $\frac{0.785 \times 10^2 \times 13}{21 - 1}$ = 51cc

16 다음 중 내연기관에 대한 내용으로 맞는 것은?

① 실린더의 이론적 발생마력을 제동마력이라 한다.
② 6실린더 엔진의 크랭크축의 위상각은 90도이다.
③ 베어링 스프레드는 피스톤 핀 저널에 베어링을 조립 시 밀착되게 끼울 수 있게 한다.
④ 모든 DOHC 엔진의 밸브 수는 16개이다.

🔍 이론적 발생마력을 지시마력이라 하며, 6실린더 엔진의 위상차는 120도이고, DOHC 엔진의 밸브 수는 기관 및 실린더 수에 따라 다를 수 있다.

17 냉각수 온도센서 고장 시 엔진에 미치는 영향으로 틀린 것은?

① 공회전상태가 불안정하게 된다.
② 워밍업 시기에 검은 연기가 배출될 수 있다.
③ 배기가스 중에 CO 및 HC가 증가된다.
④ 냉간 시동성이 양호하다.

🔍 냉각수 온도센서가 고장 시 ①~③항의 증상이 발생하며 냉간 시동성이 불량해 진다.

18 윤활장치를 점검하여야 할 원인이 아닌 것은?

① 윤활유 소비가 많다.   ② 유압이 높다.
③ 유압이 낮다.   ④ 오일교환을 자주한다.

🔍 윤활장치 점검은 윤활유 소비가 많거나, 유압이 규정보다 너무 높거나 낮을 때 점검한다.

19 디젤기관의 연료분사에 필요한 조건으로 틀린 것은?

① 무화   ② 분포
③ 조정   ④ 관통력

🔍 연료 분무의 3대 조건 : 무화, 분포, 관통력

20 부특성 서미스터를 이용하는 센서는?

① 노크 센서   ② 냉각수 온도 센서
③ MAP 센서   ④ 산소 센서

🔍 냉각수 온도센서는 부특성 서미스터를, 노크센서와 MAP센서는 압전소자 방식을 사용한다.

21 흡기 시스템의 동적효과 특성을 설명한 것 중 ( ) 안에 알맞은 단어는?

> 흡입행정의 마지막에 흡입밸브를 닫으면 새로운 공기의 흐름이 갑자기 차단되어 (㉠)가 발생한다. 이 압력파는 음으로 흡기다기관의 입구를 향해서 진행하고, 입구에서 반사되므로 (㉡)가 되어 흡입밸브 쪽으로 음속으로 되돌아 온다.

① ㉠ 간섭파, ㉡ 유도파
② ㉠ 서지파, ㉡ 정압파
③ ㉠ 정압파, ㉡ 부압파
④ ㉠ 부압파, ㉡ 서지파

🔍 흡입행정의 마지막에 흡입밸브를 닫으면 새로운 공기의 흐름이 갑자기 차단되어 압력이 증가하므로 정압파가 발생한다. 이 압력파는 다시 흡기다기관의 입구를 향해서 진행하고, 입구에서 반사되므로 부압파가 되어 흡입밸브 쪽으로 음속으로 되돌아 온다.

22 가솔린 기관의 노킹(knocking) 방지책이 아닌 것은?

① 고 옥탄가의 연료를 사용한다.
② 동일 압축비에서 혼합기의 온도를 낮추는 연소실 형상을 사용한다.
③ 화염전파 속도가 빠른 연료를 사용한다.
④ 화염의 전파거리를 길게 하는 연소실 형상을 사용한다.

🔍 화염전파 거리가 가능한 한 짧아야 한다.

23 어떤 물체가 초속도 10m/s로 마루면을 미끄러진다면 약 몇 m를 진행하고 멈추는가? (단, 물체와 마루면 사이의 마찰계수는 0.5이다.)

① 0.51   ② 5.1
③ 10.2   ④ 20.4

🔍 제동거리(S) = $\dfrac{v^2}{2 \cdot \mu \cdot g}$
여기서, v : 제동 초속도(m/s)
       μ : 마찰계수
       g : 중력가속도(9.8m/s2)
∴ S = $\dfrac{v^2}{2 \times \mu \times g} = \dfrac{10^2}{2 \times 0.5 \times 9.8} = 10.2m$

24 주행 중 자동차의 조향 휠이 한쪽으로 쏠리는 원인과 가장 거리가 먼 것은?

① 타이어 공기압력 불균일
② 바퀴 얼라인먼트의 조정 불량
③ 쇽업소버의 파손
④ 조향 휠 유격 조정 불량

🔍 조향 휠이 한쪽으로 쏠리는 원인
- 타이어 공기압이 불균일하다.
- 좌·우 축거가 다르다.
- 좌·우 브레이크 라이닝의 간극이 다르다.
- 앞차축 한쪽의 현가 스프링이 절손되었다.
- 쇽업소버 작동이 불량하다.
- 휠 얼라인먼트가 불량하다.
- 뒤차축이 차의 중심선에 대하여 직각이 아니다.

25 전자제어 현가장치의 출력부가 아닌 것은?

① TPS
② 지시등, 경고등
③ 액추에이터
④ 고장코드

🔍 전원, 센서, 스위치 등은 입력부이고, 경고등, 액추에이터, 고장코드는 출력부이다.

26 자동차의 진동현상 중 스프링 위 Y축을 중심으로 하는 앞뒤 흔들림 회전 고유진동은?

① 롤링(rolling)
② 요잉(yawing)
③ 피칭(pitching)
④ 바운싱(bouncing)

🔍 차체의 운동 : X축 – 롤링, Y축 – 피칭, Z축 – 요잉, 상하 – 바운싱

27 수동변속기에서 기어변속 시 기어의 이중물림을 방지하기 위한 장치는?

① 파킹 볼 장치
② 인터 록 장치
③ 오버드라이브 장치
④ 록킹 볼 장치

🔍
- 인터 록(inter lock) : 이중 물림 방지
- 록킹 볼(locking ball) : 기어 빠짐 방지

28 동력조향장치 정비 시 안전 및 유의 사항으로 틀린 것은?

① 자동차 하부에서 작업할 때는 시야확보를 위해 보안경을 벗는다.
② 공간이 좁으므로 다치지 않게 주의 한다.
③ 제작사의 정비 지침서를 참고하여 점검, 정비한다.
④ 각종 볼트 너트는 규정 토크로 조인다.

🔍 자동차 하부에서 작업할 때는 눈을 보호하고, 시야확보를 위해 보안경을 착용한다.

29 다음 중 전자제어 동력 조향장치(EPS)의 종류가 아닌 것은?

① 속도 감응식
② 전동 펌프식
③ 공압 충격식
④ 유압 반력 제어식

🔍 전자제어 동력 조향장치(EPS)의 종류
- 속도 감응식(차속 감응식)
- 유압반력 제어식
- 밸브특성 제어식
- 전동 펌프식

30 기관의 회전수가 2,400rpm이고, 총 감속비가 8 : 1, 타이어 유효반경이 25cm일 때 자동차의 시속은?

① 28.26km/h
② 38.26nm/h
③ 17.66km/h
④ 15.66km/h

🔍 차속 $= \dfrac{\pi DN}{R_t \times R_f} \times \dfrac{60}{1,000}$
(D : 타이어 직경(m), N : 엔진회전수(rpm), R_t : 변속비, R_f : 종감속비)
∴ 차속 $= \dfrac{3.14 \times 0.5 \times 2,400}{8} \times \dfrac{60}{1,000} = 28.26$km/h

31 수동변속기에서 클러치의 미끄러지는 원인으로 틀린 것은?

① 클러치 디스크에 오일이 묻었다.
② 플라이 휠 및 압력판이 손상되었다.
③ 클러치 페달의 자유간극이 크다.
④ 클러치 디스크의 마멸이 심하다.

🔍 클러치가 미끄러지는 원인
- 클러치 디스크 마모로 인한 자유유격 과소
- 클러치 스프링의 변형 및 장력 약화
- 마찰면의 경화 또는 오일 부착
- 압력판, 플라이 휠 접촉면의 손상

32 전자제어 제동장치(ABS)의 구성요소가 아닌 것은?

① 휠 스피드 센서
② 전자제어 유닛
③ 하이드로릭 컨트롤 유닛
④ 각속도 센서

> ABS의 구성부품
> • 휠 스피드 센서 : 차륜의 회전상태를 검출
> • 전자제어 컨트롤 유닛(E.C.U) : 휠 스피드 센서의 신호를 받아 ABS를 제어
> • 하이드롤릭 유닛 : E.C.U의 신호에 따라 휠 실린더에 공급되는 유압을 제어
> • 프로포셔닝 밸브 : 브레이크를 밟았을 때 뒷바퀴가 조기에 고착되지 않도록 뒷바퀴의 유압을 제어
> ※ 각속도 센서는 전자제어 조향장치(EPS)에 사용되는 부품이다.

33 ABS의 구성품 중 휠 스피드 센서의 역할은?

① 바퀴의 록(lock) 상태 감지
② 차량의 과속을 억제
③ 브레이크 유압 조정
④ 라이닝의 마찰 상태 감지

> 전자제어 제동장치(ABS)에서 휠 스피드 센서는 바퀴의 회전속도를 검출하여 바퀴가 고정(lock)되는 것을 감지하는 센서이다.

34 자동변속기 내부에서 변속시 변속비가 결정되는 장치는?

① 브레이크 밴드
② 킥다운 서보
③ 유성 기어
④ 오일 펌프

> 변속비는 유성기어 내부의 선기어, 링기어, 캐리어의 조합으로 변속된다.

35 자동변속기에서 오일라인압력을 근원으로 하여 오일라인압력보다 낮은 일정한 압력을 만들기 위한 밸브는?

① 체크 밸브
② 거버너 밸브
③ 매뉴얼 밸브
④ 리듀싱 밸브

> 자동변속기 밸브의 역할
> • 매뉴얼(manual) 밸브 : 운전자의 조작에 따라 유로를 변경하여 변속 레인지를 결정하는 수동밸브이다.
> • 거버너(governor) 밸브 : 차량속도의 증감에 따라 증가하거나 감소하는 압력으로, 차량속도에 따라 제어되는 압력을 조정하는 압력밸브이다.
> • 리듀싱(reducing) 밸브 : 오일라인압력을 근원으로 하여 오일라인압력보다 낮은 일정한 압력을 만들기 위한 감압밸브이다.

36 유압식 브레이크 장치에서 잔압을 형성하고 유지시켜 주는 것은?

① 마스터 실린더 피스톤 1차 컵과 2차 컵
② 마스터 실린더의 체크밸브와 리턴 스프링
③ 마스터 실린더 오일 탱크
④ 마스터 실린더의 피스톤

> 유압식 브레이크에서 잔압이란 마스터 실린더의 유압이 체크밸브를 밀고 있으므로 리턴 스프링의 장력과 평형이 되어 회로 내에 어느 정도 압력이 남는 것을 말한다.

37 조향 유압 계통에 고장이 발생되었을 때 수동 조작을 이행하는 것은?

① 밸브 스풀
② 볼 조인트
③ 유압펌프
④ 오리피스

> 밸브 스풀(컨트롤 밸브)은 조향 유압 계통에 고장이 발생되었을 때 수동 조작을 가능하게 한다.

38 클러치를 작동 시켰을 때 동력을 완전히 전달시키지 못하고 미끄러지는 원인이 아닌 것은?

① 클러치 압력판, 플라이휠 면 등에 기름이 묻었을 때
② 클러치 스프링의 장력감소
③ 클러치 페이싱 및 압력판 마모
④ 클러치 페달의 자유간극이 클 때

> 클러치가 미끄러지는 원인은 ①~③항과 클러치 디스크 마모로 인한 자유유격 과소 때문이다. 자유유격이 크면 차단이 불량하다.

39 빈 칸에 알맞은 것은?

> 애커먼 장토의 원리는 조향각도를 (㉠)로 하고, 선회할 때 선회하는 안쪽 바퀴의 조향각도가 바깥쪽 바퀴의 조향각도보다 (㉡)되며, (㉢)의 연장선상의 한 점을 중심으로 동심원을 그리면서 선회하여 사이드슬립 방지와 조향핸들 조작에 따른 저항을 감소시킬 수 있는 방식이다.

① ㉠ 최소, ㉡ 작게, ㉢ 앞차축
② ㉠ 최대, ㉡ 작게, ㉢ 뒷차축
③ ㉠ 최소, ㉡ 크게, ㉢ 앞차축
④ ㉠ 최대, ㉡ 크게, ㉢ 뒷차축

🔍 애커먼 장토의 원리는 조향각도를 최대로 하고, 선회할 때 선회하는 안쪽 바퀴의 조향각도가 바깥쪽 바퀴의 조향각도보다 크게 되며, 뒷차축의 연장선상의 한 점을 중심으로 동심원을 그리면서 선회하여 사이드슬립 방지와 조향핸들 조작에 따른 저항을 감소시킬 수 있는 방식이다.

40 브레이크슈의 리턴스프링에 관한 설명으로 거리가 먼 것은?

① 리턴스프링이 약하면 휠 실린더 내의 잔압이 높아진다.
② 리턴스프링이 약하면 드럼을 과열시키는 원인이 될 수도 있다.
③ 리턴스프링이 강하면 드럼과 라이닝의 접촉이 신속히 해제된다.
④ 리턴스프링이 약하면 브레이크슈의 마멸이 촉진될 수 있다.

🔍 브레이크 슈의 리턴 스프링이 약하면 휠 실린더 내의 잔압이 낮아지고, 리턴이 불량하여 브레이크 슈의 마멸이 촉진되며 드럼을 과열시킨다.

41 플레밍의 왼손법칙을 이용한 것은?

① 충전기   ② DC 발전기
③ AC 발전기   ④ 전동기

🔍 전동기는 플레밍의 왼손법칙을 응용한 것이다.

42 전조등의 광량을 검출하는 라이트 센서에서 빛의 세기에 따라 광전류가 변화되는 원리를 이용한 소자는?

① 포토다이오드   ② 발광다이오드
③ 제너다이오드   ④ 사이리스터

🔍 포토 다이오드는 조사되는 빛의 양에 비례하여 전기저항이 감소하는 특성을 가진 반도체로 입사광선을 받으면 역방향으로 전류가 흐른다.

43 전자동에어컨(FATC) 시스템의 ECU에 입력되는 센서 신호로 거리가 먼 것은?

① 외기온도 센서   ② 차고 센서
③ 일사 센서   ④ 내기온도 센서

🔍 차고센서는 전자제어 현가장치(ECS)의 입력신호이다.

44 축전지의 충·방전 화학식이다. ( ) 속에 해당되는 것은?

$$PbO_2 + (\ \ ) + Pb \rightleftarrows PbSO_4 + 2H_2O + PbSO_4$$

① H_2O ② $2H_2O$
③ $2PbSO_4$ ④ $2H_2SO_4$

🔍 축전지의 충·방전 화학식
$PbO_2 + 2H_2SO_4 + Pb \rightleftarrows PbSO_4 + 2H_2O + PbSO_4$

45 그림에서 $I_1 = 5A$, $I_2 = 2A$, $I_3 = 3A$, $I_4 = 4A$라고 하면 I_5에 흐르는 전류(A)는?

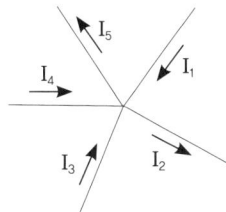

① 8   ② 4
③ 2   ④ 10

🔍 키르히호프의 제 1법칙에서 들어간 전류의 합과 나오는 전류의 합은 같으므로, $I_5 + 2A = I_1 + I_3 + I_4 = 12A$
∴ $I_5 = 10A$

46 감광식 룸램프 제어에 대한 설명으로 틀린 것은?

① 도어를 연 후 닫을 때 실내등이 즉시 소등되지 않고 서서히 소등될 수 있도록 한다.
② 시동 및 출발 준비를 할 수 있도록 편의를 제공하는 기능이다.
③ 입력요소는 모든 도어 스위치이다.
④ 모든 신호는 엔진 ECU로 입력된다.

🔍 ①~③항이 감광식 룸 램프 제어이며, 모든 신호는 ETACS로 입력된다.

47 기동전동기에서 오버런닝 클러치의 종류에 해당되지 않는 것은?

① 롤러식
② 스프래그식
③ 전기자식
④ 다판 클러치식

🔍 오버런닝 클러치의 종류 : 롤러식, 스프래그식, 다판 클러치식

48 퓨즈에 관한 설명으로 맞는 것은?

① 퓨즈는 정격전류가 흐르면 회로를 차단하는 역할을 한다.
② 퓨즈는 과대전류가 흐르면 회로를 차단하는 역할을 한다.
③ 퓨즈는 용량이 클수록 정격전류가 낮아진다.
④ 용량이 작은 퓨즈는 용량을 조정하여 사용한다.

🔍 퓨즈는 과대전류가 흐르면 회로를 차단하는 역할을 한다.

49 AC 발전기의 출력변화 조정은 무엇에 의해 이루어 지는가?

① 엔진의 회전수
② 배터리의 전압
③ 로터의 전류
④ 다이오드 전류

🔍 AC 발전기의 출력변화 조정은 로터코일에 흐르는 전류를 가감하여 조정한다.

50 자동차 전기회로의 보호 장치로 옳은 것은?

① 안전 밸브
② 캠버
③ 퓨저블링크
④ 턴시그널 램프

🔍 퓨저블 링크(fusible link)는 과전류가 흐르면 용단되는 전기회로 보호장치이다.

51 산업안전보건법상의 "안전·보건표지의 종류와 형태"에서 다음의 그림이 의미하는 것은?

① 직진금지
② 출입금지
③ 보행금지
④ 차량통행금지

🔍 안전·보건표지의 종류와 형태
• 금지표지

101 출입금지	102 보행금지	103 차량통행 금지	104 사용금지
105 탑승금지	106 금연	107 화기금지	108 물체이동 금지

※ 교통 표지판은 직진금지이지만, 안전·보건표지에서는 출입금지 표지이다.

52 차량 시험기기의 취급 주의사항에 대한 설명으로 틀린 것은?

① 시험기기 전원 및 용량을 확인한 후 전원 플러그를 연결한다.
② 시험기기의 보관은 깨끗한 곳이면 아무 곳이나 좋다.
③ 눈금의 정확도는 수시로 점검해서 0점을 조정해 준다.
④ 시험기기의 누전 여부를 확인한다.

🔍 차량 시험기기의 보관은 지정된 장소의 깨끗한 곳에 보관한다.

53 색에 맞는 안전표시가 잘못 짝지어진 것은?

① 녹색 - 안전, 피난, 보호표시
② 노란색 - 주의, 경고 표시
③ 청색 - 지시, 수리중, 유도 표시
④ 자주색 - 안전지도 표시

🔍 적색은 금지표시이며, 안전지도 표시는 녹색이다.

54 안전 보건표지의 종류에서 담배를 피워서는 안 될 장소에 맞는 금지표시는?

① 바탕은 노란색, 모형은 검정색, 그림은 빨간색
② 바탕은 파란색, 모형은 흰색, 그림은 빨간색
③ 바탕은 흰색, 모형은 빨간색, 그림은 검정색
④ 바탕은 녹색, 모형은 흰색, 그림은 빨간색

🔍 • 금지표지 : 바탕은 흰색, 기본모형은 빨간색, 관련 부호 및 그림은 검은색(금연은 금지표지에 속함)
• 지시표지 : 바탕은 파란색, 관련 그림은 흰색
• 안내표지 : 바탕은 흰색, 기본모형 및 관련 부호는 녹색, 바탕은 녹색, 관련 부호 및 그림은 흰색

55 작업자가 기계작업시의 일반적인 안전사항으로 틀린 것은?

① 급유 시 기계는 운전을 정지시키고 지정된 오일을 사용한다.
② 운전 중 기계로부터 이탈할 때는 운전을 정지시킨다.
③ 고장수리, 청소 및 조정 시 동력을 끊고 다른 사람이 작동시키지 않도록 표시해 둔다.
④ 정전이 발생 시 기계스위치를 켜둬서 정전이 끝남과 동시에 작업 가능하도록 한다.

🔍 정전이 발생되었을 때는 각종 기계의 스위치를 꺼둔다.

56 브레이크 드럼을 연삭할 때 전기가 정전되었다. 가장 먼저 취해야 할 조치사항은?

① 스위치 전원을 내리고(off) 주 전원의 퓨즈를 확인한다.
② 스위치는 그대로 두고 정전 원인을 확인한다.
③ 작업하던 공작물을 탈거한다.
④ 연삭에 실패했음으로 새 것으로 교환하고, 작업을 마무리한다.

🔍 기계 작업 중 정전이 발생되었을 때는 가장 먼저 스위치 전원을 내리고(off) 주 전원의 퓨즈를 확인한다.

57 연료 압력 측정과 진공 점검 작업 시 안전에 관한 유의사항이 잘못 설명된 것은?

① 기관 운전이나 크랭킹 시 회전 부위에 옷이나 손 등이 접촉하지 않도록 주의한다.
② 배터리 전해액이 옷이나 피부에 닿지 않도록 한다.
③ 작업 중 연료가 누설되지 않도록 하고 화기가 주위에 있는지 확인한다.
④ 소화기를 준비한다.

🔍 ①, ③, ④항은 연료 압력 측정과 진공 점검 시, ②항은 배터리 점검 시 안전에 관한 유의사항이다.

58 정비작업 시 지켜야 할 안전수칙 중 잘못된 것은?

① 작업에 맞는 공구를 사용한다.
② 작업장 바닥에는 오일을 떨어뜨리지 않는다.
③ 전기장치 작업 시 오일이 묻지 않도록 한다.
④ 잭(Jack)을 사용하여 차체를 올린 후 손잡이를 그대로 두고 작업한다.

🔍 잭은 자동차를 작업할 수 있게 올린 다음에는 잭 손잡이는 빼 두거나 작업에 지장이 없도록 조치해 두어야 한다.

59 에어백 장치를 점검, 정비할 때 안전하지 못한 행동은?

① 에어백 모듈은 사고 후에도 재사용이 가능하다.
② 조향휠을 장착할 때 클럭 스프링의 중립 위치를 확인한다.
③ 에어백 장치는 축전지 전원을 차단하고 일정 시간 지난 후 정비한다.
④ 인플레이터의 저항은 아날로그 테스터로 측정하지 않는다.

🔍 에어백 장치의 점검, 정비는 ②, ③, ④항의 방법으로 하고, 에어백 모듈은 사고 후에는 재사용하지 않는다.

60 멀티 회로시험기를 사용할 때의 주의사항 중 틀린 것은?

① 고온, 다습, 직사광선을 피한다.
② 영점 조정 후에 측정한다.
③ 직류전압의 측정 시 선택 스위치는 AC.(V)에 놓는다.
④ 지침은 정면에서 읽는다.

> 직류전압은 DC.V에, 교류전압은 AC.V에 놓는다.

정답 2021년 2회 복원문제

01 ④	02 ②	03 ①	04 ①	05 ③
06 ①	07 ①	08 ②	09 ④	10 ③
11 ④	12 ②	13 ②	14 ①	15 ③
16 ③	17 ④	18 ④	19 ③	20 ②
21 ③	22 ④	23 ③	24 ④	25 ①
26 ③	27 ②	28 ①	29 ③	30 ①
31 ③	32 ④	33 ①	34 ③	35 ④
36 ②	37 ①	38 ④	39 ④	40 ①
41 ④	42 ①	43 ②	44 ④	45 ④
46 ④	47 ③	48 ②	49 ③	50 ③
51 ②	52 ②	53 ④	54 ③	55 ④
56 ①	57 ②	58 ④	59 ①	60 ③

2021년 3회 CBT 복원문제

01 부동액 성분의 하나로 비등점이 197.2℃, 응고점이 -50℃인 불연성 포화액인 물질은?

① 에틸렌 글리콜　　② 메탄올
③ 글리세린　　　　 ④ 변성알콜

> 부동액으로는 주로 에틸렌 글리콜이나 프로필렌 글리콜을 사용하며 에틸렌 글리콜은 비등점(boiling point)이 197.6℃, 응고점(freezing point)이 -37℃이다.

02 자동차의 구조·장치의 변경승인을 얻은 자는 자동차 정비업자로부터 구조·장치의 변경과 그에 따른 정비를 받고 얼마 이내에 구조변경검사를 받아야 하는가?

① 완료일로부터 45일 이내
② 완료일로부터 15일 이내
③ 승인일로부터 45일 이내
④ 승인일로부터 15일 이내

> 구조·장치의 변경과 그에 따른 정비를 받고 승인 받은 날로부터 45일 이내에 구조 변경검사를 받아야 한다.

03 행정의 길이가 250mm인 가솔린 기관에서 피스톤의 평균속도가 5m/s라면 크랭크축의 1분간 회전수(rpm)은 약 얼마인가?

① 500　　② 600
③ 700　　④ 800

> 피스톤 평균속도(v) = $\frac{2LN}{60}$ = $\frac{LN}{30}$
> (L : 행정(m), N : 엔진 회전수(rpm))
> ∴ 엔진 회전수(N) = $\frac{30 \times v}{L}$ = $\frac{30 \times 5}{0.25}$ = 600rpm

04 전자제어 연료분사기관에 대한 설명 중 틀린 것은?

① 흡기온도 센서는 흡기온도 상승시 센서의 저항값은 작아진다.
② 스로틀 밸브 스위치 접촉저항은 약 0Ω이 정상이다.
③ 공기유량 센서는 공기량을 계측하여 기본연료분사시간을 결정한다.
④ 수온센서의 저항은 온도가 상승하면서 저항값은 커진다.

> 흡기온도 센서, 수온 센서 등은 온도가 올라가면 저항값이 작아지는 부특성 서미스터이다.

05 점화순서가 1-3-4-2인 4행정 기관의 3번 실린더가 압축 행정을 할 때 1번 실린더는?

① 흡입 행정　　② 압축 행정
③ 폭발 행정　　④ 배기 행정

> 4실린더 기관의 행정 찾는 방법 1) 점화순서의 반대로 행정을 적는다. 점화순서가 1-3-4-2이고 3번이 압축이므로 1번은 폭발, 2번은 배기, 4번은 흡입이다. 2) 크랭크 핀 저널의 움직임으로 찾는다. 1, 4번과 2, 3번이 같이 움직이므로 3번이 압축행정이면 2번은 배기행정, 점화순서가 1번이 먼저였으므로 1번은 폭발행정 따라서 4번은 나머지 행정인 흡입행정이 된다.

06 연료펌프 로터에 의해 압송되는 연료의 불규칙한 맥동 압력을 항상 일정하게 유지시켜 주는 장치는?

① 압력 조절기
② 사이렌스
③ 연료펌프 컨트롤 릴레이
④ 체크 밸브

> 연료펌프 로터에 의해 압송되는 연료의 불규칙한 맥동압력을 항상 일정하게 유지시키고 소음을 줄여주는 장치를 사이렌서(silencer)라 한다.

07 디젤기관의 연소실 형식으로 틀린 것은?

① 직접분사식　　② 예연소실식
③ 와류식　　　　④ 연료실식

> 디젤기관 연소실의 분류
> • 단실식 : 직접 분사실식
> • 복실식 : 예연소실식, 와류실식, 공기실식

08 디젤기관의 연료분사 장치에서 연료의 분사량을 조절하는 것은?

① 연료 여과기　　② 연료 분사노즐
③ 연료 분사펌프　④ 연료 공급펌프

🔍 연료의 분사량 조절은 연료 분사펌프의 플런저에서 한다.

09 블로우다운(blow down) 현상에 대한 설명으로 옳은 것은?

① 밸브와 밸브시트 사이에서의 가스 누출현상
② 압축행정시 피스톤과 실린더 사이에서 공기가 누출되는 현상
③ 피스톤이 상사점 근방에서 흡·배기밸브가 동시에 열려 배기 잔류가스를 배출시키는 현상
④ 배기행정 초기에 배기밸브가 열려 배기가스 자체의 압력에 의하여 배기가스가 배출되는 현상

🔍 블로우 다운이란 배기행정 초기에 배기밸브가 열려 배기가스 자체의 압력에 의하여 배기가스가 배출되는 현상을 말한다.

10 배기밸브가 하사점 전 55°에서 열려 상사점 후 15°에서 닫힐 때 총 열림각은?

① 240°　　② 250°
③ 255°　　④ 260°

🔍 배기밸브 총 열림각
= 배기밸브 열림각도 + 배기밸브 닫힘각도 + 180°
= 55° + 15° + 180° = 250°

11 삼원 촉매장치 설치차량의 주의사항 중 잘못된 것은?

① 주행 중 점화 스위치를 꺼서는 안된다.
② 잔디, 낙엽 등 가연성 물질 위에 주차시키지 않아야 한다.
③ 엔진의 파워밸런스 측정 시 측정시간을 최대로 단축해야 한다.
④ 반드시 유연 가솔린을 사용한다.

🔍 ①, ②, ③항을 주의하여야 하고, 반드시 무연 가솔린을 사용한다.

12 가솔린을 완전 연소시키면 발생되는 화합물은?

① 이산화탄소와 아황산
② 이산화탄소와 물
③ 일산화탄소와 이산화탄소
④ 일산화탄소와 물

🔍 가솔린은 탄소와 수소로 이루어진 고분자 화합물로 공기와 반응하여 이산화탄소(CO_2)와 물(H_2O)이 발생된다.

13 크랭크 각 센서의 설명 중 틀린 것은?

① 기관 회전수와 크랭크축의 위치를 감지한다.
② 기본연료 분사량과 기본 점화시기에 영향을 준다.
③ 고장 발생시 곧바로 정지된다.
④ 고장 발생시 대체 센서 값을 이용한다.

🔍 크랭크각 센서 고장 발생시 대체 센서값이 없다.

14 EGR(Exhaust Gas Recirculation) 밸브에 대한 설명 중 틀린 것은?

① 배기가스 재순환 장치이다.
② 연소실 온도를 낮추기 위한 장치이다.
③ 증발가스를 포집하였다가 연소시키는 장치이다.
④ 질소산화물(NOx) 배출을 감소하기 위한 장치이다.

🔍 배기가스 재순환장치는 EGR 밸브를 이용하여 연소실의 최고온도를 낮추어 질소산화물(NOx)의 발생을 감소시킨다.
※ 연료 증발가스는 차콜 캐니스터와 PCSV를 이용하여 재연소시킨다.

15 연료파이프나 연료펌프에서 가솔린이 증발해서 일으키는 현상은?

① 엔진록
② 연료록
③ 베이퍼록
④ 앤티록

🔍 베이퍼 록(vapor lock) : 연료 파이프나 연료 펌프에서 가솔린이 증발해서 일으키는 현상

16 연소실 체적이 40cc이고, 총 배기량이 1280cc인 4기통 기관의 압축비는?

① 6 : 1
② 9 : 1
③ 18 : 1
④ 33 : 1

> 압축비 = $\dfrac{\text{실린더 체적}}{\text{연소실 체적}} = 1 + \dfrac{\text{행정 체적(배기량)}}{\text{연소실 체적}}$
> 4기통 기관의 총 배기량이 1280cc이므로, 1개 실린더의 배기량은 1280÷4 = 320cc이다.
> ∴ 압축비 = $1 + \dfrac{\text{행정 체적(배기량)}}{\text{연소실 체적}} = 1 + \dfrac{320}{40} = 9$

17 실린더 라이너(liner)에 관한 설명 중 맞지 않는 것은?

① 디젤기관은 주로 습식 라이너를 사용한다.
② 가솔린 기관은 주로 건식 라이너를 사용한다.
③ 보통 주철의 실린더 블록에는 보통 주철 라이너를 삽입해야 한다.
④ 경합금 실린더 블록에는 특수 주철제 라이너를 삽입한다.

> 가솔린 기관은 건식 라이너를, 디젤기관은 습식 라이너를 주로 사용하며 경합금 실린더 블록에는 경도를 크게 한 특수 주철제 라이너를 삽입한다.

18 피스톤링의 주요 기능이 아닌 것은?

① 기밀 작용
② 감마 작용
③ 열전도 작용
④ 오일제어 작용

> 피스톤 링의 3대 작용 : 기밀유지 작용, 열전도 작용, 오일제어 작용

19 기관이 과열되는 원인으로 가장 거리가 먼 것은?

① 서모스탯이 열림 상태로 고착
② 냉각수 부족
③ 냉각팬 작동불량
④ 라디에이터의 막힘

> 기관이 과열되는 원인
> • 수온조절기(서모스탯)가 닫힌 채로 고장 났다.
> • 냉각수가 부족하다.
> • 라디에이터가 막혔다.
> • 냉각팬 작동이 불량이다.
> • 냉각계통의 흐름이 불량하다.
> • 벨트가 헐겁거나 끊어졌다.

20 가솔린 기관에서 발생되는 질소산화물에 대한 특징을 설명한 것 중 틀린 것은?

① 혼합비가 농후하면 발생농도가 낮다.
② 점화시기가 빠르면 발생농도가 낮다.
③ 혼합비가 일정할 때 흡기다기관의 부압은 강한 편이 발생농도가 낮다.
④ 기관의 압축비가 낮은 편이 발생농도가 낮다.

> 가솔린 기관에서 발생되는 질소산화물(NOx)은 점화시기가 빠르면 연소온도가 높아져 발생농도는 높아진다.

21 공랭식 엔진에서 냉각효과를 증대시키기 위한 장치로서 적합한 것은?

① 방열밸브
② 방열초크
③ 방열탱크
④ 방열핀

> 공랭식 엔진은 냉각효과를 증대시키기 위하여 실린더나 헤드에 방열핀(cooling fin)을 둔다.

22 평균유효압력이 10kgf/cm², 배기량이 7500cc, 회전속도 2400rpm, 단기통인 2행정 사이클의 지시마력은?

① 200PS
② 300PS
③ 400PS
④ 500PS

> 지시마력 = $\dfrac{PALZN}{75 \times 60} = \dfrac{PVZN}{75 \times 60 \times 100}$
> 여기서, • P : 지시평균 유효압력(kgf/cm²)
> • A : 실린더 단면적(cm²)
> • L : 행정(m)
> • V : 배기량(cm³)
> • Z : 실린더 수
> • N : 엔진 회전수(rpm)
>   (2행정기관 : N, 4행정기관 : N/2)
> ∴ 지시마력 = $\dfrac{10 \times 7500 \times 2400}{75 \times 60 \times 100}$ = 400PS

23 피스톤의 평균속도를 올리지 않고 회전수를 높일 수 있으며 단위 체적당 출력을 크게 할 수 있는 기관은?

① 장행정 기관
② 정방형 기관
③ 단행정 기관
④ 고속형 기관

> 오버스퀘어(단행정) 기관의 장점과 단점
> • 피스톤 평균속도를 높이지 않고 기관 회전수를 높일 수 있어 단위 체적당 출력을 크게 할 수 있다.
> • 흡배기 밸브의 지름을 크게 할 수 있어 체적효율을 높일 수 있다.
> • 내경에 비해 행정이 작으므로 기관의 높이를 낮게 할 수 있다.
> • 내경이 커서 피스톤이 과열되기 쉽고, 베어링 하중이 증가한다.
> • 기관의 높이는 낮아지나, 길이가 길어진다.

24 중·고속 주행시 연료소비율의 향상과 기관의 소음을 줄일 목적으로 변속기의 입력회전수보다 출력회전수를 빠르게 하는 장치는?

① 클러치 포인트
② 오버 드라이브
③ 히스테리시스
④ 킥 다운

> 증속 구동장치(over drive)는 엔진의 여유출력을 이용하여 중·고속 주행 시 연료소비율의 향상과 기관의 소음을 줄일 목적으로 변속기의 입력회전수보다 출력회전수를 빠르게 하는 장치이다.

25 종감속 장치에서 구동 피니언이 링기어 중심선 밑에서 물리게 되어있는 기어는?

① 직선 베벨 기어
② 스파이럴 베벨 기어
③ 스퍼 기어
④ 하이포이드 기어

> 하이포이드(hypoid) 기어는 링기어의 중심보다 구동피니언 기어의 중심이 10~20% 낮게(off-set) 설치되어 있는 방식으로 자동차의 최종 감속기어에 많이 사용한다.

26 디스크 브레이크와 비교해 드럼 브레이크의 특성으로 맞는 것은?

① 페이드 현상이 잘 일어나지 않는다.
② 구조가 간단하다.
③ 브레이크의 편제동 현상이 적다.
④ 자기작동 효과가 크다.

> 드럼 브레이크의 특징
> • 디스크 브레이크에 비해 제동력이 강하다.
> • 자기작동 효과가 크다.
> • 가격이 저렴하다.

27 조향 장치가 갖추어야 할 조건으로 틀린 것은?

① 조향 조작이 주행 중의 충격을 적게 받을 것
② 안전을 위해 고속 주행시 조향력을 작게 할 것
③ 회전 반경이 작을 것
④ 조작시에 방향 전환이 원활하게 이루어질 것

> 조향장치가 갖추어야 할 조건
> • 조작하기 쉽고 방향전환이 원활하게 행해질 것
> • 회전반경이 적을 것
> • 조향핸들과 바퀴의 선회 차이가 크지 않을 것
> • 조향조작이 주행 중의 충격에 영향을 받지 않을 것
> • 고속 주행에도 조향 휠이 안정되고 복원력이 좋을 것

28 다음에서 스프링의 진동 중 스프링 위 질량의 진동과 관계없는 것은?

① 바운싱(bouncing)
② 피칭(pitching)
③ 휠 트램프(wheel tramp)
④ 롤링(rolling)

> 스프링 윗질량 운동
> • 롤링 : 세로축(앞·뒤 방향 축)을 중심으로 하는 좌·우 회전운동
> • 피칭 : 가로축(좌·우 방향 축)을 중심으로 하는 전·후 회전운동
> • 요잉 : 수직축을 중심으로 앞뒤가 회전하는 운동
> • 바운싱 : 차체가 동시에 상하로 튕기는 운동

29 자동차에서 제동시의 슬립비를 표시한 것으로 맞는 것은?

① $\dfrac{\text{자동차 속도} - \text{바퀴 속도}}{\text{자동차 속도}} \times 100$

② $\dfrac{\text{자동차 속도} - \text{바퀴 속도}}{\text{바퀴 속도}} \times 100$

③ $\dfrac{\text{바퀴 속도} - \text{자동차 속도}}{\text{자동차 속도}} \times 100$

④ $\dfrac{\text{바퀴 속도} - \text{자동차 속도}}{\text{바퀴 속도}} \times 100$

> ABS에서 타이어 슬립율이란 자동차 속도와 바퀴 속도와의 차이를 말한다.

30 전자제어식 자동변속기 제어에 사용되는 센서가 아닌 것은?

① 차고 센서
② 유온 센서
③ 입력축 속도센서
④ 스로틀 포지션 센서

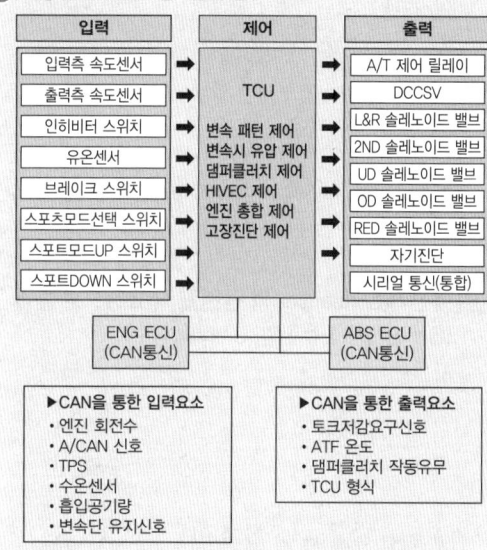

31 자동변속기의 유압제어 회로에 사용하는 유압이 발생하는 곳은?

① 변속기 내의 오일펌프
② 엔진오일펌프
③ 흡기다기관 내의 부압
④ 매뉴얼 시프트 밸브

🔍 자동변속기 유압은 자동변속기 내의 오일펌프에서 발생한다.

32 자동변속기의 장점이 아닌 것은?

① 기어변속이 간단하고, 엔진 스톨이 없다.
② 구동력이 커서 등판 발진이 쉽고, 등판능력이 크다.
③ 진동 및 충격흡수가 크다.
④ 가속성이 높고, 최고속도가 다소 낮다.

🔍 자동변속기의 장점
  • 기어변속이 간단하고, 엔진 스톨이 없다.
  • 구동력이 커서 등판 발진이 쉽고, 등판능력이 크다.
  • 진동 및 충격흡수가 크다.
  • 자동차 각 부분의 수명이 연장된다.

33 유체클러치에서 오일의 와류를 감소시키는 장치는?

① 펌프
② 가이드 링
③ 원웨이 클러치
④ 베인

🔍 유체클러치의 가이드 링은 유체의 흐름을 안내하여 오일의 와류 및 유체 충돌을 방지한다.

34 전자제어 현가장치의 제어 기능에 해당되는 것이 아닌 것은?

① 앤티 스키드   ② 앤티 롤
③ 앤티 다이브   ④ 앤티 스쿼트

🔍 차량의 자세 제어
  • 안티 롤 제어 : 선회시 차량이 기울어지는 롤 상태를 검출하여 롤을 억제
  • 안티 다이브 제어 : 급제동시 앞쪽은 내려가고 뒤쪽은 들어 올려지는 현상을 검출하여 다이브를 억제
  • 안티 스쿼트 제어 : 급 출발시 앞쪽은 들어 올려지고 뒤쪽은 내려가는 현상을 검출하여 스쿼트를 억제
  • 안티 시프트 스쿼트 제어 : N → D 또는 N → R 변속시 앞, 또는 뒤쪽이 들어 올려지는 현상을 억제
  ※ 앤티 스키드(Anti-skid)는 전자제어 제동장치(ABS)에서 사용되는 용어이다.

35 수동변속기 차량에서 클러치가 미끄러지는 원인은?

① 클러치 페달 자유간극 과다
② 클러치 스프링의 장력 약화
③ 릴리스 베어링 파손
④ 유압라인 공기 혼입

🔍 클러치가 미끄러지는 원인
  • 클러치 디스크 마모로 인한 자유유격 과소
  • 클러치 스프링의 약화 및 변형
  • 마찰면의 경화 또는 오일 부착
  • 압력판, 플라이 휠 접촉면의 손상

36 자동변속기에서 토크컨버터내의 록업 클러치(댐퍼 클러치)의 작동조건으로 거리가 먼 것은?

① "D"레인지에서 일정 차속(약 70km/h 정도) 이상 일 때
② 냉각수 온도가 충분히(약 75℃ 정도) 올랐을 때
③ 브레이크 페달을 밟지 않을 때
④ 발진 및 후진 시

🔍 록업 클러치는 발진 및 후진 시에는 작동하지 않는다.

37 자동차가 정지 상태에서 출발하여 10초 후에 속도가 60km/h가 되었다면 가속도는?

① 약 0.167m/s² ② 약 0.6m/s²
③ 약 1.67m/s² ④ 약 6m/s²

🔍 가속도(m/s²) = (나중속도 − 처음속도) / 걸린시간
∴ 가속도 = (60km/h − 0km/h) / 10sec = (60/3.6)/10 = 1.666m/s²

38 유압식 전자제어 동력 조향장치에서 컨트롤 유닛(ECU)의 입력 요소는?

① 브레이크 스위치 ② 차속 센서
③ 흡기온도 센서   ④ 휠 스피드 센서

🔍 차속센서 신호가 동력 조향장치 컨트롤 유닛에 입력되면 차속에 따라 조향력을 적절하게 한다.

39 수동변속기 차량의 클러치판은 어떤 축의 스플라인에 조립되어 있는가?

① 추진축 ② 크랭크축
③ 액슬축 ④ 변속기 입력축

🔍 클러치판은 변속기 입력축 스플라인에 끼워져 변속기 쪽으로 동력을 전달한다.

40 공기 브레이크에서 공기압을 기계적 운동으로 바꾸어 주는 장치는?

① 릴레이 밸브   ② 브레이크 슈
③ 브레이크 밸브 ④ 브레이크 챔버

🔍 브레이크 페달에 의해 브레이크 밸브가 열리면 릴레이 밸브를 거쳐 브레이크 챔버로 공기의 압력이 전달되고 푸시로드를 통해 캠을 미는 기계적 운동으로 바뀌어 브레이크 슈를 작동시킨다.

41 자동차에서 일반적으로 교류 발전기를 구동하는 V벨트는 엔진의 어떤 축에 의해 구동되는가?

① 크랭크 축
② 캠축
③ 뒤차축
④ 변속기 출력축

🔍 교류 발전기의 V벨트는 크랭크축에 의해 구동된다.

42 축전기(Condenser)와 관련된 식 표현으로 틀린 것은? (Q = 전기량, E = 전압, C = 비례상수)

① $Q = CE$ ② $C = \dfrac{Q}{E}$
③ $E = \dfrac{Q}{C}$ ④ $C = QE$

🔍 축전기(Condenser) 정전용량
$Q = CE$, $C = \dfrac{Q}{E}$, $E = \dfrac{Q}{C}$ 이다.

43 기동전동기 무부하 시험을 하려고 한다. A와 B에 필요한 것은?

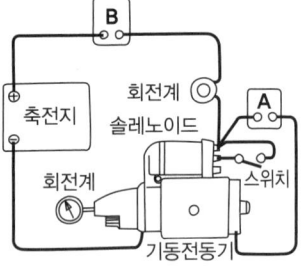

① A는 전류계, B는 전압계
② A는 전압계, B는 전류계
③ A는 전류계, B는 저항계
④ A는 저항계, B는 전압계

🔍 A는 병렬로 전압계를 설치하고, B는 직렬로 전류계를 설치한다.

44 연료 탱크의 연료량을 표시하는 연료계의 형식 중 계기식의 형식에 속하지 않는 것은?

① 밸런싱 코일식
② 연료면 표시기식
③ 서미스터식
④ 바이메탈 저항식

> 연료계의 형식 중 계기식은 서미스터식, 밸런싱 코일식, 바이메탈 저항식이 있으며 연료면 표시기식은 연료면이 투명 창을 통해 직접 보이는 형식을 말한다.

45 예열(Glow)플러그가 단선이 되는 원인이 아닌 것은?

① 예열시간이 길다.
② 과대전류가 흐른다.
③ 정격이 다른 예열플러그를 사용한다.
④ 축전기 용량이 규정보다 낮은 것을 사용한다.

> ①~③항이 예열 플러그가 단선되는 원인이고, 축전기(condenser) 용량과는 관계가 없다.

46 자동차의 교류 발전기에서 발생된 교류 전기를 직류로 정류하는 부품은 무엇인가?

① 전기자
② 조정기
③ 실리콘 다이오드
④ 릴레이

> AC 발전기의 실리콘 다이오드는 교류 전기를 직류로 정류하고, 역류를 방지한다.

47 순방향으로 전류를 흐르게 하였을 때 빛이 발생되는 다이오드는?

① 제너다이오드   ② 포토다이오드
③ 다이리스터   ④ 발광다이오드

> 발광 다이오드(LED)는 순방향으로 전류를 흐르게 하면 전류를 가시광선으로 변형시켜 빛을 발생하는 다이오드로, N형 반도체의 과잉 전자와 P형 반도체의 정공이 결합되어 있는 반도체 소자이다.

48 기동전동기를 기관에서 떼어내고 분해하여 결함 부분을 점검하는 그림이다. 옳은 것은?

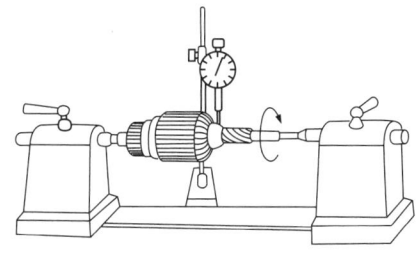

① 전기자 축의 휨 상태점검
② 전기자 축의 마멸 점검
③ 전기자 코일 단락 점검
④ 전기자 코일 단선 점검

> 다이얼 게이지를 사용하여 전기자 축의 휨 상태를 점검하는 방법이다.

49 콘덴서에 저장되는 정전용량을 설명한 것으로 틀린 것은?

① 가해지는 전압에 정비례한다.
② 금속판 사이의 거리에 반비례한다.
③ 상대하는 금속판의 면적에 반비례한다.
④ 금속판 사이의 절연체의 절연도에 정비례한다.

> 콘덴서의 정전용량
> • 가해지는 전압에 비례한다.
> • 금속판의 면적에 비례한다.
> • 금속판 사이의 절연도에 비례한다.
> • 금속판 사이의 거리에 반비례한다.

50 축전지에 대한 설명 중 틀린 것은?

① 전해액 온도가 올라가면 비중은 낮아진다.
② 전해액의 온도가 낮으면 황산의 확산이 활발해진다.
③ 온도가 높으면 자기방전량이 많아진다.
④ 극판수가 많으면 용량이 증가한다.

> 전해액의 온도가 낮으면 황산의 확산은 느려지게 되어 축전지의 용량이 작아진다.

51 카바이트 취급시 주의할 점으로 틀린 것은?

① 밀봉해서 보관한다.
② 건조한 곳보다 약간 습기가 있는 곳에 보관한다.
③ 인화성이 없는 곳에 보관한다.
④ 저장소에 전등을 설치할 경우 방폭 구조로 한다.

🔍 카바이트는 ①, ③, ④와 같은 방법으로 취급하고, 습기가 없는 건조한 곳에 보관한다.

52 지렛대를 사용할 때 유의사항으로 틀린 것은?

① 깨진 부분이나 마디 부분에 결함이 없어야 한다.
② 손잡이가 미끄러지지 않도록 조치를 취한다.
③ 화물의 치수나 중량에 적합한 것을 사용한다.
④ 파이프를 철제 대신 사용한다.

🔍 파이프를 지렛대로 사용하면 부러질 수 있으므로 철제를 사용해야 한다.

53 운반 작업시의 안전수칙으로 틀린 것은?

① 화물 적재시 될 수 있는 대로 중심고를 높게 한다.
② 길이가 긴 물건은 앞쪽을 높여서 운반한다.
③ 인력으로 운반시 어깨보다 높이 들지 않는다.
④ 무거운 짐을 운반할 때는 보조구들을 사용한다.

🔍 화물 적재는 가능한 한 중심이 낮은 곳에 위치하도록 한다.

54 작업장 내에서 안전을 위한 통행방법으로 옳지 않은 것은?

① 자재 위에 앉지 않도록 한다.
② 좌·우측의 통행 규칙을 지킨다.
③ 짐을 든 사람과 마주치면 길을 비켜준다.
④ 바쁜 경우 기계 사이의 지름길을 이용한다.

🔍 ①, ②, ③항은 작업장 내에서 안전을 위한 올바른 통행방법이며, 작업장 내에서는 반드시 보행자 통로를 이용한다.

55 중량물을 인력으로 운반하는 과정에서 발생할 수 있는 재해의 형태(유형)와 거리가 먼 것은?

① 허리 요통   ② 협착(압상)
③ 급성 중독   ④ 충돌

🔍 급성 중독은 작업장의 환기 불량에서 발생하는 재해이다.

56 수동변속기 작업과 관련된 사항 중 틀린 것은?

① 분해와 조립 순서에 준하여 작업한다.
② 세척이 필요한 부품은 반드시 세척한다.
③ 록크 너트는 재사용 가능하다.
④ 싱크로나이저 허브와 슬리브는 일체로 교환한다.

🔍 록크 너트는 재사용하지 않고 반드시 신품을 사용하도록 한다.

57 냉각장치 정비시 안전사항으로 옳지 않은 것은?

① 라디에이터 코어가 파손되지 않도록 주의한다.
② 워터 펌프 베어링은 솔벤트로 잘 세척한다.
③ 라디에이터 캡을 열 때에는 압력을 제거하며 서서히 연다.
④ 기관 회전 시 냉각팬에 손이 닿지 않도록 주의한다.

🔍 워터 펌프 베어링은 세척하지 않는다.

58 전자제어 가솔린 기관의 헤드볼트를 규정대로 조이지 않았을 때 발생하는 현상으로 거리가 먼 것은?

① 냉각수의 누출
② 스로틀 밸브의 고착
③ 실린더 헤드의 변형
④ 압축가스의 누설

🔍 헤드 볼트를 규정대로 조이지 않을 경우 ①, ③, ④항의 증상이 발생할 수 있다.
※ 스로틀 밸브의 고착과는 관련이 없다.

59 축전지 단자에 터미널 체결 시 올바른 것은?

① 터미널과 단자를 주기적으로 교환할 수 있도록 가 체결한다.
② 터미널과 단자 접속부 틈새에 흔들림이 없도록 (-)드라이버로 단자 끝에 망치를 이용하여 적당한 충격을 가한다.
③ 터미널과 단자 접속부 틈새에 녹슬지 않도록 냉각수를 소량 도포한 후 나사를 잘 조인다.
④ 터미널과 단자 접속부 틈새에 이물질이 없도록 청소 후 나사를 잘 조인다.

🔍 축전지 단자에 터미널 체결 시에는 터미널과 단자 접속부 틈새에 이물질이 없도록 청소 후, 나사를 단단히 조인다.

60 전동기나 조정기를 청소한 후 점검하여야 할 사항으로 옳지 않은 것은?

① 연결의 견고성 여부
② 과열 여부
③ 아크 발생 여부
④ 단자부 주유 상태 여부

🔍 전동기나 조정기를 청소한 후 ①~③항을 점검하며 단자부에는 주유하지 않는다.

정답 2021년 3회 복원문제

01 ①	02 ③	03 ②	04 ④	05 ③
06 ②	07 ④	08 ③	09 ④	10 ②
11 ④	12 ②	13 ④	14 ③	15 ③
16 ②	17 ③	18 ②	19 ①	20 ②
21 ④	22 ③	23 ③	24 ②	25 ④
26 ④	27 ②	28 ③	29 ①	30 ①
31 ①	32 ④	33 ②	34 ①	35 ②
36 ④	37 ③	38 ②	39 ④	40 ④
41 ①	42 ④	43 ②	44 ②	45 ④
46 ③	47 ④	48 ①	49 ③	50 ②
51 ②	52 ④	53 ①	54 ②	55 ③
56 ③	57 ②	58 ②	59 ④	60 ④

2022년 1회 CBT 복원문제

01 스로틀 밸브의 열림 정도를 감지하는 센서는?

① APS ② CKPS
③ CMPS ④ TPS

> TPS(스로틀 포지션 센서)는 가변 저항식으로 스로틀 밸브를 밟으면 스로틀 밸브 축에 위치한 스로틀 위치센서(T.P.S)를 통해 밸브의 열림 정도가 감지되며, 열린 정도에 따라 공기량이 조절된다.

02 4행정 6기통 기관에서 폭발순서가 1-5-3-6-2-4인 엔진의 2번 실린더가 흡기행정 중간이라면 5번 실린더는?

① 폭발행정 중 ② 배기행정 초
③ 흡기행정 중 ④ 압축행정 말

> 1번과 6번, 2번과 5번, 3번과 4번 크랭크 핀은 같이 움직이므로, 2번이 내려가는 흡기행정 중간이라면 5번은 당연히 같이 내려가는 폭발행정 중간을 하고 있다.

03 전자제어 분사장치의 제어계통에서 엔진 ECU로 입력하는 센서가 아닌 것은?

① 공기유량 센서 ② 대기압 센서
③ 휠스피드 센서 ④ 흡기온 센서

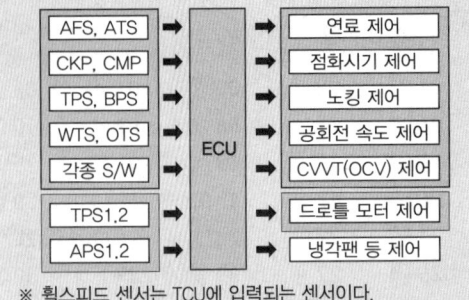

> 전자제어 기관의 입·출력 요소
> ※ 휠스피드 센서는 TCU에 입력되는 센서이다.

04 센서 및 액추에이터 점검·정비 시 적절한 점검 조건이 잘못 짝지어진 것은?

① AFS - 시동상태

② 컨트롤 릴레이 - 점화스위치 ON 상태
③ 점화코일 - 주행 중 감속 상태
④ 크랭크각 센서 - 크랭킹 상태

> 점화코일은 고전압이 발생하는 크랭킹 상태이다.

05 소형 승용차 기관의 실린더 헤드를 알루미늄 합금으로 제작하는 이유는?

① 가볍고 열전달이 좋기 때문에
② 부식성이 좋기 때문에
③ 주철에 비해 열팽창 계수가 작기 때문에
④ 연소실 온도를 높여 체적효율을 낮출 수 있기 때문에

> 경합금제 실린더 헤드의 특징
> • 가볍고 열전달이 좋다.
> • 연소실 온도를 낮추어 열점을 방지할 수 있다.
> • 주철에 비해 열팽창 계수가 크다.
> • 내구성, 내식성이 작다.

06 가솔린 기관에서 완전연소 시 배출되는 연소가스 중 체적 비율로 가장 많은 가스는?

① 산소 ② 이산화탄소
③ 탄화수소 ④ 질소

> 공기 중 질소가 70%이므로, 배출되는 연소가스 중 질소의 체적비율이 가장 많다.

07 전자제어 가솔린 차량에서 급감속 시 CO의 배출량을 감소시키고 시동 꺼짐을 방지하는 기능은?

① 퓨얼 커트(Fuel cut)
② 대시 포트(Dash pot)
③ 패스트 아이들(Fast idle) 제어
④ 킥 다운(Kick down)

> 대시포트는 급감속 시 스로틀 밸브를 천천히 닫아 CO의 배출량을 감소시키고, 시동 꺼짐을 방지하는 기능을 한다.

08 밸브 오버랩에 대한 설명으로 옳은 것은?

① 밸브 스프링을 이중으로 사용하는 것
② 밸브 시트와 면의 접촉 면적
③ 흡·배기 밸브가 동시에 열려 있는 상태
④ 로커 암에 의해 밸브가 열리기 시작할 때

🔍 밸브 오버랩이란 흡·배기밸브가 상사점 부근에서 동시에 열려 있는 기간을 말한다.

09 배기가스가 삼원 촉매 컨버터를 통과할 때 산화·환원 되는 물질로 옳은 것은?

① N_2, CO
② N_2, H_2
③ N_2, O_2
④ N_2, CO_2, H_2O

🔍 삼원 촉매장치는 배기가스 중의 일산화탄소(CO), 탄화수소(HC), 질소산화물(NOx)을 N_2, CO_2, H_2O로 산화·환원시켜 유해 배출가스를 저감한다.

10 LPG 기관에서 액체를 기체로 변화시키는 것을 주 목적으로 설치된 것은?

① 솔레노이드 스위치
② 베이퍼라이저
③ 봄베
④ 기상 솔레노이드 밸브

🔍 베이퍼라이저(vaporizer)는 액체를 기체로 변화시켜 주는 장치로 감압, 기화 및 압력조절 작용을 한다.

11 사용 중인 라디에이터에 물을 넣으니 총 14 L가 들어 갔다. 이 라디에이터와 동일 제품의 신품 용량은 20 L 라고 하면, 이 라디에이터 코어 막힘은 몇 % 인가?

① 20 %
② 25 %
③ 30 %
④ 35 %

🔍 코어 막힘율 = $\frac{신품용량 - 구품용량}{신품용량} \times 100(\%)$

∴ 코어 막힘율 = $\frac{20 - 14}{20} \times 100 = 30(\%)$

12 전자제어 점화장치의 파워TR에서 ECU에 의해 제어 되는 단자는?

① 베이스 단자
② 콜렉터 단자
③ 이미터 단자
④ 접지 단자

🔍 ECU에서 파워TR 베이스를 ON시키면 점화코일 1차 전류가 컬렉터에서 이미터로 흘러 점화코일이 자화되며, 파워TR 베이스를 OFF시키면 점화코일에서 발생된 고전압이 점화 플러그에 가해진다.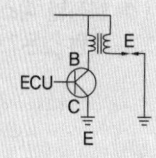

13 기관이 지나치게 냉각되었을 때 기관에 미치는 영향으로 옳은 것은?

① 출력저하로 연료소비율 증대
② 연료 및 공기흡입 과잉
③ 점화불량과 압축과대
④ 엔진오일의 열화

🔍 기관이 과냉되면 연소실의 온도가 정상 작동온도로 올라가 지 않아 출력이 저하하고 연료소비가 증가한다.

14 차량총중량이 3.5톤 이상인 화물자동차에 설치되는 후부 안전판의 너비로 옳은 것은?

① 자동차 너비의 60% 이상
② 자동차 너비의 80% 미만
③ 자동차 너비의 100% 미만
④ 자동차 너비의 120% 이상

🔍 안전기준에 관한 규칙 제19조(차대 및 차체) 후부안전판의 너비는 자동차 너비의 100% 미만일 것

15 디젤기관의 분사노즐에 관한 설명으로 옳은 것은?

① 분사개시 압력이 낮으면 연소실 내에 카아본 퇴적이 생기기 쉽다.
② 직접 분사실식의 분사개시 압력은 일반적으로 $100 \sim 200$ kgf/cm²이다.
③ 연료 공급펌프의 송유압력이 저하하면 연료 분사압력이 저하한다.
④ 분사개시 압력이 높으면 노즐의 후적이 생기기 쉽다.

🔍 분사개시 압력이 낮으면 연소실 내에 카아본 퇴적이 생기기 쉬우며, 직접 분사실식의 분사압력은 일반적으로 $200 \sim 300$ kgf/cm²이다.

16 행정별 피스톤 압축 링의 호흡작용에 대한 내용으로 틀린 것은?

① 흡입 : 피스톤의 홈과 링의 윗면이 접촉하여 홈에 있는 소량의 오일의 침입을 막는다.
② 압축 : 피스톤이 상승하면 링은 아래로 밀리게 되어 위로부터의 혼합기가 아래로 누설되지 않게 한다.
③ 동력 : 피스톤의 홈과 링의 윗면이 접촉하여 링의 윗면으로부터 가스가 누설되는 것을 방지한다.
④ 배기 : 피스톤이 상승하면 링은 아래로 밀리게 되어 위로부터의 연소가스가 아래로 누설되지 않게 한다.

🔍 동력행정의 경우 폭발압력에 의해 피스톤 링이 아랫면과 접촉한다.

17 스텝 모터 방식의 공전속도 제어장치에서 스텝 수가 규정에 맞지 않은 원인으로 틀린 것은?

① 공전속도 조정 불량
② 메인 듀티 S/V 고착
③ 스로틀 밸브 오염
④ 흡기다기관의 진공누설

🔍 공전속도 조절은 공기량을 제어하여 조절하며, 메인 듀티 S/V는 LPG 엔진의 연료량을 조절하는 밸브이다.

18 기관의 총배기량을 구하는 식은?

① 총배기량 = 피스톤 단면적 × 행정
② 총배기량 = 피스톤 단면적 × 행정 × 실린더 수
③ 총배기량 = 피스톤 길이 × 행정
④ 총배기량 = 피스톤 길이 × 행정 × 실린더 수

🔍 총 배기량(V) = $\frac{\pi}{4} \cdot D^2 \cdot L \cdot Z$
여기서, D : 내경(cm), L : 행정(cm), Z : 실린더 수

19 가솔린 옥탄가를 측정하기 위한 가변압축비 기관은?

① 카르노 기관
② CFR 기관
③ 린번 기관
④ 오토사이클 기관

🔍 가솔린 옥탄가를 측정하기 위한 가변압축비 기관을 CFR (Cooperative Fuel Research) 기관이라 한다.

20 4행정 가솔린기관에서 각 실린더에 설치된 밸브가 3-밸브(3-valve)인 경우 옳은 것은?

① 2개의 흡기밸브와 흡기보다 직경이 큰 1개의 배기밸브
② 2개의 흡기밸브와 흡기보다 직경이 작은 1개의 배기밸브
③ 2개의 배기밸브와 배기보다 직경이 큰 1개의 흡기밸브
④ 2개의 배기밸브와 배기와 직경이 같은 1개의 배기밸브

🔍 3-밸브(3-valve)는 흡입효율을 높이기 위하여 흡기밸브 2개와 흡기보다 직경이 큰 배기밸브 1개를 설치한다.

21 연소실 압축압력이 규정 압축압력보다 높을 때 원인으로 옳은 것은?

① 연소실내 카본 다량 부착
② 연소실내에 돌출부 없어짐
③ 압축비가 작아짐
④ 옥탄가가 지나치게 높음

🔍 연소실내 카본이 다량 부착되면 연소실 체적이 작아져 압축비, 압축압력이 높아진다.

22 4행정 디젤기관에서 실린더 내경 100mm, 행정 127mm, 회전수 1,200rpm, 도시평균 유효압력 7kgf/cm², 실린더 수가 6이라면 도시마력(PS)은?

① 약 49 ② 약 56
③ 약 80 ④ 약 112

🔍 지시마력 = $\frac{PALZN}{75 \times 60} = \frac{PVZN}{75 \times 60 \times 100}$
여기서, • P : 지시평균 유효압력(kgf/cm²)
• A : 실린더 단면적(cm²)
• L : 행정(m)
• V : 배기량(cm³)
• Z : 실린더 수
• N : 엔진 회전수(rpm)
  (2행정기관 : N, 4행정기관 : N/2)
∴ 지시마력 = $\frac{7 \times 0.785 \times 10^2 \times 0.127 \times 6 \times 1,200}{75 \times 60 \times 2}$
= 55.8PS

23 4행정 기관의 밸브 개폐시기가 다음과 같다. 흡기행정 기관과 밸브오버랩은 각각 몇 도인가? (단, 흡기밸브 열림 : 상사점 전 18° 흡기밸브 닫힘 : 하사점 후 48° 배기밸브 열림 : 하사점 전 48° 배기밸브 닫힘 : 상사점 후 13°)

① 흡기행정기간 : 246°, 밸브오버랩 : 18°
② 흡기행정기간 : 241°, 밸브오버랩 : 18°
③ 흡기행정기간 : 180°, 밸브오버랩 : 31°
④ 흡기행정기간 : 246°, 밸브오버랩 : 31°

> - 밸브 개폐시기 기간 흡기행정 기간 = 흡기밸브 열림각도 + 흡기밸브 닫힘각도 + 180° = 18° + 48° + 180° = 246°
> - 밸브오버랩 = 흡기밸브 열림각도+배기밸브 닫힘각도 = 18° + 13° = 31°

24 조향장치에서 조향기어비가 직진영역에서 크게 되고 조향각이 큰 영역에서 작게 되는 형식은?

① 웜 섹터형
② 웜 롤러형
③ 가변 기어비형
④ 볼 너트형

> 조향기어비가 직진영역에서 크게 되고 조향각이 큰 영역에서 작게 되는 형식을 가변 기어비형 조향장치라 한다.

25 브레이크 계통을 정비한 후 공기빼기 작업을 하지 않아도 되는 경우는?

① 브레이크 파이프나 호스를 떼어 낸 경우
② 브레이크 마스터 실린더에 오일을 보충한 경우
③ 베이퍼 록 현상이 생긴 경우
④ 휠 실린더를 분해 수리한 경우

> 브레이크 계통을 분해·수리한 경우에 공기빼기 작업을 하므로 오일 보충의 경우에는 하지 않는다.

26 수동변속기 차량에서 클러치의 필요조건으로 틀린 것은?

① 회전관성이 커야 한다.
② 내열성이 좋아야 한다.
③ 방열이 잘되어 과열되지 않아야 한다.
④ 회전부분의 평형이 좋아야 한다.

> 클러치 구비조건
> - 동력전달이 확실하고 신속할 것
> - 방열이 잘 되어 과열되지 않을 것
> - 회전부분의 평형이 좋을 것
> - 내열성이 좋을 것
> - 회전관성이 작을 것

27 브레이크 장치의 유압회로에서 발생하는 베이퍼 록의 원인이 아닌 것은?

① 긴 내리막길에서 과도한 브레이크 사용
② 비점이 높은 브레이크액을 사용했을 때
③ 드럼과 라이닝의 끌림에 의한 과열
④ 브레이크슈 리턴스프링의 쇠손에 의한 잔압 저하

> 베이퍼록의 원인
> - 긴 내리막길에서 빈번한 브레이크의 사용
> - 드럼과 라이닝의 끌림에 의한 과열
> - 브레이크 슈 리턴 스프링의 쇠손에 의한 잔압 저하
> - 브레이크 슈 라이닝 간극이 너무 적을 때
> - 오일이 변질되어 비등점이 낮아졌을 때
> - 불량 오일을 사용하거나 다른 오일을 혼용하였을 때

28 마스터실린더의 내경이 2cm, 푸시로드에 100kgf의 힘이 작용하면 브레이크 파이프에 작용하는 유압은?

① 약 25kgf/cm²
② 약 32kgf/cm²
③ 약 50kgf/cm²
④ 약 200kgf/cm²

> 압력(kgf/cm²) = $\dfrac{하중}{단면적}$
> ∴ $\dfrac{W}{\frac{\pi}{4}D^2} = \dfrac{100}{0.785 \times 2^2} = 31.847 \text{kgf/cm}^2$

29 타이어의 표시 235 55R 19 에서 55는 무엇을 나타내는가?

① 편평비
② 림 경
③ 부하 능력
④ 타이어의 폭

> 타이어 호칭 기호 235 : 폭(너비), 55 : 편평비(%), R : 레이디얼 타이어, 19 : 림 직경(인치)

30 유압식 동력조향장치에서 주행 중 핸들이 한쪽으로 쏠리는 원인으로 틀린 것은?

① 토인 조정불량
② 타이어 편 마모
③ 좌우 타이어의 이종사양
④ 파워 오일펌프 불량

🔍 ①~③항은 핸들이 한쪽으로 쏠리는 원인이며, 파워 오일펌프가 불량하면 핸들이 무거워진다.

31 브레이크슈의 리턴스프링에 관한 설명으로 거리가 먼 것은?

① 리턴스프링이 약하면 휠 실린더 내의 잔압이 높아진다.
② 리턴스프링이 약하면 드럼을 과열시키는 원인이 될 수도 있다.
③ 리턴스프링이 강하면 드럼과 라이닝의 접촉이 신속히 해제된다.
④ 리턴스프링이 약하면 브레이크슈의 마멸이 촉진될 수 있다.

🔍 브레이크슈의 리턴스프링이 약하면 휠 실린더 내의 잔압이 낮아진다.

32 자동변속기의 토크컨버터에서 작동유체의 방향을 변환시키며 토크 증대를 위한 것은?

① 스테이터
② 터빈
③ 오일펌프
④ 유성기어

🔍 토크 컨버터에서 스테이터(stator)는 작동 유체의 방향을 변환시켜 토크를 증대시키는 역할을 한다.

33 자동변속기 차량에서 토크컨버터 내부의 오일 압력이 부족한 이유 중 틀린 것은?

① 오일펌프 누유
② 오일쿨러 막힘
③ 입력축의 씰링 손상
④ 킥다운 서보스위치 불량

🔍 ①, ②, ③항은 오일 압력이 부족한 원인이 된다. 킥다운 서보 스위치가 불량하면 변속시 충격이 발생한다.

34 주행 중 브레이크 드럼과 슈가 접촉하는 원인에 해당하는 것은?

① 마스터 실린더의 리턴 포트가 열려 있다.
② 슈의 리턴 스프링이 소손되어 있다.
③ 브레이크액의 양이 부족하다.
④ 드럼과 라이닝의 간극이 과대하다.

🔍 슈 리턴 스프링이 소손되어 있으면 슈가 라이닝에 닿아서 끌리게 된다.

35 동력전달장치에서 추진축이 진동하는 원인으로 가장 거리가 먼 것은?

① 요크 방향이 다르다.
② 밸런스 웨이트가 떨어졌다.
③ 중간 베어링이 마모되었다.
④ 플랜지부를 너무 조였다.

🔍 추진축이 진동하는 원인
• 추진축의 질량 평형이 맞지 않는다.(밸런스 웨이트가 떨어졌다.)
• 요크 방향이 다르다.
• 십자축 베어링과 센터 베어링이 마모되었다.

36 자동변속기의 제어시스템을 입력과 제어, 출력으로 나누었을 때 출력신호는?

① 차속센서
② 유온센서
③ 펄스 제너레이터
④ 변속제어 솔레노이드

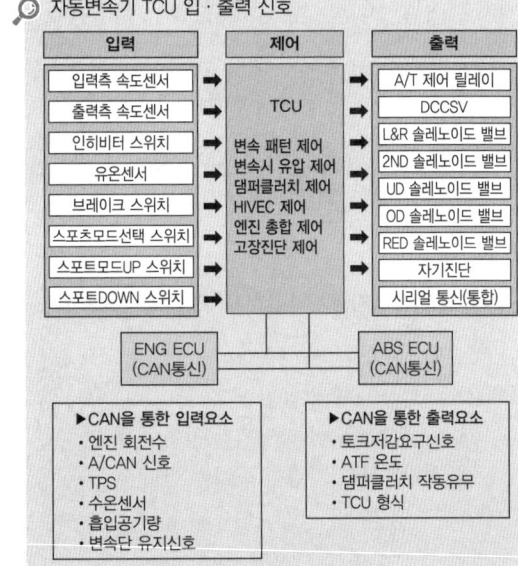

자동변속기 TCU 입·출력 신호

37 유압식 동력조향장치의 주요 구성부 중에서 최고 유압을 규제하는 릴리프 밸브가 있는 곳은?

① 동력부
② 제어부
③ 안전 점검부
④ 작동부

> 동력 조향장치의 구성장치
> • 동력부 : 오일 펌프 – 유압을 발생
> • 작동부 : 동력 실린더 – 보조력을 발생
> • 제어부 : 제어 밸브 – 오일 통로를 변경
> ※ 릴리프 밸브는 유압을 발생하는 동력부(오일펌프)에 설치되어 있다.

38 수동변속기 내부 구조에서 싱크로메시(synchro-mesh) 기구의 작용은?

① 배력 작용
② 가속 작용
③ 동기치합 작
④ 감속 작용

> 싱크로메시 기구는 기어 변속시 싱크로메시 기구를 이용하여 동기시켜 물리게 하는 동기치합 작용을 한다.

39 전자제어 제동장치(ABS)에서 ECU로부터 신호를 받아 각 휠 실린더의 유압을 조절하는 구성품은?

① 유압 모듈레이터
② 휠 스피드 센서
③ 프로포셔닝 밸브
④ 앤티 롤 장치

> 유압 모듈레이터는 전자제어 제동장치에서 ECU로부터 신호를 받아 각 휠 실린더의 유압을 조절한다.

40 기관의 회전수가 2,400 rpm이고, 총 감속비가 8:1, 타이어 유효반경이 25 cm일 때 자동차의 시속은?

① 약 14 km/h
② 약 18 km/h
③ 약 21 km/h
④ 약 28 km/h

> 시속 $= \dfrac{\pi DN}{R_t \times R_f} \times \dfrac{60}{1,000}$
> (D : 타이어 직경(m), N : 엔진회전수(rpm), R_t : 변속비, R_f : 종감속비)
> ∴ 시속 $= \dfrac{3.14 \times 0.5 \times 2,400}{8} \times \dfrac{60}{1,000} = 28.26$ km/h

41 발광다이오드의 특징을 설명한 것이 아닌 것은?

① 배전기의 크랭크 각 센서 등에서 사용된다.
② 발광할 때는 10 mA 정도의 전류가 필요하다.
③ 가시광선으로부터 적외선까지 다양한 빛이 발생한다.
④ 역방향으로 전류를 흐르게 하면 빛이 발생된다.

> 발광다이오드의 특징
> • 순방향으로 전류가 흐르면 빛이 발생한다.
> • 가시광선으로부터 적외선까지 다양한 빛이 발생한다.
> • 발광할 때는 10 mA 정도의 전류가 필요하다.
> • 파일럿 램프, 배전기의 크랭크 각 센서 등에서 사용된다.

42 엔진오일 압력이 일정 이하로 떨어졌을 때 점등되는 경고등은?

① 연료 잔량 경고등
② 주차 브레이크등
③ 엔진오일 경고등
④ ABS 경고등

> 오일 압력이 일정 이하로 떨어지면 엔진오일 경고등이 점등된다.

43 R-12의 염소(Cl)로 인한 오존층 파괴를 줄이고자 사용하고 있는 자동차용 대체 냉매는?

① R-134a
② R-22a
③ R-16a
④ R-12a

> 프레온 가스라 불리는 R-12 냉매는 오존층을 파괴하고 온실효과를 유발하므로 대체가스로 신냉매인 R-134a를 사용한다.

44 ECU로 입력되는 스위치 신호라인에서 OFF 상태의 전압이 5V로 측정되었을 때 설명으로 옳은 것은?

① 스위치의 신호는 아날로그 신호이다.
② ECU 내부의 인터페이스는 소스(source) 방식이다.
③ ECU 내부의 인터페이스는 싱크(sink) 방식이다.
④ 스위치를 닫았을 때 2.5V 이하면 정상적으로 신호처리를 한다.

> 싱크(sink)전류와 소스(source)전류

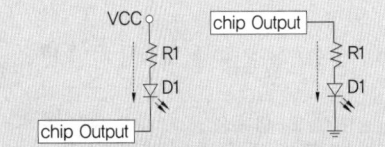

- 싱크전류 : 모듈에서 보았을 때 전류가 입력되는 방식으로, 칩의 출력과 (+)전원 사이에 소자를 연결하여 칩이 출력이 Low(0V)일 때 동작한다.
- 소스전류 : 모듈에서 보았을 때 전류를 내보내는 방식으로, 칩의 출력과 0V 사이에 소자를 연결하여 출력이 High일 때 동작한다.

45 에어컨 냉매 R-134a의 특징을 잘못 설명한 것은?

① 액화 및 증발이 되지 않아 오존층이 보호된다.
② 무미, 무취하다.
③ 화학적으로 안정되고 내열성이 좋다.
④ 온난화지수가 냉매 R-12보다 낮다.

> 에어컨 냉매는 압축, 응축, 팽창, 증발의 과정으로 열교환을 하는 에어컨 가스이다.

46 점화코일의 1차 저항을 측정할 때 사용하는 측정기로 옳은 것은?

① 진공 시험기
② 압축압력 시험기
③ 회로 시험기
④ 축전지 용량 시험기

> 점화코일의 1차 저항은 회로 시험기로 측정한다.

47 축전기(condenser)에 저장되는 정전용량을 설명한 것으로 틀린 것은?

① 가해지는 전압에 정비례한다.
② 금속판 사이의 거리에 정비례한다.
③ 상대하는 금속판의 면적에 정비례한다.
④ 금속판 사이 절연체의 절연도에 정비례한다.

> 콘덴서의 정전용량
> - 가해지는 전압에 비례한다.
> - 금속판의 면적에 비례한다.
> - 절연체의 절연도에 비례한다.
> - 금속판 사이의 거리에 반비례한다.

48 전자제어 배전 점화 방식(DLI : Distributor Less Ignition)에 사용되는 구성품이 아닌 것은?

① 파워 트랜지스터
② 원심 진각장치
③ 점화코일
④ 크랭크각 센서

> DLI 점화장치는 컴퓨터가 각 센서의 입력신호를 연산하여 진각하므로 원심 진각장치가 없다.

49 자동차용 축전지의 비중이 30℃에서 1.276이었다. 기준 온도 20℃에서의 비중은?

① 1.269   ② 1.275
③ 1.283   ④ 1.290

> $S_{20} = S_t + 0.0007(t-20)$
> 여기서, S_t : 측정온도에서의 비중
>   t : 측정시 온도
> ∴ $S_{20} = 1.276 + 0.0007(30 - 20) = 1.283$

50 축전지의 극판이 영구 황산납으로 변하는 원인으로 틀린 것은?

① 전해액이 모두 증발되었다.
② 방전된 상태로 장기간 방치하였다.
③ 극판이 전해액에 담겨있다.
④ 전해액의 비중이 너무 높은 상태로 관리하였다.

> 축전지의 극판은 항상 전해액에 담겨 있어야 한다.

51 화재 발생 시 소화 작업 방법으로 틀린 것은?

① 산소의 공급을 차단한다.
② 유류 화재 시 표면에 물을 붓는다.
③ 가연물질의 공급을 차단한다.
④ 점화원을 발화점 이하의 온도로 낮춘다.

🔍 소화작업의 기본요소
  • 가연 물질을 제거한다.
  • 산소를 차단한다.
  • 점화원을 냉각시킨다.

52 일반 가연성 물질의 화재로서 물이나 소화기를 이용하여 소화하는 화재의 종류는?

① A급 화재   ② B급 화재
③ C급 화재   ④ D급 화재

🔍 화재의 분류

구분	종류	표시	소화기	비고	방법
일반	A급	백색	포말	목재, 종이	냉각소화
유류	B급	황색	분말	유류, 가스	질식소화
전기	C급	청색	CO_2	전기기구	질식소화
금속	D급	-	모래	가연성 금속	피복에 의한 질식

53 임팩트 렌치의 사용 시 안전 수칙으로 거리가 먼 것은?

① 렌치 사용시 헐거운 옷은 착용하지 않는다.
② 위험 요소를 항상 점검한다.
③ 에어 호스를 몸에 감고 작업을 한다.
④ 가급적 회전 부에 떨어져서 작업을 한다.

🔍 임팩트 렌치 사용시 에어 호스는 가능한 한 짧게 하고, 몸에 감고 작업해서는 안된다.

54 공기압축기에서 공기필터의 교환 작업 시 주의사항으로 틀린 것은?

① 공기압축기를 정지시킨 후 작업한다.
② 고정된 볼트를 풀고 뚜껑을 열어 먼지를 제거한다.
③ 필터는 깨끗이 닦거나 압축공기로 이물을 제거한다.
④ 필터에 약간의 기름칠을 하여 조립한다.

🔍 필터에 기름칠을 하여서는 안된다.

55 해머작업 시 안전수칙으로 틀린 것은?

① 해머는 처음과 마지막 작업 시 타격력을 크게 할 것
② 해머로 녹슨 것을 때릴 때에는 반드시 보안경을 쓸 것
③ 해머의 사용 면이 깨진 것은 사용하지 말 것
④ 해머 작업 시 타격 가공하려는 곳에 눈을 고정시킬 것

🔍 해머 작업시 주의사항
  • 장갑을 끼지 말 것
  • 처음에는 서서히 칠 것
  • 해머 작업할 때에는 반드시 보안경을 쓸 것
  • 해머 작업시 타격 가공하려는 곳에 눈을 고정시킬 것
  • 해머의 사용 면이 깨진 것은 사용하지 말 것

56 계기 및 보안장치의 정비 시 안전사항으로 틀린 것은?

① 엔진이 정지 상태이면 계기판은 점화스위치 ON 상태에서 분리한다.
② 충격이나 이물질이 들어가지 않도록 주의한다.
③ 회로 내에 규정치보다 높은 전류가 흐르지 않도록 한다.
④ 센서의 단품 점검 시 배터리 전원을 직접 연결하지 않는다.

🔍 계기판 탈거 시 점화스위치 OFF 상태에서 분리한다.

57 ECS(전자제어 현가장치) 정비 작업시 안전작업 방법으로 틀린 것은?

① 차고조정은 공회전 상태로 평탄하고 수평인 곳에서 한다.
② 배터리 접지단자를 분리하고 작업한다.
③ 부품의 교환은 시동이 켜진 상태에서 작업한다.
④ 공기는 드라이어에서 나온 공기를 사용한다.

🔍 부품의 교환은 시동을 정지시킨 상태에서 작업한다.

58 가솔린기관의 진공도 측정 시 안전에 관한 내용으로 적합하지 않은 것은?

① 기관의 벨트에 손이나 옷자락이 닿지 않도록 주의한다.
② 작업 시 주차브레이크를 걸고 고임목을 괴어둔다.
③ 리프트를 눈높이까지 올린 후 점검한다.
④ 화재 위험이 있을 수 있으니 소화기를 준비한다.

🔍 진공도 측정은 기관 가동상태이므로 평지에서 한다.

59 실린더의 마멸량 및 내경 측정에 사용되는 기구와 관계 없는 것은?

① 버어니어 캘리퍼스
② 실린더 게이지
③ 외측 마이크로 미터와 텔레스코핑 게이지
④ 내측 마이크로미터

🔍 실린더의 마멸량 및 내경 측정은 정밀하여야 하며, 버니어 캘리퍼스로 마멸량 측정은 할 수 없다.

60 브레이크의 파이프 내에 공기가 유입되었을 때 나타나는 현상으로 옳은 것은?

① 브레이크액이 냉각된다.
② 마스터 실린더에서 브레이크액이 누설된다.
③ 브레이크 페달의 유격이 커진다.
④ 브레이크가 지나치게 급히 작동한다.

🔍 브레이크의 파이프 내에 공기가 유입되면 공기가 압축되어 브레이크 페달의 유격이 커지게 된다.

정답 2022년 1회 복원문제

01 ④	02 ①	03 ③	04 ③	05 ①
06 ④	07 ②	08 ③	09 ④	10 ②
11 ③	12 ①	13 ①	14 ③	15 ①
16 ③	17 ②	18 ②	19 ②	20 ①
21 ①	22 ②	23 ④	24 ③	25 ②
26 ①	27 ②	28 ②	29 ①	30 ④
31 ①	32 ①	33 ④	34 ②	35 ④
36 ④	37 ①	38 ③	39 ①	40 ④
41 ④	42 ③	43 ①	44 ③	45 ①
46 ③	47 ②	48 ②	49 ③	50 ③
51 ②	52 ①	53 ③	54 ④	55 ①
56 ①	57 ③	58 ③	59 ①	60 ③

2022년 2회 CBT 복원문제

01 흡기계통의 핫 와이어(Hot wire) 공기량 계측방식은?

① 간접 계량방식 ② 공기질량 검출방식
③ 공기체적 검출방식 ④ 흡입부압 감지방식

🔍 흡입공기량 계측방식
- 직접 계측방식(mass flow type)
  - 체적 검출방식 : 베인식, 칼만 와류식
  - 질량 검출방식 : 열선(Hot wire)식, 열막(Hot film)식
- 간접 계측방식(speed density type) : 흡기다기관 절대압력(MAP센서) 방식

02 캠축의 구동방식이 아닌 것은?

① 기어형 ② 체인형
③ 포핏형 ④ 벨트형

🔍 캠축의 구동은 기어를 이용하여 구동하거나 체인이나 벨트를 이용하여 구동한다.

03 가솔린 차량의 배출가스 중 NOx의 배출을 감소시키기 위한 방법으로 적당한 것은?

① 캐니스터 설치
② EGR장치 채택
③ DPF시스템 채택
④ 간접연료 분사 방식 채택

🔍 배기가스 재순환(Exhaust Gas Recirculation) 장치란 EGR 밸브를 이용하여 배기가스의 일부를 흡기계인 연소실로 재순환시켜 연소실의 최고온도를 낮추어 질소산화물(NOx)의 발생을 감소시키는 방법이다.

04 다음 중 전자제어 엔진에서 연료분사 피드백(Feed Back) 제어에 가장 필요한 센서는?

① 스로틀 포지션 센서
② 대기압 센서
③ 차속 센서
④ 산소(O_2) 센서

🔍 산소(O_2)센서는 배기관에 장착되어 있으며 배기가스 속에 포함되어 있는 산소량을 감지하여 산소 농도차에 따라 전압이 발생되면 이를 피드백하여 이론 공연비로 제어하기 위한 센서이다.

05 자기진단 출력이 10진법 2개 코드 방식에서 코드번호가 55일 때 해당하는 신호는?

①
②
③
④

🔍 굵은 것은 10, 가느다란 것은 1을 의미한다.

06 표준 대기압의 표기로 옳은 것은?

① 735mmHg ② 0.85kgf/cm²
③ 101.3kPa ④ 10bar

🔍 표준 대기압(표준 기압, 1 atm)
1 atm = 760mmHg = 1.033kgf/cm² = 1,013mbar
    = 1.013bar = 101.3kPa
(∵ 1bar = 10⁵Pa = 100kPa)

07 활성탄 캐니스터(charcoal canister)는 무엇을 제어하기 위해 설치하는가?

① CO_2 증발가스 ② HC 증발가스
③ NOx 증발가스 ④ CO 증발가스

🔍 캐니스터(canister)는 연료 증발가스인 탄화수소(HC)를 포집하기 위한 장치이다.

08 기계식 연료 분사장치에 비해 전자식 연료 분사장치의 특징 중 거리가 먼 것은?

① 관성 질량이 커서 응답성이 향상된다.
② 연료 소비율이 감소한다.
③ 배기가스 유해물질 배출이 감소된다.
④ 구조가 복잡하고, 값이 비싸다.

> 전자제어 가솔린 연료분사 방식의 특징
> • 기관의 응답성 및 주행성 향상
> • 기관 출력의 향상
> • CO, HC 등 유해 배출가스의 감소
> • 월 웨팅(wall wetting)에 따른 저온 시동성 향상
> • 연료 소비율이 감소한다.(향상된다.)
> • 벤투리가 없어 공기 흐름저항이 적다.
> • 구조가 복잡하다.

09 기관의 밸브장치에서 기계식 밸브 리프트에 비해 유압식 밸브 리프트의 장점으로 맞는 것은?

① 구조가 간단하다.
② 오일펌프와 상관없다.
③ 밸브간극 조정이 필요없다.
④ 워밍업 전에만 밸브간극 조정이 필요하다.

> 유압식 밸브 리프트는 유압에 의해 밸브 간극을 항상 "0"으로 하여 밸브간극 조정이 필요 없다.

10 차량총중량이 3.5톤 이상인 화물자동차 등의 후부안전판 설치기준에 대한 설명으로 틀린 것은?

① 너비는 자동차 너비의 100% 미만일 것
② 가장 아랫부분과 지상과의 간격은 550mm 이내일 것
③ 차량 수직방향의 단면 최소 높이는 100mm 이하일 것
④ 모서리부의 곡률반경은 2.5mm 이상일 것

> 안전기준에 관한 규칙 제19조(차대 및 차체)
> • 너비는 자동차 너비의 100% 미만일 것
> • 가장 아랫부분과 지상과의 간격은 550mm 이내일 것
> • 차량 수직방향의 단면 최소 높이는 100mm 이상일 것
> • 모서리부의 곡률반경은 2.5mm 이상일 것

11 엔진 실린더 내부에서 실제로 발생한 마력으로 혼합기가 연소 시 발생하는 폭발압력을 측정한 마력은?

① 지시마력   ② 경제마력
③ 정미마력   ④ 정격마력

> 지시마력이란 엔진 실린더 내부에서 실제로 발생한 마력으로 혼합기가 연소 시 발생하는 폭발압력을 측정한 마력이다.

12 LPG 자동차의 장점 중 맞지 않는 것은?

① 연료비가 경제적이다.
② 가솔린 차량에 비해 출력이 높다.
③ 연소실 내의 카본 생성이 낮다.
④ 점화플러그의 수명이 길다.

> LPG 기관의 특징
> • 연소효율이 좋고, 엔진이 정숙하다.
> • 오일의 오염이 적어 엔진 수명이 길다.
> • 연소실에 카본부착이 없어 점화플러그 수명이 길어진다.
> • 대기오염이 적고, 위생적이며 경제적이다.
> • 옥탄가가 높고 노킹이 적어 점화시기를 앞당길 수 있다.
> • 연료 자체의 압력으로 공급되므로 연료펌프가 없으며, 가스상태이므로 퍼컬레이션이나 베이퍼 록 현상이 없다.

13 디젤기관의 연소실 중 피스톤 헤드부의 요철에 의해 생성되는 연소실은?

① 예연소실식   ② 공기실식
③ 와류실식   ④ 직접분사실식

> 직접분사실식은 단실식으로, 피스톤 헤드부의 요철에 의해 연소실을 이룬다.

14 스로틀밸브가 열려 있는 상태에서 가속할 때 일시적인 가속 지연 현상이 나타나는 것을 무엇이라고 하는가?

① 스텀블(stumble)
② 스톨링(stalling)
③ 헤지테이션(hesitation)
④ 서징(surging)

> 헤지테이션(hesitation)이란 주저하거나 망설인다는 의미로, 스로틀밸브가 열려 있는 상태에서 가속할 때 일시적인 가속 지연 현상이 나타나는 것을 말한다.

15 4행정 사이클 기관에서 크랭크축이 4회전 할 때 캠축은 몇 회전 하는가?

① 1 회전　② 2 회전
③ 3 회전　④ 4 회전

🔍 4행정 1사이클 기관은 크랭크축이 4회전 할 때 캠축은 2회 전한다.

16 실린더의 형식에 따른 기관의 분류에 속하지 않는 것은?

① 수평형 엔진
② 직렬형 엔진
③ V형 엔진
④ T형 엔진

🔍 실린더 형식에 따른 기관의 분류
- 직렬형 엔진
- V형 엔진
- 경사형 엔진
- 수평 대항형 엔진
- 성형 엔진

17 수냉식 냉각장치의 장·단점에 대한 설명으로 틀린 것은?

① 공랭식보다 소음이 크다.
② 공랭식보다 보수 및 취급이 복잡하다.
③ 실린더 주위를 균일하게 냉각시켜 공랭식보다 냉각효과가 좋다.
④ 실린더 주위를 저온으로 유지시키므로 공랭식보다 체적효율이 좋다.

🔍 공랭식은 수냉식보다 소음이 큰 단점이 있다.

18 저속 전부하에서의 기관의 노킹(knocking) 방지성을 표시하는 데 가장 적당한 옥탄가 표기법은?

① 리서치 옥탄가
② 모터 옥탄가
③ 로드 옥탄가
④ 프런트 옥탄가

🔍 리서치 옥탄가(F-1법)는 저속 전부하에서의 기관의 노킹 방지성을 표시하는 데 가장 적당한 옥탄가 표기법이다.

19 LPI 엔진에서 연료의 부탄과 프로판의 조성비를 결정하는 입력요소로 맞는 것은?

① 크랭크각 센서, 캠각 센서
② 연료온도 센서, 연료압력 센서
③ 공기유량 센서, 흡기온도 센서
④ 산소 센서, 냉각수온 센서

🔍 LPI 엔진에서 연료 압력과 연료 온도를 측정하여 IFB(Interface Box)로 보내면 연료 압력과 온도에 따라 연료를 보정하여 연료 분사량을 결정하기 위하여 측정한다.

20 자동차용 기관의 연료가 갖추어야 할 특성이 아닌 것은?

① 단위 중량 또는 단위 체적당의 발열량이 클 것
② 상온에서 기화가 용이할 것
③ 점도가 클 것
④ 저장 및 취급이 용이할 것

🔍 연료의 특성
- 단위 중량 또는 단위 체적당 발열량이 클 것
- 상온에서 쉽게 기화할 것
- 연소가 빠르고 완전 연소 할 것
- 연소 후에 유해 화합물이 남지 않을 것
- 저장 및 취급이 용이할 것

21 엔진이 2000rpm으로 회전하고 있을 때 그 출력이 65ps라고 하면 이 엔진의 회전력은 몇 m-kgf인가?

① 23.27　② 24.45
③ 25.46　④ 26.38

🔍 출력(제동마력, PS) = $\frac{TN}{716}$
여기서, T : 회전력(m-kgf), N : 엔진 회전수(rpm)
∴ T = $\frac{716 \times ps}{N}$ = $\frac{716 \times 65}{2,000}$ = 23.27m-kgf

22 크랭크축 메인 저널 베어링 마모를 점검하는 방법은?

① 필러 게이지(feeler gauge) 방법
② 시임(seam) 방법
③ 직각자 방법
④ 플라스틱 게이지(plastic gauge) 방법

🔍 크랭크축 메인 저널 베어링의 마모 점검 및 오일간극 측정은 플라스틱 게이지를 이용한다.

23 피스톤 링의 3대 작용으로 틀린 것은?

① 와류작용　　② 기밀작용
③ 오일 제어작용　④ 열전도 작용

> 피스톤 링의 3대 작용
> • 기밀유지 작용
> • 열전도 작용
> • 오일제어 작용

24 스프링 위 무게 진동과 관련된 사항 중 거리가 먼 것은?

① 바운싱(bouncing)
② 피칭(pitching)
③ 휠 트램프(wheel tramp)
④ 롤링(rolling)

> 스프링 윗질량 운동
> • 롤링 : 세로축(앞,뒤 방향 축)을 중심으로 하는 좌·우 회전운동
> • 피칭 : 가로축(좌,우 방향 축)을 중심으로 하는 전·후 회전운동
> • 요잉 : 수직축을 중심으로 앞뒤가 회전하는 운동
> • 바운싱 : 차체가 동시에 상하로 튕기는 운동
> ※ 휠 트램프는 스프링 아래질량 운동이다.

25 자동변속기의 변속을 위한 가장 기본적인 정보에 속하지 않는 것은?

① 차량 속도
② 변속기 오일 량
③ 변속 레버 위치
④ 엔진 부하(스로틀 개도)

> 자동변속기의 변속은 운전자의 의지(변속레버 위치), 엔진부하(스로틀 개도), 자동차 속도에 의해 이루어진다.

26 자동변속기에서 유체클러치를 바르게 설명한 것은?

① 유체의 운동에너지를 이용하여 토크를 자동적으로 변환하는 장치
② 기관의 동력을 유체 운동에너지로 바꾸어 이 에너지를 다시 동력으로 바꾸어서 전달하는 장치
③ 자동차의 주행조건에 알맞은 변속비를 얻도록 제어하는 장치
④ 토크컨버터의 슬립에 의한 손실을 최소화 하기 위한 작동 장치

> 자동변속기에서 유체클러치는 유체(액체)를 이용하여 기관의 동력을 유체 운동에너지로 바꾸어 이 에너지를 다시 동력으로 바꾸어서 전달하는 역할을 한다.

27 자동변속기 차량에서 시동이 가능한 변속레버 위치는?

① P, N　　② P, D
③ 전구간　　④ N, D

> 인히비터(inhibitor) 스위치는 "P" 또는 "N" 레인지 이외에서는 시동이 걸리지 않도록 하는 스위치이다. 즉, 변속레버 위치가 P와 N 레인지 있어야만 시동이 가능하다.

28 자동차가 주행하면서 선회할 때 조향각도를 일정하게 유지하여도 선회 반지름이 커지는 현상은?

① 오버 스티어링　　② 언더 스티어링
③ 리버스 스티어링　④ 토크 스티어링

> 선회특성
> • 언더 스티어 : 조향각을 일정하게 하고 선회시 선회반경이 커지는 현상
> • 오버 스티어 : 조향각을 일정하게 하고 선회시 선회반경이 작아지는 현상
> • 뉴트럴 스티어 : 조향각만큼 정상 선회
> • 리버스 스티어 : 차속이 증가할수록 언더 스티어에서 오버 스티어로 되는 현상
> • 토크 스티어 : 등속조인트의 굴절각과 바퀴의 구동력의 차이 때문에 가속 시 한쪽으로 쏠리면서 조향 휠이 돌아가는 현상

29 유압식 브레이크는 무슨 원리를 이용한 것인가?

① 뉴톤의 법칙　　② 파스칼의 원리
③ 베르누이의 정리　④ 아르키메데스의 원리

> 유압식 브레이크는 파스칼의 원리를 이용한 것이다.

30 클러치의 릴리스 베어링으로 사용되지 않는 것은?

① 앵귤러 접촉형　② 평면 베어링형
③ 볼 베어링형　　④ 카아본형

> 릴리스 베어링의 종류 : 카본형, 볼 베어링형, 앵귤러 접촉형

31 타이어의 구조 중 노면과 직접 접촉하는 부분은?

① 트레드 ② 카커스
③ 비드 ④ 숄더

> 타이어의 구조
> • 트레드(tread) : 노면과 직접 접촉하는 부분으로 제동력, 구동력, 옆방향 미끄럼 방지, 승차감 향상 등의 역할을 한다.
> • 카커스(carcass) : 타이어의 골격을 이루는 부분으로 고무로 피복된 여러겹의 코드층으로 되어 공기압력을 견디고 완충작용을 한다.
> • 비드(bead) : 타이어가 림에 접촉하는 부분으로 타이어가 늘어나고 빠지는 것을 방지하기 위해 몇 줄의 피아노 선이 들어있다.
> • 숄더(shoulder) : 트레드에서 사이드 월 부 사이의 측면부분으로, 카커스를 보호하고 주행 중 타이어에서 발생하는 열을 방출시키는 역할을 한다.

32 동력조향장치(power steering system)의 장점으로 틀린 것은?

① 조향 조작력을 작게 할 수 있다.
② 앞바퀴의 시미현상을 방지 할 수 있다.
③ 조향조작이 경쾌하고 신속하다.
④ 고속에서 조향력이 가볍다.

> 동력 조향장치(EPS)의 장점
> • 적은 힘으로 조향조작을 할 수 있다.
> • 조향기어비를 조작력에 관계없이 설정할 수 있다.
> • 노면의 충격을 흡수하여 조향핸들에 전달되는 것을 방지한다.
> • 앞바퀴의 시미현상을 감쇠하는 효과가 있다.
> • 조향 조작이 경쾌하고 신속하다.
> • 저속에서는 가볍고, 고속에서는 적절히 무겁다.

33 자동차의 무게 중심위치와 조향 특성과의 관계에서 조향각에 의한 선회 반지름보다 실제 주행하는 선회 반지름이 작아지는 현상은?

① 오버 스티어링 ② 언더 스티어링
③ 파워 스티어링 ④ 뉴트럴 스티어링

> 선회특성
> • 언더 스티어 : 조향각을 일정하게 하고 선회시 선회반경이 커지는 현상
> • 오버 스티어 : 조향각을 일정하게 하고 선회시 선회반경이 작아지는 현상
> • 뉴트럴 스티어 : 조향각만큼 정상 선회
> • 리버스 스티어 : 차속이 증가할수록 언더 스티어에서 오버 스티어로 되는 현상

34 현가장치가 갖추어야 할 기능이 아닌 것은?

① 승차감의 향상을 위해 상하 움직임에 적당한 유연성이 있어야 한다.
② 원심력이 발생되어야 한다.
③ 주행 안정성이 있어야 한다.
④ 구동력 및 제동력 발생 시 적당한 강성이 있어야 한다.

> 현가장치가 갖추어야 할 기능
> • 승차감의 향상을 위해 상하 움직임에 적당한 유연성이 있어야 한다.
> • 원심력에 대해 저항력이 있어야 한다.
> • 주행 안정성이 있어야 한다.
> • 구동력 및 제동력 발생 시 적당한 강성이 있어야 한다.

35 유압식 클러치에서 동력 차단이 불량한 원인 중 가장 거리가 먼 것은?

① 페달의 자유간극 없음
② 유압라인의 공기 유입
③ 클러치 릴리스 실린더 불량
④ 클러치 마스터 실린더 불량

> 페달에 자유간극이 없어지면 클러치가 다 닳아서 미끄러지게 진다.

36 수동변속기의 클러치의 역할 중 거리가 가장 먼 것은?

① 엔진과의 연결을 차단하는 일을 한다.
② 변속기로 전달되는 엔진의 토크를 필요에 따라 단속한다.
③ 관성 운전 시 엔진과 변속기를 연결하여 연비 향상을 도모한다.
④ 출발 시 엔진의 동력을 서서히 연결하는 일을 한다.

> 클러치의 역할
> • 엔진의 동력을 변속기로 연결 및 차단하는 역할을 한다.
> • 출발 시 엔진의 동력을 서서히 연결하는 역할을 한다.
> • 기관의 관성운전 또는 기동 시 동력을 일시 차단하는 역할을 한다.

37 유압식 동력 조향장치의 구성요소가 아닌 것은?

① 유압 펌프 ② 유압 제어밸브
③ 동력 실린더 ④ 유압식 리타더

> 동력 조향장치의 구성장치
> • 동력부 : 오일 펌프 – 유압을 발생
> • 작동부 : 동력 실린더 – 보조력을 발생
> • 제어부 : 제어 밸브 – 오일 통로를 변경

38 수동변속기에서 클러치(clutch)의 구비 조건으로 틀린 것은?

① 동력을 차단할 경우에는 차단이 신속하고 확실할 것
② 미끄러지는 일이 없이 동력을 확실하게 전달할 것
③ 회전부분의 평형이 좋을 것
④ 회전관성이 클 것

> 클러치 구비조건
> • 동력전달이 확실하고 신속할 것
> • 방열이 잘 되어 과열되지 않을 것
> • 회전부분의 평형이 좋을 것
> • 내열성이 좋을 것
> • 회전관성이 작을 것

39 배력장치가 장착된 자동차에서 브레이크 페달의 조작이 무겁게 되는 원인이 아닌 것은?

① 푸시로드의 부트가 파손되었다.
② 진공용 체크밸브의 작동이 불량하다.
③ 릴레이 밸브 피스톤의 작동이 불량하다.
④ 하이드로릭 피스톤 컵이 손상되었다.

> ②~④항이 브레이크 페달 조작이 무겁게 되는 원인이다.

40 자동변속기에서 스톨테스트의 요령 중 틀린 것은?

① 사이드 브레이크를 잠근 후 풋 브레이크를 밟고 전진기어를 넣고 실시한다.
② 사이드 브레이크를 잠근 후 풋 브레이크를 밟고 후진기어를 넣고 실시한다.
③ 바퀴에 추가로 버팀목을 받고 실시한다.
④ 풋 브레이크는 놓고 사이드 브레이크만 당기고 실시한다.

> 스톨시험(stall test) 방법 사이드 브레이크를 잠그고 추가로 바퀴에 버팀목(고임목)을 받친 후, 풋 브레이크를 밟고 전진기어 및 후진기어를 넣고 실시한다.

41 자동차에서 축전지를 떼어낼 때 작업방법으로 가장 옳은 것은?

① 접지 터미널을 먼저 푼다.
② 양 터미널을 함께 푼다.
③ 벤트 플러그(vent plug)를 열고 작업한다.
④ 극성에 상관없이 작업성이 편리한 터미널부터 분리한다.

> 자동차에서 축전지를 떼어낼 때는 접지(–) 터미널을 먼저 풀고, (+) 터미널을 나중에 푼다.

42 기동전동기의 작동원리는 무엇인가?

① 렌츠 법칙 ② 앙페르의 법칙
③ 플레밍 왼손법칙 ④ 플레밍 오른손법칙

> 기동 전동기는 플레밍의 왼손법칙을 응용한 것이다.

43 주파수를 설명한 것 중 틀린 것은?

① 1초에 60회 파형이 반복되는 것을 60Hz라고 한다.
② 교류의 파형이 반복되는 비율을 주파수라고 한다.
③ $\dfrac{1}{주기}$ 은 주파수와 같다.
④ 주파수는 직류의 파형이 반복되는 비율이다.

> 주파수란 1초 동안에 교류의 파형이 반복되는 횟수를 의미하며, 주기의 역수이다.

44 전자제어 점화장치에서 점화시기를 제어하는 순서는?

① 각종센서 → ECU → 파워 트랜지스터 → 점화코일
② 각종센서 → ECU → 점화코일 → 파워 트랜지스터
③ 파워 트랜지스터 → 점화코일 → ECU → 각종센서
④ 파워 트랜지스터 → ECU → 각종센서 → 점화코일

각종 센서의 신호를 ECU로 입력하면 ECU는 최적의 점화시기를 연산한 후, 파워 트랜지스터를 ON, OFF 하여 점화코일에서 고압을 발생시킨다.

45 자동차 에어컨에서 고압의 액체 냉매를 저압의 기체 냉매로 바꾸는 구성품은?

① 압축기(compressor)
② 리퀴드 탱크(liquid tank)
③ 팽창 밸브(expansion valve)
④ 에버퍼레이터(evaporator)

팽창밸브(expansion valve)는 고압의 액체 냉매를 저압의 기체 냉매로 바꾸는 작용을 한다.

46 2개 이상의 배터리를 연결하는 방식에 따라 용량과 전압 관계의 설명으로 맞는 것은?

① 직렬 연결시 1개 배터리 전압과 같으며 용량은 배터리 수만큼 증가한다.
② 병렬 연결시 용량은 배터리 수만큼 증가하지만 전압은 1개 배터리 전압과 같다.
③ 병렬연결이란 전압과 용량이 동일한 배터리 2개 이상을 (+)단자와 연결대상 배터리 (−)단자에, (−)단자는 (+)단자로 연결하는 방식이다.
④ 직렬연결이란 전압과 용량이 동일한 배터리 2개 이상을 (+)단자와 연결대상 배터리의 (+)단자에 서로 연결하는 방식이다.

①번은 병렬 연결, ③번은 직렬 연결, ④번은 병렬 연결에 대한 설명이다.
※ ②번만 올바른 설명이다.

47 윈드 실드 와이퍼 장치의 관리 요령에 대한 설명으로 틀린 것은?

① 와이퍼 블레이드는 수시 점검 및 교환해 주어야 한다.
② 와셔액이 부족한 경우 와셔액 경고등이 점등된다.
③ 전면 유리는 왁스로 깨끗이 닦아 주어야 한다.
④ 전면 유리는 기름 수건 등으로 닦지 말아야 한다.

전면 유리는 왁스나 기름 수건 등으로 닦지 말아야 한다.

48 기동 전동기 정류자 점검 및 정비 시 유의사항으로 틀린 것은?

① 정류자는 깨끗해야 한다.
② 정류자 표면은 매끈해야 한다.
③ 정류자는 줄로 가공해야 한다.
④ 정류자는 진원이어야 한다.

정류자를 줄로 가공하면 정류자 높이가 낮아져 브러시와의 접촉이 불량해지므로 줄로 가공해선 안된다.

49 링기어 이의 수가 120, 피니언 이의 수가 12이고, 1500cc 급 엔진의 회전저항이 6m·kgf일 때, 기동 전동기의 필요한 최소 회전력은?

① 0.6m·kgf
② 2m·kgf
③ 20m·kgf
④ 6m·kgf

필요 최소회전력 = $\frac{\text{피니언 잇수}}{\text{링기어 잇수}}$ × 엔진 회전저항

∴ 필요 최소회전력 = $\frac{12}{120}$ × 6 = 0.6m·kgf

50 자동차용 납산 축전지에 관한 설명으로 맞는 것은?

① 일반적으로 축전지의 음극 단자는 양극 단자보다 크다.
② 정전류 충전이란 일정한 충전 전압으로 충전하는 것을 말한다.
③ 일반적으로 충전시킬 때는 + 단자는 수소가, − 단자는 산소가 발생한다.
④ 전해액의 황산 비율이 증가하면 비중은 높아진다.

일반적으로 양극 단자가 음극 단자보다 크며, 정전류 충전은 일정한 전류로 충전하는 것을, 충전시 + 단자에는 산소 가스, − 단자에는 수소 가스가 발생된다.

51 사고예방 원리의 5단계 중 그 대상이 아닌 것은?

① 사실의 발견
② 평가분석
③ 시정책의 선정
④ 엄격한 규율의 책정

사고예방 대책의 원리 5단계
• 조직
• 사실의 발견
• 평가분석
• 시정책의 선정
• 시정책의 적용

52 탁상 그라인더에서 공작물은 숫돌바퀴의 어느 곳을 이용하여 연삭작업을 하는 것이 안전한가?

① 숫돌바퀴의 측면
② 숫돌바퀴의 원주면
③ 어느 면이나 연삭작업은 상관없다.
④ 경우에 따라서 측면과 원주면을 사용한다.

🔍 연삭작업은 숫돌의 원주면(회전면)을 사용한다.

53 다이얼 게이지 취급시 안전사항으로 틀린 것은?

① 작동이 불량하면 스핀들에 주유 혹은 그리스를 도포해서 사용한다.
② 분해 청소나 조정은 하지 않는다.
③ 다이얼 인디케이터에 충격을 가해서는 안된다.
④ 측정시는 측정물에 스핀들을 직각으로 설치하고 무리한 접촉은 피한다.

🔍 다이얼 게이지 취급시 주의사항
• 게이지를 설치할 때에는 지지대의 암을 될 수 있는대로 짧게 하고 확실하게 고정해야 한다.
• 게이지 눈금은 0점 조정하여 사용한다.
• 게이지는 측정 면에 직각으로 설치한다.
• 충격은 절대로 금해야 한다.
• 분해 청소나 조절을 함부로 하지 않는다.
• 스핀들에 주유하거나 그리스를 바르지 않는다.

54 소화 작업의 기본요소가 아닌 것은?

① 가연 물질을 제거한다.
② 산소를 차단한다.
③ 점화원을 냉각시킨다.
④ 연료를 기화시킨다.

🔍 소화작업의 기본요소
• 가연 물질을 제거한다.
• 산소를 차단한다.
• 점화원을 냉각시킨다.

55 드릴링머신의 사용에 있어서 안전상 옳지 못한 것은?

① 드릴 회전 중 칩을 손으로 털거나 불어내지 말 것
② 가공물에 구멍을 뚫을 때 가공물을 바이스에 물리고 작업 할 것
③ 솔로 절삭유를 바를 경우에는 위쪽 방향에서 바를 것
④ 드릴을 회전시킨 후에 머신테이블을 조정할 것

🔍 드릴 작업시 주의사항
• 일감은 정확히 고정한다.
• 드릴 회전 중 칩을 손으로 털거나 불어내지 말 것
• 가공물에 구멍을 뚫을 때 가공물을 바이스에 물리고 작업 할 것
• 드릴을 회전시킨 후 테이블을 조정하지 말 것
• 작은 물건은 바이스나 고정구로 고정하고 직접 손으로 잡지 말아야 한다.
• 얇은 물건을 드릴 작업할 때에는 밑에 나무 등을 놓고 뚫어야 한다.
• 솔로 절삭유를 바를 경우에는 위쪽 방향에서 바를 것
• 드릴의 날이 무디어 이상한 소리가 날 때는 회전을 멈추고 드릴을 교환하거나 연마한다.

56 자동차 엔진오일 점검 및 교환 방법으로 적합한 것은?

① 환경오염 방지를 위해 오일은 최대한 교환시기를 늦춘다.
② 가급적 고점도 오일로 교환한다.
③ 오일을 완전히 배출하기 위해 시동 걸기 전에 교환한다.
④ 오일 교환 후 기관을 시동하여 충분히 엔진 윤활부에 윤활한 후 시동을 끄고 오일량을 점검한다.

🔍 자동차 엔진오일 교환 방법은 오일 교환 후 기관을 시동하여 충분히 엔진 윤활부에 윤활한 후 시동을 끄고 오일량을 점검한다.

57 전해액을 만들 때 황산에 물을 혼합하면 안되는 이유는?

① 유독가스가 발생하기 때문에
② 혼합이 잘 안되기 때문에
③ 폭발의 위험이 있기 때문에
④ 비중 조정이 쉽기 때문에

🔍 전해액을 만들 때 황산에 물을 혼합하면 격렬히 반응하여 폭발의 위험이 있기 때문에, 반드시 물에 황산을 조금씩 휘저으면서 혼합하여야 한다.

58 엔진작업에서 실린더 헤드볼트를 올바르게 풀어내는 방법은?

① 반드시 토크렌치를 사용한다.
② 풀기 쉬운 것부터 푼다.
③ 바깥쪽에서 안쪽을 향하여 대각선 방향으로 푼다.
④ 시계방향으로 차례대로 푼다.

🔍 실린더 헤드 볼트는 바깥쪽에서 안쪽을 향하여 대각선 방향으로 푼다.

59 휠 밸런스 시험기 사용시 적합하지 않은 것은?

① 휠의 탈부착시에는 무리한 힘을 가하지 않는다.
② 균형추를 정확히 부착한다.
③ 계기판은 회전이 시작되면 즉시 판독한다.
④ 시험기 사용방법과 유의사항을 숙지 후 사용한다.

🔍 휠 밸런스 사용방법
- 시험기 사용방법과 유의사항을 숙지 후 사용한다.
- 휠의 탈·부착시에는 무리한 힘을 가하지 않는다.
- 균형추를 정확히 부착한다.
- 타이어의 회전방향에 서지 않도록 한다.
- 타이어를 과속으로 돌리거나 진동이 일어나게 해서는 안 된다.
- 휠의 정지는 자연스럽게 정지되도록 놓아둔다.
- 계기판은 회전이 완전히 멈춘 뒤 읽는다.

60 자동차를 들어 올릴 때 주의사항으로 틀린 것은?

① 잭과 접촉하는 부위에 이물질이 있는지 확인한다.
② 센터 멤버의 손상을 방지하기 위하여 잭이 접촉하는 곳에 헝겊을 넣는다.
③ 차량의 하부에는 개러지 잭으로 지지하지 않도록 한다.
④ 래터럴 로드나 현가장치는 잭으로 지지한다.

🔍 자동차를 들어 올릴 때 많은 하중이 걸리므로 래터럴 로드나 현가장치는 잭으로 지지하지 않는다.

정답 2022년 2회 복원문제

01 ②	02 ③	03 ②	04 ④	05 ④
06 ③	07 ②	08 ①	09 ③	10 ③
11 ①	12 ②	13 ④	14 ③	15 ②
16 ④	17 ①	18 ①	19 ②	20 ③
21 ①	22 ④	23 ①	24 ③	25 ②
26 ②	27 ①	28 ②	29 ②	30 ②
31 ①	32 ④	33 ①	34 ②	35 ①
36 ③	37 ④	38 ④	39 ①	40 ④
41 ①	42 ③	43 ④	44 ①	45 ③
46 ②	47 ③	48 ③	49 ①	50 ④
51 ④	52 ②	53 ①	54 ④	55 ④
56 ④	57 ③	58 ③	59 ③	60 ④

2022년 3회 CBT 복원문제

01 점화지연의 3가지에 해당되지 않는 것은?

① 기계적 지연 ② 점성적 지연
③ 전기적 지연 ④ 화염 전파지연

> 점화지연의 3가지 : 기계적 지연, 전기적 지연, 화염 전파지연

02 가솔린 기관에서 체적효율을 향상시키기 위한 방법으로 틀린 것은?

① 흡기온도의 상승을 억제한다.
② 흡기 저항을 감소시킨다.
③ 배기 저항을 감소시킨다.
④ 밸브 수를 줄인다.

> 체적효율을 향상시키기 위한 방법
> • 흡기밸브를 크게 하거나 많게 한다.
> • 흡기온도의 상승을 억제한다.
> • 흡기저항과 배기저항을 감소시킨다.

03 블로우다운(blow down) 현상에 대한 설명으로 옳은 것은?

① 밸브와 밸브시트 사이에서의 가스 누출현상
② 압축행정시 피스톤과 실린더 사이에서 공기가 누출되는 현상
③ 피스톤이 상사점 근방에서 흡·배기밸브가 동시에 열려 배기 잔류가스를 배출시키는 현상
④ 배기행정 초기에 배기밸브가 열려 배기가스 자체의 압력에 의하여 배기가스가 배출되는 현상

> 블로우 다운(blow down)이란 배기행정 초기에 배기밸브가 열려 배기가스 자체의 압력에 의하여 배기가스가 배출되는 현상을 말한다.

04 화물자동차 및 특수자동차의 차량 총중량은 몇 톤을 초과해서는 안되는가?

① 20톤 ② 30톤
③ 40톤 ④ 50톤

> 자동차의 차량총중량은 20톤(승합자동차는 30톤, 화물 및 특수자동차는 40톤), 축중은 10톤, 윤중은 5톤을 초과하여서는 안된다.

05 가솔린의 주요 화합물로 맞는 것은?

① 탄소와 수소 ② 수소와 질소
③ 탄소와 산소 ④ 수소와 산소

> 가솔린은 탄소(C)와 수소(H)로 구성된 고분자 화합물이다.

06 연소실 체적이 30cc이고 행정체적이 180cc이다. 압축비는?

① 6 : 1 ② 7 : 1
③ 8 : 1 ④ 9 : 1

> 압축비 = $\dfrac{\text{실린더 체적}}{\text{연소실 체적}}$ = $1 + \dfrac{\text{행정 체적(배기량)}}{\text{연소실 체적}}$
> = $1 + \dfrac{180}{30} = 7$

07 디젤 연소실의 구비조건 중 틀린 것은?

① 연소시간이 짧을 것
② 열효율이 높을 것
③ 평균유효 압력이 낮을 것
④ 디젤노크가 적을 것

> 디젤 연소실의 구비조건 : 열효율이 높을 것, 연소시간이 짧을 것, 디젤노크가 적을 것

08 자동차가 200m를 통과하는데 10초 걸렸다면 이 자동차의 속도는?

① 68km/h ② 72km/h
③ 86km/h ④ 92km/h

> 속도(km/h) = $\dfrac{\text{주행거리}}{\text{주행시간}}$, 시속 = 초속 × 3.6이므로
> ∴ 속도 = $\dfrac{200}{10} \times 3.6 = 72$km/h

09 평균 유효압력이 7.5kgf/cm², 행정체적 200cc, 회전수 2400rpm일 때 4행정 4기통 기관의 지시마력은?

① 14 PS
② 16 PS
③ 18 PS
④ 20 PS

> 지시마력 $= \dfrac{PALZN}{75 \times 60} = \dfrac{PVZN}{75 \times 60 \times 100}$
> 여기서, P : 지시평균 유효압력(kgf/cm²)
> A : 실린더 단면적(cm²)
> L : 행정(m)
> V : 배기량(cm³)
> Z : 실린더 수
> N : 엔진 회전수(rpm)
>   (2행정기관 : N, 4행정기관 : N/2)
> ∴ 지시마력 $= \dfrac{7.5 \times 200 \times 4 \times 1,200}{75 \times 60 \times 100} = 16PS$

10 가솔린 노킹(knocking)의 방지책에 대한 설명 중 잘못된 것은?

① 압축비를 낮게 한다.
② 냉각수의 온도를 낮게 한다.
③ 화염전파 거리를 짧게 한다.
④ 착화지연을 짧게 한다.

> 가솔린 기관의 노킹 방지 대책
> • 옥탄가가 높은 연료를 사용한다.
> • 화염전파 거리를 가능한 한 짧게 한다.
> • 화염전파 속도를 빠르게 한다.
> • 혼합가스의 와류를 좋게 한다.
> • 흡입공기 온도와 냉각수 온도를 낮게 한다.
> • 퇴적된 카본을 제거한다.
> • 점화시기를 지각시킨다.
> • 압축비를 낮게 한다.

11 실린더 지름 220mm, 행정이 360mm, 회전수가 400rpm일 때 피스톤의 평균속도는?

① 3m/s   ② 4.2m/s
③ 4.8m/s   ④ 6.6m/s

> 피스톤 평균속도(v) $= \dfrac{2LN}{60} = \dfrac{LN}{30}$
> (L : 행정(m), N : 엔진 회전수(rpm))
> ∴ 피스톤 평균속도 v $= \dfrac{0.36 \times 400}{30} = 4.8m/s$

12 가솔린기관 압축압력의 단위로 쓰이는 것은?

① rpm
② mm
③ PS
④ kgf/cm²

> 단위
> • rpm : 회전수의 단위
> • mm : 길이의 단위
> • PS : 마력(동력)의 단위
> • kgf/cm² : 압력의 단위

13 전자제어 연료 분사식 기관의 연료펌프에서 릴리프 밸브의 작용압력은 약 몇 kgf/cm²인가?

① 0.3~0.5
② 1.0~2.0
③ 3.5~5.0
④ 10.0~11.5

> 연료펌프 송출압력은 기관에 따라 차이가 있으나 약 3~5kgf/cm² 정도이며, 릴리프 밸브의 작용압력은 이보다 약간 높다.

14 기관의 윤활유 유압이 높을 때의 원인과 관계없는 것은?

① 베어링과 축의 간격이 클 때
② 유압조정밸브 스프링의 장력이 강할 때
③ 오일파이프의 일부가 막혔을 때
④ 윤활유의 점도가 높을 때

> 유압이 높아지는 원인
> • 유압조절 밸브(릴리프 밸브) 스프링 장력이 클 때
> • 오일간극이 작을 때
> • 윤활유의 점도가 높을 때
> • 윤활회로의 일부가 막혔을 때

15 흡입장치의 구성요소에 해당하지 않는 것은?

① 공기청정기   ② 서지탱크
③ 레조네이터   ④ 촉매장치

> 촉매장치는 배기가스 정화장치이다.

16 기관의 습식 라이너(wet type)에 대한 설명 중 틀린 것은?

① 습식 라이너를 끼울 때에는 라이너 바깥둘레에 비눗물을 바른다.
② 실링이 파손되면 크랭크 케이스로 냉각수가 들어간다.
③ 냉각수와 직접 접촉하지 않는다.
④ 냉각 효과가 크다.

🔍 습식 라이너(wet type)의 특징
- 라이너의 바깥둘레가 냉각수와 직접 접촉하여 냉각효과가 크다.
- 냉각수 누출을 방지하기 위한 상·하부에 실링이 있고, 실링이 파손되면 크랭크 케이스로 냉각수가 들어간다.
- 습식 라이너를 끼울 때에는 라이너 바깥둘레에 비눗물을 바르고 밀어 넣어 끼운다.

17 가솔린 기관의 밸브간극이 규정값 보다 클 때 어떤 현상이 일어나는가?

① 정상 작동온도에서 밸브가 완전하게 개방되지 않는다.
② 소음이 감소하고 밸브기구에 충격을 준다.
③ 흡입밸브 간극이 크면 흡입량이 많아진다.
④ 기관의 체적효율이 증대된다.

🔍 밸브간극이 규정값 보다 크면 정상 작동온도에서 밸브를 더 이상 누르지 못해 완전하게 개방되지 않는다.

18 연료의 온도가 상승하여 외부에서 불꽃을 가까이 하지 않아도 자연히 발화되는 최저 온도는?

① 인화점   ② 착화점
③ 발열점   ④ 확산점

🔍 연료의 온도가 상승하여 외부에서 불꽃을 가까이 하지 않아도 자연히 발화되는 최저 온도를 착화점이라 한다.

19 피스톤 헤드부의 고열이 스커트부로 전달되는 것을 차단하는 역할을 하는 것은?

① 옵셋 피스톤   ② 링캐리어
③ 솔리드 형   ④ 히트댐

🔍 히트댐(heat dam)은 피스톤 헤드부의 고열이 스커트부로 전달되는 것을 차단하는 역할을 한다.

20 LPG기관의 연료장치에서 냉각수의 온도가 낮을 때 시동성을 좋게 하기 위해 작동되는 밸브는?

① 기상밸브   ② 액상밸브
③ 안전밸브   ④ 과류방지밸브

🔍 LPG기관 연료장치에서 ECU는 수온센서로부터 신호를 받아, 기관 냉각수의 온도(15℃)를 기준으로 온도가 낮을 때 시동성을 좋게 하기 위해 기상밸브를 작동시킨다.

21 다음에서 설명하는 디젤기관의 연소 과정은?

> 분사노즐에서 연료가 분사되어 연소를 일으킬 때까지의 기간이며 이 기간이 길어지면 노크가 발생한다.

① 착화지연기간   ② 화염전파기간
③ 직접연소기간   ④ 후기연소기간

🔍 착화지연 기간은 분사노즐에서 연료가 분사되어 연소를 일으킬 때까지의 기간으로, 이 기간이 길어지면 노크가 발생한다.

22 가솔린 기관의 연료펌프에서 연료라인 내의 압력이 과도하게 상승하는 것을 방지하기 위한 장치는?

① 체크밸브(Check Valve)
② 릴리프밸브(Relief Valve)
③ 니들밸브(Needle Valve)
④ 사일렌서(Silencer)

🔍 릴리프 밸브(relief valve)는 연료공급 라인이 막혔을 경우 연료 압력이 높아져 연료펌프 내의 부품이 망가질 수 있으므로 이를 방지하기 위하여 연료라인 내의 압력이 규정 이상으로 상승하는 것을 방지한다.

23 블로바이가스(BLOW BY GAS) 환원장치는 어떤 배출 가스를 줄이기 위한 장치인가?

① CO   ② HC
③ NOx   ④ CO_2

🔍 블로바이 가스 환원장치는 피스톤과 실린더 사이에서 누출된 미연소 가스인 탄화수소(HC)의 배출을 줄이기 위한 장치이다.

24 후축에 9890kgf의 하중이 작용될 때 후축에 4개의 타이어를 장착하였다면 타이어 한 개당 받는 하중은?

① 약 2473kgf ② 약 2770kgf
③ 약 3473kgf ④ 약 3770kgf

> 타이어에 걸리는 하중 = $\dfrac{\text{하중}}{\text{타이어 수}} = \dfrac{9890}{4} = 2472.5\text{kgf}$

25 현가장치에서 스프링이 압축되었다가 원위치로 돌아올 때 작은 구멍(오리피스)을 통과하는 오일의 저항으로 진동을 감소시키는 것은?

① 스태빌라이저
② 공기 스프링
③ 토션 바 스프링
④ 쇽업소버

> 쇽업소버(shock absorber)는 스프링이 압축되었다가 원위치로 돌아올 때 작은 구멍(오리피스)을 통과하는 오일의 저항으로 진동을 감소시키는 작용을 한다.

26 전동식 동력 조향장치(MDPS : Motor Driven Power Steering)의 제어 항목이 아닌 것은?

① 과부하보호 제어 ② 아이들-업 제어
③ 경고등 제어 ④ 급가속 제어

> 전동식 동력 조향장치(MDPS)의 주요 제어
> • 모터 구동전류 제어
> • 과부하보호 제어
> • 아이들-업 제어
> • 경고등 제어

27 하이드로 플레이닝 현상을 방지하는 방법이 아닌 것은?

① 트레드의 마모가 적은 타이어를 사용한다.
② 타이어의 공기압을 높인다.
③ 카프형으로 셰이빙 가공한 것을 사용한다.
④ 러그 패턴의 타이어를 사용한다.

> 하이드로 플레이닝(hydro planing, 수막현상)은 타이어에 물이 배출되지 못하여 생기는 현상으로 배출이 용이한 리브 패턴의 타이어를 사용하며, 리브 패턴에 가로형의 홈을 낸 것을 카프형으로 셰이빙 가공한 것이라 한다.

28 기관의 회전수가 3500rpm, 제2속의 감속비 1.5, 최종감속비 4.8, 바퀴의 반경이 0.3m일 때 차속은? (단, 바퀴와 지면과 미끄럼은 무시한다.)

① 약 35km/h
② 약 45km/h
③ 약 55km/h
④ 약 65km/h

> 차속 $= \dfrac{\pi DN}{R_t \times R_f} \times \dfrac{60}{1,000}$ (km/h)
> (D : 타이어 직경(m), N : 엔진회전수(rpm), R_t : 변속비, R_f : 종감속비)
> ∴ 차속 $= \dfrac{3.14 \times 0.6 \times 3500}{1.5 \times 4.8} \times \dfrac{60}{1,000} = 54.95$km/h

29 유압식 동력조향장치와 비교하여 전동식 동력조향장치 특징으로 틀린 것은?

① 엔진룸의 공간 활용도가 향상된다.
② 유압제어를 하지 않으므로 오일이 필요 없다.
③ 유압제어 방식에 비해 연비를 향상시킬 수 없다.
④ 유압제어를 하지 않으므로 오일펌프가 필요 없다.

> ①, ②, ④항이 전동식 동력조향장치의 특징이며, 유압제어 방식에 비해 엔진 부하가 감소하여 연비를 향상시킬 수 있다.

30 자동차로 서울에서 대전까지 187.2km를 주행하였다. 출발시간은 오후 1시 20분, 도착시간은 오후 3시 8분이었다면 평균 주행속도는?

① 약 126.5km/h
② 약 104km/h
③ 약 156km/h
④ 약 60.78km/h

> 속도(km/h) $= \dfrac{\text{주행거리}}{\text{주행시간}}$
> 주행시간은 108분 ÷ 60 = 1.8시간이므로
> ∴ 속도 $= \dfrac{187.2}{1.8} = 104$km/h

31 브레이크 계통에 공기가 혼입되었을 때 공기빼기 작업 방법 중 잘못된 것은?

① 브리더 플러그에 비닐 호스를 끼우고 그 다른 한 끝을 브레이크 오일 통에 넣는다.
② 페달을 몇 번 밟고 브리더 플러그를 1/2~3/4 풀었다가 실린더 내압이 저하되기 전에 조인다.
③ 마스터 실린더에 오일을 충만 시킨 후 반드시 공기 배출을 해야 한다.
④ 공기 배출작업 중 반드시 에어브리더 플러그를 잠그기 전에 페달을 놓는다.

> ①~③의 순서로 하고 에어브리더 플러그를 잠그기 전에 페달을 놓아서는 안된다.

32 주행 시 혹은 제동 시 핸들이 한쪽으로 쏠리는 원인으로 거리가 가장 먼 것은?

① 좌·우 타이어의 공기 압력이 같지 않다.
② 앞바퀴의 정렬이 불량하다.
③ 조향 핸들축의 축 방향 유격이 크다.
④ 한쪽 브레이크 라이닝 간격 조정이 불량하다.

> 조향 휠이 한쪽으로 쏠리는 원인
> • 타이어 공기압이 불균일하다.
> • 좌·우 축거가 다르다.
> • 좌·우 브레이크 라이닝의 간극이 다르다.
> • 앞차축 한쪽의 현가 스프링이 절손되었다.
> • 쇽업소버 작동이 불량하다.
> • 휠 얼라인먼트가 불량하다.
> • 뒤차축이 차의 중심선에 대하여 직각이 아니다.
> [참고] 조향 핸들축의 축방향 유격이 크다는 것은 핸들이 아래 위로 흔들린다는 뜻이다.

33 유성기어 장치에서 선기어가 고정되고, 링기어가 회전하면 캐리어는?

① 링기어 보다 천천히 회전한다.
② 링기어 회전수와 같게 회전한다.
③ 링기어 보다 2배 빨리 회전한다.
④ 링기어 보다 3배 빨리 회전한다.

> 선기어를 고정하고 캐리어를 구동하면 링기어는 증속한다.(선고캐구링증 – 매우 중요) 반대로, 링기어를 구동하면 캐리어는 감속한다.

34 휠얼라인먼트를 사용하여 점검할 수 있는 것으로 가장 거리가 먼 것은?

① 토(toe) ② 캠버
③ 킹핀 경사각 ④ 휠 밸런스

> 앞바퀴 정렬(wheel alignment)의 종류 : 캠버, 캐스터, 토인, 킹핀 경사각

35 수동변속기의 필요성으로 틀린 것은?

① 무부하 상태로 공전 운전할 수 있게 하기위해
② 회전 방향을 역으로 하기 위해
③ 발진시 각부에 응력의 완화와 마멸을 최대화하기 위해
④ 차량발진시 중량에 의한 관성으로 인해 큰 구동력이 필요하기 때문에

> 변속기의 필요성
> • 엔진을 무부하 상태로 있게 하기 위하여
> • 엔진의 회전력을 증대시키기 위하여
> • 자동차의 후진을 위하여

36 ABS 차량에서 4센서 4채널 방식의 설명으로 틀린 것은?

① ABS 작동 시 각 휠의 제어는 별도로 제어된다.
② 휠 속도센서는 각 바퀴마다 1개씩 설치된다.
③ 톤 휠의 회전에 의해 전압이 변한다.
④ 휠 속도센서의 출력 주파수는 속도에 반비례한다.

> 휠 속도센서의 출력 주파수는 속도에 비례하여 발생된다.

37 자동변속기 차량에서 펌프의 회전수가 120rpm이고, 터빈의 회전수가 30rpm이라면 미끄럼율은?

① 75% ② 85%
③ 95% ④ 105%

> 미끄럼율(%) = $\dfrac{\text{펌프회전수} - \text{터빈회전수}}{\text{펌프회전수}} \times 100$
> $= \dfrac{120 - 30}{120} \times 100 = 75(\%)$

38 클러치 작동기구 중에서 세척유로 세척하여서는 안되는 것은?

① 릴리스 포크
② 클러치 커버
③ 릴리스 베어링
④ 클러치 스프링

🔍 릴리스 베어링은 영구 주유식이므로 세척유로 세척해서는 안된다.

39 전자제어 현가장치(ECS)의 구성요소로 틀린 것은?

① 가속도(G) 센서
② 휠 스피드 센서
③ 감쇠력 조정 액추에이터
④ 쇽업소버

🔍 휠 스피드 센서는 ABS 구성요소이다.

40 유압식 브레이크는 어떤 원리를 이용한 것인가?

① 뉴톤의 원리
② 파스칼의 원리
③ 베르누이의 원리
④ 애커먼 장토의 원리

🔍 유압식 브레이크는 파스칼의 원리를 이용한 것이다.

41 전류에 대한 설명으로 틀린 것은?

① 자유전자의 흐름이다.
② 단위는 A를 사용한다.
③ 직류와 교류가 있다.
④ 저항에 항상 비례한다.

🔍 오옴의 법칙 : 전류는 전압에 비례하고 저항에 반비례한다. ($I = \dfrac{E}{R}$)

42 스파크플러그 표시기호의 한 예이다. 열가를 나타내는 것은?

BP6ES

① P
② 6
③ E
④ S

🔍 점화플러그 품번
- B : 나사부 지름
- P : Project core nose plug(자기 돌출형)
- 6 : 열가
- E : 나사부 길이
- S : Standard(표준형)

43 자동차 축전지 비중이 30℃에서 1.285 일 때, 기준온도 20℃에서 비중은?

① 1.269
② 1.275
③ 1.283
④ 1.292

🔍 $S_{20} = S_t + 0.0007(t - 20)$ 여기서 t : 측정시 온도
∴ $S_{20} = 1.285 + 0.0007(30 - 20) = 1.292$

44 12V의 전압에 20Ω의 저항을 연결하였을 경우 몇 A의 전류가 흐르겠는가?

① 0.6A
② 1A
③ 5A
④ 10A

🔍 오옴의 법칙 $I = \dfrac{E}{R}$
∴ 전류 $I = \dfrac{E}{R} = \dfrac{12}{20} = 0.6A$

45 일반적으로 에어 백(Air Bag)에 가장 많이 사용되는 가스(gas)는?

① 수소
② 이산화탄소
③ 질소
④ 산소

🔍 에어 백에는 안정된 원소인 질소(N_2)를 사용한다.

46 팽창밸브식이 사용되는 에어컨 장치에서 냉매가 흐르는 경로로 맞는 것은?

① 압축기 → 증발기 → 응축기 → 팽창밸브
② 압축기 → 응축기 → 팽창밸브 → 증발기
③ 압축기 → 팽창밸브 → 응축기 → 증발기
④ 압축기 → 증발기 → 팽창밸브 → 응축기

🔍 에어컨 순환과정 : 압축기(compressor) → 응축기(condenser) → 건조기(receiver drier) → 팽창밸브(expansion valve) → 증발기(evaporator)

47 다음 중 직접 점화장치(Direct Ignition System)의 구성요소와 관계 없는 것은?

① E.C.U
② 배전기
③ 이그니션 코일
④ 점화플러그

🔍 직접 점화장치(DIS)는 배전기가 없다.

48 엔진 ECU 내부의 마이크로 컴퓨터 구성요소로서 산술 연산 또는 논리 연산을 수행하기 위해 데이터를 일시 보관하는 기억장치는?

① FET 구동회로
② A/D 컨버터
③ 인터페이스
④ 레지스터

🔍 엔진 ECU 내부의 마이크로 컴퓨터 구성요소로서 산술 연산 또는 논리 연산을 수행하기 위해 데이터를 일시 보관하는 기억장치를 레지스터(register)라 한다.

49 지구환경 문제로 인하여 기존의 냉매는 사용을 억제하고, 대체가스로 사용되고 있는 자동차 에어컨의 냉매는?

① R - 134a
② R - 22
③ R - 16a
④ R - 12

🔍 프레온 가스라 불리는 R-12 냉매는 오존층을 파괴하고 온실효과를 유발하므로 대체가스로 신냉매인 R-134a를 사용한다.

50 에어컨의 구성부품 중 고압의 기체 냉매를 냉각시켜 액화시키는 작용을 하는 것은?

① 압축기
② 응축기
③ 팽창밸브
④ 증발기

🔍 응축기(condenser)는 라디에이터 앞쪽에 설치되며, 고온 고압의 기체 냉매를 냉각시켜 액화시키는 작용을 한다.

51 탭 작업상의 주의사항으로 틀린 것은?

① 손 다듬질 용 탭 작업시 3번 탭부터 작업할 것
② 탭 구멍은 드릴로 나사의 골 지름보다 조금 크게 뚫을 것
③ 공작물을 수평으로 놓을 것
④ 조절 탭 렌치는 양손으로 돌릴 것

🔍 탭 작업은 ②~④와 같은 방법으로 하고, 탭 작업은 1번 탭부터 2번 탭, 3번 탭 순서로 작업한다.

52 재해조사 목적을 가장 바르게 설명한 것은?

① 적절한 예방대책을 수립하기 위해서
② 재해를 당한 당사자의 책임을 추궁하기 위하여
③ 재해 발생 상태와 그 동기에 대한 통계를 작성하기 위하여
④ 작업능률 향상과 근로기강 확립을 위하여

🔍 재해조사를 하는 목적은 재해 원인을 분석하여 적절한 예방대책을 수립하기 위해서이다.

53 산업 안전표지 종류에서 비상구 등을 나타내는 표지는?

① 금지표지
② 경고표지
③ 지시표지
④ 안내표지

🔍 산업 안전표지 종류에서 비상구, 녹십자, 응급구호, 세안장치, 들 것 등은 안내표지이다.

54 작업안전상 드라이버 사용 시 유의사항이 아닌 것은?

① 날끝이 홈의 폭과 길이가 같은 것을 사용한다.
② 날끝이 수평이어야 한다.
③ 작은 부품은 한손으로 잡고 사용한다.
④ 전기 작업 시 금속부분이 자루 밖으로 나와 있지 않아야 한다.

🔍 작업 안전상 드라이버 사용 시 ①, ②, ④항의 방법을 준수하고, 작은 부품은 바이스나 고정구로 고정하여 직접 손으로 잡지 않도록 한다.

55 재해사고 발생원인 중 직접 원인에 해당되는 것은?

① 사회적 환경
② 유전적 요소
③ 안전교육의 불충분
④ 불안전한 행동

> 산업재해의 원인별 분류
> • 직접적인 원인
>   - 인적원인 : 위험장소 접근, 복장·보호구의 잘못 사용, 기계·기구의 잘못 사용, 위험물 취급 부주의, 불안전한 자세 동작
>   - 물적원인 : 작업물 자체의 결함, 작업환경의 결함
> • 간접적인 원인 : 기술적 원인, 교육적 원인, 정신적 원인, 신체적 원인

56 정밀한 부속품을 세척하기 위한 방법으로 가장 안전한 것은?

① 와이어 브러시를 사용한다.
② 걸레를 사용한다.
③ 솔을 사용한다.
④ 에어건을 사용한다.

> 정밀한 부속품의 세척은 에어 건으로 한다.

57 기관의 분해 정비를 결정하기 위해 기관을 분해하기 전 점검해야 할 사항으로 거리가 먼 것은?

① 실린더 압축압력 점검
② 기관오일 압력점검
③ 기관운전 중 이상소음 및 출력점검
④ 피스톤 링 갭(gap) 점검

> 피스톤 링 갭(gap) 점검은 기관을 분해한 후에 점검해야 할 사항이다.

58 물건을 운반 작업할 때 안전하지 못한 경우는?

① LPG 봄베, 드럼통을 굴려서 운반한다.
② 공동 운반에서는 서로 협조하여 운반한다.
③ 긴 물건을 운반할 때는 앞쪽을 위로 올린다.
④ 무리한 자세나 몸가짐으로 물건을 운반하지 않는다.

> 무거운 물건을 운반할 때에는 다른 사람과 협조하거나 체인 블록, 리프트, 운반 수레 등을 이용한다.

59 자동차 전기 계통을 작업할 때 주의사항으로 틀린 것은?

① 배선을 가솔린으로 닦지 않는다.
② 커넥터를 분리할 때는 잡아당기지 않도록 한다.
③ 센서 및 릴레이는 충격을 가하지 않도록 한다.
④ 반드시 축전지 (+)단자를 분리한다.

> 반드시 축전지 (−)단자를 분리한다.

60 점화플러그 청소기를 사용할 때 보안경을 쓰는 이유로 가장 적당한 것은?

① 발생하는 스파크의 색상을 확인하기 위해
② 이물질이 눈에 들어갈 수 있기 때문에
③ 빛이 너무 자주 깜박거리기 때문에
④ 고전압에 의한 감전을 방지하기 위해

> 점화플러그 청소기를 사용할 때 보안경을 쓰는 이유는 이물질이 눈에 들어갈 수 있기 때문이다.

정답 2022년 3회 복원문제

01 ②	02 ④	03 ④	04 ③	05 ①
06 ②	07 ③	08 ②	09 ②	10 ④
11 ③	12 ④	13 ③	14 ①	15 ④
16 ③	17 ①	18 ②	19 ④	20 ①
21 ①	22 ④	23 ②	24 ①	25 ④
26 ④	27 ④	28 ②	29 ③	30 ②
31 ④	32 ③	33 ①	34 ④	35 ③
36 ④	37 ①	38 ③	39 ④	40 ②
41 ④	42 ②	43 ②	44 ①	45 ②
46 ②	47 ②	48 ④	49 ①	50 ②
51 ①	52 ①	53 ④	54 ①	55 ④
56 ④	57 ④	58 ①	59 ④	60 ②

2023년 1회 CBT 복원문제

01 실린더 배기량이 376.8cc이고, 연소실 체적이 47.1cc일 때 기관의 압축비는 얼마인가?

① 7 : 1
② 8 : 1
③ 9 : 1
④ 10 : 1

> 압축비 $\varepsilon = \dfrac{\text{실린더 체적}}{\text{연소실 체적}} = 1 + \dfrac{\text{행정 체적(배기량)}}{\text{연소실 체적}}$ 이므로
> ∴ 압축비 $= 1 + \dfrac{376.8}{47.1} = 9$

02 가솔린 자동차에서 배출되는 유해 배출가스 중 규제 대상이 아닌 것은?

① CO
② SO_2
③ HC
④ NOx

> 유해 배기가스는 일산화탄소(CO), 탄화수소(HC), 질소산화물(NOx) 이다.

03 피스톤 링의 구비조건으로 틀린 것은?

① 고온에서도 탄성을 유지할 것
② 오래 사용하여도 링 자체나 실린더 마멸이 적을 것
③ 열팽창률이 작을 것
④ 실린더 벽에 편심된 압력을 가할 것

> 피스톤 링의 구비조건
> • 열 팽창률이 적을 것
> • 내열성과 내마모성이 좋을 것
> • 실린더 벽에 균일한 압력을 가할 것
> • 피스톤 링 자체나 실린더 마멸이 적을 것
> • 고온에서도 탄성을 유지할 것

04 피스톤 헤드 부분에 있는 홈(Heat Dam)의 역할은?

① 제 1 압축링을 끼우는 홈이다.
② 열의 전도를 방지하는 홈이다.
③ 무게를 가볍게 하기 위한 홈이다.
④ 응력을 집중하기 위한 홈이다.

> 히트 댐(Heat Dam)이란 피스톤 헤드부에 홈을 두어 열의 전도를 방지하는 댐이다.

05 4사이클 가솔린 엔진에서 최대 압력이 발생되는 시기는 언제인가?

① 배기행정의 끝 부근에서
② 피스톤의 TDC 전 약 10~15℃ 부근에서
③ 압축행정 끝 부근에서
④ 동력행정에서 TDC 후 약 10~15℃에서

> 최대 압력이 발생되는 시기는 동력행정에서 상사점(TDC) 후 약 10~15℃ 부근에서이다.

06 4 행정 직렬 8실린더 엔진의 폭발행정은 몇 도 마다 일어나는가?

① 45°
② 90°
③ 120°
④ 180°

> 크랭크축 위상차 $= \dfrac{720°}{\text{실린더 수}} = 90°$

07 부특성 흡기온도 센서(A.T.S)에 대한 설명으로 틀린 것은?

① 흡기온도가 낮으면 저항값이 커지고, 흡기온도가 높으면 저항값은 작아진다.
② 흡기온도의 변화에 따라 컴퓨터는 연료분사 시간을 증감시켜주는 역할을 한다.
③ 흡기온도의 변화에 따라 컴퓨터는 점화시기를 변화시키는 역할을 한다.
④ 흡기온도를 뜨겁게 감지하면 출력전압이 커진다.

> 흡기온도가 높으면 저항값은 작아지므로 출력전압은 낮아진다.

08 내연기관에서 언더 스퀘어 엔진은 어느 것인가?

① 행정 / 실린더 내경 = 1
② 행정 / 실린더 내경 < 1
③ 행정 / 실린더 내경 > 1
④ 행정 / 실린더 내경 ≦ 1

> 언더 스퀘어(under square) 엔진이란 내경이 행정보다 작은 엔진을 말한다. 즉, 행정 / 실린더 내경 > 1

09 가솔린 기관의 노킹을 방지하는 방법으로 틀린 것은?

① 화염 진행거리를 단축시킨다.
② 자연착화 온도가 높은 연료를 사용한다.
③ 화염전파 속도를 빠르게 하고 와류를 증가시킨다.
④ 냉각수의 온도를 높여주고 흡기 온도를 높인다.

> 가솔린 기관의 노킹은 옥탄가가 작거나 연소실 온도가 높아서 발생되므로, 가능한 한 연소실을 차갑게 하여 노킹을 방지한다. 따라서 냉각수 온도를 차갑게 하거나 흡기 온도를 낮춘다.

10 가솔린 분사장치에서 분사 밸브의 설치위치가 흡기다기관 또는 흡입통로에 설치한 방식이 아닌 것은?

① SPI 방식
② MPI 방식
③ TBI 방식
④ GDI 방식

> GDI(Gasoline Direct Injection)란 분사밸브를 연소실 내에 설치하여 연소실에 연료를 직접 분사하는 방식

11 피스톤 행정이 84mm, 기관의 회전수가 3,000rpm인 4행정 사이클 기관의 피스톤 평균속도는 얼마인가?

① 7.4m/s ② 8.4m/s
③ 9.4m/s ④ 10.4m/s

> 피스톤 평균속도(v) = $\frac{2LN}{60}$ = $\frac{LN}{30}$
> (L : 행정(m), N : 엔진 회전수(rpm))
> ∴ 피스톤 평균속도 v = $\frac{0.084 \times 3,000}{30}$ = 8.4m/s

12 자동차용 LPG 연료의 특성을 잘못 설명한 것은?

① 연소 효율이 좋고 엔진운전이 정숙하다.
② 증기폐쇄(vapor lock)가 잘 일어난다.
③ 대기오염이 적으므로 위생적이고 경제적이다.
④ 엔진 윤활유의 오염이 적으므로 엔진수명이 길다.

> LPG 연료의 특징
> • 연소효율이 좋고, 엔진이 정숙하다.
> • 오일의 오염이 적어 엔진 수명이 길다.
> • 연소실에 카본부착이 없어 점화플러그 수명이 길어진다.
> • 대기오염이 적고, 위생적이며 경제적이다.
> • 옥탄가가 높고 노킹이 적어 점화시기를 앞당길 수 있다.
> ※ 가스상태이므로 증기폐쇄가 일어나지 않는다.

13 전자제어 가솔린 분사장치의 연료펌프에서 첵밸브의 역할은?

① 잔압 유지와 재시동을 용이하게 한다.
② 연료 압력의 맥동을 감소시킨다.
③ 연료가 막혔을 때 압력을 조절한다.
④ 연료를 분사한다.

> 첵밸브의 역할
> • 역류를 방지
> • 잔압을 유지
> • 베이퍼 록 방지
> • 재시동성 향상

14 전자제어 가솔린기관에서 컨트롤유닛(ECU)로 입력되는 센서가 아닌 것은?

① 수온 센서 ② 크랭크각 센서
③ 흡기온도 센서 ④ 휠 스피드 센서

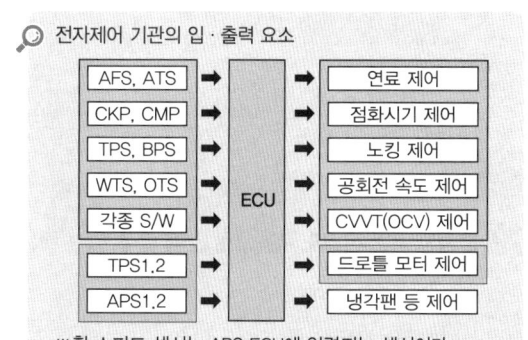

※ 휠 스피드 센서는 ABS ECU에 입력되는 센서이다.

15 실린더 헤드의 평면도 점검 방법으로 옳은 것은?

① 마이크로미터로 평면도를 측정 점검한다.
② 곧은자와 틈새게이지로 측정 점검한다.
③ 실린더 헤드를 3개 방향으로 측정 점검한다.
④ 틈새가 0.02mm 이상이면 연삭한다.

🔍 실린더 헤드의 평면도 점검은 직각자(곧은자)와 필러(틈새, 간극, 시크니스)게이지로 측정 점검한다.

16 제작자동차 등의 안전기준에서 2점식 또는 3점식 안전띠의 골반부분 부착장치는 몇 kgf의 하중에 10초 이상 견뎌야 하는가?

① 1,270kgf   ② 2,270kgf
③ 3,870kgf   ④ 5,670kgf

🔍 2점식 또는 3점식 안전띠의 골반부분 부착장치는 2,270kg의 하중에 10초 이상 견딜 것

17 가솔린 연료에서 노크를 일으키기 어려운 성질인 내폭성을 나타내는 수치는?

① 옥탄가   ② 점도
③ 세탄가   ④ 베이퍼 록

🔍 옥탄가 : 연료의 안티 노킹성(anti-knocking, 내폭성, 제폭성)을 나타내는 정도

18 3원 촉매장치의 촉매 컨버터에서 정화 처리하는 배기가스가 아닌 것은?

① CO   ② NOx
③ SO_2 ④ HC

🔍 삼원 촉매장치는 일산화탄소(CO), 탄화수소(HC), 질소산화물(NOx)을 저감한다.

19 흡기 다기관 진공도 시험으로 알아 낼 수 없는 것은?

① 밸브 작동의 불량
② 점화 시기의 불량
③ 흡·배기 밸브의 밀착상태
④ 연소실 카본누적

🔍 연소실 카본 누적은 압축압력 시험으로 알 수 있다.

20 연소실 체적이 210cc이고, 행정체적이 3,780cc인 디젤 6기통 기관의 압축비는 얼마인가?

① 17 : 1   ② 18 : 1
③ 19 : 1   ④ 20 : 1

🔍 압축비 $\varepsilon = \frac{실린더\ 체적}{연소실\ 체적} = 1 + \frac{행정\ 체적(배기량)}{연소실\ 체적}$

∴ 압축비 $= 1 + \frac{3,780}{210} = 19$

21 일반 디젤기관의 분사펌프에서 최고회전을 제어하며 과속(over run)을 방지하는 기구는?

① 타이머
② 조속기
③ 세그먼트
④ 피드 펌프

🔍 디젤기관은 사용조건의 변화가 커서 부하 및 회전속도 변동에 따라 오버 런이나 기관의 작동정지가 발생될 수 있다. 이를 방지하기 위하여 조속기로 분사량을 가감하여 운전을 안정시킨다.

22 디젤 기관용 연료의 구비조건으로 틀린 것은?

① 착화성이 좋을 것
② 부식성이 적을 것
③ 인화성이 좋을 것
④ 적당한 점도를 가질 것

🔍 디젤 연료(경유)의 구비조건
• 착화성이 좋을 것
• 세탄가가 높을 것
• 발열량이 클 것
• 점도가 적당하고, 온도에 따른 점도 변화가 적을 것
• 부식성이 적을것

23 한 개의 실린더 배기량이 1,400cc이고, 압축비가 8일 때 연소실 체적은?

① 175cc   ② 200cc
③ 100cc   ④ 150cc

$$압축비 = 1 + \frac{행정\ 체적(배기량)}{연소실\ 체적}$$

$$\therefore 연소실\ 체적 = \frac{행정\ 체적(배기량)}{압축비-1} = \frac{1,400}{8-1} = 200cc$$

24 일반적인 브레이크 오일의 주성분은?

① 윤활유와 경유
② 알콜과 피마자 기름
③ 알콜과 윤활유
④ 경유와 피마자 기름

🔍 브레이크 오일은 일반적으로 피마자 기름에 알콜 등의 용제를 혼합한 식물성 오일이다.

25 물이 고여 있는 도로주행 시 하이드로 플레이닝 현상을 방지하기 위한 방법으로 틀린 것은?

① 저속 운전을 한다.
② 트레드 마모가 적은 타이어를 사용한다.
③ 타이어 공기압을 낮춘다.
④ 리브형 패턴을 사용한다.

🔍 하이드로 플레이닝(hydro planning) 방지 방법
- 트레드의 마모가 적은 타이어를 사용한다.
- 타이어의 공기압을 높인다.
- 카프형으로 셰이빙 가공한 것을 사용한다.
- 물 배출이 용이한 리브 패턴의 타이어를 사용한다.
- 차량의 속도를 감속한다.

26 현가장치에서 스프링 강으로 만든 가늘고 긴 막대 모양으로 비틀림 탄성을 이용하여 완충 작용을 하는 부품은?

① 공기 스프링
② 토션 바 스프링
③ 판 스프링
④ 코일 스프링

🔍 토션 바 스프링(torsion bar)은 스프링 강으로 만든 가늘고 긴 막대 모양으로 비틀림 탄성을 이용하여 완충 작용을 하는 스프링이다.

27 자동변속기에서 토크컨버터의 터빈축이 연결되는 곳은?

① 변속기 입력부분
② 변속기 출력부분
③ 가이드링 부분
④ 임펠러 부분

🔍 자동변속기에서 토크 컨버터의 터빈축은 변속기 입력부분과 연결되어 변속기로 동력을 전달한다.

28 동력조향장치에서 오일펌프에 걸리는 부하가 기관 아이들링 안정성에 영향을 미칠 경우 오일펌프 압력 스위치는 어떤 역할을 하는가?

① 유압을 더욱 다운시킨다.
② 부하를 더욱 증가시킨다.
③ 기관 아이들링 회전수를 증가시킨다.
④ 기관 아이들링 회전수를 다운시킨다.

🔍 동력 조향장치에서 오일펌프에 부하가 걸리면 기관 아이들링이 불안정해 지므로 ECU는 오일압력 스위치 신호를 입력받아 기관 아이들링 회전수를 증가시킨다.

29 수동변속기 자동차에서 변속이 어려운 이유 중 틀린 것은?

① 클러치의 끊김 불량
② 컨트롤 케이블의 조정 불량
③ 기어오일의 과다 주입
④ 싱크로메시 기구의 불량

🔍 수동변속기 자동차에서 변속이 어려운 이유
- 싱크로메시 기구의 불량
- 클러치의 끊김 불량
- 컨트롤 케이블의 조정 불량

30 브레이크 장치에서 급제동 시 마스터 실린더에 발생된 유압이 일정압력 이상이 되면 뒤 휠 실린더 쪽으로 전달되는 유압상승을 제어하여 차량의 쏠림을 방지하는 장치는?

① 하이드롤릭 유니트(hydraulic unit)
② 리미팅 밸브(limiting valve)
③ 스피드 센서(speed sensor)
④ 솔레노이드 밸브(solenoid valve)

🔍 리미팅 밸브는 급 제동시 유압이 일정압력 이상이 되면 후륜측에 유압이 상승하지 않도록 제한하여 후륜이 먼저 로크되지 않도록 하여 차량의 쏠림을 방지한다.

31 자동변속기 차량에서 시동이 가능한 변속레버 위치는?

① P, N
② P, D
③ 전구간
④ N, D

🔍 인히비터(inhibitor) 스위치는 "P" 또는 "N" 레인지 이외에서는 시동이 걸리지 않도록 하는 스위치이다.

32 자동차가 주행 중 앞부분에 심한 진동이 생기는 현상인 트램핑(tramping)의 주된 원인은?

① 적재량 과다
② 토숀바 스프링 마멸
③ 내압의 과다
④ 바퀴의 불평형

🔍 휠 트램프(wheel tramp)란 타이어 앞부분의 동적 평형이 맞지 않아 주행 중 자동차의 앞부분에 심한 진동이 발생되는 현상을 말한다.

33 전자제어 제동장치(ABS)의 구성요소가 아닌 것은?

① 휠 스피드 센서
② 전자제어 유닛
③ 하이드롤릭 컨트롤 유닛
④ 각속도 센서

🔍 ABS의 구성부품
- 휠 스피드 센서 : 차륜의 회전상태를 검출
- 전자제어 유닛(E.C.U) : 휠 스피드 센서의 신호를 받아 ABS를 제어
- 하이드롤릭 유닛 : E.C.U의 신호에 따라 휠 실린더에 공급되는 유압을 제어

34 십자형 자재이음에 대한 설명 중 틀린 것은?

① 주로 후륜 구동 식 자동차의 추진축에 사용된다.
② 십자 축과 두 개의 요크로 구성되어 있다.
③ 롤러베어링을 사이에 두고 축과 요크가 설치되어 있다.
④ 자재이음과 슬립이음 역할을 동시에 하는 형식이다.

🔍 슬립이음의 역할은 슬립 조인트가 한다.

35 전자제어 제동장치(ABS)에서 ECU 신호계통, 유압계통 이상 발생 시 솔레노이드 밸브 전원공급 릴레이 "OFF" 함과 동시에 제어 출력신호를 정지하는 기능은?

① 연산 기능
② 최초점검 기능
③ 페일 세이프 기능
④ 입·출력신호 기능

🔍 페일 세이프(fail safe) : 이중 안전장치란 뜻으로, 부품의 고장에 의해 장치가 작동하지 않더라도 항상 정상 상태를 유지할 수 있는 기능을 말한다. ABS 시스템 이상 발생시 ABS의 모든 기능이 정지되고, 일반 브레이크로 정상 작동하는 것을 페일 세이프라 한다.

36 수동변속기 차량의 클러치판에서 클러치 접속시 회전 충격을 흡수하는 것은?

① 쿠션스프링
② 댐퍼스프링
③ 클러치스프링
④ 막스프링

🔍 클러치 스프링의 종류와 역할
- 비틀림 코일(torsional damper) 스프링 : 회전충격 흡수
- 쿠션(cushion) 스프링 : 직각방향의 충격 흡수 및 디스크의 변형 및 파손 방지

37 제동장치에서 후륜의 잠김으로 인한 스핀을 방지하기 위해 사용되는 것은?

① 릴리프 밸브
② 컷 오프 밸브
③ 프로포셔닝 밸브
④ 솔레노이드 밸브

🔍 프로포셔닝 밸브는 브레이크 페달을 밟았을 때 뒷바퀴가 조기에 고착되지 않도록 뒷바퀴의 유압을 제어한다. 제동 중 뒷바퀴가 로크되면 자동차는 스핀이 발생된다.

38 전자제어 제동장치(ABS)의 적용 목적이 아닌 것은?

① 차량의 스핀 방지
② 휠 잠김(lock) 유지
③ 차량의 방향성 확보
④ 차량의 조종성 확보

🔍 ABS의 설치 목적
- 미끄러짐을 방지하여 차체를 안전성을 유지한다.
- ECU에 의해 브레이크를 컨트롤하여 조종성을 확보한다.
- 제동거리를 단축시킨다.
- 앞바퀴의 잠김으로 인한 조향능력 상실을 방지한다.
- 뒷바퀴의 잠김으로 인한 차체 스핀에 의한 전복을 방지한다.

39 유압식 제동장치에서 마스터 실린더의 내경이 2cm, 푸시로드에 100kgf의 힘이 작용할 때 브레이크 파이프에 작용하는 압력은?

① 약 $32kgf/cm^2$
② 약 $25kgf/cm^2$
③ 약 $10kgf/cm^2$
④ 약 $2kgf/cm^2$

> 압력(kgf/cm²) = 하중/단면적
>
> $$\therefore \frac{W}{\frac{\pi}{4}D^2} = \frac{100}{0.785 \times 2^2} = 31.847 kgf/cm^2$$

40 전자제어 제동장치(ABS)에서 바퀴가 고정(잠김)되는 것을 검출하는 것은?

① 브레이크 드럼
② 하이드로릭 유니트
③ 휠 스피드 센서
④ ABS ECU

> 전자제어 제동장치(ABS)에서 휠 스피드 센서는 바퀴의 회전속도를 검출하여 바퀴가 고정(잠김)되는 것을 검출하는 역할을 하는 센서이다.

41 전자제어 에어컨 장치(FATC)에서 컨트롤 유닛(컴퓨터)이 제어하지 않는 것은?

① 히터 밸브
② 송풍기 속도
③ 컴프레서 클러치
④ 리시버 드라이어

> 전자동 에어컨(FATC)에서 에어컨 ECU는 컴프레서의 작동, 송풍기 회전 속도, 히터 밸브 등을 제어하여 실내온도를 적절하게 유지한다.

42 PTC 서미스터에서 온도와 저항값의 변화 관계가 맞는 것은?

① 온도 증가와 저항값은 관련 없다.
② 온도 증가에 따라 저항값이 감소한다.
③ 온도 증가에 따라 저항값이 증가한다.
④ 온도 증가에 따라 저항값이 증가, 감소 반복한다.

> 서미스터란 온도에 따라 저항값이 변하는 반도체 소자로, 온도가 올라갈 때 저항값이 커지면 정특성(PTC, Positive Temperature Coefficient) 서미스터라 하고, 반대로 저항값이 내려가면 부특성(NTC, Negative Temperature Coefficient) 서미스터라 한다.

43 2Ω, 3Ω, 6Ω의 저항을 병렬로 연결하여 12V의 전압을 가하면 흐르는 전류는?

① 1A
② 2A
③ 3A
④ 12A

> 합성저항 $\frac{1}{R} = \frac{1}{R_1} + \frac{1}{R_2} + \cdots + \frac{1}{R_n}$
>
> $\therefore$ 합성저항 $\frac{1}{R} = \frac{1}{2} + \frac{1}{3} + \frac{1}{6} = \frac{3}{6} + \frac{2}{6} + \frac{1}{6} = 1A$
>
> $\therefore$ 오옴의 법칙 $I = \frac{E}{R}$, $I = \frac{12}{1} = 12A$

44 자동차의 레인센서 와이퍼 제어장치에 대해 설명 중 옳은 것은?

① 엔진오일의 양을 감지하여 운전자에게 자동으로 알려주는 센서이다.
② 자동차의 와셔액량을 감지하여 와이퍼가 작동시 와셔액을 자동 조절하는 장치이다.
③ 앞창 유리 상단의 강우량을 감지하여 자동으로 와이퍼 속도를 제어하는 센서이다.
④ 온도에 따라서 와이퍼 조작시 와이퍼 속도를 제어하는 장치이다.

> 레인센서 와이퍼(rain sensor wiper) 장치란 우적감지 시스템으로, 앞창 유리 상단의 강우량을 감지하여 운전자가 스위치를 조작하지 않고도 자동으로 와이퍼 속도를 제어하는 시스템이다.

45 반도체 소자 중 사이리스터(SCR)의 단자에 해당하지 않는 것은?

① 애노드(anode)
② 게이트(gate)
③ 캐소드(cathode)
④ 컬렉터(collector)

> 사이리스터(SCR)의 단자 명칭 : 애노드(A), 캐소드(K), 게이트(G)

46 와셔 연동 와이퍼의 기능으로 틀린 것은?

① 와셔 액의 분사와 같이 와이퍼가 작동한다.
② 연료를 절약하기 위해서이다.
③ 전면 유리에 이물질 제거를 위해서이다.
④ 와이퍼 스위치를 별도로 작동하여야 하는 불편을 해소하기 위해서이다.

> 와셔 연동 와이퍼는 운전자의 편의를 위한 장치로, 연료가 절약되는 것은 아니다.

47 다음 전기 기호 중에서 트랜지스터의 기호는?

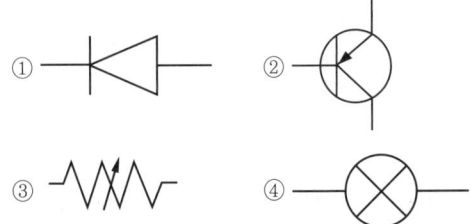

> 기호의 명칭
> ① : 다이오드   ② : 트랜지스터
> ③ : 가변저항   ④ : 전구

48 어떤 6기통 디젤기관의 예열회로를 점검해보니 예열플러그 1개당 저항이 1/12Ω이었다. 각각 직렬 연결되어 있으며, 전압이 12V일 때 예열플러그 전체에 전류는?

① 12A
② 24A
③ 36A
④ 144A

> 합성저항 $R = R_1 + R_2 + \cdots + R_n$
> ∴ 합성저항 $R = \frac{1}{12} + \frac{2}{12} + \frac{3}{12} + \frac{4}{12} + \frac{5}{12} + \frac{6}{12}$
> $= \frac{6}{12} Ω$
> ∴ 오옴의 법칙 $I = \frac{E}{R}$, ∴ $I = \frac{12}{\frac{6}{12}} = 24A$

49 기동전동기의 시동(크랭킹)회로에 대한 내용으로 틀린 것은?

① B 단자까지의 배선은 굵은 것을 사용해야 한다.
② B 단자와 ST 단자를 연결해 주는 것은 마그네트 스위치(key)이다.
③ B 단자와 M 단자를 연결해 주는 것은 마그네트 스위치(key)이다.
④ 축전지 접지가 좋지 않더라도 (+) 선의 접촉이 좋으면 작동에는 지장이 없다.

> 축전지 접지가 좋지 않으면 기동전동기는 작동하지 않는다.

50 기동전동기의 시험과 관계없는 것은?

① 저항 시험   ② 회전력 시험
③ 고부하 시험   ④ 무부하 시험

> 기동전동기 시험항목 : 무부하 시험, 회전력 시험, 저항 시험

51 조정렌치를 취급하는 방법 중 잘못된 것은?

① 조정 조(jaw) 부분에 렌치의 힘이 가해지도록 할 것
② 렌치에 파이프 등을 끼워서 사용하지 말 것
③ 작업시 몸쪽으로 당기면서 작업할 것
④ 볼트 또는 너트의 치수에 밀착되도록 크기를 조절할 것

> 조정 렌치는 고정 조(jaw)에 힘이 많이 걸리도록 하여 몸 쪽으로 당기면서 작업하고, 볼트나 너트의 치수에 맞도록 크기를 조절하여 사용하며 손잡이에 파이프, 렌치 등을 이어서 사용하거나 해머로 두들기지 말 것

52 전기 기계나 기구의 노출된 충전부에 직접접촉에 의한 감전 방지책이 아닌 것은?

① 충전부가 노출되지 않도록 한다.
② 충전부에 방호망 또는 절연 덮개를 설치한다.
③ 발전소, 변전소 및 개폐소에 관계 근로자 외 출입을 금지한다.
④ 작업장 바닥 절연처리와 절연물 마감처리를 한다.

> 감전 방지대책
> • 충전부가 노출되지 않도록 한다.
> • 충전부에 방호망 또는 절연 덮개를 설치한다.
> • 발전소, 변전소 및 개폐소에 관계 근로자 외 출입을 금지한다.

53 공기공구 사용에 대한 설명 중 틀린 것은?

① 공구 교체시에는 반드시 밸브를 꼭 잠그고 해야 한다.
② 활동 부분은 항상 윤활유 또는 그리스를 급유한다.
③ 사용시에는 반드시 보호구를 착용해야 한다.
④ 공기공구를 사용할 때에는 밸브를 빠르게 열고 닫는다.

> 공기공구는 회전이 빠르므로 천천히 속도를 높여가며 조심스럽게 사용한다.

54 렌치 사용시 주의사항으로 틀린 것은?

① 렌치를 너트가 손상이 안 가도록 가급적 얕게 물린다.
② 해머 대용으로 사용해서는 안된다.
③ 렌치를 몸 안쪽으로 잡아당겨 움직이게 한다.
④ 렌치에 파이프 등의 연장대를 끼우고 사용해서는 안된다.

> 스패너 및 렌치 작업시 주의사항
> • 렌치는 몸 앞으로 조금씩 당겨서 사용할 것
> • 렌치와 너트 사이에 절대 다른 물건을 끼우지 말 것
> • 렌치를 해머 대용으로 사용해서는 안된다.
> • 렌치에 파이프 등의 연장대를 끼우고 사용해서는 안된다.
> • 렌치는 볼트 너트를 풀거나 조일 때 볼트 머리나 너트에 꼭 끼워져야 한다.
> • 조정렌치의 조정조에 힘이 가해지지 않을 것

55 산소용기의 가스 누설검사 시 사용하는 검사액으로 가장 적당한 것은?

① 비눗물
② 솔벤트
③ 순수한 물
④ 알코올

> 가스 용기 누설검사는 비눗물로 한다.

56 압축 압력계를 사용하여 실린더의 압축 압력을 점검할 때 안전 및 유의사항으로 틀린 것은?

① 기관을 시동하여 정상온도(워밍업)가 된 후에 시동을 건 상태에서 점검한다.
② 점화계통과 연료계통을 차단시킨 후 크랭킹 상태에서 점검한다.
③ 시험기는 밀착하여 누설이 없도록 한다.
④ 측정값이 규정값보다 낮으면 엔진 오일을 약간 주입 후 다시 측정한다.

> 압축압력 점검은 정상온도가 된 후에 시동을 끄고 점검한다.

57 자동변속기 분해 조립시 유의사항으로 틀린 것은?

① 작업시 청결을 유지하고 작업한다.
② 분해된 모든 부품은 걸레로 닦아낸다.
③ 클러치판, 브레이크 디스크는 자동변속기 오일로 세척한다.
④ 조입시 개스킷, 오일 실 등은 새 것으로 교환한다.

> 자동변속기 부품은 오일 속에서 작동하므로 걸레로 닦아서는 안된다.

58 자동차 정비공장에서 호이스트 사용시 안전사항으로 틀린 것은?

① 규정 하중 이상으로 들지 않는다.
② 무게 중심은 들어 올리는 물체의 크기(size) 중심이다.
③ 사람이 매달려 운반하지 않는다.
④ 들어 올릴 때에는 천천히 올려 상태를 살핀 후 완전히 들어올린다.

> 호이스트(hoist) 점검시 유의사항
> • 규정 하중 이상으로 들지 않는다.
> • 들어 올릴 때에는 천천히 올려 상태를 살핀 후 완전히 들어올린다.
> • 사람이 매달려 운반하지 않는다.
> • 호이스트 바로 밑에서 조작하지 않는다.
> • 화물을 걸 때에는 들어 올리는 화물 무게중심의 위치를 확인하고 건다.

59 전기장치의 점검시 점프와이어(jump wire)에 대한 설명 중 ( ) 안에 적합한 것은?

> 점프와이어는 (a)의 (b)상태에서 점검하는데 사용한다.

① a : 전원, b : 통전 또는 접지
② a : 통전 또는 접지, b : 점프
③ a : 통전 또는 접지, b : 연결부위를 제거한
④ a : 점프, b : 통전 또는 접지

> 점프 와이어는 전원을 ON한 상태에서 통전 또는 접지여부를 점검한다.

60 기관의 냉각장치를 점검·정비할 때 안전 및 유의사항으로 틀린 것은?

① 방열기 코어가 파손되지 않도록 한다.
② 워터 펌프 베어링은 세척하지 않는다.
③ 방열기 캡을 열 때는 압력을 서서히 제거하며 연다.
④ 누수 여부를 점검할 때 압력시험기의 지침이 멈출 때까지 압력을 가압한다.

🔍 압력기 지침은 규정 압력까지 가압한다.

정답 2023년 1회 복원문제

01 ③	02 ②	03 ④	04 ②	05 ④
06 ②	07 ④	08 ③	09 ④	10 ④
11 ②	12 ②	13 ①	14 ④	15 ②
16 ②	17 ①	18 ③	19 ④	20 ③
21 ②	22 ③	23 ②	24 ②	25 ③
26 ②	27 ①	28 ③	29 ③	30 ②
31 ①	32 ④	33 ④	34 ④	35 ③
36 ②	37 ③	38 ②	39 ①	40 ②
41 ④	42 ③	43 ④	44 ③	45 ④
46 ②	47 ②	48 ②	49 ④	50 ③
51 ①	52 ④	53 ④	54 ①	55 ①
56 ①	57 ②	58 ②	59 ①	60 ④

2023년 2회 CBT 복원문제

01 CRDI 디젤엔진에서 기계식 저압펌프의 연료공급 경로가 맞는 것은?

① 연료탱크 – 저압펌프 – 연료필터 – 고압펌프 – 커먼레일 – 인젝터
② 연료탱크 – 연료필터 – 저압펌프 – 고압펌프 – 커먼레일 – 인젝터
③ 연료탱크 – 저압펌프 – 연료필터 – 커먼레일 – 고압펌프 – 인젝터
④ 연료탱크 – 연료필터 – 저압펌프 – 커먼레일 – 고압펌프 – 인젝터

🔍 CRDI 디젤엔진의 연료공급 경로
• 기계식 저압펌프 방식 : 연료탱크 – 연료필터 – 저압펌프 – 고압펌프 – 커먼레일 – 인젝터
• 전기식 저압펌프 방식 : 연료탱크 – 연료펌프 – 연료필터 – 고압펌프 – 커먼레일 – 인젝터

02 고속 디젤기관의 기본 사이클에 해당되는 것은?

① 정적 사이클(Constant volume cycle)
② 정압 사이클(Constant pressure cycle)
③ 복합 사이클(Sabathe cycle)
④ 디젤 사이클(Diesel cycle)

🔍 자동차 기관의 열역학적 사이클
• 오토 사이클 : 정적 사이클 – 가솔린 기관
• 디젤 사이클 : 정압 사이클 – 저속 디젤기관
• 사바테 사이클 : 복합(합성) 사이클 – 고속 디젤기관

03 크랭크축 메인 저어널 베어링 마모를 점검하는 방법은?

① 피일러 게이지 방법
② 시임(seam) 방법
③ 직각자 방법
④ 플라스틱 게이지 방법

🔍 크랭크축 메인 저널 베어링의 마모 점검 및 오일간극 측정은 플라스틱 게이지를 이용한다.

04 EGR(배기가스 재순환 장치)과 관계있는 배기가스는?

① CO
② HC
③ NOx
④ H_2O

🔍 배기가스 재순환장치는 EGR 밸브를 이용하여 연소실의 최고온도를 낮추어 질소산화물(NOx)의 발생을 감소시킨다.

05 PCV(positive crankcase ventilation)에 대한 설명으로 옳은 것은?

① 블로바이(blow by) 가스를 대기 중으로 방출하는 시스템이다.
② 고부하 때에는 블로바이 가스가 공기 청정기에서 헤드커버 내로 공기가 도입된다.
③ 흡기 다기관이 부압일 때는 크랭크케이스에서 헤드커버를 통해 공기 청정기로 유입된다.
④ 헤드커버 안의 블로바이 가스는 부하와 관계없이 서지탱크로 흡입되어 연소된다.

🔍 블로바이 가스는 공전 및 경부하시에는 PCV 밸브를 통하여 서지탱크로 흡입되어 연소되며, 급가속 및 고부하시에는 PCV 밸브는 닫히고, 브리더 호스를 통하여 서지탱크로 흡입되어 연소된다.

06 기관이 1,500rpm에서 20m-kgf의 회전력을 낼 때 기관의 출력은 41.87PS이다. 기관의 출력을 일정하게 하고 회전수를 2,500rpm으로 하였을 때 얼마의 회전력을 내는가?

① 약 45m-kgf
② 약 35m-kgf
③ 약 25m-kgf
④ 약 12m-kgf

🔍 출력(제동마력, PS) = $\dfrac{TN}{716}$
(T : 회전력(m-kgf), N : 엔진 회전수(rpm))
∴ T = $\dfrac{716 \times ps}{N}$ = $\dfrac{716 \times 41.87}{2,500}$ = 11.99kgf-m

07 화물자동차 및 특수자동차의 차량 총중량은 몇 톤을 초과해서는 안되는가?

① 20톤 ② 30톤
③ 40톤 ④ 50톤

> 자동차의 차량총중량은 20톤(승합자동차는 30톤, 화물 및 특수자동차는 40톤), 축중은 10톤, 윤중은 5톤을 초과하여서는 안된다.

08 크랭크케이스 내의 배출가스 제어장치는 어떤 유해가스를 저감시키는가?

① HC   ② CO
③ NOx ④ CO_2

> 실린더 압축 행정시 실린더와 피스톤 사이로 누출되는 미연소 가스인 탄화수소(HC)를 블로바이(blow-by) 가스라 하며, 이 미연소 가스가 크랭크 케이스 내에 축적되어 이것을 저감시키는 장치를 블로바이가스 제어장치라 한다.

09 피스톤의 평균속도를 올리지 않고 회전수를 높일 수 있으며 단위 체적당 출력을 크게 할 수 있는 기관은?

① 장행정 기관
② 정방형 기관
③ 단행정 기관
④ 고속형 기관

> 오버스퀘어(단행정) 기관의 장점과 단점
> • 피스톤 평균속도를 높이지 않고 기관 회전수를 높일 수 있어 출력을 크게 할 수 있다.
> • 흡배기 밸브의 지름을 크게 할 수 있어 체적효율을 높일 수 있다.
> • 내경에 비해 행정이 작으므로 기관의 높이를 낮게 할 수 있다.
> • 내경이 커서 피스톤이 과열되기 쉽고, 베어링 하중이 증가한다.
> • 기관의 높이는 낮아지나, 길이가 길어진다.

10 연료 1kg을 연소시키는데 드는 이론적 공기량과 실제로 드는 공기량의 비를 무엇이라고 하는가?

① 중량비 ② 공기율
③ 중량도 ④ 공기 과잉율

> 공기 과잉률이란 연료 1 kg을 연소시키는데 드는 이론적 공기량과 실제로 드는 공기량의 비를 말한다.

11 윤활유의 성질에서 요구되는 사항이 아닌 것은?

① 비중이 적당할 것
② 인화점 및 발화점이 낮을 것
③ 점성과 온도와의 관계가 양호할 것
④ 카본의 생성이 적으며, 강인한 유막을 형성할 것

> 윤활유의 구비조건
> • 인화점과 발화점이 높을 것
> • 응고점이 낮을 것
> • 비중과 점도가 적당할 것
> • 열과 산에 대하여 안정될 것
> • 카본의 생성이 적으며, 강인한 유막을 형성할 것

12 디젤 연료의 발화 촉진제로 적당치 않은 것은?

① 아황산 에틸($C_2H_5SO_3$)
② 아질산 아밀($C_5H_{11}NO_2$)
③ 질산 에틸($C_2H_5NO_3$)
④ 질산 아밀($C_2H_{11}NO_3$)

> 연료 발화 촉진제 : 초산 아밀, 아초산 아밀, 초산 에틸, 아초산 에틸, 질산 에틸, 질산 아밀, 아질산 아밀

13 실린더와 피스톤 사이의 틈새로 가스가 누출되어 크랭크 실로 유입된 가스를 연소실로 유도하여 재연소 시키는 배출가스 정화 장치는?

① 촉매 변환기
② 배기가스 재순환 장치
③ 연료 증발 가스 배출 억제 장치
④ 블로바이 가스 환원 장치

> 블로바이 가스 환원장치는 실린더와 피스톤 사이의 틈새로 가스가 누출되어 크랭크실로 유입된 미연소 가스인 탄화수소(HC)의 배출을 줄이기 위한 장치이다.

14 냉각장치에서 냉각수의 비등점을 올리기 위한 방식이 맞는 것은?

① 압력 캡식 ② 진공 캡식
③ 밀봉 캡식 ④ 순환 캡식

> 냉각장치에서 라디에이터 캡에 압력을 걸어 냉각수의 비점을 올리는 압력식 캡을 사용한다. 0.2~0.9kgf/cm²의 압력을 걸어 냉각수의 비점을 112~119℃로 올린다.

15 연료의 저위발열량이 10,250kcal/kgf일 경우 제동 연료소비율은?(단, 제동 열효율은 26.2%)

① 약 220gf/PSh ② 약 235gf/PSh
③ 약 250gf/PSh ④ 약 275gf/PSh

> 제동 열효율(η_b) = $\dfrac{632.3 \times PS}{CW}$
> 여기서, C : 연료의 저위발열량[kcal/kgf]
> W : 시간당 연료소비량[kgf/h]
> PS : 마력(1PS = 632.3kcal/h)
> ∴ 시간당 연료소비량(W) = $\dfrac{632.3 \times 1}{0.262 \times 10,250}$ = 0.235kgf
> ∴ 연료소비량(W) = 0.235kgf/h
> ∴ 제동 연료소비율 = 연료소비량/ps = 235gf/ps-h

16 분사펌프에서 딜리버리 밸브의 작용 중 틀린 것은?

① 노즐에서의 후적 방지
② 연료의 역류 방지
③ 연료 라인의 잔압유지
④ 분사시기 조정

> 딜리버리(delivery valve)의 기능 : 역류방지, 잔압유지, 후적 방지

17 커넥팅 로드의 비틀림이 엔진에 미치는 영향에 대한 설명이다. 옳지 않은 것은?

① 압축압력의 저하
② 회전에 무리를 초래
③ 저어널 베어링의 마멸
④ 타이밍 기어의 백래시 촉진

> 커넥팅 로드가 비틀리면 회전에 무리를 초래하며, 저널 베어링이 마멸되고 압축압력이 저하한다. 타이밍 기어의 백래시 촉진과는 관련이 없다.

18 배출 가스 중에서 유해가스에 해당하지 않는 것은?

① 질소   ② 일산화탄소
③ 탄화수소   ④ 질소산화물

> 자동차에서 배출되는 3대 유해가스는 일산화탄소(CO), 탄화수소(HC), 질소산화물(NOx)이다.

19 밸브스프링의 점검 항목 및 점검 기준으로 틀린 것은?

① 장력 : 스프링 장력의 감소는 표준값의 10% 이내일 것
② 자유고 : 자유고의 낮아짐 변화량은 3% 이내일 것
③ 직각도 : 직각도는 자유높이 100mm당 3mm 이내일 것
④ 접촉면의 상태는 2/3 이상 수평일 것

> 밸브 스프링의 직각도, 자유고 3% 이내, 장력 15% 이내이다.

20 제동마력(BHP)을 지시마력(IHP)으로 나눈 값은?

① 기계효율   ② 열효율
③ 체적효율   ④ 전달효율

> 기계효율 = $\dfrac{제동마력}{지시마력} \times 100(\%)$

21 흡기관로에 설치되어 칼만 와류 현상을 이용하여 흡입 공기량을 측정하는 것은?

① 흡기온도 센서   ② 대기압 센서
③ 스로틀 포지션 센서 ④ 공기유량 센서

> 센서의 기능
> • 흡기온도 센서 : 흡입공기의 온도를 검출하여 연료 분사량을 보정한다.
> • 대기압 센서 : 대기압력을 측정하여 연료 분사량 및 점화시기를 보정한다.
> • 스로틀 포지션 센서 : 스로틀 밸브의 개도를 검출하여 엔진 운전모드를 판정하여 가속과 감속상태를 검지하고 연료 분사량을 보정한다.
> • 공기유량 센서 : 흡기관로에 설치되어 칼만와류 현상 및 드로틀 밸브의 열림량을 이용하여 흡입공기량을 측정한다.

22 디젤 연소실의 구비조건 중 틀린 것은?

① 연소시간이 짧을 것
② 열효율이 높을 것
③ 평균유효 압력이 낮을 것
④ 디젤노크가 적을 것

> 디젤 연소실의 구비조건
> • 열효율이 높을 것
> • 연소시간이 짧을 것
> • 디젤노크가 적을 것

23 전자제어 가솔린기관 인젝터에서 연료가 분사되지 않는 이유 중 틀린 것은?

① 크랭크각 센서 불량 ② ECU 불량
③ 인젝터 불량 ④ 파워 TR 불량

🔍 파워 TR은 점화계통으로 연료장치와는 관련이 없다.

24 브레이크 장치에서 슈 리턴스프링의 작용에 해당되지 않는 것은?

① 오일이 휠실린더에서 마스터 실린더로 되돌아가게 한다.
② 슈와 드럼간의 간극을 유지해 준다.
③ 페달력을 보강해 준다.
④ 슈의 위치를 확보한다.

🔍 브레이크 슈 리턴스프링은 브레이크를 놓았을 때 오일이 휠실린더에서 마스터 실린더로 되돌아가게 하며, 슈의 위치를 확보하여 슈와 드럼간의 간극을 유지해 준다.

25 자동변속기 차량에서 토크컨버터 내에 있는 스테이터의 기능은?

① 터빈의 회전력을 증대시킨다.
② 바퀴의 회전력을 감소시킨다.
③ 펌프의 회전력을 증대시킨다.
④ 터빈의 회전력을 감소시킨다.

🔍 토크 컨버터에서 스테이터(stator)는 작동 유체의 방향을 변환시켜 회전력(토크)을 증대시키는 역할을 한다.

26 조향장치에서 조형 기어비를 나타낸 것으로 맞는 것은?

① 조향기어비 = 조향휠 회전각도 / 피트먼암 선회각도
② 조향기어비 = 조향휠 회전각도 + 피트먼암 선회각도
③ 조향기어비 = 피트먼암 선회각도 − 조향휠 회전각도
④ 조향기어비 = 피트먼암 선회각도 × 조향휠 회전각도

🔍 조향기어비 = $\dfrac{\text{핸들 회전각도}}{\text{피트먼암 회전각도}}$

27 동력 조향장치의 스티어링 휠 조작이 무겁다. 의심되는 고장부위 중 가장 거리가 먼 것은?

① 랙 피스톤 손상으로 인한 내부 유압 작동 불량
② 스티어링 기어박스의 과대한 백래시
③ 오일탱크 오일 부족
④ 오일펌프 결함

🔍 ①, ③, ④항이 고장이면 동력 조향장치의 스티어링 휠 조작이 무거워지며, 기어박스의 백래시가 크면 핸들유격이 커져 핸들조작이 헐겁게 된다.

28 전차륜 정렬에 관계되는 요소가 아닌 것은?

① 타이어의 이상 마모를 방지한다.
② 정지상태에서 조향력을 가볍게 한다.
③ 조향핸들의 복원성을 준다.
④ 조향방향의 안정성을 준다.

🔍 앞바퀴 정렬(wheel alignment)의 역할
• 조향 핸들의 조작력을 가볍게 한다.
• 조향 핸들에 복원성을 준다.
• 타이어의 마모를 최소화 한다.
• 조향 조작이 확실하고 안정성을 준다.

29 변속기의 변속비가 1.5, 링기어의 잇수 36, 구동피니언의 잇수 6인 자동차를 오른쪽 바퀴만을 들어서 회전하도록 하였을 때 오른쪽 바퀴의 회전수는? (단, 추진축의 회전수는 2,100rpm)

① 350rpm
② 450rpm
③ 600rpm
④ 700rpm

🔍 한쪽바퀴 회전수(Nw)

$Nw = \dfrac{\text{추진축 회전수}}{\text{종감속비}} \times 2 - \text{다른쪽바퀴 회전수}$

∴ 한쪽바퀴 회전수(Nw) = $\dfrac{2,100}{\frac{36}{6}} \times 2 - 0 = 700$

30 자동차의 축간거리가 2.3m, 바퀴 접지면의 중심과 킹핀과의 거리가 20cm인 자동차를 좌회전할 때 우측바퀴의 조향각은 30°, 좌측바퀴 조향각은 32°이었을 때 최소회전반경은?

① 3.3m ② 4.8m
③ 5.6m ④ 6.5m

🔍 최소회전반경 $R = \dfrac{L}{\sin\alpha} + r$
여기서, α : 외측바퀴 회전각도(°)
  L : 축거(m)
  r : 타이어 중심과 킹핀과의 거리(m)
∴ 최소회전반경 $R = \dfrac{2.3}{\sin 30°} + 0.2 = 4.8$

31 공기식 제동장치의 구성요소로 틀린 것은?

① 언로더 밸브 ② 릴레이 밸브
③ 브레이크 챔버 ④ EGR 밸브

🔍 EGR 밸브는 배출가스 제어장치 부품이다.

32 토크 컨버터의 토크 변환율은?

① 0.1 ~ 1배 ② 2 ~ 3배
③ 4 ~ 5배 ④ 6 ~ 7배

🔍 토크 컨버터의 토크 변환율은 약 2~3 : 1이다.

33 요철이 있는 노면을 주행할 경우, 스티어링 휠에 전달되는 충격을 무엇이라 하는가?

① 시미 현상 ② 웨이브 현상
③ 스카이 훅 현상 ④ 킥 백 현상

🔍 요철이 있는 노면을 주행할 경우, 스티어링 휠에 전달되는 충격을 킥 백(kick back) 현상이라 한다.

34 변속기의 전진 기어 중 가장 큰 토크를 발생하는 변속단은?

① 오버드라이브 ② 1단
③ 2단 ④ 직결 단

🔍 변속기 전진 기어 중 가장 큰 토크는 저속(1단)에서 발생한다.

35 주행거리 1.6km를 주행하는데 40초가 걸렸다. 이 자동차의 주행속도를 초속과 시속으로 표시하면?

① 40m/s, 144km/h
② 40m/s, 11.1km/h
③ 25m/s, 14.4km/h
④ 64m/s, 230.4km/h

🔍 초속 = $\dfrac{거리}{시간} = \dfrac{1,600 \text{ m}}{40 \text{ sec}} = 40$ m/s
∴ 시속 = 초속 × 3.6 = 40 × 3.6 = 144km/h

36 자동변속기에서 유성기어 캐리어를 한 방향으로만 회전하게 하는 것은?

① 원웨이 클러치 ② 프론트 클러치
③ 리어 클러치 ④ 엔드 클러치

🔍 일방향 클러치(one way clutch)는 유성기어 캐리어를 한 쪽 방향으로만 회전하게 한다.

37 브레이크액의 특성으로서 장점이 아닌 것은?

① 높은 비등점 ② 낮은 응고점
③ 강한 흡습성 ④ 큰 점도지수

🔍 브레이크 오일의 구비조건
• 점도가 알맞고 점도지수가 클 것
• 응고점이 낮고 비등점이 높을 것
• 화학적으로 안정될 것
• 고무 또는 금속을 경화, 팽창, 부식시키지 않을 것
• 침전물을 발생시키지 않을 것

38 차동장치에서 차동 피니언 사이드 기어의 백 래시 조정은?

① 축받이 차축의 왼쪽 조정심을 가감하여 조정한다.
② 축받이 차축의 오른쪽 조정심을 가감하여 조정한다.
③ 차동 장치의 링기어 조정 장치를 조정한다.
④ 드러스트 와셔의 두께를 가감하여 조정한다.

🔍 차동장치에서 차동 사이드 기어의 백 래시 조정은 드러스트 와셔의 두께를 가감하여 조정한다.

39 자동변속기 유압시험을 하는 방법으로 거리가 먼 것은?

① 오일온도가 약 70~80℃가 되도록 워밍업 시킨다.
② 잭으로 들고 앞바퀴 쪽을 들어 올려 차량 고정용 스탠드를 설치한다.
③ 엔진 타코미터를 설치하여 엔진 회전수를 선택한다.
④ 선택 레버를 'D' 위치에 놓고 가속페달을 완전히 밟은 상태에서 엔진의 최대 회전수를 측정한다.

🔍 자동변속기 유압시험 방법
- 규정오일을 사용하고 오일량이 적정한 지 확인한다.
- 잭으로 들고 앞바퀴 쪽을 들어 올려 차량 고정용 스탠드를 설치한다.
- 엔진을 웜-업시켜 오일온도가 규정온도에 도달 되었을 때 실시한다.
- 엔진 타코미터를 설치하여 엔진 회전수를 선택한다.
- 측정하는 항목에 따라 유압이 다를 수(클 수) 있으므로 유압계 선택에 주의한다.
※ ④항은 자동변속기 스톨시험(stall test) 방법이다.

40 전자제어 동력 조향장치의 특성으로 틀린 것은?

① 공전과 저속에서 핸들 조작력이 작다.
② 중속 이상에서는 차량속도에 감응하여 핸들 조작력을 변화시킨다.
③ 차량속도가 고속이 될수록 큰 조작력을 필요로 한다.
④ 동력 조향장치이므로 조향기어는 필요 없다.

🔍 동력 조향장치에도 조향기어는 있다.

41 20℃에서 양호한 상태인 100Ah의 축전지는 200A의 전기를 얼마 동안 발생시킬 수 있는가?

① 1시간
② 2시간
③ 20분
④ 30분

🔍 축전지 용량(AH) = 방전전류(A) × 방전시간(H)
∴ 200 × 0.5 = 100AH, 0.5시간이므로 30분

42 어떤 기준 전압 이상이 되면 역방향으로 큰 전류가 흐르게 된 반도체는?

① PNP 형 트랜지스터
② NPN 형 트랜지스터
③ 포토 다이오드
④ 제너 다이오드

🔍 제너 다이오드는 어떤 기준 전압 (브레이크 다운 전압) 이상이 되면 역방향으로 큰 전류가 흐르는 반도체이다.

43 자동차의 IMS(Integrated Memory System)에 대한 설명으로 옳은 것은?

① 도난을 예방하기 위한 시스템이다.
② 편의장치로서 장거리 운행시 자동운행 시스템이다.
③ 배터리 교환주기를 알려주는 시스템이다.
④ 스위치 조작으로 설정해둔 시트 위치로 재생시킨다.

🔍 IMS는 운전자에 맞는 최적의 시트 위치 및 미러 위치를 설정하여 기억시킨 후, 스위치 조작으로 설정해둔 위치로 재생시키는 편의장치이다.

44 전조등 회로의 구성부품이 아닌 것은?

① 라이트 스위치 ② 전조등 릴레이
③ 스테이터   ④ 딤머 스위치

🔍 스테이터는 교류발전기 구성부품이다.

45 축전지를 급속 충전할 때 주의사항이 아닌 것은?

① 통풍이 잘 되는 곳에서 충전한다.
② 축전지의 +, - 케이블을 자동차에 연결한 상태로 충전한다.
③ 전해액의 온도가 45℃가 넘지 않도록 한다.
④ 충전 중인 축전지에 충격을 가하지 않도록 한다.

🔍 축전지를 자동차에 설치한 상태로 급속충전할 때에는 축전지 +, - 케이블을 떼어낸 상태로 충전한다.

46 축전지의 충전상태를 측정하는 계기는?

① 온도계
② 기압계
③ 저항계
④ 비중계

> 축전지의 충전상태 측정은 비중계로 한다.

47 편의장치에서 중앙집중식 제어장치(ETACS 또는 ISU)의 입·출력 요소 역할에 대한 설명으로 틀린 것은?

① 모든 도어스위치 : 각 도어 잠김 여부 감지
② INT 스위치 : 와셔 작동 여부 감지
③ 핸들 록 스위치 : 키 삽입 여부 감지
④ 열선스위치 : 열선 작동 여부 감지

> INT 스위치 : 운전자의 의지인 와이퍼 볼륨의 위치 검출

48 교류발전기에서 축전지의 역류를 방지하는 컷아웃 릴레이가 없는 이유는?

① 트랜지스터가 있기 때문이다.
② 점화스위치가 있기 때문이다.
③ 실리콘 다이오드가 있기 때문이다.
④ 전압릴레이가 있기 때문이다.

> AC 발전기의 실리콘 다이오드는 교류를 정류하고, 역류를 방지하므로 컷아웃 릴레이가 필요없다.

49 모터(기동전동기)의 형식을 맞게 나열한 것은?

① 직렬형, 병렬형, 복합형
② 직렬형, 복렬형, 병렬형
③ 직권형, 복권형, 복합형
④ 직권형, 분권형, 복권형

> 전동기의 종류
> • 직권형 : 계자 코일과 전기자 코일이 직렬로 연결
> • 분권형 : 계자 코일과 전기자 코일이 병렬로 연결
> • 복권형 : 계자 코일과 전기자 코일이 직병렬로 연결

50 배선에 있어서 기호와 색의 연결이 틀린 것은?

① Gr : 보라
② G : 녹색
③ R : 적색
④ Y : 노랑

> 배선 색상 약어

약어	배선 색상	약어	배선 색상
B	검정색(Black)	O	오렌지색(Orange)
Br	갈 색(Brown)	P	분홍색(Pink)
G	초록색(Green)	R	빨강색(Red)
Gr	회 색(Gray)	W	흰 색(White)
L	파랑색(bLue)	Y	노랑색(Yellow)
Lg	연두색(Light Green)	Pp	자주색(Purple)
T	황갈색(Tawny)	Ll	하늘색(Light Blue)

51 작업장의 환경을 개선하면 나타나는 현상으로 틀린 것은?

① 좋은 품질의 생산품을 얻을 수 있다.
② 피로를 경감시킬 수 있다.
③ 작업 능률을 향상시킬 수 있다.
④ 기계소모가 많고 동력손실이 크다.

> 작업장의 환경을 개선하면 ①~③항을 향상시킬 수 있다. 기계소모 또는 동력손실과는 관련이 없다.

52 산업 재해는 생산 활동을 행하는 중에 에너지와 충돌하여 생명의 기능이나 (   )을 상실하는 현상을 말한다. (   )에 알맞은 말은?

① 작업상 업무
② 작업조건
③ 노동 능력
④ 노동 환경

> 산업 재해란 생산 활동을 하는 중에 생명을 잃거나 노동능력을 상실하는 것을 말한다.

53 드릴로 큰 구멍을 뚫으려고 할 때에 먼저 할 일은?

① 금속을 무르게 한다.
② 작은 구멍을 뚫는다.
③ 스핀들의 속도를 빠르게 한다.
④ 드릴 커팅 앵글을 증가시킨다.

> 드릴로 큰 구멍을 뚫을 때에는 먼저 작은 구멍을 뚫는다.

54 드릴작업의 안전사항 중 틀린 것은?

① 장갑을 끼고 작업하였다.
② 머리가 긴 경우 단정하게 하여 작업모를 착용하였다.
③ 작업 중 쇳가루를 입으로 불어서는 안된다.
④ 공작물은 단단히 고정시켜 따라 돌지 않게 한다.

> ②~④항이 안전한 작업방법이며, 드릴작업에서는 고속 회전하는 부분에 장갑이 감겨 들어갈 수 있으므로 장갑을 착용해서는 안된다.

55 드릴링 머신 작업을 할 때 주의사항으로 틀린 것은?

① 드릴의 날이 무디어 이상한 소리가 날 때는 회전을 멈추고 드릴을 교환하거나 연마한다.
② 공작물을 제거할 때는 회전을 완전히 멈추고 한다.
③ 가공 중에 드릴이 관통했는지를 손으로 확인한 후 기계를 멈춘다.
④ 드릴은 주축에 튼튼하게 장치하여 사용한다.

> 드릴 작업시 주의사항
> • 드릴은 주축에 튼튼하게 장치하여 사용한다.
> • 드릴을 끼운 뒤에는 척키를 반드시 빼놓을 것
> • 드릴의 날이 무디어 이상한 소리가 날 때는 회전을 멈추고 드릴을 교환하거나 연마한다.
> • 드릴을 회전시킨 후 테이블을 조정하지 말 것
> • 드릴 회전 중 칩을 손으로 털거나 불어내지 말 것
> • 가공물에 구멍을 뚫을 때 가공물을 바이스에 물리고 작업할 것
> • 공작물을 제거할 때는 회전을 완전히 멈추고 한다.

56 타이어의 공기압에 대한 설명으로 틀린 것은?

① 공기압이 낮으면 일반 포장도로에서 미끄러지기 쉽다.
② 좌,우 공기압에 편차가 발생하면 브레이크 작동 시 위험을 초래한다.
③ 공기압이 낮으면 트래드 양단의 마모가 많다.
④ 좌,우 공기압에 편차가 발생하면 차동 사이드 기어의 마모가 촉진된다.

> ②~④항이 옳은 설명이고, 공기압이 낮으면 접촉면적이 넓어져 미끄러지기 어렵다.

57 귀 마개를 착용하여야 하는 작업과 가장 거리가 먼 것은?

① 공기압축기가 가동되는 기계실 내에서 작업
② 디젤엔진 정비작업
③ 단조작업
④ 제관작업

> 디젤엔진 정비작업은 디젤엔진의 가동여부를 들어야 하므로 귀마개를 하여서는 안된다.

58 부품을 분해 정비시 반드시 새것으로 교환해야 할 부품이 아닌 것은?

① 오일 씰
② 볼트 및 너트
③ 개스킷
④ 오링(O-ring)

> 부품을 분해 정비시 개스킷, 오링(O-ring), 오일 실 등은 한 번 분해하면 사용할 수 없으므로 반드시 교환한다.

59 변속기를 탈착할 때 가장 안전하지 않은 작업 방법은?

① 자동차 밑에서 작업 시 보안경을 착용한다.
② 잭으로 올릴 때 물체를 흔들어 중심을 확인한다.
③ 잭으로 올린 후 스탠드로 고정한다.
④ 사용 목적에 적합한 공구를 사용한다.

> 변속기 탈착 작업시 주의사항
> • 잭(jack)과 견고한 스탠드로 받치고 작업한다.
> • 자동차 밑에서 작업 시 보안경을 착용한다.
> • 사용 목적에 적합한 공구를 사용한다.
> ※ 잭으로 올릴 때 물체를 흔들면 잭이 튕겨져 쓰러질 수 있으므로 흔들리지 않도록 한다.

60 에어백 장치를 점검, 정비할 때 안전하지 못한 행동은?

① 조향 휠을 탈거할 때 에어백 모듈 인플레이터 단자는 반드시 분리한다.
② 조향 휠을 장착할 때 클럭 스프링의 중립 위치를 확인한다.
③ 에어백 장치는 축전지 전원을 차단하고 일정 시간 지난 후 정비한다.
④ 인플레이터의 저항은 절대 측정하지 않는다.

🔍 ②~④항이 옳은 방법이고, 조향 휠을 탈거할 때 인플레이터 단자를 반드시 분리할 필요는 없다.

정답 2023년 2회 복원문제

01 ②	02 ③	03 ④	04 ③	05 ④
06 ④	07 ③	08 ①	09 ③	10 ④
11 ②	12 ①	13 ④	14 ①	15 ②
16 ④	17 ④	18 ①	19 ①	20 ①
21 ④	22 ③	23 ④	24 ③	25 ②
26 ①	27 ②	28 ②	29 ④	30 ②
31 ④	32 ②	33 ④	34 ②	35 ①
36 ①	37 ③	38 ④	39 ④	40 ④
41 ④	42 ④	43 ④	44 ③	45 ②
46 ④	47 ②	48 ③	49 ④	50 ①
51 ④	52 ③	53 ②	54 ①	55 ③
56 ①	57 ②	58 ②	59 ②	60 ①

2024년 1회 CBT 복원문제

01 전자제어 연료분사 차량에서 크랭크각 센서의 역할이 아닌 것은?

① 냉각수 온도 검출
② 연료의 분사시기 결정
③ 점화시기 결정
④ 피스톤의 위치 검출

> 크랭크각 센서는 ②, ③, ④의 역할을 하며, 냉각수 온도 검출은 냉각수온 센서(WTS 또는 CTS)가 한다.

02 120PS의 디젤기관이 24시간 동안에 360L의 연료를 소비하였다면, 이 기관의 연료소비율(g/PS·h)은? (단, 연료의 비중은 0.9이다.)

① 약 125
② 약 450
③ 약 113
④ 약 513

> 연료소비율(g/PS·h) = $\dfrac{\text{연료소비량}}{\text{시간} \times \text{마력}}$
>
> ∴ 연료소비율 = $\dfrac{360 \times 1000 \times 0.9}{24 \times 120}$ = 112.5g/PS·h

03 석유를 사용하는 자동차의 대체에너지에 해당하지 않는 것은?

① 알콜
② 전기
③ 중유
④ 수소

> 화석연료의 고갈로 자동차에 사용될 대체에너지로는 태양열, 풍력, 바이오 에너지, 수소 및 연료전지 등이 있다.

04 연료 분사 펌프의 토출량과 플런저의 행정은 어떠한 관계가 있는가?

① 토출량은 플런저의 유효행정에 정비례한다.
② 토출량은 예비행정에 비례하여 증가한다.
③ 토출량은 플런저의 유효행정에 반비례한다.
④ 토출량은 플런저의 유효행정과 전혀 관계가 없다.

> 플런저의 유효행정을 크게 하면 연료 분사량이 많아진다. 즉, 토출량은 플런저의 유효행정에 정비례한다.

05 연료 탱크 내장형 연료펌프(어셈블리)의 구성부품에 해당하지 않는 것은?

① 체크 밸브
② 릴리프 밸브
③ DC 모터
④ 포토 다이오드

> 연료탱크 내장형 연료펌프 구성부품 : DC 모터, 체크 밸브, 릴리프 밸브

06 피스톤 재질의 요구 특성으로 틀린 것은?

① 무게가 가벼워야 한다.
② 고온 강도가 높아야 한다.
③ 내마모성이 좋아야 한다.
④ 열팽창 계수가 커야 한다.

> 피스톤의 구비 조건
> • 무게가 가벼울 것
> • 내마모성이 클 것
> • 고온에서 강도가 높을 것
> • 열팽창율이 적고, 열전도율이 좋을 것

07 LPG 연료에 대한 설명으로 틀린 것은?

① 기체 상태는 공기보다 무겁다.
② 저장은 가스 상태로만 한다.
③ 연료 충진은 탱크 용량의 약 85% 정도로 한다.
④ 주변온도 변화에 따라 봄베의 압력변화가 나타난다.

> LPG란 Liquefied Petroleum Gas(액화석유가스)란 뜻으로, 압력에 의해 액화시켜 액체상태로 연료를 저장한다.

08 기계식 연료 분사장치에 비해 전자식 연료 분사장치의 특징 중 거리가 먼 것은?

① 관성 질량이 커서 응답성이 향상된다.
② 연료 소비율이 감소한다.
③ 배기가스 유해물질 배출이 감소된다.
④ 구조가 복잡하고, 값이 비싸다.

🔍 전자제어 가솔린 연료분사 방식의 특징
- 기관의 응답성 및 주행성이 향상된다.
- 기관 출력이 향상된다.
- CO, HC 등 유해 배출가스가 감소한다.
- 월 웨팅(wall wetting)에 따른 저온 시동성이 향상된다.
- 연료 소비율이 감소한다.(향상된다.)
- 벤투리가 없어 공기 흐름저항이 적다.
- 구조가 복잡하다.

09 윤중에 대한 정의이다. 옳은 것은?

① 자동차가 수평으로 있을 때, 1개의 바퀴가 수직으로 지면을 누르는 중량
② 자동차가 수평으로 있을 때, 차량 중량이 1개의 바퀴에 수평으로 걸리는 중량
③ 자동차가 수평으로 있을 때, 차량 총 중량이 2개의 바퀴에 수직으로 걸리는 중량
④ 자동차가 수평으로 있을 때, 공차 중량이 4개의 바퀴에 수직으로 걸리는 중량

🔍 윤중이란 자동차가 수평으로 있을 때, 1개의 바퀴가 수직으로 지면을 누르는 중량을 말한다.

10 자동차 기관에서 윤활회로 내의 압력이 과도하게 올라가는 것을 방지하는 역할을 하는 것은?

① 오일 펌프　　② 릴리프 밸브
③ 체크 밸브　　④ 오일 쿨러

🔍 릴리프 밸브는 회로의 압력이 설정 압력에 도달하면 유체의 일부 또는 전량을 배출시켜 회로 내의 압력을 설정값 이하로 유지하는 압력제어 밸브이며, 1차 압력 설정용 밸브를 말한다.

11 삼원촉매장치 설치 차량의 주의 사항 중 잘못된 것은?

① 주행 중 점화 스위치를 꺼서는 안 된다.
② 잔디, 낙엽 등 가연성 물질 위에 주차하지 않아야 한다.
③ 엔진의 파워밸런스 측정 시 측정시간을 최대로 단축해야 한다.
④ 반드시 유연 가솔린을 사용한다.

🔍 반드시 무연 가솔린을 사용한다.

12 디젤 기관의 노킹을 방지하는 대책으로 알맞은 것은?

① 실린더 벽의 온도를 낮춘다.
② 착화지연 기간을 길게 유도한다.
③ 압축비를 낮게 한다.
④ 흡기온도를 높인다.

🔍 디젤 노크의 방지 대책
- 세탄가가 높은(착화성이 좋은) 연료를 사용한다.
- 흡입 공기의 온도, 실린더 벽의 온도를 높게 한다.
- 압축비를 높게 한다.
- 착화지연기간을 짧게 한다.
- 착화지연기간 중 연료의 분사량을 적게 한다.
- 흡입 공기에 와류가 일어나도록 한다.

13 윤활유 특성에서 요구되는 사항으로 틀린 것은?

① 점도지수가 적당할 것
② 산화 안정성이 좋을 것
③ 발화점이 낮을 것
④ 기포 발생이 적을 것

🔍 윤활유의 구비 조건
- 인화점과 발화점이 높을 것
- 응고점이 낮을 것
- 비중과 점도(지수)가 적당할 것
- 열과 산에 대하여 안정될 것
- 기포 발생이 적을 것
- 카본의 생성이 적으며, 강인한 유막을 형성할 것

14 전자제어 가솔린 기관의 진공식 연료압력 조절기에 대한 설명으로 옳은 것은?

① 공전 시 진공호스를 빼면 연료 압력은 낮아지고 다시 호스를 꼽으면 높아진다.
② 급가속 순간 흡기다기관의 진공은 대기압에 가까워 연료 압력은 낮아진다.
③ 흡기관의 절대압력과 연료 분배관의 압력 차를 항상 일정하게 유지시킨다.

④ 대기압이 변화하면 흡기관의 절대압력과 연료 분배관의 압력 차도 같이 변화한다.

> 전자제어 가솔린 기관의 진공식 연료압력 조절기는 흡기 매니폴드의 부압에 의해 작동되며, 연료 분사량을 일정하게 유지하기 위해 흡기다기관 내의 절대압력과 연료 분배관의 압력 차를 항상 일정하게 유지시킨다.

15 여지 반사식 매연측정기의 시료 채취관을 배기관에 삽입 시 가장 알맞은 깊이는?

① 20cm
② 40cm
③ 50cm
④ 60cm

> 여지반사식은 20cm, 광투과식은 5cm 삽입하여 가속페달을 급속히 밟으면서 시료를 채취한다.

16 자동차의 튜닝 승인을 얻은 자는 자동차정비업자로부터 튜닝과 그에 따른 정비를 받고 얼마 이내에 튜닝검사를 받아야 하는가?

① 튜닝 승인을 받은 날부터 45일 이내
② 튜닝 승인을 받은 날부터 15일 이내
③ 튜닝 완료일로부터 45일 이내
④ 튜닝 완료일로부터 15일 이내

> 자동차의 튜닝 승인을 받은 자는 자동차정비업자 또는 자동차제작자등으로부터 튜닝과 그에 따른 정비를 받고 튜닝 승인을 받은 날부터 45일 이내에 튜닝검사를 받아야 한다.

17 수랭식 냉각장치의 장·단점에 대한 설명으로 틀린 것은?

① 공랭식보다 소음이 크다.
② 공랭식보다 보수 및 취급이 복잡하다.
③ 실린더 주위를 균일하게 냉각시켜 공랭식보다 냉각 효과가 좋다.
④ 실린더 주위를 저온으로 유지할 수 있어 공랭식보다 체적효율이 좋다.

> 공랭식은 수랭식보다 소음이 큰 단점이 있다.

18 자동차 엔진의 냉각장치에 대한 설명 중 적절하지 않은 것은?

① 강제 순환식이 많이 사용된다.
② 냉각장치 내부에 물때가 많으면 과열의 원인이 된다.
③ 서모스탯에 의해 냉각수의 흐름이 제어된다.
④ 엔진 과열 시에는 즉시 라디에이터 캡을 열고 냉각수를 보충하여야 한다.

> 냉각수 보충은 기관 시동을 끄고 기관이 냉각된 상태에서 라디에이터 캡을 열고 보충한다.

19 디젤기관에 사용되는 경유의 구비 조건은?

① 점도가 낮을 것
② 세탄가가 낮을 것
③ 유황분이 많을 것
④ 착화성이 좋을 것

> 경유의 구비 조건
> • 점도가 적당할 것 • 세탄가가 높을 것
> • 유황분이 적을 것 • 착화성이 좋을 것

20 피스톤에 옵셋(off set)을 두는 이유로 가장 타당한 것은?

① 피스톤의 틈새를 크게 하기 위하여
② 피스톤의 중량을 가볍게 하기 위하여
③ 피스톤의 측압을 작게 하기 위하여
④ 피스톤 스커트부에 열전달을 방지하기 위하여

> 피스톤의 측압을 감소시키고 회전을 원활하게 하며, 실린더와 피스톤의 편마모를 방지하기 위하여 피스톤 핀의 위치를 중심에서 약 1.5mm 정도 옵셋시킨 옵셋 피스톤을 사용한다.

21 압력식 라디에이터 캡을 사용하므로 얻어지는 장점과 거리가 먼 것은?

① 비등점을 올려 냉각 효율을 높일 수 있다.
② 라디에이터를 소형화할 수 있다.
③ 라디에이터의 무게를 크게 할 수 있다.
④ 냉각 장치 내의 압력을 $0.3 \sim 0.7 kgf/cm^2$ 정도 올릴 수 있다.

> ①, ②, ④ 항이 압력식 캡의 장점이며, 압력식 캡을 사용하면 라디에이터를 소형화할 수 있어 무게를 가볍게 할 수 있다.

22 전자제어식 제동장치(ABS)에서 제동시 타이어 슬립률이란?

① $\dfrac{\text{차륜속도} - \text{차체속도}}{\text{차체속도}} \times 100(\%)$

② $\dfrac{\text{차체속도} - \text{차륜속도}}{\text{차체속도}} \times 100(\%)$

③ $\dfrac{\text{차체속도} - \text{차륜속도}}{\text{차륜속도}} \times 100(\%)$

④ $\dfrac{\text{차륜속도} - \text{차체속도}}{\text{차륜속도}} \times 100(\%)$

🔍 ABS에서 타이어 슬립률이란 타이어가 노면 위에서 얼마나 미끄러지는가를 표현한 수치로, 자동차(차체) 속도와 바퀴(차륜) 속도와의 차이를 자동차(차체) 속도로 나눈 값이다.

23 축거가 1.2m인 자동차를 왼쪽으로 완전히 꺾을 때 오른쪽 바퀴의 조향각이 30°이고 왼쪽 바퀴의 조향각도가 45°일 때 차의 최소회전반경은? (단, r 값은 무시)

① 1.7m
② 2.4m
③ 3.0m
④ 3.6m

🔍 최소회전반경 $R = \dfrac{L}{\sin\alpha} + r$
여기서, α : 외측바퀴 회전각도(°), L : 축거(m), r : 타이어 중심과 킹핀과의 거리(m)
∴ 최소회전반경 $R = \dfrac{1.2}{\sin 30} = 2.4m$

24 브레이크 장치의 유압회로에서 발생하는 베이퍼 록(vapor lock)의 원인이 아닌 것은?

① 비점이 높은 브레이크액을 사용했을 때
② 긴 내리막길에서 과도한 브레이크 사용
③ 드럼과 라이닝의 끌림에 의한 과열
④ 브레이크 슈 리턴스프링의 소손에 의한 잔압 저하

🔍 베이퍼 록의 원인
- 긴 내리막길에서 빈번한 브레이크의 사용
- 드럼과 라이닝의 끌림에 의한 과열
- 브레이크 슈 리턴 스프링의 소손에 의한 잔압 저하
- 브레이크 슈 라이닝 간극이 너무 적을 때
- 오일이 변질되어 비등점이 낮아졌을 때
- 불량 오일을 사용하거나 다른 오일을 혼용하였을 때

25 종감속 장치에서 하이포이드 기어의 장점으로 틀린 것은?

① 기어 이의 물림률이 크기 때문에 회전이 정숙하다.
② 기어의 편심으로 차체의 전고가 높아진다.
③ 추진축의 높이를 낮게 할 수 있어 거주성이 향상된다.
④ 이면의 접촉 면적이 증가되어 강도를 향상시킨다.

🔍 하이포이드 기어의 특징
- 구동 피니언 중심과 링기어 중심이 10~20% 낮게(off-set) 설치되어 있다.
- 추진축의 높이를 낮게 할 수 있어 무게중심이 낮아지고 거주성이 향상된다.
- 기어 이의 물림률이 크기 때문에 회전이 정숙하다.
- 구동 피니언을 크게 할 수 있어 강도가 증가한다.

26 타이어의 뼈대가 되는 부분으로, 튜브의 공기압에 견디면서 일정한 체적을 유지하고 하중이나 충격에 변형되면서 완충작용을 하며 내열성 고무로 밀착시킨 구조로 되어 있는 것은?

① 비드(Bead)
② 브레이커(Breaker)
③ 트레드(Tread)
④ 카커스(Carcass)

🔍 타이어의 구조
- 트레드(tread) : 노면과 직접 접촉하는 부분으로 제동력, 구동력, 옆방향 미끄럼 방지, 승차감 향상 등의 역할을 한다.
- 브레이커(breaker) : 트레드와 카커스 사이에 있으며, 분리를 방지하고 노면에서의 완충작용을 한다.
- 카커스(carcass) : 타이어의 골격을 이루는 부분으로 고무로 피복된 여러 겹의 코드층으로 되어 공기압력을 견디고 완충작용을 한다.
- 비드(bead) : 타이어가 림에 접촉하는 부분으로 타이어가 늘어나고 빠지는 것을 방지하기 위해 몇 줄의 피아노 선이 들어있다.

27 유압식 제동장치에서 브레이크 라인 내에 잔압을 두는 목적으로 틀린 것은?

① 베이퍼 록을 방지한다.
② 브레이크 작동을 신속하게 한다.
③ 페이드 현상을 방지한다.
④ 유압회로에 공기가 침입하는 것을 방지한다.

🔍 잔압을 두는 목적
- 브레이크 작동 신속
- 베이퍼 록 방지
- 오일 누출 방지(공기 유입 방지)

28 수동변속기 클러치의 역할 중 거리가 가장 먼 것은?

① 엔진과의 연결을 차단하는 일을 한다.
② 변속기로 전달되는 엔진의 토크를 필요에 따라 단속한다.
③ 관성 운전 시 엔진과 변속기를 연결하여 연비 향상을 도모한다.
④ 출발 시 엔진의 동력을 서서히 연결하는 일을 한다.

> 클러치의 역할
> • 엔진의 동력을 변속기로 연결 및 차단하는 역할을 한다.
> • 출발 시 엔진의 동력을 서서히 연결하는 역할을 한다.
> • 기관의 관성 운전 또는 기동 시 동력을 일시 차단하는 역할을 한다.

29 공기 브레이크 장치에서 앞바퀴로 압축공기가 공급되는 순서는?

① 공기탱크 – 퀵 릴리스 밸브 – 브레이크 밸브 – 브레이크 챔버
② 공기탱크 – 브레이크 챔버 – 브레이크 밸브 – 브레이크 슈
③ 공기탱크 – 브레이크 밸브 – 퀵 릴리스 밸브 – 브레이크 챔버
④ 브레이크 밸브 – 공기탱크 – 퀵 릴리스 밸브 – 브레이크 챔버

> 공기 브레이크의 작동 : 브레이크를 밟으면 공기탱크의 압축공기가 브레이크 밸브를 지나 퀵 릴리스 밸브를 거쳐 브레이크 챔버로 유입된다. 이 압축공기 압력이 기계적인 힘으로 바뀌어 푸시로드를 밀면, 캠이 움직여 브레이크 슈를 확장하여 브레이크가 작동하게 된다.

30 유압식 제동장치에서 적용되는 유압의 원리는?

① 뉴톤의 원리
② 파스칼의 원리
③ 벤투리관의 원리
④ 베르누이의 원리

> 유압식 제동장치는 파스칼의 원리를 이용한 것이다.

31 자동차의 무게 중심위치와 조향 특성과의 관계에서 조향각에 의한 선회 반지름보다 실제 주행하는 선회 반지름이 작아지는 현상은?

① 오버 스티어링
② 언더 스티어링
③ 파워 스티어링
④ 뉴트럴 스티어링

> 선회특성
> • 오버 스티어링 : 조향각을 일정하게 하고 선회 시 선회반경이 작아지는 현상
> • 언더 스티어링 : 조향각을 일정하게 하고 선회 시 선회반경이 커지는 현상
> • 뉴트럴 스티어링 : 조향각만큼 정상 선회
> • 리버스 스티어링 : 차속이 증가할수록 언더 스티어에서 오버 스티어로 되는 현상

32 시동 off 상태에서 브레이크 페달을 여러 차례 작동 후 브레이크 페달을 밟은 상태에서 시동을 걸었는데 브레이크 페달이 내려가지 않는다면 예상되는 고장 부위는?

① 주차 브레이크 케이블
② 앞 바퀴 캘리퍼
③ 진공 배력장치
④ 프로포셔닝 밸브

> 진공 배력장치는 흡기다기관의 진공을 사용하므로 시동을 걸었을 때 배력장치가 작동되어 페달이 약간 내려가야 정상이다.

33 주행거리가 짧은 전기자동차의 단점을 보완하기 위하여 만든 자동차로 전기자동차의 주동력인 전기 배터리에 보조 동력장치를 조합하여 만든 자동차는?

① 하이브리드 자동차
② 태양광 자동차
③ 천연가스 자동차
④ 전기 자동차

> 하이브리드 자동차는 긴 충전시간, 짧은 항속거리, 무거운 중량의 배터리를 가진 전기자동차의 단점을 보완하기 위하여 전기 배터리에 보조 동력원으로 주로 내연기관을 조합하여 만든 자동차이다.

34 하이브리드 자동차 고전압 배터리 충전상태(SOC)의 일반적인 제한 영역은?

① 20~80%
② 55~86%
③ 86~110%
④ 110~140%

> 하이브리드 자동차의 고전압 배터리 충전상태(SOC)는 최대 제한영역이 최소 20%에서 최대 80% 이내이며, 평상시에는 SOC 영역이 55%~65% 범위를 벗어나지 않게 해야 한다.

35 자동차가 고속으로 선회할 때 차체가 기울어지는 것을 방지하기 위한 장치는?

① 타이로드
② 토인
③ 프로포셔닝밸브
④ 스태빌라이저

> 스태빌라이저는 자동차의 고속 선회 시 차체의 기울어짐을 방지하여 차의 평형을 유지시켜 주는 기능을 한다.

36 하이브리드 자동차의 고전압 배터리 시스템 제어특성에서 모터 구동을 위하여 고전압 배터리가 전기 에너지를 방출하는 동작 모드로 맞는 것은?

① 제동모드
② 방전모드
③ 정지모드
④ 충전모드

> 고전압 배터리가 전기 에너지를 방출하는 것을 방전모드라 한다.

37 자동변속기 유압시험 시 주의할 사항이 아닌 것은?

① 오일 온도가 규정 온도에 도달되었을 때 실시한다.
② 유압시험은 냉간, 중간, 열간 등 온도를 3단계로 나누어 실시한다.
③ 측정하는 항목에 따라 유압이 클 수 있으므로 유압계 선택에 주의한다.
④ 규정 오일을 사용하고, 오일량을 정확히 유지하고 있는지 여부를 점검한다.

> 자동변속기 유압시험 시 주의할 사항
> • 규정 오일을 사용하고 오일량이 적정한 지 확인한다.
> • 엔진을 웜-업시켜 오일 온도가 규정 온도에 도달되었을 때 실시한다.
> • 측정하는 항목에 따라 유압이 다를 수(클 수) 있으므로 유압계 선택에 주의한다.

38 이모빌라이저 시스템에 대한 설명으로 틀린 것은?

① 차량의 도난을 방지할 목적으로 적용되는 시스템이다.
② 도난 상황에서 시동이 걸리지 않도록 제어한다.
③ 도난 상황에서 시동키가 회전되지 않도록 제어한다.
④ 엔진의 시동을 반드시 차량에 등록된 키로만 시동이 가능하다.

> 도난 상황에서 시동키가 회전은 되나, 시동이 걸리지 않도록 제어한다.

39 레이디얼타이어 호칭이 "175 / 70 SR 14"일 때 "70"이 의미하는 것은?

① 최대속도
② 타이어 폭
③ 편평비
④ 타이어 내경

> 타이어 호칭 기호
> 175 : 폭(너비), 70 : 편평비(%), S : 타이어 최대 허용속도, R : 레이디얼 타이어, 14 : 림 직경(인치)

40 수소 연료전지 전기차의 장점이 아닌 것은?

① 전기자동차보다 충전 속도가 빠르다.
② 장거리 주행에 유리하다.
③ 많은 탑재량을 요구하는 상용차에 유리하다.
④ 내연기관 자동차 및 전기차보다 가격 경쟁력이 좋다.

> 수소 연료전지 전기자동차는 충전속도가 빠르고 장거리 주행 및 많은 탑재량이 필요한 상용차에 유리하나, 인프라가 부족하고 고가이다.

41 자동차에서 축전지를 떼어낼 때 작업방법으로 가장 옳은 것은?

① 접지 터미널을 먼저 푼다.
② 양 터미널을 함께 푼다.
③ 벤트 플러그(vent plug)를 열고 작업한다.
④ 극성에 상관없이 작업성이 편리한 터미널부터 분리한다.

> 자동차에서 축전지를 떼어낼 때는 접지(-) 터미널을 먼저 풀고, (+) 터미널을 나중에 푼다.

42 자동차용 배터리의 충전방전에 관한 화학반응으로 틀린 것은?

① 배터리 방전 시 (+)극판의 과산화납은 점점 황산납으로 변한다.
② 배터리 충전 시 (+)극판의 황산납은 점점 과산화납으로 변한다.
③ 배터리 충전 시 물은 묽은 황산으로 변한다.
④ 배터리 충전 시 (-)극판에는 산소가, (+)극판에는 수소를 발생시킨다.

> 충·방전시 화학작용
> • 배터리 방전 시 양극판과 음극판은 황산납으로, 전해액인 묽은 황산은 물로 변한다.
> • 배터리 충전 시 양극판은 과산화납으로, 음극판은 해면상 납으로, 전해액은 묽은 황산으로 변화한다.
> • 배터리 충전 시 (+)극판에서는 산소가, (-)극판에서 수소가 발생된다.

43 Ni-Cd 배터리에서 일부만 방전된 상태에서 다시 충전하게 되면 추가로 충전한 용량 이상의 전기를 사용할 수 없게 되는 현상은?

① 스웰링 현상
② 배부름 효과
③ 메모리 효과
④ 설페이션 현상

> 2차전지로 흔히 사용하는 Ni-Cd 배터리는 shallow charge-discharge를 반복하면, 즉 "조금 사용하고 다시 충전하고"를 계속하면 NiOH 고용체를 형성하게 되어 다시는 되돌아가지 못해 남아있는 용량을 사용하지 못하게 된다. 이와 같이 전지가 사용할 수 있는 용량의 한계를 기억하는 것과 같은 현상을 메모리 효과라 한다.

44 다음 그림은 CCS 콤보 타입 충전구(Inlet) 형상이다. 단자번호에 대한 설명이 잘못된 것은?

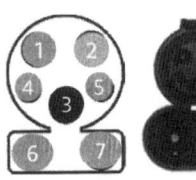

① 1, 2 : AC
② 3 : 접지
③ 4, 5 : 중성선
④ 6, 7 : DC

> 4, 5는 신호선(4 : CP, 5 : PD)이다.

45 전기자동차에서 MCU(Motor Control Unit)에 대한 설명으로 잘못된 것은?

① EPCU 내부에 MCU가 있다.
② MCU가 인버터 기능을 한다.
③ 모터 구동에 고전압 배터리 직류를 사용한다.
④ 감속 또는 회생제동 시 발생한 에너지로 고전압 배터리를 충전시킨다.

> 모터 구동에 고전압 배터리 직류를 3상 교류인 AC로 변환하여 사용한다.

46 다음 중 가속도(G) 센서가 사용되는 전자제어 장치는?

① 배기장치
② 에어백(SRS)장치
③ 정속주행장치
④ 분사장치

> 가속도(G) 센서는 차량 충돌 시 가·감속도를 감지하여 에어백의 작동 유무를 판정한다.

47 AC 발전기에서 전류가 발생하는 곳은?

① 전기자
② 스테이터
③ 로터
④ 브러시

> AC 발전기는 로터가 회전하면 스테이터에서 전류가 발생한다.

48 엔진 정지 상태에서 기동스위치를 "ON"시켰을 때 축전지에서 발전기로 전류가 흘렀다면 그 원인은?

① ⊕ 다이오드가 단락되었다.
② ⊕ 다이오드가 절연되었다.
③ ⊖ 다이오드가 단락되었다.
④ ⊖ 다이오드가 절연되었다.

🔍 ⊕ 다이오드가 단락되었을 때 기동스위치를 "ON"시키면 배터리 전류가 발전기로 흐르게 된다.

49 가솔린 기관의 점화코일에 대한 설명으로 틀린 것은?

① 1차코일의 저항보다 2차코일의 저항이 크다.
② 1차코일의 유도전압보다 2차코일의 유도전압이 낮다.
③ 1차코일의 굵기보다 2차코일의 굵기가 가늘다.
④ 1차코일의 권수보다 2차코일의 권수가 많다.

🔍 점화코일의 구조
- 1차코일의 저항보다 2차코일의 저항이 크다.
- 1차코일의 굵기보다 2차코일의 굵기가 가늘다.
- 1차코일의 권수보다 2차코일의 권수가 많다.
- 1차코일의 유도전압보다 2차코일의 유도전압이 높다.
- 1차코일을 개자로형은 바깥쪽에, 폐자로형은 안쪽에 감는다.

50 다음 중 반도체에 대한 특징으로 틀린 것은?

① 극히 소형이며 가볍다.
② 예열시간이 불필요하다.
③ 내부 전력손실이 크다.
④ 정격값 이상이 되면 파괴된다.

🔍 반도체의 장점
- 극히 소형이고 경량이다.
- 예열을 요구하지 않고 곧바로 작동한다.
- 내부 전력손실이 매우 적다.
- 수명이 길다.
- 온도가 상승하면 특성이 몹시 나빠진다.
- 정격값을 넘으면 파괴되기 쉽다.

51 재해예방의 4원칙이 아닌 것은?

① 손실필연의 원칙
② 원인계기의 원칙
③ 예방가능의 원칙
④ 대책선정의 원칙

🔍 재해예방의 4원칙
- 손실우연의 원칙
- 원인계기의 원칙
- 예방가능의 원칙
- 대책선정의 원칙

52 재해 발생 원인으로 가장 높은 비율을 차지하는 것은?

① 작업자의 불안전한 행동
② 불안전한 작업환경
③ 작업자의 성격적 결함
④ 사회적 환경

🔍 작업 현장에서 작업자의 불안전한 행동은 재해의 직접적인 원인으로 가장 높은 비율을 차지하고 있다.

53 절삭기계 테이블의 T홈 위에 있는 칩 제거 시 가장 적합한 것은?

① 걸레
② 맨손
③ 솔
④ 장갑 낀 손

🔍 선반 작업 시 발생한 칩의 제거는 솔로 한다.

54 해머작업 시 안전수칙으로 틀린 것은?

① 해머는 처음과 마지막 작업 시 타격력을 크게 할 것
② 해머로 녹슨 것을 때릴 때는 반드시 보안경을 쓸 것
③ 해머의 사용 면이 깨진 것은 사용하지 말 것
④ 해머 작업 시 타격 가공하려는 곳에 눈을 고정시킬 것

🔍 해머 작업 시 주의 사항
- 장갑을 끼지 말 것
- 처음에는 서서히 칠 것
- 해머로 녹슨 것을 때릴 때는 반드시 보안경을 쓸 것
- 해머 작업 시 타격 가공하려는 곳에 눈을 고정시킬 것
- 해머의 사용 면이 깨진 것은 사용하지 말 것

55 산소용접에서 안전한 작업수칙으로 옳은 것은?

① 기름이 묻은 복장으로 작업한다.
② 산소밸브를 먼저 연다.
③ 아세틸렌 밸브를 먼저 연다.
④ 역화하였을 때는 아세틸렌 밸브를 빨리 잠근다.

🔍 토치에 점화 시에는 아세틸렌 밸브를 먼저 열고 점화 후 산소 밸브를 연다.

56 화재의 분류 기준에서 휘발유로 인해 발생한 화재는?

① A급 화재 ② B급 화재
③ C급 화재 ④ D급 화재

🔍 화재의 분류

구분	종류	표시	소화기	비고	방법
일반	A급	백색	포말	목재, 종이	냉각소화
유류	B급	황색	분말	유류, 가스	질식소화
전기	C급	청색	CO_2	전기기구	질식소화
금속	D급	–	모래	가연성 금속	피복에 의한 질식

57 전해액을 만들 때 황산에 물을 혼합하면 안 되는 이유는?

① 유독가스가 발생하기 때문에
② 혼합이 잘 안되기 때문에
③ 폭발의 위험이 있기 때문에
④ 비중 조정이 쉽기 때문에

🔍 전해액을 만들 때 황산에 물을 혼합하면 격렬히 반응하여 폭발할 수 있으므로 반드시 물에 황산을 조금씩 휘저으면서 혼합하여야 한다.

58 LPG 자동차 관리에 대한 주의 사항 중 틀린 것은?

① LPG가 누출되는 부위를 손으로 막으면 안 된다.
② 가스 충전 시에는 합격 용기인가를 확인하고, 과충전되지 않도록 해야 한다.
③ LPG는 온도상승에 의한 압력상승이 있기 때문에 용기는 직사광선 등을 피하는 곳에 설치하고 과열되지 않아야 한다.
④ 엔진실이나 트렁크 실 내부 등을 점검할 때 라이터나 성냥 등을 켜고 확인한다.

🔍 LPG 자동차는 고압가스인 LPG 가스가 엔진실이나 트렁크 실 내부에 누설되어 있을 수 있으므로 점검할 때 라이터나 성냥 등을 사용하면 폭발의 위험이 있으므로 사용해서는 안 된다.

59 차량 밑에서 정비할 경우 안전조치 사항으로 적당하지 않은 것은?

① 차량은 반드시 평지에 받침목을 사용하여 세운다.
② 차를 들어 올리고 작업할 때는 반드시 잭으로 들어 올린 다음 스탠드로 지지해야 한다.
③ 차량 밑에서 작업할 때는 반드시 앞치마를 이용한다.
④ 차량 밑에서 작업할 때는 반드시 보안경을 착용한다.

🔍 차량 밑에서 정비 시 안전조치 사항
• 차량은 반드시 평지에 받침목을 사용하여 세운다.
• 차를 들어 올리고 작업할 때는 반드시 잭으로 들어 올린 다음 스탠드로 지지해야 한다.
• 차량 밑에서 작업할 때는 반드시 보안경을 착용한다.

60 하이브리드 자동차의 정비 시 주의 사항으로 틀린 것은?

① 하이브리드 모터 작업 시 휴대폰, 신용카드 등은 휴대하지 않는다.
② 고전압 케이블(U, V, W상)의 극성은 올바르게 연결한다.
③ 도장 후 고압 배터리는 헝겊으로 덮어두고 열처리한다.
④ 엔진 룸의 고압 세차는 하지 않는다.

🔍 고압 배터리는 폭발의 위험이 있으므로 떼어내고 열처리한다.

정답 2024년 1회 복원문제

01 ①	02 ③	03 ③	04 ①	05 ④
06 ④	07 ②	08 ①	09 ①	10 ②
11 ④	12 ④	13 ③	14 ③	15 ①
16 ①	17 ①	18 ④	19 ④	20 ③
21 ③	22 ③	23 ②	24 ①	25 ②
26 ④	27 ③	28 ③	29 ③	30 ②
31 ①	32 ③	33 ①	34 ①	35 ④
36 ②	37 ③	38 ③	39 ③	40 ④
41 ①	42 ③	43 ③	44 ③	45 ③
46 ②	47 ②	48 ①	49 ②	50 ②
51 ①	52 ①	53 ③	54 ①	55 ③
56 ②	57 ③	58 ④	59 ③	60 ③

2024년 2회 CBT 복원문제

01 압축비가 동일할 때 이론 열효율이 가장 높은 사이클은?

① 오토 사이클
② 사바테 사이클
③ 디젤 사이클
④ 브레이튼 사이클

> 압축비가 일정할 때 열효율은 "오토 사이클 > 사바테 사이클 > 디젤 사이클" 순이다.

02 디젤 엔진에서 연료 공급펌프 중 프라이밍 펌프의 기능은?

① 기관이 작동하고 있을 때 펌프에 연료를 공급한다.
② 기관이 정지되고 있을 때 수동으로 연료를 공급한다.
③ 기관이 고속 운전을 하고 있을 때 분사펌프의 기능을 돕는다.
④ 기관이 가동하고 있을 때 분사펌프에 있는 연료를 빼는 데 사용한다.

> 디젤 엔진에서 프라이밍 펌프는 기관이 정지되어 있을 때 수동으로 작동시켜 연료라인에서 공기빼기 작업에 사용되며 동시에 연료를 분사펌프로 공급한다.

03 전자제어 가솔린 기관에서 ECU에 입력되는 신호를 아날로그와 디지털 신호로 나누었을 때 디지털 신호는?

① 열막식 공기유량 센서
② 인덕티브 방식의 크랭크각 센서
③ 옵티컬 방식의 크랭크각 센서
④ 포텐쇼미터 방식의 스로틀포지션 센서

> 옵티컬(optical) 방식은 발광 다이오드와 포토 다이오드를 이용한 디지털 신호이다.

04 전자제어 연료분사 장치에서 연료펌프의 구동상태를 점검하는 방법으로 틀린 것은?

① 연료펌프 모터의 작동음을 확인한다.
② 연료의 송출 여부를 점검한다.
③ 연료 압력을 측정한다.
④ 연료펌프를 분해하여 점검한다.

> 연료펌프 구동상태 점검 방법
> • 모터의 작동음을 확인한다.
> • 연료 압력을 측정한다.
> • 연료의 송출 여부를 측정한다.
> • 연료 호스를 잡아 맥동을 감지한다.

05 가솔린 기관에서 심한 노킹이 일어나면?

① 급격한 연소로 고온, 고압이 되어 충격파를 발생한다.
② 배기가스 온도가 상승한다.
③ 기관의 온도 저하로 냉각수 손실이 작아진다.
④ 최고압력이 떨어지고 출력이 증대된다.

> 노킹이 일어나면 배기가스 온도는 저하되고, 기관의 온도가 상승하여 냉각수 손실이 커지며, 최고압력이 높아져 출력이 저하된다.

06 하이브리드 시스템에 대한 설명 중 틀린 것은?

① 직렬형 하이브리드는 소프트타입과 하드타입이 있다.
② 소프트타입은 순수 EV(전기차) 주행모드가 없다.
③ 하드타입은 소프트타입에 비해 연비가 향상된다.
④ 플러그-인 타입은 외부 전원을 이용하여 배터리를 충전한다.

> 직렬형은 순수 EV모드가 없는 소프트 타입을, 병렬형은 모터 단독주행이 가능한 하드 타입을 말한다.

07 자동차용 가솔린 연료의 물리적 특성으로 틀린 것은?

① 인화점은 약 -40℃ 이하이다.
② 비중은 약 0.65~0.75 정도이다.

③ 자연 발화점은 약 250℃로서 경유에 비하여 낮다.
④ 발열량은 약 11,000kcal/kg로서 경유에 비하여 높다.

> 가솔린 연료의 물리적 특성
> • 옥탄가는 90~95 정도이다.
> • 비중은 약 0.65~0.75 정도이다.
> • 인화점은 약 -40℃ 이하이다.
> • 발열량은 약 11,000kcal/kg로서 경유에 비하여 높다.
> • 자연 발화점은 약 300℃ 이상으로 경유에 비하여 높다.

08 전자제어 엔진의 연료펌프 내부에 체크밸브(Check Valve)가 하는 역할은?

① 차량 전복 시 화재발생을 방지하기 위해 사용된다.
② 연료라인의 과도한 연료압 상승을 방지하기 위한 목적으로 설치한다.
③ 인젝터에 가해지는 연료의 잔압을 유지시켜 베이퍼 록 현상을 방지한다.
④ 연료라인에 적정 작동압이 상승될 때까지 시간을 지연시킨다.

> 연료펌프의 체크밸브는 연료펌프가 작동을 멈출 때 연료 출구를 막아 연료의 역류를 방지하며 잔압을 유지하여 고온에 의한 베이퍼 록을 방지하고, 재시동성을 향상시킨다.

09 CRDi 디젤엔진에서 기계식 저압펌프의 연료공급 경로가 맞는 것은?

① 연료탱크 – 저압펌프 – 연료필터 – 고압펌프 – 커먼레일 – 인젝터
② 연료탱크 – 연료필터 – 저압펌프 – 고압펌프 – 커먼레일 – 인젝터
③ 연료탱크 – 저압펌프 – 연료필터 – 커먼레일 – 고압펌프 – 인젝터
④ 연료탱크 – 연료필터 – 저압펌프 – 커먼레일 – 고압펌프 – 인젝터

> CRDi 디젤엔진의 연료공급 경로
> • 기계식 저압펌프 방식 : 연료탱크-연료필터-저압펌프-고압펌프-커먼레일-인젝터
> • 전기식 저압펌프 방식 : 연료탱크-연료펌프-연료필터-고압펌프-커먼레일-인젝터

10 각종 센서의 내부 구조 및 원리에 대한 설명으로 거리가 먼 것은?

① 냉각수 온도 센서 : NTC를 이용한 서미스터 전압값의 변화
② 맵 센서 : 진공으로 인한 저항(피에조)값을 변화
③ 지르코니아 산소센서 : 온도에 의한 전류값을 변화
④ 스로틀(밸브)위치 센서 : 가변저항을 이용한 전압값 변화

> 지르코니아 산소센서 : 배기가스 중의 산소 농도차에 따른 출력 전압값 변화

11 병렬형 하드 타입 하이브리드 자동차에 대한 설명으로 옳은 것은?

① 배터리 충전은 엔진이 구동시키는 발전기로만 가능하다.
② 구동모터가 플라이휠에 장착되고 변속기 앞에 엔진 클러치가 있다.
③ 엔진과 변속기 사이에 구동모터가 있는데 모터만으로는 주행이 불가능하다.
④ 구동모터는 엔진의 동력보조 뿐만 아니라 순수 전기모터로도 주행이 가능하다.

> 병렬형 하드 타입 하이브리드 자동차는 모터의 동력 흐름과 엔진의 동력 흐름이 별도로(병렬로) 되어 있어 동력을 함께 사용하거나 한 가지만 선택하여 사용할 수 있는 방식이다. 따라서, 구동모터는 엔진의 동력보조 뿐만 아니라 순수 전기모터로도 단독주행이 가능한 하드타입이다.

12 하이브리드 자동차의 고전압 배터리 관리시스템에서 셀 밸런싱 제어의 목적은?

① 배터리의 적정 온도 유지
② 상황별 입출력 에너지 제한
③ 배터리 수명 및 에너지 효율 증대
④ 고전압 계통 고장에 의한 안전사고 예방

> 배터리 셀 밸런싱 제어의 목적은 개별 셀의 충전 상태 및 전압 편차가 생긴 셀을 동일 전압으로 제어하여 배터리의 수명 및 에너지 효율을 증대시키기 위함이다.

13 밸브 스프링의 서징현상에 대한 설명으로 옳은 것은?

① 밸브가 열릴 때 천천히 열리는 현상
② 흡·배기 밸브가 동시에 열리는 현상
③ 밸브스프링의 고유 진동수와 캠 회전수가 공명에 의해 밸브스프링이 공진하는 현상
④ 밸브가 고속 회전에서 저속으로 변화할 때 스프링의 장력의 차가 생기는 현상

🔍 밸브 스프링의 서징현상이란 밸브 스프링의 고유 진동수와 캠 회전수가 공명에 의해 고속 시 밸브 스프링이 공진하는 현상으로 방지법으로는 스프링 정수를 크게 하거나, 2중 스프링, 부등피치 스프링, 원뿔형 스프링 등을 사용하는 것이다.

14 디젤기관에서 연료 분사시기가 과도하게 빠를 경우 발생할 수 있는 현상으로 틀린 것은?

① 노크를 일으킨다.
② 배기가스가 흑색이다.
③ 기관의 출력이 저하된다.
④ 분사압력이 증가한다.

🔍 분사시기가 빠를 때 나타나는 현상
• 노크 현상이 발생한다.
• 연소가 불량하여 배기가스가 흑색이다.
• 기관의 출력이 저하된다.
• 저속에서 회전이 불량해질 수 있다.

15 EGR(Exhaust Gas Recirculation) 밸브에 대한 설명 중 틀린 것은?

① 배기가스 재순환 장치이다.
② 연소실 온도를 낮추기 위한 장치이다.
③ 증발 가스를 포집하였다가 연소시키는 장치이다.
④ 질소산화물(NOx) 배출을 감소시키기 위한 장치이다.

🔍 ①, ②, ④항은 EGR 밸브에 대한 옳은 설명이며, 연료 증발 가스는 차콜 캐니스터와 PCSV를 이용하여 재연소시킨다.

16 가솔린 기관의 삼원촉매장치(Catalytic Converter)에서 정화되는 가스가 아닌 것은?

① NOx   ② CO
③ HC   ④ O_2

🔍 삼원촉매장치는 백금(Pt), 팔라듐(Pd), 로듐(Rh) 3가지 원소를 이용하여 가솔린 기관의 유해 배기가스인 CO, HC, NOx를 정화한다.

17 고속 디젤기관의 열역학적 기본 사이클은?

① 브레이튼 사이클   ② 오토 사이클
③ 사바테 사이클   ④ 디젤 사이클

🔍 자동차 기관의 기본 사이클
• 오토 사이클 : 정적 사이클 – 가솔린 기관
• 디젤 사이클 : 정압 사이클 – 저속 디젤기관
• 사바테 사이클 : 복합(합성) 사이클 – 고속 디젤기관

18 20km/h로 주행하는 차가 급가속하여 10초 후에 56km/h가 되었을 때 가속도는?

① $1m/s^2$ ② $2m/s^2$
③ $5m/s^2$ ④ $8m/s^2$

🔍 가속도(m/s^2) = $\dfrac{나중속도 - 처음속도}{걸린 시간}$

∴ 가속도 = $\dfrac{56km/h - 20km/h}{10sec}$
= $\dfrac{36km/h}{10sec}$ = $\dfrac{10m/s}{10sec}$ = $1m/s^2$

19 디젤기관의 연소실 형식 중 연소실 표면적이 작아 냉각 손실이 작은 특징이 있고, 시동성이 양호한 형식은?

① 예연소실식   ② 직접분사실식
③ 와류실식   ④ 공기실식

🔍 직접분사식 연소실의 장·단점
• 실린더 헤드의 구조가 간단하다.
• 열효율이 높다.
• 엔진의 시동이 쉽고, 연료소비율이 적다.
• 연소실 표면적이 작기 때문에 열손실이 적다.
• 사용 연료에 매우 민감하여 노크 발생이 쉽다.

20 제동마력(BHP)을 지시마력(IHP)으로 나눈 값은?

① 기계효율   ② 열효율
③ 체적효율   ④ 전달효율

🔍 기계효율(η) = $\dfrac{제동마력(BHP)}{지시마력(IHP)} \times 100(\%)$

21 공기청정기가 막혔을 때의 배기가스 색으로 가장 알맞은 것은?

① 무색
② 백색
③ 흑색
④ 청색

> 공기 청정기가 막히면 연료가 과다하여 배기가스 색은 흑색이 된다.

22 산소센서에 대한 설명으로 옳은 것은?

① 농후한 혼합기가 연소된 경우 센서 내부에서 외부 쪽으로 산소 이온이 이동한다.
② 산소센서의 내부에는 배기가스와 같은 성분의 가스가 봉입되어 있다.
③ 촉매 전·후의 산소센서는 서로 같은 기전력을 발생하는 것이 정상이다.
④ 광역 산소센서에서 히팅 코일 접지와 신호 접지 라인은 항상 0V이다.

> 산소센서 내부에는 가스가 봉입되어 있지 않으며, 촉매 전후의 기전력이 같으면 촉매가 고장난 것이다. 히팅코일은 ECU가 듀티 제어하므로 항상 0V가 아니다.

23 부특성 서미스터(Thermister)에 해당하는 것으로 나열된 것은?

① 냉각수온 센서, 흡기온 센서
② 냉각수온 센서, 산소 센서
③ 산소 센서, 스로틀 포지션 센서
④ 스로틀 포지션 센서, 크랭크 앵글 센서

> 부특성 서미스터 : 냉각수온 센서, 흡기온 센서, 오일온도 센서 등에 사용

24 공기 브레이크의 구성품이 아닌 것은?

① 공기 압축기
② 브레이크 챔버
③ 브레이크 휠 실린더
④ 퀵 릴리스 밸브

> 공기 브레이크에는 휠 실린더가 없다.

25 전자제어 제동장치(ABS)의 구성요소가 아닌 것은?

① 휠 스피드 센서
② 하이드롤릭 모터
③ 프리뷰 센서
④ 하이드로릭 유닛

> ABS의 구성부품
> • 휠 스피드 센서 : 차륜의 회전상태를 검출
> • 전자제어 컨트롤 유닛(E.C.U) : 휠 스피드 센서의 신호를 받아 ABS를 제어
> • 하이드로릭 유닛 : E.C.U의 신호에 따라 휠 실린더에 공급되는 유압을 제어
> • 프로포셔닝 밸브 : 브레이크를 밟았을 때 뒷바퀴가 조기에 고착되지 않도록 뒷바퀴의 유압을 제어

26 자동변속기에서 유체클러치를 바르게 설명한 것은?

① 유체의 운동에너지를 이용하여 토크를 자동으로 변환하는 장치
② 기관의 동력을 유체 운동에너지로 바꾸고 이 에너지를 다시 동력으로 바꾸어서 전달하는 장치
③ 자동차의 주행 조건에 알맞은 변속비를 얻도록 제어하는 장치
④ 토크 컨버터의 슬립에 의한 손실을 최소화하기 위한 작동 장치

> 자동변속기에서 유체클러치는 유체(액체)를 이용하여 기관의 동력을 유체 운동에너지로 바꾸고 이 에너지를 다시 동력으로 바꾸어서 전달하는 역할을 한다.

27 전동식 냉각팬의 장점 중 거리가 가장 먼 것은?

① 서행 또는 정차 시 냉각 성능 향상
② 정상 온도 도달시간 단축
③ 기관 최고 출력 향상
④ 작동온도가 항상 균일하게 유지

> 전동식 냉각팬의 장점
> • 정상 온도에 도달하는 시간이 단축된다.
> • 작동 온도가 항상 균일하게 유지된다.
> • 서행 또는 정차 시 냉각 성능이 향상된다.
> • 냉각수 온도가 높을수록 기관의 출력이 향상되고, 연료 소비율이 작아진다.(최고출력이 향상되는 것은 아님)
> • 기관 동력의 손실을 적게 한다.

28 전자제어 현가장치(Electronic Control Suspension)에서 사용하는 센서에 속하지 않는 것은?

① 차속 센서
② 차고 센서
③ 스로틀 포지션 센서
④ 냉각수 온도 센서

> 전자제어 현가장치(ECS) 센서의 기능
> • 차속 센서 : 자동차의 속도를 검출
> • 차고 센서 : 자동차 차축의 위치를 검출
> • 조향각 센서 : 조향 휠의 회전방향을 검출
> • 스로틀 포지션 센서 : 자동차의 가감속을 검출
> • G(중력) 센서 : 자동차의 바운싱을 검출

29 타이어의 구조에 해당하지 않는 것은?

① 트레드
② 압력판
③ 카커스
④ 브레이커

> 타이어의 구조
> • 트레드(tread) : 노면과 직접 접촉하는 부분으로 제동력, 구동력, 옆방향 미끄럼 방지, 승차감 향상 등의 역할을 한다.
> • 브레이커(breaker) : 트레드와 카커스 사이에 있으며, 분리를 방지하고 노면에서의 완충작용을 한다.
> • 카커스(carcass) : 타이어의 골격을 이루는 부분으로 고무로 피복된 여러 겹의 코드층으로 되어 공기압력을 견디고 완충작용을 한다.
> • 비드(bead) : 타이어가 림에 접촉하는 부분으로 타이어가 늘어나고 빠지는 것을 방지하기 위해 몇 줄의 피아노 선이 들어있다.

30 다음 중 수동변속기 기어의 2중 결합을 방지하기 위해 설치한 기구는?

① 앵커 블록
② 시프트 포크
③ 인터록 기구
④ 싱크로나이져 링

> • 인터록(interlock) : 이중 물림 방지
> • 록킹 볼(locking ball) : 기어 빠짐 방지

31 동력조향장치(power steering system)의 장점으로 틀린 것은?

① 조향 조작력을 작게 할 수 있다.
② 앞바퀴의 시미현상을 방지할 수 있다.
③ 조향 조작이 경쾌하고 신속하다.
④ 고속에서 조향력이 가볍다.

> 동력 조향장치(EPS)의 장점
> • 적은 힘으로 조향 조작을 할 수 있다.
> • 조향기어비를 조작력에 관계없이 설정할 수 있다.
> • 노면의 충격을 흡수하여 조향 핸들에 전달되는 것을 방지한다.
> • 앞바퀴의 시미현상을 감쇠하는 효과가 있다.
> • 조향 조작이 경쾌하고 신속하다.
> • 저속에서는 가볍고, 고속에서는 적절히 무겁다.

32 드럼 방식의 브레이크 장치와 비교했을 때 디스크 브레이크의 장점은?

① 자기작동 효과가 크다.
② 패드의 교환이 용이하다.
③ 패드의 마모율이 낮다.
④ 오염이 잘되지 않는다.

> 디스크 브레이크의 특징
> • 구조가 간단하고, 패드 교환이 쉽다.
> • 디스크가 대기 중에 노출되어 냉각 효과가 크다.
> • 방열이 잘 되어 페이드 현상이나 편제동 현상이 적다.
> • 부품의 평형이 좋고 한쪽만 제동되는 일이 적다.
> • 자기작동이 없으므로 페달 조작력이 커야 한다.
> • 마찰면적이 적어 패드의 강도가 커야 하고, 패드의 마멸이 크다.

33 자동차 현가장치에 사용하는 토션 바 스프링에 대하여 틀린 것은?

① 단위 무게에 대한 에너지 흡수율이 다른 스프링에 비해 크며 가볍고 구조도 간단하다.
② 스프링의 힘은 바의 길이 및 단면적에 반비례 한다.
③ 구조가 간단하고 가로 또는 세로로 자유로이 설치할 수 있다.
④ 진동의 감쇠작용이 없어 쇽업소버를 병용하여야 한다.

> 토션 바 스프링은 바의 단면적에 비례하고, 길이에 반비례한다.

34 동력조향장치 정비 시 안전 및 유의 사항으로 틀린 것은?

① 자동차 하부에서 작업할 때는 시야확보를 위해 보안경을 벗는다.
② 공간이 좁으므로 다치지 않게 주의한다.
③ 제작사의 정비 지침서를 참고하여 점검 정비한다.
④ 각종 볼트 너트는 규정 토크로 조인다.

> 자동차 하부에서 작업할 때는 반드시 보안경을 착용하여야 한다.

35 수동변속기에서 클러치(clutch)의 구비 조건으로 틀린 것은?

① 동력을 차단할 경우에는 차단이 신속하고 확실할 것
② 미끄러지는 일이 없이 동력을 확실하게 전달할 것
③ 회전부분의 평형이 좋을 것
④ 회전관성이 클 것

> 클러치 구비 조건
> • 동력전달이 확실하고 신속할 것
> • 방열이 잘 되어 과열되지 않을 것
> • 회전부분의 평형이 좋을 것
> • 내열성이 좋을 것
> • 회전관성이 작을 것

36 조향 핸들이 1회전 하였을 때 피트먼암이 40° 움직였다. 조향기어의 비는?

① 9 : 1
② 0.9 : 1
③ 45 : 1
④ 4.5 : 1

> 조향기어비란 핸들이 회전한 각도와 피트먼암이 회전한 각도와의 비를 말한다.
> ∴조향기어비 = $\frac{360}{40}$ = 9

37 주행 중 브레이크 작동 시 조향 핸들이 한쪽으로 쏠리는 원인으로 거리가 가장 먼 것은?

① 휠 얼라인먼트 조정이 불량하다.
② 좌우 타이어의 공기압이 다르다.
③ 브레이크 라이닝의 좌·우 간극이 불량하다.
④ 마스터 실린더의 체크밸브의 작동이 불량하다.

> 브레이크 작동 시 한쪽으로 쏠리는 원인
> • 드럼이 편마모 되었다.
> • 좌우 타이어 공기압에 차이가 있다.
> • 좌우 라이닝 간극 조정이 틀리게 조정되었다.
> • 한쪽 휠 실린더의 작동이 불량하다.
> • 라이닝의 접촉 불량 또는 기름이 묻어있다.
> • 앞바퀴 정렬(wheel alignment)이 잘못되었다.

38 전자제어 제동장치(ABS)의 적용 목적이 아닌 것은?

① 차량의 스핀 방지
② 휠 잠김(lock) 유지
③ 차량의 방향성 확보
④ 차량의 조종성 확보

> ABS의 설치 목적
> • 미끄러짐을 방지하여 차체의 안전성을 유지한다.
> • ECU에 의해 브레이크를 컨트롤하여 조종성을 확보한다.
> • 제동거리를 단축시킨다.
> • 앞바퀴의 잠김으로 인한 조향능력 상실을 방지한다.
> • 뒷바퀴의 잠김으로 인한 차체 스핀에 의한 전복을 방지한다.

39 수소 연료전지 전기차에서 공기압력 밸브의 역할이 옳은 것은?

① 공기압축기의 압력을 높이는 역할을 한다.
② 스택에 필요한 공급 압력으로 조절하는 역할을 한다.
③ 자동차 속도가 빨라질수록 공기의 공급을 늘리는 역할을 한다.
④ 부하에 따라 열림량을 조절하여 배압을 형성하도록 한다.

> 공기압력 밸브는 부하에 따라 열림량을 조절하여 스택 내부 공기단에 걸리는 배압을 형성하도록 한다.

40 전자제어 기관의 점화장치에서 1차 전류를 단속하는 부품은?

① 다이오드
② 점화스위치
③ 파워트랜지스터
④ 컨트롤릴레이

> 파워 트랜지스터(파워 TR)는 컴퓨터에서 신호를 받아 점화코일의 1차 전류를 단속하는 기능을 한다.

41 자동차 전기장치에서 "임의의 한 점으로 유입된 전류의 총합은 유출한 전류의 총합과 같다."는 현상을 설명한 것은?

① 앙페르의 법칙
② 키르히호프의 제1법칙
③ 뉴턴의 제1법칙
④ 렌츠의 법칙

> 키르히호프의 제1법칙(전류의 법칙) : 도체 내의 임의의 한 점으로 유입된 전류의 총합은 유출한 전류의 총합과 같다.

42 다음 중 축전지(배터리) 격리판으로써의 구비 조건이 아닌 것은?

① 전해액의 확산이 잘될 것
② 기계적 강도가 있을 것
③ 전도성일 것
④ 다공성일 것

> 격리판의 구비 조건
> • 비전도성일 것
> • 다공성일 것
> • 전해액의 확산이 잘될 것
> • 기계적 강도가 있을 것

43 자동차용 교류 발전기에 응용한 것은?

① 플레밍의 왼손법칙
② 플레밍의 오른손 법칙
③ 옴의 법칙
④ 자기포화의 법칙

> 플레밍의 오른손 법칙은 발전기에, 왼손법칙은 기동전동기에 응용된 것이다.

44 2개 이상의 배터리를 연결하는 방식에 따라 용량과 전압 관계의 설명으로 맞는 것은?

① 직렬연결 시 1개 배터리 전압과 같으며 용량은 배터리 수만큼 증가한다.
② 병렬연결 시 용량은 배터리 수만큼 증가하지만 전압은 1개 배터리 전압과 같다.
③ 병렬연결이란 전압과 용량이 동일한 배터리 2개 이상을 (+)단자와 연결대상 배터리 (−)단자에, (−)단자는 (+)단자로 연결하는 방식이다.
④ 직렬연결이란 전압과 용량이 동일한 배터리 2개 이상을 (+)단자와 연결대상 배터리의 (+)단자에 서로 연결하는 방식이다.

> 보기 ①항과 ④항은 병렬연결, ③항은 직렬연결에 대한 설명이다.

45 다음 그림은 충전기 단자이다. 완속 충전만 가능한 단자는 어느 것인가?

①
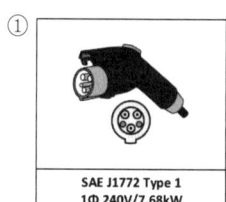
SAE J1772 Type 1
1Φ 240V/7.68kW

②
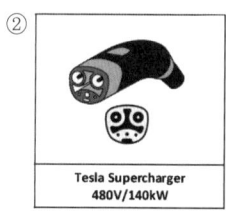
Tesla Supercharger
480V/140kW

③
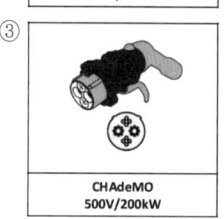
CHAdeMO
500V/200kW

④
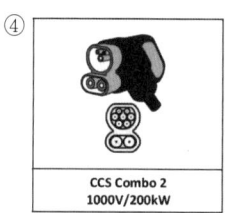
CCS Combo 2
1000V/200kW

> 보기 ①항은 완속 충전, ②, ③, ④항은 완속과 급속 충전이 가능한 방식이다.

46 전기자동차의 감속기에 대한 기능이 아닌 것은?

① 감속기능 : 모터의 회전수를 감소하여 구동력 증대
② 증속기능 : 고속 주행 시 업 시프트하여 속도를 증대
③ 차동기능 : 선회 시 속도차에 따른 회전수를 분배
④ 파킹기능 : 운전자 조작에 의한 주차 기능

> 전기자동차의 감속기에는 감속기능, 차동기능, 파킹기능이 있다.

47 자동차용 배터리에 과충전을 반복하면 배터리에 미치는 영향은?

① 극판이 황산화된다.
② 용량이 크게 된다.
③ 양극판 격자가 산화된다.
④ 단자가 산화된다.

> 충전이란 양극판이 과산화납으로 되돌아가는 과정이므로 과충전하면 양극판 격자가 산화된다.

48 축전지 전해액 온도가 40℃이고, 비중이 1.270일 때 기준온도(20℃)에서의 비중은 얼마인가?

① 1.256
② 1.274
③ 1.284
④ 1.295

> $S_{20} = St + 0.0007(t - 20)$
> ∴ $S_{20} = 1.270 + 0.0007(40 - 20) = 1.284$

49 광전식 크랭크각 센서나 조향각 센서 등에 사용되며 입사광선을 받으면 전류가 흐르게 되는 반도체는?

① 포토 다이오드
② 발광 다이오드
③ 제너 다이오드
④ 트랜지스터

> 포토 다이오드는 조사되는 빛의 양에 비례하여 전기저항이 감소하는 특성을 가진 반도체로 입사광선을 받으면 역방향으로 전류가 흐른다.

50 산업안전보건법상 작업현장 안전보건표지 색채에서 화학물질 취급장소에서의 유해·위험 경고 용도로 사용되는 색채는?

① 빨간색
② 노란색
③ 녹색
④ 검은색

> 안전보건표지의 색채 및 용도
>
> | 색채 | 용도 | 사용례 |
> |---|---|---|
> | 빨간색 | 금지 | 정지신호, 소화설비 및 그 장소, 유해행위의 금지 |
> | | 경고 | 화학물질 취급장소에서의 유해위험 경고 |
> | 노란색 | 경고 | 화학물질 취급장소에서의 유해위험 경고 이외의 위험 경고, 주의표지 또는 기계방호물 |
> | 파란색 | 지시 | 특정 행위의 지시 및 사실의 고지 |
> | 녹색 | 안내 | 비상구 및 피난소 사람 또는 차량의 통행표시 |
> | 흰색 | – | 파란색 또는 녹색에 대한 보조색 |
> | 검은색 | – | 문자 및 빨간색 또는 노란색에 대한 보조색 |

51 사고예방 원리의 5단계 중 그 대상이 아닌 것은?

① 사실의 발견
② 평가·분석
③ 시정책의 선정
④ 엄격한 규율의 적용

> 사고 예방대책의 기본원리 5단계
> • 1단계 – 조직(안전관리조직)
> • 2단계 – 사실의 발견
> • 3단계 – 분석·평가
> • 4단계 – 시정책의 선정
> • 5단계 – 시정책의 적용(3E 적용)

52 평균 근로자 500명인 직장에서 1년간 8명의 재해가 발생하였다면 연천인율은?

① 12
② 14
③ 16
④ 18

> 연천인율 = $\dfrac{재해자수}{연평균 근로자수} \times 1000$
> ∴ 연천인율 = $\dfrac{8}{500} \times 1000 = 16$

53 자동차용 배터리의 급속 충전 시 주의 사항으로 틀린 것은?

① 배터리를 자동차에 연결한 채 충전할 경우, 접지(-) 터미널을 떼어 놓을 것
② 충전 전류는 용량값의 약 2배 정도의 전류로 할 것
③ 될 수 있는 대로 짧은 시간에 실시할 것
④ 충전 중 전해액 온도가 45℃ 이상 되지 않도록 할 것

🔍 배터리 급속 충전 시 충전 전류는 배터리 용량의 약 50% 전류로 한다.

54 다음 중 연료 파이프 피팅을 풀 때 가장 알맞은 렌치는?

① 탭 렌치
② 복스 렌치
③ 오픈 엔드 렌치
④ 소켓 렌치

🔍 연료 파이프의 피팅은 관 형태이므로 오픈 엔드 렌치 또는 조합 렌치로 풀어야 한다.

55 다이얼 게이지 취급 시 안전 사항으로 틀린 것은?

① 작동이 불량하면 스핀들에 주유 혹은 그리스를 도포해서 사용한다.
② 분해 청소나 조정은 하지 않는다.
③ 다이얼 인디케이터에 충격을 가해서는 안 된다.
④ 측정 시는 측정물에 스핀들을 직각으로 설치하고 무리한 접촉은 피한다.

🔍 다이얼 게이지 취급 시 주의 사항
• 게이지를 설치할 때는 지지대의 암을 가능한 짧게 하고 확실하게 고정해야 한다.
• 게이지 눈금은 0점 조정하여 사용한다.
• 게이지는 측정 면에 직각으로 설치한다.
• 충격은 절대로 금해야 한다.
• 분해 청소나 조절을 함부로 하지 않는다.
• 스핀들에 주유하거나 그리스를 바르지 않는다.

56 자동차를 들어 올릴 때의 주의 사항으로 틀린 것은?

① 잭과 접촉하는 부위에 이물질이 있는지 확인한다.
② 센터 멤버의 손상을 방지하기 위하여 잭이 접촉하는 곳에 헝겊을 넣는다.
③ 차량의 하부에는 개러지 잭으로 지지하지 않도록 한다.
④ 래터럴 로드나 현가장치는 잭으로 지지한다.

🔍 자동차를 들어 올릴 때 많은 하중이 걸리므로 래터럴 로드나 현가장치는 잭으로 지지하지 않는다.

57 기관 정비 시 안전 및 취급주의 사항에 대한 내용으로 틀린 것은?

① TPS, ISC Servo 등은 솔벤트로 세척하지 않는다.
② 공기압축기를 사용하여 부품 세척 시 눈에 이물질이 튀지 않도록 한다.
③ 캐니스터 점검 시 흔들어서 연료 증발 가스를 활성화시킨 후 점검한다.
④ 배기가스 시험 시 환기가 잘되는 곳에서 측정한다.

🔍 캐니스터는 연료 증발 라인의 연결부 풀림, 과도한 휨, 손상, 균열, 연료 누설 등을 점검한다.

58 ECS(전자제어 현가장치) 정비 작업 시 안전작업 방법으로 틀린 것은?

① 차고 조정은 공회전 상태로 평탄하고 수평인 곳에서 한다.
② 배터리 접지단자를 분리하고 작업한다.
③ 부품의 교환은 시동이 켜진 상태에서 작업한다.
④ 공기는 드라이어에서 나온 공기를 사용한다.

🔍 부품의 교환은 시동을 정지시킨 상태에서 작업한다.

59 제동력 시험기 사용 시 주의할 사항으로 틀린 것은?

① 롤러 표면은 항상 그리스로 충분히 윤활시킨다.
② 타이어 트레드의 표면에 습기를 제거한다.
③ 브레이크 페달을 확실히 밟은 상태에서 측정한다.
④ 시험 중 타이어와 가이드 롤러와의 접촉이 없도록 한다.

🔍 제동력 시험기 사용 시 주의 사항
• 롤러 표면에 이물질이 묻어있으면 깨끗이 닦는다.
• 타이어 트레드의 표면에 습기를 제거한다.
• 브레이크 페달을 확실히 밟은 상태에서 측정한다.
• 시험 중 타이어와 가이드 롤러와의 접촉이 없도록 한다.

60 휠 밸런스 시험기 사용 시 적합하지 않은 것은?

① 휠의 탈·부착 시에는 무리한 힘을 가하지 않는다.
② 균형추를 정확히 부착한다.
③ 계기판은 회전이 시작되면 즉시 판독한다.
④ 시험기 사용 방법과 유의 사항을 숙지 후 사용한다.

> **휠 밸런스 사용방법**
> • 시험기 사용 방법과 유의 사항을 숙지 후 사용한다.
> • 휠의 탈·부착 시에는 무리한 힘을 가하지 않는다.
> • 균형추를 정확히 부착한다.
> • 타이어의 회전 방향에 서지 않도록 한다.
> • 휠의 정지는 자연스럽게 정지되도록 놓아둔다.
> • 계기판은 회전이 완전히 멈춘 뒤 읽는다.
> • 타이어를 과속으로 돌리거나 진동이 일어나게 해서는 안 된다.

정답 2024년 2회 복원문제

01 ①	02 ②	03 ③	04 ④	05 ①
06 ①	07 ③	08 ③	09 ②	10 ③
11 ④	12 ③	13 ③	14 ④	15 ③
16 ④	17 ③	18 ①	19 ②	20 ①
21 ③	22 ①	23 ①	24 ③	25 ③
26 ②	27 ③	28 ④	29 ②	30 ③
31 ④	32 ②	33 ②	34 ①	35 ④
36 ①	37 ④	38 ②	39 ④	40 ④
41 ②	42 ③	43 ②	44 ②	45 ①
46 ②	47 ③	48 ③	49 ①	50 ①
51 ④	52 ③	53 ②	54 ④	55 ①
56 ④	57 ③	58 ③	59 ①	60 ③

2025년 1회 CBT 복원문제

01 전자제어 가솔린 분사 장치에 사용되는 연료압력 조절기에서 인젝터의 연료 분사압력을 항상 일정하게 유지하도록 조절하는 것과 직접 관계되는 것은?

① 엔진의 회전속도
② 흡기다기관 진공도
③ 배기가스 중의 산소농도
④ 실린더 내의 압축압력

🔍 연료압력 조절기는 흡기 매니폴드의 부압에 의해 작동되며, 흡기다기관 내의 압력변화에 대응하여 연료 분사량을 일정하게 유지하기 위해 인젝터에 걸리는 연료 압력을 일정하게 ($2.55 kgf/cm^2$) 조절한다.

02 다음 중 3원 촉매의 산화작용에 주로 사용되는 것은?

① 납
② 로듐
③ 백금
④ 실리콘

🔍 3원 촉매 중 백금(Pt)이 산화작용에 사용된다.

03 흡기 장치의 공기 유량을 계측하는 방식 중 간접 계측 방식에 해당하는 것은?

① 흡기다기관 압력방식
② 가동 베인식
③ 열선식
④ 칼만 와류식

🔍 흡입공기량 계측방식
- 직접 계측방식(mass flow type)
  - 체적 검출방식: 베인식, 칼만 와류식
  - 질량 검출방식: 열선(Hot wire)식, 열막(Hot film)식
- 간접 계측방식(speed density type): 흡기다기관 절대압력(MAP센서) 방식

04 다음 중 4사이클 가솔린 엔진에서 최대 압력이 발생되는 시기는 언제인가?

① 배기행정의 끝 부근에서
② 피스톤의 TDC 전 약 10~15°C 부근에서
③ 압축행정 끝 부근에서
④ 동력행정에서 TDC 후 약 10~15°C에서

🔍 최대 압력이 발생되는 시기는 동력행정에서 상사점(TDC) 후 약 10~15°C 부근에서이다.

05 엔진이 과열할 때의 원인과 관련이 없는 것은?

① 라디에이터 코어의 파손
② 냉각수 부족
③ 물펌프의 고속 회전
④ 냉각계통의 흐름 불량

🔍 엔진이 과열되는 원인
- 수온조절기가 닫힌 채로 고장
- 냉각수 부족
- 라디에이터 코어의 파손
- 물펌프가 작동 불량
- 냉각계통의 흐름 불량
- 벨트 헐거워짐 또는 끊어짐

06 피스톤 행정이 84mm, 엔진의 회전수가 3,000rpm인 4행정 사이클 엔진의 피스톤 평균속도는 얼마인가?

① 7.4m/s
② 8.4m/s
③ 9.4m/s
④ 10.4m/s

🔍 피스톤 평균속도(v) = $\dfrac{2LN}{60}$ = $\dfrac{LN}{30}$
[L: 행정(m), N: 엔진 회전수(rpm)]
∴ 피스톤 평균속도(v) = $\dfrac{0.084 \times 3000}{30}$ = 8.4m/s

07 부특성 흡기온도 센서(A.T.S)에 대한 설명으로 틀린 것은?

① 흡기온도가 낮으면 저항값이 커지고, 흡기온도가 높으면 저항값은 작아진다.
② 흡기온도의 변화에 따라 컴퓨터는 연료분사 시간을 증감시켜주는 역할을 한다.
③ 흡기온도의 변화에 따라 컴퓨터는 점화시기를 변화시키는 역할을 한다.
④ 흡기온도를 뜨겁게 감지하면 출력전압이 커진다.

🔍 흡기온도가 높으면 저항값이 작아지므로 출력전압은 낮아진다.

08 전자제어 연료분사 엔진에서 연료펌프 내에 체크밸브를 두는 중요한 이유는?

① 베이퍼록을 방지하기 위하여
② 가속성을 향상시키기 위하여
③ 연비를 좋게 하기 위하여
④ 연료펌프 작동에 있어서 저항을 적게 받기 위하여

🔍 연료펌프의 체크밸브는 연료펌프가 작동을 멈출 때 연료 출구를 막아 연료의 역류를 방지하며, 잔압을 유지하여 고온에 의한 베이퍼록을 방지하고, 재시동성을 향상시킨다.

09 자동차가 200m를 통과하는데 10초 걸렸다면 이 자동차의 속도는?

① 68km/h
② 72km/h
③ 86km/h
④ 92km/h

🔍 속도(km/h) = $\frac{주행거리}{주행시간}$, 시속 = 초속×3.6

∴ 속도 = $\frac{200}{10}$ ×3.6 = 72km/h

10 자동차 엔진 윤활유의 구비 조건으로 틀린 것은?

① 온도변화에 따른 점도변화가 적을 것
② 열과 산에 대하여 안정성이 있을 것
③ 발화점 및 인화점이 낮을 것
④ 카본 생성이 적으며 강인한 유막을 형성할 것

🔍 윤활유의 구비 조건
• 점도가 적당할 것
• 온도변화에 따른 점도변화가 적을 것
• 인화점 및 발화점이 높을 것
• 카본 생성이 적으며 강인한 유막을 형성할 것
• 열과 산에 대하여 안정성이 있을 것

11 LPG 엔진에서 믹서의 스로틀 밸브 개도량을 감지하여 ECU에 신호를 보내는 것은?

① 아이들 업 솔레노이드
② 대시포트
③ 공전속도 조절밸브
④ 스로틀 위치 센서

🔍 LPG 엔진에서 스로틀 위치 센서(TPS)는 믹서의 스로틀 밸브 개도량을 감지하여 ECU에 신호를 보내는 역할을 한다.

12 자동차 엔진의 기본 사이클이 아닌 것은?

① 역 브레이튼 사이클
② 정적 사이클
③ 정압 사이클
④ 복합 사이클

🔍 자동차 엔진의 기본 사이클
• 오토 사이클 : 정적 사이클 – 가솔린 엔진
• 디젤 사이클 : 정압 사이클 – 저속 디젤엔진
• 사바테 사이클 : 복합(합성) 사이클 – 고속 디젤엔진

13 캐니스터(canister)는 자동차에서 배출되는 유해가스 중 주로 어떤 가스를 제어하기 위한 장치인가?

① 증발가스(HC)
② 블로바이 가스(CO)
③ 배기가스(NOx)
④ 배기가스(CO, N_2)

🔍 캐니스터(canister)는 연료 증발가스인 탄화수소를 포집하기 위한 장치이다.

14 흡입장치의 구성요소에 해당하지 않는 것은?

① 공기청정기
② 서지탱크
③ 레조네이터
④ 촉매장치

🔍 촉매장치는 배기가스 정화장치에 해당한다.

15 전자제어 기관에서 냉각수 온도 감지센서의 반도체 소자로 맞는 것은?

① NTC 저항체 ② 제너 다이오드
③ 발광 다이오드 ④ 압전 소자

🔍 NTC(Negative Temperature Coefficient) 저항체란 온도가 올라가면 저항값이 내려가는 반도체 소자를 말한다.

16 고속회전을 목적으로 하는 엔진에서 흡기밸브와 배기밸브 중 어느 것이 더 크게 만들어져 있는가?

① 흡기밸브 ② 배기밸브
③ 동일하다. ④ 1번 배기밸브

🔍 흡입효율을 좋게 하기 위하여 흡기밸브를 크게 하거나 흡기밸브 2개, 배기밸브 1개를 사용하기도 한다.

17 엔진의 회전수를 계산하는데 사용하는 센서는?

① 스로틀 포지션 센서 ② 맵 센서
③ 크랭크 포지션 센서 ④ 노크 센서

🔍 센서의 기능
- 스로틀 포지션 센서 : 스로틀 밸브의 개도를 검출하여 엔진 운전모드를 판정하여 가속과 감속상태를 검지하고 연료 분사량을 보정한다.
- 맵 센서 : 서지탱크로 들어오는 공기량은 매니폴드의 절대압에 비례한다는 이론으로 공기량을 계산하는 센서로 흡기 온도 센서와 더불어 공기량을 ECU에서 계산한다.
- 크랭크 포지션 센서 : 크랭크축이 압축상사점에 대해 어떤 위치에 있는가를 검출하여 엔진 회전수를 계산시키고 분사시기를 결정하는 신호로 사용한다.
- 노크 센서 : 엔진의 노킹을 감지하여 이를 전압으로 변환해서 ECU로 보내 이 신호를 근거로 점화시기를 지각시킨다.

18 자동차 및 자동차부품의 성능과 기준에 관한 규칙에서 조향바퀴의 윤중의 합은 차량중량 및 차량총중량의 각각에 대하여 얼마 이상이어야 하는가?(단, 3륜의 경형 및 소형자동차가 아닌 경우이다.) ②

① 10% ② 20%
③ 30% ④ 40%

🔍 윤중은 자동차가 수평상태에 있을 때에 1개의 바퀴가 수직으로 지면을 누르는 중량을 말하는 것으로 자동차의 조향바퀴의 윤중의 합은 차량중량 및 차량총중량의 각각에 대하여 20%(3륜의 경형 및 소형자동차의 경우에는 18%) 이상이어야 한다.

19 엔진정비 작업 시 피스톤링의 이음 간극을 측정할 때 측정도구로 가장 알맞은 것은?

① 마이크로미터
② 버니어 캘리퍼스
③ 시크니스 게이지
④ 다이얼 게이지

🔍 피스톤링 이음 간극은 시크니스 게이지(thickness gauge, 필러 게이지)로 측정한다.

20 가솔린 엔진에서 연료펌프 내의 체크밸브가 열린 채로 고장이 났을 때 나타나는 현상이 아닌 것은?

① 시동이 걸리지 않는다.
② 주행 성능에 영향은 없다.
③ 베이퍼록이 발생할 수 있다.
④ 연료펌프에 무리가 가지 않는다.

🔍 체크밸브가 열려 있어도 시동은 걸린다.

21 가솔린 엔진의 노킹(knocking) 방지책이 아닌 것은?

① 고옥탄가의 연료를 사용한다.
② 동일 압축비에서 혼합기의 온도를 낮추는 연소실 형상을 사용한다.
③ 화염전파 속도가 빠른 연료를 사용한다.
④ 화염의 전파거리를 길게 하는 연소실 형상을 사용한다.

🔍 화염전파 거리가 가능한 한 짧아야 한다.

22 신품 방열기의 용량이 3.0L이고, 사용 중인 방열기의 용량이 2.4L일 때 코어 막힘률은?

① 55%
② 30%
③ 25%
④ 20%

🔍 코어 막힘률 $= \dfrac{\text{신품용량} - \text{구품용량}}{\text{신품용량}} \times 100\%$

∴ 코어 막힘률 $= \dfrac{3-2.4}{3} \times 100\% = 20\%$

23 타이어 종류 중 튜브리스 타이어의 장점이 아닌 것은?

① 못 등이 박혀도 공기누출이 적다.
② 림이 변형되어도 공기누출의 가능성이 적다.
③ 고속 주행 시에도 발열이 작다.
④ 펑크 수리가 간단하다.

> **튜브리스 타이어의 특징**
> • 못 등에 찔려도 공기가 급격히 새지 않는다.
> • 펑크 수리가 간단하고, 고속으로 주행하여도 발열이 적다.
> • 림이 변형되어 타이어와 밀착이 불량하면 공기가 새기 쉽다.
> • 유리 조각 등에 의해 찢어지면 수리하기 어렵다.

24 기계식 분사 시스템으로 공기 유량을 기계적 변위로 환산하여 연료가 인젝터에서 연속적으로 분사되는 시스템은?

① K-제트로닉
② D-제트로닉
③ L-제트로닉
④ Mono-제트로닉

> K-제트로닉(K-Jetronic)이란 연속분사란 의미로, 크랭크축 회전에 따라 연속적으로 연료를 분사하는 기계식 분사 시스템이다.

25 앞바퀴 정렬에서 토 인(toe in)은 어느 것으로 조정하는가?

① 피트먼암   ② 타이로드
③ 드래그링크   ④ 조향기어

> 토-인은 타이로드의 길이를 가감시켜 조정한다.

26 타이어의 표시 방법 중 "235/55R19 95H"에서 55는 무엇을 나타내는가?

① 편평비   ② 림 직경
③ 부하 능력   ④ 타이어의 폭

> **타이어 호칭 기호**
> • 235 : 폭(너비, mm)
> • 55 : 편평비(%)
> • R : 레이디얼 타이어
> • 19 : 림 직경(인치)
> • 95 : 하중지수
> • H : 속도 기호

27 자동차의 동력 전달장치에서 슬립 조인트(slip joint)가 있는 이유는?

① 회전력을 직각으로 전달하기 위하여
② 출발을 쉽게하기 위해서
③ 추진축의 길이 변화를 주기 위해서
④ 추진축의 각도 변화를 주기 위해서

> 슬립 조인트(slip joint)는 주행 시 발생하는 추진축의 길이 방향의 변화를 가능하게 하기 위하여 둔다.

28 클러치의 구비 조건이 아닌 것은?

① 회전관성이 클 것
② 회전 부분의 평형이 좋을 것
③ 구조가 간단할 것
④ 동력을 차단할 경우 신속하고 확실할 것

> **클러치의 구비 조건**
> • 구조가 간단할 것
> • 동력 전달이 확실하고 신속할 것
> • 방열이 잘 되어 과열되지 않을 것
> • 회전 부분의 평형이 좋을 것
> • 회전관성이 작을 것

29 전동식 전자제어 동력조향장치에서 토크 센서의 역할은?

① 차속에 따라 최적의 조향력을 실현하기 위한 기준 신호로 사용된다.
② 조향휠을 돌릴 때 조향력을 연산할 수 있도록 기본 신호를 컨트롤 유닛에 보낸다.
③ 모터 작동시 발생되는 부하를 보상하기 위한 보상 신호로 사용된다.
④ 모터 내의 로터 위치를 검출하여 모터 출력의 위상을 결정하기 위해 사용된다.

> 전동식 전자제어 동력조향장치(MDPS)에서 토크 센서는 조향휠을 돌릴 때 조향력을 연산할 수 있도록 기본 신호를 ECU에 보낸다.

30 종감속 기어의 구동 피니언 잇수가 6, 링기어 잇수가 42인 자동차가 평탄한 도로를 직진할 때 추진축의 회전수가 2,100rpm이면 오른쪽 뒷바퀴의 회전수는?

① 150rpm   ② 300rpm
③ 450rpm   ④ 600rpm

- 종감속비 = $\dfrac{\text{링기어의 잇수}}{\text{구동 피니언의 잇수}} = \dfrac{42}{6} = 7$
- 액슬축 회전수 = $\dfrac{\text{추진축 회전수}}{\text{종감속비}} = \dfrac{2100}{7} = 300\text{rpm}$

31 전자제어 제동장치(ABS)의 구성요소가 아닌 것은?

① 휠 스피드 센서
② 전자제어 유닛
③ 하이드롤릭 컨트롤 유닛
④ 각속도 센서

> ABS의 구성부품
> • 휠 스피드 센서 : 차륜의 회전상태를 검출
> • 전자제어 유닛(E.C.U) : 휠 스피드 센서의 신호를 받아 ABS를 제어
> • 하이드롤릭 유닛 : E.C.U의 신호에 따라 휠 실린더에 공급되는 유압을 제어

32 변속기의 기능 중 틀린 것은?

① 엔진의 회전력을 변환시켜 바퀴에 전달한다.
② 엔진의 회전수를 높여 바퀴의 회전력을 증가시킨다.
③ 후진을 가능하게 한다.
④ 정차할 때 엔진의 공전 운전을 가능하게 한다.

> 변속기의 필요성
> • 엔진을 무부하 상태로 있게 하기 위하여
> • 엔진의 회전력을 증대시키기 위하여
> • 자동차의 후진을 위하여

33 하이브리드 자동차의 고전압 배터리 취급 시 안전한 방법이 아닌 것은?

① 고전압 배터리 점검, 정비 시 절연 장갑을 착용한다.
② 고전압 배터리 점검, 정비 시 점화 스위치는 OFF한다.
③ 고전압 배터리 점검, 정비 시 12V 배터리 접지선을 분리한다.
④ 고전압 배터리 점검, 정비 시 반드시 세이프티 플러그를 연결한다.

> 하이브리드 자동차의 고전압 배터리 점검, 정비 시 반드시 세이프티 플러그를 분리시켜야 한다.

34 다음 중 수소 연료전지 전기차의 특징이 아닌 것은?

① 자동차 연료로 수소를 사용한다.
② 수소를 연소실에 직접 공급하여 동력을 발생시킨다.
③ 이산화탄소를 전혀 배출하지 않고 물만 생성한다.
④ 구동 모터를 사용하여 주행한다.

> 수소 연료전지 자동차는 스택에서 수소와 산소와의 화학반응을 이용, 전기에너지를 생성하고, 이 에너지로 모터를 돌려 동력을 얻는 자동차를 말한다. 이와 달리 수소를 연소실에 직접 공급하여 동력을 발생시키는 자동차는 수소차이다.

35 디스크 브레이크에서 패드 접촉면에 오일이 묻었을 때 나타나는 현상은?

① 패드가 과냉되어 제동력이 증가된다.
② 브레이크가 잘 듣지 않는다.
③ 브레이크 작동이 원활하게 되어 제동이 잘된다.
④ 디스크 표면의 마찰이 증대된다.

> 패드 접촉면에 오일이 묻어있으면 마찰이 작아져서 브레이크가 잘 듣지 않는다.

36 전기자동차 구동 모터의 레졸버에 대한 설명으로 틀린 것은?

① 레졸버는 고정자와 회전자로 구성된다.
② 레졸버는 디지털 방식의 절대위치 검출기이다.
③ 레졸버는 회전자의 위치에 비례하는 교류 전압을 출력한다.
④ 회전자 권선은 여자권선이며, 고정자 권선 2개는 90°의 위상차로 배치되어 있다.

> 레졸버는 아날로그 방식의 절대위치 검출기이다.

37 현가장치가 갖추어야 할 기능이 아닌 것은?

① 승차감 향상을 위해 상하 움직임에 적당한 유연성이 있어야 한다.
② 원심력이 발생되어야 한다.
③ 주행 안정성이 있어야 한다.
④ 구동력 및 제동력 발생 시 적당한 강성이 있어야 한다.

> **현가장치가 갖추어야 할 조건**
> - 승차감 향상을 위해 상하 움직임에 적당한 유연성이 있어야 한다.
> - 주행 안정성이 있어야 한다.
> - 구동력 및 제동력 발생 시 적당한 강성이 있어야 한다.
> - 선회 시 원심력을 이겨낼 수 있도록 수평 방향의 연결이 견고하여야 한다.

38 동력전달장치에서 추진축이 진동하는 원인으로 가장 거리가 먼 것은?

① 요크 방향이 다르다.
② 밸런스 웨이트가 떨어졌다.
③ 중간 베어링이 마모되었다.
④ 플랜지부를 너무 조였다.

> **추진축이 진동하는 원인**
> - 추진축의 질량 평형이 맞지 않는다.(밸런스 웨이트가 떨어졌다.)
> - 요크 방향이 다르다.
> - 십자축 베어링과 센터 베어링이 마모되었다.

39 자동변속기에서 토크컨버터의 구성요소가 아닌 것은?

① 펌프   ② 터빈
③ 스테이터   ④ 가이드 링

> 토크 컨버터의 3요소 : 펌프, 터빈, 스테이터

40 조향장치에서 많이 사용되는 조향기어의 종류가 아닌 것은?

① 래크-피니언(rack and pinion) 형식
② 웜-섹터 롤러(worm and sector roller) 형식
③ 롤러-베어링(roller and bearing) 형식
④ 볼-너트(ball and nut) 형식

> **조향기어의 종류**
> - 래크-피니언(rack and pinion) 형식
> - 웜-섹터 롤러(worm and sector roller) 형식
> - 볼-너트(ball and nut) 형식

41 전기자동차의 충전 방법에서 일반 주행 시 충전 순서로 옳은 것은?

① 고전압배터리 → OBC → 고전압 정션블록 → PRA
② 고전압배터리 → OBC → PRA → 고전압 정션블록
③ 고전압배터리 → PRA → 고전압 정션블록 → EPCU
④ 고전압배터리 → 고전압 정션블록 → PRA → EPCU

> **일반 주행 시 충전 순서**
> 고전압배터리 → PRA → 고전압 정션블록 → EPCU

42 친환경 자동차인 하이브리드 자동차, 전기 자동차, 수소 연료전지 전기차의 공통점이 아닌 것은?

① 시동 시 READY 램프를 점등시킨다.
② 구동 모터를 이용하여 자동차를 구동한다.
③ 고전압 배터리를 장착하고 있다.
④ 연료 저장탱크에 연료를 저장한다.

> 하이브리드 자동차는 연료탱크를, 수소 연료전지 자동차는 연료인 수소탱크를 장착하고 있으나 전기자동차는 연료탱크가 없다.

43 일정한 시간을 두고 기전력의 크기와 방향이 변하는 전류를 무엇이라고 하는가?

① 맥류   ② 직류
③ 교류   ④ 정류

> **직류와 교류**
> - 직류(DC) : 전류의 흐르는 방향이 시간의 흐름에 따라 변하지 않는 전류
> - 교류(AC) : 전류의 흐르는 방향과 크기가 시간의 흐름에 따라 주기적으로 변하는 전류

44 점화장치에서 파워트랜지스터에 대한 설명으로 틀린 것은?

① 베이스 신호는 ECU에서 받는다.
② 점화코일 1차 전류를 단속한다.
③ 이미터 단자는 접지되어 있다.
④ 컬렉터 단자는 점화 2차 코일과 연결되어 있다.

> 컬렉터 단자는 점화 1차 코일 (−) 단자에 연결되어 있다.

45 자동차의 레인센서 와이퍼 제어장치에 대해 설명 중 옳은 것은?

① 엔진오일의 양을 감지하여 운전자에게 자동으로 알려주는 센서이다.
② 자동차의 와셔액량을 감지하여 와이퍼가 작동시 와셔액을 자동 조절하는 장치이다.
③ 앞창 유리 상단의 강우량을 감지하여 자동으로 와이퍼 속도를 제어하는 센서이다.
④ 온도에 따라서 와이퍼 조작시 와이퍼 속도를 제어하는 장치이다.

> 레인센서 와이퍼(rain sensor wiper) 장치란 우적감지 시스템으로, 앞창 유리 상단의 강우량을 감지하여 운전자가 스위치를 조작하지 않고도 자동으로 와이퍼 속도를 제어하는 시스템이다.

46 하이브리드 전기자동차의 구동모터 작동을 위한 전기에너지를 공급 또는 저장하는 기능을 하는 것은?

① 보조 배터리
② 변속기 제어기
③ 고전압 배터리
④ 엔진 제어기

> 하이브리드 시스템에서 고전압 배터리는 모터 구동에 필요한 에너지를 공급하고, 감속 시 발생하는 에너지를 회수하여 저장하는 중요한 장치이다.

47 교류 발전기에서 축전지의 역류를 방지하는 컷아웃 릴레이가 없는 이유는?

① 실리콘 다이오드가 있기 때문이다.
② 점화스위치가 있기 때문이다.
③ 트랜지스터가 있기 때문이다.
④ 전압 릴레이가 있기 때문이다.

> AC 발전기의 실리콘 다이오드는 교류를 정류하고, 역류를 방지하므로 컷아웃 릴레이가 필요 없다.

48 축전지를 급속 충전할 때 주의 사항이 아닌 것은?

① 통풍이 잘 되는 곳에서 충전한다.
② 축전지의 +, - 케이블을 자동차에 연결한 상태로 충전한다.
③ 전해액의 온도가 45℃가 넘지 않도록 한다.
④ 충전 중인 축전지에 충격을 가하지 않도록 한다.

> 축전지를 자동차에 설치한 상태로 급속 충전할 때는 축전지 +, - 케이블을 떼어낸 상태로 충전한다.

49 발전기의 기전력 발생에 관한 설명으로 틀린 것은?

① 로터의 회전이 빠르면 기전력은 커진다.
② 로터코일을 통해 흐르는 여자 전류가 크면 기전력은 커진다.
③ 코일의 권수와 도선의 길이가 길면 기전력은 커진다.
④ 자극의 수가 많아지면 여자되는 시간이 짧아져 기전력이 작아진다.

> 기전력을 크게 발생하는 방법
> • 로터의 회전을 빠르게 한다.
> • 자극수를 많게 한다.
> • 코일의 권수와 도선의 길이를 길게 한다.
> • 여자전류를 크게 한다.

50 다음 중 전기자동차의 부품이 아닌 것은?

① OBC(On Board Charger)
② LDC(Low DC-DC Converter)
③ BMS(Battery Management System)
④ BHDC(Bi-directional High voltage DC-DC Converter)

> BHDC는 수소 연료전지 자동차에서 고전압 배터리의 전압(240V)을 구동모터 구동에 가능한 스택 전압(450V)으로 승압시키는 장치이다.

51 에어컨 매니폴드 게이지(압력게이지) 접속 시 주의할 사항이다. 맞지 않는 것은?

① 매니폴드 게이지를 연결할 때는 모든 밸브를 잠근 후 실시한다.
② 밸브를 열어 놓은 상태로 에어컨 사이클에 접속한다.
③ 황색 호스를 진공펌프나 냉매 회수기 또는 냉매 충전기에 연결한다.
④ 냉매가 에어컨 사이클에 충전되어 있을 때는 충전 호스, 매니폴드 게이지의 밸브를 전부 잠근 후 분리한다.

> 게이지를 연결할 때는 모든 밸브를 잠근 후 실시한다.

52 차량 속도계 시험 시 유의사항으로 틀린 것은?

① 롤러에 묻은 기름, 흙을 닦아낸다.
② 시험차량의 타이어 공기압이 정상인가 확인한다.
③ 시험차량은 공차상태로 하고 운전자 1인이 탑승한다.
④ 리프트를 하강 상태에서 차량을 중앙으로 진입시킨다.

> 속도계 시험방법
> • 시험차량의 타이어 공기압이 정상인가 확인한다.
> • 시험 전 롤러에 묻은 기름, 흙을 닦아낸다.
> • 시험차량은 공차상태로 하고 운전자 1인이 탑승한다.
> • 리프트를 하강시키고 지시에 따라 서서히 속도를 규정 속도로 맞춘다.
> • 측정값을 읽고 판정한다.

53 차량 정비 작업 시 안전수칙으로 틀린 것은?

① 사용 목적에 적합한 공구를 사용한다.
② 연료를 공급할 때는 소화기를 비치한다.
③ 차축을 정비할 때는 잭으로만 들고 작업한다.
④ 전기장치의 시험기를 사용할 때 정전이 되면 즉시 스위치를 OFF에 놓는다.

> 차축을 정비할 때는 잭과 견고한 스탠드로 받치고 작업한다.

54 자동차 에어컨 가스 냉매 용기의 취급사항으로 틀린 것은?

① 냉매 용기는 직사광선이 비치는 곳에 방치하지 않는다.
② 냉매 용기의 보호 캡을 항상 씌워 둔다.
③ 냉매가 피부에 접촉되지 않도록 한다.
④ 냉매 충전 시에는 냉매 용기에 완전히 채우도록 한다.

> 냉매 충전은 폭발 위험이 있으므로 80%만 채운다.

55 자동차 엔진에 냉각수 보충이 필요하여 보충하려고 할 때 가장 안전한 방법은?

① 주행 중 냉각수 경고등이 점등되면 라디에이터 캡을 열고 바로 냉각수를 보충한다.
② 주행 중 냉각수 경고등이 점등되면 라디에이터 캡을 열고 바로 엔진오일을 보충한다.
③ 주행 중 냉각수 경고등이 점등되면 엔진을 냉각시킨 후 라디에이터 캡을 열고 냉각수를 보충한다.
④ 주행 중 냉각수 경고등이 점등되면 엔진을 냉각시킨 후 라디에이터 캡을 열고 엔진오일을 보충한다.

> 엔진이 과열되었을 때 엔진 시동을 끄고 완전히 냉각시킨 후 라디에이터 캡을 열고 냉각수를 보충한다.

56 엔진블록에 균열이 생길 때 가장 안전한 검사 방법은?

① 자기 탐상법이나 염색법으로 확인한다.
② 공전 상태에서 소리를 듣는다.
③ 공전 상태에서 해머로 두들겨 본다.
④ 정지 상태로 놓고 해머로 가볍게 두들겨 확인한다.

> 엔진블록의 균열은 자기 탐상법이나 염색법을 이용하여 검사한다.

57 부품을 분해 정비시 반드시 새것으로 교환해야 할 부품이 아닌 것은?

① 오일 실(seal)   ② 볼트 및 너트
③ 개스킷   ④ 오링(O-ring)

> 부품의 분해 정비 시 개스킷, 오링(O-ring), 오일 실 등은 한 번 분해하면 사용할 수 없으므로 반드시 교환한다.

58 제동력 시험기 사용 시 주의할 사항으로 틀린 것은?

① 타이어 트레드의 표면에 있는 습기를 제거한다.
② 롤러 표면은 항상 그리스로 충분히 윤활시킨다.
③ 브레이크 페달을 확실히 밟은 상태에서 측정한다.
④ 시험 중 타이어와 가이드 롤러와의 접촉이 없도록 한다.

> 제동력 시험기 사용 시 주의할 사항
> • 타이어 트레드의 표면에 있는 습기를 제거한다.
> • 롤러 표면에 이물질이 묻어있으면 깨끗이 닦는다.
> • 브레이크 페달을 확실히 밟은 상태에서 측정한다.
> • 시험 중 타이어와 가이드 롤러와의 접촉이 없도록 한다.

59 가솔린 기관의 점화 1차, 2차 파형을 종합시험기로 점검할 때 주의사항으로 틀린 내용은?

① 1차 전압은 점화코일 (−)단자에서 인출한다.
② 각종 등화장치 및 전장부품은 Off 시킨다.
③ 2차 전압은 고압이므로 취급에 주의한다.
④ 2차 전압은 점화코일 (+)단자에서 인출한다.

🔍 2차 전압은 고압 케이블에서 인출한다.

60 히트펌프 시스템에서 냉방 시와 난방 시의 열교환이 옳은 것은?

① 냉방 시 : 실내기는 흡열, 실외기는 방열
   난방 시 : 실외기는 흡열, 실내기는 방열
② 냉방 시 : 실외기는 흡열, 실내기는 방열
   난방 시 : 실내기는 방열, 실외기는 흡열
③ 냉방 시 : 실내기는 흡열, 실외기는 방열
   난방 시 : 실외기는 방열, 실내기는 흡열
④ 냉방 시 : 실외기는 흡열, 실내기는 방열
   난방 시 : 실내기는 흡열, 실외기는 방열

🔍 냉방 시 실내기는 흡열, 실외기는 방열하고, 난방 시 실외기는 흡열, 실내기는 방열한다.

정답 2025년 1회 복원문제

01 ②	02 ③	03 ①	04 ④	05 ③
06 ②	07 ④	08 ①	09 ②	10 ③
11 ④	12 ①	13 ①	14 ④	15 ①
16 ①	17 ③	18 ②	19 ③	20 ①
21 ④	22 ④	23 ②	24 ①	25 ②
26 ①	27 ③	28 ①	29 ②	30 ②
31 ④	32 ②	33 ①	34 ②	35 ②
36 ②	37 ②	38 ④	39 ④	40 ③
41 ③	42 ④	43 ③	44 ④	45 ③
46 ③	47 ①	48 ②	49 ④	50 ④
51 ②	52 ④	53 ③	54 ④	55 ③
56 ①	57 ②	58 ②	59 ④	60 ①

2025년 2회 CBT 복원문제

01 다음 중 3원 촉매장치에 대한 설명으로 거리가 먼 것은?

① CO와 HC는 산화되어 CO_2와 H_2O로 된다.
② NOx는 환원되어 N_2와 O로 분리된다.
③ 유연휘발유를 사용하면 촉매장치가 막힐 수 있다.
④ 차량을 밀거나 끌어서 시동하면 농후한 혼합기가 촉매장치 내에서 점화할 수 있다.

> NOx는 환원되어 N_2와 O_2로 분리된다.

02 자동차의 튜닝 승인을 받은 자는 자동차정비업자로부터 그에 따른 정비를 받고 얼마 이내에 튜닝검사를 받아야 하는가?

① 튜닝 완료일로부터 45일 이내
② 튜닝 완료일로부터 15일 이내
③ 튜닝 승인을 받은 날부터 45일 이내
④ 튜닝 승인을 받은 날부터 15일 이내

> 자동차의 튜닝 승인을 받은 자는 자동차정비업자 또는 자동차제작자등으로부터 튜닝과 그에 따른 정비(자동차제작자등의 경우에는 튜닝만 해당한다)를 받고 튜닝 승인을 받은 날부터 45일 이내에 튜닝검사를 받아야 한다.

03 배기가스의 일부를 배기계에서 흡기계로 재순환시켜 질소산화물 생성을 억제시키는 장치는?

① 퍼지컨트롤 밸브
② 차콜 캐니스터
③ EGR(Exhaust Gas Recirculation)
④ 가변밸브 타이밍 제어장치(CVVT)

> EGR(Exhaust Gas Recirculation)이란 배기가스의 일부를 흡기계로 재순환시키는 장치이다.

04 피스톤 링의 구비 조건으로 틀린 것은?

① 고온에서도 탄성을 유지할 것
② 오래 사용하여도 링 자체나 실린더 마멸이 적을 것
③ 열팽창률이 작을 것
④ 실린더 벽에 편심된 압력을 가할 것

> 피스톤 링의 구비 조건
> • 열 팽창률이 적을 것
> • 내열성과 내마모성이 좋을 것
> • 실린더 벽에 균일한 압력을 가할 것
> • 피스톤 링 자체나 실린더 마멸이 적을 것
> • 고온에서도 탄성을 유지할 것

05 분사펌프의 캠축에 의해 연료 송출 기간의 시작은 일정하고 분사 끝이 변화하는 플런저의 리드 형식은?

① 양 리드형
② 변 리드형
③ 정 리드형
④ 역 리드형

> 플런저의 리드 방식
> • 정 리드 : 분사 초기가 일정하고 분사 말기가 변화
> • 역 리드 : 분사 초기가 변화하고 분사 말기가 일정
> • 양 리드 : 분사 초기와 분사 말기가 모두 변화

06 친환경 자동차에는 차량 구동에 모터를 사용한다. 주로 사용하는 모터는?

① 농형 유도모터
② 권선형 유도모터
③ 영구자석형 동기모터
④ 권선형 동기모터

> 친환경 자동차(HEV, EV, FCEV)에는 대부분 영구자석형 동기모터를 사용한다.

07 DOHC(Double Over Head Camshaft) 엔진의 장점이라고 할 수 없는 것은?

① 흡입 효율의 향상
② 허용 최고 회전수의 향상
③ 높은 연소 효율
④ 구조가 간단하고 생산 단가가 낮음

> DOHC 엔진은 실린더 헤드 위에 캠샤프트가 두 개 있는 구조로 SOHC(Single Over Head Camshaft) 엔진에 비해 구조가 복잡하고 생산 단가가 높다.

08 디젤 노크를 억제하는 방법으로 틀린 것은?

① 연료의 착화온도를 낮게 한다.
② 압축비를 낮춘다.
③ 연소실 내에 공기 와류를 일으킨다.
④ 연소실벽 온도를 높게 한다.

🔍 디젤 노크의 방지 대책
- 세탄가가 높은(착화성이 좋은) 연료를 사용한다.
- 흡입 공기의 온도, 실린더 벽의 온도를 높게 한다.
- 압축비를 높게 한다.
- 착화지연기간을 짧게 한다.
- 착화지연기간 중 연료의 분사량을 적게 한다.
- 흡입 공기에 와류가 일어나도록 한다.

09 전자제어 가솔린 분사장치의 특성으로 틀린 것은?

① 배기가스 유해 성분이 감소한다.
② 벤투리가 없기 때문에 공기의 흐름저항이 증가한다.
③ 냉각수 온도를 감지하여 냉간 시 시동성이 향상된다.
④ 엔진의 응답 성능이 좋다.

🔍 전자제어 연료분사 기관의 장점
- 유해 배기가스가 저감된다.
- 연비 및 출력이 향상된다.
- 응답성이 좋다.
- 월 웨팅(wall wetting)에 따른 저온 시동성이 향상된다.
- 벤투리가 없어 공기 흐름저항이 줄어든다.

10 가솔린 분사장치에서 분사 밸브의 설치 위치가 흡기다기관 또는 흡입 통로에 설치한 방식이 아닌 것은?

① SPI 방식   ② MPI 방식
③ TBI 방식   ④ GDI 방식

🔍 GDI(Gasoline Direct Injection)란 분사 밸브를 연소실 내에 설치하여 연소실에 연료를 직접 분사하는 방식을 말한다.

11 자동차의 연료탱크·주입구 및 가스배출구는 배기관의 끝으로부터 (ㄱ)cm 이상, 노출된 전기단자 및 전기개폐기로부터 (ㄴ)cm 이상 떨어져 있어야 한다. ( ) 안에 알맞은 것은? ①

① ㄱ : 30, ㄴ : 20   ② ㄱ : 20, ㄴ : 30
③ ㄱ : 25, ㄴ : 20   ④ ㄱ : 20, ㄴ : 25

🔍 자동차의 연료탱크·주입구 및 가스배출구 기준
- 연료장치는 자동차의 움직임에 의하여 연료가 새지 아니하는 구조일 것
- 배기관의 끝으로부터 30cm 이상 떨어져 있을 것(연료탱크 제외)
- 노출된 전기단자 및 전기개폐기로부터 20cm 이상 떨어져 있을 것(연료탱크 제외)
- 차실 안에 설치하지 아니하여야 하며, 연료탱크는 차실과 벽 또는 보호판 등으로 격리되는 구조일 것

12 다음 중 디젤기관에 사용되는 과급기의 역할은?

① 윤활성의 증대
② 출력의 증대
③ 냉각효율의 증대
④ 배기의 증대

🔍 과급기는 엔진의 출력을 향상시키고 회전력을 증대시키며 연료소비율을 향상시킨다.

13 제동출력 22PS, 회전수 5,500rpm인 기관의 축 토크는 약 얼마인가?

① 8.36kgf·m
② 6.42kgf·m
③ 3.84kgf·m
④ 2.86kgf·m

🔍 출력(ps) = $\dfrac{2\pi TN}{75 \times 60}$ = $\dfrac{TN}{716}$
[T : 엔진 회전력(kgf·m), N : 회전수(rpm)]
∴ T = $\dfrac{716 \times PS}{N}$ = $\dfrac{716 \times 22}{5500}$ = 2.86kgf·m

14 인젝터의 점검 사항 중 오실로스코프로 측정해야 하는 것은?

① 저항
② 작동 음
③ 분사시간
④ 분사량

🔍 인젝터 분사시간은 오실로스코프로 측정한다. 참고로 저항은 멀티미터, 작동 음은 청진기, 분사량은 분사펌프 시험기로 측정한다.

15 배기행정 초기에 배기밸브가 열려 연소가스 자체 압력으로 배출되는 현상을 무엇이라고 하는가?

① 블로다운
② 블로바이
③ 블로백
④ 오버랩

> - 블로다운 : 배기행정 초기에 배기밸브가 열려 연소가스 자체 압력으로 배출되는 현상
> - 블로바이 : 압축행정 시 피스톤 링과 실린더 사이로 혼합가스가 새는 현상
> - 블로백 : 압축행정 시 밸브 시트 사이로 혼합가스가 새는 현상
> - 오버랩 : 피스톤의 상사점 부근에서 흡·배기 밸브가 동시에 열려 잔류가스를 배출시키는 현상

16 1PS는 몇 kW인가?

① 75
② 736
③ 0.736
④ 1.736

> 1PS = 736W = 0.736kW

17 이소옥탄 80(체적), 노멀헵탄 20(체적)인 가솔린연료의 옥탄가는 얼마(%)인가?

① 20
② 40
③ 60
④ 80

> 옥탄가(ON) = $\frac{이소옥탄}{이소옥탄+노멀헵탄} \times 100(\%)$
> ∴ $\frac{80}{80+20} \times 100(\%) = 80\%$

18 다음 내연기관에 대한 내용으로 맞는 것은?

① 실린더의 이론적 발생마력을 제동마력이라 한다.
② 6실린더 엔진의 크랭크축의 위상각은 90도이다.
③ 베어링 스프레드는 피스톤 핀 저널에 베어링을 조립 시 밀착되게 끼울 수 있게 한다.
④ DOHC 엔진의 밸브 수는 16개이다.

> 이론적 발생마력을 이론마력이라 하며, 6실린더 엔진의 위상차는 120도이고, DOHC 엔진의 밸브 수는 엔진 및 실린더 수에 따라 다를 수 있다.

19 승합자동차(15인승 이하의 승합자동차 및 어린이운송용 승합자동차를 제외)의 승객좌석의 높이는 얼마여야 하는가?

① 35cm 이상 40cm 이하
② 40cm 이상 50cm 이하
③ 45cm 이상 50cm 이하
④ 50cm 이상 65cm 이하

> 승합자동차(15인승 이하의 승합자동차 및 어린이운송용 승합자동차를 제외한다)의 승객좌석의 높이는 40cm 이상 50cm 이하이어야 한다. 다만, 자동차의 원동기부분 및 바퀴 부분의 좌석등 그 구조상 40cm 이상 50cm 이하로 좌석을 설치하기가 곤란한 부분의 좌석을 제외한다.

20 자동차 및 자동차부품의 성능과 기준에 관한 규칙에서 자동차 후방 끝으로부터 2m 떨어진 위치에서 측정하였을 때 승용자동차 후진경고음 발생장치의 경고음 크기 기준은?①

① 60dB(A) 이상 85dB(A) 이하
② 65dB(A) 이상 90dB(A) 이하
③ 70dB(A) 이상 85dB(A) 이하
④ 75dB(A) 이상 90dB(A) 이하

> 후진경고음 발생장치 기준
> - 경고음은 발생과 정지가 반복되도록 하고, 같은 음색의 소리를 일정한 간격으로 발생시킬 것
> - 경고음의 크기는 자동차 후방 끝으로부터 2m 떨어진 위치에서 측정하였을 때 다음 각 목의 기준에 적합할 것
>   - 승용자동차와 승합자동차 및 경형·소형의 화물·특수자동차는 60데시벨(A) 이상 85데시벨(A) 이하일 것
>   - 위 항목 외의 자동차는 65데시벨(A) 이상 90데시벨(A) 이하일 것
> - 경고음의 음색은 1/3옥타브 중심주파수대역이 500Hz 이상 4,000Hz 이하인 구간에서 가장 큰 소리를 낼 것
> - 경고음의 발생 횟수는 매분 40회 이상 100회 이하일 것

21 동력전달장치에서 동력전달 각도의 변화를 가능하게 하는 이음은?

① 슬립 이음
② 스플라인 이음
③ 플랜지 이음
④ 자재 이음

> - 추진축 : 회전력 전달
> - 자재이음 : 각도 변화
> - 슬립이음 : 길이 변화

22 배기가스 재순환장치는 주로 어떤 물질의 생성을 억제하기 위한 것인가?

① 탄소
② 이산화탄소
③ 일산화탄소
④ 질소산화물

🔍 배기가스 재순환장치는 EGR 밸브를 이용하여 연소실 최고 온도를 낮추어 질소산화물(NOx)의 발생을 감소시킨다.

23 전기자동차의 성능을 나타내는 방법이 아닌 것은?

① 출력
② 토크
③ 엔진 rpm
④ 주행가능거리

🔍 전기자동차의 성능은 출력, 토크, 주행가능거리 등으로 나타낸다.

24 전기자동차의 구동 시스템에서 감속기에 대한 설명으로 틀린 것은?

① 구동 모터로부터 동력을 전달받아 속도를 감속하고 구동력을 증대시킨다.
② 감속기는 변속기와 같이 여러 단으로 되어 있어 주행 상황에 맞게 모터의 동력을 차축으로 전달한다.
③ 차동기어로 선회 시 좌우 바퀴의 회전차를 흡수한다.
④ 감속기 내부에는 윤활을 위한 무교환 수동변속기 오일이 충진되어 있다.

🔍 감속기는 변속기와는 달리 일정한 감속비로 모터에서 입력되는 동력을 차축으로 전달한다.

25 수소연료전지차의 장점으로 틀린 것은?

① 배기가스가 없다.
② 공기를 정화한다.
③ 전기차에 비해 에너지 효율이 높다.
④ 연료 단가가 저렴하다.

🔍 수소연료전지자동차의 단점
- 수소의 저장이 용이하지 않으며, 누설의 위험이 있다.
- 전기차에 비해 연료전지 시스템이 추가되므로 구조가 복잡해지고, 무게가 무거워진다.
- 전기차에 비해 에너지 효율이 낮은 편이다.
- 수소충전 인프라가 부족하다.
- 연료전지의 수명이 내연기관 차량에 비해 짧다.
- 연료전지 내 수분으로 인한 부식으로 내구성이 떨어진다.

26 연료전지의 특징에 대한 설명으로 옳지 않은 것은?

① 화학에너지를 전기에너지로 변환한다.
② 발전효율은 50~60%로 높다.
③ 청정 고효율 발전시스템이다.
④ 청정 연료인 수소 생산 시 오염물질 배출이 없다.

🔍 수소 생산 시 이산화탄소 등 오염물질을 배출한다.

27 자동차 및 자동차부품의 성능과 기준에 관한 규칙에서 수소가스를 연료로 사용하는 자동차의 배기구에서 배출되는 가스의 수소농도는 평균 몇 %를 초과하지 않아야 하는가?

① 2%   ② 4%
③ 8%   ④ 10%

🔍 수소가스를 연료로 사용하는 자동차의 연료장치 기준
- 자동차의 배기구에서 배출되는 가스의 수소농도는 평균 4%, 순간 최대 8%를 초과하지 아니할 것
- 차단밸브(내압용기의 연료공급 자동 차단장치를 말한다.) 이후의 연료장치에서 수소가스 누출 시 승객거주 공간의 공기 중 수소농도는 1% 이하일 것
- 차단밸브 이후의 연료장치에서 수소가스 누출 시 승객거주 공간, 수하물 공간, 후드 하부 등 밀폐 또는 반밀폐 공간의 공기 중 수소농도가 2±1% 초과 시 적색경고등이 점등되고, 3±1% 초과 시 차단밸브가 작동할 것

28 제동장치에서 디스크 브레이크의 장점으로 옳은 것은?

① 방열성이 좋아 제동력이 안정된다.
② 자기작동으로 제동력이 증대된다.
③ 큰 중량의 자동차에 주로 사용한다.
④ 마찰면적이 적어 압착하는 힘을 작게 할 수 있다.

🔍 디스크가 대기 중에 노출되어 방열성이 좋아 제동력이 안정된다.

29 유압식 브레이크 원리는 어디에 근거를 두고 응용한 것인가?

① 브레이크액의 높은 비등점
② 브레이크액의 높은 흡습성
③ 밀폐된 액체의 일부에 작용하는 압력은 모든 방향에 동일하게 작용한다.
④ 브레이크액은 작용하는 압력을 분산시킨다.

> 유압식 브레이크는 밀폐된 액체의 일부에 작용하는 압력은 모든 방향에 동일하게 작용한다는 파스칼의 원리를 응용한 것이다.

30 주행 중 타이어의 열 상승에 가장 영향을 적게 미치는 것은?

① 주행속도 증가
② 하중의 증가
③ 공기압의 증가
④ 주행거리 증가(장거리 주행)

> 타이어 온도 상승 요인
> • 마찰계수의 증가
> • 하중의 증가
> • 주행속도의 증가
> • 주행거리의 증가(장거리 주행)

31 조향장치가 갖추어야 할 구비 조건으로 틀린 것은?

① 조향 조작이 주행 중의 충격에 영향을 받지 않을 것
② 조작하기 쉽고 방향 전환이 원활하게 행해질 것
③ 선회 시 저항이 적고 선회 후 복원성이 좋을 것
④ 조향 핸들의 회전과 바퀴 선회의 차가 클 것

> 조향장치가 갖추어야 할 조건
> • 조작하기 쉽고 방향 전환이 원활하게 행해질 것
> • 회전반경이 적을 것
> • 조향 핸들과 바퀴의 선회 차이가 크지 않을 것
> • 조향 조작이 주행 중의 충격에 영향을 받지 않을 것
> • 고속 주행에도 조향 휠이 안정되고 복원력이 좋을 것

32 수동변속기 차량에서 클러치가 미끄러지는 원인은?

① 클러치 페달 자유간극 과대
② 클러치 스프링의 장력 약화

③ 릴리스 베어링의 파손
④ 유압라인 공기 혼입

> 클러치가 미끄러지는 원인
> • 클러치 디스크 마모로 인한 자유간극 과소
> • 클러치 스프링의 장력 약화 및 변형
> • 마찰면의 경화 또는 오일 부착
> • 압력판, 플라이 휠 접촉면의 손상

33 자동변속기에서 기관속도가 상승하면 오일펌프에서 발생되는 유압도 상승한다. 이 때 유압을 적절한 압력으로 조절하는 밸브는?

① 매뉴얼 밸브   ② 스로틀 밸브
③ 압력조절 밸브   ④ 거버너 밸브

> 압력조절 밸브(regulator valve)는 오일펌프에서 발생한 유압을 일정한 압력으로 조절하는 역할을 한다.

34 변속기의 전진 기어 중 가장 큰 토크를 발생하는 변속단은?

① 오버드라이브   ② 1단
③ 2단   ④ 직결 단

> 변속기 전진 기어 중 가장 큰 토크는 저속(1단)에서 발생한다.

35 클러치 페달을 밟을 때 무겁고, 자유간극이 없다면 나타나는 현상으로 거리가 먼 것은?

① 연료 소비량이 증대된다.
② 기관이 과냉된다.
③ 주행 중 페달을 밟아도 차가 가속되지 않는다.
④ 등판성능이 저하된다.

> 클러치 페달을 밟을 때 무겁고, 자유간극이 없다면 클러치 디스크가 마모되어 나타나는 현상으로 주행 중 차가 가속되지 않고 등판성능이 저하되며, 연료 소비량이 증대된다.

36 주행 중 제동 시 좌우 편제동의 원인으로 틀린 것은?

① 드럼의 편마모
② 휠 실린더 오일 누설
③ 라이닝 접촉불량, 기름부착
④ 마스터 실린더의 리턴 구멍 막힘

> **브레이크 작동 시 한쪽으로 쏠리는 원인**
> • 드럼이 편마모되었다.
> • 좌우 타이어 공기압에 차이가 있다.
> • 좌우 라이닝 간극 조정이 틀리게 조정되었다.
> • 한쪽 휠 실린더의 작동이 불량하다.
> • 라이닝의 접촉불량 또는 기름이 묻어있다.
> • 앞바퀴 정렬이 잘못되었다.

37 제동 배력장치에서 브레이크를 밟았을 때 하이드로백 내의 작동 설명으로 틀린 것은? ①

① 공기밸브는 닫힌다.
② 진공밸브는 닫힌다.
③ 동력 피스톤이 하이드로릭 실린더 쪽으로 움직인다.
④ 동력 피스톤 앞쪽은 진공상태이다.

> 브레이크를 밟았을 때 진공밸브는 닫히고 공기밸브는 열린다.

38 자동차 주행 속도를 감지하는 센서는 무엇인가? ①

① 차속 센서
② 크랭크각 센서
③ TDC 센서
④ 경사각 센서

> **센서의 역할**
> • 차속 센서 : 차량의 주행속도를 감지
> • 크랭크각 센서 : 엔진 회전수를 연산
> • TDC 센서 : 1번 실린더의 상사점을 감지
> • 경사각 센서 : 차량의 기울기를 감지

39 후륜 구동 차량에서 바퀴를 빼지 않고 차축을 탈거할 수 있는 방식은?

① 반부동식
② 3/4 부동식
③ 전부동식
④ 배부동식

> **액슬 축 지지방식**
> • 반부동식 : 액슬 축과 하우징이 하중을 반씩 부담
> • 3/4 부동식 : 액슬 축이 1/4, 하우징이 3/4를 부담
> • 전부동식 : 하우징이 하중을 전부 부담(액슬 축은 자유로워 바퀴를 빼지 않고도 액슬 축을 떼어낼 수 있다.)

40 싱크로나이저 슬리브 및 허브 검사에 대한 설명이다. 가장 거리가 먼 것은?

① 싱크로나이저와 슬리브를 끼우고 부드럽게 돌아가는지 점검한다.
② 슬리브의 안쪽 앞부분과 뒤쪽 손상되지 않았는지 점검한다.
③ 허브 앞쪽 끝부분이 마모되지 않았는지 점검한다.
④ 싱크로나이저 허브와 슬리브는 이상 있는 부위만 교환한다.

> 싱크로나이저 허브와 슬리브는 일체로 되어 있어 이상이 있으면 신품으로 교환한다.

41 코일에 흐르는 전류를 단속하면 코일에 유도 전압이 발생한다. 이러한 작용을 무엇이라고 하는가?

① 자력선 작용
② 전류 작용
③ 관성 작용
④ 자기유도 작용

> 코일에 흐르는 전류를 단속하면 코일에 유도 전압이 발생하는 것을 자기유도 작용이라 한다.

42 교류 발전기에서 다이오드가 하는 역할은? ①

① 교류를 정류하고 역류를 방지한다.
② 교류를 정류하고 전류를 조정한다.
③ 전압을 조정하고 교류를 정류한다.
④ 여자전류를 조정하고 교류를 정류한다.

> AC 발전기의 다이오드는 교류를 정류하고 역류를 방지한다.

43 전조등의 광량을 검출하는 라이트 센서에서 빛의 세기에 따라 광전류가 변화되는 원리를 이용한 소자는? ①

① 포토 다이오드
② 발광 다이오드
③ 제너 다이오드
④ 사이리스터

> • 포토 다이오드 : 조사되는 빛의 양에 비례하여 전기저항이 감소하는 특성을 가진 반도체로 입사광선을 받으면 역방향으로 전류가 흐른다.
> • 발광 다이오드 : 순방향으로 전류가 흐르면 빛이 발생하며 파일럿 램프, 배전기의 크랭크 각 센서 등에서 사용된다.
> • 제너 다이오드 : 어떤 기준 전압(브레이크 다운 전압) 이상이 되면 역방향으로 큰 전류가 흐르는 반도체이다.
> • 사이리스터(SCR) : pnpn의 4층 구조로 3개의 pn접합과 애노드(Anode), 캐소드(Cathode), 게이트(Gate) 등의 3개의 전극으로 구성된다.

44 부특성(NTC) 가변저항을 이용한 센서는?

① 산소센서
② 수온센서
③ 조향각센서
④ TDC센서

🔍 부특성이란 온도가 올라갈 때 저항값이 내려가는 반도체 소자로 수온센서, 흡기온도센서 등 온도 감지용으로 사용된다.

45 자동차가 주행 중 충전 램프의 경고등이 켜졌다. 그 원인과 가장 거리가 먼 것은?

① 팬 벨트가 미끄러지고 있다.
② 발전기 뒷부분에 소켓이 빠졌다.
③ 축전지의 접지 케이블이 이완되었다.
④ 전압계의 미터가 깨졌다.

🔍 보기 중 ①, ②, ③항이 충전경고등이 켜지는 원인이며, ④항과는 관계가 없다.

46 전기자 시험기로 시험하기에 가장 부적절한 것은?

① 코일의 단락
② 코일의 저항
③ 코일의 접지
④ 코일의 단선

🔍 전기자 시험기(growler tester)로 전기자의 단선, 단락, 접지 시험을 할 수 있다.

47 콘덴서에 저장되는 정전용량을 설명한 것으로 틀린 것은?

① 가해지는 전압에 정비례한다.
② 금속판 사이의 거리에 반비례한다.
③ 상대하는 금속판의 면적에 반비례한다.
④ 금속판 사이의 절연체의 절연도에 정비례한다.

🔍 콘덴서의 정전용량
 • 가해지는 전압에 비례한다.
 • 금속판 사이의 거리에 반비례한다.
 • 금속판의 면적에 비례한다.
 • 금속판 사이의 절연도에 비례한다.

48 전조등 광원의 광도가 20,000cd이며, 거리가 20m일 때 조도는? ①

① 50Lx   ② 100Lx
③ 150Lx   ④ 200Lx

🔍 조도(Lx) = $\frac{cd}{r^2}$ (cd : 광도, r : 거리)

∴ 조도 = $\frac{20000}{20^2}$ = 50Lx

49 다음 전기 기호 중에서 트랜지스터의 기호는?

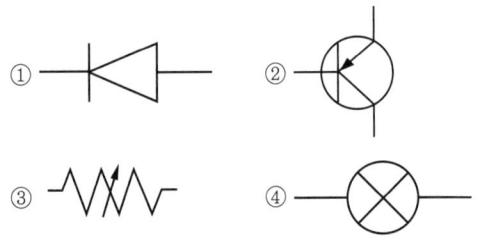

🔍 ① 다이오드, ② 트랜지스터, ③ 가변저항, ④ 전구

50 산업안전보건법상 작업현장 안전보건표지 색채에서 비상구 및 피난소 사람 또는 차량의 통행 표시에 사용되는 색채는?

① 빨간색
② 노란색
③ 녹색
④ 검은색

🔍 안전보건표지의 색채 및 용도

색채	용도	사용례
빨간색	금지	정지신호, 소화설비 및 그 장소, 유해행위의 금지
	경고	화학물질 취급장소에서의 유해위험 경고
노란색	경고	화학물질 취급장소에서의 유해위험 경고 이외의 위험 경고, 주의표시 또는 기계방호물
파란색	지시	특정 행위의 지시 및 사실의 고지
녹색	안내	비상구 및 피난소 사람 또는 차량의 통행 표시
흰색	–	파란색 또는 녹색에 대한 보조색
검은색	–	문자 및 빨간색 또는 노란색에 대한 보조색

51 산업재해의 원인별 분류 중 직접적인 원인은? ①

① 인적 원인
② 기술적인 원인
③ 교육적인 원인
④ 정신적인 원인

🔍 재해의 원인별 분류
  • 간접원인 : 재해의 가장 깊은 곳에 존재하는 재해원인
    - 기초원인 : 학교 교육적 원인, 관리적 원인
    - 2차원인 : 신체적 원인, 정신적 원인, 안전 교육적 원인, 기술적 원인
  • 직접원인(1차원인) : 시간적으로 사고 발생에 가까운 원인
    - 물적원인 : 불안전한 상태(설비 및 환경 등의 불량)
    - 인적원인 : 불안전한 행동

52 축전지의 전해액이 옷에 많이 묻었을 경우에 조치 방법으로 가장 적합한 것은?

① 수돗물로 빨리 씻는다.
② 헝겊에 알코올을 적셔 닦아낸다.
③ 걸레에 경유를 묻혀 닦아낸다.
④ 옷을 벗고 몸에 묻은 전해액을 물로 씻는다.

🔍 전해액이 옷에 많이 묻었을 경우 옷을 벗고 몸에 묻은 전해액을 물로 씻는다.

53 축전지를 급속 충전할 때 축전지의 접지 단자에서 케이블을 탈거하는 이유로 적합한 것은? ①

① 발전기의 다이오드를 보호하기 위해
② 충전기를 보호하기 위해
③ 과충전을 방지하기 위해
④ 기동 모터를 보호하기 위해

🔍 급속 충전 시 축전지의 접지 단자에서 케이블을 떼어내는 것은 발전기의 다이오드를 보호하기 위함이다.

54 자동차 전기 계통을 작업할 때 주의사항으로 틀린 것은?

① 배선을 가솔린으로 닦지 않는다.
② 커넥터를 분리할 때는 잡아당기지 않도록 한다.
③ 센서 및 릴레이는 충격을 가하지 않도록 한다.
④ 반드시 축전지 (+)단자를 분리한다.

🔍 반드시 축전지 (−)단자를 분리한다.

55 기관의 냉각장치를 점검·정비할 때 안전 및 유의사항으로 틀린 것은?

① 방열기 코어가 파손되지 않도록 한다.
② 워터 펌프 베어링은 세척하지 않는다.
③ 방열기 캡을 열 때는 압력을 서서히 제거하며 연다.
④ 누수 여부를 점검할 때 압력시험기의 지침이 멈출 때까지 압력을 가압한다.

🔍 압력기 지침은 규정 압력까지 가압한다.

56 정밀한 기계를 수리할 때 부속품을 세척하기 위하여 가장 안전한 방법은?

① 걸레로 닦는다.
② 와이어 브러시를 사용한다.
③ 에어건을 사용한다.
④ 솔을 사용한다.

🔍 정밀한 부속품의 세척은 에어건으로 한다.

57 자동차 정비공장에서 호이스트 사용 시 안전 사항으로 틀린 것은?

① 규정 하중 이상으로 들지 않는다.
② 무게중심은 들어 올리는 물체의 크기(size) 중심이다.
③ 사람이 매달려 운반하지 않는다.
④ 들어 올릴 때는 천천히 올려 상태를 살핀 후 완전히 들어 올린다.

🔍 호이스트(hoist) 사용 시 안전 사항
  • 규정 하중 이상으로 들지 않는다.
  • 들어 올릴 때는 천천히 올려 상태를 살핀 후 완전히 들어 올린다.
  • 사람이 매달려 운반하지 않는다.
  • 호이스트 바로 밑에서 조작하지 않는다.
  • 하물을 걸 때에는 들어 올리는 하물 무게중심의 위치를 확인하고 건다.

58 하이브리드 차량 엔진 작업 시 조치해야 할 사항이 아닌 것은?

① 안전 스위치를 분리하고 작업한다.
② 이그니션 스위치를 OFF하고 작업한다.
③ 12V 보조 배터리 케이블을 분리하고 작업한다.
④ 고전압 부품 취급은 안전 스위치를 분리 후 1분 안에 작업한다.

> 고전압부품 점검 시 유의 사항
> • 취급기술자는 고전압 시스템에 대한 검사와 서비스 교육이 선행되어야 한다.
> • 시동 OFF 후 12V 보조 배터리의 (−) 케이블 탈거한다.
> • 절연장갑을 착용하고 고전압 차단을 위한 안전 스위치를 OFF 후 5분 경과 후 작업을 해야 한다.
> • 작업 시 금속성 물질은 몸에서 탈거해야 한다.(시계, 반지, 금속성 필기구 등)
> • 고전압 케이블(오렌지색) 금속부 작업 시 반드시 0.1V 이하 인지 확인한다.
> • 고전압 터미널부 체결 시 반드시 규정 토크를 준수한다.
> • 정비/점검 시 "주의 : 고전압 흐름. 작업 중 촉수금지" 경고판을 통해 알릴 필요가 있다.

59 하이브리드 자동차에서 고전압 장치 정비 시 고전압을 해제하는 것은?

① 전류 센서
② 안전 스위치(안전 플러그)
③ 프리차저 저항
④ 배터리 팩

> 하이브리드 자동차에서 고전압 장치 정비 시 고전압을 해제하는 것은 안전 스위치(안전 플러그)이며 엔진 점검 혹은 작업 시에는 안전 스위치를 OFF 후 5분 경과 후 작업을 해야 한다. 이때 반드시 절연장갑을 착용하여야 한다.

60 사이드슬립 시험기 사용시 주의할 사항 중 틀린 것은?

① 시험기의 운동부분은 항상 청결하여야 한다.
② 시험기의 답판 및 타이어에 부착된 수분, 기름, 흙 등을 제거한다.
③ 시험기에 대하여 직각 방향으로 진입시킨다.
④ 답판 위에서 차속이 빠르면 브레이크를 사용하여 차속을 맞춘다.

> 사이드슬립 시험기 사용 시 주의 사항
> • 시험기의 운동부분은 항상 청결하여야 한다.
> • 시험기의 답판 및 타이어에 부착된 수분, 기름, 흙 등을 제거한다.
> • 시험기에 대하여 직각 방향으로 진입시킨다.
> • 답판 위로 통과할 때는 핸들에서 손을 뗀 상태로 서서히 멈추지 않고 통과한다.

정답 2025년 2회 복원문제

01 ②	02 ③	03 ③	04 ④	05 ③
06 ③	07 ④	08 ②	09 ②	10 ④
11 ①	12 ②	13 ④	14 ③	15 ①
16 ③	17 ④	18 ③	19 ②	20 ①
21 ④	22 ④	23 ②	24 ②	25 ③
26 ④	27 ②	28 ①	29 ③	30 ②
31 ④	32 ②	33 ③	34 ②	35 ②
36 ④	37 ①	38 ①	39 ③	40 ④
41 ④	42 ①	43 ③	44 ②	45 ④
46 ②	47 ③	48 ①	49 ②	50 ③
51 ①	52 ④	53 ①	54 ④	55 ④
56 ③	57 ②	58 ④	59 ②	60 ④

자동차정비기능사 필기

2026년 01월 05일 인쇄
2026년 01월 20일 발행

지은이_ 김형진 · 김승수
펴낸이_ 이강복
펴낸곳_ (주)도서출판 책과상상

저자협의
인지생략

출판등록_ 제 2020-000205호
주　　소_ 경기도 고양시 일산동구 장항로 203-191
편집문의_ 02-3272-1703
구입문의_ 02-3272-1704
홈페이지_ www.sangsangbooks.co.kr

북 디자인 및 삽화_ 디자인 동감

Copyright ⓒ 2026, 김형진 · 김승수
ISBN 979-11-6967-320-4 (13550)
정가 20,000원

* 잘못된 책은 교환해 드립니다.